“十四五”时期国家重点出版物出版专项规划项目
中国能源革命与先进技术丛书
电力电子新技术系列图书

交直流双向变换器

肖 岚 严仰光 编著

机 械 工 业 出 版 社

交直流双向变换器广泛应用在航空电源、不间断电源（UPS）、带储能装置的光伏或风力发电等新能源系统、混合动力汽车驱动系统、LED驱动电源中。

本书介绍了直流和交流双向变换器在航空电源中，尤其是多电飞机中的应用情况，给出了双向变换器在新能源系统、电动汽车及其电池充换电站、LED驱动电源等领域的应用情况及发展方向；讨论了Bi Buck/Boost、Dual Buck/Boost、不对称半桥隔离型、全桥隔离型和三相双有源全桥隔离型双向dc/dc变换器的工作原理、工作模态，给出了电路参数设计和仿真实例，讨论了变换器工作在软开关和硬开关模式下的不同特性；介绍了双向单相和三相交流dc/ac变换器工作在功率因数校正（PFC）模式和逆变模式时的工作原理和控制策略，给出了参数设计和仿真实例，讨论了三相四线制逆变器的构成、中点电位平衡电路的原理和控制，给出了三相ac/ac变换器的仿真实例；介绍了交直流电机和双向变换器配合应用情况及其在航空电源上的应用。

本书可作为高等院校电气工程专业师生的参考书，也可供从事开关电源研究开发的工程技术人员阅读。

图书在版编目（CIP）数据

交直流双向变换器/肖岚，严仰光编著. —北京：机械工业出版社，2022.6（2024.4重印）

（中国能源革命与先进技术丛书. 电力电子新技术系列图书）

“十四五”时期国家重点出版物出版专项规划项目

ISBN 978-7-111-70797-4

Ⅰ.①交… Ⅱ.①肖… ②严… Ⅲ.①交流-直流变换器 Ⅳ.①TM933.14

中国版本图书馆CIP数据核字（2022）第084699号

机械工业出版社（北京市百万庄大街22号 邮政编码100037）
策划编辑：罗 莉 责任编辑：罗 莉 赵玲丽
责任校对：樊钟英 王 延 封面设计：马精明
责任印制：张 博
北京雁林吉兆印刷有限公司印刷
2024年4月第1版第3次印刷
169mm×239mm · 23印张 · 469千字
标准书号：ISBN 978-7-111-70797-4
定价：119.00元

电话服务 网络服务
客服电话：010-88361066 机 工 官 网：www.cmpbook.com
010-88379833 机 工 官 博：weibo.com/cmp1952
010-68326294 金 书 网：www.golden-book.com
封底无防伪标均为盗版 机工教育服务网：www.cmpedu.com

第3届
电力电子新技术系列图书
编 辑 委 员 会

电力电子新技术系列图书
序　　言

1974 年美国学者 W. Newell 提出了电力电子技术学科的定义，电力电子技术是由电气工程、电子科学与技术和控制理论三个学科交叉而形成的。电力电子技术是依靠电力半导体器件实现电能的高效率利用，以及对电机运动进行控制的一门学科。电力电子技术是现代社会的支撑科学技术，几乎应用于科技、生产、生活各个领域：电气化、汽车、飞机、自来水供水系统、电子技术、无线电与电视、农业机械化、计算机、电话、空调与制冷、高速公路、航天、互联网、成像技术、家电、保健科技、石化、激光与光纤、核能利用、新材料制造等。电力电子技术在推动科学技术和经济的发展中发挥着越来越重要的作用。进入 21 世纪，电力电子技术在节能减排方面发挥着重要的作用，它在新能源和智能电网、直流输电、电动汽车、高速铁路中发挥核心的作用。电力电子技术的应用从用电，已扩展至发电、输电、配电等领域。电力电子技术诞生近半个世纪以来，也给人们的生活带来了巨大的影响。

目前，电力电子技术仍以迅猛的速度发展着，电力半导体器件性能不断提高，并出现了碳化硅、氮化镓等宽禁带电力半导体器件，新的技术和应用不断涌现，其应用范围也在不断扩展。不论在全世界还是在我国，电力电子技术都已造就了一个很大的产业群。与之相应，从事电力电子技术领域的工程技术和科研人员的数量与日俱增。因此，组织出版有关电力电子新技术及其应用的系列图书，以供广大从事电力电子技术的工程师和高等学校教师和研究生在工程实践中使用和参考，促进电力电子技术及应用知识的普及。

在 20 世纪 80 年代，电力电子学会曾和机械工业出版社合作，出版过一套“电力电子技术丛书”，那套丛书对推动电力电子技术的发展起过积极的作用。最近，电力电子学会经过认真考虑，认为有必要以“电力电子新技术系列图书”的名义出版一系列著作。为此，成立了专门的编辑委员会，负责确定书目、组稿和审稿，向机械工业出版社推荐，仍由机械工业出版社出版。

本系列图书有如下特色：

本系列图书属专题论著性质，选题新颖，力求反映电力电子技术的新成就和新经验，以适应我国经济迅速发展的需要。

理论联系实际，以应用技术为主。

本系列图书组稿和评审过程严格，作者都是在电力电子技术第一线工作的专家，且有丰富的写作经验。内容力求深入浅出，条理清晰，语言通俗，文笔流畅，便于阅读学习。

本系列图书编委会中，既有一大批国内资深的电力电子专家，也有不少已崭露头角的青年学者，其组成人员在国内具有较强的代表性。

希望广大读者对本系列图书的编辑、出版和发行给予支持和帮助，并欢迎对其中的问题和错误给予批评指正。

电力电子新技术系列图书
编辑委员会

前　言

双向直流变换器在20世纪80年代初就应用于人造卫星的太阳能电源系统。随后交直流双向变换器在电动汽车、航空电源、新能源系统得到应用和发展。第三代宽禁带电力电子器件的商品化以及多电飞机的发展，为交直流双向变换器的发展带来了新的发展契机。

浙江大学林渭勋教授撰写的《电力电子技术基础》（机械工业出版社，1990）是国内最早系统讨论双向和四象限直流变换器的著作，徐德鸿教授课题组对双向变换器也进行了深入研究。严仰光教授撰写的《双向直流变换器》（江苏科学技术出版社，2004）着重探讨双向直流变换器的基本问题。本书是在吸收和消化国内外学者研究的基础上编写而成的，着重探讨直流和交流双向变换器的工作原理、控制策略、参数设计，给出了交直流双向变换器的仿真实例、双向变换器和交直流电机的配合应用以及它们在航空电源上的应用等。

本书共分5章。第1章介绍了直流和交流双向变换器在航空电源、新能源系统、电动汽车及其电池充换电站、LED驱动电源等领域的应用情况及发展方向。第2章给出了Bi Buck/Boost、Dual Buck/Boost、不对称半桥隔离型、全桥隔离型，以及三相双有源全桥隔离型双向dc/dc变换器的工作原理、控制策略、参数设计和仿真实例，讨论了变换器工作在软开关和硬开关模式下的不同特性，分析了隔离型双向直流变换器变压器匝比的设计考虑。第3章详细讨论了双向单相桥式dc/ac变换器，给出了单相桥式dc/ac逆变器和单相桥式ac/dc整流器的工作原理、控制策略、参数设计和仿真实例，可见Si器件和SiC器件的混合应用有助于进一步提高装置的功率密度和效率。在此基础上给出了由单相桥式dc/ac变换器和dc/dc变换器构成的不隔离和隔离型双向单相ac/ac变换器，以及由单相ac/ac变换器组合构成的三相隔离ac/ac变换器主电路拓扑。第4章讨论了基于SVPWM（Space Vector Pulse Width Modulation，空间矢量脉宽调制）的三相dc/ac逆变器和三相ac/dc整流器的工作原理、控制策略，给出了参数设计和仿真实例；讨论了四桥臂三相dc/ac逆变器中点电位控制电路的两种控制方法，给出了参数设计和仿真结果；在此基础上给出了三相不隔离ac/ac变换器的工作原理和仿真结果。第5章讨论了交直流电机和双向变换器的配合工作情况，给出了无刷直流发电机、双凸极发电机和起动发电机、调速电动机和飞轮储能装置的工作原理，讨论了多电飞机的变频交流供电系统和高压直流电源系统中的各种电力电子设备。电机和变换器两者的配合应用改善了发动机的起动性能，提升了发电工作的电能质量，带来显著的节能效果。

本书撰写过程中得到了南京航空航天大学自动化学院电气工程系同仁的帮助和指导，时思航、卢茂中、田清钰、于攀、杨雨松、章安璃、王万全、吴子阳、布书杰、史杭、张玺、刘勇等硕士研究生参与了大量变换器设计、仿真，以及文字录入及图形绘制等书稿整理工作，在此表示衷心的感谢。

期望读者通过阅读本书，对直流和交流双向变换器有更好的理解，促进直流和交流双向变换器的技术发展和在工业中得到更多的应用。

由于时间仓促和作者水平有限，书中难免存在缺漏和差错之处，敬请读者批评指正。

作　者

2022 年 1 月

于南京航空航天大学

目 录

第1章

概　述

1.1　双向变换器的类型

从电能变换的角度来分类，双向变换器有以下三种：双向直流变换器，简写为Bi dc/dc，实现直流电压和直流电压之间的双向变换；双向直交变换器，简写为Bi ac/dc或Bi dc/ac，实现直流电压和交流电压之间的双向变换；双向交交变换器，简写为Bi ac/ac，实现交流电压和交流电压之间的双向变换。

考虑是否实现电气隔离，双向变换器分两种结构形式：不隔离双向变换器和隔离型双向变换器。常用的隔离型双向变换器都采用变压器隔离。

双向变换器有两种典型应用：一是作为电源用，二是和电机联合使用。绝大多数电机也是双向电能和机械能间的转换装置。双向变换器与电机的组合将会有1+1>2的效果。

不论是做电源用还是和电机联合使用，都要求变换器有高的可靠性和环境适应性，有高的功率密度和高的效率，以及低的电磁干扰特性。这是航空电气工作者和电源研制工作者持之以恒的努力目标。

1.2　电力电子变换器在飞机上的应用

20世纪50年代前，飞机电源为28V低压直流电源，采用有刷直流发电机和炭片式电压调节器联合工作，使发电机的电压不因电机转速和负载的改变而变化。蓄电池是飞机的备份和应急电源。为了使发电机与电池并联工作，发电机馈电线的末端有反流割断器，防止发电机不工作时电池电流流入发电机。为了得到高压直流电或400Hz交流电，飞机上备有直流升压机或旋转变流机。直流升压机是在一个壳体内有两个电机，一个是28V直流电动机，另一个是高压直流发电机，电动机工作后产生高压直流电，供给无线电设备使用。旋转变流机是在一个壳体内有一个

28V 直流电动机和一个单相或三相交流发电机，以向陀螺仪和其他交流用电设备供电。不少飞机发动机用电起动，有专门的电起动机，发动机正常工作后，起动机便和发动机脱离，防止发动机反过来传动起动机。可见，这时的飞机电气系统由电磁式电机和电磁式电器组成。

20 世纪 50 年代，电力电子器件的诞生，改变了低压直流电气系统的面貌。静止变流器的出现，代替了直流升压机和旋转变流机。发电机控制器的诞生代替了炭片式电压调节器和反流割断器。无刷起动发电机替换了有刷发电机和起动机。飞机 28V 直流电气系统的变化，就是用电力电子装置逐步取代电磁式电器的过程，这个逐步演化的过程并没有引起人们的焦虑和反对。

20 世纪 40 年代的另一个进程是恒速传动装置的诞生。恒速传动装置配合交流发电机，产生 115/200V、400Hz 交流电。发电机电压的升高和容量的加大，满足了飞机飞得更高、更远的要求。20 世纪 70 年代，恒速传动装置和无刷交流发电机组合成组合传动发电机，大幅度提高了交流发电系统的功率密度。由于液压机械式恒速传动装置为精密机械，生产制造和使用维护很不方便，而此时大功率电力电子器件已商业化，于是飞机变速恒频电源开始出现。1972 年，第一套由高速高频交流发电机和晶闸管交交型变频器构成的 30kVA、115/200V、400Hz 变速恒频电源装机使用。随着大功率双极型晶体管的诞生，由高速发电机和晶体管 dc/ac 变换器构成的变速恒频电源（Variable Speed Constant Frequency，VSCF）也随之装机使用。在飞机交流电源中，用自耦式变压器改变交流电压，用 12 脉波变压整流器将 115/200V、400Hz 交流电转为 28V 直流电。

400Hz 恒频交流电源的诞生，使飞机发电机的功率从 28V 直流发电机的 12kW 增加到几十千伏安，最大的恒频交流电源单机容量为 150kVA。而 VSCF 电源的 dc/ac 变换器也比静止变流器的容量加大了几十倍。从 20 世纪 50 年代开始，飞机电源逐步由机械电磁式电源向电磁和电力电子电源转换。

20 世纪 80 年代，国外飞机发生多起重大事故均因液压系统故障导致，因而用电能代替液压从而实现飞机舵面的操纵成为飞机发展的一个重要目标。这要求发展高性能和高功率密度的伺服电动机，而伺服电动机是电力电子变换器、微电子控制器和电动机的组合。机电作动机构（Electro-Mechanical Actuator，EMA）和电液作动机构（Electro-Hydrostatic Actuator，EHA）的研制成功，表明 EMA 和 EHA 比液压作动系统有更高的可靠性和类似的功率密度，于是产生了用电能代替集中式液压能源系统的设想，诞生了全电飞机的概念。

20 世纪 90 年代，全电飞机的概念为多电飞机概念所代替，可见飞机电气化将是一个逐步发展的过程。在多电飞机思想指引下，21 世纪初，三种多电飞机相继升空。它们是空中客车公司的 A380、波音公司的 B787 和洛马公司的 F-35 飞机。

多电飞机的特征是用电能代替集中式液压能源和提取发动机引气的气压能源，导致用电量大幅度增加。于是 28V 直流电源因单台发电机容量小而不能使用，恒频交流电源则因电源效率低、发热大而不能使用，多电飞机的电源采用变频交流电源和高压直流电源。例如，A380 飞机的变频交流发电机的额定容量为 150kVA，B787 飞机的变频交流起动发电机的额定容量为 250kVA，F-35 飞机的高压直流发电机额定功率为 160kW。这两种电源的发电系统效率达 90%。

多电飞机的电气系统是多变换器构成的电力网络和多计算机构成的数字信息网络的组合。在 B787 飞机中有 8 台硬件结构相同、额定功率相同的 dc/ac 变换器，称为通用电动机控制器（Common Motor Starter Controller，CMSC）。为了向 CMSC 提供±270V 直流电，飞机上有 4 台额定功率为 150kW 的自耦式变压整流器（Auto-Transformer Rectifier Units，ATRU）。ATRU 是一种 18 脉波的整流系统，其输入为三相正弦交流电，输出为脉动很小的直流电。B787 上还有 2 台额定容量为 90kVA 的自耦变压器（Auto-Transformer Units，ATU），用于实现 235V 交流和 115V 交流电能的双向变换。此外飞机上还有 4 台额定容量为 7.2kW 的变压整流器（Transformer Rectifier Units，TRU），将 235V 变频交流电转为 28V 直流电。由此可见，B787 飞机上采用了大量电能变换器。类似地，在 A380 飞机上也有不少电能变换器，如 3 台额定电流为 300A 的 BCRU（Battery Charger & Rectifier Unit），即充电器和变压整流器（TRU）的组合。BCRU 给电池充电时具有恒流充电的特性，作为 TRU 工作时输出电压可以控制在 28V，不受电源电压和负载变动的影响，故 BCRU 是 TRU 和电力电子变换器的组合。A380 飞机上还有一台 300A 的 TRU。B787 飞机的特点是不提取发动机的引气，从而有好的节油和减排污的特性。A380 的特点是大量采用机电作动机构（EMA）、电液作动机构（EHA）和电备份液压作动机构（Electro-Backup-Hydraulic Actuator，EBHA），从而使集中式液压能源系统减小为两个通道。总计 19 台 EMA、EHA 和 EBHA 由变频交流电源供电。由于这些电作动机构的核心为伺服电动机，而伺服电动机是永磁伺服电机、双向变换器和数字控制器的组合，故其双向变换器是 ac/ac 变换器。

由此可见，在变频交流电源的飞机上使用的电能变换器有：ac/dc 变换器，ac/ac 变换器，或 ac/dc 变换器与 dc/ac 变换器的组合。应用高压直流电源的飞机，使用的变换器有 dc/dc 变换器和 dc/ac 变换器，由于发电机产生的是交流电，还要有 ac/dc 变换器将该交流电转为直流电。飞机电源的不同，导致飞机上变换器的类型不同。

A380 和 B787 飞机是 21 世纪初使用的大型客机，飞机上的电气设备都是在 20 世纪 90 年代发展的，那时第三代宽禁带半导体器件 SiC 和 GaN 器件才刚诞生，尚未商品化，故 A380 和 B787 飞机上的变换器用的功率电子器件均为以 Si 为基础的器件，如绝缘栅双极型晶体管（IGBT）、快恢复二极管。MOSFET 器件仅用于小功率、低电压场合。

由于 IGBT 的电流拖尾和快恢复二极管的反向恢复特性，二者配合工作时导致大的损耗，从而限制了开关频率的提高，使变换器的重量较大，功率密度较低。如 CMSC 额定功率为 110kW，重 50kg，功率密度为 2.2kW/kg。因此有人对 B787 的电气系统产生了怀疑，觉得太重了，不合算。事实上不提取发动机引气带来的节能效果，即使仅节能 5%，每次飞行也可少带几吨燃油。

从 20 世纪 50 年代末飞机上应用静止变流器开始，至今已半个多世纪。尽管由 ac/dc 和 dc/dc 变换器构成的 115V、400Hz 交流电转为 28V 直流电的电力电子变换器体积和重量比 TRU 小，效率比 TRU 高，输出电压稳定度比 TRU 高，但人们的心目中总觉得 115V/28V 电力电子变换器不够可靠，不如使用 TRU。的确，Si 电力电子变换器在环境适应性和过载能力方面不如机电元件，比如有变换器的 VSCF 电源和组合传动发电机（IDG）相比，前者的过载能力和环境适应性较差。

SiC 和 GaN 宽禁带器件的商品化，为多电飞机电气系统的进一步发展拓宽了道路。SiC 器件具有开关频率高、耐高温、损耗小、散热容易和抗辐射等特点，由 SiC 器件构成的电力电子装置在工作可靠性、功率密度、电能转换效率和环境适应性方面都将显著优于 Si 器件构成的电力电子装置。

B787 飞机大胆地采用了 8 台大功率 CMSC，成为第一代多电飞机电气系统发展的典范，为不提取发动机引气做了开创性工作。A380 飞机采用机电作动机构 EMA 和电液作动机构 EHA 也是大胆的尝试。十多年来，B787 和 A380 飞机的成功运行，是和这些电力电子装置的使用分不开的。由于 Si 电力电子器件的不足，B787 的 ATU、ATRU 和 TRU 仍以电磁元件为主体，导致功率密度偏低，因此 A380 也仅是部分作动机构为电作动。

面对第二代多电飞机发展的今天，随着 SiC 和 GaN 器件的成功应用，多电飞机的电气系统和部件必将有更大的发展。例如，B787 的 ATU、ATRU 和 TRU 可以用电力电子装置代替，这个代替不仅可以减轻重量，还可以有更好的性能。例如，B787 的 CMSC 可以用 SiC 器件代替 Si 器件，不仅可以大幅度减少重量，而且有更高的效率。例如，自耦变压整流器（ATRU）可以由 ac/dc 变换器取代，不仅可将变频交流电转为直流电，而且可以将直流电转为交流电，成为双向 ac/dc 变换器，此时由 ac/dc 变换器供电的伺服电动机制动能量可以回馈到交流电网侧，而不必消耗在制动电阻中。自耦变压器（ATU）是个双向交流变压器，实现 235V 交流和 115V 交流电压转换，若 ATU 用双向 ac/ac 变换器代替，它不仅能将变频交流电转为另一种电压的同频交流电，还可以实现变频交流电与 400Hz 交流电之间的转换。若异步电动机接于 400Hz 侧，则异步机的工作效率和电气性能将得以提升。

由此可见，在变频交流电源中应用双向 ac/ac 交换器是合理的选择。同样在高压直流电源中，应用双向 dc/dc 直流变换器或双向 ac/dc 变换器也是合理的选择。双向变换器将在多电飞机中得到广泛应用。

1.3 双向变换器在其他领域的应用和发展

双向变换器除了在航空领域有广泛的应用外，在其他领域，如不间断电源

(Uninterruptible Power Supply, UPS)、带储能装置的光伏或风力发电等新能源系统、混合动力汽车、LED 驱动电源等也有广泛的应用。

1.3.1 双向变换器在带储能装置的新能源系统中的应用

随着工业及经济的发展，对化石能源的需求量逐年上升。而化石能源作为不可再生能源，也面临着能源短缺和环境污染等问题，开发与应用新能源必将是未来的发展趋势及研究热点。在新能源领域中，风能具有很大的随机性，光能具有很大的间歇性、不稳定性，受自然环境的影响很大，因此风力发电、光伏发电存在比较大的随机性和波动性。当风力大小变化或太阳辐射波动时，必须有储能装置来提供一定的功率和能量支撑，以保证供电的持续性和稳定性。因此为了更好地利用可再生能源，可再生能源发电系统通常包含储能系统。

图 1.1a 所示为带储能装置的光伏并网系统结构，PV 光伏电池通过 Boost 升压变换器将低压直流电升高到一高压直流电，三相逆变器将高压直流电变换成交流电送入电网，蓄电池通过双向 dc/dc 变换器与中间直流母线连接。如图 1.1b 所示，双向 dc/dc 变换器工作在 Buck 降压模式时给电池充电，光伏发电系统中能量储存在电池中，并输送给电网。电网负载较重时，如图 1.1c 所示，双向 dc/dc 变换器工作在 Boost 升压模式，电池放电，光伏电池和蓄电池共同输送能量给电网；当光伏发电系统完全停止工作时，则由蓄电池输送能量给电网。在遇到光伏发电系统间歇工作时，如图 1.1d 所示，dc/ac 逆变器也可双向工作，此时由电网和光伏电池共同给蓄电池供电，双向 dc/dc 变换器工作在降压模式；当光伏发电系统完全停止工作时，则由电网给蓄电池充电。由此当系统中负荷发生变化时，由于储能装置能够吸收或者释放功率峰值，光伏并网系统就可以解决如电压脉冲、跌落、涌流的动态电能质量问题。带储能装置的光伏系统可以与电网相互协调，实现向电网平滑地提供有功功率，并具有提供削峰填谷、紧急功率支持的能力。

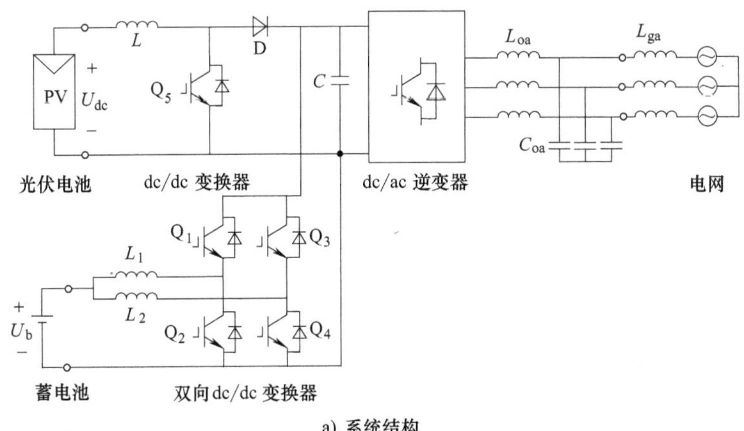

a) 系统结构

图 1.1 带储能装置的光伏并网系统

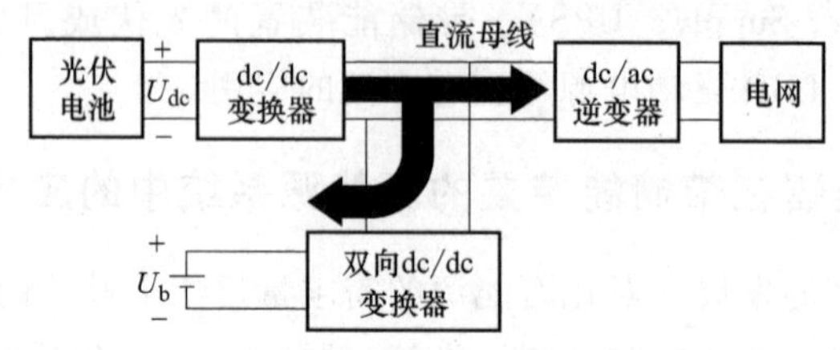

b) 光伏电池向电网和蓄电池馈送能量

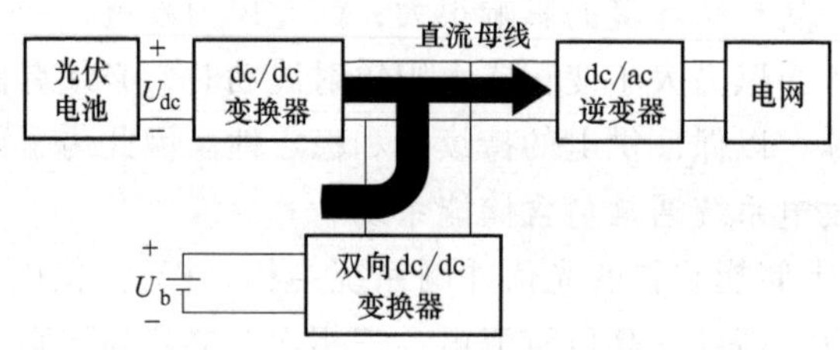

c) 光伏电池和蓄电池向电网馈送能量

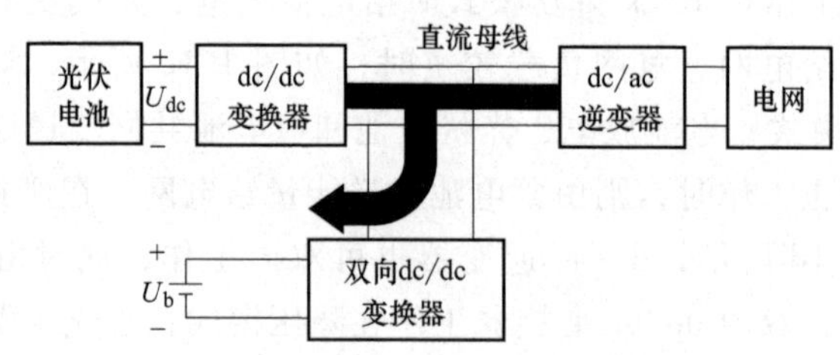

d) 光伏电池和电网向蓄电池馈送能量

图 1.1　带储能装置的光伏并网系统（续）

1.3.2　双向变换器在电动汽车上的应用

在传统的石油能源消费领域中，汽车工业与人民的生活息息相关，交通系统对化石能源的广泛使用导致温室效应和酸雨现象等环境污染问题日益突出。电动汽车能够有效地减少环境污染，加上电动汽车整车动力系统的效率高于传统燃油汽车，有利于节能，因此电动汽车的发展、普及并替代传统的燃油汽车是发展趋势。国内外均已有商业化的电动汽车。

1997 年，世界上第一辆使用锂离子电池的日产 Prairie Joy 电动汽车采用了“蓄电池-逆变器-电动机”的结构，该结构对蓄电池的电压和容量要求较高。出于体积和成本的考虑，车载蓄电池的端电压一般在 100~200V，而逆变器输入电压要求较高，两者电压大小不匹配会降低逆变器的效率，缩短车载蓄电池的续航里程。为解决此问题，可以如图 1.2 所示在蓄电池和逆变器之间加入双向 dc/dc 变换器。蓄电池通过双向 dc/dc 变换器放电来提供电动汽车电能，汽车减速或制动时还可以通过双向 dc/dc 变换器给蓄电池充电。因为蓄电池比功率低、循环寿命短，难以承受瞬时大功率，必须和超级电容配合共同构成电动汽车驱动电源系统。如图 1.3 所示，超级电容通过 dc/dc 变换器和蓄电池连接在一起，该结构可以发挥超级电容比功率高和蓄电池比能量高的优点。汽车起动或加速过程中，由超级电容提供较大的瞬时功率，避免蓄电池大电流放电带来电池损伤和直流母线电压跌落；在减速或制动过程中，电机回馈的能量通过双向 dc/dc 变换器存储在超级电容中，由此避免蓄电池频繁充放电，增加蓄电池寿命。

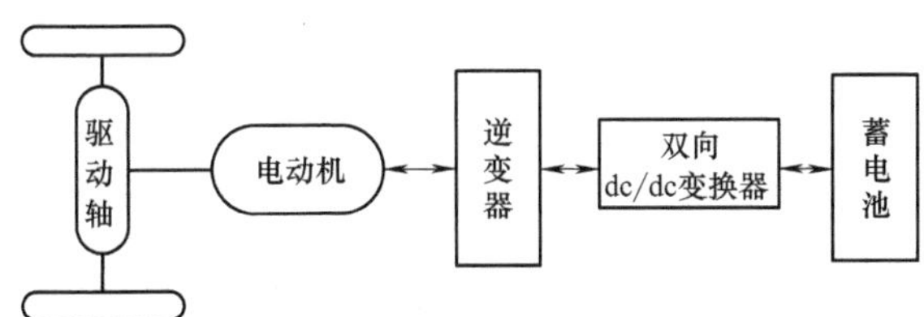

图 1.2　带双向 dc/dc 变换器的电动汽车驱动电源结构图

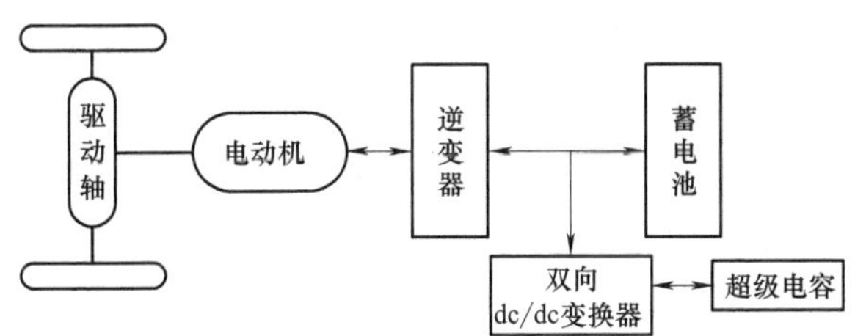

图 1.3　加上超级电容的电动汽车驱动电源结构图

1.3.3　双向变换器在电动汽车电池充换电站的应用

使用成本和持续里程是实现电动汽车广泛应用的关键问题。动力电池组的生产成本和使用成本是电动汽车所有部件中最高的一部分，并且其储电量和转换效率直接制约着纯电动汽车的持续里程数。为了更合理地利用能量并增加电池使用寿命，对电池组进行合理的充放电控制十分重要。

目前，电动汽车充电设施主要有交流充电桩、充电站和电池更换站三种类型。电池更换站是采用电池更换方式为电动汽车提供电能供给的场所，与其他两种类型相比，它具有以下优点：①可大幅减少电动汽车的电能补充时间；②对电池的充电过程进行优化控制，可以有效提高电池的使用寿命，实现电动汽车大规模有序充电；③可提高电池的利用效率，降低车辆的购置成本。相比更换站，兼具充电和更换电池功能的电动汽车动力电池组充换电站更有较好的发展前景。

随着未来分布式电源不断地接入到配电网中，分布式电源的间歇性将会对电网的稳定带来不利的影响。将电池充换电站的大量电池作为分布式储能单元，通过其与电网及分布式电源的互动，可以有效地降低分布式电源对电网的影响，实现削峰填谷，提高电网的稳定性和电能质量，同时也可利用清洁能源为电动汽车提供能源补给，降低汽车对化石能源的需求。此外，电池充换电站的电池也可以作为突发电网事故时的应急电源。考虑新能源接口的充放电机系统架构同样如图 1.1 所示。光伏电池侧 dc/dc 变换器实现光伏电池的最大功率跟踪控制；网侧三相双向 ac/dc 变换器需要综合考虑变换效率、电磁兼容性、网侧电流失真度和功率因数等因素；动力电池侧的双向 dc/dc 变换器实现电池的充放电控制，需要实现低电压、大电流、宽电压变化范围下的高效率运行。充换电站还需要有充放电机的集群控制调度系统，负责与电池、充放电机、配电网、营销管理系统等系统的通信协议，实现通畅的信息交互和高效的能量交互。

1.3.4 双向变换器在 LED 驱动电源中的应用

发光二极管（Light Emitting Diode，LED）作为第四代照明光源，具有环保、高效、长寿命、色彩丰富等优点，已被广泛应用于各个领域。为了保证 LED 的发光品质，高品质、高效率的 LED 驱动电源设计至关重要。传统 LED 驱动电源中，实现功率因数校正（Power Factor Correction，PFC）的反激变换器输出电流中有很大的二次谐波，通常需要采用较大的电解电容滤波，但是电解电容寿命比较短。使用较小的电容会导致脉动电流较大，导致 LED 灯发生频闪问题。为了避免发光频闪问题，LED 应尽量采用恒流驱动，因此需要设计一种加入双向变换器的无频闪、无电解电容 ac/dc LED 驱动电源，在实现 PFC 功能的基础上去除电解电容，并实现平直的电流输出，从而满足 LED 驱动电源无频闪、长寿命的设计要求。

图 1.4 给出了一种无频闪、无电解电容的 ac/dc LED 驱动电源结构图，它由功率因数校正 PFC 变换器和双向 dc/dc 变换器组成，双向 dc/dc 变换器并联在 PFC 变换器的输出端。PFC 变换器输出电流中的开关频率及其倍数次频率分量由电容 C_o 和电感 L_o 组成的二阶低通滤波器滤除，以避免高频谐波电流流入 LED。PFC 变换器的输出电流中较大的二倍频交流分量由双向 dc/dc 变换器提供。由此可以保证流入 LED 的电流 i_o 为平直的直流电流，达到消除 LED 发光频闪的目的。C_o 容值较小，无需采用电解电容。

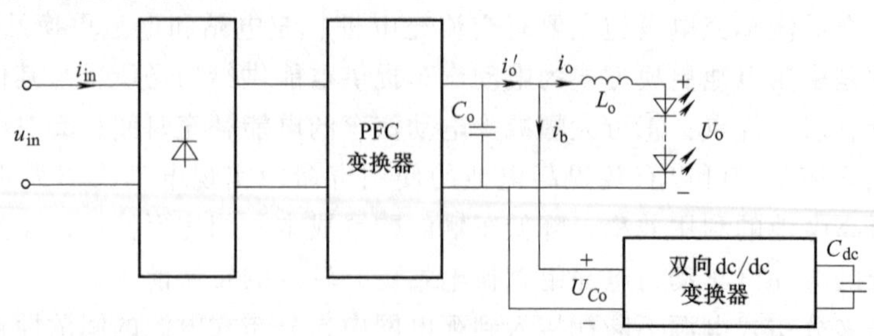

图 1.4 无频闪、无电解电容的 ac/dc LED 驱动电源结构图

1.4 固态变压器及其应用

固态变压器（Solid-State Transformer，SST）是指通过电力电子技术及高频变压器实现的新型电力电子设备，也被称为电力电子变压器（Power Electronic Transformer，PET）或智能变压器（Smart Transformer，ST）。它包括传统交流变压器的电压等级变换和电气隔离功能，此外还包括交流侧无功功率补偿及谐波治理、可再生能源/储能设备直流接入、端口间的故障隔离功能以及与其他智能设备的通信功能等。具有电气隔离功能、输出电压随输入电压变化的 dc/dc 变换器也被很多文献称为直流变压器（DC Transformer，DCT），其结构等同于 SST 中的高频隔离环节。SST 的应用目前主要集中在电力机车牵引用的车载变流器系统、智能电网/能源互联网和分布式可再生能源发电并网系统中。

1.4.1 固态变压器的拓扑类型

如图 1.5 所示，将高频变压器看作一个电能变换环节，依据电能变换环节数量可将现有 SST 拓扑分为三级型、四级-Ⅰ型、四级-Ⅱ型和五级型 4 种基本类型。

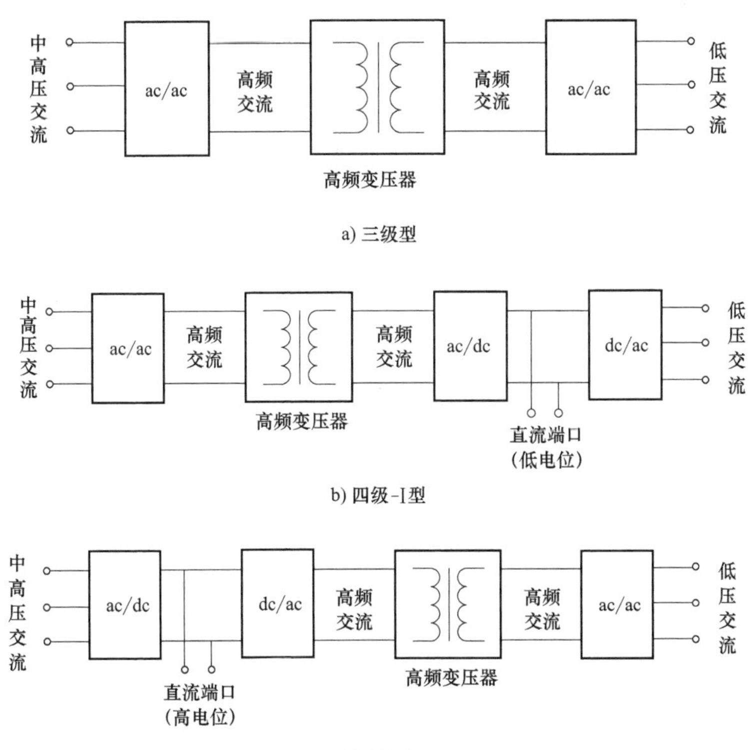

图 1.5 基于电能变换环节数量的 SST 拓扑分类

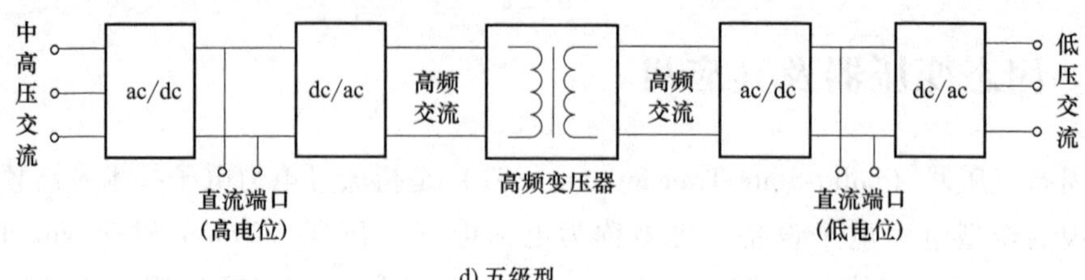

d) 五级型

图 1.5　基于电能变换环节数量的 SST 拓扑分类（续）

1. 三级型拓扑

三级型 SST 拓扑包含两个 ac/ac 变换器和一个高频变压器，结构较为简单，易于实现高效率运行。图 1.6 所示为美国德克萨斯 A & M 大学提出的直接矩阵变换三级型 SST 拓扑，应用于配电场合，双向开关由两只 IGBT 反向串联构成。输入侧 ac/ac 变换器将低频交流电通过调制产生 1kHz 高频交流电，经高频变压器隔离，输出侧 ac/ac 变换器将高频交流电解调还原成低频交流电。此类 SST 拓扑无直流端口，无法供电直流设备。

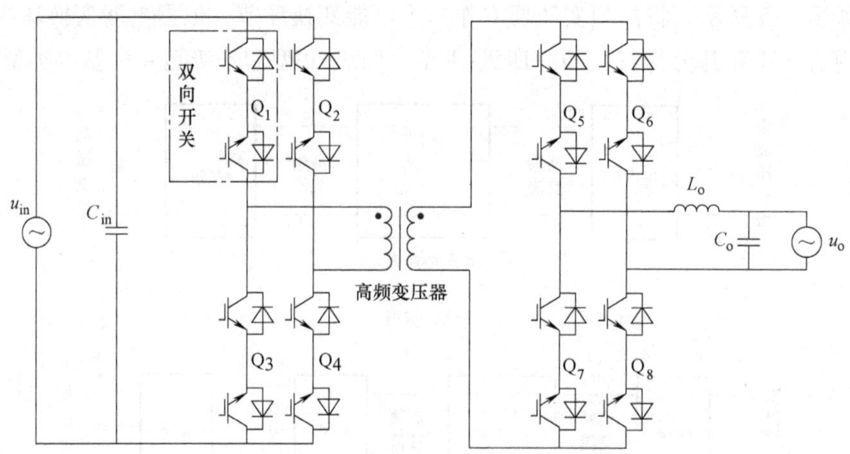

图 1.6　三级型 SST 拓扑结构

2. 四级-Ⅰ 型、四级-Ⅱ型

四级型包含一个 ac/ac 变换器、一个 ac/dc 整流器、一个 dc/ac 逆变器和一个高频变压器，根据 ac/ac 变换器在中高压交流侧还是低压交流侧分为四级-Ⅰ型和四级-Ⅱ型两种。图 1.7 所示为 ABB 公司在电力机车车载牵引变流系统中应用的 1.2MW 四级-Ⅰ型 SST 拓扑。矩阵变换器级联连接承受输入侧接触网的 15kV/16.7Hz 高压交流电压。变压器二次侧 ac/dc 变换器通过输出并联将交流电压变成 1800V 直流电压为机车牵引逆变器供电。中频变压器替代 16.7Hz 低频变压器实现电气隔离，减小了系统体积和重量，改善了机车牵引变流系统的性能。

四级-Ⅰ型和四级-Ⅱ型 SST 拓扑中存在矩阵变换器，换流控制复杂，开关器件保护困难，运行可靠性差，在实际中并未得到广泛应用。

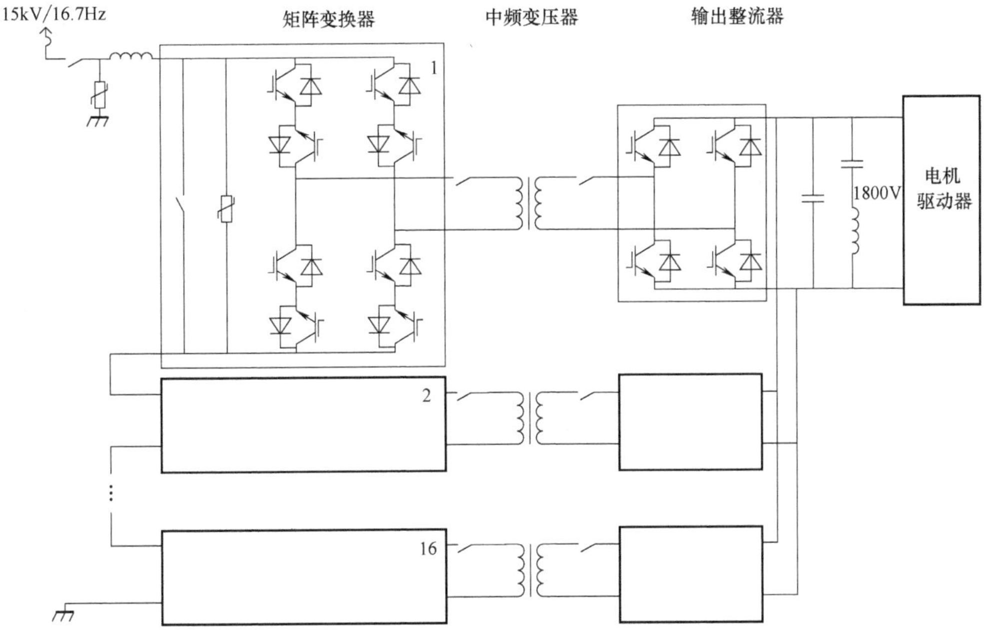

15kV/16.7Hz 矩阵变换器 中频变压器 输出整流器 1 电机驱动器 1800V 2 16

图 1.7 四级-Ⅰ型 SST 拓扑

3. 五级型拓扑

ABB 公司在早年的机车牵引用 SST 中采用了四级型拓扑，而在后期的工程样机研制中则采用了五级型拓扑。五级型拓扑包含两个 ac/dc 整流器、两个 dc/ac 逆变器和一个高频变压器。对于中高压应用的五级型 SST，受功率半导体器件耐压水平的限制，其高压侧输入 ac/dc 变换器通常采用级联 H 桥变流器、模块化多电平换流器（Modular Multiple Converter，MMC）和中点钳位变流器等拓扑。其中，级联 H 桥变流器具有模块化、可拓展以及易实现冗余设计等优点，是 SST 常用的拓扑结构。如图 1.8 所示，中高压侧每相电路由 n 个模块构成，每个模块为 H 桥 ac/dc 变换器、dc/ac 变换器、高频变压器和 ac/dc 变换器级联构成，n 个模块交流侧串联、直流侧并联。三相电路在低压直流侧并接在一起，供给直流负载，该直流电压通过 dc/ac 变换器和共模、差模滤波器输出低压交流电，供给交流负载。由于无直接的 ac/ac 变换器，滤波电路简单，且具有多种交、直流端口，模块化程度高，在实际的 SST 研制中，五级型 SST 获得了最广泛的关注和研究。

1.4.2 固态变压器在分布式电网接口网络中的应用

美国北卡罗来纳大学提出未来可再生能源传输与管理系统（Future Renewable Electric Energy Delivery and Management System，FREEDM System）并建立了该中心。FREEDM System 又称能源互联网，其目标是开发未来配电系统的基础和启用技术。

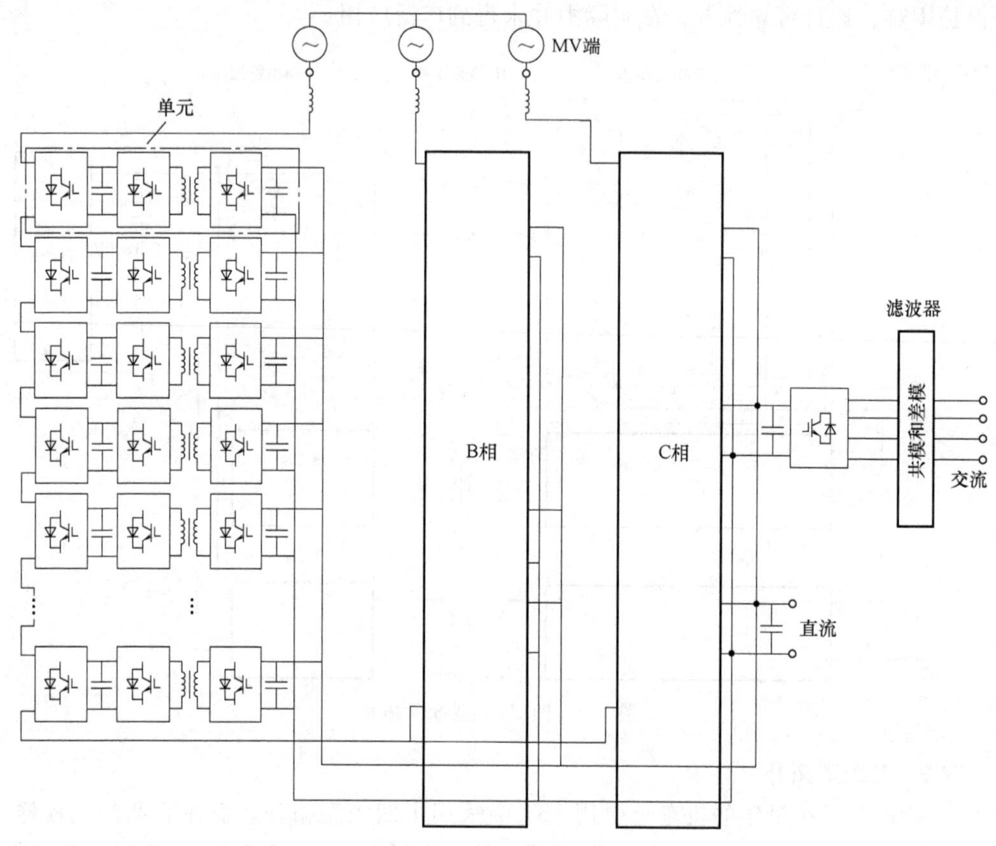

图 1.8　五级型 SST 拓扑

图 1.9 给出了 FREEDM 提出的未来家用或其他分布式负载的电网接口图。智能能量管理（Intelligent Energy Management，IEM）设备即能量路由器，由 SST 设备、分布式电网智能（Distributed Grid Intelligent，DGI）和通信接口组成，主要连接 12kV 交流配网和 120V 交流、400V 直流母线，识别和管理连接在这些母线上的分布式电源、电池和用电设备。DGI 即开放的标准协议，嵌入在每一个 IEM 设备中，利用通信网络管理能量路由器的工作。由 SST 连接的子系统有分布式可再生能源（Distributed Renewable Energy Resource，DRER）、分布式储能设备（Distributed Energy Storage Device，DESD）和负载，SST 实现交直流电压转换和电压等级变换，以及功率流动的灵活控制和智能管理。IFM（Intelligent Fault Management）指智能故障管理。

FREEDM 的 Alex Huang 教授提出了固态变压器的概念，他指出 SST 的本质是如图 1.10 所示的一个三端口电力交换机和能量路由器，在 FREEDM 系统中的一个重要目标是实现兼容性和灵活性。发电和储能子系统有着 AC 或 DC 不同的接口类型、电压等级和能源质量要求，IEM 在其中起到了智能即插即用接口的作用，它主

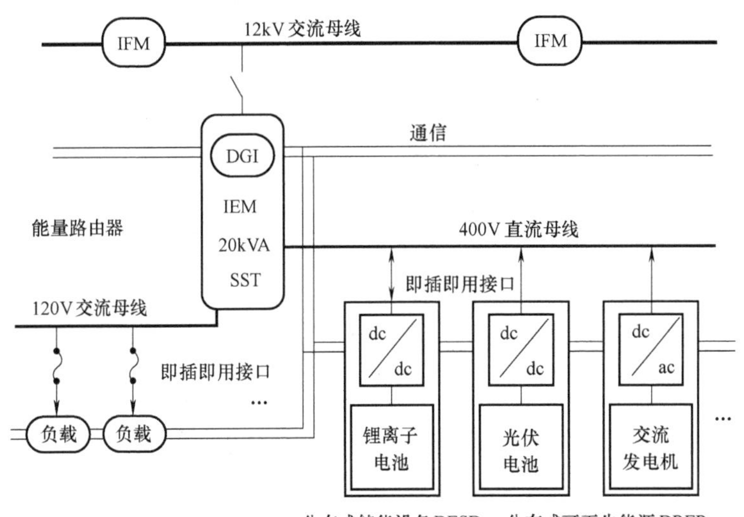

图 1.9 未来家用或其他分布式负载的电网接口图

要采用基于 DAB 双有源桥的固态变压器结构，通过 AC 或 DC 端口，为这些不同的子系统转换和分配电能。SST 设计和实施中的挑战集中在使用软开关技术来减少开关损耗。

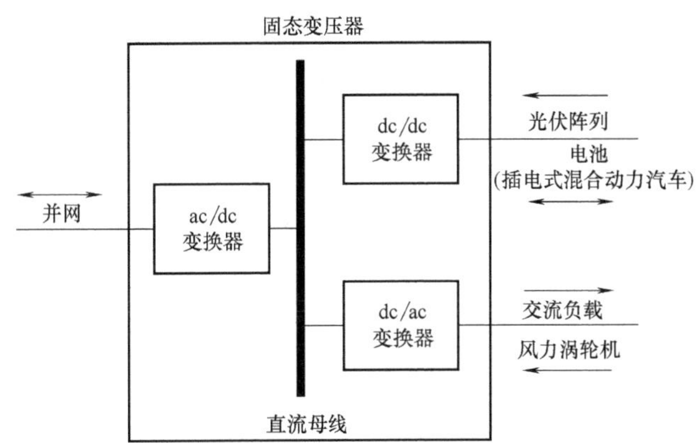

图 1.10 固态变压器 SST 示意图

FREEDM 基于 15kV/10A SiC MOSFET 设计了单相 SST 拓扑结构，如图 1.11 所示。它具有三个电压端口：7.2kV 交流电、120V/240V 交流电和 400V 直流电。7.2kV 端口连接到 12kV 三相配电线路；120 V/240 V 交流和 400 V 直流用于连接 DRER、DESD 和负载。图中的单相桥式 ac/dc 变换器、双有源桥 dc/dc 变换器和三相桥式 dc/ac 变换器均可以实现双向电能变换。所采用的 15kV/10A SiC MOSFET 是 FREEDM 专为 SST 应用开发的。

此外，FREEDM 还基于 6.5kV/25A IGBT 研制了 20kVA 的 Gen-Ⅰ SST 样机，

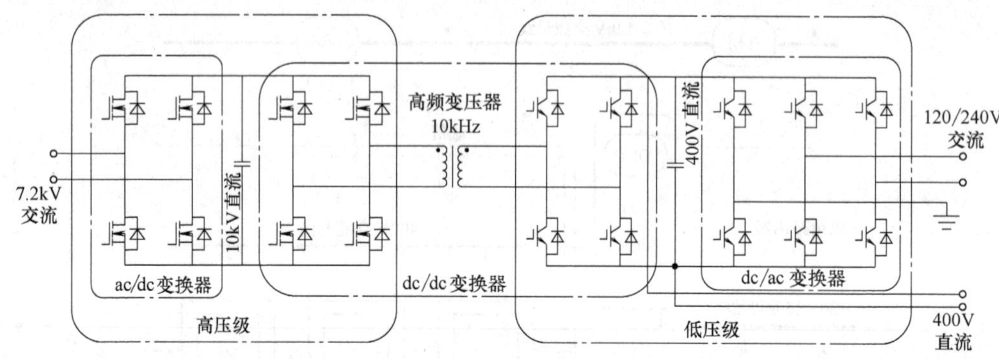

图 1.11　单相 SST 拓扑结构

如图 1.12 所示，该结构为五级型拓扑，应用于 7.2kV 交流输入、400V 直流输出的电网中，并具有 240V/120V 交流端口。在输入侧，多级由 6.5kV 的 IGBT 构建的 H 桥子模块串联，共同承担 7.2kV 输入单相交流电压，级联 H 桥控制输入功率因数并且调节 3.8kV 的直流母线电压，工作频率 1kHz，高压直流电容 30μF，高压输入电感 230mH。隔离级采用双有源桥结构，开关频率 3kHz，输出为 400V 低压直流母线电压，后接 dc/ac 逆变器输出 120/240V/60Hz 交流电压。变压器漏感 165mH，低压直流电容 2mF。

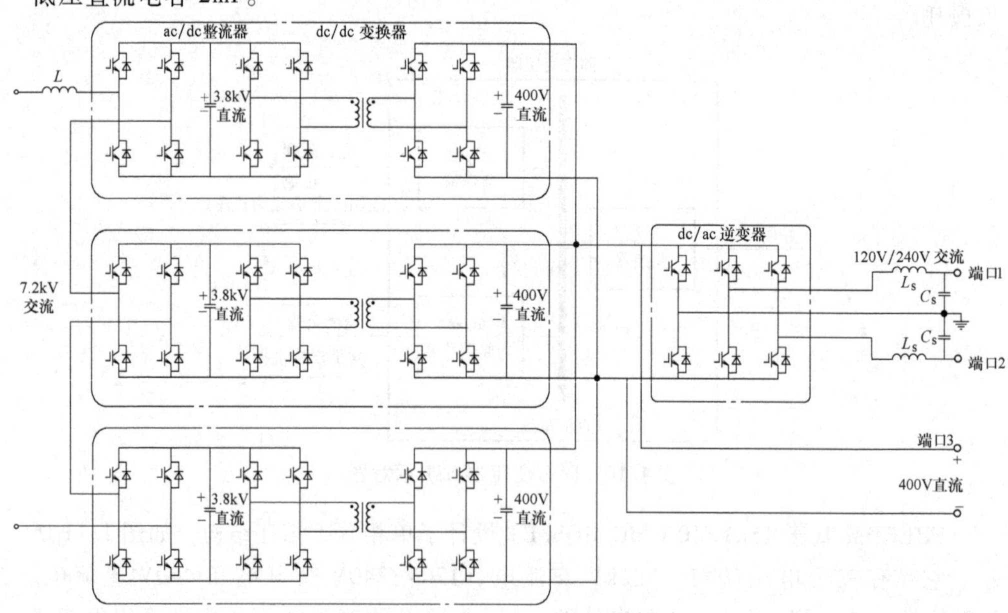

图 1.12　Gen-Ⅰ SST 拓扑结构

FREEDM 系统中存在着多层级的控制，如图 1.13 所示。第一级控制为用户级控制，包括蓄电池的双向充放电，光伏（PV）的最大功率跟踪（Maximum Power Point Tracking，MPPT）控制和 IEM 的通信等；SST 对应着第二级控制，它控制低压交流电压和直流母线电压，并为电网提供有功和无功功率控制或功率-频率控制，此外SST控制还能确保交流侧电流的电能质量和谐波符合标准要求；第三级为系统级控制，包括大电网的孤岛运行、保护等。SST的端口应具有电压/电流/功率控制，能实现电能的双向流动。

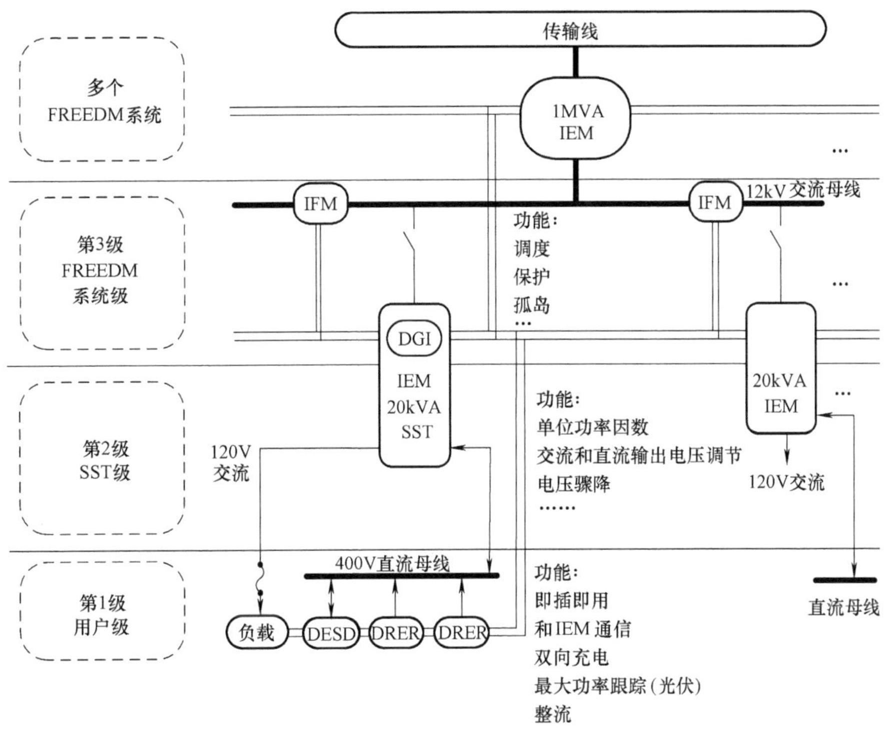

图1.13 FREEDM系统控制示意图

1.5 双向变换器的发展

由前述可见，双向变换器在各种场合均有较多的应用。为提高双向变换器的工作性能，需要在以下方面做进一步的研究：

1）新型器件在双向变换器上的应用。宽禁带功率器件SiC和GaN的发展，对进一步提高工作频率、效率和功率密度有了可能。高压SiC器件对减少功率器件和无源器件数量、提高运行效率和功率密度有较好的效果。但是高压高频运行下的绝缘技术、高dv/dt下的电磁兼容技术、新型冷却技术和数字控制实现等问题需要做深入的研究。

2）开发基于新型功率器件的新型拓扑结构，研究电能变换环节少、运行效率高、结构紧凑的拓扑结构是提高双向变换电路性能亟待解决的问题。

3）基于新型功率器件的各种双向变换器拓扑在不同应用场合下的控制问题。

如何在电源电压、负载和温度等的变化下提高双向变换器的运行稳定性、稳态特性和动态响应特性，以及实现双向无缝切换控制都需要做进一步的研究。

1.6 本章小结

本章首先讨论了双向变换器的类型，接着详细归纳了航空电源系统的发展进程，指出电力电子变换器在航空电源中，尤其是多电飞机中的应用情况，给出了双向变换器在飞机变频交流电源和高压直流电源中的应用可能。除了在航空领域的应用外，本章还详细讨论了双向变换器在带储能装置的光伏或风力发电等新能源系统、电动汽车、电动汽车电池充换电站、LED 驱动电源等领域的应用情况。电力电子变压器在双向变换器拓扑中的应用较多，本章对电力电子变压器技术的发展及应用情况做了详细介绍。最后给出了双向变换器的发展方向。后续章节将分析 dc/dc 双向变换器、单相和三相 ac/dc 双向变换器、ac/ac 双向变换器的工作原理和特性，给出详细的电路参数设计和仿真实例。

第 2 章

双向直流变换器

双向直流变换器有大量电路拓扑结构。按是否有电气隔离来分，有不隔离和隔离型两类。常用的隔离型 dc/dc 变换器都为变压器隔离。本章仅讨论两种不隔离型双向变换器，Bi Buck/Boost 和双 Buck/Boost；仅讨论三种隔离型变换器，不对称半桥电路、单相全桥电路和三相全桥电路，这三种隔离电路也可以工作在输出不控状态，作为直流变压器使用。

2.1 Bi Buck/Boost 双向直流变换器

2.1.1 工作原理

Bi Buck/Boost 是最简单的不隔离双向直流变换器，电路图如图 2.1 所示。当外电源加于变换器左侧时，为降压式直流变换器，输出电压 $U_2=DU_1$，式中 U_1 为电源电压，$D=t_{on}/T$，为开关管 Q_1 占空比，T 为 Q_1 的开关周期，t_{on} 为 Q_1 导通时间。当 Q_1 全截止时，$t_{on}=0$，$D=0$，$U_2=0$；Q_1 全导通时，$t_{on}=T$，$D=1$，$U_2=U_1$；Q_1 按照脉宽调制（Pulse Width Modulation，PWM）方式工作，$0<t_{on}<T$ 时，D 在 0 到 1 之间变化，U_2 等于 DU_1，即在 $0\sim U_1$ 之间变化，为降压工作方式。

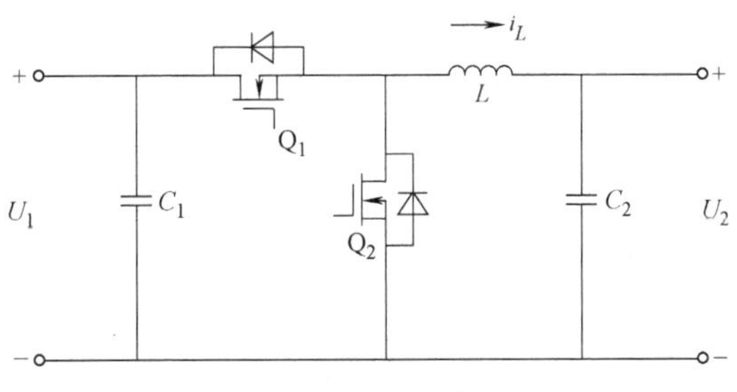

图 2.1 Bi Buck/Boost 降压/升压式双向直流变换器电路图

若外电源加于右侧，则图 2.1 成为升压变换器，$U_1=U_2/(1-D)$，D 为 Q_2 的占空比。当 D 在 $0\sim1$ 之间变化时，U_1 从等于 U_2 直至变化到很大的值。理论上，当 D 趋近于 1 时，U_1 趋近于无穷大，实际上，由于开关器件损耗和电感 L 中含有电阻，U_1 的最大值是受限的。同时也不允许 Q_2 的占空比等于 1，通常 Q_2 的占空比限制在 0~0.9 之间。

当 Q_1 和 Q_2 互补导通时，该变换器成为一双向降升压变换器，能量可双向流通。Q_1 和 Q_2 的驱动信号之间设有死区时间 t_d，在 t_d 时间内 Q_1、Q_2 均关断。若电感电流 i_L 自左向右，能量也自左向右流动；电感电流自右向左，则能量也自右向左流动。图 2.2 中 i_{L1} 是 Buck 工作方式时的电感电流波形，i_{L1} 为正，能量自左向右；Q_1 的占空比为 D。i_{L2} 是 Boost 工作方式时电感电流波形，i_{L2} 为负，能量自右向左。由于 Q_1、Q_2 互补导通，故此时 Q_2 的占空比为 $(1-D)$。i_{L1} 和 i_{L2} 的平均值大小取决于负载的大小，负载越大，平均电流也越大。若输出端没有负载，则平均电感电流为 0，电感电流波形如图中 i_{L3} 所示。可见，在 Q_1 和 Q_2 互补工作时电感电流连续，Buck 工作方式时有线性控制特性。滤波电感 L 的大小和开关频率相关，在电感电流脉动值 Δi_L 一定时，开关频率越高，电感 L 越小，变换器重量下降，但开关损耗加大，故开关频率有一个合理值。输出电压脉动值和输入电流脉动值与输出电容和输入电容大小相关。Buck 工作方式时，输出电压脉动较小，输入电流脉动较大，Boost 工作方式时，输入电流脉动较小但输出电压脉动较大。

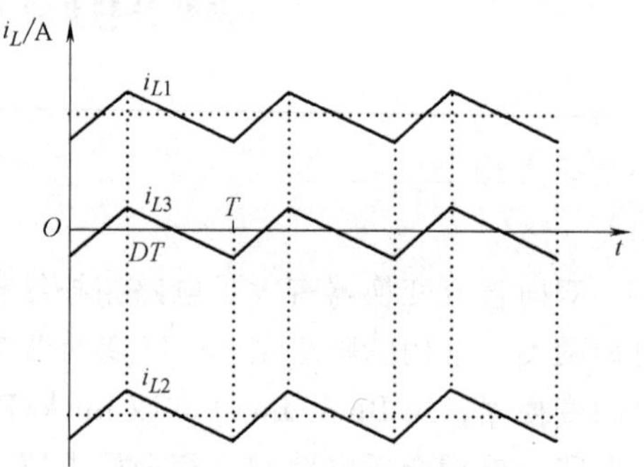

图 2.2 Bi Buck/Boost 在不同工作条件下的电感电流波形

图 2.3 是由两个相同的 Buck/Boost 构成的双通道电路，两个 Buck/Boost 交错并联工作，Q_{11} 和 Q_{21} 的开关周期相同，开通时间互差半个开关周期。并联结构的目的是扩大变换器的电流和输出功率，降低单个变换器的电感值。两路并联时，输

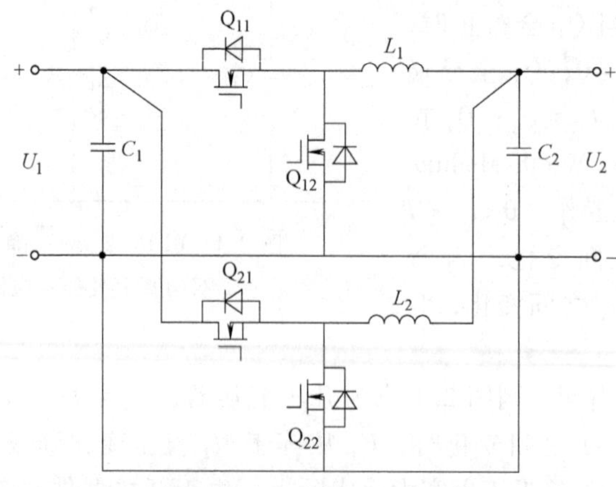

图 2.3 双通道并联的 Buck/Boost 主电路

入电容 C_1 和输出电容 C_2 的充放电频率是开关管开关频率的 2 倍，由此可以减小 C_1 和 C_2 的电容值，在相同输出电容下可以降低输出电压的脉动量。

2.1.2 变换器主电路参数设计

以 Bi Buck/Boost 变换器为例进行设计。假设高压侧电压 U_1 为 540V，低压侧电压 U_2 为 270V，额定输出功率 P_o 为 1kW，开关频率为 100kHz，输出电压脉动 $\Delta U_2 \leqslant 2V$。

1. 滤波电感 L

当变换器工作在 Buck 模式下，额定负载电流为 3.7A。一般根据 1/5~1/3 额定负载下变换器工作在临界连续导通模式来确定所需电感的最小值。取最小负载电流 I_{2min} 为 20%额定负载电流，电感电流脉动量为 $2I_{2min}$。假设 U_1 变化为 540(1±10%)V，则最小占空比 D_{min} 为 0.45，计算得电感值为

$$L=\frac{U_2(1-D_{min})T}{2I_{2min}}=1\text{mH} \tag{2.1}$$

取滤波电感 L 为 1mH。

2. 滤波电容 C_2

电容在一个周期内释放和吸收的电荷量是相同的，当电感瞬时电流大于平均电流值时，电容充电，小于平均电流值时，电容放电。电感电流变化量 ΔI_L 为

$$\Delta I_L=\frac{U_1-U_2}{L}DT \tag{2.2}$$

电荷变化量为

$$\Delta Q=\frac{1}{2}\times\left(\frac{1}{2}\Delta I_L\right)\times\frac{1}{2}T=\frac{U_2(1-D)}{8L}T^2 \tag{2.3}$$

输出滤波电容为

$$C_2=\frac{\Delta Q}{\Delta U_2}\geqslant\frac{U_2(1-D_{min})}{8L\Delta U_2}T^2 \tag{2.4}$$

当输出电压脉动量 ΔU_2 取输出电压 U_2 的 2%，占空比取 0.5 时可得 C_2 为 0.34μF。考虑电容等效串联电阻上的脉动电压，实际 C_2 取 4.7μF。

3. 滤波电容 C_1

变换器工作在 Boost 模式时，U_2 为输入电压，U_1 为输出电压。当开关管 Q_2 导通，Q_1 及其反并联二极管截止时，负载由电容 C_1 提供能量：

$$I_1=C_1\frac{\Delta U_1}{D_yT} \tag{2.5}$$

其中，D_y 为开关管 Q_2 的占空比。则输出电容满足

$$C_1\geqslant\frac{P_oD_{ymax}T}{U_1\Delta U_1} \tag{2.6}$$

假设 U_2 变化为 270(1±10%)，则最大占空比 D_{ymax} 为 0.55。当输出电压脉动量 ΔU_1 取输出电压 U_1 的 2%时计算得 C_1 为 0.95μF。考虑电容等效串联电阻上的脉动电压，实际 C_1 取 10μF。

2.1.3 仿真分析

在 Saber 中对 Bi Buck/Boost 双向变换器就 Buck 模式与 Boost 模式分别进行仿真验证，电感电流参考方向如图 2.1 所示。

1. Bi Buck/Boost 变换器工作在 Buck 模式

Bi Buck/Boost 双向变换器工作在 Buck 模式，仿真开关管选择型号为 SCT2160KE 的 SiC MOSFET。电路采用输出电压外环、电感电流内环的双闭环控制策略，其电流环采用 P 调节器，比例系数为 3，电压环采用 PI 调节器，比例系数为 10，积分系数为 5×10^4。

(1) 在不同输入电压下的占空比变化情况

假设输入电压 U_1 变化为 540(1±10%)V，低压侧输出电压 U_2 为 270V，两开关管互补导通。当变换器满载工作，输入电压变化时，仿真得到的开关管 Q_1 占空比如图 2.4a 所示。可见随着输入电压的升高，开关管 Q_1 占空比近似线性从大变小。

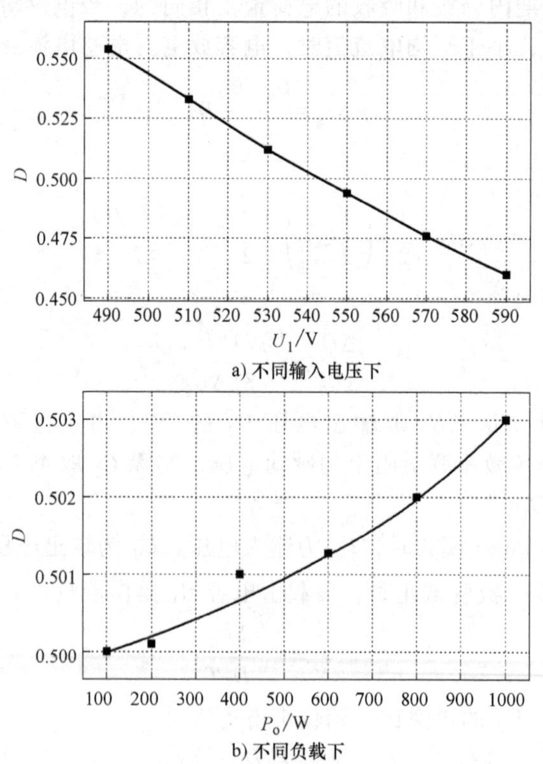

a) 不同输入电压下

b) 不同负载下

图 2.4 Buck 模式下占空比随输入电压和负载变化曲线

（2）在不同负载下的占空比变化情况

两开关管互补导通，输入电压 U_1 恒定为540V，输出电压 U_2 为270V，负载变化为从10%载对应的100W到满载1000W，仿真得到的占空比如图2.4b所示。因为开关管互补导通，所以不会出现断续工作模态。在输出功率变大的过程中，开关管开关损耗和导通损耗变大，占空比相应变大。

（3）在不同工作频率下的损耗

开关频率从50kHz变化到500kHz，两开关管互补导通，输入电压540V，输出电压270V，满载条件下，变换器的损耗 P_{loss} 随开关频率变化的曲线如图2.5所示，图2.5a对应型号SCT2160KE的SiC MOSFET，图2.5b对应型号为MTW10N100E的Si MOSFET。可见随着开关频率的提高，开关管的开关损耗变大，变换器的损耗 P_{loss} 增加；相同开关频率下采用Si MOSFET的变换器损耗远大于采用SiC MOSFET变换器的损耗，这是因为SiC MOSFET的导通电阻和结电容远小于Si MOSFET的导通电阻。

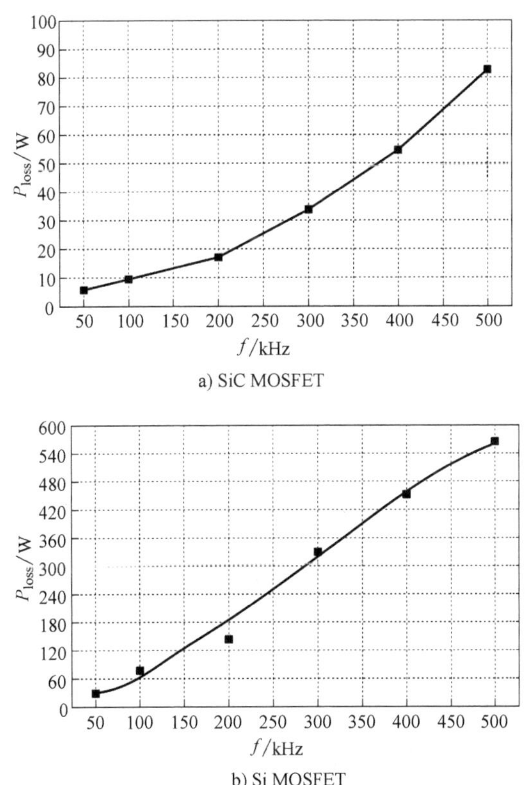

a) SiC MOSFET

b) Si MOSFET

图2.5　Buck模式不同工作频率下，Buck/Boost变换器损耗曲线

两种开关管的主要参数如表2.1所示。由表可见，SiC MOSFET的导通电阻和结电容均远小于Si MOSFET的导通电阻和结电容。

表 2.1 仿真所选 Si MOSFET 与 SiC MOSFET 器件的主要参数

	MTW10N100E(Si MOSFET)	SCT2160KE(SiC MOSFET)
最大漏源极电压 U_{ds}/V	1000	1200
连续漏源极电流 I_D/A	10	22
最大栅源极电压 U_{gs}/V	40	22
导通电阻 $R_{ds(on)}$/Ω	1.3	0.16
输入电容 C_{iss}/pF	5600	1200
反向传输电容 C_{rss}/pF	90	7
输出电容 C_{oss}/pF	530	45
体二极管反向恢复时间 t_{rr}/ns	885	26

(4) 不同负载下关键点波形

图 2.6 (a~c) 给出了 Buck/Boost 变换器分别在满载、40%载和 10%载下降压模式工作，开关管 Q_1、Q_2 的驱动信号 u_{gs}，Q_1、Q_2 的漏源极电压 u_{ds}，流过 Q_1、Q_2 的漏极电流 i_{ds}，滤波电感电流 i_L 和输出电压 U_2 仿真波形。可见随着负载电流的减小，开关管 Q_1、Q_2 开通时的电流也在减小，电感电流平均值下降，并在 10%负载下出现电感电流反向的情况。

(5) SiC MOSFET 与 Si MOSFET 开关波形对比

变换器在 Buck 工作模式，输入 540V，输出 270V，满载，图 2.7 和图 2.8 分别为 Q_1 采用表 2.1 所示 Si MOSFET 和 SiC MOSFET 时的开通与关断仿真波形图。Si MOSFET 的结电容大，体二极管的反向恢复时间长，开通时有较大的脉冲电流，会达到 20A 以上，开通时间在 100ns 以上，而 SiC MOSFET 开通时的脉冲电流不到 10A，开通时间只有 30ns 左右；普通 Si MOSFET 关断时间在 60ns 左右，而 SiC MOSFET 只有 30ns 左右。很显然，SiC MOSFE 的性能优于 Si MOSFET，开关损耗减小，导通损耗降低。

2. Bi Buck/Boost 变换器工作在 Boost 模式

(1) 在不同输入电压下的占空比变化情况

当 Bi Buck/Boost 双向变换器工作在 Boost 模式时，采用与 Buck 模式相同的双环控制方式。低压侧 U_2 为输入电压，高压侧 U_1 为输出电压，两开关管互补导通。输入电压为 270(1±10%)V，满载条件下，输入电压从 245V 变化到 295V 时，仿真得到的开关管 Q_2 占空比 D_y 如图 2.9a 所示。同 Buck 模式，电压从最小值到最大值线性变化过程中，D_y 线性从大变小。

(2) 在不同负载下的占空比变化情况

两开关管互补导通，输入电压 U_2 恒定为 270V，输出电压 U_1 为 540V。负载变化为从 10%载对应的 100W 到满载 1000W，仿真得到的 Q_2 占空比 D_y 如图 2.9b 所示。同 Buck 模式，在输出功率变大的过程中，开关管开关损耗和导通损耗变大，D_y 相应变大。

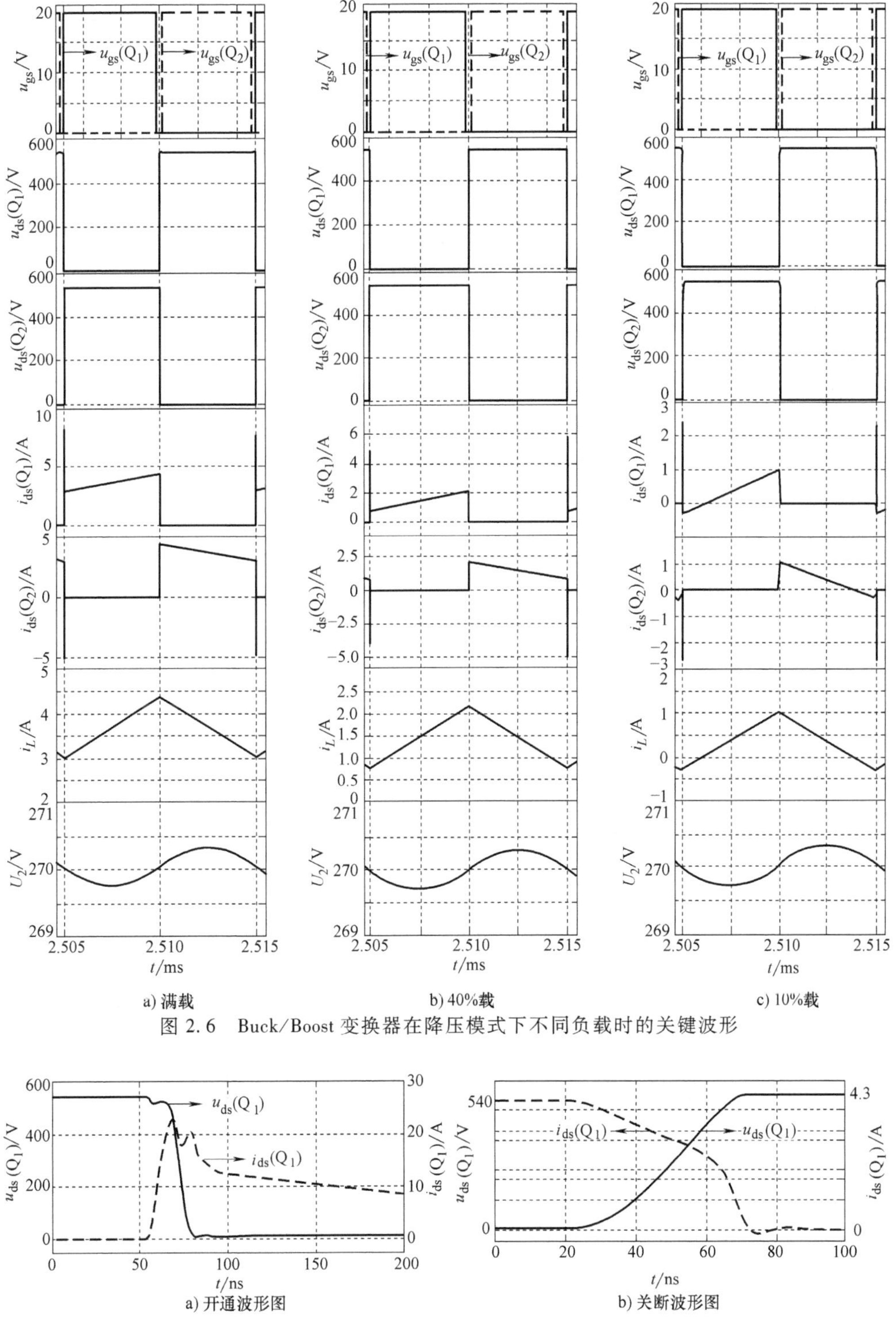

图 2.6　Buck/Boost 变换器在降压模式下不同负载时的关键波形

图 2.7　Si MOSFET 开关波形仿真图

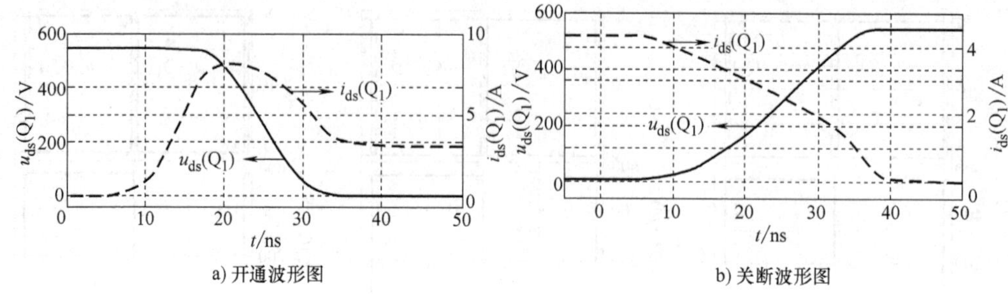

a) 开通波形图　　b) 关断波形图

图 2.8　SiC MOSFET 开关波形仿真图

（3）在不同工作频率下的损耗

两开关管互补导通，输入电压 270V，输出电压 540V，满载条件下，变换器开关管的开关频率从 50kHz 变化到 500kHz，采用不同开关管的变换器损耗 P_{loss} 随开关频率变化的曲线如图 2.10 所示，图 2.10a 采用的是型号 SCT2160KE 的 SiC MOSFET，图 2.10b 采用的是型号 MTW10N100E 的 Si MOSFET。同 Buck 模式，随着开关管工作频率的提高，消耗在两开关管上的开关损耗变大。

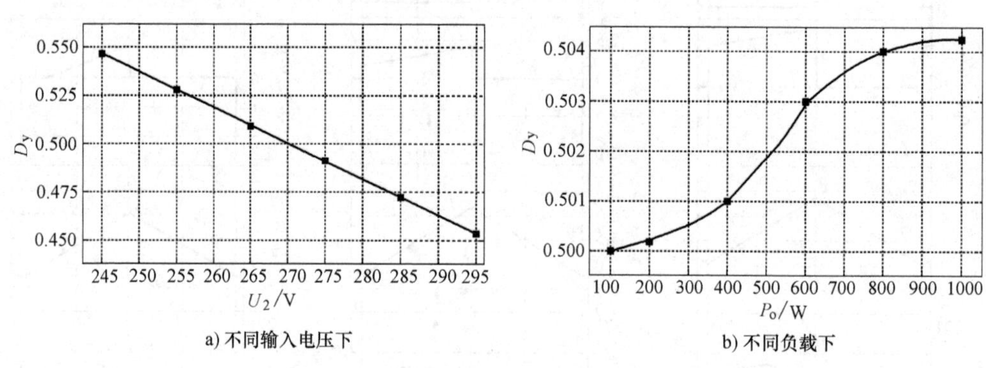

a) 不同输入电压下　　b) 不同负载下

图 2.9　Boost 模式下占空比随输入电压和负载变化曲线

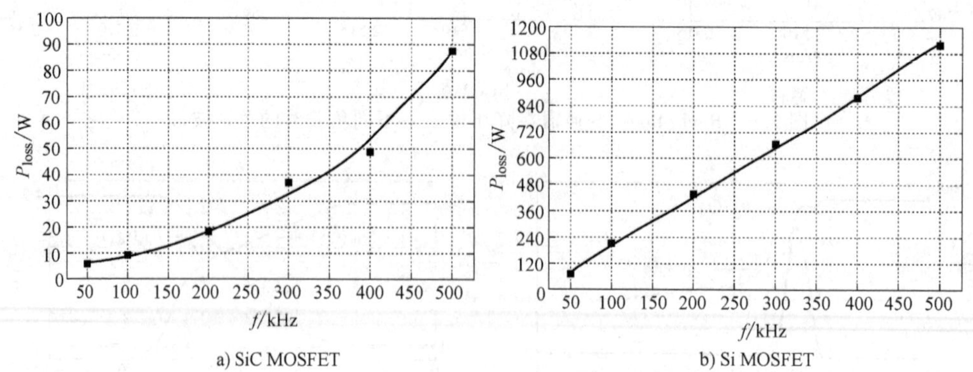

a) SiC MOSFET　　b) Si MOSFET

图 2.10　Boost 模式不同工作频率下 Buck/Boost 变换器损耗曲线

由图 2.5 和图 2.10 可见，SiC MOSFET 器件构成的 Buck/Boost 的损耗仅为 Si MOSFET 器件构成的 Buck/Boost 的损耗的 1/7 左右。

（4）不同负载下关键点波形

Boost 变换器在满载、40%载和 10%载下，开关管 Q_1、Q_2 的驱动电压 u_{gs}，Q_1、Q_2 的漏源极电压 u_{ds}，流过 Q_1、Q_2 的漏极电流 i_{ds}，滤波电感电流 i_L 和输出电压 U_1 的波形分别如图 2.11a~c 所示。由图可见，在负载电流不断减小的情况下，开关管 Q_1、Q_2 开通时的脉冲电流不断减小，电感电流平均值也不断减小，并在 10%

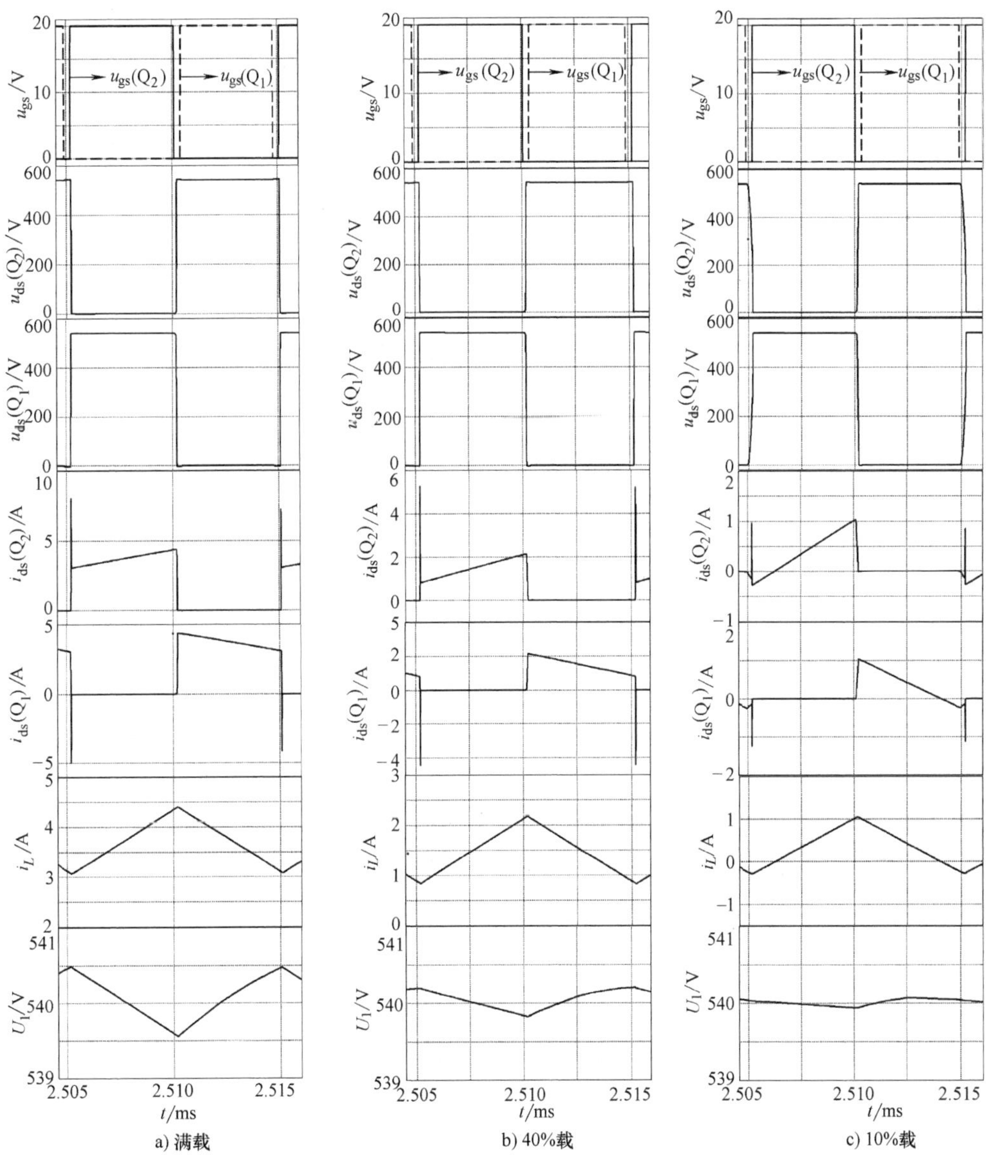

a) 满载　b) 40%载　c) 10%载

图 2.11　Buck/Boost 变换器在升压模式下不同负载时的关键波形

负载下出现电感电流反向的情况。

3. Bi Buck/Boost 在储能系统中的应用

Buck/Boost 双向变换器可用于储能系统中蓄电池的充放电控制。采用 Matlab 软件对变换器进行仿真，蓄电池为铅酸蓄电池，蓄电池标称电压 U_2 为 270V，容量 10A·h，最大充放电电流为 4A，直流母线电压 U_1 为 540V，开关频率为 100kHz，电感 L 为 1mH，电容 C_1 为 4.7μF，C_2 为 10μF。为便于观察波形，蓄电池充电速度很快，充电时间很短，实际应用中充电时间不可能那么短。

（1）蓄电池充电切换为放电

采用独立式 PWM 控制对蓄电池进行充放电控制，即充电和放电使用的是不同的控制回路。蓄电池采用恒压限流充电方法，Buck/Boost 变换器工作在 Buck 模式，电压外环控制电池电压 U_2，电流内环控制电感电流 i_L，电压外环饱和时控制最大充电电流为 4A；在蓄电池放电时，Buck/Boost 变换器工作在 Boost 模式，电压外环控制直流母线电压 U_1，电流内环控制电感电流 i_L，电压外环饱和时控制最大放电电流为 4A。电感电流参考正方向为电池放电电流方向。

图 2.12a 对应蓄电池充电切换为放电。在 0~1.5s 时，电压环饱和，i_L 以最大

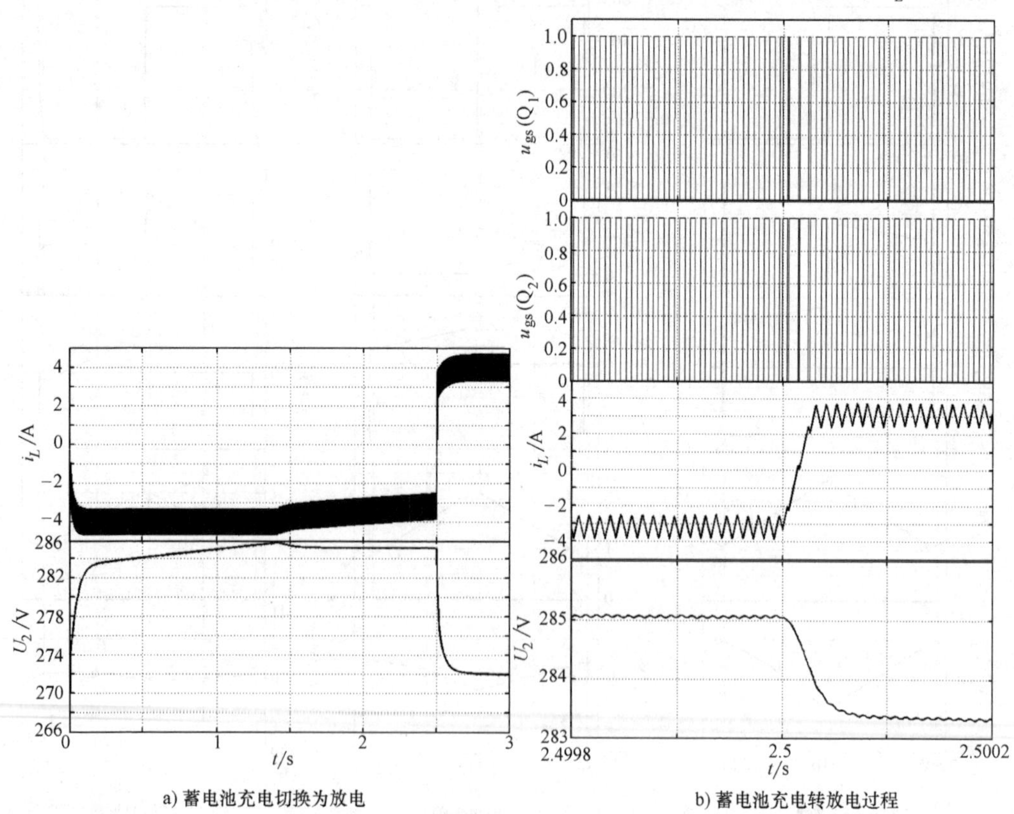

a) 蓄电池充电切换为放电

b) 蓄电池充电转放电过程

图 2.12 蓄电池充电切换为放电仿真波形

电流 4A 恒流充电；1.5~2.5s 为恒压充电阶段，电池充电电压恒定为 285V，充电电流逐渐下降；2.5s 切换为蓄电池放电，电压环饱和，放电电流限制在 4A。

在 2.5s 切换时，蓄电池充放电状态发生变化，图 2.12b 为蓄电池充电转放电过程对应的开关管 Q_1、Q_2 的驱动电压 u_{gs}，电感电流 i_L 和蓄电池电压 U_2 波形。Q_1 与 Q_2 的驱动电压互补，Q_1 驱动电压占空比会有逐渐减小并逐渐增大的过程，对应的电感电流 i_L 由负值逐渐减小至零，再反向逐渐增大。

（2）蓄电池放电切换为充电

由图 2.13a 蓄电池放电转充电过程波形可知，在 0~2s 时间段内电压环饱和，i_L 放电电流恒定为 4A。在 2~3s 时间段内为恒流充电阶段，充电电压 U_2 最大值为 285V，充电电流最大限制在 4A。此处波形仅体现了控制电路的作用过程，实际应用时充电时间较长。

在 2s 时，蓄电池充放电状态发生变化，图 2.13b 为蓄电池放电转充电过程对应的开关管 Q_1、Q_2 驱动电压 $u_{gs}(Q_1)$、$u_{gs}(Q_2)$、电感电流 i_L，蓄电池电压 U_2 波形。可见 Q_1 驱动电压与 Q_2 驱动信号互补，Q_1 驱动电压占空比会有逐渐增大并逐渐减小的过程，对应的电感电流由正值逐渐减小至零，再逐渐反向增大。

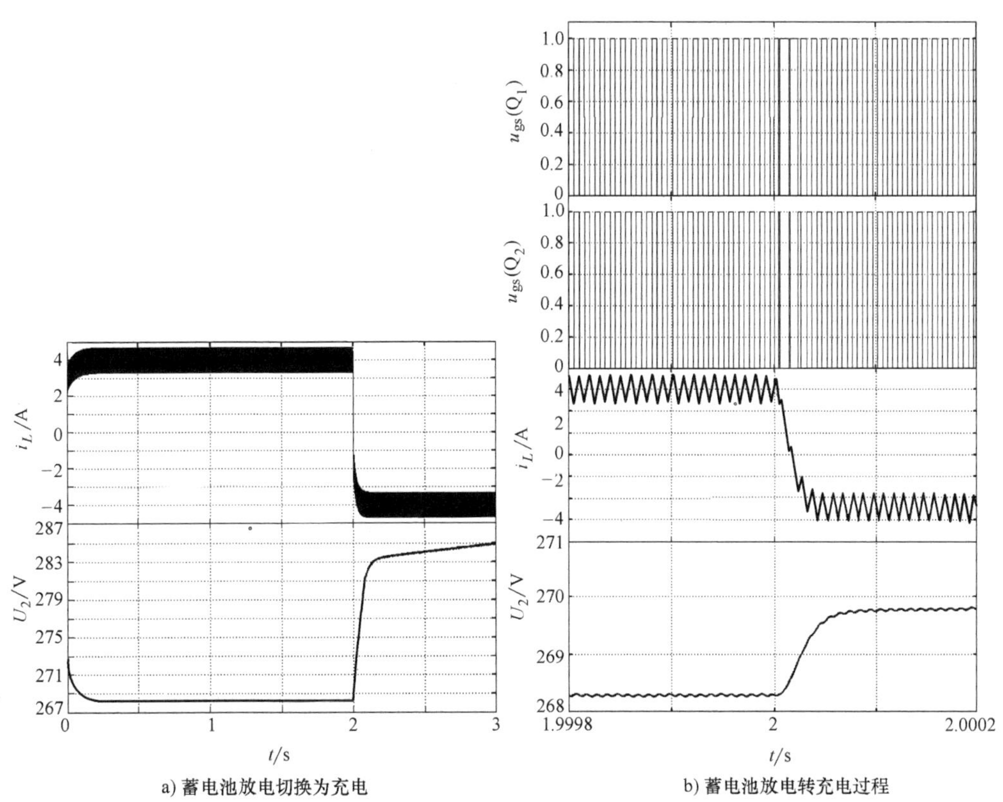

a) 蓄电池放电切换为充电

b) 蓄电池放电转充电过程

图 2.13 蓄电池放电切换为充电仿真波形

4. Bi Buck/Boost 在 LED 驱动电源中的应用

无频闪无电解电容 ac/dc LED 驱动电源结构图如图 1.4 所示。交流电压经二极管整流和 PFC 变换器给 LED 供电。PFC 电路采用单端反激式拓扑，工作在断续模式，输入功率因数为 1，输入电压 u_{in} 为 220V/50Hz 交流电，输出电压 U_o 为 48V，满载输出电流 i_o 为 0.7A，反激变压器一次侧电感为 100μH，C_o 为 1μF，滤波电感 L_o 为 60μH。

图 2.14 所示为驱动电源中的 Bi Buck/Boost 双向 dc/dc 变换器及其控制框图，变换器采用电压外环电流内环的双环控制策略。双向 dc/dc 变换器高压侧电容 C_{dc} 的电压 u_C 经采样反馈后的信号 u_{c_f} 跟踪电压基准信号 U_{c_ref}，保证 C_{dc} 的电压平均值恒定。电压调节器 $G_v(s)$ 的输出 u_{o_Gc} 叠加到电流基准 i_{b_ref} 上，作为电流环的基准信号。i_{b_ref} 由 PFC 输入电流 i_{s_s} 经过带通滤波器 $G_{BPF}(s)$ 得到。电流调节器控制双向变换器的电感电流 i_b 跟踪电流基准信号，使其和 PFC 变换器输出电流中的两倍工频交流分量反向，让 LED 电流为平直的直流电流。电流调节器 $G_c(s)$ 的输出信号 u_{o_Gc} 与三角波比较得到开关管 Q_1 的 PWM 信号。开关管 Q_2 与 Q_1 互补导通。变换器输入电感 L_b 为 1.5mH，C_{dc} 为 4.7μF。

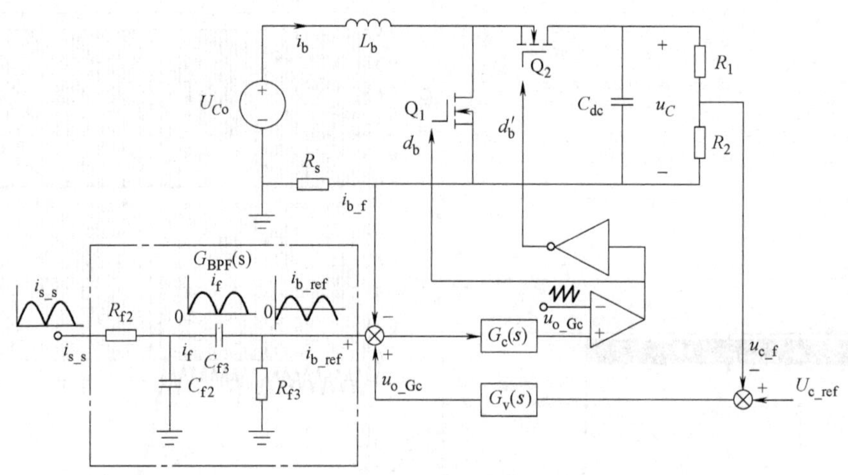

图 2.14 Bi Buck/Boost 变换器主电路及其控制框图

在未加入双向变换器时，因为 C_o 很小，LED 输入功率 P_o、输入电压 U_o 和 LED 驱动电流 i_o 如图 2.15a 所示，波动都非常大，无法使用。加入 Bi Buck/Boost 双向变换器后的仿真波形如图 2.15b 所示，LED 驱动电流 i_o 中仍然含有较小的两倍工频的脉动分量，但脉动电流的峰-峰值均保持在相应电流平均值的 16%以内。反激变换器的输出电流 i_o'、双向变换器的电流 i_b 和 LED 的电流 i_o 如图 2.16 所示。在较小输出电容 C_o 时，i_o'包含直流分量和二次谐波分量，二次谐波分量被双向变

换器吸收，使 LED 的电流 i_o 近似为直流电流。

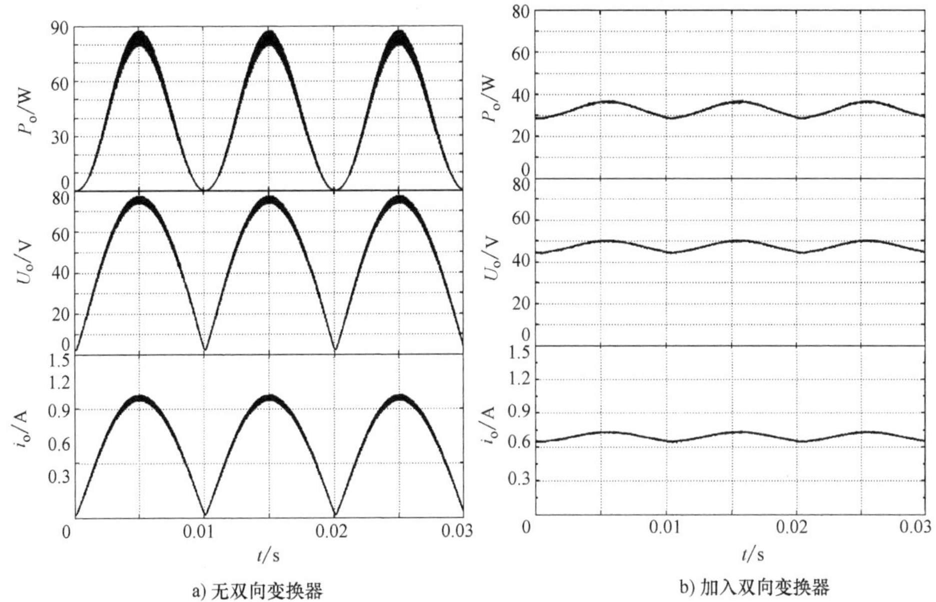

图 2.15　有无双向变换器缓冲时的 LED 驱动电源仿真波形

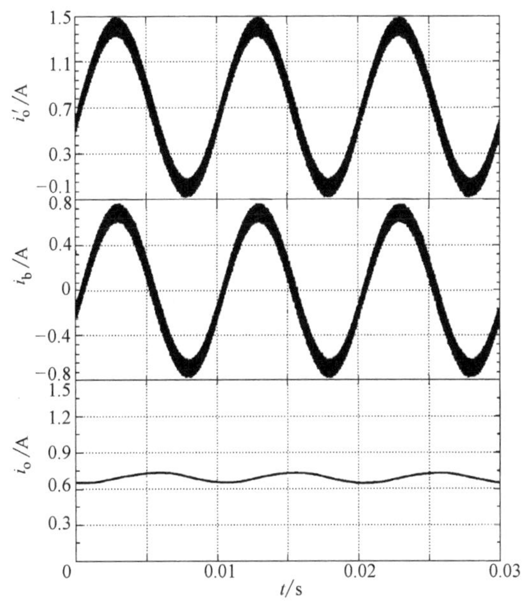

图 2.16　负载与双向变换器输入输出电流波形图

2.2 Dual Buck/Boost 双向直流变换器

2.2.1 工作原理

Dual Buck/Boost（双 Buck/Boost）双向变换器的主电路如图 2.17 所示，由 4 只开关管、输入输出滤波电容和滤波电感构成。电压电流参考方向如图所示。该电路与 Buck/Boost 电路的不同点是两个方向传输电能时，输出端电压可小于或大于输入侧电源电压。Dual Buck/Boost 6 种工作模态如图 2.18（a~f）所示。

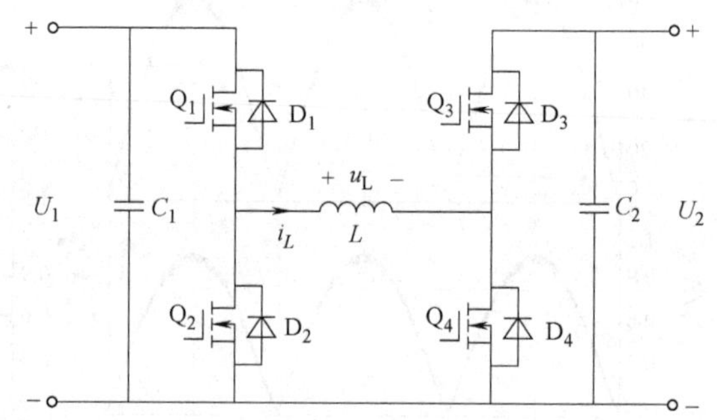

图 2.17 Dual Buck/Boost 主电路

该电路有两种工作方式：硬开关方式和软开关方式。由于电路结构对称，只需讨论能量从左向右馈送的工作模式，能量反向馈送时的情况和正向相同。硬开关工作方式分降压、升压和升降压三种情况。

硬开关降压变换：工作模态 C 和 D 组合，构成 Buck 降压变换器。在此模式下，Q_1 脉宽调制工作，Q_2~Q_4 一直处于关断状态。如图 2.18c 所示，当 Q_1 导通时，电感储能，电感电流 i_L 上升；当 Q_1 关断时，i_L 通过 D_2 和 D_3 续流，i_L 下降，电感释放能量，如图 2.18d 所示。定义 Q_1 占空比 $D_{Q1}=t_{on}/T$，t_{on} 为 Q_1 的导通时间，T 为开关周期，输入输出电压满足：

$$U_2=D_{Q1}U_1 \qquad U_2<U_1 \tag{2.7}$$

硬开关升压变换：工作模态 B 和 C 组合，构成 Boost 升压变换器。在此模式下，Q_1 一直导通，Q_2、Q_3 一直关断，Q_4 脉宽调制工作。当 Q_1 和 Q_4 导通时，电感储能，电感电流 i_L 上升，电容 C_2 提供能量给负载，如图 2.18b 所示；当 Q_4 关断时，如图 2.18c 所示，输入电源和电感一起通过二极管 D_3 和 Q_1 提供能量给输出端，i_L 下降。定义 Q_4 占空比为 D_{Q4}，对应 Q_4 的导通时间除以开关周期时间，输入输出电压满足：

$$U_2=\frac{1}{1-D_{Q4}}U_1 \qquad U_2>U_1 \tag{2.8}$$

硬开关升降压变换：工作模态 B 和 D 组合，构成 Buck-Boost 变换器。在此模式下，Q_1 和 Q_4 脉宽调制工作，Q_2、Q_3 一直关断。当 Q_1 和 Q_4 导通时，电感储能，电感电流 i_L 上升，电容 C_2 提供能量给负载，如图 2.18b 所示；当 Q_1 和 Q_4 关断时，i_L 通过 D_2 和 D_3 续流，i_L 下降，电感释放能量，如图 2.18d 所示。定义 Q_4 的

占空比为 D_{Q4}，对应 Q_4 的导通时间除以开关周期时间，输入输出电压满足：

$$U_2=\frac{D_{Q4}}{1-D_{Q4}}U_1 \tag{2.9}$$

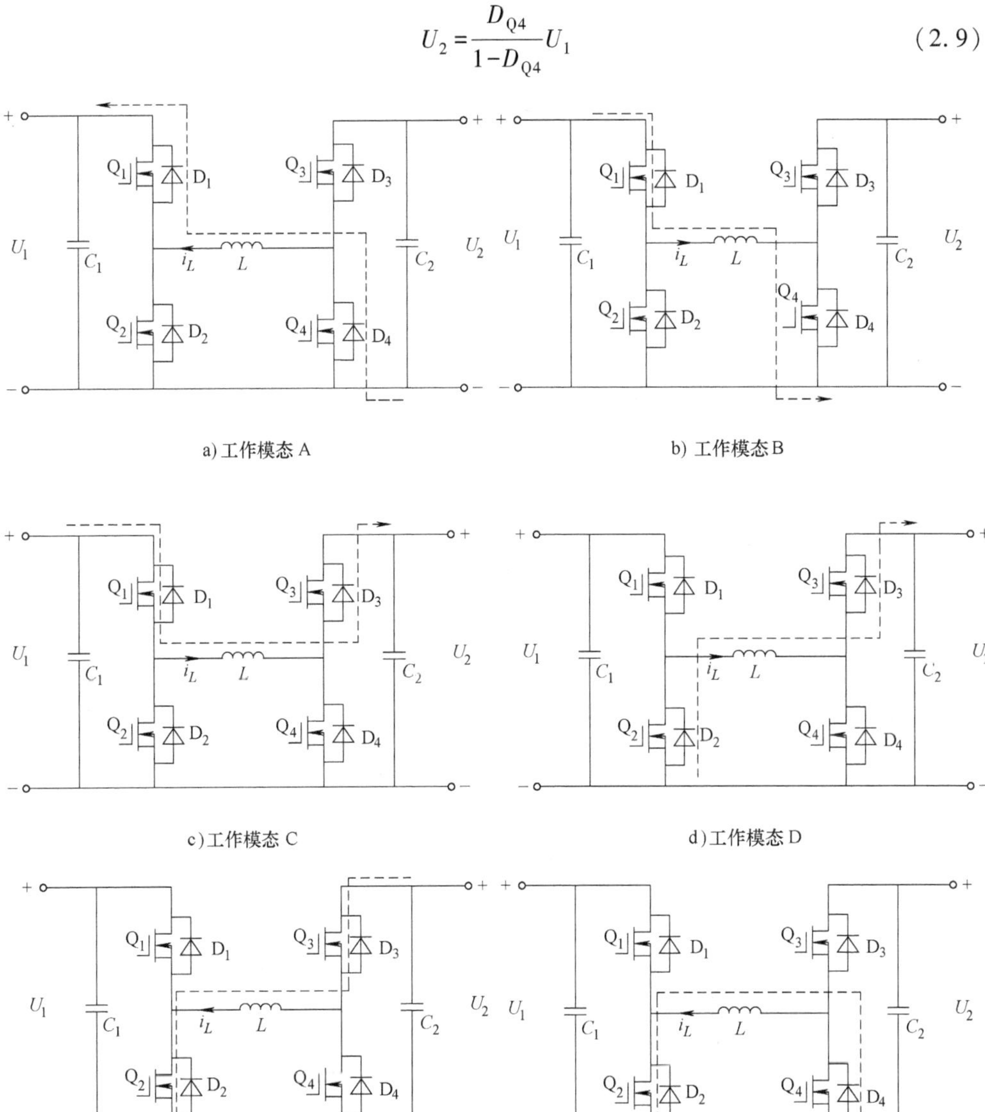

图 2.18 Dual Buck/Boost 工作模态

软开关工作方式也可实现升压和降压变换。开关管驱动逻辑和电感电流波形如图 2.19 所示，采用移相控制，超前桥臂上下管 Q_1 和 Q_2 互补导通，滞后桥臂上下管 Q_3 和 Q_4 互补导通，Q_3 开通时间滞后于 Q_1 的开通时间 t_1 于 δT，δ 为移相占空比。图 2.19a 对应 Q_1 占空比 $D_{Q1}=0.8$，$\delta=0.5$，Q_3 占空比 $D_{Q3}=0.4$，变换器升压工作；图 2.19b 对应 $D_{Q1}=0.4$，$\delta=0.1$，$D_{Q3}=0.8$，变换器降压工作。$t=0$ 时，Q_1、Q_4 在 D_1、D_4 续流时开通，为零电压开通，电感储能通过 D_1、D_4 往输入端回馈，i_L 反向减小，电路如图 2.18a 所示；i_L 过零后正向流经 Q_1 和 Q_4，电感储能，电路如图 2.18b 所示。$t=t_1$ 时，Q_4 关断，Q_3 导通，i_L 流经 Q_1 和 D_3，Q_3 实现零电压开通，若变换器升压工作，$U_2>U_1$，输入电源能量和电感储能一起传输给输出端，i_L 下降，电路如图 2.18c 所示；若变换器降压工作，$U_2<U_1$，i_L 继续上升，仅上升斜率下降，电感储能。$t=t_2$ 时，关断 Q_1，开通 Q_2，i_L 流经 D_2 和 D_3，Q_2 实现零电压开通，电感储能传输给输出端，电路如图 2.18d 所示，i_L 在 U_2 的作用下快速下降，当 i_L 过零反向后，i_L 流经 Q_2 和 Q_3，直到 $-I_m$ 值，电路如图 2.18e 所示。当 $t=t_3$，$i_L=-I_m$ 时，关断 Q_3，开通 Q_4，i_L 经 D_4 和 Q_2 续流，i_L 近似不变，电路如图 2.18f 所示，Q_4 实现零电压开通。在 $t=T$ 时关断 Q_2，开通 Q_1，进入下一个开关周期。

各阶段电感电压 u_L 等于

$$u_L(t)=\begin{cases} U_1 & 0\leqslant t\leqslant t_1 \\ U_1-U_2 & t_1<t\leqslant t_2 \\ -U_2 & t_2<t\leqslant t_3 \\ 0 & t_3<t\leqslant T \end{cases} \tag{2.10}$$

由电感电压正负伏秒平衡可知输入输出电压满足

$$U_2=\frac{D_{Q1}}{D_{Q3}}U_1 \qquad (\delta<D_{Q1}<\delta+D_{Q3}<1) \tag{2.11}$$

由式（2.11）可见，当 $t_2>(t_3-t_1)$ 时，$D_{Q1}>D_{Q3}$，$U_2>U_1$，实现升压变换，$t_1\sim t_2$ 阶段 i_L 波形如图 2.19a 所示，该图对应 $D_{Q1}=0.8$，$D_{Q3}=0.4$，$\delta=0.5$；当 $t_2<$

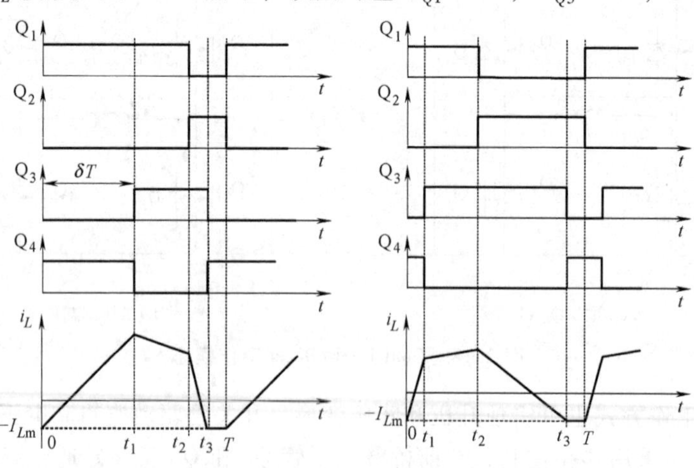

a) 升压变换，$\delta=0.5$，$D_{Q1}=0.8$，$D_{Q3}=0.4$　　b) 降压变换，$\delta=0.1$，$D_{Q1}=0.4$，$D_{Q3}=0.8$

图 2.19　Dual Buck/Boost 软开关工作时的开关管驱动电压和电感电流波形

(t_3-t_1) 时，$D_{Q1}<D_{Q3}$，$U_2<U_1$，实现降压变换，$t_1 \sim t_2$ 阶段 i_L 波形如图 2.19b 所示，该图对应 $D_{Q1}=0.4$，$D_{Q3}=0.8$，$\delta=0.1$。因此 Dual Buck/Boost 变换器的输出电压只与两侧桥臂的占空比 D_{Q1}、D_{Q3} 有关，两个桥臂的占空比与桥臂间的移相占空比 δ 的大小需满足式（2.11）限定。

开关管关断时有并联于管两端的结电容缓冲，可实现软关断。开关管开通时，由于电感储能抽去了开关管结电容的电荷，i_L 经开关管的反并联二极管续流，故开关管可实现零电压开通。由此可见，Dual Buck/Boost 不仅具有升降压功能，有双向电能传输功能，还可以实现软开关工作，有助于减小开关损耗，提高开关频率。软开关方式下 i_L 需双向工作。

2.2.2 实例分析

1. 主电路参数设计

对 Dual Buck/Boost 变换器主电路器件进行设计。要求输入直流电压 U_1 为 270V；降压工作输出电压 U_2 和电流 I_2 为 135V、100A；升压工作 U_2 和电流 I_2 为 540V、50A；输出电压脉动 $\Delta U_2 \leqslant 2V$；开关频率 f 为 100kHz。

（1）电感 L

当电路工作在软开关变换状态时，要想实现全部开关管的 ZVS 开通，必须保证 0 和 t_3 时刻电感电流 I_{Lm} 要足够大，并且 I_{Lm} 为负值。

各工作模态电感电流的表达式为

$$i_L(t)=\begin{cases} -I_{Lm}+\dfrac{U_1}{L}t & 0\leqslant t\leqslant t_1 \\ -I_{Lm}+\dfrac{U_2t_1}{L}+\dfrac{U_1-U_2}{L}t & t_1\leqslant t\leqslant t_2 \\ -I_{Lm}+\dfrac{U_2t_1}{L}+\dfrac{U_1t_2}{L}-\dfrac{U_2}{L}t & t_2\leqslant t\leqslant t_3 \\ -I_{Lm} & t_3\leqslant t\leqslant T \end{cases} \tag{2.12}$$

忽略开关管损耗，变换器输出功率为

$$\begin{aligned} P_o &= \frac{1}{T}\left[\int_0^T U_{Q4}(t)i_L(t)\,dt\right] \\ &= -U_2I_{Lm}D_{Q3}+\frac{U_2}{2fL}\{-U_2D_{Q3}^2+U_1[\delta(2D_{Q1}-\delta)+D_{Q1}(2D_{Q3}-D_{Q1})]\} \end{aligned} \tag{2.13}$$

由此可得

$$L=\frac{-U_2D_{Q3}^2+U_1[\delta(2D_{Q1}-\delta)+D_{Q1}(2D_{Q3}-D_{Q1})]}{2f(P_o/U_2+I_{Lm}D_{Q3})} \tag{2.14}$$

设开关管承受的最大电压为 U_{ds_max}，结电容为 C_{ds}，死区时间为 t_{dead}，开关管实现零电压开通所需的最小电流为

$$I_{ZVS}=\frac{2U_{ds\_max}C_{ds}}{t_{dead}} \tag{2.15}$$

则当 $I_{Lm}>I_{ZVS}$ 时，Q_1 和 Q_4 能够实现零电压开通。

同理，要实现 Q_2、Q_3 零电压开通，$I_L(t_1)$、$I_L(t_2)$ 均需大于相应的 I_{ZVS}。因为 $I_L(t_1)$、$I_L(t_2)$ 值通常较大，Q_2、Q_3 容易实现零电压开通，所以在按上述设计完电感后，再验证一下 $I_L(t_1)$、$I_L(t_2)$ 是否均大于 I_{ZVS} 即可。

① 降压模式：变换器工作在软开关降压模式下时，输入电压 U_1 为 270V，输出电压 U_2 为 135V。Q_1、Q_4 承受的最大电压分别为 270V、135V，所以 $U_{ds\_max}=270V$，取开关管结电容 C_{ds} 为 2.2nF，死区时间 t_{dead} 为 100ns，由式（2.15）计算得 $I_{ZVS}=11.88A$，为保证足够裕量，取反向电流 I_{Lm} 为 20A。取 $D_{Q1}=0.4$，$\delta=0.1$，$D_{Q3}=0.8$，由式（2.14）计算得 L 为 2.68μH。

变换器工作在硬开关降压模式时，一般以最小输出电流 I_{2min} 作为电感临界连续电流来设计电感值：

$$L_{Buck}=\frac{U_2(1-D_{Q1})}{2fI_{2min}} \tag{2.16}$$

I_{2min} 取额定负载电流 I_2 的 25%，I_2 为 100A，U_2 为 135V，D_{Q1} 为 0.5，f 为 100kHz，计算得 $L_{Buck}=13.5\mu H$。

② 升压模式：变换器工作在软开关升压模式时，U_1 为 270V，U_2 为 540V。Q_1、Q_4 承受的最大电压分别为 270V、540V，所以 $U_{ds\_max}=540V$，取 C_{ds} 为 2.2nF，t_{dead} 为 100ns，由式（2.15）计算得 $I_{ZVS}=23.76A$，为保证足够裕量，取 $I_{Lm}=30A$。取 $D_{Q1}=0.8$，$\delta=0.5$，$D_{Q3}=0.4$，由式（2.14）计算得 $L=5\mu H$。

变换器工作在硬开关升压模式时，以最小输出电流 I_{2min} 作为电感临界连续电流来设计电感值，电感的设计公式如下：

$$L_{Boost}=\frac{U_2D_{Q4}(1-D_{Q4})^2}{2fI_{2min}} \tag{2.17}$$

最小输出电流取额定负载电流的 25%，U_2 为 540V，D_2 为 0.5，I_2 为 50A，f 为 100kHz，计算得 $L_{Boost}=27\mu H$。

由计算结果可见：硬开关工作模式下，$L_{Buck}=13.5\mu H$，$L_{Boost}=27\mu H$，滤波电感可以选为 27μH，对于 Buck 降压或 Boost 升压工作均满足要求；软开关工作模式下，$L_{Buck}=2.68\mu H$，$L_{Boost}=5\mu H$，变换器为实现双向工作，滤波电感只能设计为 2.68μH，对于 Boost 模式而言，电感电流会更大。无论是降压模式还是升压模式，变换器软开关工作时的电感要小于硬开关工作电感值，由此才能增大电感电流，电感才有足够的储能来抽取开关管结电容的电荷，实现零电压开通。

(2) 输出电容 C_2

电容的选择需要考虑纹波电压，开关管 Q_3 处于断开状态时，输出电容 C_2 向负载侧放电，当开关管 Q_3 处于导通状态，且电感电流反向时，C_2 向负载侧和电感放电，则

$$C_2\Delta U_2 \geqslant I_2(1-D_{Q3})T+\frac{LI_{Lm}^2}{2U_2}+I_2\frac{LI_{Lm}}{U_2} \tag{2.18}$$

可得输出电容的计算公式为

$$C_2 \geqslant \frac{I_2(1-D_{Q3})}{\Delta U_2 f}+\frac{LI_{Lm}^2}{2\Delta U_2 U_2}+I_2\frac{LI_{Lm}}{\Delta U_2 U_2} \tag{2.19}$$

因为软开关工作模式下，升压和降压模式下的各个模态相同，电容放电的模态相同，因此该式既适用于软开关升压模式，也适用于软开关降压模式。

① 降压模式：变换器工作在软开关降压模式时，$I_2=100\text{A}$、$f=100\text{kHz}$、$D_{Q3}=0.8$、$L=2.68\mu\text{H}$、$I_{Lm}=20\text{A}$、$U_2=135\text{V}$、输出电压脉动 $\Delta U_2\leqslant 2\text{V}$，代入式（2.19）得 $C_2\geqslant 122\mu\text{F}$，取 C_2 为 $150\mu\text{F}$。

变换器工作在硬开关降压模式时，电容的设计公式为

$$C_2=\frac{U_1 D_{Q1}(1-D_{Q1})}{8L_{\text{Buck}}f^2\Delta U_2} \tag{2.20}$$

U_1 为 270V，D_{Q1} 为 0.5，L_{Buck} 为 $13.5\mu\text{H}$，f 为 100kHz，计算得 $C_2=31\mu\text{F}$。

② 升压模式：变换器工作在软开关升压模式时，$I_2=50\text{A}$、$f=100\text{kHz}$、$D_{Q3}=0.4$、$L=5\mu\text{H}$、$I_{Lm}=30\text{A}$、$U_2=540\text{V}$、$\Delta U_2\leqslant 2\text{V}$，代入式（2.19）得 $C_2>160\mu\text{F}$，取 $C_2=200\mu\text{F}$。

变换器工作在硬开关升压模式时，电容的设计公式为

$$C_2=\frac{I_2 D_{Q4}}{f\Delta U_2} \tag{2.21}$$

I_2 为 50A，D_{Q4} 为 0.5，f 为 100kHz，$\Delta U_2\leqslant 2\text{V}$，计算得 $C_2=125\mu\text{F}$。

综上，硬开关降压模式下，输出滤波电感电容分别为 $13.5\mu\text{H}$、$31\mu\text{F}$；软开关降压模式下，输出滤波电感电容分别为 $2.68\mu\text{H}$、$150\mu\text{F}$。所以硬开关降压模式相对于软开关降压模式，滤波电感大，电感电流脉动小，输出滤波电容小。硬开关升压模式下，输出滤波电感电容分别为 $27\mu\text{H}$、$125\mu\text{F}$；软开关升压模式下，输出滤波电感电容分别为 $5\mu\text{H}$、$200\mu\text{F}$，硬开关升压相对于软开关升压模式同样电感大、电容小。

(3) 开关管

① 降压模式：由 Dual Buck/Boost 变换器的软开关工作原理以及降压模式的设计参数，可知 Q_1 和 Q_2 承受的最大电压为 270V，Q_3 和 Q_4 承受的最大电压为 135V，Q_4 流过的最大电流 $I_L(t_1)=80\text{A}$，Q_1、Q_2 和 Q_3 流过的最大电流 I_L

$(t_2)=231\text{A}$。

考虑裕量，开关管选取型号为 FF2MR12KM1P 的 SiC MOSFET，里面封装有两个 SiC MOSFET 构成一个桥臂，其漏源极击穿电压为 1200V，连续漏极电流为 500A，导通电阻为 2.13mΩ，结电容为 2.2nF。

② 升压模式：由 Dual Buck/Boost 变换器的软开关工作原理以及升压模式的设计参数，可知 Q_1 和 Q_2 承受的最大电压为 270V，Q_3 和 Q_4 承受的最大电压为 540V，Q_1、Q_3 和 Q_4 流过的最大电流 $I_L(t_1)=240\text{A}$，Q_2 流过的最大电流 $I_L(t_2)=78\text{A}$。开关管同样选取型号为 FF2MR12KM1P 的 SiC MOSFET。

2. 仿真

采用 Saber 软件对 Dual Buck/Boost 变换器进行仿真，开关管选用理想 MOSFET 并联上 2.2nF 结电容，仿真参数采用上节设计值。图 2.20（a~d）为 Dual Buck/Boost 变换器工作在不同模式下的输出电压波形，图 2.20a 和图 2.20b 分别对应硬开关降压模式和软开关降压模式，可以看出输出电压在 135V 上下波动，输出电压脉动 $\Delta U_2 \leqslant 2\text{V}$。图 2.20c 和图 2.20d 分别对应硬开关升压模式和软开关升压模式，可以看出输出电压在 540V 上下波动，输出电压脉动 $\Delta U_2 \leqslant 2\text{V}$。电压纹波均符合设计要求。

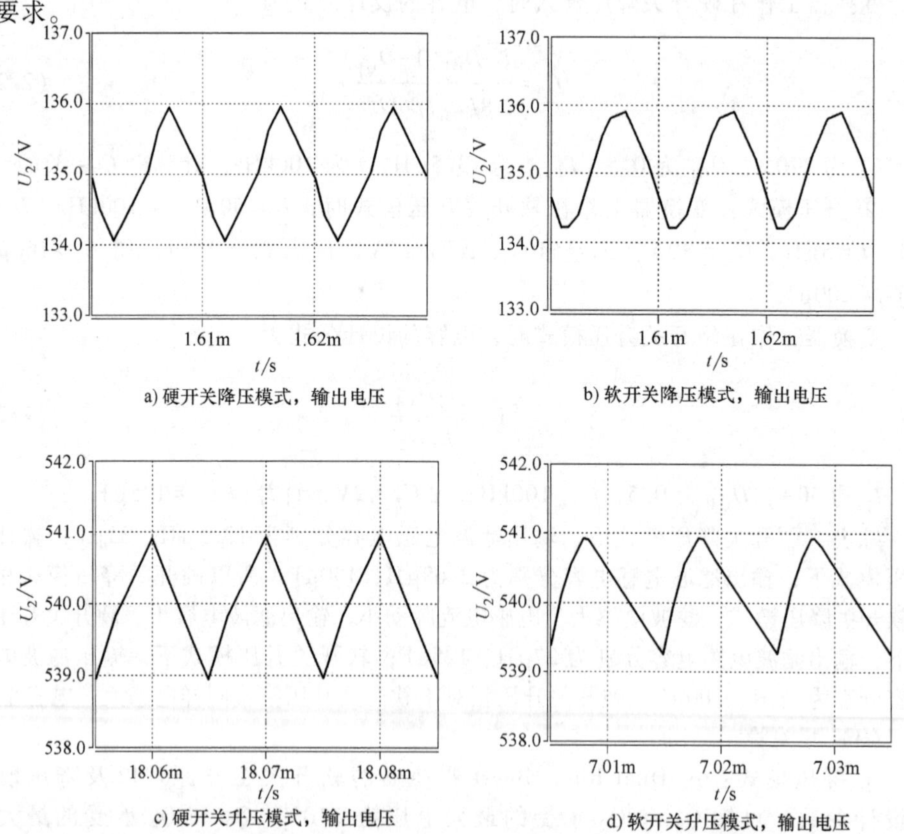

a) 硬开关降压模式，输出电压

b) 软开关降压模式，输出电压

c) 硬开关升压模式，输出电压

d) 软开关升压模式，输出电压

图 2.20　Dual Buck/Boost 变换器输出电压，4 个开关管驱动电压与电感电流波形

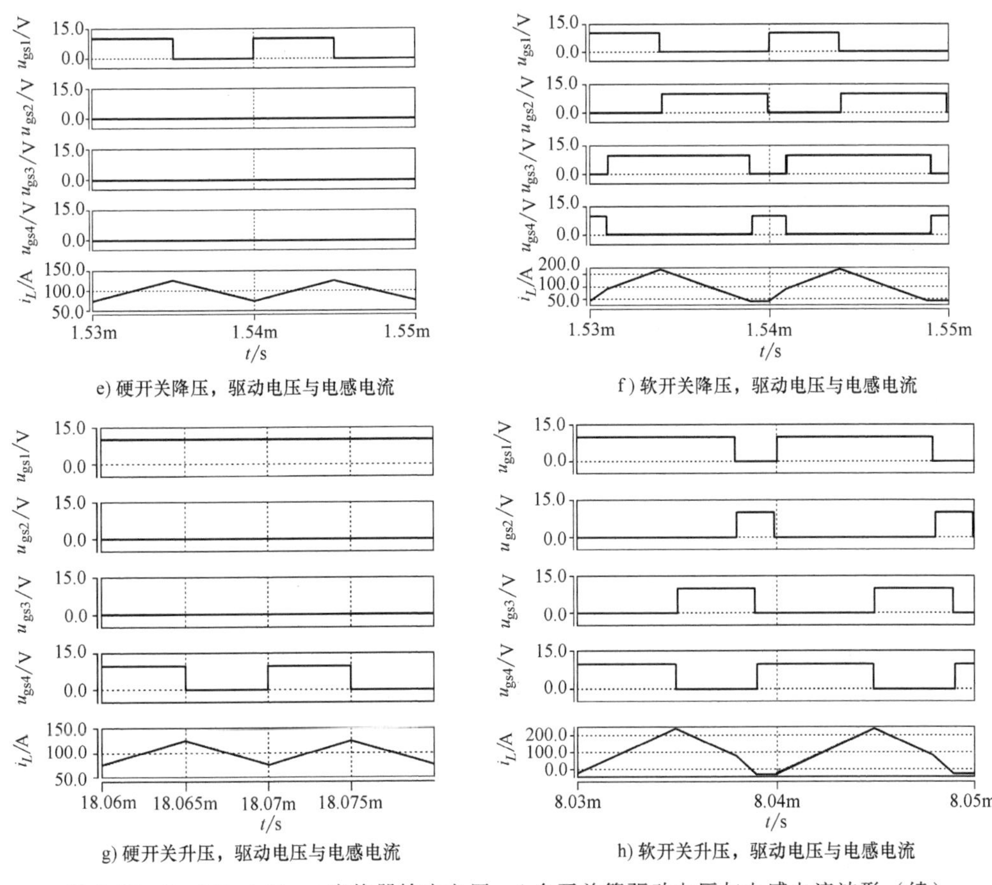

e) 硬开关降压，驱动电压与电感电流　　f) 软开关降压，驱动电压与电感电流

g) 硬开关升压，驱动电压与电感电流　　h) 软开关升压，驱动电压与电感电流

图 2.20　Dual Buck/Boost 变换器输出电压，4 个开关管驱动电压与电感电流波形（续）

图 2.20（e~h）为 Dual Buck/Boost 变换器在不同工作模式下的 4 个开关管的驱动电压与电感电流波形，图 2.20e 和图 2.20f 分别对应硬开关降压模式和软开关降压模式，硬开关降压模式下电感电流的脉动量为 25%，软开关降压模式下电感电流波形与理论分析波形相同，$-I_{Lm}$ 约为-20A，$I_L(t_1)$ 约为 80A，$I_L(t_2)$ 约为 231A。图 2.20g 和图 2.20h 分别对应硬开关升压模式和软开关升压模式，硬开关升压模式下时电感电流的脉动量为 25%，软开关升压模式下的电感电流波形与理论分析波形相同，$-I_{Lm}$ 约为-30A，$I_L(t_1)$ 约为 240A，$I_L(t_2)$ 约为 78A。仿真波形均与理论分析一致。

图 2.21a 和 2.21b 分别为 Dual Buck/Boost 变换器工作在软开关降压模式和软开关升压模式下的开关管驱动电压和漏源极电压仿真波形，可以看出各个开关管的漏源极电压都在其对应的驱动电压上升之前降为 0V，均实现了零电压开通。开关管的结电容保证开关管关断时实现软关断。

从 Dual Buck/Boost 变换器的仿真结果可以看出，软开关工作模式下所有开关管均实现了零电压开通和软关断，降低了开关损耗，但电感电流的脉动量较大，开

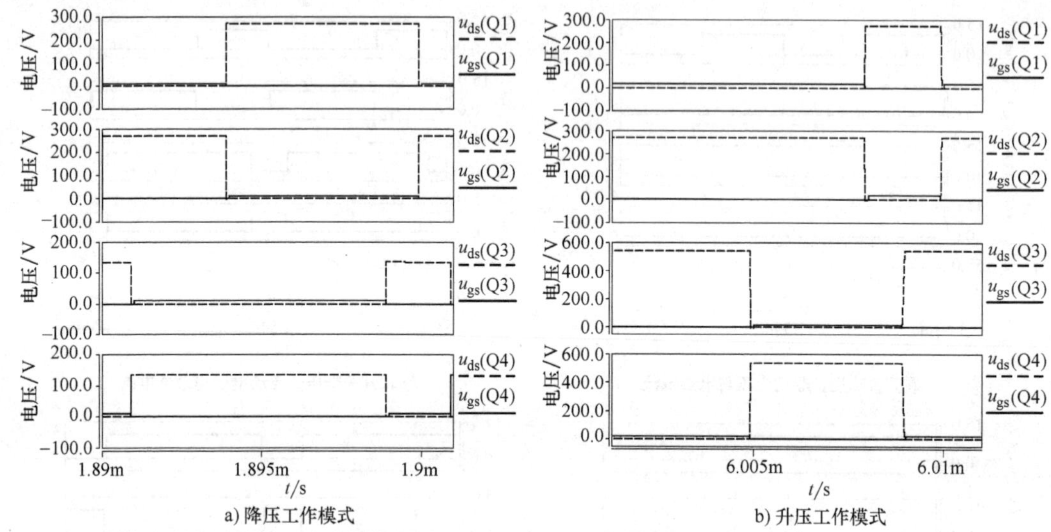

a) 降压工作模式　　b) 升压工作模式

图 2.21　软开关工作模式下 4 个开关管的驱动电压与漏源电压波形

关管的导通损耗增加。而当变换器工作在硬开关工作模式时，开关损耗较大，但电感电流脉动较小，开关管的导通损耗较小。

额定输入电压 270V 时，Dual Buck/Boost 变换器工作在软开关降压和升压模式的外特性曲线分别如图 2.22a 和图 2.22c 所示。满载下 Dual Buck/Boost 变换器工作在软开关降压和升压模式时，输出电压随输入电压变化的曲线分别如图 2.22b 和图 2.22d 所示。从图中可以看出，Dual Buck/Boost 变换器软开关工作模式具有良好的外特性和输出电压对输入电压波动的抗干扰能力。

3. 损耗分析

由于型号为 FF2MR12KM1P 的 SiC MOSFET 无 SPICE 仿真模型，为进行效率对比，以下仿真开关管选用型号为 SCT3022KL 的 SiC MOSFET，其漏源极击穿电压为 1200V，连续漏极电流为 95A，导通电阻为 22mΩ，结电容为 237pF。为保证软开关，选取反向电流 I_{Lm} 与前文不同，因此 100kHz 下计算出的电感电容值与前文设计会有些差别。此变换器的损耗仅考虑了开关管的损耗，其余仿真器件均采用理想器件。不同开关频率下的滤波电感和电容值是根据电感电流脉动量和输出电压脉动量相同的原则设计得到。变换器闭环控制，降压模式输出电压恒定控制为 135V，升压模式输出电压恒定控制为 540V。

(1) 硬开关降压模式

采用同步整流，表 2.2 给出了硬开关降压工作模式下，Dual Buck/Boost 变换器在不同开关频率下的滤波器参数和仿真效率。仿真效率由输出功率除以输入功率得到，输出功率为输出电压的二次方除以负载电阻，输入功率由输入电压与滤波平滑的输入电流相乘得到。可见随着开关频率的提高，输出滤波电感和电容值下降，开关损耗增加，变换器效率降低。

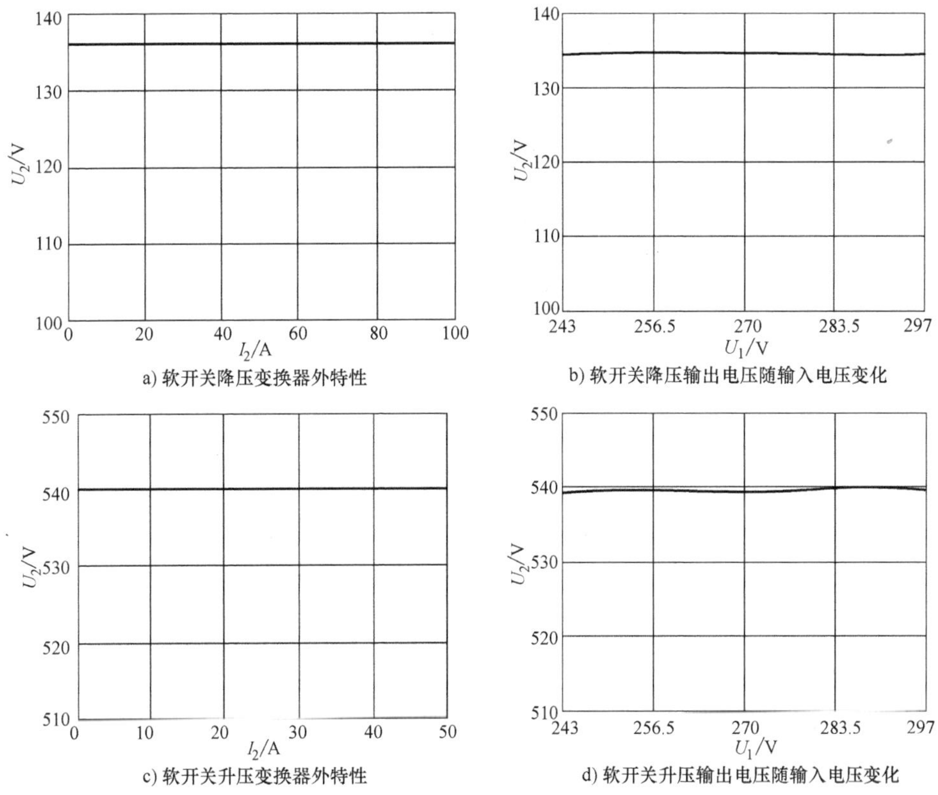

a) 软开关降压变换器外特性
b) 软开关降压输出电压随输入电压变化
c) 软开关升压变换器外特性
d) 软开关升压输出电压随输入电压变化

图 2.22 软开关工作模式的外特性和输出电压随输入电压变化曲线

表 2.2 硬开关降压模式下，Dual Buck/Boost 变换器的滤波器参数和仿真效率

	40kHz	100kHz	200kHz	500kHz
电感 $L/\mu H$	33.8	13.5	6.75	2.7
电容 $C_2/\mu F$	77.8	31.0	16.0	6.2
仿真效率 η(%)	96.5	95.8	94.6	91.4

(2) 软开关降压模式

表 2.3 给出了软开关降压工作模式下，Dual Buck/Boost 变换器在不同开关频率 f 下的滤波器参数和仿真效率。降压工作模式下，开关管实现零电压开通所需的最小电流 I_{ZVS} 为 1.28A，死区时间设为 100ns，留有一定的裕量，反向电流 I_{Lm} 选为 15A。

与表 2.2 硬开关工作方式相比，软开关方式下，滤波电感减小，输出电容增大；电流脉动增加，开关管的导通损耗增加。虽然硬开关工作模式存在开关损耗，但效率依然比软开关工作模式高。理论上，随着开关频率 f 升高，软开关工作模式下的效率应该不变，硬开关工作模式的开关损耗会增加，终将软开关工作模式的效率会高于硬开关工作模式的效率。但实际仿真结果可见，软开关工作模式下，变换器的效率 η 随着 f 的升高而下降，这是因为随着 f 的升高，死区时间的影响变大，各个模态的有效时长相比理论值减少越来越多，要保证相同输出功率，则要增大 Q_1 的占空比 D_{Q1}，输入电流会增大，通态损耗增加，效率下降。

表 2.3　软开关降压模式下，Dual Buck/Boost 变换器的滤波器参数和仿真效率

	40kHz	100kHz	200kHz	500kHz
电感 $L/\mu H$	6.95	2.78	1.39	0.56
电容 $C_2/\mu F$	291	117	59	24
仿真效率 η(%)	94.8	93.4	91.3	86.1

(3) 硬开关升压模式

表 2.4 给出了硬开关升压工作模式下，Dual Buck/Boost 变换器在不同开关频率下的滤波器参数和仿真效率。同样随着开关频率的提高，输出滤波电感和电容值下降，开关损耗增加，效率降低。

表 2.4　硬开关升压模式下，Dual Buck/Boost 变换器的滤波器参数和仿真效率

	40kHz	100kHz	200kHz	500kHz
电感 $L/\mu H$	67.5	27	13.5	5.4
电容 $C_2/\mu F$	312.5	125	62.5	25
仿真效率 η(%)	98.1	97.2	96.0	91.3

(4) 软开关升压模式

表 2.5 给出了软开关升压工作模式下，Dual Buck/Boost 变换器在不同开关频率下的滤波器参数和仿真效率。升压工作模式下，开关管实现零电压开通所需的最小电流 I_{ZVS} 为 2.56A，死区时间设为 100ns，留有一定的裕量，反向电流 I_{Lm} 选为 15A。

表 2.5　软开关升压模式下，Dual Buck/Boost 变换器的滤波器参数和仿真效率

	40kHz	100kHz	200kHz	500kHz
电感 $L/\mu H$	13.85	5.54	2.77	1.11
电容 $C_2/\mu F$	387	155	78	31
仿真效率 η(%)	96.8	95.6	92.9	86.5

与表 2.4 硬开关升压工作方式相比，软开关方式下滤波电感减小，输出电容增大；软开关下导通电流变大，开关管的导通损耗增加，依然是硬开关工作方式效率高于软开关效率。因此，应该综合考虑开关损耗和通态损耗，来确定变换器工作在硬开关还是软开关工作模式下。

由以上分析可见，Dual Buck/Boost 变换器可以实现硬开关升压、降压和升降压变换，采用移相控制也可以实现软开关升压和降压变换；软开关工作方式下，滤波电感电流要实现双向工作，滤波电感较小，电流脉动较大，带来较大的开关管导通损耗，变换器总体效率并未高于硬开关工作方式；移相控制下输出电压的大小取决于两个桥臂内的占空比大小。

2.3　不对称半桥隔离型双向直流变换器

图 2.23a 是有变压器隔离的不对称半桥双向直流变换器主电路图，变换器由开关管 $Q_1 \sim Q_4$、高频变压器 T_r、储能电感 L、隔直电容 C_3、C_4 和滤波电容 C_1、C_2 构成，L 包含了变压器的漏感。变压器两端各有一个非对称半桥电路。变压器有两个作用，一是实现一、二次侧的电隔离，二是通过改变一、二次侧匝比来改变双向直流变换器的输入输出电压比。W_1 和 W_2 分别为变压器一、二次绕组匝数，设一、二次绕组匝数比为 $n:1$。为了降低开关管的开关损耗，希望开关管能实现软开关。因为电路左右对称，下面仅讨论左侧接电源、右侧接负载电阻的情况。

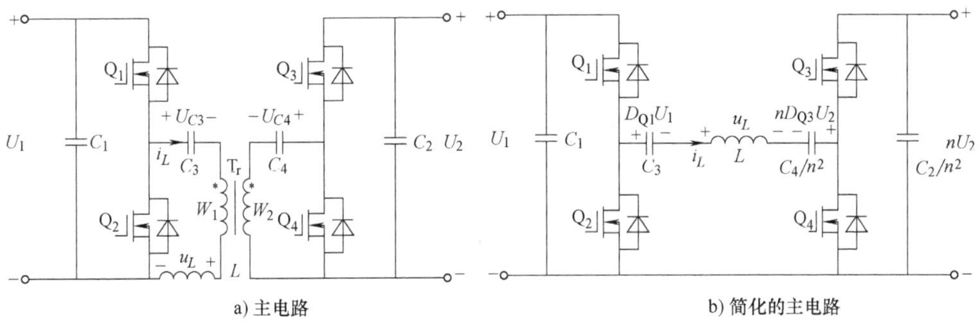

a) 主电路　　b) 简化的主电路

图 2.23　不对称半桥隔离型双向直流变换器

2.3.1　工作原理

设 Q_1、Q_2 互补导通，占空比为 0.5。实际运行时，Q_1、Q_2 的驱动信号之间设有死区时间，以免发生电路直通短路。Q_1 导通时电源电压 U_1 加于 C_3 和变压器一次绕组 W_1，C_3 充电，电压左+右-，W_1 同名端“ * ”端加正电压，故二次绕组 W_2“ * ”端感应正电动势 e_2，e_2 给 C_4 充电，充电电流通过 Q_3 的反并联二极管经 C_2 和负载电阻构成回路，故输出电压 U_2 上端点为“+”，下端点为“-”。$t=T/2$ 时关断 Q_1、开通 Q_2，Q_1 结电容充电，Q_2 结电容放电，借助 Q_1 的结电容电压不能突变实现了 Q_1 软关断。T 为开关周期时间。因为电感电流不能突变，所以电流经 Q_2 的反并联二极管和 C_3 续流，Q_2 在其反并联二极管续流时开通，因此实现了零电压开通。当电流反向时，电容 C_3 放电，使 W_1 绕组的外加电压反向，使 W_2 二次侧电动势 e_2 也反向，e_2 经 Q_4 的反并联二极管给 C_4 反向充电，C_4 电压左端为负，右端为正。在 $t=T$ 时，关断 Q_2、开通 Q_1，进入下一个开关周期。同样 Q_2 关断，W_1 的电

流必经 Q_1 的反并联二极管续流，Q_1 的开通也为零电压开通。改变 W_1 和 W_2 的匝比，可改变 U_1 和 U_2 的电压比。以占空比为 0.5 运行时该电路相当于一台直流变压器 DCT，有高的变换效率。

该双向不对称半桥直流变换器也可以看作是软开关工作的隔离型 Dual Buck/Boost。在此方式下变换器采用移相控制，Q_1、Q_2 互补导通，Q_3、Q_4 互补导通，且 Q_3 的开通时间滞后于 Q_1 的开通时间，对应的时间为 δT。各开关管驱动电压和电感电流 i_L 波形如图 2.24 所示。因为电感与电容串联，所以电感电流平均值为零。

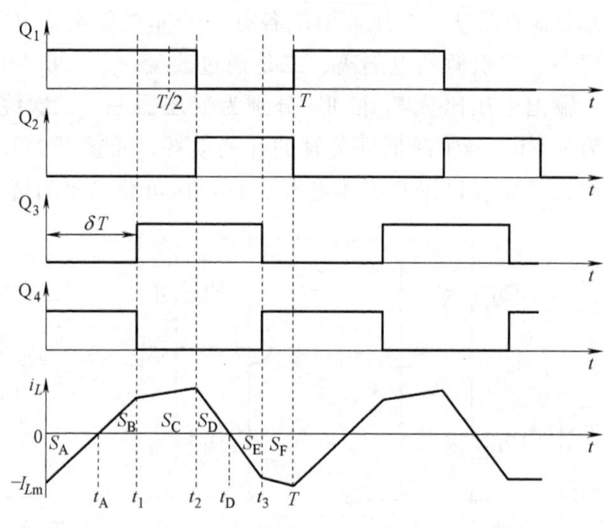

图 2.24　驱动信号与电感电流波形

隔直电容较大，可忽略其上的电压纹波。根据电感和变压器伏秒平衡，得到隔直电容上的电压为 $U_{C3}=D_{Q1}U_1$，$U_{C4}=D_{Q3}U_2$。将不对称半桥双向直流变换器简化，参数变化和电压电流参考方向如图 2.23b 所示。

设能量从 U_1 向 U_2 传递，忽略隔直电容电压脉动，零时刻电感电流 $i_L=-I_{Lm}$，Q_4 处于导通状态，Q_1 开通，Q_2 关断，则电感电流 i_L 流经变压器一次侧和 Q_1 的反并联二极管 D_1 向电源回馈能量，Q_1 实现零电压开通，C_3 放电，变压器二次侧电流流经 Q_4 的反并联二极管 D_4，C_4 充电，负载电流由 C_2 提供，因 $u_L=(U_1-U_{C3}+nU_{C4})>0$，$i_L$ 反向减小，实际电流方向如图 2.25a 中虚线所示；t_A 时刻，如图 2.25b 所示，i_L 减小到零，并经 Q_1 和变压器一次侧开始正向增大，电感储能，C_3 充电，变压器二次侧电流流经 Q_4，C_4 放电，负载电流由 C_2 提供；t_1 时刻，Q_4 关断，Q_3 开通，如图 2.25c 所示，i_L 流经变压器一次侧和 Q_1，C_3 充电，变压器二次侧电流流经 Q_3 的反并联二极管 D_3，向负载供电，能量从输入侧传输到输出端，Q_3 实现零电压开通，C_4 放电，若 $U_1>nU_2$，因 $u_L=(U_1-nU_2-U_{C3}+nU_{C4})>0$，故 i_L 继续增大，但上升斜率减小；若 $U_1=nU_2$，因 $u_L=0$，故 i_L 保持不变；若 $U_1<nU_2$，

因 $u_L<0$，故 i_L 下降；t_2 时刻，Q_1 关断，Q_2 开通，如图 2.25d 所示，i_L 流经变压器一次侧和 Q_2 的反并联二极管 D_2，Q_2 实现零电压开通，C_3 充电，变压器二次侧电流流经 D_3，向负载供电，C_4 放电，因 $u_L=(-nU_2-U_{C3}+nU_{C4})<0$，故 i_L 开始减小；t_D 时刻，i_L 减小为零并开始反向增大，如图 2.25e 所示，i_L 流经变压器一次侧和 Q_2，二次侧电流流经 Q_3，负载电流由 C_2 提供；t_3 时刻，Q_3 关断，Q_4 开通，如图 2.25f 所示，i_L 流经变压器一次侧和 Q_2，C_3 放电，$u_L=-U_{C3}+nU_{C4}$，i_L 反向变大或是变小取决于 U_{C3} 和 nU_{C4} 的大小，变压器二次侧电流流经 D_4，Q_4 实现了零电压开通，C_4 充电，负载电流由 C_2 提供；直到 T 时刻下一周期开始。此处的模态分析没有考虑上下功率管开关切换时结电容的充放电过程。

分别对比图 2.25 与图 2.18，图 2.24 和图 2.19b 可见，不对称半桥变换器在该移相控制下的工作模态和移相工作的软开关 Dual Buck/Boost 变换器类似。若 $U_1<nU_2$，不考虑变压器电压比，不对称半桥变换器工作在移相软开关升压模式，各开关管驱动电压和电感电流 i_L 波形如图 2.19a 所示。在 $t_A \sim t_1$ 和 $t_D \sim t_3$ 期间，电感储能；$t_3 \sim T$ 期间不传递能量，电容交换电荷；$t_1 \sim t_D$ 期间能量从 U_1 传递到 U_2。

2.3.2　实例分析

1. 电路参数设计

隔离型不对称半桥直流变换器设计指标如下：输入电压 U_1 为 270V，输出电压 U_2 为 28V，额定输出功率 P_o 为 3kW，开关频率 f 为 100kHz。

(1) 输入输出电压关系

写出 4 个时间段电路的 KVL 方程：

$$u_L=\begin{cases}U_1-U_{C3}+nU_{C4} & 0\leqslant t\leqslant t_1\\ U_1-nU_2-U_{C3}+U_{C4} & t_1\leqslant t\leqslant t_2\\ -nU_2-U_{C3}+U_{C4} & t_2\leqslant t\leqslant t_3\\ -U_{C3}+nU_{C4} & t_3\leqslant t\leqslant T\end{cases} \tag{2.22}$$

变换器稳定工作时，电感电压伏秒平衡，由上式可推导得到：

$$D_{Q1}TU_1-nD_{Q3}TU_2+(-U_{C3}+nU_{C4})T=0 \tag{2.23}$$

因为 $U_{C3}=D_{Q1}U_1$，$U_{C4}=D_{Q3}U_2$，所以该式恒成立。由式（2.23）可知，当控制变压器一次侧和二次侧两个桥臂开关管的占空比满足

$$U_2=\frac{D_{Q1}}{nD_{Q3}}U_1 \qquad (\delta<D_{Q1}<\delta+D_{Q3}<1) \tag{2.24}$$

时，两个隔直电容的电压满足：$U_{C3}=nU_{C4}$。其中，δT 为 Q_3 滞后于 Q_1 的开通时间，D_{Q3} 为 Q_3 的占空比，D_{Q1} 为 Q_1 的占空比。在此控制下，图 2.23b 所示的电路等效为 Dual Buck/Boost 拓扑，由 Dual Buck/Boost 软开关控制部分可知，$nU_2/U_1=D_{Q1}/D_{Q3}$，与式（2.24）一致。当变压器匝比满足 $U_1=nU_2$，电感两侧电压匹配时，

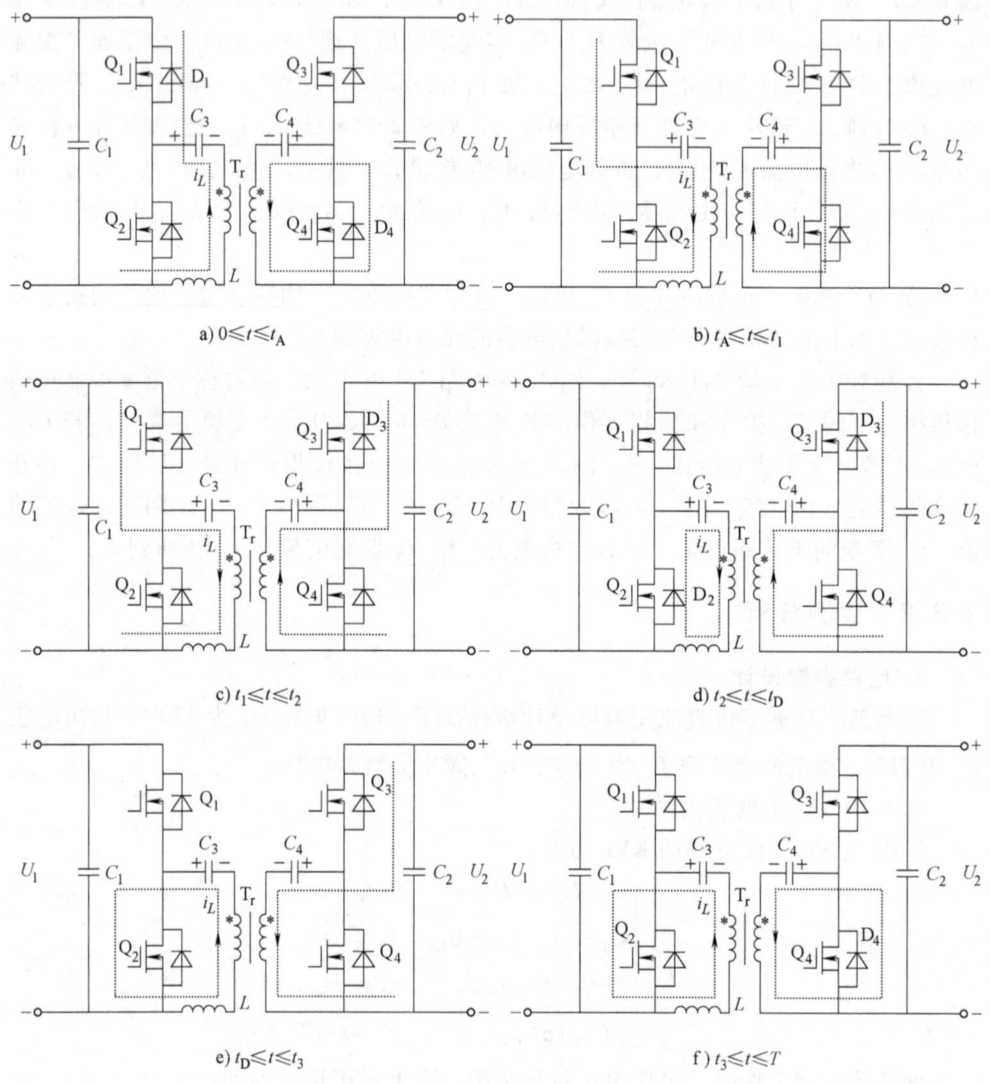

图 2.25　移相控制下的不对称半桥双向直流变换器工作模态

$t_1 \sim t_2$ 期间和 $t_3 \sim T$ 期间电感电压 u_L 近似为 0，有助于降低电感电流的峰值，开关管的电流应力减小。

变压器电压比按照额定输入输出电压的大小进行选取。输入电压 U_1 为 270V，输出电压 U_2 为 28V，$U_1/U_2=9.64$，取变压器一次侧与二次侧绕组匝比 n 为 9。若输出电压恒定为 28V，输入电压在±10%范围内变化，当 U_1 在（252~297V）范围内时，不考虑变压器电压比，变换器工作在降压模式，当 U_1 在（243~252V）范围内时，变换器工作在升压模式。

（2）电感

忽略隔直电容电压脉动，且假设隔直电容电压满足：$U_{C3}=nU_{C4}$，由工作模态可以写出电感电流 i_L 的表达式为

$$i_L(t)=\begin{cases}-I_{Lm}+\dfrac{U_1}{L}t & 0\leqslant t\leqslant t_1\\ -I_{Lm}+\dfrac{nU_2t_1}{L}+\dfrac{U_1-nU_2}{L}t & t_1\leqslant t\leqslant t\\ -I_{Lm}+\dfrac{nU_2t_1}{L}+\dfrac{U_1t_2}{L}-\dfrac{nU_2}{L}t & t_2\leqslant t\leqslant t_3\\ -I_{Lm} & t_3\leqslant t\leqslant T\end{cases}\tag{2.25}$$

由于 i_L 平均值为零，由式（2.25）及 i_L 波形安秒平衡可以推得

$$\begin{aligned}&0.5\left(\delta T-L\frac{I_{Lm}}{U_1}\right)\left(\frac{U_1\delta T}{L}-I_{Lm}\right)+\\&0.5\left[\frac{U_1(\delta+D_{Q1})T}{L}+\frac{nU_2}{L}(\delta-D_{Q1})T-2I_{Lm}\right](D_{Q1}-\delta)T+\\&0.5\left[(D_{Q3}-D_{Q1}+\delta)T-L\frac{I_{Lm}}{nU_2}\right]\left(\frac{nU_2\delta T}{L}+\frac{U_1-nU_2}{L}D_{Q1}T-I_{Lm}\right)\\&=0.5L\left(\frac{1}{U_1}+\frac{1}{nU_2}\right)I_{Lm}^2+(1-D_{Q3}-\delta)TI_{Lm}\end{aligned}\tag{2.26}$$

由该式可以求出 I_{Lm} 的大小。

$t_1\sim t_D$ 期间能量从 U_1 传递到 U_2，参考 Dual Buck-Boost 变换器的推导，不对称半桥隔离型直流变换器的传输功率为

$$\begin{aligned}P_o&=\frac{1}{T}\int_{t_1}^{t_D}U_2i_L(t)\,dt\\&=-nU_2I_{Lm}D_{Q3}+\frac{nU_2}{2fL}\{-nU_2D_{Q3}^2+U_1[\delta(2D_{Q1}-\delta)+D_{Q1}(2D_{Q3}-D_{Q1})]\}\end{aligned}\tag{2.27}$$

由上式得电感大小满足

$$L=\frac{-nU_2D_{Q3}^2+U_1[\delta(2D_{Q1}-\delta)+D_{Q1}(2D_{Q3}-D_{Q1})]}{2f(P_o/nU_2+I_{Lm}D_{Q3})}\tag{2.28}$$

取 $D_{Q1}=0.56$，$D_{Q2}=0.44$，$D_{Q3}=0.6$，$D_{Q4}=0.4$，$\delta=0.1$，可求得 $I_{Lm}=36.6\text{A}$，$L=5\mu\text{H}$。电感电流安秒平衡，安秒面积 $S_{正}=S_{负}=135\mu\text{C}$。

（3）隔直电容 C_3 和 C_4

$t_A\sim t_D$ 期间隔直电容 C_3 充电，满足 $C_3du_{C3}/dt=i_L$，因此有

$$\int_{t_A}^{t_D}C_3du_{C3}=\int_{t_A}^{t_D}i_L\,dt\tag{2.29}$$

其中，t_A、t_D 如图 2.24 所示，对应 i_L 过零时刻，由此可得

$$C_3=\frac{S_{正}}{\Delta u_{C3}} \tag{2.30}$$

C_3 的平均电压 $U_{C3}=D_{Q1}U_1$，取电容 C_3 电压脉动 $\Delta u_{C3}=1\%U_{C3}=1.512V$，则 $C_3=89.3\mu F$，取 $C_3=90\mu F$。为了保证 C_3 两端电压与 C_4 折算到变压器一次侧的电压相等，则应有 $C_3=C_4/n^2$，即 $C_4=n^2C_3=7.29mF$。由此可计算出 C_3、C_4 和 L 的自然谐振频率 f_r 为 10.6kHz，近似为开关频率的 0.1 倍。

（4）滤波电容 C_2

当开关管 Q_3 处于断开状态，输出电容 C_2 向负载侧放电；当 Q_3 处于导通状态，且电感电流反向时，输出电容 C_2 向负载侧和电感放电。根据电容减少的电荷量等于流向负载和电感的电荷量则有

$$\frac{C_2}{n^2}n\Delta U_{2max}=\frac{P_o}{nU_2}(1-D_{Q3})T+0.5L\frac{I_{Lm}^2}{nU_2}+L\frac{P_oI_{Lm}}{n^2U_2^2} \tag{2.31}$$

从而有

$$C_2=\frac{n}{\Delta U_{2max}}\left[\frac{P_o}{nU_2}(1-D_{Q3})T+\frac{LI_{Lm}^2}{2nU_2}+\frac{LP_oI_{Lm}}{n^2U_2^2}\right] \tag{2.32}$$

取输出电压脉动 $\Delta U_{2max}=2\%U_2=0.56V$，则 $C_2=1.11mF$，取 $C_2=1.2mF$。

（5）开关管

已知反向电感电流最大值 $I_{Lm}=36.6A$，正向电感电流最大值为

$$i_L(t_2)=-I_{Lm}+\frac{nU_2t_1}{L}+\frac{U_1-nU_2}{L}t_2=-I_{Lm}+\frac{nU_2\delta T}{L}+\frac{U_1-nU_2}{L}D_{Q1}T \tag{2.33}$$

代入数据得 $i_L(t_2)=34.5A$，所以流过 Q_1、Q_2 的最大电流为 36.6A，Q_1、Q_2 承受的最大电压为输入电压 270V；流过 Q_3、Q_4 的最大电流为 $9\times36.6A=329A$，Q_3、Q_4 承受的最大电压为输出电压 28V。故 Q_1、Q_2 选择型号为 SCT3030AW7 的 SiC MOSFET，其额定电压和电流分别为 650V 和 70A，导通电阻为 30mΩ，漏源极结电容为 89pF；Q_3、Q_4 选择型号为 IXFK520N075T2 的 Si MOSFET，其额定电压和电流分别为 75V、520A，导通电阻 2.2mΩ，漏源极结电容 4150pF。Q_3、Q_4 若采用 SiC MOSFET，可以考虑用 4 个并联的 SCT3017AL，SCT3017AL 额定电压和电流分别为 650V 和 118A，导通电阻为 17mΩ，漏源极结电容为 148pF。与低压 Si MOSFET 相比，高压 SiC MOSFET 的导通电阻更大，导通损耗更大，因此，低压侧开关管宜采用低压 Si MOSFET 器件。

取 $t_{dead}=100ns$，由式（2.15）可求得，Q_1、Q_2 实现零电压开通所需的最小电流为 $I_{ZVS1}=I_{ZVS2}=0.5A$，Q_3、Q_4 实现零电压开通所需的最小电流 $I_{ZVS3}=I_{ZVS4}=2.324A$。若想实现 Q_1、Q_2、Q_3、Q_4 零电压开通，则应满足

$$\begin{cases} I_{Lm} > I_{ZVS1} \\ i_L(t_2) > I_{ZVS2} \\ i_L(t_1) > I_{ZVS3}/n \\ I_{Lm} > I_{ZVS4}/n \end{cases} \tag{2.34}$$

由式（2.25）得 $i_L(t_1)=17.8\mathrm{A}$，$i_L(t_2)=34.5\mathrm{A}$。又 $I_{Lm}=36.6\mathrm{A}$，均满足式（2.34），故 $Q_1 \sim Q_4$ 均可实现零电压开通。

2. 仿真

采用设计好的电路参数对变换器降压工作进行Saber仿真，输入电压270V，输出电压28V，输出功率3kW，n 为9。考虑死区时间，左边桥臂的上下开关管占空比 D_{Q1} 和 D_{Q2} 分别为0.55、0.43，右边桥臂的上下开关管占空比 D_{Q3} 和 D_{Q4} 分别为0.59、0.39。$\delta=0.1$，满足 $\delta<D_{Q1}<\delta+D_{Q3}<1$。

图2.26a左侧从上至下分别为降压工作4个开关管的驱动电压、电感电压 u_L 和电感电流 i_L 波形。由模态分析可知，各模态电感电压分别满足：$u_L=U_1=270\mathrm{V}$，$u_L=U_1-nU_2=18\mathrm{V}$，$u_L=-nU_2=-252\mathrm{V}$，由仿真波形可见，$u_L$ 依次在0V、270V、18V、−252V变换，与理论分析一致。由 i_L 波形可见，安秒平衡，$I_{Lm}=37\mathrm{A}$、$i_L(t_1)=18.1\mathrm{A}$、$i_L(t_2)=34.7\mathrm{A}$，与理论分析的数值基本一致。图2.26a右侧从上至下分别为电感电流 i_L、变压器一次绕组电压 u_{W1}、隔直电容 C_3 和 C_4 的端电压 u_{C3} 和 u_{C4}，以及输出电压 U_2 的波形。u_{C3} 和 u_{C4} 的仿真平均值分别为151.3V和16.8V，脉动分别为1.45V和0.165V。理论上 $u_{C3}=D_{Q1}U_1=148.5\mathrm{V}$，$u_{C4}=D_{Q3}U_2=16.52\mathrm{V}$，仿真数据与理论分析稍有出入，是因为仿真考虑了死区时间。输出电压在28V上下波动，输出电压脉动 $\Delta U_2=0.42\mathrm{V}$，小于 $2\%U_2$。

图2.26b给出变换器输入电压为240V，工作在升压状态下的仿真波形。考虑死区时间，取 $D_{Q1}=0.62$，$D_{Q2}=0.36$，$D_{Q3}=0.59$，$D_{Q4}=0.39$，$\delta=0.172$，满足 $\delta<D_{Q1}<\delta+D_{Q3}<1$。图2.26b左侧从上至下分别为4个开关管的驱动电压、电感电压 u_L 和电感电流 i_L 波形。由模态分析可知，各模态电感电压分别满足：$u_L=U_1=240\mathrm{V}$，$u_L=U_1-nU_2=-12\mathrm{V}$，$u_L=(-nU_2)=-252\mathrm{V}$。由仿真波形可见，$u_L$ 依次在240V、−12V、−252V、0V之间变换，与理论分析一致。由 i_L 波形可见安秒平衡，$I_{Lm}=47.5\mathrm{A}$、$i_L(t_1)=35.1\mathrm{A}$、$i_L(t_2)=24.1\mathrm{A}$，与理论分析的数值一致。图2.26b右侧从上至下分别为电感电流 i_L、变压器一次绕组电压 u_{W1}、隔直电容 C_3 和 C_4 的端电压 u_{C3} 和 u_{C4}，以及输出电压 U_2 的波形，u_{C3} 和 u_{C4} 的平均值分别为151.1V和16.9V，脉动分别为1.9V和0.21V，理论上 $u_{C3}=D_{Q1}U_1=151.2\mathrm{V}$，$u_{C4}=D_{Q3}U_2=16.8\mathrm{V}$，$D_{Q1}U_1=nD_{Q3}U_2$，可见仿真数据与理论分析一致；输出电压在28V上下波动，输出电压脉动 $\Delta U_2=0.9\mathrm{V}$，小于 $2\%U_2$。可见该不对称半桥隔离型直流变换器可以工作在降压状态和升压状态。

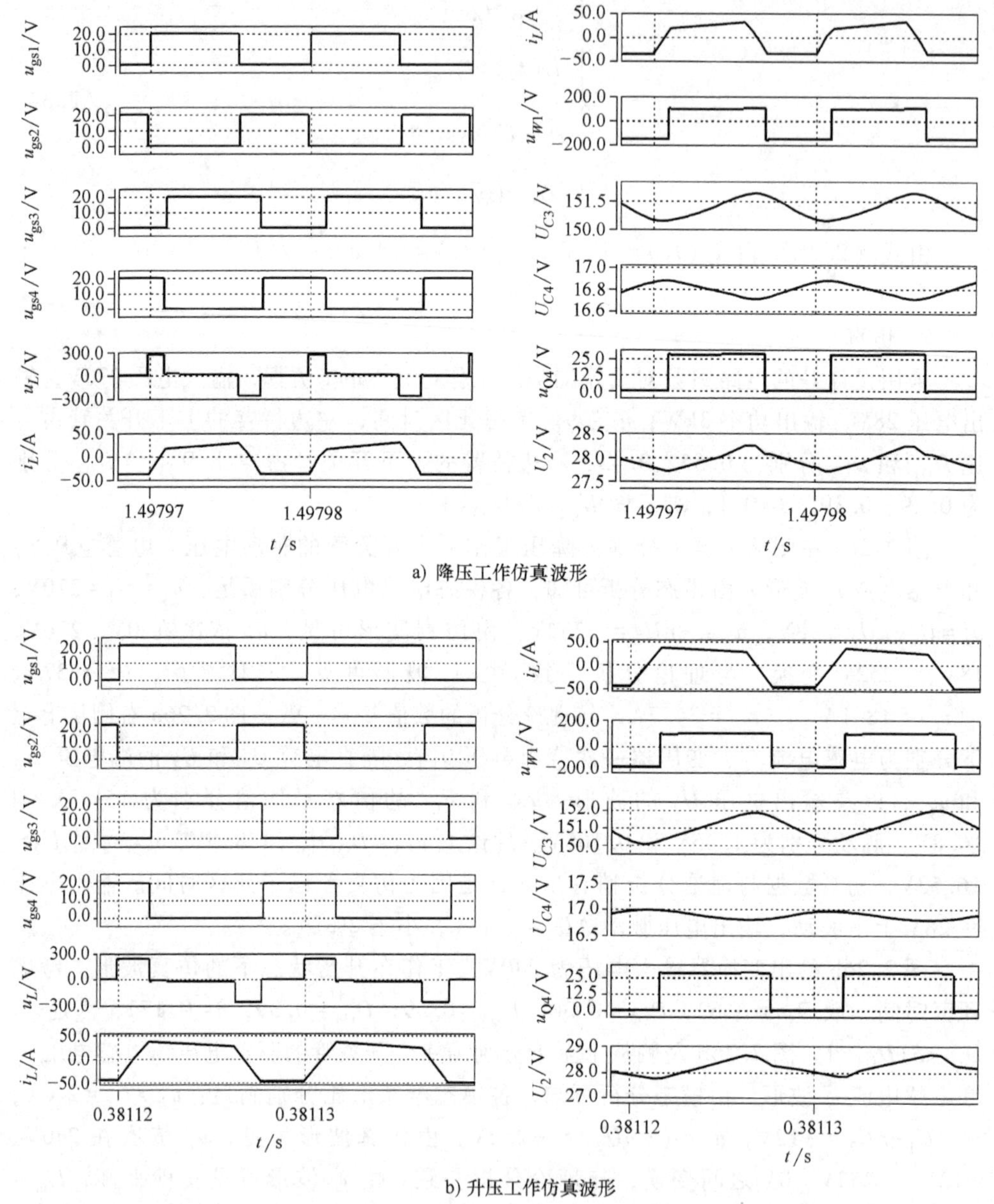

a) 降压工作仿真波形

b) 升压工作仿真波形

图 2.26　不对称半桥隔离型双向直流变换器不同模式下的仿真波形

图 2.27a～d 分别为输入 270V、满载时开关管 Q_1～Q_4 的驱动电压 u_{gs}、漏源电压 u_{ds} 和漏极电流 i_{ds} 波形。可见 Q_1 和 Q_2 承受的最大电压为输入电压 270V；Q_3 和 Q_4 承受的最大电压为输出电压 28V；各个开关的漏源极电压都在其对应的驱动电压上升之前降为 0V，且开通时刻漏极电流均为负，说明 4 个开关管均实现了零电压开通。

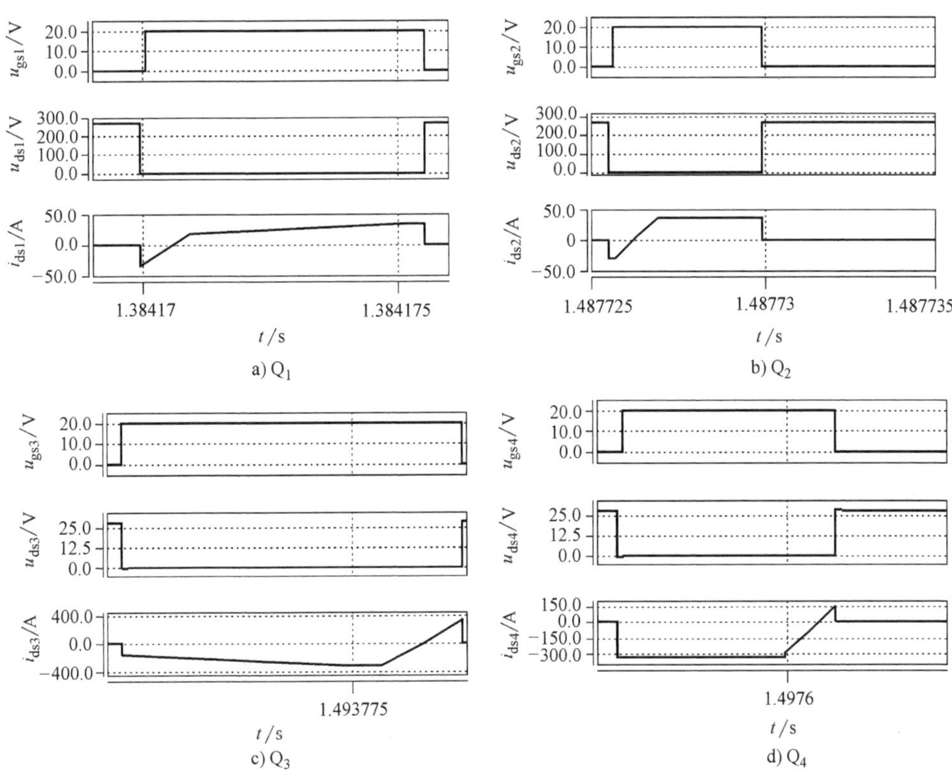

图 2.27　4 个开关管的驱动电压、漏源电压和漏极电流波形

采用移相控制，当输入电压 U_1 为 270V，输出电压为 28V，D_{Q3} 为 0.6 时，调节开关管占空比 D_{Q1} 和移相占空比 δ，对变换器进行闭环仿真，图 2.28a 为输入电压为 270V 不变，占空比 D_{Q1}、D_{Q3} 和 δ 随输出功率 P_o 变化曲线，D_{Q1} 由式（2.24）得到，恒定不变，随着 P_o 的增加，δ 增加；图 2.28b 为输入电压 270V 时，电感电流有效值 I_{Lrms}、电感电流最大值 I_{Lmax}、输入电流有效值 I_{1rms} 和输出电压 U_2 随输出功率 P_o 变化曲线，由图可知随着 P_o 的增加，输出电压稍有些下降，变化不大，I_{Lrms}、I_{Lmax} 和 I_{1rms} 增加。保证额定输出功率 3kW，固定 D_{Q3} 为 0.6，改变 D_{Q1} 和 δ，得到占空比 D_{Q1}、D_{Q3} 和 δ 随输入电压 U_1 变化曲线，如图 2.28c 所示，电感电流有效值 I_{Lrms} 和输出电压 U_2 随输入电压 U_1 变化，如图 2.28d 所示，可见当输入电压增加时，输出电压稍微有点下降，D_{Q1} 下降，δ 下降，I_{Lrms} 近似不变。

采用移相控制，当输入电压 U_1 为 270V，输出满载，D_{Q3} 为 0.6 时，开关管 D_{Q1} 从 0.35 变化到 0.75 进行仿真，图 2.29a 所示为 U_2 平均值与 D_{Q1} 的关系曲线，为一斜率恒定的直线，可见随着 D_{Q1} 增大，U_2 线性增大。输入电压 U_1 为 270V，固定 D_{Q1} 为 0.56，D_{Q3} 从 0.35 变化到 0.65 进行仿真，U_2 平均值与 D_{Q3} 的关系曲线如图 2.29b 所示，可见 U_2 与 D_{Q3} 成反比例关系，满足 $U_2=D_{Q1}U_1/(nD_{Q3})$。

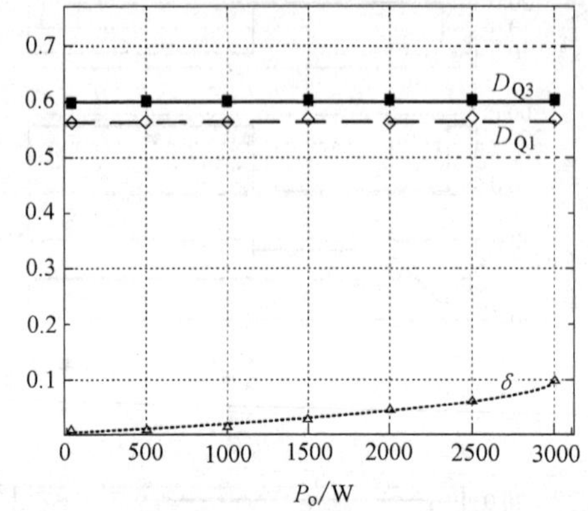

a) U_1不变，D_{Q1}和δ随P_o变化曲线

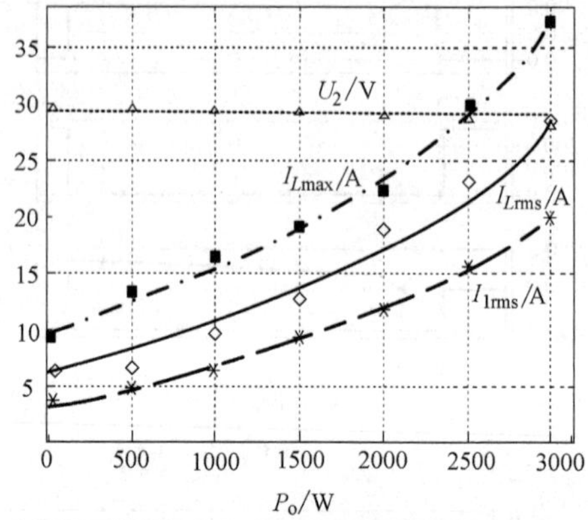

b) U_1不变，I_{Lrms}和U_2随P_o变化曲线

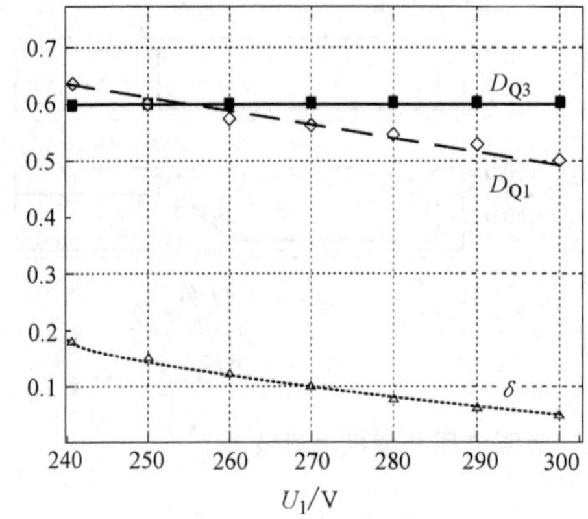

c) 满载时D_{Q1}、D_{Q3}和δ随U_1变化曲线

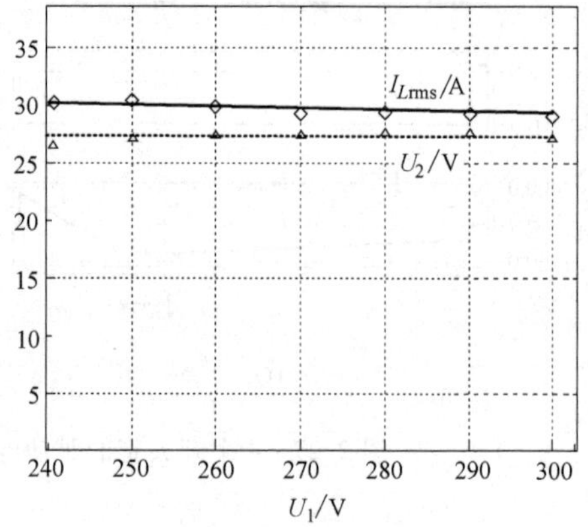

d) 满载时I_{Lrms}和U_2随U_1变化曲线

图 2.28　变换器 D_{Q1}、D_{Q3} 和 δ 以及 I_{Lrms} 和 U_2 随输出功率和输入电压变化曲线

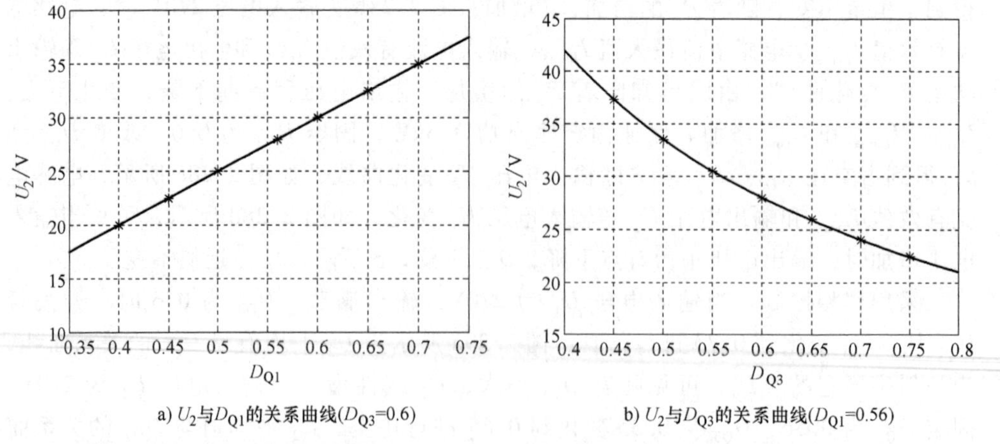

a) U_2与D_{Q1}的关系曲线(D_{Q3}=0.6)

b) U_2与D_{Q3}的关系曲线(D_{Q1}=0.56)

图 2.29　输入电压恒定，满载下 U_2 与 D_{Q1} 和 D_{Q3} 的关系曲线

2.4 全桥隔离型双向直流变换器

图 2.30a 是全桥隔离型双向直流变换器，也称双有源全桥（Dual Active Bridge，DAB）直流变换器。变换器由开关管 $Q_1 \sim Q_8$、输入输出电容 C_1 与 C_2、变压器 T_r 和电感 L 构成，L 包含了变压器的漏感。因为线路中开关管参数或驱动控制参数略有不同将导致变压器偏磁，引起磁心饱和，因此实际应用时在变压器一次侧和二次侧桥臂输出电路要串联隔直电容 C_3 与 C_4。由于开关管比不对称半桥隔离型双向直流变换器多一倍，故在开关管相同时，转换功率可大一倍。该变换器的变压器左右两侧结构对称，具有功率密度高、开关管易于实现软开关等优点。

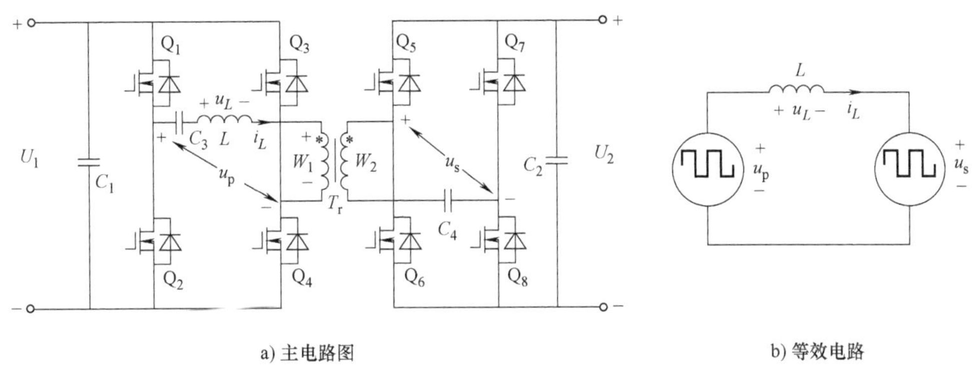

图 2.30 全桥隔离型双向直流变换器

移相控制是 DAB 直流变换器较常采用的控制方式，通过控制两个 H 桥的开关管可以产生具有相移的方波或准方波信号。设两侧全桥电路的桥臂输出电压分别为 u_p 与 u_s，u_p 与 u_s 为两电平或三电平方波电压，控制 u_p 与 u_s 的移相角便可以调节功率的大小和流动方向。若忽略隔离变压器和隔直电容 C_3 与 C_4，该变换器可以简化为如图 2.30b 所示。该变换器可以采用单移相控制、扩展移相控制、双移相控制和三重移相控制来实现输出电压的调节。

2.4.1 单移相控制

单移相控制（Single-Phase-Shift Control，SPS）是 DAB 直流变换器最简单的控制方式。

1. 单移相控制工作模式分析

图 2.31 为单移相控制时变换器的工作波形，从上至下分别为开关管的驱动电压波形，变压器两侧 H 桥桥臂电压 u_p 与 u_s，电感电压 u_L 和电感电流 i_L 波形。n 为变压器一次侧和二次侧绕组匝数之比，$n = W_1/W_2$。单移相控制下，变压器两侧 H 桥每个桥臂上下管互补导通半个周期，斜对角两只开关管同时开关，u_p 与 u_s 均

为两电平方波，通过控制 u_p 与 u_s 高电平中点之间的移相占空比 D_φ 来实现功率大小与方向的变化。$T_{hs}=0.5T$，T 为周期时间，$0\leqslant D_\varphi\leqslant 1$。该部分的占空比都是相移角相对于 π 而言，即波形的高电平时间相对于 T_{hs} 而言。

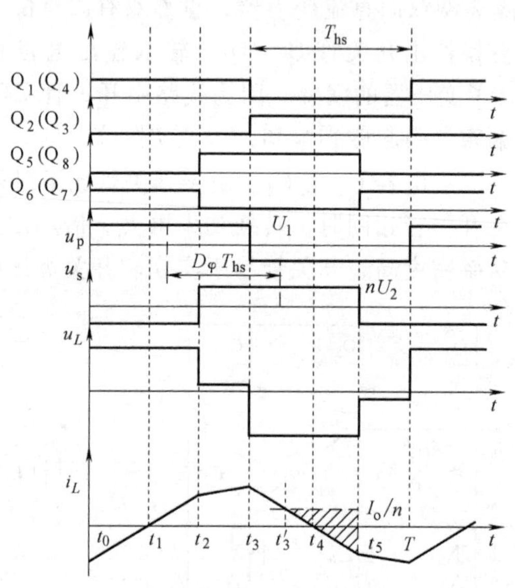

图 2.31　单移相控制时 DAB 直流变换器的主要工作波形

以功率从 U_1 流向 U_2 为例对单移相控制进行分析。假设变换器已经工作在稳定状态，根据图 2.31 所示的工作波形，变换器的工作模态可以分成 6 个阶段，如图 2.32 所示。

1）工作模态 1：$t_0\sim t_1$ 阶段，对应图 2.32a。在 t_0 时刻之前，开关管 Q_2 和 Q_3、Q_6 和 Q_7 导通，变压器一次侧电感电流 i_L 为负。t_0 时刻开始，Q_2 和 Q_3 关断，Q_1 和 Q_4 导通。Q_2 和 Q_3 两端的结电容充电，Q_1 和 Q_4 两端的结电容放电，当 Q_1 和 Q_4 的结电容放光电荷，二极管 D_1 和 D_4 导通，i_L 分别通过 D_1 和 D_4、D_6 和 D_7 给 U_1 侧和 U_2 侧电容充电，电感电压 $u_L=U_1+nU_2$，反向 i_L 逐渐减小，电感 L 释放能量。Q_1 和 Q_4 实现 ZVS 导通。

2）工作模态 2：$t_1\sim t_2$ 阶段，对应图 2.32b。i_L 过零反向，U_1 和 U_2 通过开关管 Q_1 和 Q_4、Q_6 和 Q_7 向 L 传输能量，i_L 正向增加。此模态 u_L 和 i_L 的表达式与模态 1 相同。

3）工作模态 3：$t_2\sim t_3$ 阶段，对应图 2.32c。在 t_2 时刻，关断 Q_6 和 Q_7，开通 Q_5 和 Q_8。Q_6 和 Q_7 两端的结电容充电，Q_5 和 Q_8 两端的结电容放电，当 Q_5 和 Q_8 的结电容放光电荷，D_5 和 D_8 导通，U_1 电源经 L 向 U_2 侧传递能量，C_2 充电。Q_5 和 Q_8 实现 ZVS 导通。$u_L=U_1-nU_2$，由于是正向传输功率，$U_1\geqslant nU_2$，因此 i_L 继续增大，但是增大速率下降。

4）工作模态4：$t_3 \sim t_4$ 阶段，对应图2.32d。在 t_3 时刻，关断 Q_1 和 Q_4，开通 Q_2 和 Q_3。Q_1 和 Q_4 两端的结电容充电，Q_2 和 Q_3 两端的结电容放电，当 Q_2 和 Q_3 的结电容放光电荷，二极管 D_2 和 D_3 导通，$u_L=-(U_1+nU_2)$，i_L 通过 D_2 和 D_3 能量回馈，给 C_1 充电，Q_2 和 Q_3 实现ZVS导通。U_2 侧状态与模式3相同，L 储能通过 D_5 和 D_8 给 C_2 充电。直到 t_4 时刻 i_L 降为0。

5）工作模态5：$t_4 \sim t_5$ 阶段，对应图2.32e。U_1 通过 Q_2 和 Q_3、U_2 通过 Q_5 和 Q_8 同时向 L 传输能量，i_L 反向增加，i_L 的表达式与模态4相同。

6）工作模态6：$t_5 \sim T$ 阶段，对应图2.32f。在 t_5 时刻，关断 Q_5 和 Q_8，开通 Q_6 和 Q_7。Q_5 和 Q_8 两端的结电容充电，Q_6 和 Q_7 两端的结电容放电，当 Q_6 和 Q_7 的结电容放光电荷，二极管 D_6 和 D_7 导通，输入电源给 L 传递能量，同时通过 D_6 和 D_7 给 C_2 充电。Q_6 和 Q_7 实现ZVS导通。$u_L=-(U_1-nU_2)$，$U_1 \geqslant nU_2$，电感电流 i_L 继续反向增大，但是增大速率下降。

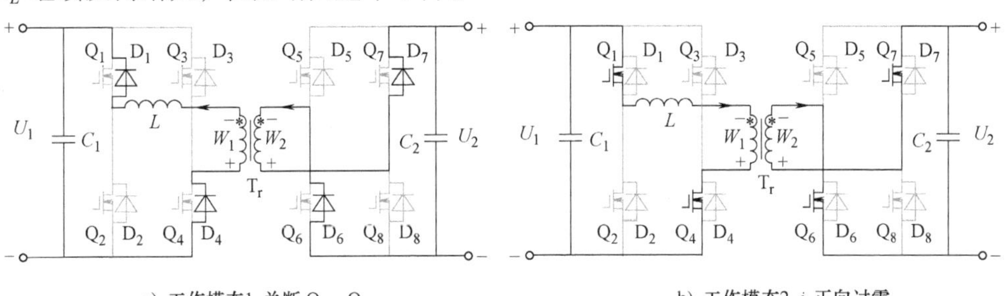

a）工作模态1，关断 Q_2、Q_3

b）工作模态2，i_L 正向过零

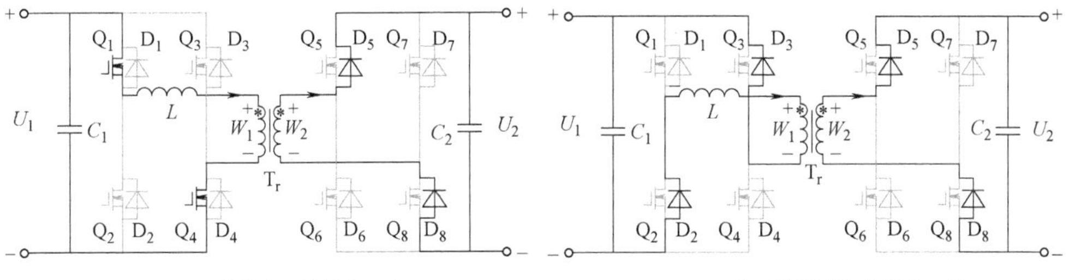

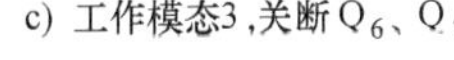

c）工作模态3，关断 Q_6、Q_7

d）工作模态4，关断 Q_1、Q_4

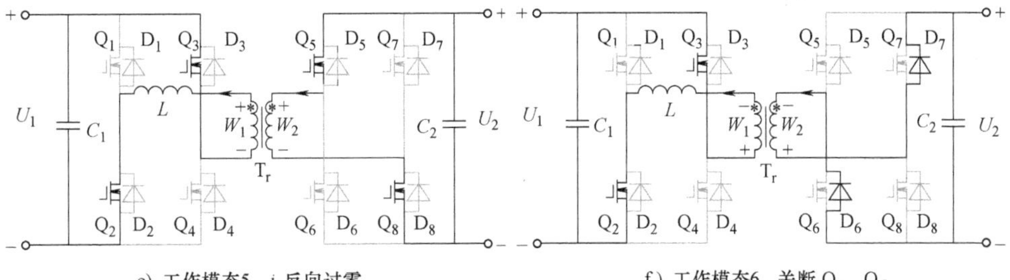

e）工作模态5，i_L 反向过零

f）工作模态6，关断 Q_5、Q_8

图2.32　单移相控制下DAB直流变换器的工作模态

由工作模态分析和图 2.31 可见，全桥隔离型双向直流变换器在单移相控制下电感电流正负半周期波形对称。各模态对应的电感电流表达式为

$$i_L(t)=\begin{cases}i_L(t_0)+\dfrac{U_1+nU_2}{L}(t-t_0) & t_0\leqslant t\leqslant t_2\\ i_L(t_2)+\dfrac{U_1-nU_2}{L}(t-t_2) & t_2\leqslant t\leqslant t_3\\ i_L(t_3)-\dfrac{U_1+nU_2}{L}(t-t_3) & t_3\leqslant t\leqslant t_5\\ i_L(t_5)-\dfrac{U_1-nU_2}{L}(t-t_5) & t_5\leqslant t\leqslant T\end{cases}\tag{2.35}$$

2. 单移相控制功率特性

根据电感电流的对称性和式（2.35）可知

$$\begin{cases}i_L(t_0)=-i_L(t_3)\\ i_L(t_2)=i_L(t_0)+\dfrac{U_1+nU_2}{L}(t_2-t_0)\\ i_L(t_3)=i_L(t_2)+\dfrac{U_1-nU_2}{L}(t_3-t_2)\end{cases}\tag{2.36}$$

设变换器电压调节比 $k=nU_2/U_1$，开关频率 $f=1/T=1/(2T_{hs})$，通过上式可得

$$\begin{cases}i_L(t_0)=-\dfrac{nU_2}{4fL}\left(2D_\varphi+\dfrac{1}{k}-1\right)\\ i_L(t_2)=\dfrac{nU_2}{4fL}\left(2kD_\varphi-\dfrac{1}{k}+1\right)\end{cases}\tag{2.37}$$

单移相控制方式下 DAB 直流变换器的传输功率 P_o 为

$$P_o=\frac{1}{T_{hs}}\int_{t_0}^{T_{hs}}u_p i_L\mathrm{d}t=\frac{nU_1U_2}{2fL}D_\varphi(1-D_\varphi)\tag{2.38}$$

将传输功率 P_o 标幺化，基准值 P_{base} 为

$$P_{base}=\frac{{U_1}^2}{8fL}\tag{2.39}$$

可得传输功率标幺值 P_o^* 为

$$P_o^*=\frac{P_o}{P_{base}}=4kD_\varphi(1-D_\varphi)\tag{2.40}$$

通过上式可见，$P_o{}^*$ 随着移相占空比 D_φ 而改变，当 $D_\varphi=0.5$ 时，传输功率达到最大值，$P_{omax}{}^*=k$。所以 k 越大，传输功率越大。

对应图 2.30 所示的电压电流参考方向，当电感电流与变压器一次侧电压相位相反时，电感能量回馈输入端。存在回流功率意味着需要更大的正向传输功率去补

偿回流功率，这会导致变换器电流应力增大，损耗上升，效率下降。由式（2.40）可以画出 $k=1$、全桥变换器采用单移相控制时，P_o^* 与 D_φ 的关系曲线，如图 2.33 所示。由图可见，相同的传输功率对应两个不同的 D_φ，而随着 D_φ 增大，电感电流有效值也随之增大。为了体现电感电流变化的通用波形，后面以 $k=0.6$ 为例给出变换器主要工作波形图，分析正向功率传输时 $D_\varphi \in [0, 0.5]$ 的工作区间。

3. 单移相控制的软开关实现条件

当 Q_1 和 Q_4 开通时，需保证电感电流 $i_L<0$，并且电感有足够的储能将待开通的开关管 Q_1 和 Q_4 两端的电容电荷抽光，将关断的开关管 Q_2 和 Q_3 两端电容充满电，才能保证 Q_1 和 Q_4 的反并联二极管 D_1 和 D_4 导通，Q_1 和 Q_4 实现零电压开通。而 Q_1 和 Q_4 的结电容可以实现 Q_1 和 Q_4 的零电压关断。Q_2 和 Q_3 情况类似。当 Q_5 和 Q_8 开通时，需保证电感电流 $i_L>0$，且有足够大的储能才能实现 Q_5 和 Q_8 零电压开通，同样结电容实现了 Q_5 和 Q_8 的零电压关断。Q_6 和 Q_7 情况类似。结合电感电流关于时间的表达式可以推导出一次侧开关管实现 ZVS 的必要条件为

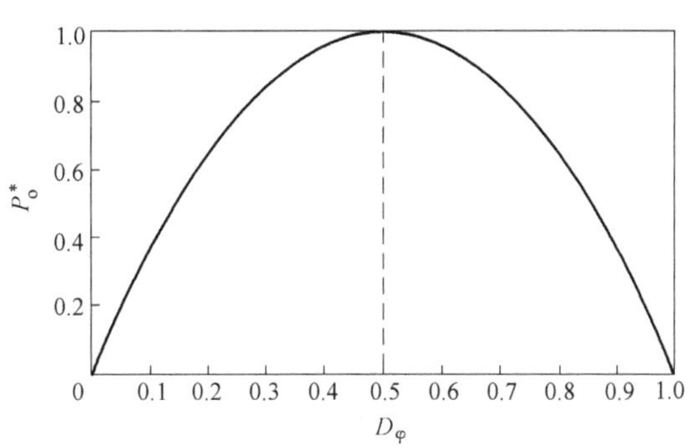

图 2.33 单移相控制时 P_o^* 与 D_φ 的关系曲线（$k=1$）

$$D_\varphi \geqslant \frac{k-1}{2k} \tag{2.41}$$

二次侧开关管实现 ZVS 的必要条件为

$$D_\varphi \geqslant \frac{1-k}{2} \tag{2.42}$$

由此可以看出，$k<1$ 时，一次侧开关管一定能实现 ZVS；$k>1$ 时，二次侧开关管一定能实现 ZVS。若要保证所有开关管都实现 ZVS，k 需满足

$$1-2D_\varphi \leqslant k \leqslant \frac{1}{1-2D_\varphi} \tag{2.43}$$

代入式（2.40），可得到所有开关管均可实现 ZVS 对应的功率区间为

$$4D_\varphi(1-D_\varphi)(1-2D_\varphi) \leqslant P_o^* \leqslant \frac{4D_\varphi(1-D_\varphi)}{1-2D_\varphi} \tag{2.44}$$

由上式可知，开关管实现软开关和传输功率、输入输出电压、电感、开关频率及移相占空比都有关系。由式（2.40）和式（2.44）可以给出如图 2.34 所示的变换器采用单移相控制时实现开关管软开关的范围和电压调节比 k、占空比 D_φ 及传输功率 P_o^* 之间的关系，上下边界之内的工作点可以实现开关管 ZVS。由图可见 $k>$

1时轻载条件下难以实现一次侧开关管的ZVS；$k<1$时轻载条件下难以实现二次侧开关管的ZVS，仅当$k=1$时变换器才能在全负载范围内实现ZVS。此外当k设计为1，且$D_\varphi=0.5$时全桥直流变换器可以输出最大功率，因此双向全桥dc/dc变换器宜设计k为1。

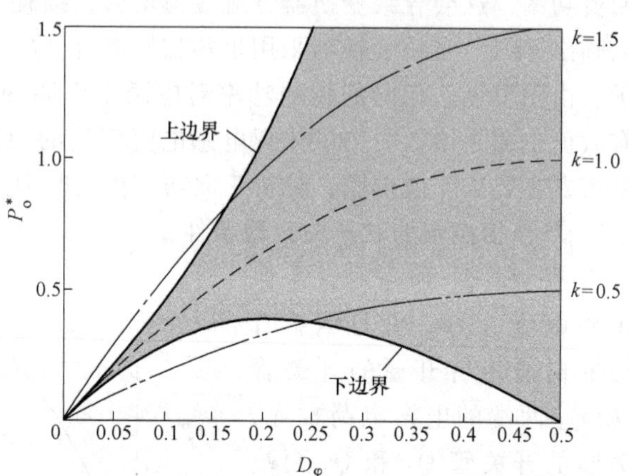

图2.34　单移相控制时变换器软开关范围和k、D_φ及P_o^*之间的关系

4. 回流功率

由于电压u_p和u_s之间存在相移，使得在传输过程中必然会存在电感电流方向与变压器一次侧电压方向相反，如图2.31中$t_0\sim t_1$时间段所示，电感储能返回到输入电源，这部分反向传输的功率为回流功率。单移相控制下回流功率的表达式为

$$P_{\text{cir-SPS}}=\int_{t_0}^{t_1}U_1 i_L \mathrm{d}t=\frac{U_1^2[1+k(2D_\varphi-1)]^2}{16fL(1+k)} \tag{2.45}$$

由该式可见，移相角D_φ越大，回流功率越大。当产生的回流功率较大时，为了保证能够输出额定的功率，正向传输的功率量也会增大，这就会增加正向传输时的导通电流，进而增加功率器件的电流应力、通态损耗和磁性元件的铜损和铁损。因此在传输功率相同时，应使D_φ工作在［0，0.5］区间内。

采用Matlab软件对DAB进行仿真，变换器采用单移相控制，输出电压闭环工作。输出电压28V，开关频率100kHz，电感为7.7μH，变压器一、二次侧绕组电压比为27∶3，输出功率从0~3kW变化，当输入电压U_1分别为260V、270V和280V时，移相占空比D_φ与输出功率P_o的关系如图2.35a所示，电感电流有效值I_{Lrms}与P_o的关系如图2.35b所示。由图可见，随着P_o增加，D_φ增大，I_{Lrms}增大。同样的输出功率下，U_1越小，D_φ越大。但U_1越大，加在电感上的电压越大，电感电流上升斜率越大，但U_1越大，D_φ越小，即电感电流上升时间越短，最终电感电流增量不一定增大，所以U_1和I_{Lrms}之间并非单调关系，从仿真数据曲线可以看出，不同输入电压下的I_{Lrms}有交叠。

DAB采用单移相控制，输出电压闭环工作，输入电压U_1为270V，输出电压U_2为28V，输出功率从0~3kW变化，当变压器一、二次侧电压比n分别为27∶3和27∶4时，移相占空比D_φ与输出功率P_o的关系如图2.36a所示，电感电流有效值I_{Lrms}与P_o的关系如图2.36b所示。$U_1/U_2=9.64$，n为27∶3时，电压调节比

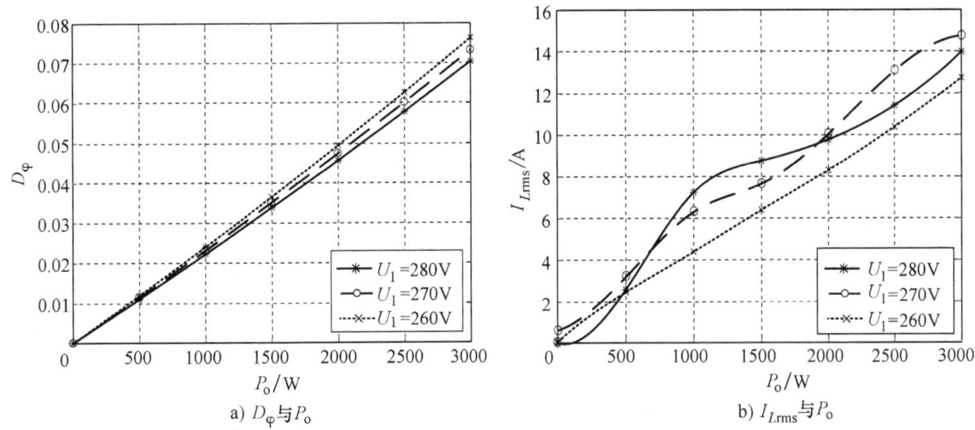

a) D_φ与P_o　　b) I_{Lrms}与P_o

图 2.35　采用单移相控制，不同 U_1 下 D_φ、I_{Lrms} 与 P_o 关系（$n=9:1$，$k=0.933$）

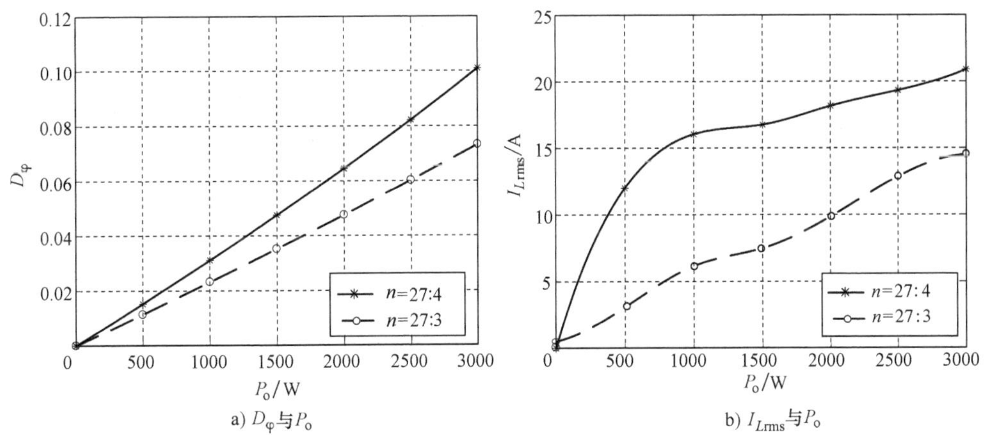

a) D_φ与P_o　　b) I_{Lrms}与P_o

图 2.36　采用单移相控制，不同 n 下 I_{Lrms}、D_φ 与 P_o 的关系（$U_1=270\text{V}$）

$k=nU_2/U_1=0.933$；n 为 27∶4 时，$k=nU_2/U_1=0.7$，n 越偏离 U_2/U_1 时，k 越偏离 1，对应 n 越小，k 越小。由图可见，同样功率下，n 越小，D_φ 越大，I_{Lrms} 越大。由工作模态分析可知，n 越小，$t_0\sim t_2$ 阶段电感电压变小，$t_2\sim t_3$ 阶段电感电压变大，I_{Lrms} 理论上不一定增加。但是对所举例的变换器参数而言，I_{Lrms} 是随着 n 的减小而增加的，再考虑开关管的软开关实现，k 应该设计为接近 1。

2.4.2　扩展移相控制

扩展移相控制（Extended-Phase-Shift Control，EPS）以一次侧或二次侧全桥两个桥臂间的内移相占空比，以及一、二次侧全桥的外移相占空比为控制量实现功率的调节。在功率输出一定的情况下，扩展移相控制方式可以大幅度减小回流功率，降低损耗，提高系统效率。

如图 2.37 所示，变换器一次侧 Q_1 和 Q_2 对应的超前桥臂与 Q_3 和 Q_4 对应的滞

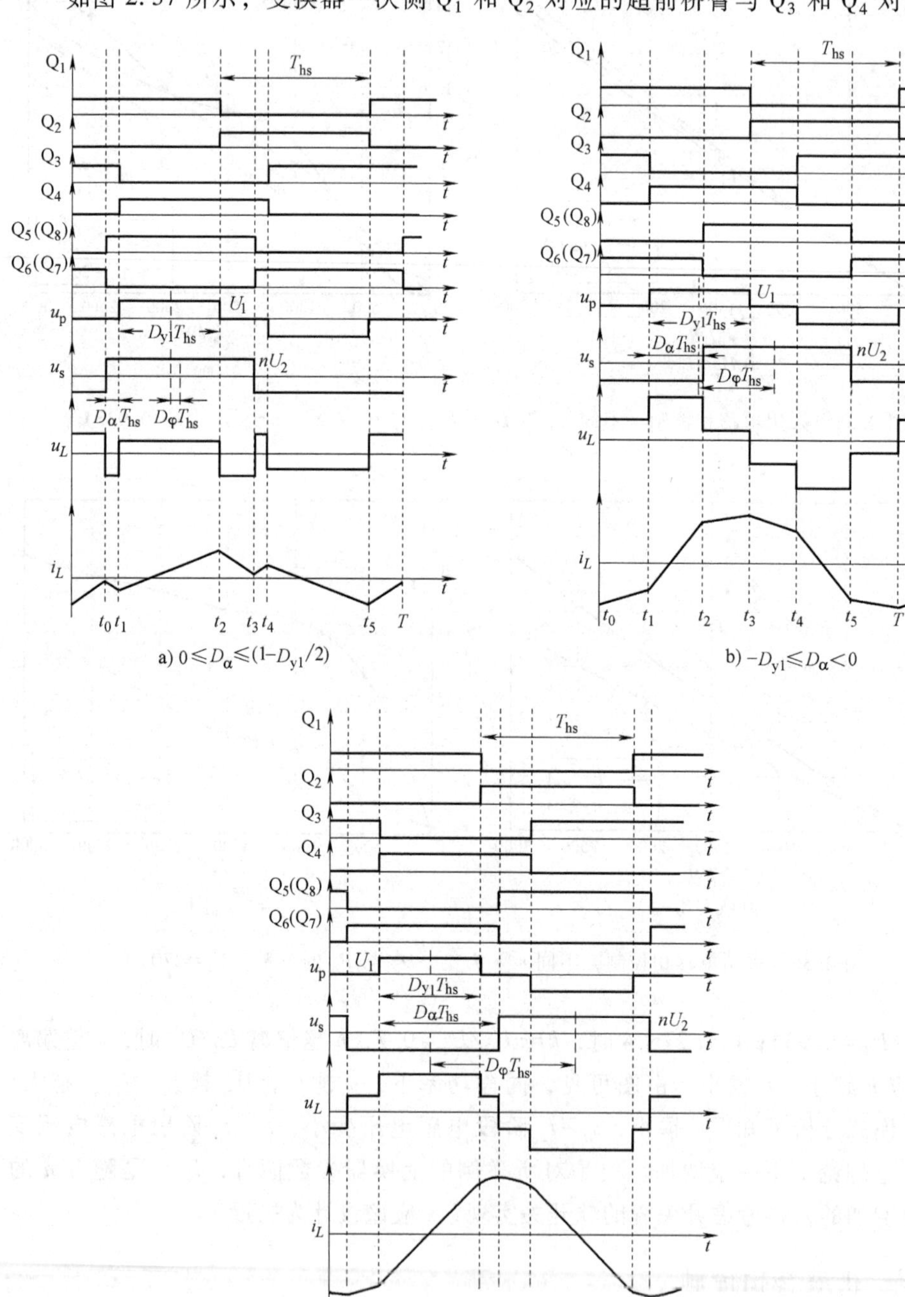

图 2.37　扩展移相控制时变换器的主要工作波形

后桥臂之间的相移，即对应内移相占空比 D_{y1}。D_{φ} 为一、二次侧 H 桥桥臂电压 u_p 和 u_s 高电平中点之间相位差对应的外移相占空比。u_p 为幅值±U_1 的准方波，u_s 为幅值±nU_2 的方波。u_p 的正上跳沿时刻滞后于 u_s 的正上跳沿时刻对应的滞后相位占空比为 D_{α}。

图 2.37 给出了扩展移相控制下变换器功率正向传输时的主要工作波形，以 u_p 从零电平跳变到正电平 U_1 的上升沿为基准，随着 u_s 从低跳变到高电平的上升沿后移，依次出现图 2.37a～c 三种情况，占空比分别对应：$0 \leqslant D_{\alpha} \leqslant (1-D_{y1}/2)$、$-D_{y1} \leqslant D_{\alpha} < 0$、$-(1+D_{y1}) < D_{\alpha} < -D_{y1}$。图中从上至下分别为开关管的驱动电压波形，变压器两侧 H 桥桥臂电压 u_p 与 u_s，电感电压 u_L 和电感电流 i_L 波形。这三种情况的工作模态不同，但原理基本类似。

采用单移相控制时相同的电路参数，DAB 采用扩展移相控制，输出电压闭环工作，$D_{y1}=1$，n 为 27：3，$k=0.933$，当输入电压 U_1 分别为 260V、270V 和 280V 时，占空比 D_{y2}、移相占空比 D_{φ}、电感电流有效值 I_{Lrms} 与输出功率 P_o 的关系分别如图 2.38（a～c）所示，D_{y2} 和 D_{φ} 的大小根据最小电感电流有效值和软开关优化

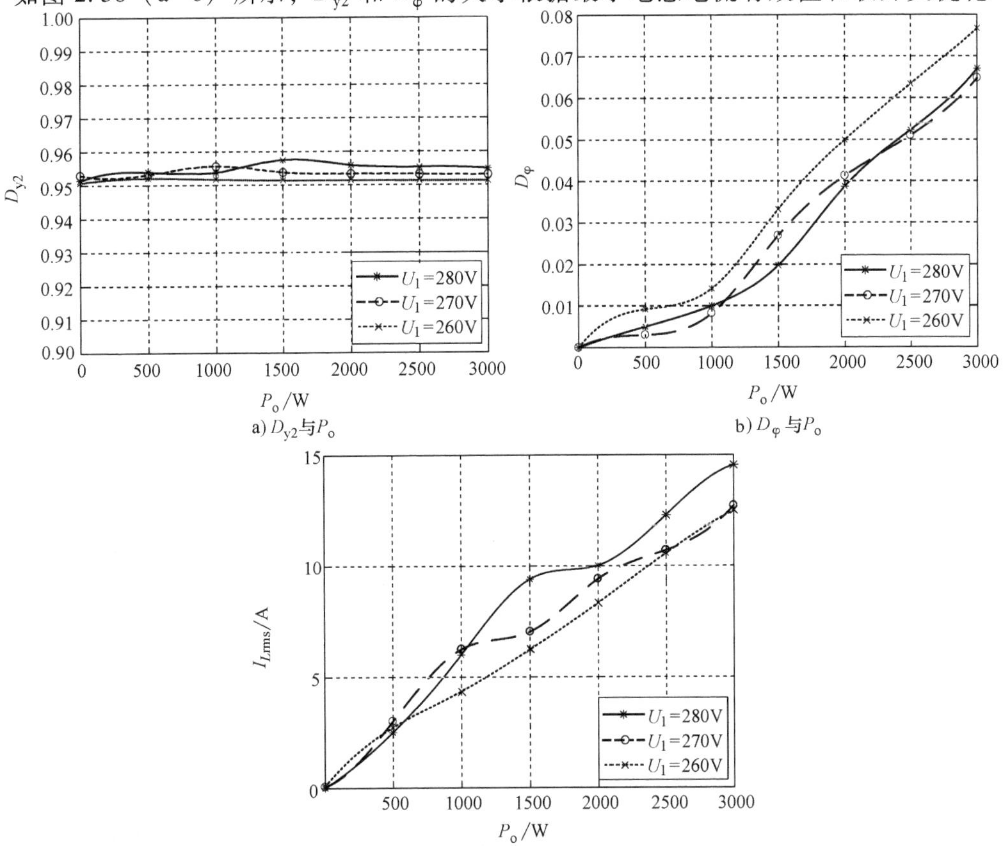

a) D_{y2}与P_o　　b) D_{φ}与P_o　　c) I_{Lrms}与P_o

图 2.38　采用扩展移相控制，不同 U_1 下 D_{y2}、D_{φ}、I_{Lrms} 与 P_o 关系（$k=0.933$）

算法确定，D_φ 与 P_o 曲线非单调变化；随着功率增大，I_{Lrms} 增大，但与单移相控制方式相同，在相同的传输功率下 I_{Lrms} 与 U_1 非单调变化。

DAB 采用扩展移相控制，输出电压闭环工作，输入电压为 270V，输出电压 28V，输出功率从 0~3kW 变化，$D_{y1}=1$。当变压器一、二次侧匝比 n 分别为 27 : 3 和 27 : 4 时，占空比 D_{y2}、移相占空比 D_φ、电感电流有效值 I_{Lrms} 与输出功率 P_o 的关系分别如图 2.39a~c 所示，D_{y2} 和 D_φ 的大小根据最小电感电流有效值和软开关优化算法确定。由图可知，变压器电压比 n 偏离 U_1/U_2 时，n 越小，I_{Lrms} 和 D_φ 越大，n 应根据输入输出电压之比来设计。

DAB 采用扩展移相控制，输出电压闭环工作，输入电压为 270V，$k=0.933$，$D_{y2}=1$，一次侧内移相占空比 D_{y1} 分别为 1 和 0.8 时，移相占空比 D_φ 与输出功率 P_o 的关系如图 2.40a 所示，电感电流有效值 I_{Lrms} 与输出功率 P_o 的关系如图 2.40b 所示。D_{y1} 为 1 即对应单移相控制。由图可见，对于扩展移相扩展，因为 D_{y1} 为 0.8 并非最优控制，相比单移相控制不一定会减小 I_{Lrms}。对比图 2.38c 和图 2.35b 可见，相比单移相控制，轻载下扩展移相控制下的 I_{Lrms} 稍小。

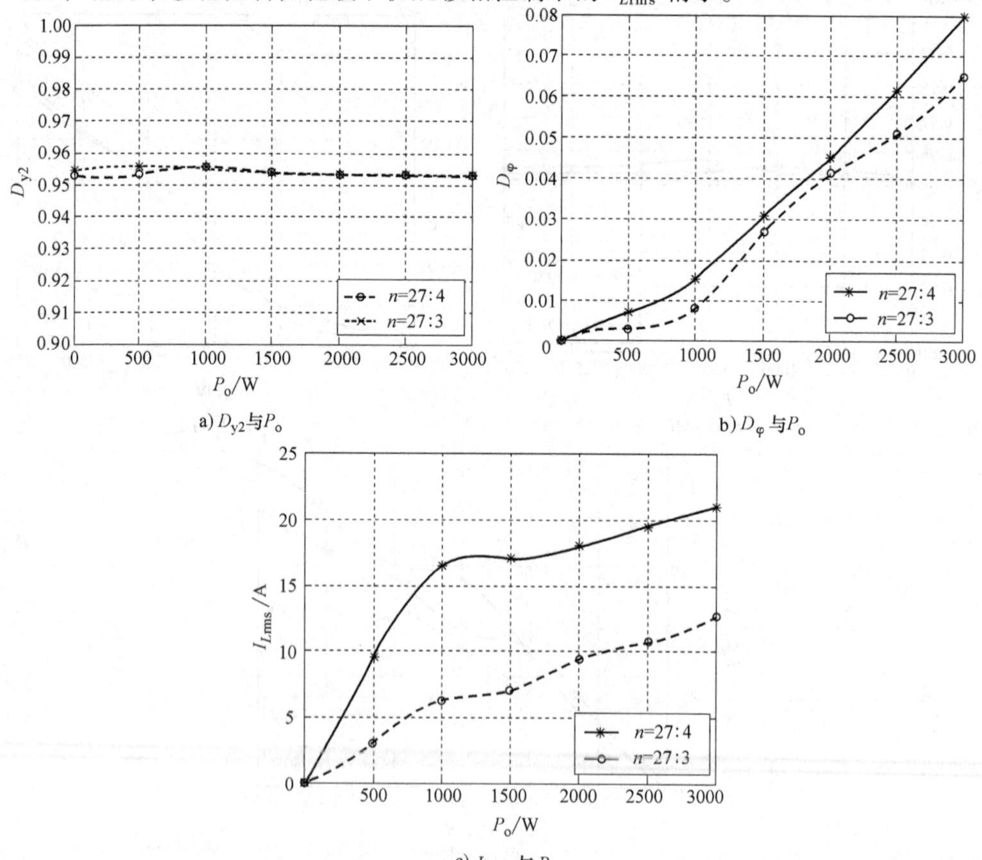

a) D_{y2}与P_o

b) D_φ与P_o

c) I_{Lrms}与P_o

图 2.39 采用扩展移相控制，不同 n 下 D_{y2}、D_φ、I_{Lrms} 与 P_o 关系（$U_1=270V$）

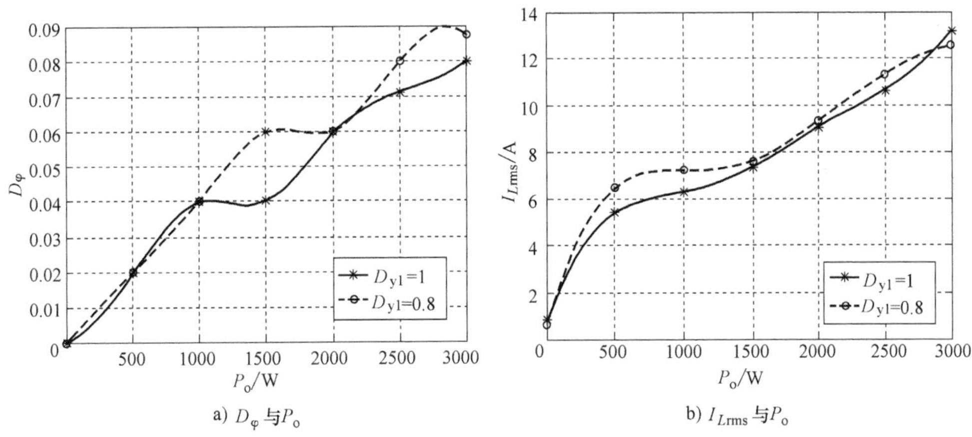

a) D_φ与P_o　　b) I_{Lrms}与P_o

图 2.40　采用扩展移相控制，不同 D_{y1} 下 I_{Lrms}、D_φ 与 P_o 关系

2.4.3　三重移相控制

同理，三重移相控制（Triple-Phase-Shift Control，TPS）在扩展移相控制的基础上增加了二次侧全桥两个桥臂的内移相占空比作为新的控制变量，使变换器在全负载范围内实现 ZVS 的同时具有轻载时电感电流有效值更小、空载时电感电流为零的优点。当一、二次侧两个桥臂的内移相占空比相等时即为双移相控制，双移相控制是三重移相控制的特殊形式。

图 2.41 是三重移相控制全桥变换器的主要工作波形，从上至下分别为开关管

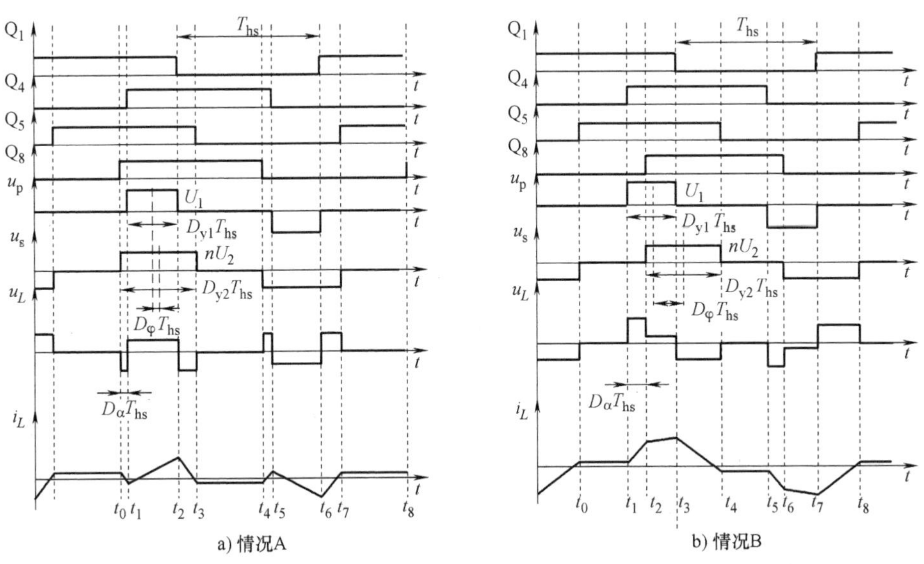

a) 情况A　　b) 情况B

图 2.41　三重移相控制时变换器的主要工作波形

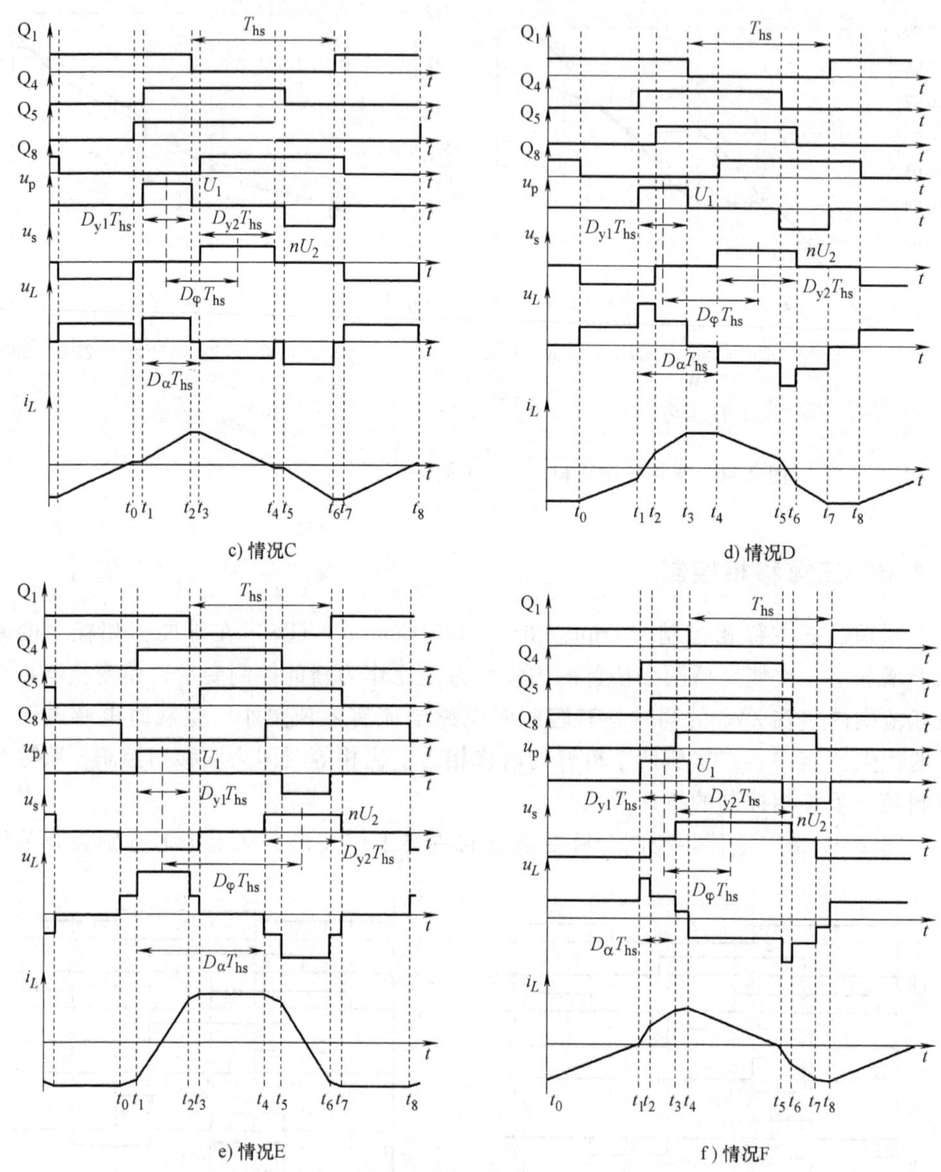

图 2.41　三重移相控制时变换器的主要工作波形（续）

的驱动电压，变压器两侧 H 桥桥臂电压 u_p 与 u_s，电感电压 u_L 和电感电流 i_L 波形。每个桥臂上下两只开关管均互补导通。一次侧两个桥臂采用移相控制，Q_1 和 Q_2 构成超前桥臂，Q_3 和 Q_4 为滞后桥臂，通过控制其移相角改变 u_p 的脉宽大小；二次侧两个桥臂同样采用移相控制，Q_5 和 Q_6 构成超前桥臂，Q_7 和 Q_8 为滞后桥臂，通过控制其移相角改变 u_s 的脉宽大小；通过改变 u_p 和 u_s 之间的移相角来控制功率。由于上下开关管驱动逻辑互补，图中只给出两侧全桥斜对角开关管 Q_1、Q_4 和 Q_5、

Q_8 的驱动电压波形。

由图 2.41 可知，功率正向传输时，以 u_p 的波形从 $0\sim U_1$ 上升沿为基准，随着 u_s 的从 $0\sim nU_2$ 上升沿后移，逐渐出现情况 A~E 5 种情况；当 u_p 的 $U_1\sim 0$ 下降沿滞后于 u_s 的 $0\sim U_2$ 上升沿，同时 u_p 的 $0\sim -U_1$ 下降沿超前 u_s 的 $nU_2\sim 0$ 下降沿时，还存在情况 F。三重移相控制下 u_p 为幅值 $\pm U_1$ 的准方波，u_s 为幅值 $\pm nU_2$ 的准方波。控制量有左右桥臂的内移相占空比 D_{y1} 和 D_{y2}，以及左右桥臂之间的外移相占空比 D_φ。三重移相控制时变换器的工作模态分析与单移相控制、扩展移相控制时类似，不再赘述。

DAB 采用三重移相控制进行仿真，输出电压闭环工作。当输入电压 U_1 分别为 260V、270V 和 280V 时，占空比 D_{y1}、D_{y2}、移相占空比 D_φ 和电感电流有效值 I_{Lrms} 与输出功率 P_o 的关系分别如图 2.42（a~d）所示，$k=0.933$。因为三重移相控制有三个移相占空比，变换器以电感电流有效值最小进行最优控制求解，因此不同的输出功率和输入电压下，三个占空比都在变化。由仿真结果可见，随着 P_o 的增加，D_φ 变大，I_{Lrms} 也变大。

DAB 采用三重移相控制，输出电压闭环工作，当变压器一、二次侧电压比 n

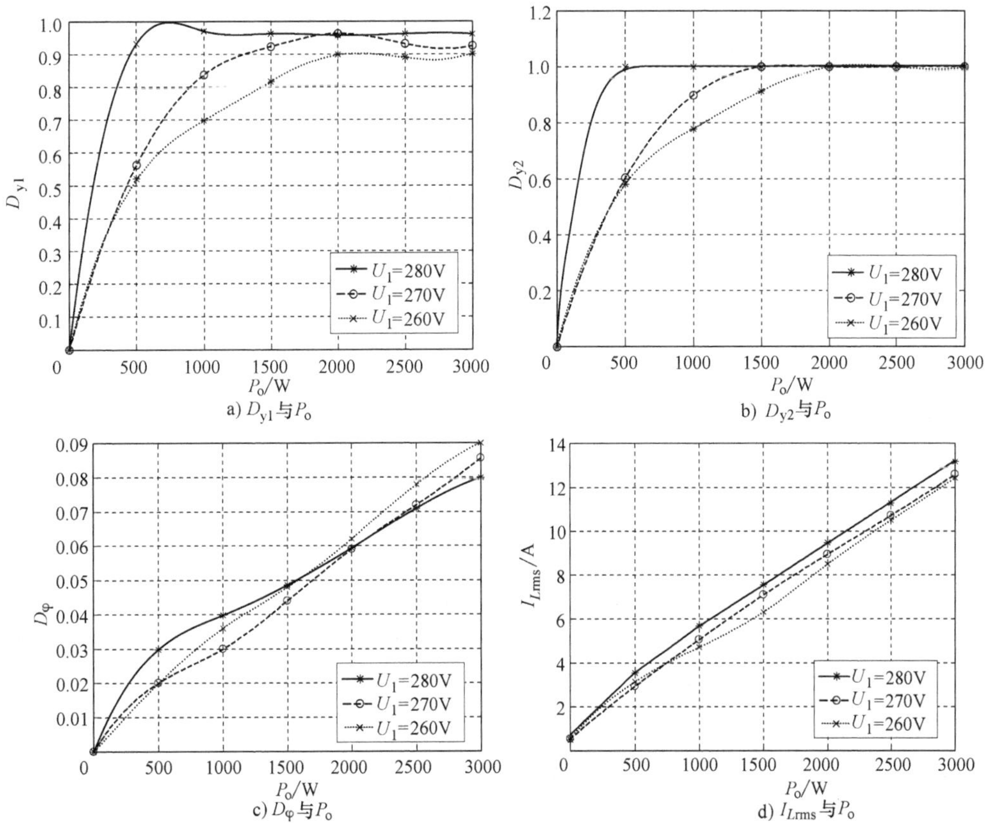

a) D_{y1}与P_o

b) D_{y2}与P_o

c) D_φ与P_o

d) I_{Lrms}与P_o

图 2.42 采用三重移相控制，不同 U_1 下 I_{Lrms}、D_φ 与 P_o 关系（$k=0.933$）

分别为 27 : 3 和 27 : 4 时，占空比 D_{y1}、D_{y2}、移相占空比 D_{φ} 和电感电流有效值 I_{Lrms} 与输出功率 P_o 的关系分别如图 2.43（a~d）所示。由图可见，变压器电压比偏离 $n=U_1/U_2$ 时，同样的传输功率下 I_{Lrms} 会增加，D_{φ} 也会增加。所以 n 宜按照接近 U_1/U_2 设计。

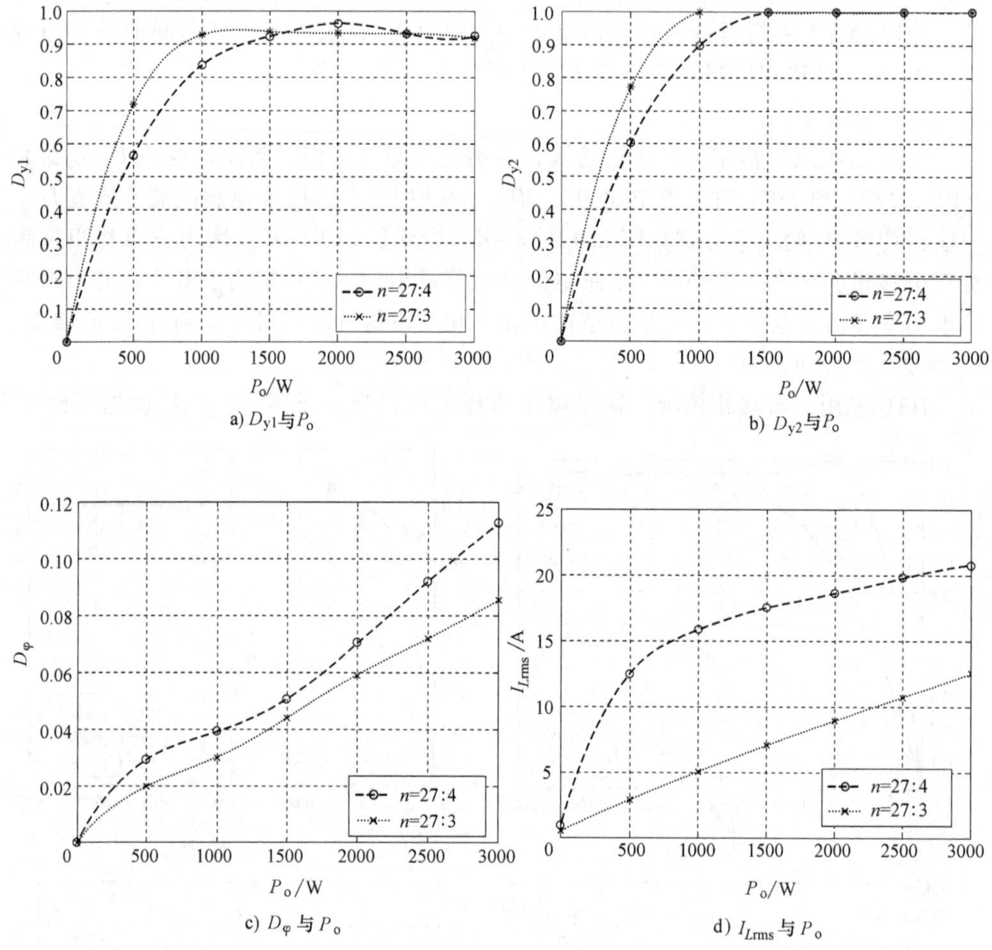

a) D_{y1}与P_o　b) D_{y2}与P_o

c) D_{φ} 与 P_o　d) I_{Lrms}与 P_o

图 2.43　采用三重移相控制，不同 n 下 I_{Lrms}、D_{φ} 与 P_o 关系

DAB 采用三重移相控制，输出电压闭环工作，k 为 0.933，一次侧和二次侧内移相占空比 D_{y1} 与 D_{y2} 分别为 1/1、0.8/1 和 0.8/0.8 时，移相占空比 D_{φ} 与输出功率 P_o 的关系如图 2.44a 所示，电感电流有效值 I_{Lrms} 与 P_o 的关系如图 2.44b 所示。D_{y1} 与 D_{y2} 分别为 1/1 即对应单移相控制，D_{y1} 与 D_{y2} 分别为 0.8/1 即对应扩展移相控制。由图可见，因为此处的内移相占空比并非按照电感电流最优算法确定，所以添加一次侧内移相占空比与二次侧内移相占空比并不一定会减小 I_{Lrms}，D_{φ} 与 P_o 也非单调变化的关系。

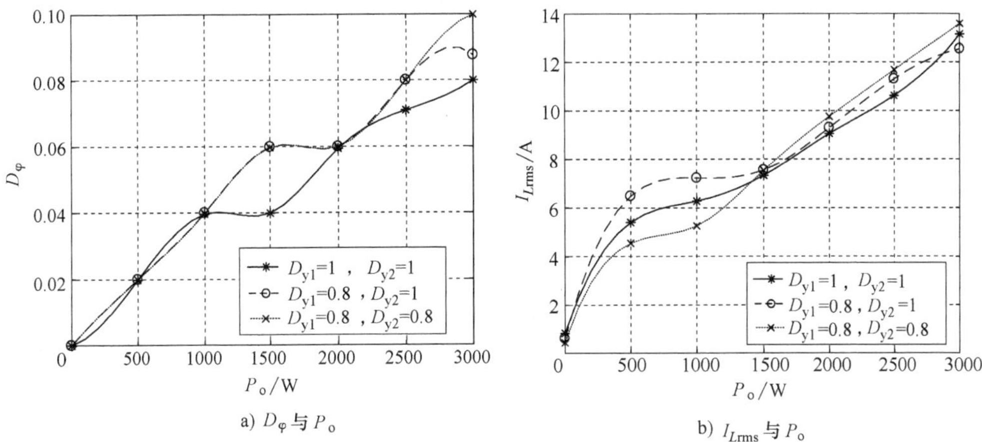

a) D_φ与P_o　　b) I_{Lrms}与P_o

图 2.44　采用三重移相控制，不同 D_{y1} 与 D_{y2} 下 I_{Lrms}、D_φ 与 P_o 关系（k=0.933）

取电感电流有效值基准值为

$$I_{base}=\frac{U_1}{8Lf} \tag{2.46}$$

仿真得到单移相控制、扩展移相控制和三重移相控制下的 I_{Lrms} 与 P_o 关系曲线，如图 2.45 所示，输入电压为 270V，输出电压为 28V，变压器一、二次侧绕组电压比 n 为 9∶1，输出功率从 0～3kW 变化，扩展移相控制和三重移相控制采用电感电流最优控制算法。从图中可以看出，在最优控制算法下，三重移相控制下的 I_{Lrms} 小于扩展移相控制下的 I_{Lrms}，扩展移相控制下的 I_{Lrms} 小于单移相控制的 I_{Lrms}。

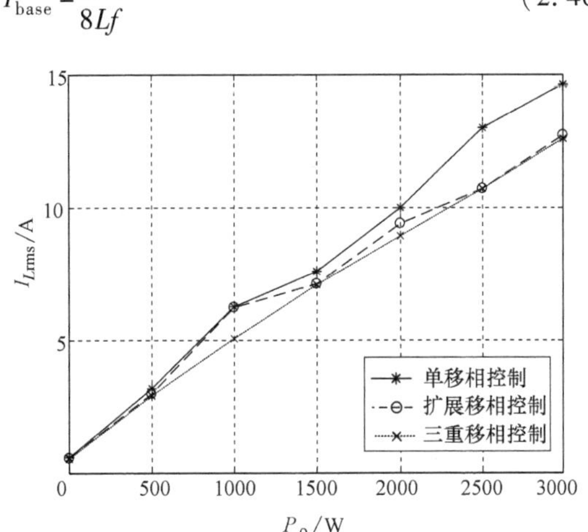

图 2.45　单移相控制、扩展移相控制与三重移相控制下 I_{Lrms} 与 P_o 的关系曲线（k=0.933）

2.4.4　实例分析

1. 电路参数设计

变换器设计指标如下：输入电压 U_1 为 270V，输出电压 U_2 为 28V，额定输出功率 P_o 为 3kW，开关频率 f=100kHz，变压器一、二次侧匝比 n =9。

（1）电感 L

电感 L 包含了变压器漏感，一、二次侧通过电感传递能量，电感的大小决定了变换器所能传输功率的大小。变换器最大传输功率必须大于额定功率，因此

$$P_{omax}=\frac{nU_1U_2}{2fL}D_\varphi(1-D_\varphi)\Big|_{D_\varphi=0.5}=\frac{nU_1U_2}{8fL}\geqslant 3000\text{W} \tag{2.47}$$

从而可以得到 $L\leqslant 28.35\mu\text{H}$。

可以推导出满载时 I_{Lrms} 关于输入电压、额定功率与 k 的关系式为

$$I_{Lrms}=\frac{2\sqrt{3}U_1}{24(2k^2-2k+1)\sqrt{k}Lf}\sqrt{c+d\sqrt{\frac{\left(k-\frac{8LfP_o}{U_1^2}\right)(2k^2-2k+1)}{k}}} \tag{2.48}$$ [⊖]

其中，

$$\begin{cases}c=3(2k^4-6k^3+7k^2-4k+1)\dfrac{8LfP_o}{U_1{}^2}+2k(2k^6-4k^5+3k^4+3k^3-6k^2+4k-1)\\ d=(-4k^4+8k^3-9k^2+6k-2)\dfrac{8LfP_o}{U_1{}^2}-2k(k^4+k^3-3k^2+3k-1)\end{cases}$$

根据式（2.48）在 Matlab 中绘制 I_{Lrms} 随 L 的变化曲线，如图 2.46 所示，可以看出存在最优 L，使得对应的 I_{Lrms} 最小，此处取 $L=7.8\mu\text{H}$。

（2）隔直电容

对于全桥电路，线路中开关管导通电阻的不同及驱动电压信号的不同均可能会导致电感与变压器伏秒不平衡，从而导致偏磁，偏磁的积累将引起磁心的磁饱和。一般全桥变换器采用串联电容的方法来隔直纠偏，隔直电容可采用如下计算方法：

$$C=\frac{1}{4\pi^2f_r^2L} \tag{2.49}$$

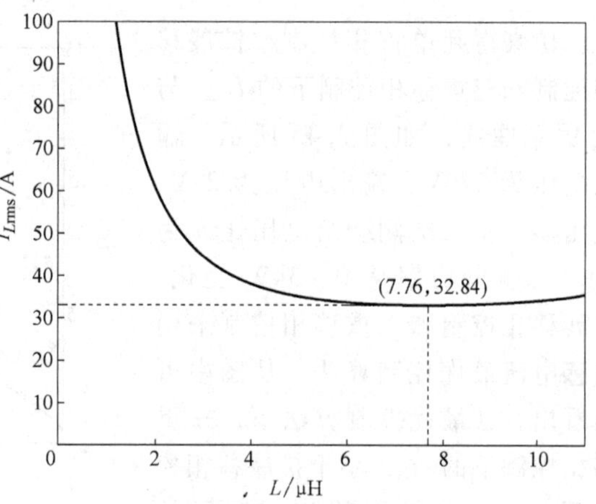

图 2.46 满载时电感电流有效值 I_{Lrms} 随 L_r 的变化曲线

其中，f_r 指 L 与 C 的谐振频率。一般取 f_r 为开关频率的 0.1 倍，所以 f_r 取为 10kHz。取 L 为 $7.8\mu\text{H}$，计算得到 $C\approx 32.5\mu\text{F}$。由不对称半桥变换器隔直电容的设计可知，该方法与考虑电容电压的脉动计算得到的电容大小一致。

取电容 C 容值为 30μF。由于双向直流变换器的对称性，在变压器一次侧和二次侧两侧均有隔直电容，计算得到的隔直电容为一次侧电容与二次侧折算到一次侧的等效电容串联得到，因此一次侧隔直电容选取 60μF，二次侧隔直电容选取

⊖ 详细推导过程见附录 F.1。

为 5.42mF。

（3）开关管

变压器左侧开关管承受的电压为 U_1，为 270V，流经的最大电流为 17.5A。取两倍安全裕量，选择型号为 IMW65R027M1HXKSA1 的 N 沟道 SiC MOSFET，漏源极击穿电压为 650V，连续漏极电流为 47A，工作温度为（-55~150℃），21℃下通态电阻为 34mΩ。

变压器右侧开关管承受的电压为 U_2，为 28V，流经的最大电流为 166.25A。取两倍安全裕量，选择型号为 IXTK400N15X4 的 N 沟道 Si MOSFET，漏源极击穿电压为 150V，连续漏极电流为 400A，工作温度为（-55~175℃），21℃下通态电阻为 3.1mΩ。

（4）直流输出电容 C_2

如图 2.31 中的电感电流波形，在 $t_3' \sim t_4$ 阶段阴影部分为单移相控制下输出电容 C_2 在半个周期内的放电量，C_2 在半个周期内放电的电荷为

$$Q_C = \int_{t_3'}^{t_4} (I_o - n i_L)\,\mathrm{d}t \tag{2.50}$$

其中，

$$I_o = \frac{U_2}{R} = \frac{nU_1}{2fL} D_\varphi (1 - D_\varphi) \tag{2.51}$$

$$i_L(t_4) = -\frac{U_1}{4fL}[(2D_\varphi - 1) + k] \tag{2.52}$$

输出电容的计算公式为

$$C_2 = \frac{Q_C}{\Delta U_2} \tag{2.53}$$

若 $\Delta U_2 = 4\% U_2 = 1.12\text{V}$，计算得 C_2 为 0.89mF。结合仿真，选取电容 C_2 为 1mF。

2. 仿真

采用 Matlab 对全桥双向 dc/dc 变换器进行仿真，取额定工作下参数，输入电压为 270V，输出电压为 28V，匝比 n 为 9。

（1）单移相控制下的仿真分析

图 2.47 所示为变换器在单移相控制下的变压器一、二次侧桥臂输出电压 u_p、u_s 和电感电流 i_L 仿真波形，u_p、u_s 为方波电压，i_L 波形正负对称。单移相控制下，3kW 输出功率对应的电感电流有效值为 14.64A，峰值为 18.51A。

各桥臂上开关管 Q_1、Q_3、Q_5 和 Q_7 的驱动电压、漏源电压和漏极电流波形分别如图 2.48（a~d）所示。可见，开关管开通时刻漏极电流小于 0，实现零电压开通。

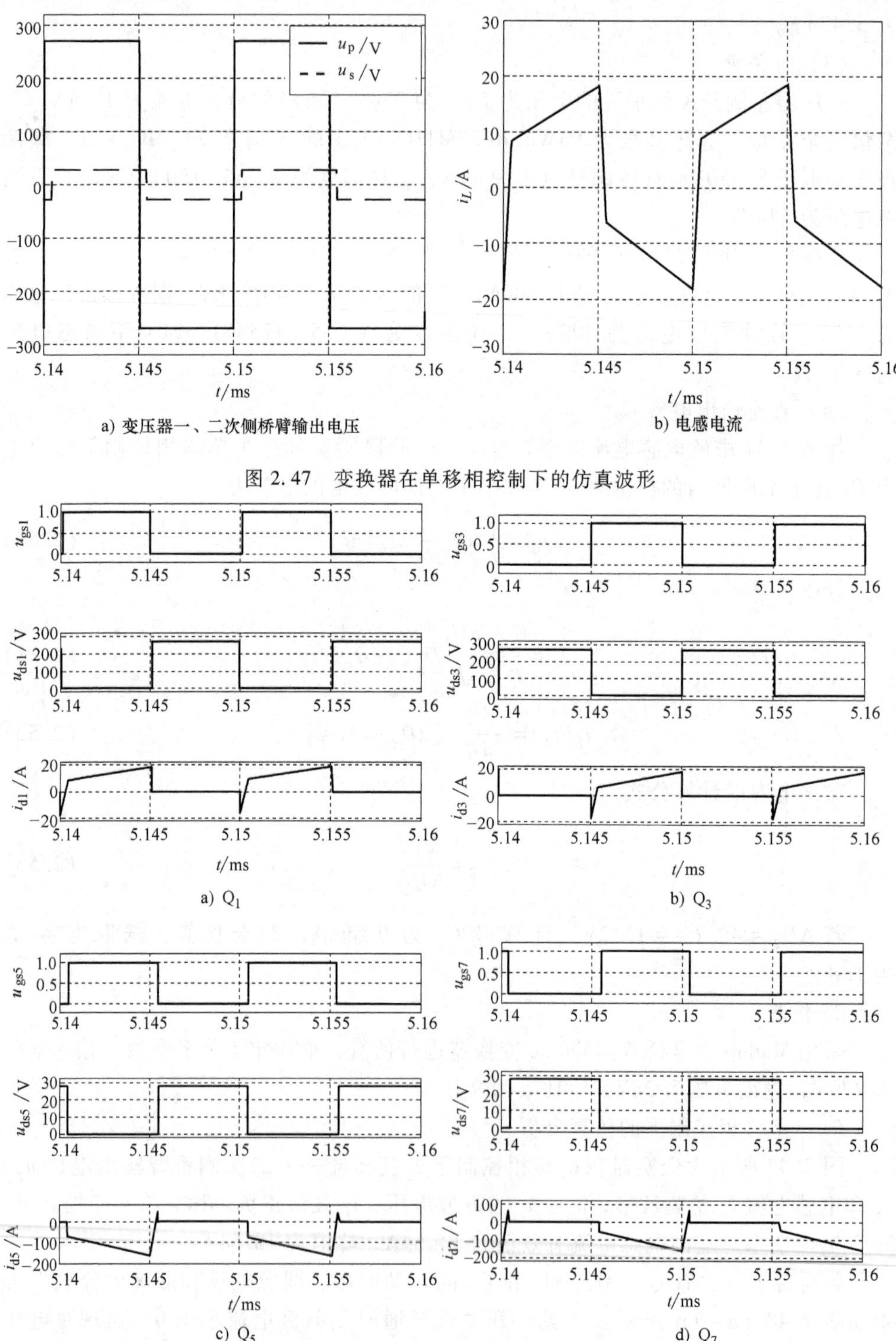

图 2.47 变换器在单移相控制下的仿真波形

图 2.48 单移相控制下各桥臂上开关管驱动电压、漏源电压和漏极电流仿真波形

（2）扩展移相控制下的仿真分析

图 2.49 所示为变换器在扩展移相控制下变压器一、二次侧桥臂输出电压 u_p、u_s 和电感电流 i_L 仿真波形，u_p 为方波电压，u_s 为准方波电压，i_L 波形正负对称。扩展移相控制下，3kW 输出功率对应的电感电流有效值为 12.72A，峰值为 21.22A。相比单移相控制，扩展移相控制在相同的传输功率下使得电感电流有效值降低了 13.3%，因此可以减小开关器件的通态损耗，提高系统运行效率。

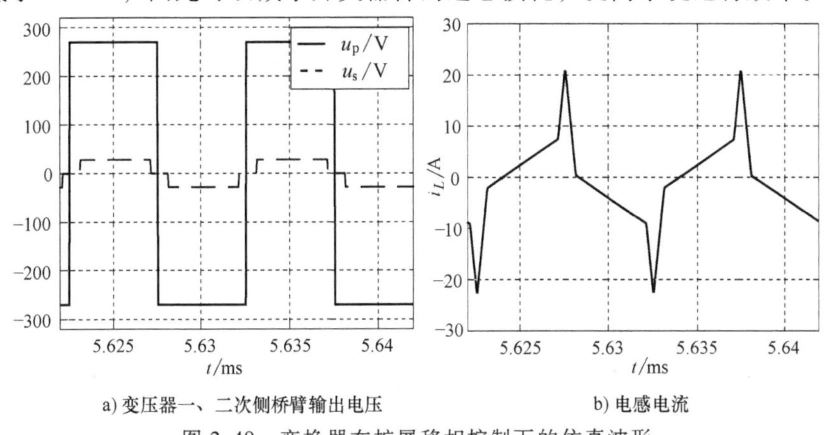

a) 变压器一、二次侧桥臂输出电压　　b) 电感电流

图 2.49　变换器在扩展移相控制下的仿真波形

各桥臂上井关管驱动电压、漏源电压和漏极电流波形如图 2.50 所示。可见变

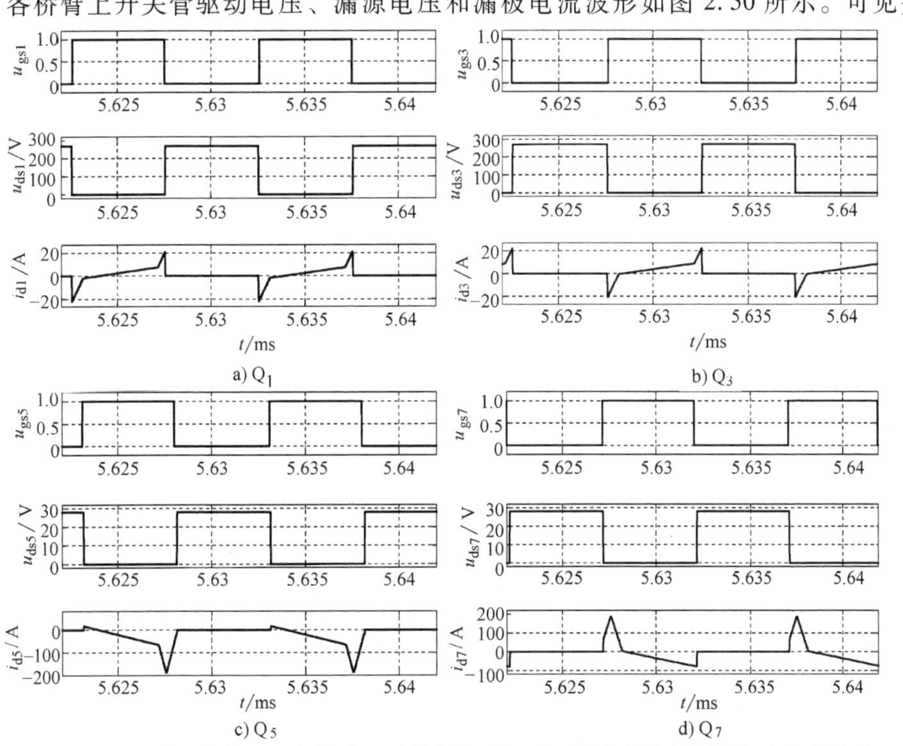

a) Q_1　　b) Q_3

c) Q_5　　d) Q_7

图 2.50　扩展移相控制下，各桥臂上开关管驱动电压、漏源电压和漏极电流仿真波形

换器所有开关管均实现了零电压开通。

（3）三重移相控制下的仿真分析

图2.51a、b为变换器在三重移相控制下输出功率为3kW的变压器一、二次侧桥臂输出电压u_p、u_s和电感电流i_L仿真波形，在此功率下，占空比调节已达极限，u_p为准方波电压，但u_s已为方波电压，电感电流有效值为12.59A，峰值为17.50A。图2.51c、d为变换器在三重移相控制下输出功率为1kW的变压器一、二次侧桥臂输出电压和电感电流波形，在此功率下，u_p和u_s均为准方波波形。图2.52所示为输出功率3kW下，各桥臂上开关管驱动电压、漏源电压和漏极电流波形。可见，变换器所有开关管均实现了零电压开通。

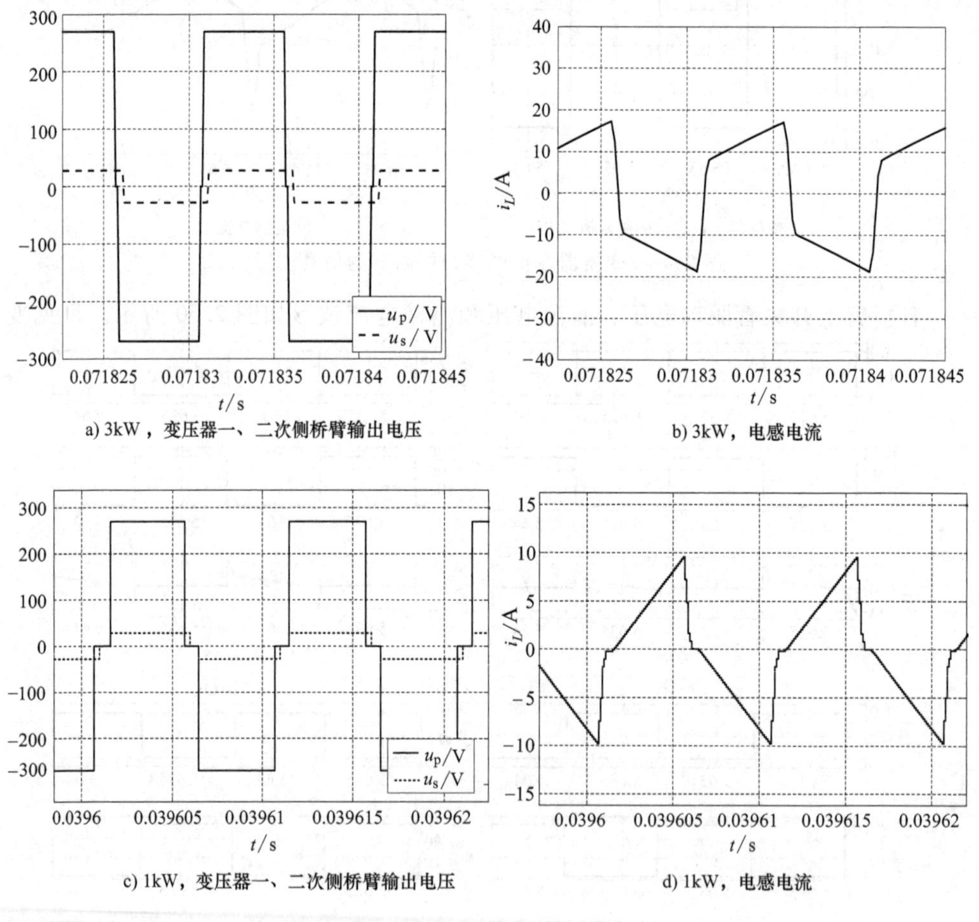

图2.51 变换器在三重移相控制下，变压器电压和电感电流仿真波形

三重移相控制下的外特性曲线如图2.53所示，从图中可以看出，该变换器在三重移相控制下具有良好的外特性。

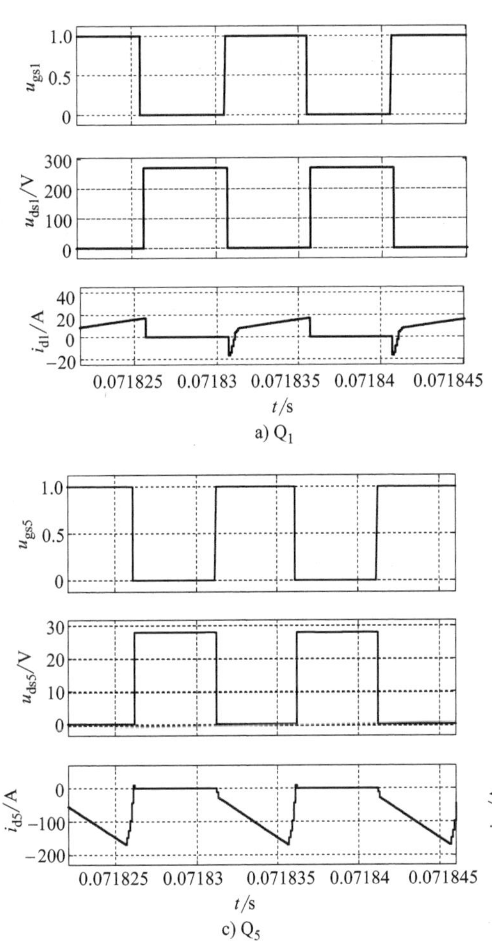

a) Q_1　　b) Q_3

c) Q_5　　d) Q_7

图 2.52　三重移相控制下，各桥臂上开关管驱动电压、漏源电压和漏极电流波形

2.4.5　全桥直流变压器

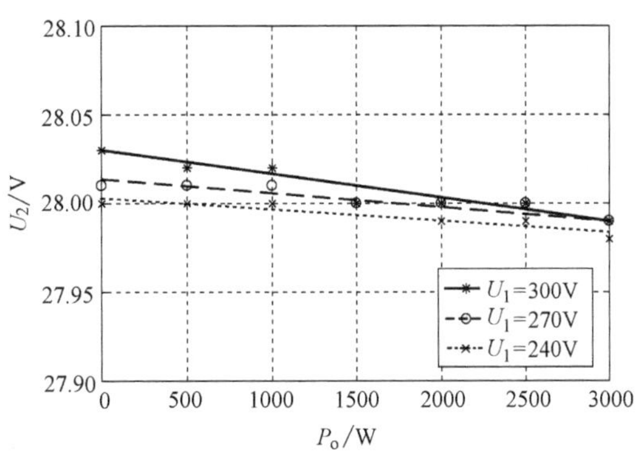

图 2.53　三重移相控制下，不同输入电压的外特性曲线

与不对称半桥隔离双向直流变换器类似，当图 2.30 所示的全桥隔离变换器的开关管以固定占空比工作时，该变换器也属于直流变压器（DCT）。输出电压不可控，输出和输入电压比由变压器二次侧和一次侧绕组匝比决定。不对称半桥隔离直流变压器和全桥隔离直流变压器结构常用于实现电气隔离的

场合。

理想直流变压器（DCT）的基本要求：①具有电气隔离；②输入和输出电压成正比关系；③频带宽，能够不失真地传输信号或电压；④无能耗，变换效率为100%；⑤功率密度高；⑥可以实现多路输出。

采用 Matlab 对全桥直流变压器进行仿真，额定输入电压 U_1 为 270V，输出电压 U_2 为 28V，额定输出功率 P_o 为 3kW，开关频率 100kHz，变压器一、二次侧匝比 n 为 9，电感 L 为 7.8μH，考虑死区 0.2μs，设变压器两边 H 桥的开关管 Q_1、Q_4 以及 Q_5、Q_8 的占空比为 0.48，两边桥臂电压之间的移相占空比 D_φ 为 0.5，其他电路参数同 2.4.4 节，得到 U_1 为额定输入电压 270V 下的全桥直流变压器外特性曲线，如图 2.54a 所示，由图可知，输出功率和输出电压 U_2 分别从空载、39.5V，变化到满载 3kW、28.1V，输出电压 U_2 随输出电流 I_o 增大而减小。满载情况下，不同输入电压 U_1 下的输出电压 U_2 变化曲线如图 2.54b 所示，由图可知，输出电压随输入电压增大而增大。

满载 3kW 情况下，当电感 L 为 8.8μH、7.8μH 和 6.8μH 时仿真得到的输出电压外特性曲线如图 2.55a 所示，由图可知，电感越小，输出电压 U_2 随输出电流 I_o

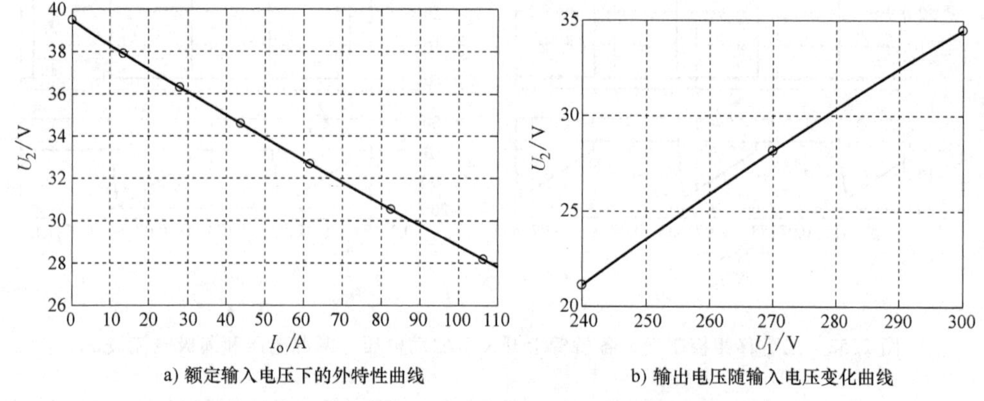

a) 额定输入电压下的外特性曲线　　b) 输出电压随输入电压变化曲线

图 2.54　隔离全桥直流变压器的输出电压随负载和输入电压变化曲线（$D_\varphi=0.5$）

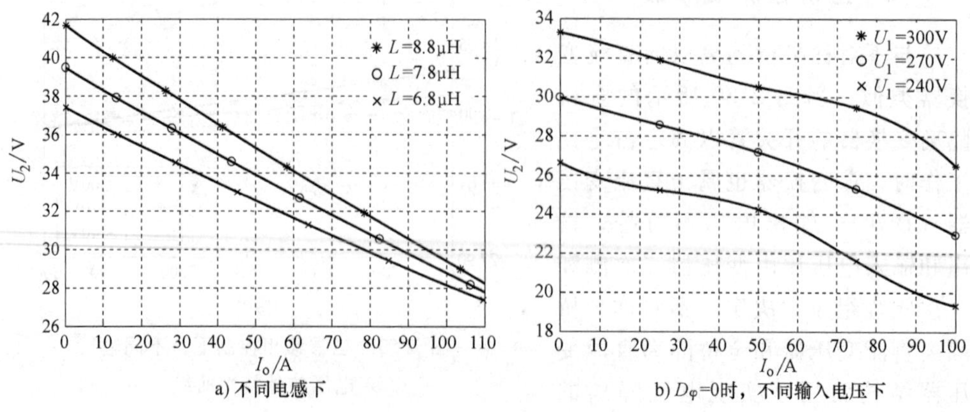

a) 不同电感下　　b) D_φ=0时，不同输入电压下

图 2.55　隔离全桥直流变压器在不同参数下的外特性曲线

变化越小。对 $D_{\varphi}=0$ 情况进行仿真，得到在不同输入电压下的隔离全桥直流变压器外特性曲线，如图 2.55b 所示，由图可知，输出电压随输出电流的增大而减小。因死区的存在以及开关管存在内阻，因此变压器一、二次侧 H 桥臂电压波形之间存在相移，导致在 D_{φ} 为 0 时也有功率传输。但与图 2.54a 比较可知，此时的传输功率小于 D_{φ} 为 0.5 时的传输功率，输出电压下降。

通过上述分析可见，为了提高全桥隔离直流变压器的外特性，储能电感 L 应尽可能得小；要提高输出功率，移相占空比 D_{φ} 应该固定为 0.5。

2.5　三相双有源全桥隔离型双向直流变换器

三相双有源全桥（Dual Active Bridge，DAB）dc/dc 变换器拓扑如图 2.56 所示。因为两端结构相同，下面以左侧输入右侧输出进行讨论。图中，U_1 为输入直流电压；C 为输出滤波电容；L_a、L_b、L_c 分别为 A、B、C 三相的串联电感，起着传递能量作用，可以利用高频变压器的漏感，也可以根据功率传递的大小串联独立电感；T_r 为 Y-Y 形接法的高频三相变压器。假设三相电感大小相等，$L_a=L_b=L_c=L$。

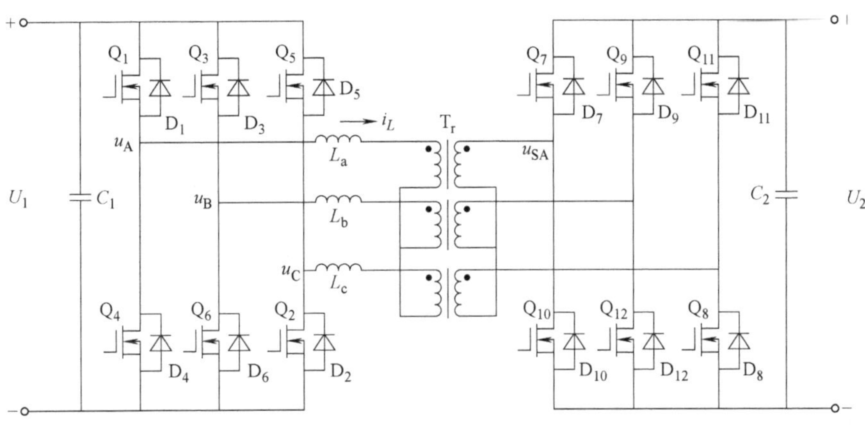

图 2.56　三相 DAB 电路图

与单相 DAB 工作方式类似，三相 DAB 同样采用传统移相控制方法，通过控制变压器一次侧和二次侧方波之间的相角，来控制加在电感两端电压的大小和流向。每个桥臂上下开关管互补导通 180°，A、B、C 三相导电的角度依次相差 120°。以一次侧开关管 $Q_1\sim Q_6$ 为例，$Q_1\sim Q_6$ 的驱动电压 $u_{(Q1)}\sim u_{(Q6)}$ 与对应的 A、B、C 三相桥臂相电压 u_A、u_B、u_C 波形如图 2.57 所示。为了获得三相方波电压，在一个开关周期中有 6 种工作模态，每个模态持续 $T/6$，T 为开关周期。每种模态下有三个开关管同时导通，导通组合顺序依次为 $Q_5Q_6Q_1$、$Q_6Q_1Q_2$、$Q_1Q_2Q_3$、$Q_2Q_3Q_4$、

$Q_3Q_4Q_5$、$Q_4Q_5Q_6$。开关管导通的时刻按开关管号依次后移 $\pi/3$，相电压为六阶梯波形。

2.5.1 移相控制工作模式分析

由于 A、B、C 三相工作方式相似，以其中 A 相，功率由变压器一次侧传输到二次侧为例进行分析。定义 u_A 为 A 相变压器一次侧桥臂电压，u_{SA} 为 A 相变压器二次侧桥臂电压折合到一次侧的电压，u_A 相位超前于 u_{SA}，可得到如图 2.58（a、b）所示的工作波形，分别对应 $0<D_\varphi<1/3$ 和 $1/3<D_\varphi<2/3$ 两种情况。其中，i_L 为 A 相一次侧电感电流，占空比 D_φ 为 A 相变压器一次侧和二次侧桥臂之间的相移角与 π 的比值，T 为开关周期，开关频率 $f=1/T$，n 为变压器一次侧与二次侧绕组匝数之比。电感电流参考方向如图 2.56 所示。

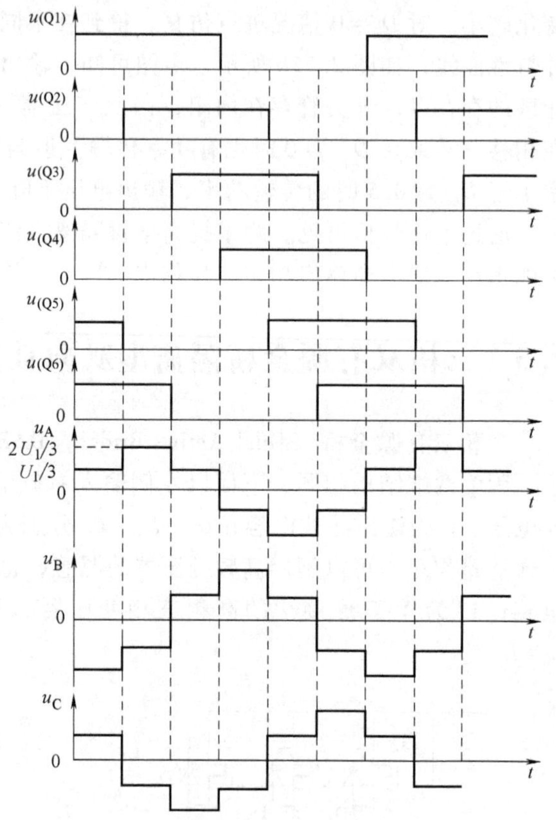

图 2.57 开关管驱动电压和变压器一次侧 A、B、C 三相桥臂相电压波形

对应 $0<D_\varphi<1/3$ 进行分析。不考虑死区时间，半个工作周期可分为 6 个工作模态，如图 2.59 所示，时间间隔划分如图 2.58a 所示。

工作模态 1：$t_0\sim t_1$ 阶段，对应图 2.59a。

从 t_0 时刻起，开关管 Q_5、Q_6 处于导通状态，Q_4 关断，Q_1 开通，A 相电感电流 i_L 为负并逐渐减小，二极管 D_1 导通，在 D_1 导通期间可以零电压开通 Q_1，变压器二次侧开关管 Q_{10}、Q_{11}、Q_{12} 导通。A 相电感两端电压 $u_L=U_1/3+nU_2/3$，i_L 由变压器侧流向电源侧，其表达式为

$$i_L(t)=i_L(t_0)+\frac{\frac{U_1}{3}+\frac{nU_2}{3}}{L}(t-t_0) \tag{2.54}$$

工作模态 2：$t_1\sim t_2$ 阶段，对应图 2.59b。

变压器一次侧开关管 Q_5、Q_6、Q_1 导通。t_1 时刻，关断二次侧开关管 Q_{10}，开通 Q_7，电流流经二极管 D_7，Q_7 可以实现零电压开通。$u_L=U_1/3-nU_2/3$，i_L 表达式为

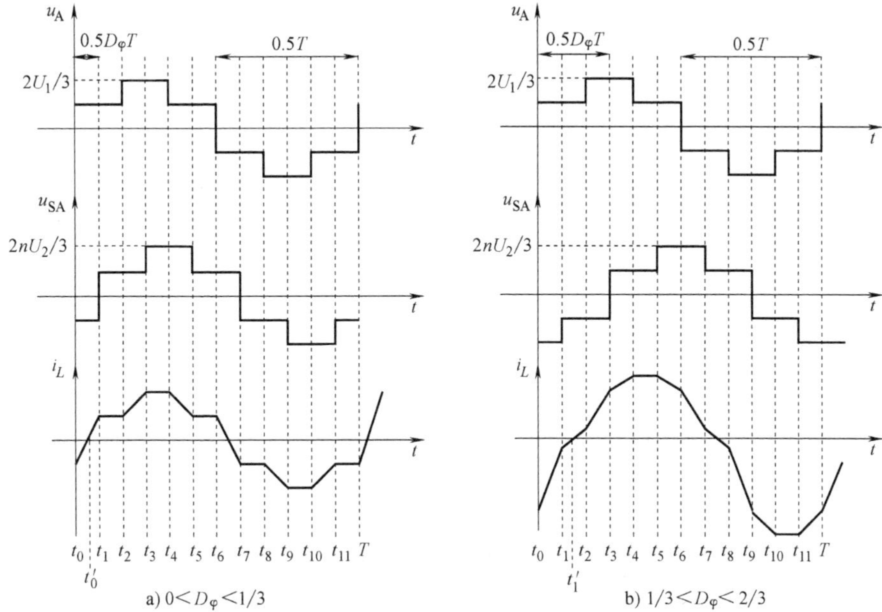

图 2.58 三相 DAB 移相控制工作波形

$$i_L(t)=i_L(t_1)+\frac{\dfrac{U_1}{3}-\dfrac{nU_2}{3}}{L}(t-t_1) \tag{2.55}$$

工作模态 3：$t_2\sim t_3$ 阶段，对应图 2.59c。

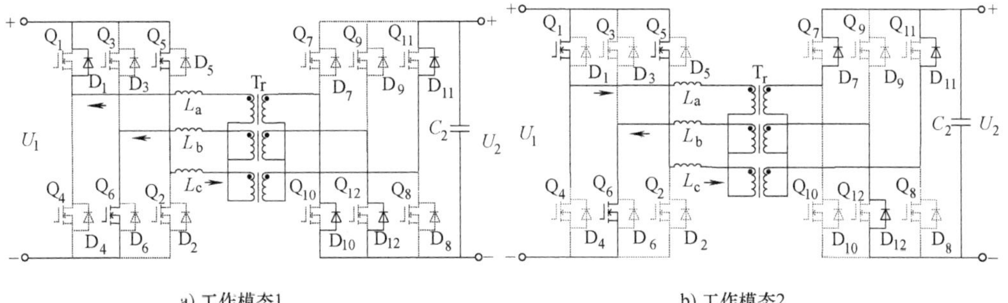

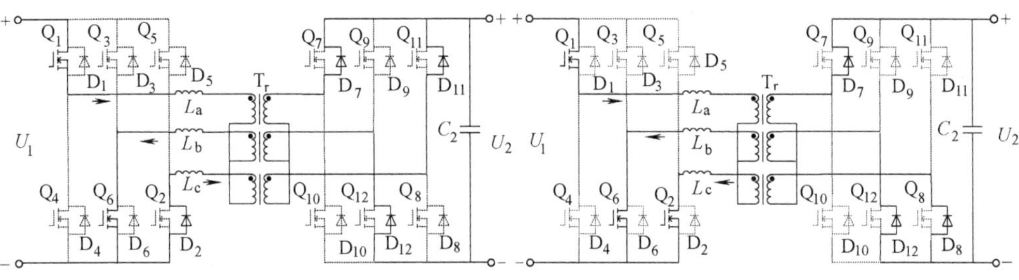

图 2.59 $0<D_\varphi<1/3$ 时变换器工作模态

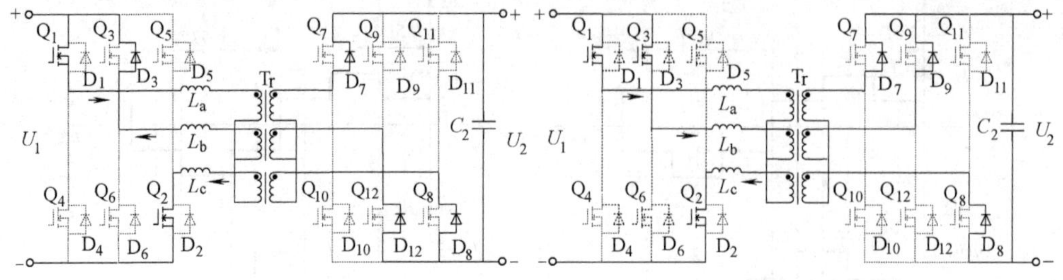

图 2.59　$0<D_\varphi<1/3$ 时变换器工作模态（续）

变压器二次侧开关管 Q_{11}、Q_{12}、Q_7 导通。t_2 时刻，关断一次侧开关管 Q_5，开通 Q_2，由于电感电流方向不能突变，二极管 D_2 先导通，Q_2 可以实现零电压开通。$u_L=2U_1/3-nU_2/3$，i_L 表达式为

$$i_L(t)=i_L(t_2)+\frac{\frac{2U_1}{3}-\frac{nU_2}{3}}{L}(t-t_2) \tag{2.56}$$

工作模态 4：$t_3\sim t_4$ 阶段，对应图 2.59d。

一次侧开关管 Q_6、Q_1、Q_2 导通。t_3 时刻，关断二次侧开关管 Q_{11}，开通 Q_8，电感电流不能突变，流经二极管 D_8，由此 Q_8 实现零电压开通。i_L 表达式为

$$i_L(t)=i_L(t_3)+\frac{\frac{2U_1}{3}-\frac{2nU_2}{3}}{L}(t-t_3) \tag{2.57}$$

工作模态 5：$t_4\sim t_5$ 阶段，对应图 2.59e。

二次侧开关管 Q_{12}、Q_7、Q_8 导通。t_4 时刻，一次侧开关管 Q_6 关断，Q_3 导通，由于电感电流方向不能突变，二极管 D_3 先导通，Q_3 可以实现零电压开通。i_L 表达式为

$$i_L(t)=i_L(t_4)+\frac{\frac{U_1}{3}-\frac{2nU_2}{3}}{L}(t-t_4) \tag{2.58}$$

工作模态 6：$t_5\sim t_6$ 阶段，对应图 2.59f。

一次侧开关管 Q_1、Q_2、Q_3 导通。t_5 时刻，二次侧开关管 Q_{12} 关断，Q_9 导通，由于电感电流方向不能突变，二极管 D_9 先导通，Q_9 可以实现零电压开通。i_L 表达式为

$$i_L(t)=i_L(t_5)+\frac{\frac{U_1}{3}-\frac{nU_2}{3}}{L}(t-t_5) \tag{2.59}$$

t_6 时刻之后，变换器开始另半个周期的工作，其工作情况类似于上述半个

周期。

1/3<D_φ<2/3 工作过程类似，不再赘述。

2.5.2 变换器功率特性分析

令 $t_0=0$，定义电压调节比 $k=nU_2/U_1$，由对称性可得 $i_L(t_0)=-i_L(t_6)$。对应 $0<D_\varphi<1/3$，各时刻可以表示为 $t_1=D_\varphi T/2$，$t_2=T/6$，$t_3=(1/6+D_\varphi/2)T$，$t_4=T/3$，$t_5=(1/3+D_\varphi/2)T$，$t_6=T/2$，则 A 相电感电流在各模态切换时刻的表达式为

$$\begin{cases} i_L(t_0)=-i_L(t_6)=-\dfrac{nU_2}{2fL}\left(\dfrac{D_\varphi}{3}+\dfrac{2}{9k}-\dfrac{2}{9}\right) \\ i_L(t_1)=\dfrac{nU_2}{2fL}\left(\dfrac{D_\varphi}{3k}-\dfrac{2}{9k}+\dfrac{2}{9}\right) \\ i_L(t_2)=\dfrac{nU_2}{2fL}\left(\dfrac{D_\varphi}{3}-\dfrac{1}{9k}+\dfrac{1}{9}\right) \\ i_L(t_3)=\dfrac{nU_2}{2fL}\left(\dfrac{2D_\varphi}{3k}-\dfrac{1}{9k}+\dfrac{1}{9}\right) \\ i_L(t_4)=\dfrac{nU_2}{2fL}\left(\dfrac{2D_\varphi}{3}+\dfrac{1}{9k}-\dfrac{1}{9}\right) \\ i_L(t_5)=\dfrac{nU_2}{2fL}\left(\dfrac{D_\varphi}{3k}+\dfrac{1}{9k}-\dfrac{1}{9}\right) \end{cases} \tag{2.60}$$ [㊀]

则 A 相传输功率为

$$\begin{aligned} P_A &= \frac{1}{T}\left[\frac{U_1}{3}\int_{t_0}^{t_2} i_L(t)\,dt + \frac{2U_1}{3}\int_{t_2}^{t_4} i_L(t)\,dt + \frac{U_1}{3}\int_{t_4}^{t_6} i_L(t)\,dt\right] \\ &= \frac{nU_1U_2}{6fL}\left(-\frac{1}{2}D_\varphi^{\ 2}+\frac{2}{3}D_\varphi\right) \end{aligned} \tag{2.61}$$

当 $D_\varphi=1/3$ 时，有 A 相最大传输功率为

$$P_{\mathrm{Amax}}=\frac{nU_1U_2}{36fL} \tag{2.62}$$

三相对称电路，有 $P_A=P_B=P_C$，则三相总传输功率为

$$P_o=\frac{nU_1U_2}{2fL}\left(-\frac{1}{2}D_\varphi^{\ 2}+\frac{2}{3}D_\varphi\right) \tag{2.63}$$

定义 u_p 为变压器一次绕组电压，A 相回流功率为

㊀ 详细推导过程参见附录 F.2。

$$P_{\mathrm{cirA}}=\frac{2}{T}\int_{t_0}^{t'_0}u_{\mathrm{p}}\left|i_L(t)\right|\mathrm{d}t=\frac{nU_1U_2}{4fL\left(1+\frac{1}{k}\right)}\left(\frac{1}{3}D_{\varphi}+\frac{2}{9k}-\frac{2}{9}\right)^2 \qquad (2.64)$$ [1]

定义 A 相回流功率比 M_{cirA} 为

$$M_{\mathrm{cirA}}=\frac{P_{\mathrm{cirA}}}{P_{\mathrm{A}}}=\frac{3\left(\frac{1}{3}D_{\varphi}+\frac{2}{9k}-\frac{2}{9}\right)^2}{\left(1+\frac{1}{k}\right)\left(-D_{\varphi}^2+\frac{4}{3}D_{\varphi}\right)} \qquad (2.65)$$

同理可以求出，当 $1/3<D_{\varphi}<2/3$ 时，有 A 相传输功率为

$$P_{\mathrm{A}}=\frac{nU_1U_2}{6fL}\left(-D_{\varphi}^2+D_{\varphi}-\frac{1}{18}\right) \qquad (2.66)$$

当 $D_{\varphi}=1/2$ 时，有 A 相最大传输功率为

$$P_{\mathrm{Amax}}=\frac{7nU_1U_2}{216fL} \qquad (2.67)$$

三相总传输功率为

$$P_{\mathrm{o}}=\frac{nU_1U_2}{2fL}\left(-D_{\varphi}^2+D_{\varphi}-\frac{1}{18}\right) \qquad (2.68)$$

A 相回流功率为

$$P_{\mathrm{cirA}}=\frac{nU_1U_2}{4fL\left(1+\frac{1}{k}\right)}\left(\frac{D_{\varphi}}{3k}-\frac{1}{3k}+\frac{1}{9}\right)^2+\frac{nU_1U_2}{6fL}\left(\frac{D_{\varphi}^2}{3}-\frac{D_{\varphi}^2}{6k}+\frac{D_{\varphi}}{3k}-\frac{D_{\varphi}}{3}-\frac{5}{54k}+\frac{2}{27}\right)^2 \qquad (2.69)$$

A 相回流功率比 M_{cirA} 为

$$M_{\mathrm{cirA}}=\frac{\left(\frac{D_{\varphi}^2}{3}-\frac{D_{\varphi}^2}{6k}+\frac{D_{\varphi}}{3k}-\frac{D_{\varphi}}{3}-\frac{5}{54k}+\frac{2}{27}\right)^2}{-D_{\varphi}^2+D_{\varphi}-\frac{1}{18}}+\frac{3\left(\frac{D_{\varphi}}{3k}-\frac{1}{3}+\frac{1}{9}\right)^2}{2\left(1+\frac{1}{k}\right)\left(-D_{\varphi}^2+D_{\varphi}-\frac{1}{18}\right)} \qquad (2.70)$$

2.5.3 回流功率分析与软开关范围分析

为了分析方便，将传输功率标幺化，标幺化基准为

$$P_{\mathrm{base}}=\frac{U_1U_2}{2fL} \qquad (2.71)$$

则标幺化功率 P_{o}^{*} 为

$$P_{\mathrm{o}}^{*}=\begin{cases}k\left(-\frac{1}{2}D_{\varphi}^2+\frac{2}{3}D_{\varphi}\right) & 0\leqslant D_{\varphi}\leqslant\frac{1}{3}\\ k\left(-D_{\varphi}^2+D_{\varphi}-\frac{1}{18}\right) & \frac{1}{3}\leqslant D_{\varphi}\leqslant\frac{2}{3}\end{cases} \qquad (2.72)$$

[1] 详细推导过程参见附录 F.3。

三相 DAB 标幺化传输功率 P_o^* 相对于移相比 D_φ 变化的曲线关系如图 2.60 所示。由图可知，在 D_φ 为 0.5 之前，P_o^* 随着 D_φ 的增大而增大；在 $D_\varphi=0.5$ 处，P_o^* 达到最大；D_φ 大于 0.5 后，P_o^* 随着 D_φ 的增大而减小。

取 $D_\varphi=1/3$，回流功率比 M_{cirA} 随电压调节比反比 $1/k$ 的变化曲线如图 2.61 所示。由图可知，M_{cirA} 随着电压调节比 k 的减小而增大，即当 $k=1$ 时，变换器因回流功率造成的损失最少。因此，双向隔离 dc/dc 变换器应该以 k 为 1 来设计变压器的一、二次侧电压比。

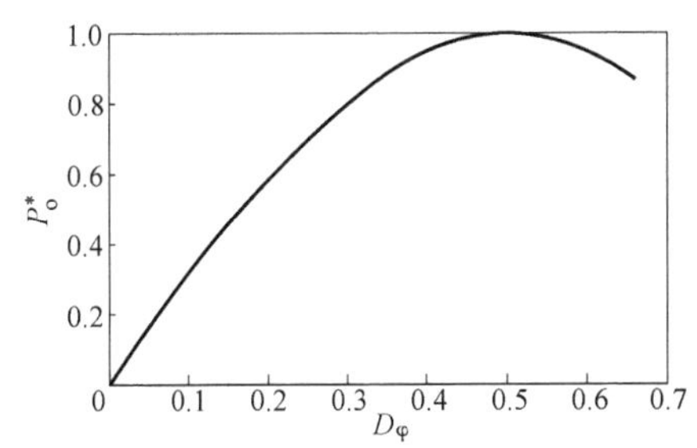

图 2.60　标幺化传输功率 P_o^* 与 D_φ 关系曲线

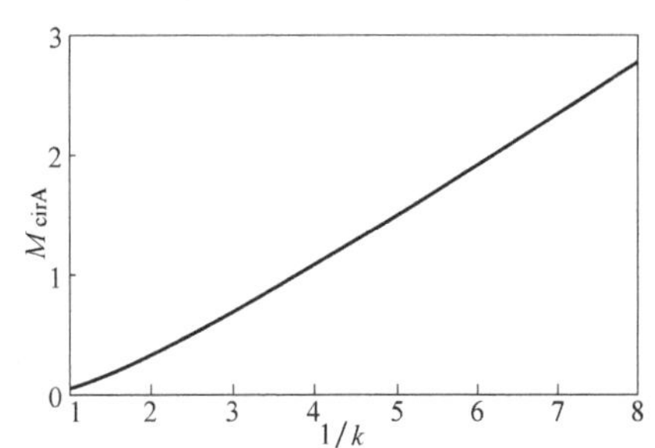

图 2.61　回流功率比 M_{cirA} 与 $1/k$ 关系曲线

以 A 相为例，当 Q_4 和 Q_7 关断、Q_1 和 Q_{10} 开通时，需保证电感电流 $i_L\leqslant 0$，Q_1 和 Q_{10} 的结电容放光电荷，才能实现 Q_1 和 Q_{10} 的零电压开通。当 Q_1 和 Q_{10} 关断、Q_4 和 Q_7 开通时，需保证电感电流 $i_L>0$，Q_4 和 Q_7 的结电容放光电，才能实现 Q_4 和 Q_7 的零电压开通。因此，A 相开关管实现零电压开关的必要条件为

$$\begin{cases} i_L(t_0)<0 \\ i_L(t_6)>0 \\ i_L(t_1)>0 \\ i_L(t_7)<0 \end{cases} \tag{2.73}$$

即

$$\begin{cases} \dfrac{2-3D_\varphi}{2}<k<\dfrac{2}{2-3D_\varphi} & 0\leqslant D_\varphi\leqslant\dfrac{1}{3} \\ \dfrac{3-6D_\varphi}{2}<k<\dfrac{2}{3-6D_\varphi} & \dfrac{1}{3}\leqslant D_\varphi\leqslant\dfrac{2}{3} \end{cases} \tag{2.74}$$ [⊖]

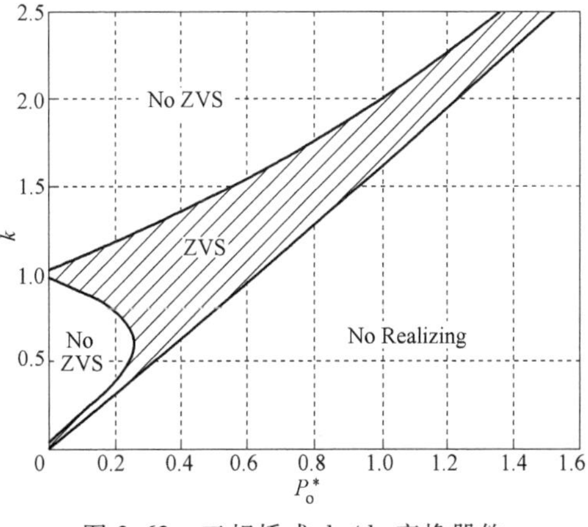

图 2.62　三相桥式 dc/dc 变换器软开关实现范围

图 2.62 给出了三相桥式 dc/dc 变换器软开关实现范围与输出功率和 k 的关系。由式（2.72）可知，P_o^* 是有范围的，比如 $k=1$ 的时候，P_o^* 的理论最

⊖　详细推导过程参见附录 F.4。

大值就是 0.6 左右，No Realizing 表示超过了 P_o^* 的理论最大值，No ZVS 表示无法实现软开关。由图可见，当 k 为 1 时，可以实现全功率范围内开关管软开关，当 k 不为 1 时或轻载时，无法实现软开关。

2.5.4 实例分析

1. 参数设计

变换器设计指标：输入侧电压 U_1 为 270V，输出侧电压 U_2 为 28V，额定输出功率 P_o 为 3kW，开关频率 f 为 100kHz。

(1) 变压器匝比 n

由前文分析可知，当 k 为 1 时，变换器因回流功率造成的损耗最少，并且可以实现全功率范围内的软开关，因此取 $k=1$，则变压器匝比为

$$n=\frac{kU_1}{U_2}=9.6 \tag{2.75}$$

实际取：$n=10$。

(2) 电感 L

变压器一次侧与二次侧通过电感 L 传递能量，L 的大小决定了变换器所能传输能量的大小。由式（2.67）变换器传输最大功率表达式可计算得到

$$L=\frac{7nU_1U_2}{216fP_{\mathrm{Amax}}}=23.66\mu\mathrm{H} \tag{2.76}$$

满载时电感电流有效值 $I_{L\mathrm{rms}}$ 的表达式为

$$I_{L\mathrm{rms}}=\frac{\sqrt{2D_\varphi}\,nU_2}{18fL}\sqrt{\frac{9D_\varphi^2-6D_\varphi-40}{3k^2}+\frac{9D_\varphi^2-120D_\varphi+230}{3k}-9D_\varphi^2+15D_\varphi-26} \tag{2.77}$$ ㊀

其中，

$$D_\varphi=\frac{2+2\sqrt{1-\dfrac{9P_o fL}{nU_1U_2}}}{3} \tag{2.78}$$

满载时，$I_{L\mathrm{rms}}$ 随 L 的变化曲线如图 2.63 所示。可以看出，存在最优的 L 值，使得对应的 $I_{L\mathrm{rms}}$ 最小，此处取 $L=7.1\mu\mathrm{H}$，此时 $D_\varphi=0.091$。

磁心选择功率铁氧体材料 LP3，100℃时饱和磁感应强度 $B_s=0.39\mathrm{T}$，取最高工作磁感应强度 $B_m=0.17\mathrm{T}$。用 AP 值法选取磁心，AP 值的计算公式如下：

$$AP=A_eA_w=\frac{LI_{L\mathrm{rms}}I_{L\max}\times10^4}{B_mK_wJ}=3767\mathrm{mm}^4 \tag{2.79}$$

㊀ 详细推导过程参见附录 F.5。

其中，$L=7.1\mu H$，电感电流有效值 $I_{Lrms}=9.05A$，由式（2.60），电感电流最大值 $I_{Lmax}=11.96A$，窗口利用率 $K_w=0.3$，导线电流密度 $J=4A/mm^2$。选择 EE2512 型磁心，其窗口面积 $A_w=97.52mm^2$，有效磁心截面积 $A_e=47.7mm^2$，$AP=4651.7mm^4$，窗口高度为 13.6mm，磁心重量为 10g。

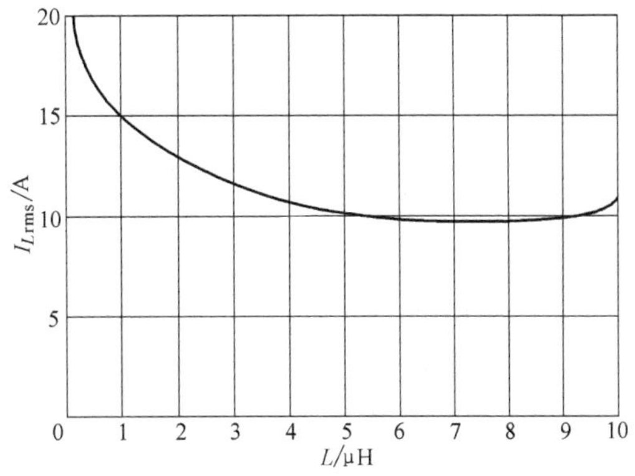

图 2.63　满载时，I_{Lrms} 随 L 的变化曲线

绕组匝数为

$$N_L=\frac{LI_{Lmax}}{B_mA_e}=11.2 \tag{2.80}$$

实际取 N_L 为 12 匝。

气隙为

$$\delta=\frac{\mu_0 {N_L}^2 A_e}{L}=1.21mm \tag{2.81}$$

电感电流有效值 $I_{Lrms}=9.05A$，导线电流密度 $J=4A/mm^2$，则绕组所需导线截面积为

$$S_L=\frac{I_{Lrms}}{J}=2.26mm^2 \tag{2.82}$$

选择宽 10mm、厚 0.25mm 的铜皮绕制，铜皮截面积 $S_L=2.5mm^2$。窗口利用率为

$$K_w=\frac{S_LN_L}{A_w}=0.31 \tag{2.83}$$

说明设计合理，可以绕得下。

（3）隔直电容 C

对于全桥电路，线路中开关管参数或驱动控制参数略有不同将导致变压器偏磁，引起磁心饱和，因此桥臂输出电路要串联隔直电容。一般取 L 与 C 组成的串联谐振电路的谐振频率 f_r 为开关频率的 0.1 倍，即 10kHz。隔直电容为

$$C=\frac{1}{4\pi^2f_r^2L}\approx 36\mu F \tag{2.84}$$

取变压器一次侧隔直电容大小为 72μF，二次侧隔直电容大小为 7.2mF。

（4）开关管

变压器一次侧开关管承受的最大电压为输入电压 270V，流过的最大电流为电感电流最大值 11.96A。取两倍裕量，选择型号为 UJ3C065080B3 的 N 沟道 SiC MOSFET，漏源极击穿电压大小为 650V，连续漏极电流大小为 25A，工作温度区间为（-55~175℃），25℃下通态电阻为 80mΩ。

变压器二次侧开关管承受的最大电压为输出电压 28V，流过的最大电流值为 119.6A。取两倍裕量，选择型号为 IXFA270N06T3 的 N 沟道 Si MOSFET，漏源极击穿电压大小为 60V，连续漏极电流大小为 270A，工作温度区间为（-55~150℃），25℃下通态电阻为 3.1mΩ。

（5）三相变压器

图 2.64 为三相全桥直流变换器的变压器一次绕组电压和磁感应强度波形，对于全桥电路，磁感应强度最大变化量 $\Delta B_m = 2B_m$，选择功率铁氧体材料 LP3，100℃时饱和磁感应强度 B_s 为 0.39T，此处取最高工作磁感应强度 B_m 为 0.17T。

用 AP 值法选取磁心，有

$$AP = A_e A_w = \left(\frac{P_o}{K\Delta B_m f}\right)^{4/3} = 8.99\text{cm}^4 \tag{2.85}$$

其中，变压器输出功率 $P_o = 3\text{kW}$，工作频率 $f = 100\text{kHz}$，常数项 $K = 0.017$。

三相变压器结构如图 2.65 所示，两相绕组共用一个窗口，磁心有效截面积 A_e 共有三块，则对于三相变压器有

$$AP = 3A_e \times \frac{A_w}{2} = 1.5A_e A_w \tag{2.86}$$

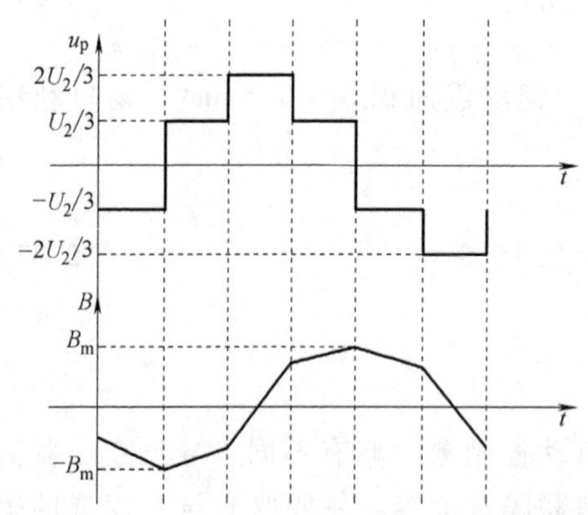

图 2.64 一次绕组电压和磁感应强度波形

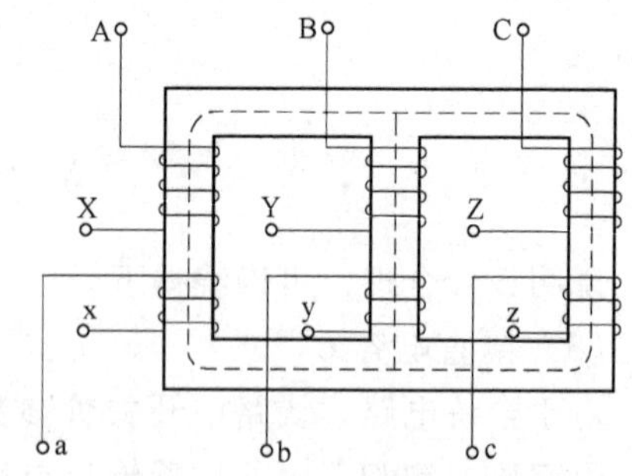

图 2.65 三相变压器结构

选择 EE4221 型磁心进行再加工，其窗口面积 $A_w = 266\text{mm}^2$，有效截面积 $A_e = 235\text{mm}^2$，$AP = 9.38\text{cm}^4$，窗口高度为 30.4mm，磁心重量为 116g。

变压器二次绕组匝数 N_2 为

$$N_2 = \frac{\int_{\frac{T}{6}}^{\frac{2T}{3}} u_s(t)\,dt}{\Delta B_m A_e} = 0.78 \tag{2.87}$$

u_s 为变压器二次绕组电压。实际取变压器二次绕组匝数为 $N_2 = 1$ 匝，则变压器一次绕组匝数：$N_1 = nN_2 = 10$ 匝。

考虑高频时导线的趋肤效应，导线的穿透深度按下式计算：

$$\Delta = \sqrt{\frac{2}{2\pi f\mu_0\gamma}} = 0.209\text{mm} \tag{2.88}$$

式中，铜导线的电导率 $\gamma = 58\times10^6\Omega\cdot\text{m}$，磁导率 $\mu_0 = 4\pi\times10^{-7}\text{H/m}$。绕组应选用厚度小于 2Δ，即 0.418mm 的铜皮。

变压器一次绕组电流有效值 I_{Lrms} 为 9.05A，选取导线电流密度 J 为 4A/mm^2，则一次绕组所需导线截面积为

$$S_1 = \frac{I_{Lrms}}{J} = 2.26\text{mm}^2 \tag{2.89}$$

选择宽 24mm、厚 0.1mm 的铜皮绕制，铜皮截面积 $S_1 = 2.4\text{mm}^2$。

变压器二次电流有效值 $I_{srms} = 90.5\text{A}$，选取导线电流密度 $J = 4\text{A/mm}^2$，则二次绕组所需导线截面积为

$$S_2 = \frac{I_{srms}}{J} = 22.63\text{mm}^2 \tag{2.90}$$

选择宽 26mm、厚 0.3mm 的三层铜皮绕制，铜皮截面积 $S_2 = 23.4\text{mm}^2$。

磁心窗口利用率为

$$K_w = \frac{S_1N_1 + S_2N_2}{\frac{A_w}{2}} = 0.36 \tag{2.91}$$

可以绕得下。

（6）直流输出电容 C_2

参照全桥直流变换器输出电容的设计公式，考虑电压环的响应时间 T_r、最大功率变化值 ΔP_{max}、直流电压变化量 ΔU_2，直流输出电容 C_2 满足

$$C_2 \geqslant \frac{\Delta P_{max} T_r}{2U_2\Delta U_2} \tag{2.92}$$

取 $T_r = 0.01\text{s}$，$\Delta P_{max} = 3\text{kW}$，$U_2 = 28\text{V}$，$\Delta U_{dc} = 0.6\text{V}$，解得 $C_2 \geqslant 892.9\mu\text{F}$。结合仿真与实际电容容值，本节选取电容 $C_2 = 1\text{mF}$。

2. 仿真

在 Simulink 中进行三相直流变换器闭环仿真，主要仿真参数：开关频率 f =

100kHz，输入侧电压 $U_1=270\text{V}$，输出侧电压 $U_2=28\text{V}$，变压器一、二次侧绕组匝比 $n=10$，串联电感：$L_a=L_b=L_c=7.1\mu\text{H}$。

图 2.66a 为开关管 Q_1 与 Q_7 的驱动电压波形，Q_1 超前于 Q_7 的时间为 $0.5D_\varphi T$，即 $0.07T$。图 2.66b 为额定功率下 A 相电感电压 u_L、电流 i_L 波形，电感电流最大值 12.79A，有效值 9.05A。图 2.66c 与图 2.66d 为额定功率下输出电流 I_2 和输出电压 U_2 波形，约在 0.015s 时 U_2 稳定在 28V 左右，I_2 稳定在 107A 左右。图 2.66e 为 Q_1 漏源极电压 u_{ds} 与电流 i_{ds} 波形，可见 Q_1 电压应力为 270V，导通时间为 $T/2$，导通时 $i_{ds}<0$，其反并联二极管 D_1 先导通，Q_1 实现零电压开通。一次侧其他开关管的开关状态与 Q_1 相似。图 2.66f 为 Q_7 漏源极电压 u_{ds} 与电流 i_{ds} 波形，可见 Q_7

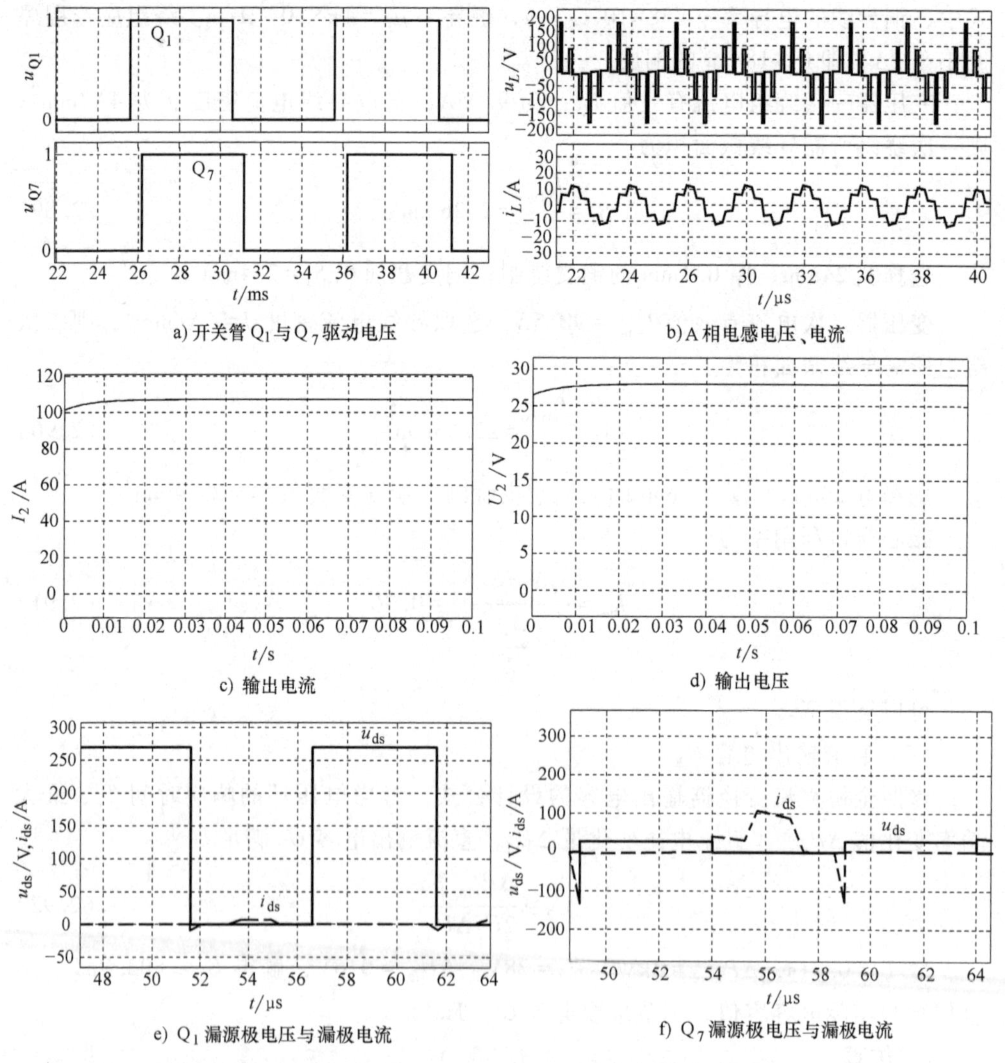

a) 开关管 Q_1 与 Q_7 驱动电压　　b) A 相电感电压、电流

c) 输出电流　　d) 输出电压

e) Q_1 漏源极电压与漏极电流　　f) Q_7 漏源极电压与漏极电流

图 2.66　三相 DAB dc/dc 变换器仿真波形

电压应力为 28V，导通时间为 $T/2$，开通时 $i_{ds}>0$，其反并联二极管 D_7 先导通，Q_7 实现零电压开通。二次侧其他开关管的开关状态与 Q_7 相似。

输出电压 U_2 为 28V，变压器一、二次侧绕组匝比 n 为 10，闭环控制，图 2.67 给出了三相 DAB 变换器在不同输入电压下的 a 相电感电压 u_L 和电流仿真波形，图 2.67a 对应输入电压 U_1 为 300V，$U_1/n=30$V，不考虑变压器电压比，变换器工作在降压状态，图 2.67b 对应输入电压 U_1 为 240V，$U_1/n=24$V，不考虑变压器电压比，变换器工作在升压状态，图中点画线内区域对应模态分析中的模态 4。

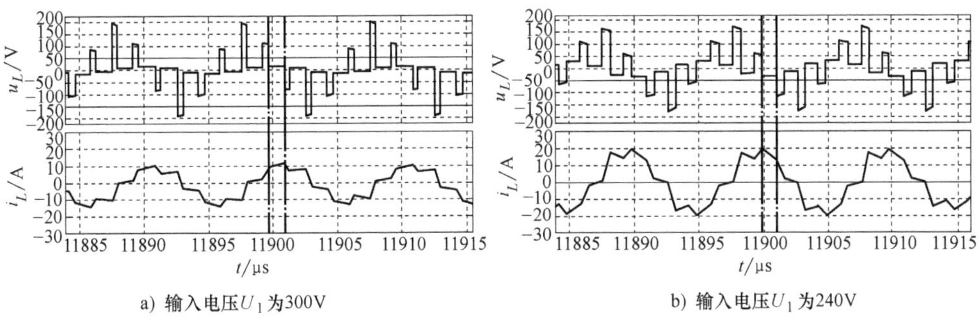

a) 输入电压U_1为300V　　b) 输入电压U_1为240V

图 2.67　三相 DAB 工作在降压和升压状态下的电感电压和电流仿真波形

当输入电压为 300V，变换器处于降压状态，a 相电感电压 u_L 表达式为

$$u_L(t)=\begin{cases}\dfrac{U_1}{3}+\dfrac{nU_2}{3}=193.33\text{V} & t_0\leqslant t\leqslant t_1\\ \dfrac{U_1}{3}-\dfrac{nU_2}{3}=6.67\text{V} & t_1\leqslant t\leqslant t_2\\ \dfrac{2U_1}{3}-\dfrac{nU_2}{3}=106.67\text{V} & t_2\leqslant t\leqslant t_3\\ \dfrac{2U_1}{3}-\dfrac{2nU_2}{3}=13.33\text{V} & t_3\leqslant t\leqslant t_4\\ \dfrac{U_1}{3}-\dfrac{2nU_2}{3}=-86.67\text{V} & t_4\leqslant t\leqslant t_5\\ \dfrac{U_1}{3}-\dfrac{nU_2}{3}=6.67\text{V} & t_5\leqslant t\leqslant t_6\end{cases} \tag{2.93}$$

则模态 4 的电感电压 $u_L=13.33\text{V}>0$，电感电流 i_L 上升。

当输入电压为 240V，变换器处于升压状态，a 相电感电压 u_L 表达式为

$$u_L(t)=\begin{cases}\frac{U_1}{3}+\frac{nU_2}{3}=173.33\text{V} & t_0\leqslant t\leqslant t_1\\ \frac{U_1}{3}-\frac{nU_2}{3}=-13.33\text{V} & t_1\leqslant t\leqslant t_2\\ \frac{2U_1}{3}-\frac{nU_2}{3}=66.67\text{V} & t_2\leqslant t\leqslant t_3\\ \frac{2U_1}{3}-\frac{2nU_2}{3}=-26.66\text{V} & t_3\leqslant t\leqslant t_4\\ \frac{U_1}{3}-\frac{2nU_2}{3}=-106.66\text{V} & t_4\leqslant t\leqslant t_5\\ \frac{U_1}{3}-\frac{nU_2}{3}=-13.33\text{V} & t_5\leqslant t\leqslant t_6\end{cases} \tag{2.94}$$

则模态 4 的电感电压 $u_L=-26.66\text{V}<0$，i_L 下降。由图 2.67 可见，理论分析和仿真对应，也由此说明在不考虑变压器电压比的情况下，三相全桥直流变换器既可以工作在降压状态，也可以工作在升压状态。

当负载变化时，系统稳定时的移相角也会随之改变，以保证输出电压恒定，表 2.6 给出了输出电压 U_2 稳定为 28V 时，不同负载和输入电压 U_1 情况下输出电压 U_2、输出功率 P_o、移相占空比 D_φ 以及电感电流有效值 I_{Lrms} 的值。从表中可以看出，当输入电压为 300V、空载情况下，输出电压略高于 28V，这是因为此时 D_φ 的理论值过小，在仿真中 D_φ 的值为 0，此时移相角无法对输出功率进行调节，导致输出电压高于给定值。

表 2.6　不同负载和输入电压下，U_2、I_2、P_o、D_φ 以及 I_{Lrms} 的关系

U_1/V	U_2/V	I_2/A	P_o/W	D_φ	I_{Lrms}/A
240	27.98	1.79	50	0.014	1.82
	27.93	17.90	500	0.027	3.37
	27.90	35.84	1000	0.039	5.01
	27.86	71.79	2000	0.071	8.78
	27.78	107.99	3000	0.106	12.35
270	27.98	1.79	50	0.009	0.84
	27.95	17.88	500	0.020	2.27
	27.93	35.80	1000	0.031	3.22
	27.93	71.60	2000	0.061	6.05
	27.91	107.49	3000	0.095	9.13

（续）

U_1/V	U_2/V	I_2/A	P_o/W	D_φ	I_{Lrms}/A
300	29.12	1.72	50	0	0.68
	28	17.85	500	0.014	2.13
	27.98	35.74	1000	0.027	3.08
	27.96	71.53	2000	0.059	4.82
	27.95	107.33	3000	0.091	7.65

图 2.68a、b 分别为变换器外特性曲线和输出电压随输入电压变化曲线，从图中可以看出，输出功率或者输入电压变化的情况下，输出电压都能基本稳定在 28V 左右，变换器具有良好的外特性和输出电压对输入电压波动的抗干扰能力。

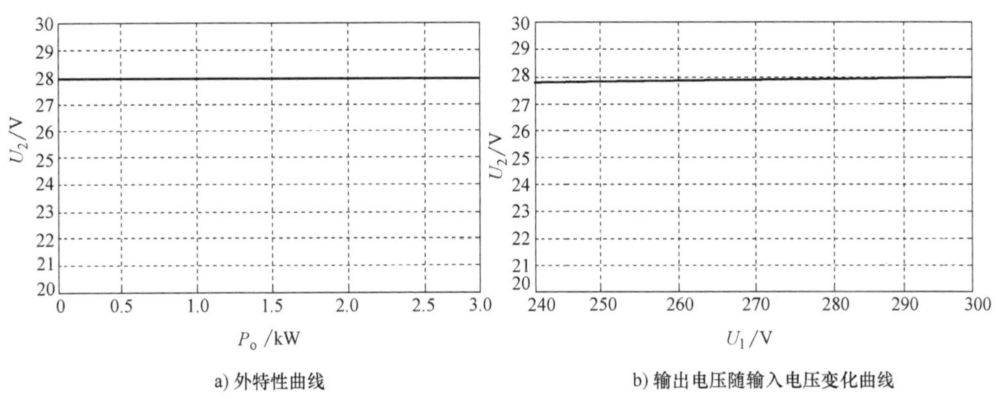

a) 外特性曲线　　b) 输出电压随输入电压变化曲线

图 2.68　三相 DAB 变换器输出电压随负载和输入电压变化曲线

2.6　本章小结

本章介绍了 5 种不同结构的双向 dc/dc 变换器。Bi Buck/Boost 拓扑是结构最简单的双向 dc/dc 变换器，器件少，广泛应用在蓄电池充放电、LED 驱动电源能量缓冲等场合。Dual Buck/Boost 拓扑可以实现输入电压的升高和降低，采用不同的参数设计和控制逻辑，可以使开关管工作在硬开关或软开关工作状态。隔离型不对称半桥和全桥双向 dc/dc 变换器实现了电气隔离，开关管可以工作在软开关状态，此外变换器也可以以固定占空比工作，起到电子变压器的作用。采用相同的功率器件，隔离型三桥臂全桥 dc/dc 变换器相比隔离型全桥 dc/dc 变换器可以进一步增加输出功率，减小输入和输出滤波器的尺寸和重量。

Si IGBT 有电流拖尾问题，二极管有反向恢复问题，造成较大的开关损耗，SiC 或 GaN 器件消除了这些缺点，开关损耗明显减小。通过分析可见，SiC MOS 器件构成的 Dual Buck/Boost 变换器的损耗仅为 Si MOS 器件构成的 Dual Buck/Boost 变换器的损耗的 1/7 左右。

隔离型不对称半桥和隔离型全桥双向 dc/dc 变换器可以看作为隔离的四管开关 Dual Buck/Boost 变换器。隔离型 dc/dc 变换器有变压器，电流自然双向变化，正负对称，易实现开关管的 ZVS。而 Dual Buck/Boost 变换器的电感电流正负不对称，必须靠减小电感来实现电流反向，进而达到实现软开关的目的。对比图 2.20 和图 2.26 可见，隔离型双向变换器更易实现开关管的软开关。

Dual Buck/Boost 变换器为实现软开关，需要减小电感，代价就是电流增大，进而开关管的通态损耗增加，因此在低频工作的时候，开关管的开关损耗占比不大，硬开关工作变换器效率高于软开关变换器。随着工作频率的增大，开关管的开关损耗占比变大，软开关工作变换器效率高于硬开关变换器。所以若 dc/dc 变换器采用 SiC 或 GaN 器件，并不一定是工作在软开关模式下效率更高。此外当工作频率进一步增大时，开关管死区时间占开关周期的比重变大，电感储能无法抽光开关管两端电容电荷，软开关难以实现，变换器的效率反而下降，此时反而是硬开关的工作效率高于软开关。

隔离型不对称半桥、隔离型全桥双向 dc/dc 变换器和 Dual Buck/Boost 变换器均有多种控制自由度。一是可以控制左侧桥臂开关管的占空比，二是可以控制右侧桥臂开关管的占空比，三是可以控制左右桥臂电压之间的相移。由此可以采用移相控制、扩展移相控制、双重移相控制和三重移相控制策略，控制自由度高。移相控制、扩展移相控制、双重移相控制可以看作是三重移相控制的特殊情况。对于 Dual Buck/Boost 拓扑，因为输出输入电压之比仅与左右桥臂的占空比有关，和两个桥臂之间的相移没有关系，因此仅在扩展移相控制和三重移相控制下可以实现输出电压调节。

通过分析可见，不考虑变压器电压比，Dual Buck/Boost、隔离型不对称半桥、隔离型全桥和隔离型三相全桥 dc/dc 变换器采用移相控制均可以工作在降压和升压状态。考虑双向运行，隔离型双向 dc/dc 变换器的变压器一、二次侧匝比应按照电压调节比 $k=nU_2/U_1=1$ 来设计，有利于实现功率管的软开关，获得较高的输出功率。固定占空比，隔离型不对称半桥、全桥及三相全桥 dc/dc 变换器可以作为电子变压器使用，为了提高直流变压器的外特性，储能电感 L 应尽可能小；要提高输出功率，移相占空比 D_φ 应该固定为 0.5。

第3章

双向单相dc/ac变换器和ac/ac变换器

由 4 只开关管构成的桥式电路是一个多功能电路拓扑，既可构成 dc/dc 变换器和 dc/ac 变换器，也可构成 ac/dc 变换器，而 ac/dc 变换器和 dc/ac 变换器又可构成 ac/ac 变换器。这些变换器可以是不隔离的，也可以是变压器隔离型的，图 2.30 所示的 dc/dc 变换器是隔离型的。dc/dc、ac/ac 和 ac/dc 变换器要实现隔离，可以和第 2 章讨论的直流变压器 DCT 组合。

3.1 桥式变换器的功能

图 2.30 所示的桥式变换器是由变压器隔离的双向 dc/dc 变换器。若是单向 dc/dc 变换器，则右侧的 4 只开关管可用二极管替代。若输出电压较低，变压器二次侧可采用中心抽头的方式构成全波整流电路，这时只要两只整流二极管。图 2.30 若设定开关管占空比为 0.5，可构成不控直流变压器。该电路也可构成输出电压可控的双向 dc/dc 变换器。

图 3.1 是桥式电路构成的不隔离 dc/ac 变换器主电路。U_{dc} 是直流电源电压；u_{AB} 是桥臂输出电压；C 是输入滤波电容；$Q_1 \sim Q_4$ 是 4 个开关管。R 是变换器的负载电阻，可以是电阻性负载，也可以是阻感性负载；i 是负载电流。该电路有两种工作方式：单极性工作方式和双极性工作方式。

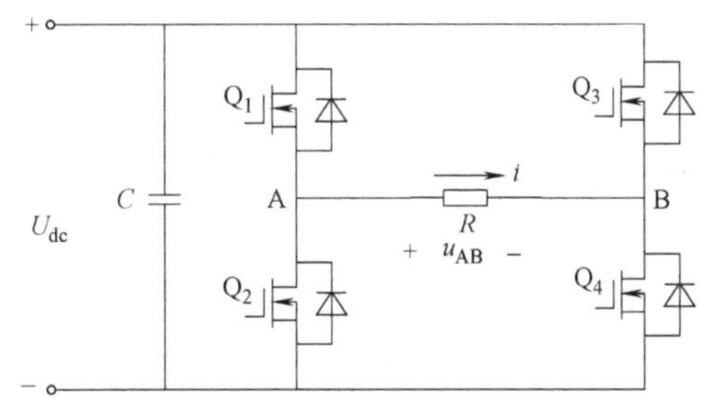

图 3.1 不隔离桥式 dc/dc 变换器主电路

单极性工作方式时，Q_3 和 Q_4 是电流 i 方向控制管，按输出频率互补工作；Q_1 和 Q_2 为高频互补 PWM 工作。若 Q_4 导通、Q_3 关断，i 自 A 向 B 流动。若 Q_4 关断、Q_3 导通，i 则自 B 向 A 流动。控制 Q_1 的占空比即可控制 i 的大小。

双极性工作方式时，Q_1和Q_4同时开关，Q_2和Q_3同时开关，同一桥臂上下管互补高频PWM工作，即在一个开关周期中Q_1/Q_4和Q_2/Q_3互补导通。当Q_1/Q_4和Q_2/Q_3的占空比为0.5时，u_{AB}为一个等于开关频率的高频方波电压，若为阻感性负载，电流i近似为三角波，电流平均值为0。若Q_1、Q_4的占空比大于0.5，则平均电流自A流向B，u_{AB}平均电压大于0。若Q_2、Q_3的占空比大于0.5，则平均电流自B流向A，u_{AB}平均电压小于0。

不论是单极性工作方式还是双极性工作方式，电流i的最大值I_{max}为U_{dc}/R。

若在直流侧加直流电源，图3.2为单相dc/ac变换器，用于将直流电压U_{dc}转为正弦交流电压u_{ac}输出，常称为单相逆变器。这时开关管Q_3和Q_4按输出电压频率互补工作，轮流导通半个输出周期，Q_4导通输出正半周，Q_3导通输出负半周，Q_1、Q_2互补导通，工作于正弦脉宽调制方式。电感L和电容C_{ac}为输出滤波器，用于滤除高频信号，使电容C_{ac}电压，也即输出电压u_{ac}为光滑的正弦波。

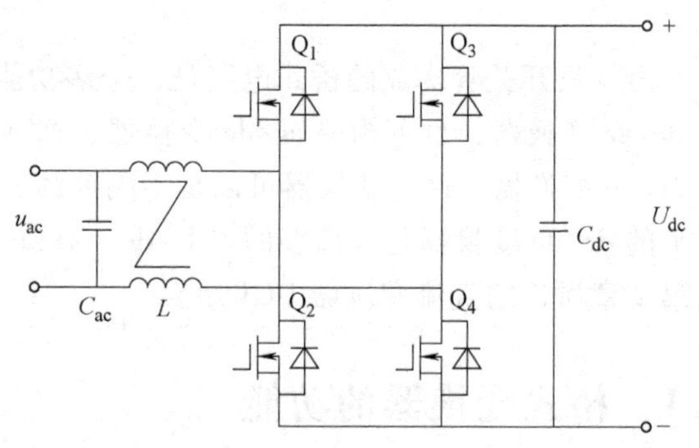

图3.2　单相dc/ac变换器或ac/dc变换器主电路

单相dc/ac变换器不仅可以输出正弦交流电，也可以输出非正弦交流电，成为有源电力滤波器（Active Power Filter，APF）。图3.3是单相有源滤波器的一种应用电路，它由两部分构成，上部分为单相二极管桥式整流电路，由于电路的输出为电容滤波，尽管电源电压u_a为正弦波，但整流桥的输入电流i_1中含有基波和高次谐波，高次谐波不仅导致损耗，还导致电磁干扰，故在电路下部分设有源电力滤波器APF，APF将直流电转化为和二极管整流桥输入电流i_1中高次谐波电流极性相反的电流i_{apf}，$i_a=i_1-i_{apf}$，这样网侧电流i_a中只有正弦基波电流，为正弦波，输出电流i_{dc}为平滑直流电流。由于谐波电流相对基波分量占比较小，故APF的容量和二极管整流桥相比要小得多。

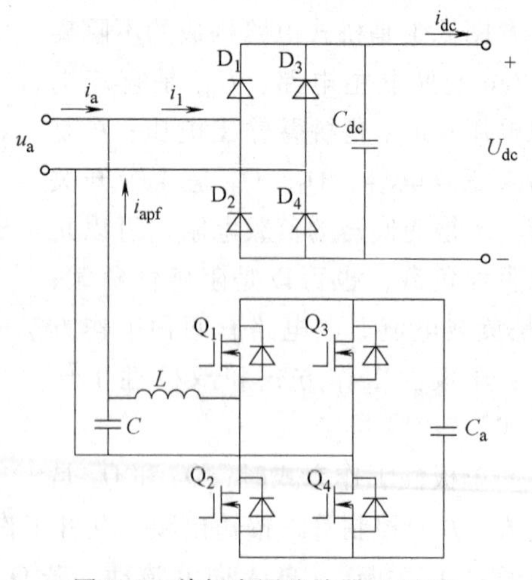

图3.3　单相有源滤波器（APF）的应用电路

参见图3.2，逆变器是在直流侧加直

流电源。如果交流电源加于交流侧，则该变换器成为 ac/dc 变换器，即用于将交流电转换为直流电。常用的交直变换器为功率因数校正器（Power Factor Correction, PFC）。PFC 的功能是：将正弦交流电源的交流电转为直流电，交流电源的输出电流仍为正弦波，交流电源的功率因数 $\cos\varphi=1.0$，输出电压为近似平滑的直流电。可见 PFC 优于二极管单相整流桥。

图 3.2 的 ac/dc 变换器不仅可以构成 PFC，也可使交流侧得到任意的功率因数，即 ac/dc 变换器是一个移相器，实现交流电流与交流电压间相位角 φ 的自由改变。$\varphi=0°$时为功率因数校正器（PFC），$\varphi=180°$时该变换器成为并网逆变器，逆变器的负载功率因数为 1.0。

由此可见，由 4 只开关管构成的桥式电路可实现多种功能，这是电力电子变换器的特点和优点。

3.2　双向单相 dc/ac 变换器

双向单相 dc/ac 变换器既可用于将直流电转为交流电，也可以将交流电转为直流电。英文简写为 Bi dc/ac 或 Bi ac/dc，这是同一单相变换器的两种不同写法。

3.2.1　dc/ac 变换器

1. 控制方法

将直流电转为正弦交流电的控制方法有多种，一般可分为两类，一类是开环控制法；另一类是闭环控制法。开环控制比较简单，但输出电压变化较大，不能满足现代用电设备的要求。

图 3.4 是一种典型的闭环控制框图。这是一电压电流双闭环系统，内环为电流环，控制电感电流，外环为电压环，控制交流输出电压。逆变器输出电压检测反馈信号 u_f，与基准正弦信号发生器（SG）的输出 u_{ref} 比较后通过电压调节器（VR）得到电流参考信号 i_{ref}，i_{ref} 和滤波电感电流检测反馈信号 i_f 比较后经电流调节器（IR）输出调制电压 u_m，u_m 与三角波发生器（TG）的输出三角载波信号 u_c 综合，形成正弦脉宽调制信号，经逻辑综合和开关管驱动电路得到 4 个开关管 $Q_1\sim Q_4$ 的驱动电压信号 $g_1\sim g_4$。单相桥输出 AB 端为幅值等于直流电源电压 U_{dc} 的正弦脉宽调制波，通过 LC 滤波后得到正弦电压 u_o 输出。若基准信号发生器（SG）的输出信号 u_{ref} 为正弦波，且频率为 400Hz，则逆变器输出为 400Hz 正弦波。输出电压有效值取决于 u_{ref} 和输出电压反馈信号的大小，合理选取基准信号和反馈参数可使输出电压为 115V。为了使输出电压为 115V，单相桥式逆变器直流侧电源电压应在 180V 左右，不仅要考虑感性满载情况下输出滤波器的基波电压放大倍数，也要考虑 SPWM 控制的单相桥式逆变器的基波电压放大倍数。直流电源电压不宜太小，若该电压过低，必使输出交流电压发生畸变。

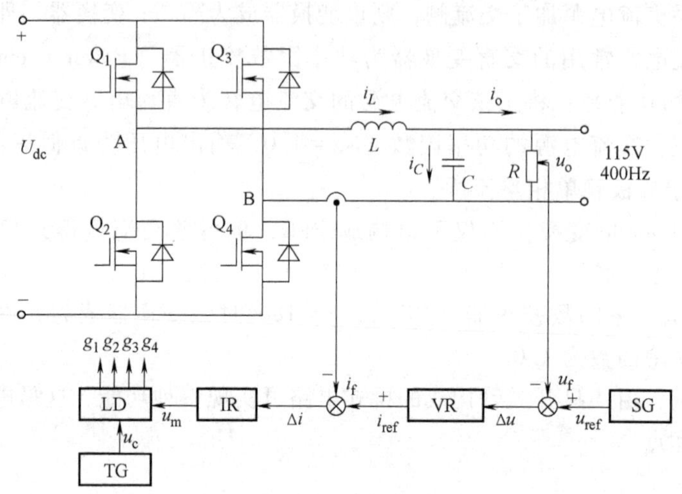

图 3.4　正弦输出单相桥式逆变器及其控制框图

SG—正弦信号发生器　TG—三角波发生器　VR—电压调节器

IR—电流调节器　LD—信号合成和驱动电路

由于 SG 的电压 u_{ref} 为纯净正弦波，故逆变器输出 u_o 也为正弦波，若 SG 的电压 u_{ref} 为三角波则逆变器输出 u_o 也为三角波。电压调节器（VR）的目的是使误差电压 $\Delta u(\Delta u=u_{ref}-u_f)$ 趋近于零，故 VR 的输出即电流给定信号 i_{ref} 也为正弦波，电流调节器（IR）也尽量使电流误差 $\Delta i(\Delta i=i_{ref}-i_f)$ 趋近于零，IR 的输出 u_m 也为正弦波，该正弦波与三角波信号 u_c 的交点用于形成正弦脉宽调制信号。

双闭环控制的优点是通过对 VR 的输出信号 i_{ref} 进行限幅，就可以限制逆变器电感电流的最大值，进而限制流过开关管的电流最大值。即使逆变器输出端发生短路，也可将短路电流的峰值限制住，从而提高了变换器的安全性和可靠性。一旦短路保护器跳闸，逆变器输出即可恢复到正常水平。

逆变器的负载有三类：一是电阻负载；二是阻感性负载；三是阻容性负载。由于滤波电容是必需的，故理想阻性负载是不存在的。图 3.5 是带阻感性负载和阻容性负载时逆变器输出电压 u_o 和输出电流 i_o 的波形，图 3.5a 是阻感性负载，i_o 滞后于 u_o。在一个输出周期 T_o 内可分为 4 个区间：$t=0\sim t_1$，电流和电压方向相反，负载电感储能返回直流电源；$t=t_1\sim t_2$，$t_2=T_o/2$，u_o 和 i_o 同向，直流电源通过逆变器向负载供电；$t=t_2\sim t_3$，电压波形变负，电流仍为正，也为电感储能返回直流电源；$t=t_3\sim T_o$，u_o 和 i_o 又同向，直流电源向负载供电。

观察图 3.5b 的阻容性负载，电流 i_o 超前于电压 u_o，同样在一个周期中有 4 个区间，其中，两个区间 u_o 和 i_o 同向，直流电源向负载供电，另两个区间 u_o 和 i_o 反向，储存于电容的能量通过逆变器返回直流电源。

由此可见，逆变器即 dc/ac 变换器工作时电源能量和负载储能间在不断交换着，dc/ac 变换器为一双向电能转换器。

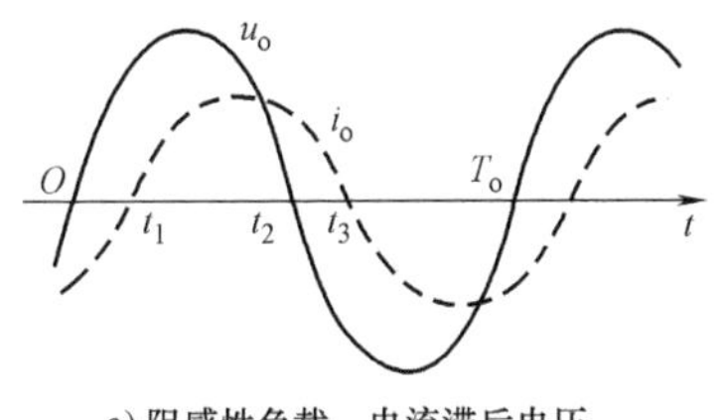

a) 阻感性负载，电流滞后电压

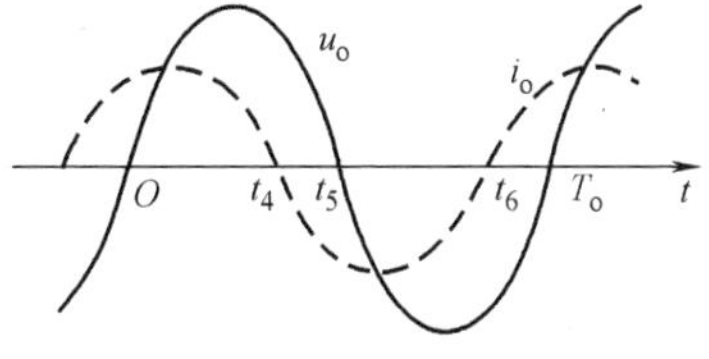

b) 阻容性负载，电流超前电压

图 3.5　逆变器输出电压 u_o 和负载电流 i_o 的关系

2. 数学建模

开关电源中功率管的开关状态不连续，可以采用状态空间平均法进行数学建模。该方法的前提条件是输出频率远远低于开关频率，在一个开关周期内变量的平均值近似等于其瞬时值，由此可以得到连续状态空间平均模型。

如图 3.4 所示逆变器采用单极性 SPWM 时，u_{AB} 可以表示为

$$u_{AB}=U_{dc}S \tag{3.1}$$

式中，S 为上管 Q_1 的开关函数。桥臂上下管互补工作，当 Q_1 导通时，$S=1$；当下管 Q_2 导通时，$S=0$。

对 u_{AB} 在一个开关周期内求平均，得到 u_{AB} 的开关周期平均值 $\langle u_{AB}\rangle_{T_s}$ 为

$$\langle u_{AB}\rangle_{T_s}=U_{dc}\langle S\rangle_{T_s} \tag{3.2}$$

其中，T_s 为开关周期。定义 $D(t)$ 为占空比，S 的开关周期平均值为

$$\langle S\rangle_{T_s}=D(t) \tag{3.3}$$

图 3.6 给出了逆变器单极性 SPWM 控制示意图，三角载波 u_c 和正弦调制波 u_m 相交截，交点对应功率管的开关时刻。当 u_m 大于 u_c 时，S 为 1；反之 S 为 0。U_c 为三角载波峰值。由图 3.6 有

$$D(t)=\frac{u_m}{U_c} \tag{3.4}$$

综合式（3.2）~式（3.4）有

$$\langle u_{AB}\rangle_{T_s}=U_{dc}\frac{u_m}{U_c} \tag{3.5}$$

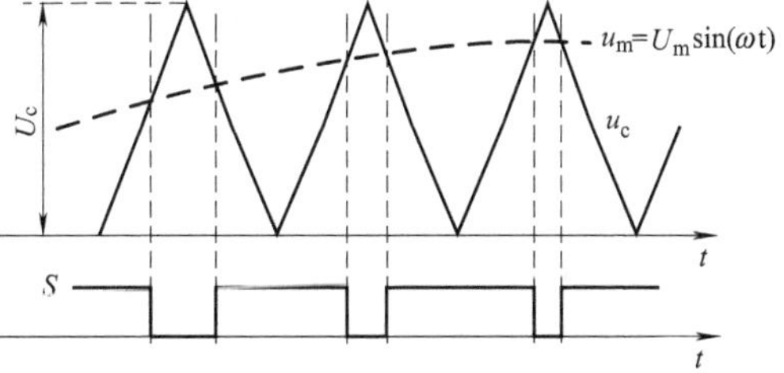

图 3.6　单极性 SPWM 控制示意图

因此，调制器输入 u_m 至逆变桥输出 u_{AB} 的传递函数为

$$G_m(s)=\frac{U_{AB}(s)}{U_m(s)}=\frac{U_{dc}}{U_c}=k_{pwm} \tag{3.6}$$

调制波负半周推导过程类似，结果相同，双极性 SPWM 控制的逆变器也有相同的结果，此处不再赘述。由此可见，当开关频率远高于输出频率时，基于 SPWM 控制的逆变桥部分可以看成是一比例系数为 k_{pwm} 的比例环节。

不考虑滤波电感的等效串联电阻，由图 3.4 可以得到调制器输入 u_m 至逆变器

输出 u_o 的传递函数为

$$G_o(s)=\frac{U_o(s)}{U_m(s)}=\frac{U_o(s)}{U_{AB}(s)}\cdot\frac{U_{AB}(s)}{U_m(s)}=\frac{1}{LCs^2+\frac{L}{R}s+1}k_{pwm} \tag{3.7}$$

3. 单相 dc/ac 逆变器设计

采用图 3.4 设计一单相桥式逆变器。输入电压 U_{dc} 为 180V 直流电，输出电压 u_o 要求为 115V、400Hz 交流电，额定功率为 1kVA，负载功率因数 $\cos\varphi$ 不低于 0.75，开关频率 f_s 为 100kHz。

(1) 输出滤波器设计

逆变器采用单极性 SPWM 控制，逆变桥输出电压谐波较小，输出滤波器采用 *LC* 低通滤波器。滤波器的设计应该满足以下要求：

① 滤波器的主要功能是滤除谐波，使输出电压总谐波失真度（Total Harmonic Distortion，THD）和单次谐波失真度（Single Harmonic Distortion，SHD）均满足指标要求。这要求电感电容必须要大，谐振频率低，可以滤除较低的谐波分量。但谐振频率高，可以减小滤波器的体积和重量。谐振频率一般设计为低于 0.1 倍的开关频率，同时远高于输出频率 f_o。

② 电感小，电感电流脉动增加，会使输出电压的波形质量变差，此外电感可以限制负载短路时的电流上升率，这要求电感不能太小。另一方面，考虑电感电流必须能跟踪上给定电流的变化，电感也不能太大。

③ 滤波器的设计要考虑不增加滤波器和逆变器的无功容量。这要求电感和电容都不能太大，否则逆变器的直流电压和电流都会上升。电感的无功容量为 $I_L^2X_L$，电容的无功容量为 U_o^2/X_C，X_L 和 X_C 分别对应感抗和容抗，U_o 和 I_L 分别对应输出电压和电感电流有效值。电容太大的话，电容无功电流大，流过电感和开关管的电流变大，导通损耗增加；增大电容和电感，电感电压变高，直流输入电压变高，使得逆变器开关管的电压定额增加，开关管的导通电阻变大，这些均会降低逆变器的效率，增加成本。

④ 为了减小逆变器的输出阻抗，提高输出电压稳态精度，要求电感要小，电容要大。随着输出功率的增大，输出滤波电容增大，滤波电感减小。

⑤ 为提高系统的动态特性，电感不能太大，电容也不能太大，否则电压和电流变化慢。

由此可见，输出滤波电感和滤波电容的大小要折衷考虑。

取电容电流有效值 I_C 不大于 1/2 的负载电流，有

$$I_C=\omega_o CU_o\leqslant 0.5I_o \tag{3.8}$$

阻性负载下额定输出电流有效值 I_o 为

$$I_o=\frac{P_o}{U_o}=\frac{1000\text{W}}{115\text{V}}=8.7\text{A} \tag{3.9}$$

由此有

$$C \leqslant \frac{0.5I_{\mathrm{o}}}{U_{\mathrm{o}}\omega_{\mathrm{o}}} = 15.05\mu\mathrm{F} \tag{3.10}$$

取输出电容为 15μF，电容电流有效值 I_C 为 4.34A。选取型号为 C4GADUD5150AA1J 的薄膜电容，容值 15μF，电压额定值交流 160V。

阻性满载下电感电流有效值为

$$I_{L\mathrm{rms}} = \sqrt{I_C^2 + I_{\mathrm{o}}^2} = 9.72\mathrm{A} \tag{3.11}$$

则电感电流峰值 $I_{L\max}$ 为 13.74A。

滤波电感 L 的大小主要由两方面确定：一是电感电流的变化率要大于给定电流的变化率，以满足电流跟踪特性；二是在一个开关周期内的最大电感电流脉动量不超过满载时电感电流峰值的 40%，以降低输出电压纹波。

假设桥臂输出电压 u_{AB} 和逆变器输出电压 u_{o} 同相位，u_{o} 相位滞后于电感电流 i_L 相位 θ，电感电流给定信号 i_{ref} 为

$$i_{\mathrm{ref}} = I_{L\max}\sin\omega_{\mathrm{o}}t \tag{3.12}$$

i_{ref} 过零时，i_{ref} 的变化率最大，即

$$\left|\frac{\mathrm{d}i_{\mathrm{ref}}}{\mathrm{d}t}\right|_{\max} = \omega_{\mathrm{o}}I_{L\max} \tag{3.13}$$

电感电流的变化率为

$$\frac{\mathrm{d}i_L}{\mathrm{d}t} = \frac{u_{\mathrm{AB}} - U_{\mathrm{omax}}\sin(\omega_{\mathrm{o}}t - \theta)}{L} \tag{3.14}$$

电感电流的变化率大于给定电流的变化率，则有

$$\left|\frac{\mathrm{d}i_L}{\mathrm{d}t}\right|_{t=0} > \left|\frac{\mathrm{d}i_{\mathrm{ref}}}{\mathrm{d}t}\right|_{\max} \tag{3.15}$$

若阻性负载，电感电流 i_L 超前 u_{AB} 相位 θ 时，则 i_L 正向过零时，u_{AB} 在 $-U_{\mathrm{dc}}$ 和 0 之间变化，对应 $u_{\mathrm{AB}}=0$ 时 i_L 增长。从而有

$$\left|\frac{\mathrm{d}i_L}{\mathrm{d}t}\right|_{t=0} = \frac{U_{\mathrm{omax}}\sin\theta}{L} > \omega_{\mathrm{o}}I_{L\max} \tag{3.16}$$

若阻感性负载，且 i_L 滞后于 u_{AB} 相位 θ，则 i_L 正向过零时，u_{AB} 在 $+U_{\mathrm{dc}}$ 和 0 之间变化，对应 $u_{\mathrm{AB}}=+U_{\mathrm{dc}}$ 时 i_L 增长。从而有

$$\left|\frac{\mathrm{d}i_L}{\mathrm{d}t}\right|_{t=0} = \frac{U_{\mathrm{dc}} - U_{\mathrm{omax}}\sin\theta}{L} > \omega_{\mathrm{o}}I_{L\max} \tag{3.17}$$

综合式（3.16）和式（3.17），最大电感需满足

$$L < \frac{U_{\mathrm{dc}} - U_{\mathrm{omax}}\sin\theta}{\omega_{\mathrm{o}}I_{L\max}} = \frac{U_{\mathrm{dc}} - U_{\mathrm{omax}}}{\omega_{\mathrm{o}}I_{L\max}} = 503.59\mu\mathrm{H} \tag{3.18}$$

减小滤波电感可以改善系统的动态响应，但是会增大电感电流的脉动量。取一

个开关周期 f_s 内的电感电流的最大脉动量不超过满载时电感电流最大值的40%，意即在20%满载电感电流最大值时电感电流临界连续，由式（3.14）有

$$L>\frac{\max(U_{dc}-U_{omax},U_{omax})}{2f_s\times I_{Lmax}\times 20\%}=295.88\mu H \tag{3.19}$$

综合式（3.18）和式（3.19），结合仿真选定 L 为400μH。滤波器谐振频率为

$$f_r=\frac{1}{2\pi\sqrt{LC}}\approx 2055Hz \tag{3.20}$$

谐振频率是基波频率400Hz的5倍多，小于开关频率100kHz的1/10，满足设计要求。

电感绕制的基本要求是：满足所要求的电感值；最大电感电流 I_{Lmax} 时磁心不饱和；线圈要绕得下。其设计步骤如下：

① AP法初选磁心大小

$$AP=\frac{LI_{Lmax}I_{Lrms}}{K_wB_mJ}=\frac{400\times10^{-6}\times13.74\times9.72}{0.4\times0.3\times4\times10^6}=11.13cm^4 \tag{3.21}$$

式中，L 为电感值；I_{Lmax} 为电感电流峰值；I_{Lrms} 为电感电流有效值；B_m 为最大磁通密度，取 $B_m=0.3T$；K_w 为窗口填充系数，取 $K_w=0.4$；J 为导线电流密度，取 $J=4\times10^6A/m^2$。

初选EE55/55/21型号铁氧体磁心，其 $A_w=386.34mm^2$，$A_e=354.00mm^2$，$AP=A_w A_e=13.68cm^4$，可满足要求。

② 确定气隙和匝数

$$N=\frac{LI_{Lmax}}{B_mA_e}=\frac{400\times10^{-6}\times13.74}{0.3\times354\times10^{-6}}\text{匝}=51.75\text{匝} \tag{3.22}$$

取 $N=52$ 匝。

$$\delta=\frac{\mu_0N^2A_e}{L}=\frac{4\pi\times10^{-7}\times52^2\times354\times10^{-6}}{400\times10^{-6}}=3.00mm \tag{3.23}$$

③ 选择导线的线径

额定阻性满载下电感电流的有效值 I_{Lrms} 为9.72A，导线的电流密度 J 一般取300～500A/cm²，选定 J 为400A/cm²，所以导线的截面积 A_{Cu} 为

$$A_{Cu}=\frac{I_{Lrms}}{J}=2.43mm^2 \tag{3.24}$$

考虑高频时导线的趋肤效应，导线的穿透深度按下式计算：

$$\Delta=\sqrt{\frac{2}{\omega_s\mu\gamma}}=\sqrt{\frac{2}{2\pi f_s\mu\gamma}}=0.209mm \tag{3.25}$$

其中，铜导线的电导率 $\gamma=58\times10^6\Omega\cdot m$，磁导率 $\mu=\mu_o=4\pi\times10^{-7}H/m$，则选用漆包线线径 $d=0.35mm$，单根漆包线截面积为

$$A_{\text{wire}}=\frac{\pi d^2}{4}=0.096\text{mm}^2 \tag{3.26}$$

绕组所需漆包线股数为

$$n=\frac{A_{\text{cu}}}{A_{\text{wire}}}=\frac{2.43}{0.096}\text{股}=25.31\text{ 股} \tag{3.27}$$

取 $n=26$ 股。则绕组总截面积为

$$A_{\text{total}}=NnA_{\text{wire}}=52\times26\times0.096\text{mm}^2=129.79\text{mm}^2 \tag{3.28}$$

④ 校验磁心窗口系数

窗口利用率为

$$K_{\text{w}}=\frac{A_{\text{total}}}{A_{\text{w}}}=\frac{129.79}{386.34}=0.34 \tag{3.29}$$

故可以绕下。

（2）直流电压的校核

对于 dc/dc 和 dc/ac 级联拓扑来说，需要根据输出电压高低来确定中间直流母线电压的高低。负载功率因数 $\cos\varphi$ 最低时要求的中间直流母线电压最高，所以要按照满载时最低 $\cos\varphi$ 来设计直流母线电压。考虑相位，若输出电压为 $115\angle0°\text{V}$，当 $\cos\varphi=0.75$ 时，$\varphi=41.41°$，满载时输出电流为

$$I_{\text{o}}=S_{\text{o}}/U_{\text{o}}=8.7\angle-41.41°\text{A} \tag{3.30}$$

若忽略输出滤波电感电流中的高频谐波分量，电感电流的有效值为

$$I_{L\text{rms}}=\sqrt{(I_{\text{o}}\sin\varphi-2\pi f_{\text{o}}CU_{\text{o}})^2+(I_{\text{o}}\cos\varphi)^2}=6.68\text{A} \tag{3.31}$$

则电感电流为 $6.68\angle-12.37°\text{A}$，电感电压有效值为

$$U_{L\text{rms}}=2\pi f_{\text{o}}LI_{L\text{rms}}=6.72\text{V} \tag{3.32}$$

电感电压为 $6.72\angle77.63°\text{V}$。定义电感电压和输出电压的角度为 θ，$\theta=77.63°$，则滤波器输入电压，也即逆变桥输出电压基波有效值 U_{AB1rms} 为

$$U_{\text{AB1rms}}=\sqrt{(U_{L\text{rms}}\sin\theta)^2+(U_{L\text{rms}}\cos\theta+U_{\text{o}})^2}=116.63\text{V} \tag{3.33}$$

采用 SPWM 控制的单相桥式逆变桥的输入和输出电压满足

$$\frac{U_{\text{AB1rms}}}{U_{\text{dc}}}=0.707a \tag{3.34}$$

a 为正弦调制波峰值和三角载波峰值的比值，线性调制下 a 最大为 1。当 $a=1$ 时，直流母线电压 U_{dc} 为

$$U_{\text{dc}}=\frac{U_{\text{AB1rms}}}{0.707a}=164.97\text{V} \tag{3.35}$$

考虑线性调压，a 必然小于 1，考虑裕量，dc/ac 变换器输入电压 U_{dc} 设计为 180V，可保证在设计要求的负载下都能输出 115V 交流电压。

(3) 输入滤波电容设计

输入电容主要用来滤除直流侧的二次纹波电流。当直流侧电压 U_{dc} 为 180V，纯阻性负载，额定输出功率 P_o 为 1kW 时，输入纹波电流近似为

$$I_{dc\_ripple} = P_o \cos(2\omega_o t) / U_{dc} = 5.56\cos(2\omega_o t) \tag{3.36}$$

考虑到纹波电压抑制到2%以内，可得

$$\Delta U_{dc} = \frac{5.56}{C_{in} \times 2\omega_o} \times 2 \leqslant 2\% U_{dc} \tag{3.37}$$

解得 $C_{in} \geqslant 615\mu F$，电容承受的电压为直流输入电压 180V。考虑实际电容规格，选用 2 个 200V/330μF 的电解电容并联。

(4) 功率管的选取

功率管流过的最大电流是电感电流峰值，承受的最高电压是直流输入电压。单相逆变器阻性满载下电感电流有效值为 9.72A，峰值 13.74A。考虑到滤波电感电流的脉动量和一定的安全裕量，功率管选择型号为 SCT3060AL 的 SiC MOSFET，其漏源电压 U_{DSS} 为 650V，漏极电流 I_D 为 39A（25℃），27A（100℃），导通电阻 $R_{DS(on)}$ 为 60mΩ。

(5) 电压电流调节器参数设计

图 3.7 所示为忽略电感和电容的寄生电阻后，逆变器系统的控制框图。u_{ref} 为电压给定，i_L 和 i_C 分别为电感电流和电容电流，i_o 为负载电流，u_o 为输出电压，电流反馈系数 k_{if} 等于 0.2，电压反馈系数 k_{vf} 为 0.01，k_{pwm} 为 180。

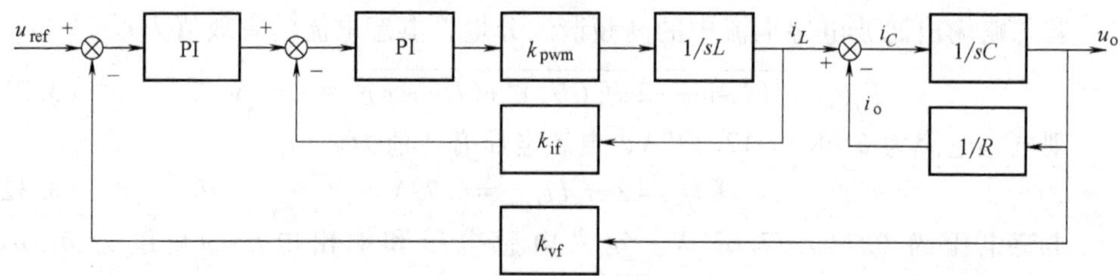

图 3.7　逆变器系统控制框图

电流环截止频率 f_{ci} 设计为开关频率的 1/10~1/5，此处设定 f_{ci} 为 10kHz，相角裕度选择 45°。

电流环的开环传递函数为

$$G_i(s) = \left(k_{ip} + \frac{k_{ii}}{s}\right) k_{pwm} \frac{1}{sL} \tag{3.38}$$

式中，k_{ip} 和 k_{ii} 分别为电流内环 PI 调节器的比例系数和积分系数，k_{pwm} 为逆变桥的等效比例系数，L 为输出滤波电感。则可列出方程组

$$\begin{cases} |G_i(s)|_{s=j2\pi f_{ci}} = 1 \\ 180° - \angle |G_i(s)|_{s=j2\pi f_{ci}} = 45° \end{cases} \tag{3.39}$$

求解方程组得：$k_{ip}=0.099$，$k_{ii}=6203.4$。

图 3.8 所示为电流内环开环传递函数伯德图。由图可知，截止频率为 10kHz，相位裕度为 45°。

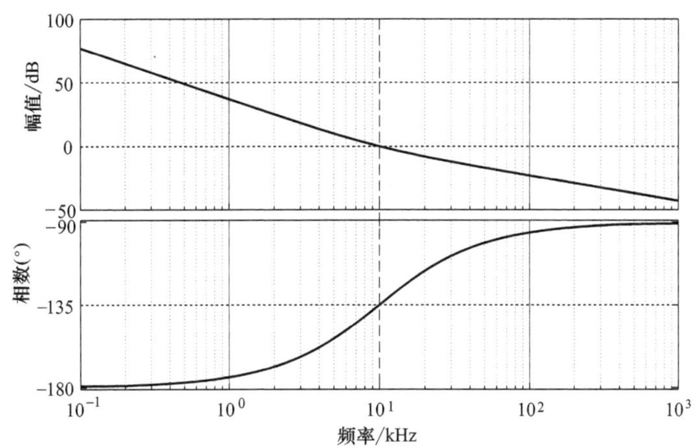

图 3.8 电流内环开环传递函数伯德图

设定电压环截止频率 f_{cv} 为 1kHz，相角裕度 45°。由于在电压环穿越频率附近的频段，$G_i(s)$ 远大于 1，电流环的闭环传递函数可简化为一比例环节 $1/k_{if}$，则电压环的开环传递函数为

$$G_v(s)=\left(k_{vp}+\frac{k_{vi}}{s}\right)\frac{R}{1+sCR}\frac{1}{k_{if}} \tag{3.40}$$

式中，k_{vp} 和 k_{vi} 分别为电压外环 PI 调节器的比例系数和积分系数，R 为负载电阻，C 为输出滤波电容。则可列出方程组：

$$\begin{cases}|G_v(s)|_{s=j2\pi f_{cv}}=1\\180°-\angle|G_v(s)|_{s=j2\pi f_{cv}}=45°\end{cases} \tag{3.41}$$

解得：$k_{vp}=0.0133$，$k_{vi}=83.57$。

图 3.9 所示为电压外环开环传递函数伯德图。由图可知，截止频率为 830Hz，相位裕度为 83°。

4. 单相逆变器仿真

采用 Simulink 软件对单相桥式逆变器进行仿真，逆变器采用上述电压电流双环控制和单极性 SPWM 方式，电路参数见上节设计。

图 3.10 所示为单相逆变器的仿真波形。其中，图 3.10a、b 分别为逆变器带阻性和功率因数 $\cos\varphi$ 为 0.75 的阻感性负载时的电感电流 i_L 波形，可见 i_L 为脉动的正弦波，图 3.10c、d 分别为逆变器带阻性和 $\cos\varphi$ 为 0.75 的阻感性负载时的交流输出电压和电流波形，电压电流正弦度很好。图 3.10e、f 分别为逆变器带阻性和 $\cos\varphi$ 为 0.75 的阻感性满载时输出电压波形的傅里叶分析结果。$\cos\varphi=1$ 时，输出电

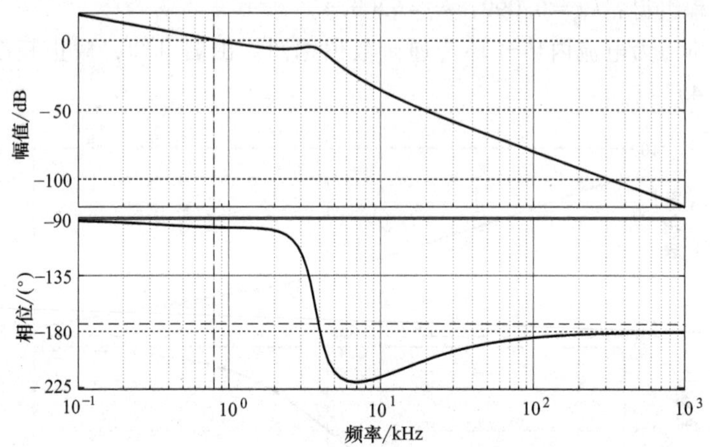

图 3.9 电压外环开环传递函数伯德图

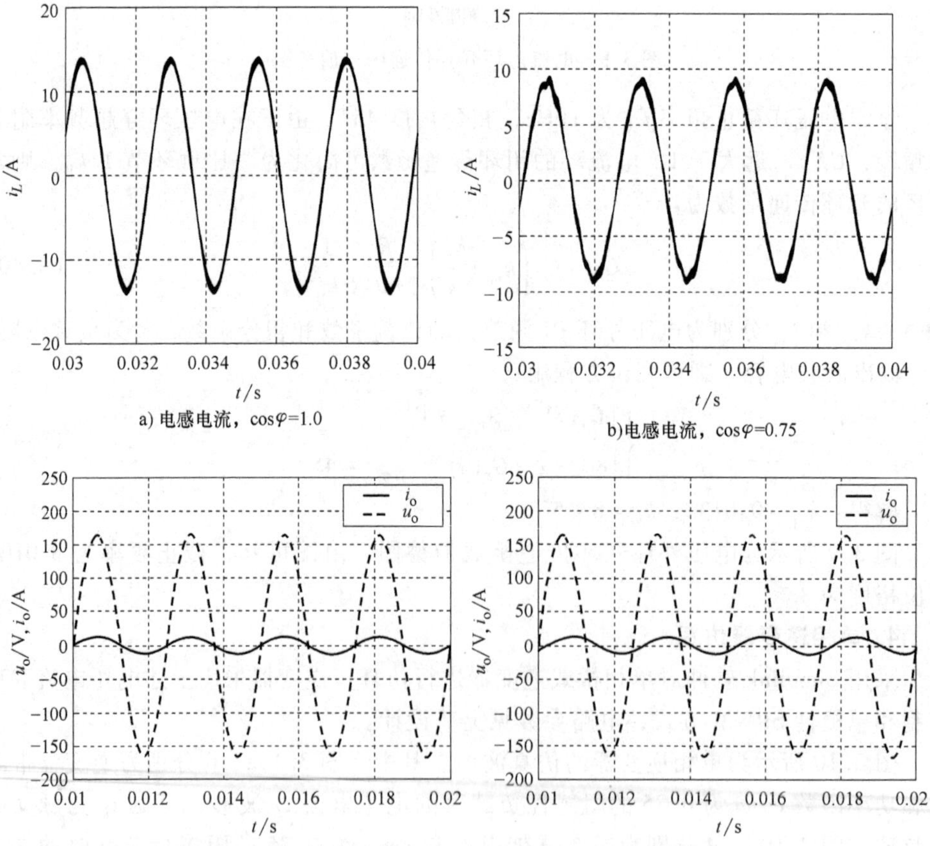

a) 电感电流，cosφ=1.0

b)电感电流，cosφ=0.75

c) 交流输出电压和电流，cosφ=1.0

d) 交流输出电压和电流，cosφ=0.75

图 3.10 单相桥式逆变器的仿真波形

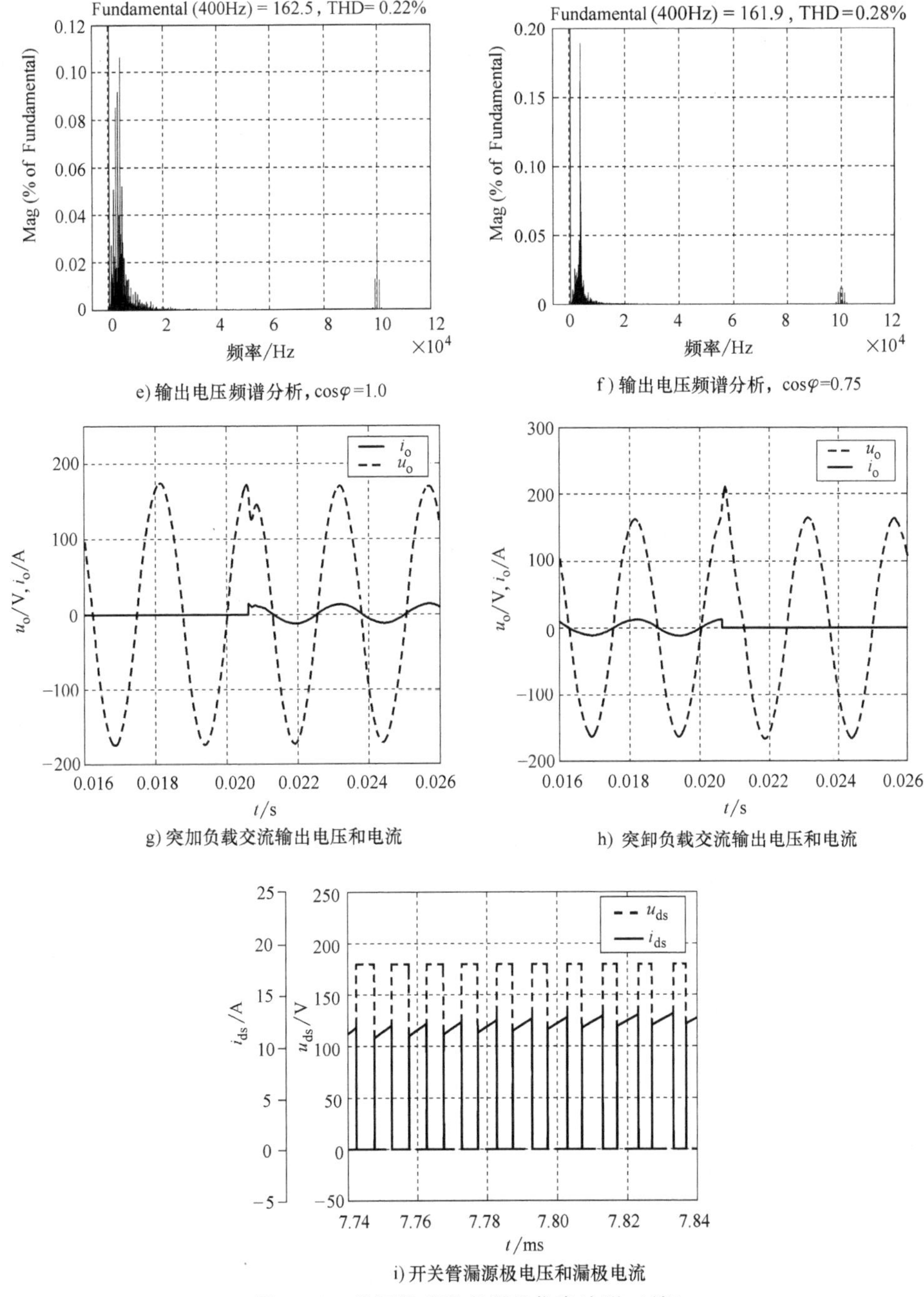

e) 输出电压频谱分析，$\cos\varphi$=1.0

f) 输出电压频谱分析，$\cos\varphi$=0.75

g) 突加负载交流输出电压和电流

h) 突卸负载交流输出电压和电流

i) 开关管漏源极电压和漏极电流

图 3.10　单相桥式逆变器的仿真波形（续）

压基波峰值为 162.5V，有效值为 114.9V，频率为 400Hz，THD = 0.22%；$\cos\varphi$ = 0.75 时，输出电压基波峰值 161.9V，有效值 114.5V，THD = 0.28%，可见输出电压 THD 很小，输出波形正弦度高。图 3.10g 为逆变器从空载突加至阻性满载时的输出电流和电压波形，图 3.10h 为逆变器从阻性满载突卸至空载时的输出电流和电压波形，可见动态响应速度很快。图 3.10i 所示为开关管漏源极电压和漏极电流波形，耐压为输入电压 180V。

图 3.11a、b 分别为单相逆变器在阻性负载和阻感性负载下的外特性曲线，稳态电压误差为 2.2%，外特性较硬。

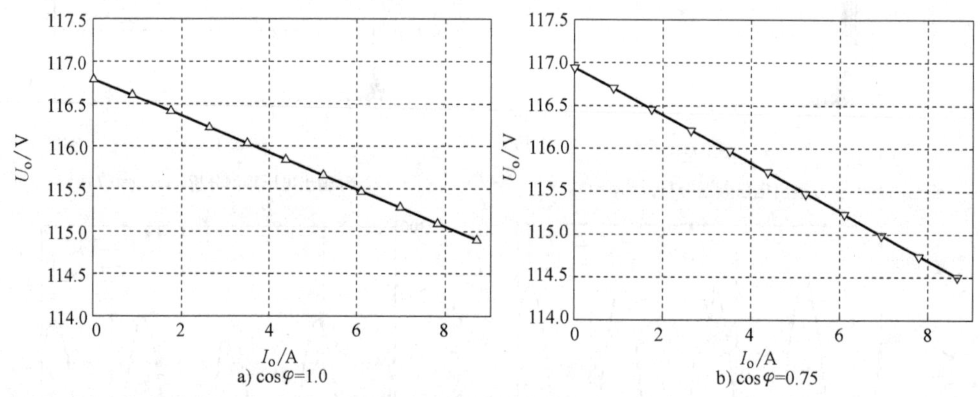

图 3.11　单相逆变器外特性曲线

外特性较软时逆变器可以通过提高环路增益的方式来改善输出电压精度，但增益过高有可能影响系统的稳定性；也可以采用负载电流前馈的控制方式。带负载电流前馈的电压电流双闭环控制框图如图 3.12 所示，k_{of} 为负载电流前馈系数，$G_{vpi}(s)$ 为电压环调节器传递函数，$G_{ipi}(s)$ 为电流环调节器传递函数，u_{ref} 为给定电压，i_L 和 i_C 分别为电感电流和电容电流，i_o 为输出电流，u_o 为输出电压。为简化分析，输出电压和输出电流采样系数设定为 1。

由图 3.12 可以推导出输出电压表达式为

$$\begin{aligned} u_o &= G_o(s)u_{ref} - G_z(s)i_o \\ &= \frac{G_{vpi}G_{ipi}k_{pwm}}{s^2LC+sCG_{ipi}k_{pwm}+G_vG_{ipi}k_{pwm}+1}u_{ref} - \frac{sL+G_{ipi}k_{pwm}(1-k_{of})}{s^2LC+sCG_{ipi}k_{pwm}+G_{vpi}G_{ipi}k_{pwm}+1}i_o \end{aligned} \tag{3.42}$$

$G_o(s)$ 和 $G_z(s)$ 分别是给定电压 u_{ref} 到输出电压 u_o 和输出电流 i_o 到 u_o 的逆变器闭环传递函数，$G_z(s)$ 也是逆变器的等效输出阻抗。

由式（3.42）可以看出，逆变器通过负反馈闭环控制一方面可以实现输出电压 u_o 跟踪上给定电压 u_{ref}，另一方面可以减小逆变器的等效输出阻抗。而负载电流前馈的引入，进一步减小了等效输出阻抗。当未引入负载电流前馈时，$k_{of}=0$，内环为电感电流反馈；当引入负载电流前馈，$G_z(s)$ 减小，从而可以提高逆变器的输出电压精度；若 $k_{of}=1$，内环相当于采用输出电容电流反馈。此外负载突变时，负载电流前馈还可以提高系统的动态性能。

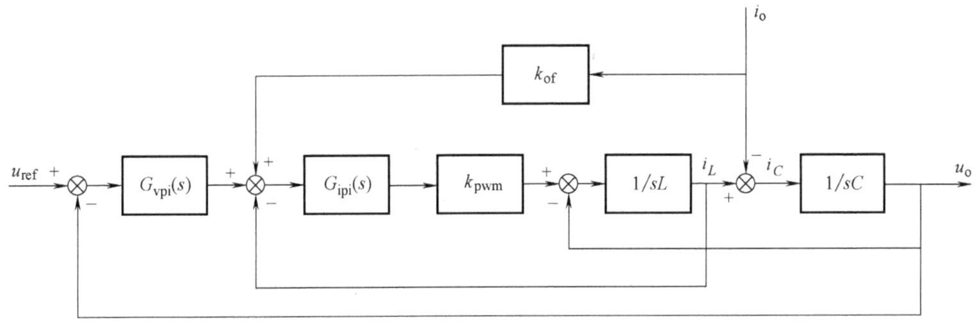

图 3.12　带负载电流前馈的电压电流双闭环 PI 控制框图

3.2.2　航空静止变流器

航空静止变流器（Static Inverter，SI）是将 28V 或 270V 直流电转为 115V、400Hz 交流电的电能变换器。它与图 3.4 不同之处是要有电气隔离，因为 28V 直流电源负端接飞机骨架，115V 交流电源 N 端也接飞机骨架。为此常在 dc/ac 变换器的直流端加有变压器隔离的 dc/dc 变换器。飞机 28V 低压直流电源电压变化范围很大，从 18V 变动到 32V，此外当 SI 由 24V 蓄电池供电时，电池电压变化范围也较大，所以通常 28V 直流电源供电的 SI 的 dc/dc 变换器采用输出电压可控并保持恒定值的方案。在 SI 中使用的 dc/dc 变换器种类较多，图 3.13 是一种半桥隔离 dc/dc 变换器和单相桥式 dc/ac 变换器级联构成的 SI 主电路。图 3.14 所示是适用于 270V 高压直流输入的航空 SI 主电路，由 ZVS PWM 移相全桥 dc/dc 变换器拓扑和单相桥式 dc/ac 变换器级联构成。ZVS PWM 移相全桥 dc/dc 变换器不是双向 dc/dc 变换器，因为飞机电源要求 SI 的输入侧电流不能反向流动。SI 前后两级分别独立控制。

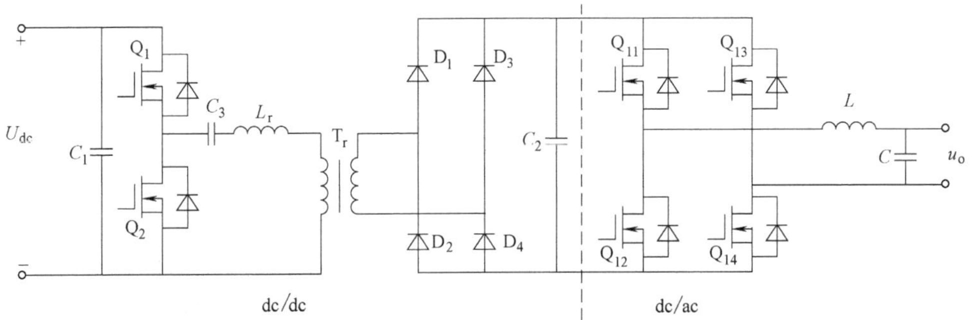

图 3.13　半桥 dc/dc 变换器级联桥式 dc/ac 变换器的静止变流器主电路

前级 ZVS PWM dc/dc 全桥变换器的高频变压器 T_r 起隔离和降压的作用；谐振电感 L_r 和开关管结电容进行谐振，保证开关管 $Q_1 \sim Q_4$ 实现零电压开通；二极管 D_5 和 D_6 用于消除输出整流二极管 $D_7 \sim D_{10}$ 上的电压振荡。图 3.15 所示为 ZVS PWM dc/dc 全桥变换器的控制框图，包括电压环 PI 调节器、电流环 PI 调节器、移

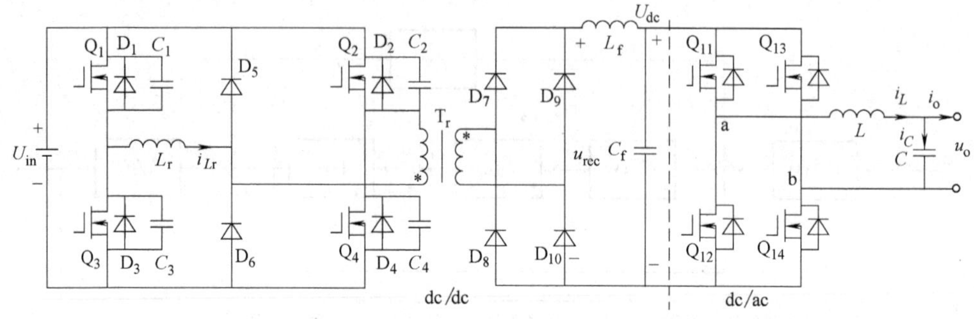

图 3.14　ZVS PWM dc/dc 全桥变换器级联桥式 dc/ac 变换器的静止变流器主电路

相控制电路和保护电路等。UCC3895 芯片实现移相控制。dc/dc 变换器的输出电压 U_{dc} 反馈信号 U_f 和谐振电感电流反馈信号 I_{Lr} 送入控制电路后分别构成电压和电流闭环环节。与电压电流双闭环系统不同的是，该电流调节器主要起到限流作用，变换器在正常电流范围内工作时，电流环不起调节作用，而是单独由电压环来调节输出电压，使输出电压反馈信号 U_f 跟踪给定电压 U_{ref} 变化。一旦输出电流大于限流值 I_{ref} 时，电流环参与调节，使输出电流限定在限流值上。dc/dc 变换器设有输入过欠电压保护和输出直流母线过欠电压保护，过电压保护有反延时特性，过电压越高，动作时间越短。谐振电感电流采用电流互感器检测。

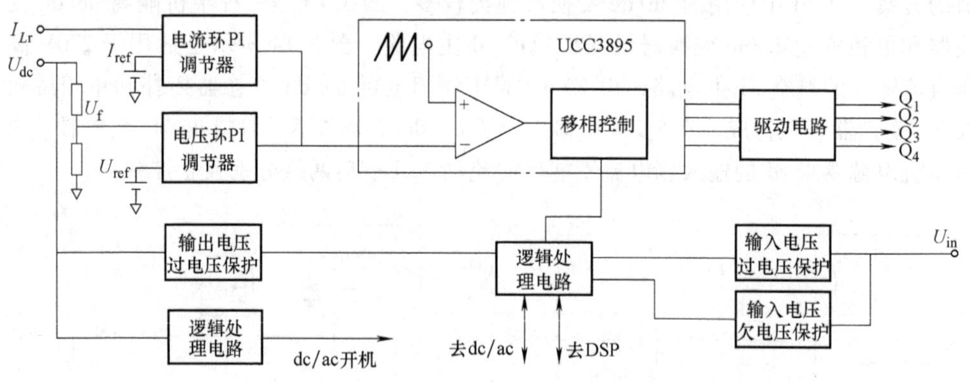

图 3.15　ZVS PWM dc/dc 全桥变换器的控制框图

后级单相桥式 dc/ac 逆变器控制框图如图 3.16 所示，采用电压电流双环控制方式控制 SI 输出电压 u_o 恒定为 115V、300~500Hz。电压外环控制输出电压 u_o 的反馈信号 u_f 跟踪正弦给定电压 u_{ref} 变化，电压调节器采用 PI 调节器，k_v 和 τ_v 分别为调节器的比例系数和积分系数；电压调节器的输出作为电流给定信号 i_{ref}。内环是电流环，采用电感电流 i_L 反馈与负载电流前馈的控制方式，电流环采用 P 调节器，三态滞环控制，控制电感电流反馈信号 i_f 跟踪 i_{ref} 在正负滞环宽度 $\pm h$ 范围内变化，当误差电流超过正环宽时，控制相应的功率管关断，使电感电流 i_L 下降；当误差电流低于负环宽时，控制相应的功率管开通，使 i_L 上升。k_i 为电流 P 调节器的比例系数，k_{vf}、k_{if} 和 k_{of} 分别是输出电压、电感电流和输出电流反馈系数，$G_o(s)$ 为电感电流到输出电流的传递函数，u_{AB} 为逆变器桥臂输出电压，S/H 为采样保持电路，由 D 触发器的时钟信号提供滞环控制的采样信号，输出开关管的驱动控制信号。电感电流滞环控制技术和负载电流前馈控制技术的结合，有助于提高逆变器的外特性。逆变器设有输出过电流和短路保护。

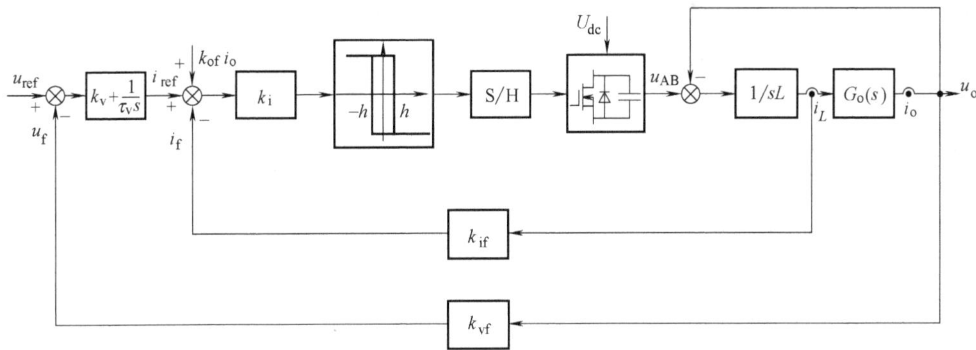

图 3.16　电流滞环控制逆变器控制框图

下面以 ZVS PWM dc/dc 全桥变换器和单相桥式 dc/ac 逆变器级联构成的 270V 高压直流输入航空 SI 为例进行设计和实验。SI 设计指标如下：额定输入直流电压 270V，变化范围 250~280V；输出电压 115V（300Hz、400Hz 和 500Hz），稳压精度要满足 113~118V，输出电压直流分量小于 100mV；负载从空载到满载突加或满载到空载突卸时，瞬态浪涌电压应满足 115V±15V，0.1s 内进入稳态；在至少 1s 时间间隔内的电压调制包络线上，最高与最低电压差不超过 3.5V；输出电压波形的波峰系数为 1.41±0.10，THD 不大于 3%；额定输出功率为 1kV·A，负载功率因数从滞后 0.75 到 1.0；1.5 倍过载要求持续 2min，2 倍过载持续 5s；输入应具有反极性保护功能，输入过电压 290V 延时 0.5s，欠电压 240V 延时 4s，输出过电压 120V、欠电压 105V 延时 4s，过电流 20A，输出短路保护延时 5s。

前级 ZVS PWM 全桥 dc/dc 变换器控制中间直流母线电压恒定为 180V 直流电压，开关频率为 100kHz，变压器一、二次侧匝比为 1.059。开关管 Q_1~Q_4 的耐压为最大输入电压 297V，考虑输出滤波电感电流有 20%的脉动以及 2 倍过电流的情况，变压器一次侧电流的最大值为 13.62A，考虑裕量，Q_1~Q_4 选用型号为 IR-FP460 的 MOSFET，其额定电压 500V，额定电流 20A，导通电阻为 0.27Ω。输出整流二极管 D_7~D_{10} 选择快恢复二极管 DSEI30-06A，电压电流额定值为 600V/37A，反向恢复时间 35ns。钳位二极管 D_5 和 D_6 同样选择 DSEI30-06A。谐振电感 L_r 的选择考虑以下因素：①为了在任意 U_{in} 时均能实现滞后桥臂开关管 Q_2 和 Q_4 的 ZVS 导通，U_{in} 应取最大值 U_{inmax}；②考虑在 1/3 额定负载时实现功率管 Q_1~Q_4 的 ZVS；

③输出滤波电感电流的最大脉动量为最大输出电流的 20%，由此确定谐振电感为 8.7μH。以输出电感电流脉动为最大输出电流的 20%，以及输出电压的纹波最大为 0.5V 来设计，确定输出滤波电感 L_f 为 260μH，输出滤波电容 C_f 为 1525μF。输入过欠电压保护点分别设在 290V 和 240V 处，输出过电压保护点设置在 132V。

dc/ac 逆变器把 180V 直流母线电压变换成 115V、300~500Hz 交流电压输出。考虑电感电流脉动、输出电压 THD、无功电流大小等因素，dc/ac 逆变器输出滤波电感 L 设计为 600μH，输出滤波电容 C 为 15μF，滞环宽度 h 为 0.81。额定负载下输出电流有效值为 8.7A，400Hz 时滤波电容电流有效值为 4.33A，滤波电感电流 i_L 有效值为 9.7A，考虑±15%的脉动量，i_L 最大值为 15.77A。考虑 2 倍的过载，i_L 最大值为 29.16A，也即逆变桥功率管流过的最大电流。此外功率管承受的最大电压为 180V，选型号为 IRFP264N 的 MOSFET，其额定电压为 250V，额定电流为 44A，导通电阻 60mΩ。

图 3.17a~d 分别给出了 SI 在额定输入 270V，输出频率 400Hz 时，分别对应于

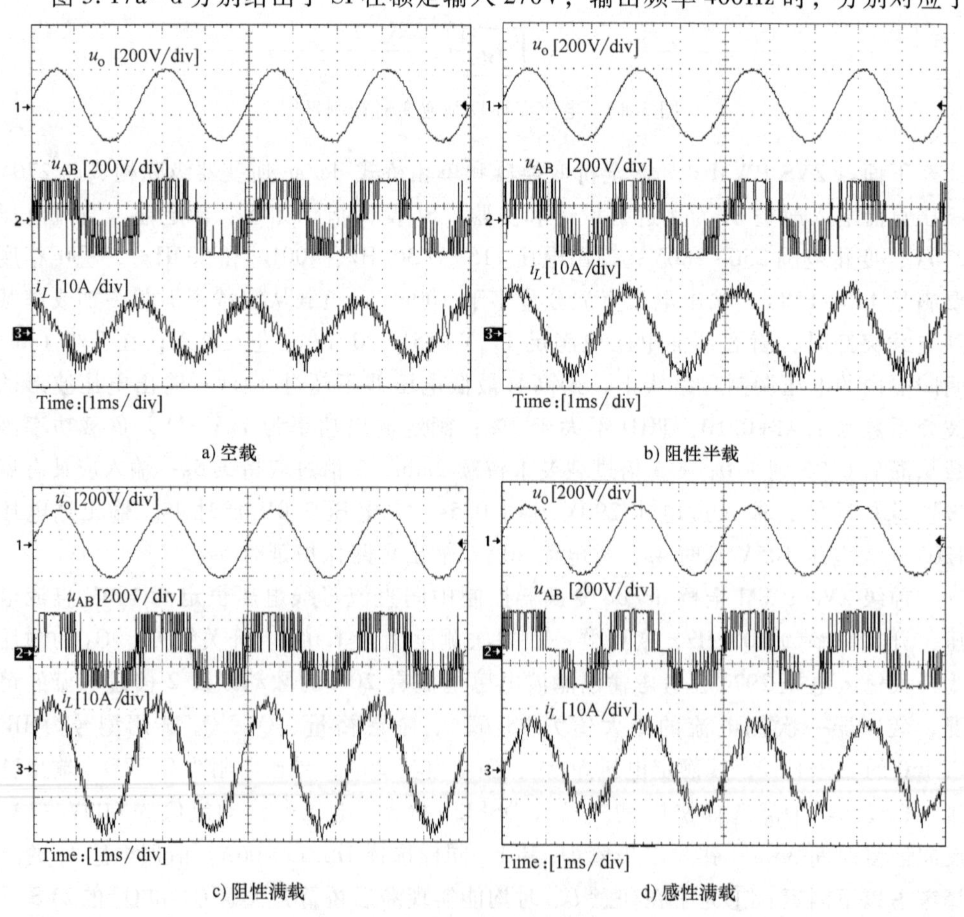

a) 空载　　b) 阻性半载

c) 阻性满载　　d) 感性满载

图 3.17　静止变流器实验波形

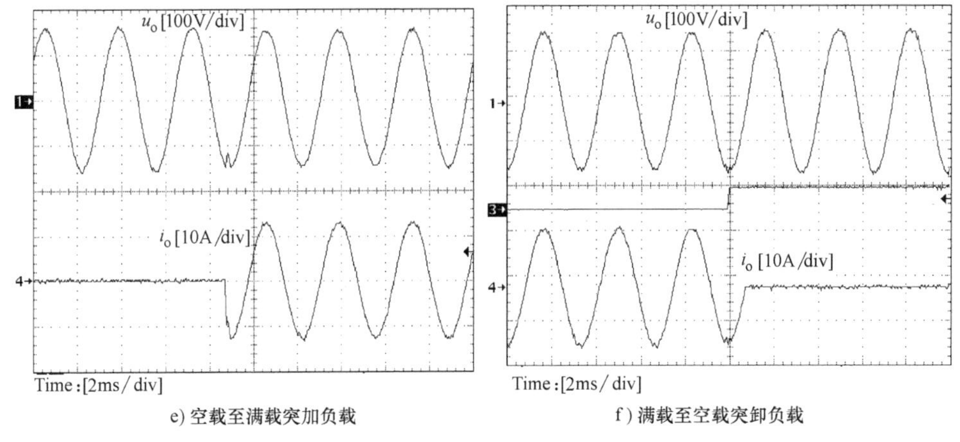

e) 空载至满载突加负载　　f) 满载至空载突卸负载

图 3.17　静止变流器实验波形（续）

空载、阻性半载、阻性满载和感性满载时输出电压 u_o、逆变器桥臂输出电压 u_{AB} 和电感电流 i_L 实验波形。图 3.17e 和图 3.17f 分别为空载到满载突加负载和满载到空载突卸负载时 u_o、i_o 的实验波形。由图可见，u_o 波形 THD 很小，系统动态响应速度很快，在 1ms 内进入稳态。

图 3.18 为实验测得的 SI 的输出电压调整率曲线，图 3.18a 对应输入电压 270V，阻性负载时，从空载到满载的输出电压有效值，图 3.18b 为感性满载下在不同输入电压下的输出电压有效值。图中的三条曲线分别对应 300Hz、400Hz 和 500Hz 三种不同的输出频率。图 3.19 为实验测得的输出电压频率 400Hz、阻性负载时 SI 的效率曲线。由实验结果可见，因为 dc/dc 变换器采用了软开关技术，由全桥移相控制 dc/dc 变换器和单相桥式 dc/ac 逆变器构成的高压直流输入 SI 具有较高的变换效率；dc/ac 逆变器采用电感电流滞环控制技术和负载电流前馈控制技术，具有较快的动态响应速度和较高的输出电压精度。

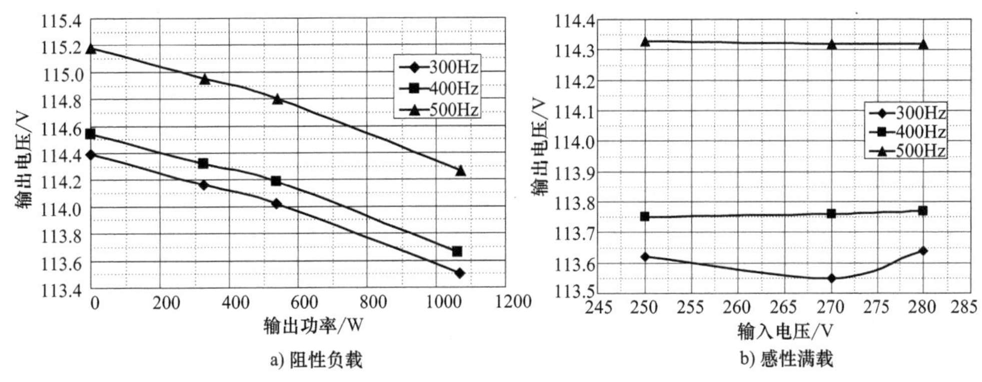

a) 阻性负载　　b) 感性满载

图 3.18　静止变流器输出电压调整率曲线

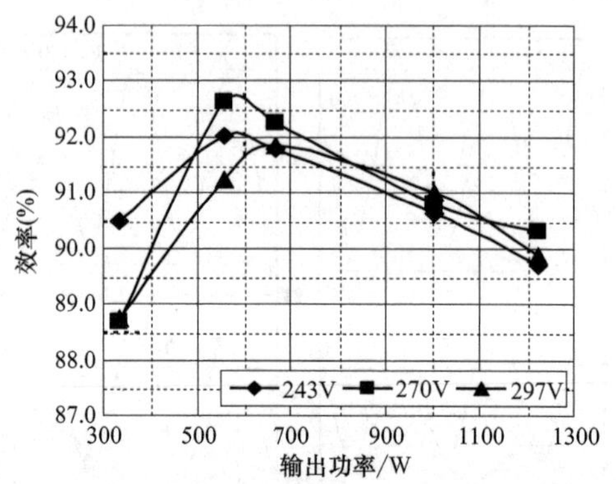

图 3.19　静止变流器的效率曲线

3.2.3　单相 ac/dc 功率因数校正（PFC）电路

图 3.3 中用二极管整流桥将交流电转化为直流电，由于二极管为不控的单向器件，导致交流侧电流中存在高次谐波，若采用有源电力滤波器（APF）抵消高次谐波，会使得电路复杂化。采用图 3.2 的 ac/dc 变换器使它工作于功率因数校正（PFC）方式，不仅可以使交流电转化为直流电，使交流侧电流为正弦波，还可以使交流电源工作于 $\cos\varphi=1.0$ 的状态，从而使功率因数校正器和其负载电阻合成等效为一个接于交流电路的纯电阻负载。

由单相桥式 ac/dc 变换器构成的 PFC 主电路及控制框图如图 3.20 所示，交流侧可以采用如图所示的单 L 滤波器，也可以采用 LCL 滤波器。这是一个仅有电压调节器（Voltage Regulator，VR）的单闭环控制电路。U_{dc} 为直流输出电压，U_{dc} 经采样电路采样调理得到反馈电压 U_f，电压检测反馈系数为 k_{udc}。U_{ref} 为电压基准信号，U_f 和 U_{ref} 的差值为误差电压 Δu，Δu 经电压调节器（VR）的输出信号和交流电源电压 u_{ac} 经过检测及精密整流电路 $k_{uac}D$ 的输出信号同时送乘法器（M）。$k_{uac}u_{ac}D$ 是一个和 u_{ac} 大小成比例但取了绝对值的电压，其波形为正弦分布的馒头波，VR 的输出是和误差电压 Δu 相关的值，两者之积仍保有馒头波特

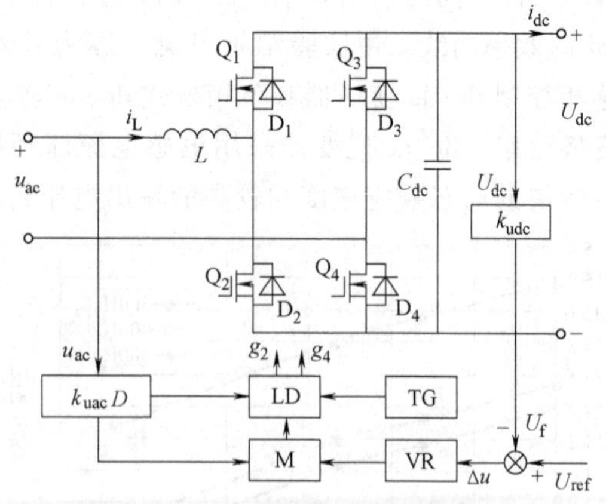

图 3.20　单电压环控制的功率因数校正（PFC）电路的控制框图

$k_{uac}D$—交流电压检测与精密整流　k_{udc}—直流电压检测系数
VR—电压调节器　M—乘法器　TG—三角波发生器
LD—信号合成和驱动电路

征但幅值改变。该波形和三角波发生器（TG）输出的三角波比较，形成正弦脉宽调制信号，通过信号合成和驱动电路（LD）输出 Q_2 的控制信号 g_2 和 Q_4 的控制信号 g_4。在交流电源正半周时，g_2 使 Q_2 以 SPWM 方式工作，在交流电源负半周时，g_4 使 Q_4 以 SPWM 方式工作，通过控制功率管的通断来强迫输入电流跟随输入电压的变化，从而使交流电流 i_L 为正弦波且和交流电压 u_{ac} 同相，网侧功率因数 $\cos\varphi$ 为 1.0。

u_{ac} 正半周时，Q_2 导通，将交流电源经电感 L 短路，交流电流经电感 L、功率管 Q_2、Q_4 的反并联二极管 D_4 构成回路，电感储存能量，电容 C_{dc} 放电，提供负载能量，电路图见图 3.23d；Q_2 断开，电感电流经 D_1 和 D_4 流向直流侧，输入电源和电感一起提供能量到输出端，C_{dc} 充电，电路图见图 3.23e。Q_2、D_4、D_1、L、C_{dc} 构成一个 Boost 电路。u_{ac} 为负半周时，Q_4 导通，交流电流经 Q_4、D_2 和 L 构成回路；Q_4 断开，电感电流经 D_2、D_3 流向直流侧，Q_4、D_2、D_3、L、C_{dc} 构成另一 Boost 电路。可见这是一个等效为在交流电源正负半周分别工作的两个 Boost 电路的组合，Q_1 和 Q_3 不开通，仅其反并联二极管 D_1 和 D_3 工作。若 Q_1 和 Q_3 采用 MOSFET，也可以在 D_1 和 D_3 导通的时候控制 Q_1 和 Q_3 开通，从而降低导通压降和导通损耗。

电压调节器（VR）使误差电压 Δu 达最小值，从而在基准电压 U_{ref} 一定时使输出电压 U_{dc} 恒定。三角波发生器产生的三角波频率就等于开关管的工作频率。

单相桥式 ac/dc PFC 电路也可以采用直流电压外环、电感电流内环的双环控制策略，控制框图如图 3.21 所示。电压调节器的输出为 A，交流电压采样与整流后信号为 B，交流电压检测信号有效值的二次方为 C，乘法器（M）的输出 $I_M = AB/C$，作为电流调节器 CR 的基准电流。双环控制可以提高系统的动态响应速度。

PFC 电路有专门的控制芯片，如 UC3854，也可用微处理器 DSP 实现 PFC 的控制。

采用 Psim 软件对图 3.21 所示双环控制单相桥式 PFC 变换器电路进行仿真，功率管为理想开关，串入 30mΩ 作为导通电阻。交流输入电压 u_{ac} 为 115V、400Hz，直流输出电压 $U_{dc} = 180\text{V}$，$L = 400\mu\text{H}$，$C_{dc} = 2\text{mF}$，开关频率 $f_s = 100\text{kHz}$，额定输出功率 $P_o = 1\text{kW}$。输出电压

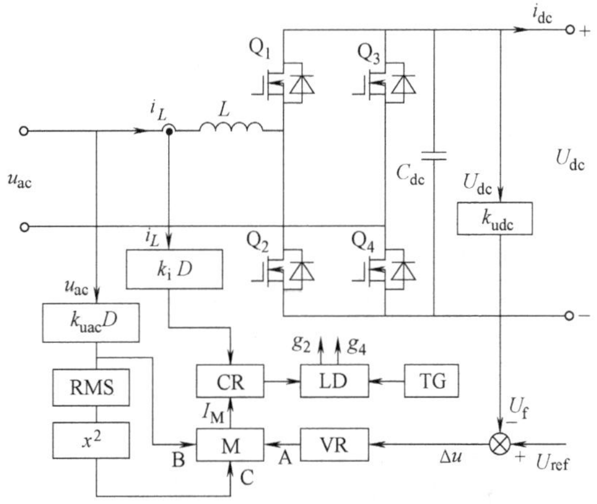

图 3.21 电压电流双环控制的单相桥式 PFC 变换器电路的控制框图

k_iD—交流电流检测与精密整流 $k_{uac}D$—交流电压检测与精密整流 k_{udc}—直流电压检测 VR—电压调节器 M—乘法器 CR—电流调节器 TG—三角波发生器 LD—信号合成和驱动电路

采样系数 $k_{udc}=0.1$，输入电压采样系数 $k_{uac}=0.1$，电流采样系数 $k_i=0.1$，电压外环、电流内环均采用 PI 调节器，电压调节器比例系数和积分系数：$k_{up}=10$，$k_{ui}=300$，电流调节器比例系数和积分系数：$k_{ip}=1.7$，$k_{ii}=0.3$。参数设计可参照 3.2.1 节。

单相桥式 PFC 变换器电路仿真波形如图 3.22 所示，图 3.22a 和图 3.22b 分别为直流输出电压、电流波形，输出电压平均值 $U_{dc}=180\text{V}$，输出电流平均值 $I_{dc}=5.56\text{A}$，电压纹波峰-峰值 $\Delta U_{dcpp}=1.4\text{V}$，纹波系数 = 0.8%。图 3.22c 为交流侧电

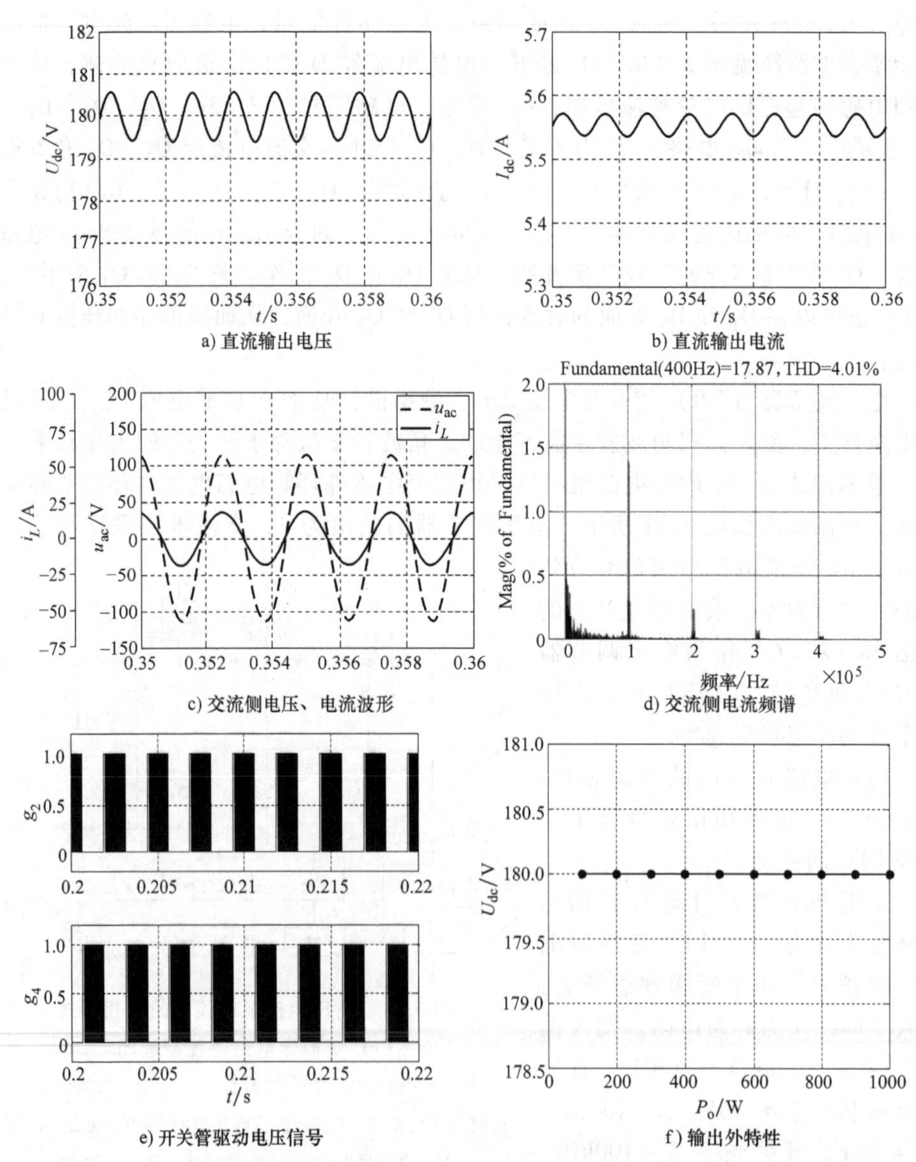

图 3.22　单相桥式 PFC 变换器电路仿真波形图

压和电感电流波形，电感电流即交流网侧电流，可见交流网侧电流实现了对交流电压的相位跟踪，$\cos\varphi=1.0$。图 3.22e 中的 g_2 和 g_4 分别为开关管 Q_2 和 Q_4 的驱动电压信号，u_{ac} 正半周时，Q_2 高频开关；u_{ac} 负半周时，Q_4 高频开关。图 3.22f 为输出外特性曲线，从空载至满载，输出电压恒定为 180V。图 3.22d 为交流侧电流频谱分布图，除了含有 400Hz 的基波外，还含有开关频率 100kHz 及其倍频谐波，电流波形失真度 THD 为 4.01%，小于标准规定的 5%。电流畸变因数为

$$\mu=\frac{1}{\sqrt{1+\text{THD}^2}}=0.999 \tag{3.43}$$

交流侧功率因数为

$$PF=\mu\cos\varphi=0.999 \tag{3.44}$$

3.2.4　移相控制的 ac/dc 变换器

如在图 3.20 的 $k_{uac}D$ 后加上数字电子移相器，则该电路的功率因数 $\cos\varphi$ 就可自由调节，相移角 $\varphi=0$，$\cos\varphi=1.0$；φ 角为正，电流 i_L 滞后电压 u_{ac}，对交流电源来说为阻感性负载；φ 角为负，i_L 超前 u_{ac}，相当于阻容性负载；$\varphi=90°$，交流电源接的是纯电感，只有无功功率的流动，没有有功功率的传递；$\varphi=-90°$，电源只有容性无功功率的流动。

图 3.23 讨论了电源和 ac/dc 变换器间无功和有功功率传输间关系。电压电流参考方向见图 3.20。图 3.23a 是电感电流 i_L 滞后于电压 u_{ac} 的波形，该波形可分为

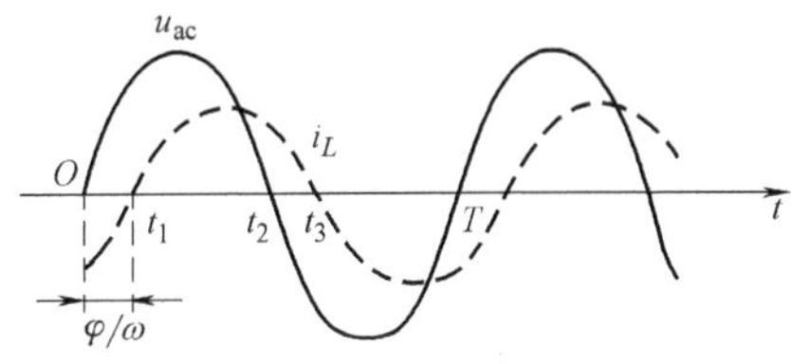

a) 工作电压u_{ac}和电感电流i_L波形

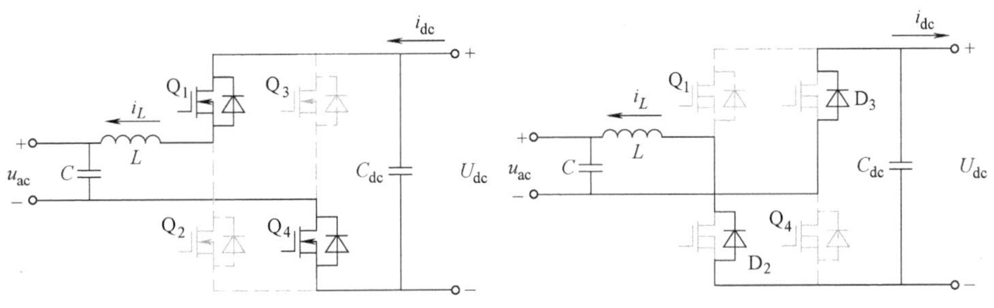

b) $t=0\sim t_1$，Q_1 Q_4以SPWM方式工作，Q_1 Q_4导通　　c) $t=0\sim t_1$，Q_1 Q_4以SPWM方式工作，Q_1 Q_4截止

图 3.23　移相控制的 ac/dc 变换器在 $0\sim t_2$ 的工作模态

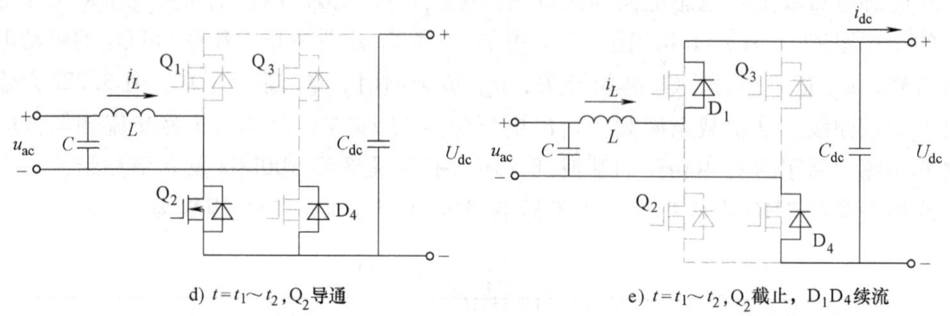

d) $t=t_1\sim t_2$, Q_2导通　　e) $t=t_1\sim t_2$, Q_2截止，D_1D_4续流

图 3.23　移相控制的 ac/dc 变换器在 $0\sim t_2$ 的工作模态（续）

4 个区间，在 $t=0\sim t_1$ 区间，u_{ac} 为正，i_L 为负；在 $t=t_1\sim t_2$ 区间，u_{ac} 为正，i_L 也为正；在 $t_2\sim t_3$ 区间，u_{ac} 为负，i_L 为正；在 $t_3\sim T$ 区间，u_{ac} 为负，i_L 也为负。若电流 i_L 超前于电压 u_{ac}，电压电流波形也同样分为 4 个区间。图 3.24 给出了功率管驱动逻辑，每个桥臂上下管互补导通。

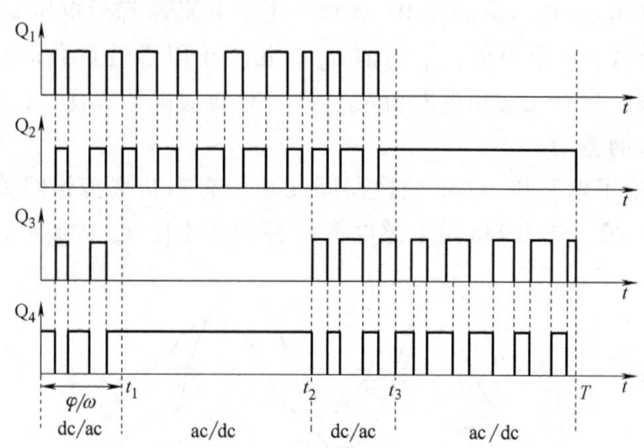

图 3.24　移相控制的 ac/dc 变换器的驱动逻辑

图 3.23b、c 是图 3.23a 在 $t=0\sim t_1$ 区间时开关管的工作逻辑。图 3.23b 中，u_{ac} 为正，i_L 流入交流电源的正端，为此必须导通 Q_1 和 Q_4，让电容 C_{dc} 的储能往交流电源送。Q_1、Q_4 以 SPWM 方式工作，Q_1、Q_4 关断时 Q_2 和 Q_3 施加开通信号，i_L 必须经 D_2 和 D_3 续流，电感能量一部分向交流电源释放，另一部分电感储能返回直流电源，导致直流电流 i_{dc} 反向流动，如图 3.23c 所示。

图 3.23d、e 是 $t=t_1\sim t_2$ 区间时开关管工作逻辑，在此期间 Q_4 一直施加开通信号，Q_2 以正弦脉宽调制方式工作。图 3.23d 中 Q_2 和 Q_4 导通，i_L 在 u_{ac} 电压作用下增长，电流 i_L 经 L、Q_2、D_4 构成回路。图 3.23e 中 Q_2 关断，Q_1 导通，i_L 经 D_1 和 D_4 续流，交流电源和电感储能向直流侧馈送。

在 u_{ac} 负半周时电路的工作方式类似。

由图 3.23b、c 可见，在 $t=0\sim t_1$ 区间，u_{ac} 和 i_L 反向，能量从直流侧向交流侧馈送，为 dc/ac 变换器的 Buck 工作方式，此时 $U_{dc}>u_{ac}$。由图 3.23d、e 可见，在 $t=t_1\sim t_2$ 区间，u_{ac} 和 i_L 同向，能量从交流侧向直流侧流动，为 ac/dc 变换器的 Boost 工作方式，此时仍是$U_{dc}>u_{ac}$。

因此，移相工作的 ac/dc 变换器实际上也是一种能量双向流动的变换器，在一个交流电源周期中，有两次能量从交流侧传递到直流侧，也有两次能量从直流侧传递到交流侧。若$\varphi=\pm90°$，$\cos\varphi=0$，则从交流侧到直流侧的能量和直流侧到交流侧的能量正好相等，实际平均能量传输为 0。仅当 $\varphi<90°$时，交流侧才有功率向直流侧传递。当 $\varphi=0°$时，$\cos\varphi=1$，即工作在 PFC 模式。

3.2.5 电子式变压整流器

变压整流器（TRU）是将 235V、360~800Hz 变频交流电转为 28V 直流电的二次电源，由降压变压器和 12 脉波整流桥等部分构成。多相整流的目的是减小交流侧电流的失真和直流侧电压的脉动。由于降压变压器的工作频率为 360~800Hz，故变压器体积和重量较大。因为整流桥由二极管构成，输出不可控，故 TRU 的输出电压和电源电压、馈电线电流及负载大小相关，输出电压变化较大。由于采用三相桥式整流电路，尽管采用了硅肖特基整流二极管，整流电路损耗依然较大，TRU 的效率在 85%上下。SiC 电子器件的商业化，为构成高效、高功率密度电子式变压整流器创造了条件。

电子式变压整流器由 PFC 和隔离式 dc/dc 变换器两部分级联构成。PFC 用于将交流输入电压变换成直流电压。PFC 有两类，功率较大的用三相 PFC，较小的用单相 PFC；当交流输入为 220V 时，单相和三相桥式 PFC 电路的输出电压一般分别控制为直流 400V 和 690V。PFC 电路采用输出电压外环和交流电感电流内环的双环控制方式，保证中间直流母线电压恒定，同时交流网侧电流和电网电压同步且正弦。隔离式 dc/dc 变换器用于将 PFC 输出的较高的直流电压降为 28V 直流电，同时可调节输出电压，保持输出电压为恒定的 28V 直流。上一节已经给出了 PFC 电路的仿真，第 2 章已讨论了 dc/dc 变换器，此处不再重复。

电子式 TRU 的优点是功率密度高、效率高、输出电压不受电源电压和负载大小的干扰。

电子式变压整流器还可用作飞机上 24V 蓄电池的充电器，充电模式时输出电流恒定。电池充满电后转为 28V 恒压电源。一台设备两个用途可降低飞机电气系统的重量。

3.3 双向单相 ac/ac 变换器

ac/ac 变换器用于将一种交流电转换成另一种交流电。若输入输出交流电频率不变，它就是一种电子式变压器；若输入输出频率不同，它就是变频器。ac/ac 变换器按有否隔离分为两类：不隔离型和隔离型。多数隔离型 ac/ac 变换器用变压器隔离，由于隔离变压器均为高频变压器，故有隔离的 ac/ac 变换器功率密度远高于普通变压器。

ac/ac 变换器按相数分有单相、三相和多相多种，本章讨论单相 ac/ac 变换器。不隔离的单相 ac/ac 变换器有两种：一种是由两个相同的 ac/dc 变换器背靠背组合而成，另一种是在两个 ac/dc 之间加有 dc/dc 变换器。前者用于输入输出电压差别不大的场合，后者用于两个交流电压相差较大的场合。若 dc/dc 为单向变换器，则由此构成的 ac/ac 变换器也为单向能量传输。若 ac/dc 和 dc/dc 均为双向变换器，则 ac/ac 变换器也为双向，简写为 Bi ac/ac。有隔离的 ac/ac 变换器由两个 ac/dc 变换器和一个有隔离的 dc/dc 变换器构成，是否为双向 ac/ac 变换器同样取决于 dc/dc 变换器是否为双向。

3.3.1 由两个 ac/dc 变换器构成的单相 ac/ac 变换器

图 3.25 是由两个单相 ac/dc 和单相 dc/ac 构成的 Bi ac/ac。能量自左向右传输时，左变换器工作于 PFC 方式，一般采用直流母线电压外环、交流电感电流内环的双环控制方式，外环控制中间直流母线电压 U_{dc} 恒定，内环控制电感 L_1 电流，使 i_1 为正弦波，u_1 电源功率因数 $\cos\varphi_1=1.0$。由于 PFC 为升压 Boost 工作方式，故直流电压 U_{dc} 大于交流电压 u_1 的峰值。右变换器为 dc/ac 逆变器工作方式，为降压 Buck 工作，故输出电压 u_2 的峰值小于 U_{dc}。右变换器一般输出为正弦波，采用交流输出电压外环、电感电流内环的双环控制方式，外环控制交流电压 u_2 有效值恒定，内环控制电感 L_2 电流，使 i_{L2} 跟踪电流基准变化。左右变换器级联构成 ac/ac 单相变换器。

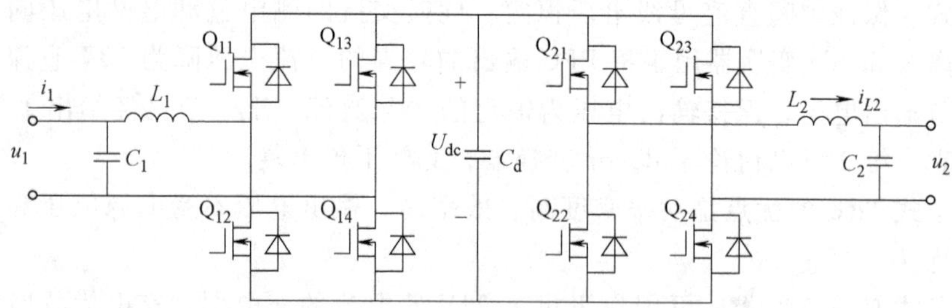

图 3.25 由单相 ac/dc 和单相 dc/ac 变换器构成的单相 ac/ac 变换器主电路

从左右两个 dc/ac 变换器工作的经济性考察，若 u_1 电压恒定，则 u_2 电压可在 $2u_1\sim u_1/2$ 之间平滑变化，自然也可以使 u_2 保持恒定。若欲使 $u_2>u_1$，应让左变换器提高 U_{dc}。若想使 $u_2<u_1$，则不宜过高抬升 U_{dc}，而应减小右变换器功率管的占空比。如此控制的目的是减小左右两变换器的总损耗，提高效率。

由于左右变换器结构对称，且均为双向变换器，因此级联构成的是双向 ac/ac

变换器。自耦变压器调节输出电压要借助滑动电刷的位置来实现，和自耦变压器不同，该变换器仅通过改变功率管的占空比 D 来实现输出电压的调节。该变换器的特点是既可用作为变压器，即输入输出电压的频率相同，也可用作为变频器，例如将 360~800Hz 的变频交流电转换成 400Hz 或 50Hz 恒频交流电，甚至可输出正电压或负电压的直流电。

为了降低无源元件的体积重量，必须提高开关频率，实现功率密度和电能变换效率间的优化。

ac/ac 变换器采用数字控制时，为该变换器构成程控交直流电源提供了更大的方便。

3.3.2　含有中间 dc/dc 变换器的 ac/ac 变换器

若交流电源电压有效值为 230V，要求 ac/ac 变换器输出电压为交流 24V，此时若采用图 3.25 的电路拓扑并不合理，因为 u_1 和 u_2 相差太大。从功率角度来分析，左变换器交流电源电压有效值 $U_1=230\text{V}$，若电流为 10A，则左 ac/dc 变换器的容量为 $U_1I_1=2300\text{VA}$。如不计变换器损耗，右变换器输出功率也应为 2300VA，故右变换器的输出电流 $I_2=95.8\text{A}$。右变换器的 4 只开关管 $Q_{21}\sim Q_{24}$ 承受的电压和左变换器的 4 只开关管 $Q_{11}\sim Q_{14}$ 承受的电压相同，电压定额均为中间直流母线电压 U_{dc}。流过 $Q_{21}\sim Q_{24}$ 的最大电流为电感 L_2 的电流峰值，流过 $Q_{11}\sim Q_{14}$ 的最大电流为电感 L_1 的电流峰值，$Q_{21}\sim Q_{24}$ 的电流定额要大约 10 倍。而开关器件电压定额高，通态电阻大，加上流过的电流大，均导致右变换器的损耗加大。

在这种情况下，在左右两 ac/dc 变换器之间加入 dc/dc 变换器是合理的。如图 3.26 所示，此处加入的 dc/dc 为 Buck/Boost 变换器，用于将直流电压 U_{d1} 降为直流电压 U_{d2}，这样右变换器的开关管可以选用低电压、大电流的器件，而低压大电流 MOSFET 器件的通态电阻小，有利于减小损耗和降低变换器成本。

由于 ac/dc 和 dc/dc 均为双向变换器，故图 3.26 是不隔离的双向单相 ac/ac 变换器，可作变频器用，也可作 ac/dc 变换器用。该 ac/dc 变换器的输出电压可正可负。

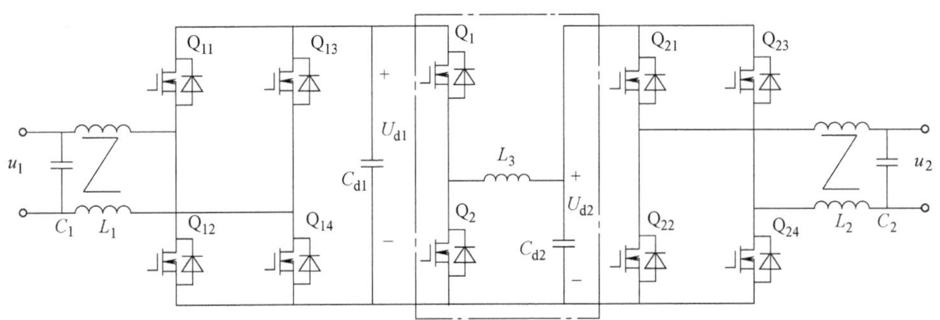

图 3.26　加入中间 Buck/Boost dc/dc 变换器的单相 ac/ac 变换器

3.3.3 含有隔离 dc/dc 变换器的双向单相 ac/ac 变换器

隔离型 dc/dc 变换器有多种类型，有可控的 dc/dc 变换器和不控的 dc/dc 变换器，不控 dc/dc 即为直流变压器（DCT）。直流变压器的优点是开关管实现了软开关，开关损耗小，开关频率高，功率密度高。由于 DCT 借助变压器一、二次侧匝比不同实现输入和输出电压的改变，从而借助 DCT 即可实现 ac/ac 变换器两端交流电压的不同值。

图 3.27 是中间插入图 2.23 不对称半桥 DCT 的 ac/ac 隔离变换器。因该不对称半桥 DCT 为双向 dc/dc 变换器，故这是个双向 ac/ac 变换器。

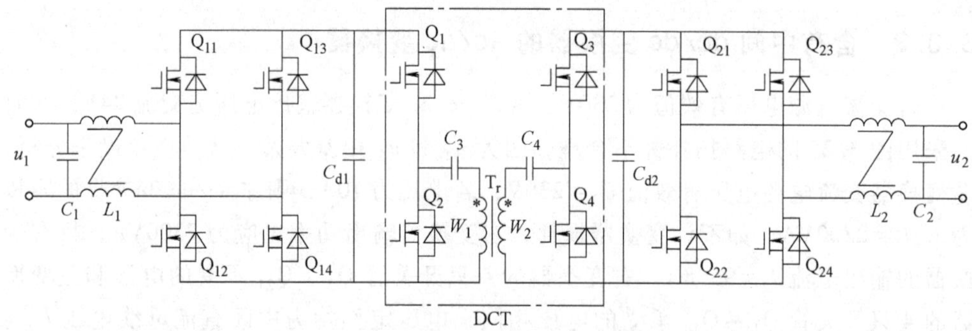

图 3.27 隔离型单相 ac/ac 变换器主电路

隔离 ac/ac 变换器拓宽了变换器的应用范围。在 DCT 的任一侧加上蓄电池，就是一个双输出的应急交流电源，构成不中断电源（UPS）。

3.3.4 由三个单相 ac/ac 变换器构成的三相四线制 ac/ac 变换器

在 B787 飞机中的 2 台 90kVA 自耦变压器（ATU）是用于将 235V 交流电压转为 115V 交流电压的变压器。自耦变压器的优点是体积重量小，能量双向传输，缺点是没有电气隔离功能。

由三个相同的图 3.27 所示的双向单相 ac/ac 变换器可组合构成三相四线制的 ac/ac 双向变换器，如图 3.28 所示。其中，每个单相 ac/ac 变换器的左变换器的一

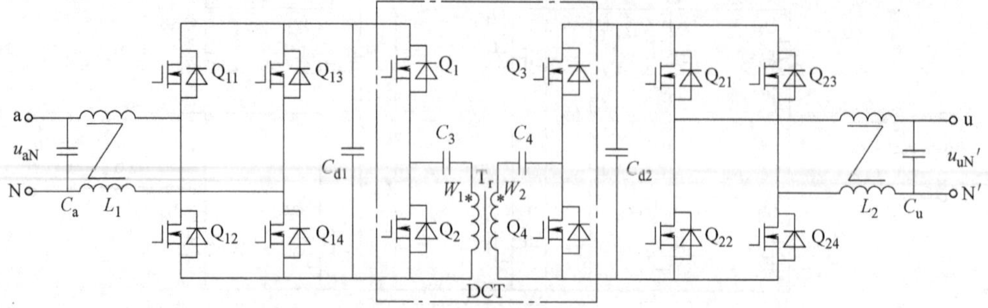

图 3.28 由三个单相隔离型 ac/ac 变换器组成的三相 ac/ac 变换器

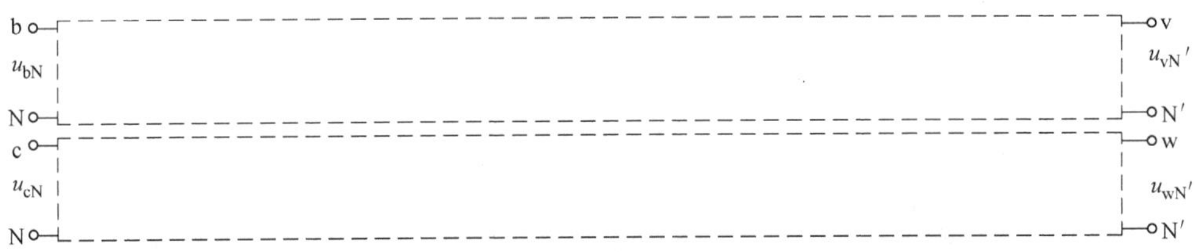

图 3.28　由三个单相隔离型 ac/ac 变换器组成的三相 ac/ac 变换器（续）

个交流端为中点，右变换器的一个交流端也为中点。abc 和 uvw 三个单相变换器的中点分别连接在一起，可以成为一个三相四线制双向 ac/ac 变换器。

3.4　本章小结

本章讨论了单相桥式双向 dc/ac 变换器。给出了单相桥式 dc/ac 逆变器的工作原理、控制策略和主电路及控制器参数的设计，给出了仿真结果。在此基础上，给出了由移相控制软开关 dc/dc 变换器和单相桥式 dc/ac 逆变器级联构成的 270V 航空高压静止变流器的设计方法和实验结果。讨论了单相桥式 ac/dc 整流器的工作原理及单相桥式 PFC 电路结构。单相桥式 ac/dc 变换器既可用作为 PFC（功率因数校正）电路，也可采用移相控制实现输入交流侧的任意功率因数调节。给出了由单相桥式 dc/ac 变换器和 dc/dc 变换器构成的不隔离和隔离型单相双向 ac/ac 变换器，以及由单相 ac/ac 变换器组合构成的三相隔离 ac/ac 变换器主电路拓扑。

由此可见，由 4 只开关管及其反并联二极管构成的 H 桥电路得到广泛应用。为进一步提高电力电子装置的功率密度、效率和工作可靠性，H 桥电路的模块化十分重要。

直流 270V、直流 28V 和交流 115V 是航空电源的三个基本电压，由第 2 章和第 3 章的设计可见，在直流 270V 和交流 115V 应用 SiC 器件有很多优点，适合采用 650V SiC MOSFET，在直流 28V 方面应用 Si MOSFET 器件更有利，低压 Si MOSFET 有更低的通态电阻，两者的混合应用有助于进一步提高装置的功率密度和效率，必将使航空电气设备从电磁装置走向电力电子装置。

第4章

双向三相dc/ac变换器和ac/ac变换器

4.1 三相 dc/ac 变换器

4.1.1 三相 dc/ac 变换器工作原理

图 4.1a 是三相 dc/ac 变换器（又称三相逆变器）的主电路图，由 6 只开关管及反并联的二极管和滤波器构成。C_d 为输入直流侧滤波电容，输出滤波器由电感 L_a、L_b、L_c 和电容 C_a、C_b、C_c 构成。逆变器三相桥臂输出相电压为 u_{an}、u_{bn} 和 u_{cn}，桥臂输出线电压为 u_{bc}、u_{ca} 与 u_{ab}，三相逆变器输出相电压为 u_{An}、u_{Bn}、u_{Cn}。

图 4.1b 是三相逆变器 180°导通型工作方式时 6 只开关管的导通规律。a 相桥臂的上管 Q_1 和下管 Q_4 分别导通 180°电角度，在 Q_1、Q_4 开关状态切换时加入死区时间，在此期间 Q_1、Q_4 同时截止，以免直通短路。死区时间在数微秒内，取决于开关管的开关时间。b 相桥臂的上管 Q_3 的导通时间和 Q_1 相差 120°电角度，c 相的 Q_5 与 Q_3 之间又相差 120°电角度。若桥臂上管导通用 1 表示，下管导通用 0 表示，则 180°导通型开关管的开关规律可用图 4.1b 中的 3 位数表示。例如，在 $t=0\sim60°$期间，101 分别表示此时 a 相桥臂上管 Q_1、b 相桥臂下管 Q_6 和 c 相桥臂上管 Q_5 导通。

因此，a 相和 b 相间的线电压 u_{ab} 为 120°宽方波，如图 4.1c 所示，u_{bc} 和 u_{ca} 与 u_{ab} 分别相差 120°和 240°电角度。不计开关管的管压降，该方波电压的幅值等于直流电源电压 U_{dc}。由图可见，在一个开关周期内，Q_1 和 Q_4 分别导通 180°电角度，u_{ab} 也为一个周期，因此 u_{ab} 的频率 f 和开关频率相等。相电压 u_{an}、u_{bn} 和 u_{cn} 的波形为 6 阶梯波，阶梯波的阶梯幅值分别为 $2U_{dc}/3$ 和 $U_{dc}/3$。

120°方波线电压的傅里叶级数表达式为

$$\begin{cases}u_{ab}(t)=\dfrac{2\sqrt{3}}{\pi}U_{dc}\left(\sin\omega t-\dfrac{1}{5}\sin5\omega t+\dfrac{1}{7}\sin7\omega t-\cdots\right)\\u_{bc}(t)=\dfrac{2\sqrt{3}}{\pi}U_{dc}\left\{\sin\left(\omega t-\dfrac{2}{3}\pi\right)-\dfrac{1}{5}\sin\left[5\left(\omega t-\dfrac{2}{3}\pi\right)\right]+\dfrac{1}{7}\sin\left[7\left(\omega t-\dfrac{2}{3}\pi\right)\right]-\cdots\right\}\\u_{ca}(t)=\dfrac{2\sqrt{3}}{\pi}U_{dc}\left\{\sin\left(\omega t+\dfrac{2}{3}\pi\right)-\dfrac{1}{5}\sin\left[5\left(\omega t+\dfrac{2}{3}\pi\right)\right]+\dfrac{1}{7}\sin\left[7\left(\omega t+\dfrac{2}{3}\pi\right)\right]-\cdots\right\}\end{cases}\tag{4.1}$$

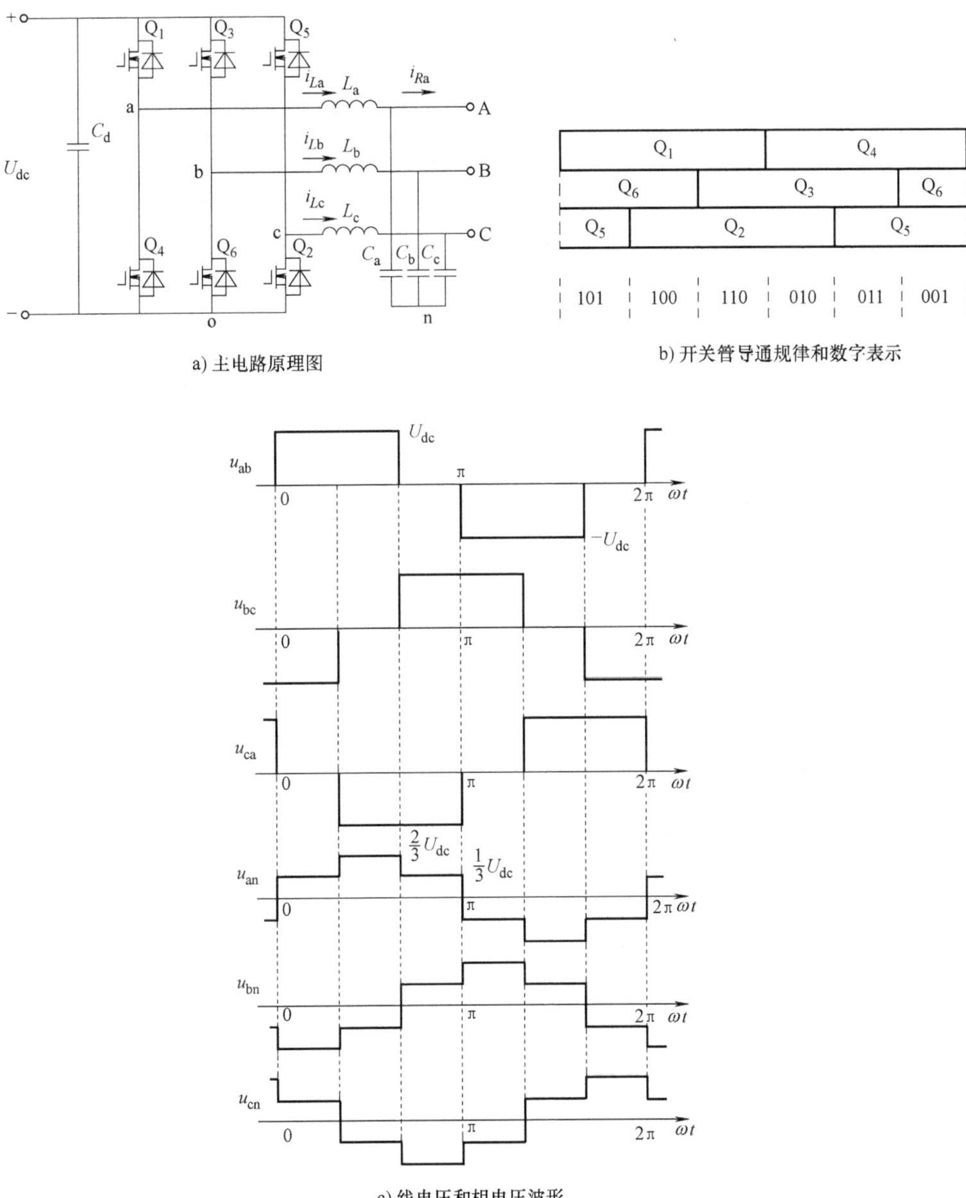

a) 主电路原理图

b) 开关管导通规律和数字表示

c) 线电压和相电压波形

图 4.1　180°导通型 dc/ac 三相变换器

相电压 u_{an} 和线电压 u_{ab} 的幅值差$\sqrt{3}$倍，因而有相电压峰值 U_{anp} 和有效值 U_{an} 为

$$U_{anp}=\frac{2}{\pi}U_{dc} \tag{4.2}$$

$$U_{an}=\frac{\sqrt{2}}{\pi}U_{dc}=0.45U_{dc} \tag{4.3}$$

由式（4.1）可见，180°导通型三相逆变器的桥臂线电压可分解成基波和奇次谐波，没有3和3的倍数次谐波。n次谐波的幅值是基波幅值的$1/n$。因为谐波次数较低，LC滤波器的体积和重量较大。并且因为输出电压和输入直流电源电压U_{dc}相关，当U_{dc}发生变化时，输出电压跟着变化，无法实现稳压调节。为了实现输出电压的调节，同时减小LC滤波器的尺寸，三相dc/ac变换器宜采用SPWM技术，使桥臂线电压u_{ab}、u_{bc}和u_{ca}为正弦脉冲波，通过改变脉冲宽度达到输出调压的要求。SPWM和空间矢量脉宽调制（Space Vector Pulse Width Modulation，SVPWM）有相同的效果，因为SVPWM易于数字控制实现，并且具有更高的直流电压利用率，本节主要讨论SVPWM控制。

4.1.2 空间电压矢量调制方法

定义开关函数S_a、S_b和S_c为

$$\begin{cases}S_a=1,Q_1\text{ 导通};S_a=0,Q_1\text{ 关断 }Q_4\text{ 导通}\\S_b=1,Q_3\text{ 导通};S_b=0,Q_3\text{ 关断 }Q_6\text{ 导通}\\S_c=1,Q_5\text{ 导通};S_c=0,Q_5\text{ 关断 }Q_2\text{ 导通}\end{cases} \tag{4.4}$$

不考虑谐波，逆变器三相输出相电压u_{an}、u_{bn}、u_{cn}的瞬时值可以用式（4.5）表示，其中U_s为相电压峰值，ω为输出角频率。三个对称相电压可以用一个随时间旋转的空间旋转电压矢量$\boldsymbol{U}_s$表示，大小满足式（4.6）：

$$\begin{cases}u_{an}=U_m\cos\omega t\\u_{bn}=U_m\cos(\omega t-\frac{2}{3}\pi)\\u_{cn}=U_m\cos(\omega t+\frac{2}{3}\pi)\end{cases} \tag{4.5}$$

$$\begin{cases}\boldsymbol{U}_s=\frac{2}{3}(U_{an}+U_{bn}e^{j\frac{2\pi}{3}}+U_{cn}e^{j\frac{4\pi}{3}})=U_se^{j\theta}\\\theta=\omega t\end{cases} \tag{4.6}$$

表4.1是开关函数与空间旋转电压矢量，以及桥臂输出相电压和线电压之间的关系。由开关函数S_a、S_b、S_c定义的空间矢量称为基本空间矢量。在开关函数为111和000时，空间电压矢量$\boldsymbol{U}_s$的值也降为0，称为0状态。由此可见，6个开关管共有8个状态。相电压u_{an}、u_{bn}、u_{cn}在$2U_{dc}/3$、$U_{dc}/3$、0、$-U_{dc}/3$和$-2U_{dc}/3$

之间变化，线电压 u_{ab}、u_{bc}、u_{ca} 是 U_{dc}、$-U_{dc}$ 和 0 的组合。

6 个基本空间电压矢量将矢量平面分成 6 个扇区，如图 4.2 所示，第一扇区在 $\theta=0\sim60°$ 之间，第二扇区在 $\theta=60°\sim120°$ 之间，第三扇区在 $\theta=120°\sim180°$……。为了讨论方便，将这 6 个基本空间电压矢量用 $\boldsymbol{U}_0$、$\boldsymbol{U}_{60}$、$\boldsymbol{U}_{120}$、$\boldsymbol{U}_{180}$、$\boldsymbol{U}_{240}$、$\boldsymbol{U}_{300}$ 表示，分别对应于开关状态 100、110、010、011、001 和 101。当开关函数为 101 时，导通开关管为 Q_1、Q_6、Q_5，空间旋转矢量的角度为 300°，幅值为 b 相电压负峰值 $-U_{bp}$。

表 4.1　开关函数与空间旋转电压矢量以及桥臂输出相、线电压之间的关系

开关函数	导通器件	空间旋转矢量		相电压	线电压
S_a　S_b　S_c		$\theta/(°)$	幅值	u_{an},u_{bn},u_{cn}	u_{ab},u_{bc},u_{ca}
1　0　1	Q_1　Q_6　Q_5	300	$-U_{bp}$	$\frac{U_{dc}}{3},-\frac{2U_{dc}}{3},\frac{U_{dc}}{3}$	U_{dc}，$-U_{dc}$，0
1　0　0	Q_1　Q_6　Q_2	0	$+U_{ap}$	$\frac{2U_{dc}}{3},-\frac{U_{dc}}{3},-\frac{U_{dc}}{3}$	U_{dc}，0，$-U_{dc}$
1　1　0	Q_1　Q_3　Q_2	60	$-U_{cp}$	$\frac{U_{dc}}{3},\frac{U_{dc}}{3},-\frac{2U_{dc}}{3}$	0，U_{dc}，$-U_{dc}$
0　1　0	Q_4　Q_3　Q_2	120	$+U_{bp}$	$-\frac{U_{dc}}{3},\frac{2U_{dc}}{3},-\frac{U_{dc}}{3}$	$-U_{dc}$，U_{dc}，0
0　1　1	Q_4　Q_3　Q_5	180	$-U_{ap}$	$-\frac{2U_{dc}}{3},\frac{U_{dc}}{3},\frac{U_{dc}}{3}$	$-U_{dc}$，0，U_{dc}
0　0　1	Q_4　Q_6　Q_5	240	$+U_{cp}$	$-\frac{U_{dc}}{3},-\frac{U_{dc}}{3},\frac{2U_{dc}}{3}$	0，$-U_{dc}$，U_{dc}
0　0　0	Q_4　Q_6　Q_2		0	0,0,0	0,0,0
1　1　1	Q_1　Q_3　Q_5		0	0,0,0	0,0,0

空间电压矢量调制是借助于相邻两基本空间矢量和零矢量获得新的电压矢量的方法。图 4.3 是由 $\boldsymbol{U}_x$ 和 $\boldsymbol{U}_{60+x}$ 两个基本矢量组合成新矢量 $\boldsymbol{U}$ 的图形。其中 $\boldsymbol{U}_x$ 代表任一空间基本电压矢量，$\boldsymbol{U}_{60+x}$ 代表与 $\boldsymbol{U}_x$ 相邻的另一空间基本电压矢量，两矢量间为 60°电角度。若 $x=0$，$\boldsymbol{U}_x=\boldsymbol{U}_0=U_a$，$\boldsymbol{U}_{60+x}=\boldsymbol{U}_{60}=-\boldsymbol{U}_c$；若 $x=60$，$\boldsymbol{U}_x=\boldsymbol{U}_{60}=-\boldsymbol{U}_c$，$\boldsymbol{U}_{60+x}=\boldsymbol{U}_{120}=\boldsymbol{U}_b$……。

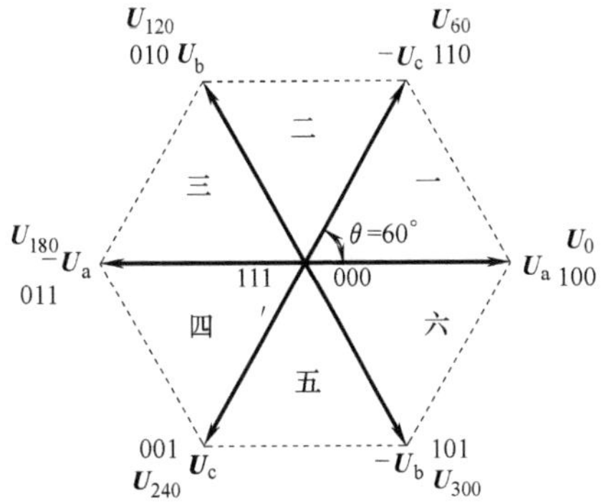

图 4.2　基本空间电压矢量图

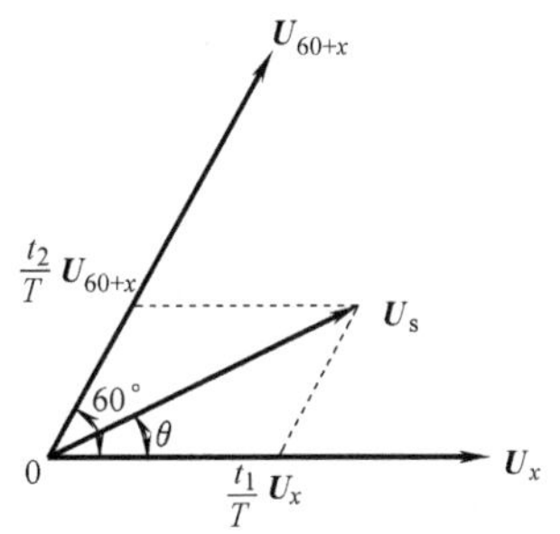

图 4.3　空间电压矢量的线性组合

由图 4.3 有：

$$\boldsymbol{U}_{\mathrm{s}}=\frac{t_1}{T}\boldsymbol{U}_x+\frac{t_2}{T}\boldsymbol{U}_{60+x} \tag{4.7}$$

$$T=t_1+t_2+t_0 \tag{4.8}$$

其中，T 为开关周期，t_1 是 $\boldsymbol{U}_x$ 作用时间，t_2 是 $\boldsymbol{U}_{60+x}$ 作用时间，t_0 是零矢量作用时间。

若设零矢量作用时间为 0，$t_0=0$，则 $T=t_1+t_2$。当 $t_1=T$ 时，$\boldsymbol{U}_{\mathrm{s}}=\boldsymbol{U}_x$，如果 $\boldsymbol{U}_x=\boldsymbol{U}_{\mathrm{a}}$，则 $\boldsymbol{U}_{\mathrm{s}}=\boldsymbol{U}_{\mathrm{a}}$；当 $t_2=T$，$\boldsymbol{U}_{\mathrm{s}}=\boldsymbol{U}_{60+x}$，如果 $\boldsymbol{U}_{60+x}=-\boldsymbol{U}_{\mathrm{c}}$，则 $\boldsymbol{U}_{\mathrm{s}}=-\boldsymbol{U}_{\mathrm{c}}$。这表示前一时刻 $\boldsymbol{U}_{\mathrm{s}}$ 在 $\boldsymbol{U}_{\mathrm{a}}$ 位置，在下一时刻 $\boldsymbol{U}_{\mathrm{s}}$ 转到 $-\boldsymbol{U}_{\mathrm{c}}$ 位置，$\boldsymbol{U}_{\mathrm{s}}$ 跃进 60°电角度。

为了使 $\boldsymbol{U}_{\mathrm{s}}$ 从 $\boldsymbol{U}_x$ 逐渐转向 $\boldsymbol{U}_{60+x}$，应将时间分成多个等分时间。例如以 60 等分为例，第一步设 $t_1=T$，$\boldsymbol{U}_{\mathrm{s}}=\boldsymbol{U}_x$；第二步，$t_1=\frac{59}{60}T$，$t_2=\frac{1}{60}T$，$\boldsymbol{U}_{\mathrm{s}}=\frac{59}{60}\boldsymbol{U}_x+\frac{1}{60}\boldsymbol{U}_{60+x}$；第三步，$t_1=\frac{58}{60}T$，$t_2=\frac{2}{60}T$，$\boldsymbol{U}_{\mathrm{s}}=\frac{58}{60}\boldsymbol{U}_x+\frac{2}{60}\boldsymbol{U}_{60+x}$；……；第 60 步时，$t_1=0$，$t_2=T$，$\boldsymbol{U}_{\mathrm{s}}=\boldsymbol{U}_{60+x}$。这样经过 60 步，$\boldsymbol{U}_{\mathrm{s}}$ 才从 $\boldsymbol{U}_x$ 转到 $\boldsymbol{U}_{60+x}$，即经过了 60°电角度。

为了使 $\boldsymbol{U}$ 反向旋转，第一步让 $t_2=T$，$t_1=0$，$\boldsymbol{U}_{\mathrm{s}}=\boldsymbol{U}_{60+x}$；第二步让 $t_2=\frac{59}{60}T$，$t_1=\frac{1}{60}T$，则 $\boldsymbol{U}_{\mathrm{s}}=\frac{1}{60}\boldsymbol{U}_x+\frac{59}{60}\boldsymbol{U}_{60+x}$；……；同样走 60 步，$\boldsymbol{U}_{\mathrm{s}}=\boldsymbol{U}_x$。由此可见，改变 t_1、t_2 和 T 间关系，即可使空间电压矢量顺时针或反时针方向旋转。

加入零矢量，可使 $\boldsymbol{U}_{\mathrm{s}}$ 大小改变。例如，若取零矢量作用时间 $t_0=T/2$，则 $t_1+t_2=T/2$，由式（4.7）可见，空间电压矢量 $\boldsymbol{U}_{\mathrm{s}}$ 的幅值降低一半。因此调节零矢量作用时间，即改变了空间电压矢量的幅值，从而降低了 dc/ac 变换器的输出电压。

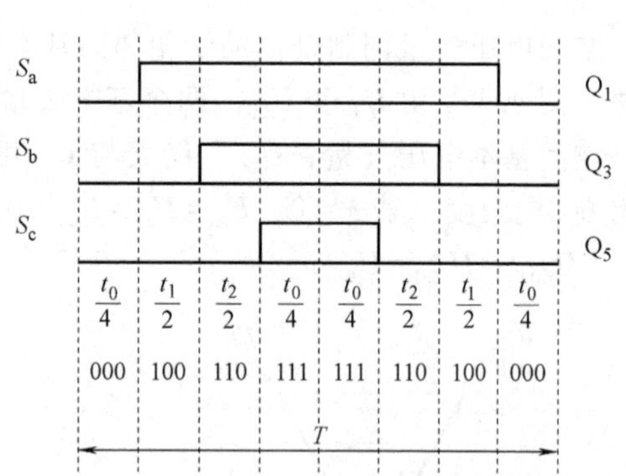

图 4.4　一个开关周期 T 中插入零矢量的一种方案

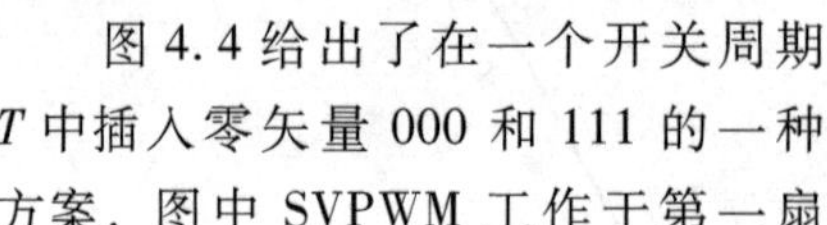
图 4.4 给出了在一个开关周期 T 中插入零矢量 000 和 111 的一种方案，图中 SVPWM 工作于第一扇区，t_1、t_2 和 t_0 是 100、110 和 000 或 111 作用的时间，该方案可以减小开关管的开关次数。

当空间电压矢量 $\boldsymbol{U}_{\mathrm{s}}$ 在 0~60°区间时，$\boldsymbol{U}_{\mathrm{s}}$ 由 $\boldsymbol{U}_0$ 和 $\boldsymbol{U}_{60}$ 两个非零矢量与零矢量组合而成，大小满足：

$$\begin{cases}|\boldsymbol{U}_{\mathrm{s}}|\cos\theta=\dfrac{t_1}{T}|\boldsymbol{U}_0|+\dfrac{t_2}{T}|\boldsymbol{U}_{60}|\cos\dfrac{\pi}{3}\\|\boldsymbol{U}_{\mathrm{s}}|\sin\theta=\dfrac{t_2}{T}|\boldsymbol{U}_{60}|\sin\dfrac{\pi}{3}\end{cases}\tag{4.9}$$

当 $\boldsymbol{U}_{\mathrm{s}}$ 在 a 相轴上，对应开关状态 100，由式（4.6）和式（4.7）有 $u_{\mathrm{an}}=2U_{\mathrm{dc}}/3$，$u_{\mathrm{bn}}=u_{\mathrm{cn}}=-U_{\mathrm{dc}}/3$，即 $U_x=2U_{\mathrm{dc}}/3$，因此非零矢量的大小为 $2U_{\mathrm{dc}}/3$。假设 $\boldsymbol{U}$ 的幅值为输出相电压的幅值 U_{m}，由式（4.9）可以得到

$$\begin{cases}\dfrac{t_1}{T}=\sqrt{3}\dfrac{U_{\mathrm{s}}}{U_{\mathrm{dc}}}\sin\left(\dfrac{\pi}{3}-\theta\right)\\\dfrac{t_2}{T}=\sqrt{3}\dfrac{U_{\mathrm{s}}}{U_{\mathrm{dc}}}\sin\theta\\t_0=T-t_1-t_2\end{cases}\tag{4.10}$$

当零矢量作用时间 $t_0=0$ 时，对应最大输出电压，由上式可得，逆变桥臂输出线电压峰值 U_{abp} 为

$$U_{\mathrm{abp}}=U_{\mathrm{dc}}\frac{1}{\cos(\pi/6-\theta)}\tag{4.11}$$

当 $\theta=\pi/6$ 时，线电压峰值为 U_{dc}，相电压峰值 $U_{\mathrm{s}}=\sqrt{3}U_{\mathrm{dc}}/3$，此大小为空间矢量六边形内切圆的半径，逆变器输出电压小于该半径时，工作在线性调制区域，超过该半径，工作在过调制区域。定义调制比 $m=U_{\mathrm{m}}/U_{\mathrm{c}}$，其中 U_{m} 为正弦调制波的峰值，U_{c} 为三角载波的峰值。采用 SVPWM 控制，m 满足：

$$m=\frac{U_{\mathrm{abp}}}{U_{\mathrm{dc}}}=\frac{U_{\mathrm{m}}}{U_{\mathrm{c}}}\tag{4.12}$$

若以 m 为横坐标，线电压峰值 U_{abp} 为纵坐标，可得 SVPWM 控制时三相 dc/ac 变换器 U_{abp} 与 m 间关系为一直线，如图 4.5 所示，最大调制系数 $m=1$，$U_{\mathrm{abp}}=U_{\mathrm{dc}}$，由此可见 SVPWM 控制方式下，在线性调制下三相桥式 dc/ac 变换器输出正

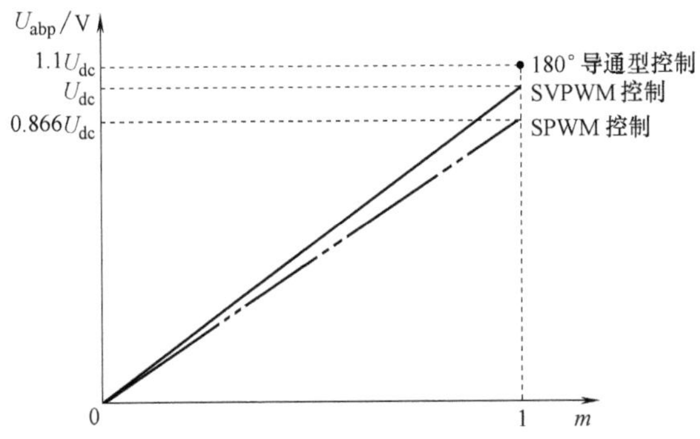

图 4.5 三相 dc/ac 变换器输出 U_{abp} 与 m 间关系

弦线电压的幅值等于直流母线电压，直流电压利用率可达 100%。采用 180°导通型控制时，由式（4.2）可知，相电压峰值为 $2U_{dc}/\pi$，则线电压峰值为 $1.1U_{dc}$，直流电压利用率为 110%。可见 180°导通型控制方式比 SVPWM 控制方式有更高的直流电压利用率。

若三相 dc/ac 变换器采用 SPWM 控制，输出相电压峰值为 $mU_{dc}/2$，输出线电压的峰值为$\sqrt{3}\,mU_{dc}/2=0.866mU_{dc}$。所以当调制比为 1 时，输出线电压的峰值为 $0.866U_{dc}$，直流电压利用率为 86.6%，有 13.4%的母线电压容量没有利用上。和 SPWM 控制相比，SVPWM 控制三相 dc/ac 变换器的直流电压利用率提高 $2/\sqrt{3}$，即 1.15 倍。

由于 SVPWM 为正弦脉宽调制，图 4.1 中逆变桥输出的线电压 u_{ab}、u_{bc}、u_{ca} 为脉宽调制波，经 *LC* 滤波后成为光滑连续的正弦输出电压。缩短调制周期 *T*，即提高开关管开关频率，线电压的脉冲波中的高次谐波频率越高，故 *LC* 滤波器的体积尺寸可以更小，*LC* 值也越小。

图 4.6a~i 是三相 dc/ac 变换器在第一扇区工作时的电路开关器件的转换及略去了高次谐波的 a 相电感电流 i_{La} 理想波形。假设 dc/ac 变换器的负载为三相对称阻性负载，输出相电压 u_A 和负载电流 i_{Ra} 同相，电流参考方向见图 4.1。当输出滤波电容较小时，近似认为 i_{La} 与 i_{Ra} 相同。故在 $t=t_a$ 时刻，空间电压矢量 $\boldsymbol{U}_s$ 处于和 $\boldsymbol{U}_a$ 相同位置，对应开关函数 $S_aS_bS_c=100$。而 60°电角度后，$t=t_c$ 时，$\boldsymbol{U}_s$ 转过 60°角，处于$-\boldsymbol{U}_c$ 位置，对应开关函数 $S_aS_bS_c=110$。在这 60°区间，三相电流因 i_{Lb} 的

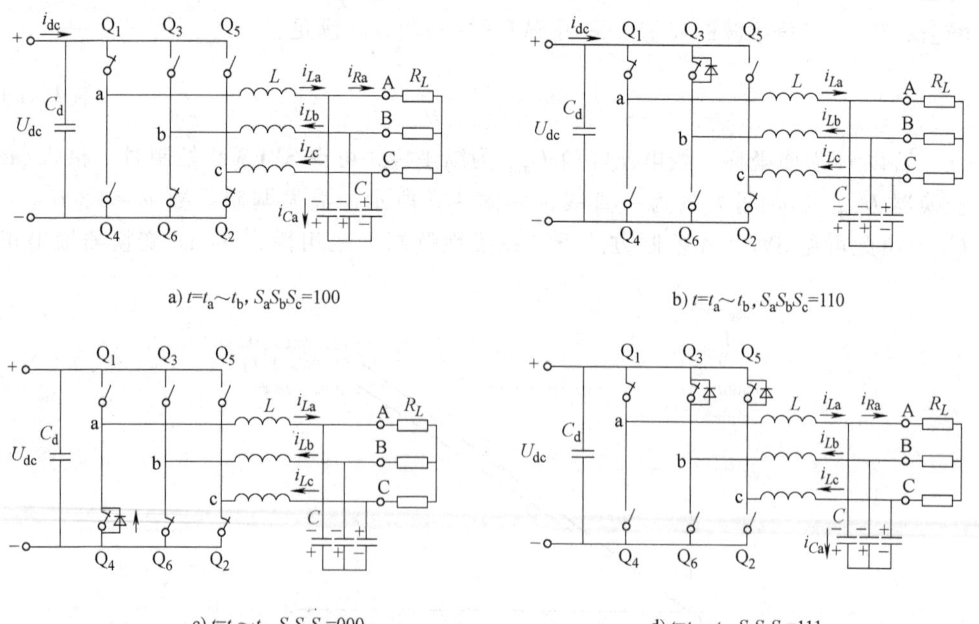

a) $t=t_a \sim t_b$, $S_aS_bS_c=100$

b) $t=t_a \sim t_b$, $S_aS_bS_c=110$

c) $t=t_a \sim t_b$, $S_aS_bS_c=000$

d) $t=t_a \sim t_b$, $S_aS_bS_c=111$

图 4.6　在 *R* 负载下，三相 dc/ac 变换器在第一扇区工作时的电路

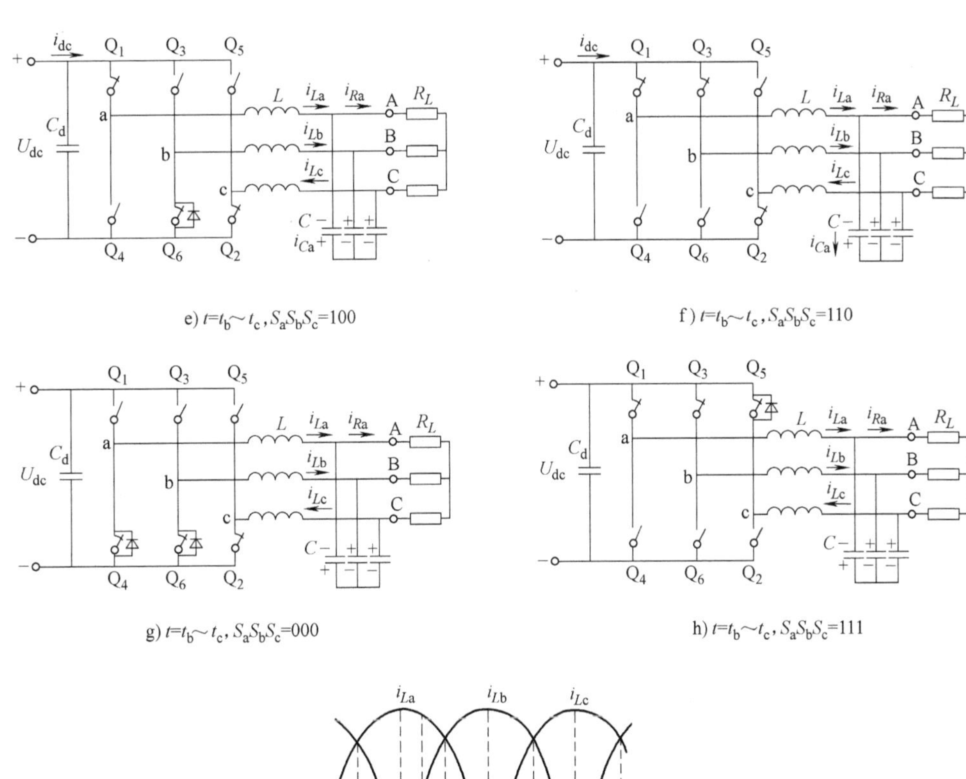

e) $t=t_b \sim t_c$, $S_aS_bS_c$=100

f) $t=t_b \sim t_c$, $S_aS_bS_c$=110

g) $t=t_b \sim t_c$, $S_aS_bS_c$=000

h) $t=t_b \sim t_c$, $S_aS_bS_c$=111

i) 对应图4.6时间区间的三相dc/ac变换器理想电感电流波形

图 4.6　在 R 负载下，三相 dc/ac 变换器在第一扇区工作时的电路（续）

方向改变又可分为左右两个区间。左区间 $t=t_a \sim t_b$，i_{La} 方向为正，i_{Lb}、i_{Lc} 为负，但 $i_{La}+i_{Lb}+i_{Lc}=0$；右区间 $t=t_b \sim t_c$，i_{La}、i_{Lb} 为正，i_{Lc} 为负，仍有 $i_{La}+i_{Lb}+i_{Lc}=0$。

图 4.6a～d 4 个子图为 $t=t_a \sim t_b$ 时间段内的电路拓扑转换，在一个开关周期内有 4 种不同的开关状态，图 4.6a 为 100 状态，Q_1、Q_6、Q_2 导通，电流实际方向如图所示，电源向负载供电，电源输出电流为 i_{dc}。图 4.6b 转为 110 状态，Q_6 关断，Q_3 开通，由于 i_{Lb} 方向未变，电流经 Q_3 的反并联二极管 D_3 续流，续流回路为 D_3、Q_1 构成的电路，因 $i_{La}>i_{Lb}$，此时 dc/ac 变换器仍由电源向负载供电，$i_{dc}>0$。图 4.6c、d 分别为 000 和 111 状态，三相电流分别经 D_4、Q_6、Q_2 和 Q_1、D_3、D_5 构成续流回路，$i_{dc}=0$，表示零状态时电源不再向负载供电。

图 4.6e～h 4 个子图为 $t=t_b \sim t_c$ 时间段内的电路拓扑转换，与图 a～d 不同之处仅 i_{Lb} 方向不同。由图 4.6f 可见，在 110 状态时，Q_1、Q_3、Q_2 通电，而在 100 状

态时 D_6、Q_2 构成续流回路，见图 4.6e。图 4.6e 和图 4.6f 状态对应电源向负载供电。在零状态时，$i_{dc}=0$，为续流状态，电源不向负载供电。

由此可见，若要使电感电流连续，零状态期间 LC 的储能要满足于让负载消耗才行。采用图 4.4 所示的开关逻辑，由图 4.6 可见 SVPWM 的优点是每次电路状态的转换仅转换一个开关管。

图 4.7 为 dc/ac 变换器的 a 相相量图。图 4.7a 是空载相量图，此时电感电流 i_{La} 等于电容电流 i_{Ca}，电感电压 u_{La} 与变换器输出电压 u_{An} 相位相反，故逆变桥输出端电压 u_{an} 小于输出电压 u_{An}。图 4.7b 是阻性负载时的相量图，在 u_{An} 不变时，负载电流 i_{Ra} 的增加，使 u_{La} 相位改变，导致 u_{an} 加大。图 4.7c 是感性负载时的相量图，由于负载功率因数 $\cos\varphi$ 的降低，要求进一步加大 u_{an}，才能使输出电压 u_{An} 不变。由此可见，负载电流和电感电流之间有相位差，应该在最大负载电流和最小负载功率因数下设计 dc/ac 变换器的输入电压大小，既要考虑逆变桥采用的调制方式，也要考虑输出滤波器对电压大小的影响。

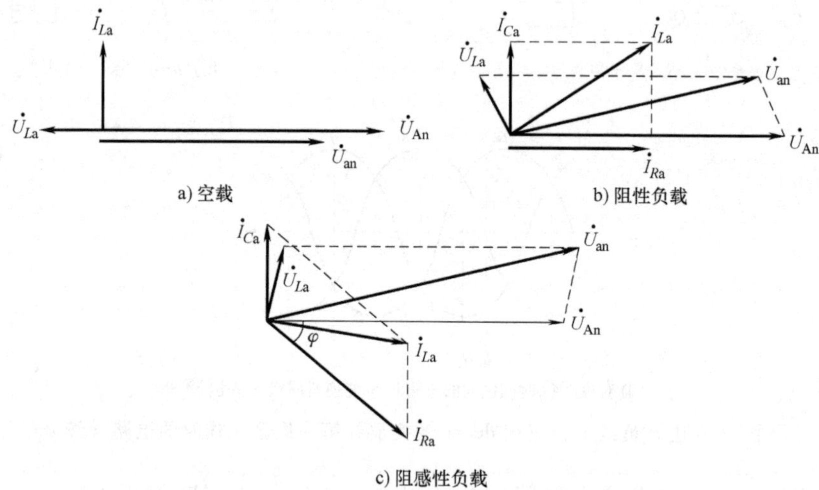

图 4.7　dc/ac 变换器在不同负载下的 a 相相量图

4.1.3　dc/ac 变换器的数学模型

由图 4.1，三相 dc/ac 变换器电路可列出以下方程：

$$
\begin{cases}
L_a \dfrac{di_{La}}{dt} = u_{an} - u_{An} = u_{ao} - u_{An} - u_{no} \\
L_b \dfrac{di_{Lb}}{dt} = u_{bn} - u_{Bn} = u_{bo} - u_{Bn} - u_{no} \\
L_c \dfrac{di_{Lc}}{dt} = u_{cn} - u_{Cn} = u_{co} - u_{Cn} - u_{no}
\end{cases}
\tag{4.13}
$$

式中，假设 3 个输出滤波电感和 3 个滤波电容分别相等，即 $L_a=L_b=L_c=L$、$C_a=C_b=C_c=C$，i_{La}、i_{Lb}、i_{Lc} 为三相滤波电感电流，u_{ao}、u_{bo}、u_{co} 为变换器桥臂输出端相对于输入直流母线负汇流条 o 点的电压，u_{an}、u_{bn}、u_{cn} 为变换器桥臂输出端相对于负载中点 n 的电压，u_{An}、u_{Bn}、u_{Cn} 为负载端电压，u_{no} 为负载中点 n 相对于 o 点的电压。

将式（4.13）中的 3 个方程相加，得

$$u_{no}=\frac{1}{3}(u_{ao}+u_{bo}+u_{co}) \tag{4.14}$$

将式（4.13）写成矩阵形式：

$$\begin{bmatrix}\frac{di_{La}}{dt}\\ \frac{di_{Lb}}{dt}\\ \frac{di_{Lc}}{dt}\end{bmatrix}=\frac{1}{L}\begin{bmatrix}1&0&0\\0&1&0\\0&0&1\end{bmatrix}\begin{bmatrix}u_{an}\\u_{bn}\\u_{cn}\end{bmatrix}-\frac{1}{L}\begin{bmatrix}1&0&0\\0&1&0\\0&0&1\end{bmatrix}\begin{bmatrix}u_{An}\\u_{Bn}\\u_{Cn}\end{bmatrix} \tag{4.15}$$

又

$$\begin{cases}i_{La}=i_{Ca}+i_{Ra}\\ i_{Lb}=i_{Cb}+i_{Rb}\\ i_{Lc}=i_{Cc}+i_{Rc}\end{cases} \tag{4.16}$$

式中，i_{Ca}、i_{Cb}、i_{Cc} 为滤波电容电流，$i_{Ca}=Cdu_{An}/dt$，$i_{Cb}=Cdu_{Bn}/dt$，$i_{Cc}=Cdu_{Cn}/dt$，得

$$\begin{bmatrix}\frac{du_{An}}{dt}\\ \frac{du_{Bn}}{dt}\\ \frac{du_{Cn}}{dt}\end{bmatrix}=\frac{1}{C}\begin{bmatrix}1&0&0\\0&1&0\\0&0&1\end{bmatrix}\begin{bmatrix}i_{La}\\i_{Lb}\\i_{Lc}\end{bmatrix}-\frac{1}{C}\begin{bmatrix}1&0&0\\0&1&0\\0&0&1\end{bmatrix}\begin{bmatrix}i_{Ra}\\i_{Rb}\\i_{Rc}\end{bmatrix} \tag{4.17}$$

i_{Ra}、i_{Rb}、i_{Rc} 为由输出电压 u_{An}、u_{Bn}、u_{Cn} 对应的负载电流，当为对称电阻负载时，$R_a=R_b=R_c=R$，有

$$\begin{bmatrix}i_{Ra}\\i_{Rb}\\i_{Rc}\end{bmatrix}=\begin{bmatrix}u_{An}/R\\u_{Bn}/R\\u_{Cn}/R\end{bmatrix} \tag{4.18}$$

式（4.15）和式（4.17）为三相 dc/ac 变换器在 abc 坐标系的数学模型。三相对称负载时，有 $i_{Ra}+i_{Rb}+i_{Rc}=0$，$u_{An}+u_{Bn}+u_{Cn}=0$，$i_{Ca}+i_{Cb}+i_{Cc}=0$，$i_{La}+i_{Lb}+i_{Lc}=0$，

故 abc 三个变量中只有两个为独立变量。

为了减少变量数目，可以通过 3s/2s 变换，即 Clark 变换，将 abc 三相静止坐标系的量变换到 αβ 两相静止坐标系中，αβ 坐标系的 α 轴与 abc 的 a 轴重合。式（4.6）的空间电压矢量 $\boldsymbol{U}$ 在 αβ 坐标系中表示比 abc 坐标系更方便。根据等幅变换原则有

$$\begin{bmatrix} u_{\alpha} \\ u_{\beta} \end{bmatrix} = \frac{2}{3}\begin{bmatrix} 1 & -\frac{1}{2} & -\frac{1}{2} \\ 0 & \frac{\sqrt{3}}{2} & -\frac{\sqrt{3}}{2} \end{bmatrix}\begin{bmatrix} u_{\mathrm{an}} \\ u_{\mathrm{bn}} \\ u_{\mathrm{cn}} \end{bmatrix} \tag{4.19}$$

式中，变换矩阵可简写为［abc/αβ］形式。反之，αβ 坐标系的量亦可转为 abc 坐标系的量

$$\begin{bmatrix} u_{\mathrm{an}} \\ u_{\mathrm{bn}} \\ u_{\mathrm{cn}} \end{bmatrix} = \begin{bmatrix} 1 & 0 \\ -\frac{1}{2} & \frac{\sqrt{3}}{2} \\ -\frac{1}{2} & -\frac{\sqrt{3}}{2} \end{bmatrix}\begin{bmatrix} u_{\alpha} \\ u_{\beta} \end{bmatrix} \tag{4.20}$$

式中，变换矩阵可简写为［αβ/abc］。

借助 abc/αβ 变换，三相 dc/ac 变换器的数学模型即可写成在 αβ 坐标系的形式。由于 abc 和 αβ 坐标系中的变量均为交流量，采用 PI 比例积分调节器时必有稳态误差，会影响输出电压性能。为了将 αβ 坐标系下的交流信号转变为直流信号，需要进行 2s/2r 变换，即 Park 变换：即将 αβ 静止坐标系中的量转换到 dq 旋转坐标系中，且设 dq 坐标系的 d 轴与 α 轴重合，由此有

$$\begin{bmatrix} u_{\mathrm{d}} \\ u_{\mathrm{q}} \end{bmatrix} = \begin{bmatrix} \cos\omega t & \sin\omega t \\ -\sin\omega t & \cos\omega t \end{bmatrix}\begin{bmatrix} u_{\alpha} \\ u_{\beta} \end{bmatrix} \tag{4.21}$$

由 αβ 坐标系转到 dq 坐标系的变换矩阵可简写为［αβ/dq］。借助于式（4.21），可将在 αβ 坐标系中的三相 dc/ac 变换器数学模型转为 dq 坐标系的数学模型。在 αβ 坐标系中角频率为 ω 的交流量转到 dq 坐标系后成为直流量，采用 PI 调节器时其稳态误差可为 0。相应地，dq 坐标系内的量也可转为 αβ 坐标系的量

$$\begin{bmatrix} u_{\alpha} \\ u_{\beta} \end{bmatrix} = \begin{bmatrix} \cos\omega t & -\sin\omega t \\ \sin\omega t & \cos\omega t \end{bmatrix}\begin{bmatrix} u_{\mathrm{d}} \\ u_{\mathrm{q}} \end{bmatrix} \tag{4.22}$$

将式（4.15）、式（4.17）进行 Clark 和 Park 变换，有

$$\begin{bmatrix} L\frac{\mathrm{d}i_{L\mathrm{d}}}{\mathrm{d}t} \\ L\frac{\mathrm{d}i_{L\mathrm{q}}}{\mathrm{d}t} \end{bmatrix} = \begin{bmatrix} 1 & 0 \\ 0 & 1 \end{bmatrix}\begin{bmatrix} u_{\mathrm{d}} \\ u_{\mathrm{q}} \end{bmatrix} - \begin{bmatrix} 1 & 0 \\ 0 & 1 \end{bmatrix}\begin{bmatrix} u_{\mathrm{od}} \\ u_{\mathrm{oq}} \end{bmatrix} + \begin{bmatrix} 0 & \omega L \\ -\omega L & 0 \end{bmatrix}\begin{bmatrix} i_{L\mathrm{d}} \\ i_{L\mathrm{q}} \end{bmatrix} \tag{4.23}$$

$$\begin{bmatrix} C\dfrac{\mathrm{d}u_{\mathrm{od}}}{\mathrm{d}t} \\ C\dfrac{\mathrm{d}u_{\mathrm{oq}}}{\mathrm{d}t} \end{bmatrix}=\begin{bmatrix} 1 & 0 \\ 0 & 1 \end{bmatrix}\begin{bmatrix} i_{L\mathrm{d}} \\ i_{L\mathrm{q}} \end{bmatrix}-\begin{bmatrix} 1 & 0 \\ 0 & 1 \end{bmatrix}\begin{bmatrix} i_{\mathrm{od}} \\ i_{\mathrm{oq}} \end{bmatrix}+\begin{bmatrix} 0 & \omega C \\ -\omega C & 0 \end{bmatrix}\begin{bmatrix} u_{\mathrm{od}} \\ u_{\mathrm{oq}} \end{bmatrix} \tag{4.24}$$

式中，u_{d}、u_{q} 为三相逆变桥输出电压在 dq 轴的分量；u_{od}、u_{oq} 为三相输出电压在 dq 轴的分量；i_{od}、i_{oq} 为三相输出负载电流在 dq 轴的分量；$i_{L\mathrm{d}}$、$i_{L\mathrm{q}}$ 为三相电感电流在 dq 轴的分量。由此可画出 dq 两相旋转坐标系下三相逆变器数学模型的结构框图如图 4.8 所示，可见：经过 Park 变换之后，交流变量转变为对应的直流变量，可以简化控制系统的分析和设计，但是 d 轴与 q 轴分量相互耦合，具体变量的解耦将在下文参数设计中讨论。

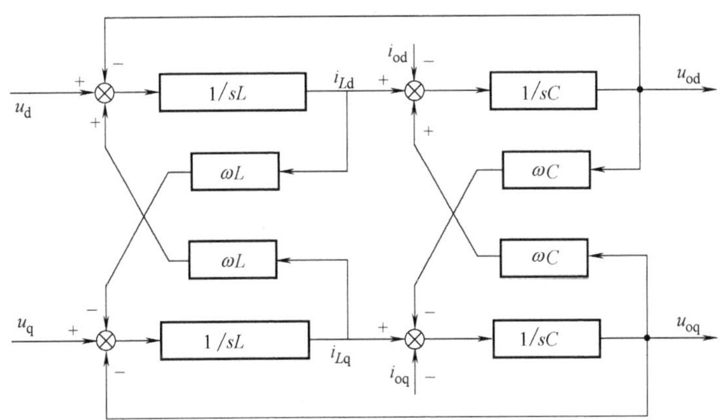

图 4.8　dq 旋转坐标系下三相逆变器数学模型的结构框图

三相 dc/ac 变换器由于仅两个独立变量，因此多数情况下只能承担三相对称负载。在交流电动机调速控制中，由于三相交流电动机为三相对称负载，两者的结合是完美的，再加上磁场定向控制原理的应用，实现了励磁与转矩控制间的解耦，交流调速系统在性能上可和直流调速系统媲美。而交流电机结构简单，使用更可靠方便。

三相 dc/ac 变换器的负载为不对称三相时，必导致三相电流的不对称，从而使三相输出电压不对称。为了让三相 dc/ac 变换器承担不对称三相负载，一般在其输出端加上中点形成变压器，中点形成变压器可以是双绕组变压器，也可为三相自耦变压器。为了减小三相电压的不平衡，中点形成变压器的零序阻抗必须小。

由三个单相 dc/ac 变换器构成的三相 dc/ac 变换器可以承担不对称负载。这种组合的缺点是所用器件增多，且这 3 个单相 dc/ac 变换器的直流电源要互相隔离。

三相 dc/ac 变换器能承受不对称三相负载的合理结构为三相四桥臂 dc/ac 变换器。

4.1.4 三相 dc/ac 变换器输出电压的调节

在 SVPWM 的调制系数 m 一定时，dc/ac 变换器的输出电压 u_{An}、u_{Bn}、u_{Cn} 和电源电压 U_{dc} 成正比，且和负载大小及其功率因数 $\cos\varphi$ 相关。

若 dc/ac 变换器作为交流电源使用，要求输出电压不因输入电压 U_{dc} 和负载电流的变化而改变，即输出电压恒定。当三相 dc/ac 变换器和交流电动机配套成为调速电动机时，要求其输出电压 u 和输出频率 f 相关，即 u/f 恒定，这是因为交流电动机的工作点宜在空载特性曲线，即空载电动势与励磁电流间的关系曲线的近饱和区，以充分利用电机的磁性材料。同样，若电机转速恒定，也希望 dc/ac 变换器输出电压恒定。

调节输出电压的方法就是调节调制系数 m，而 m 和零矢量直接相关。若不加入零矢量，则 dc/ac 变换器的输出电压达最大值，仅由 U_{dc} 决定。若仅有零矢量，则 dc/ac 变换器输出电压为 0。

为了得到高的输出电压精确度，合理的方法是应用 dc/ac 变换器的 dq 坐标系的数学模型，让它的变量成为直流量。图 4.9 是三相 dc/ac 变换器作为三相 ac 电源时的控制系统构成框图，采用输出电压外环和电感电流内环的控制方式，负载电流前馈控制。采样三相输出电压、三相电感电流和三相负载电流，分别通过 abc-dq 坐标变换得到其在 d 轴和 q 轴的分量。u_{od} 和 u_{oq} 分别为三相输出电压的 d 轴和 q 轴分量；i_{Ld} 和 i_{Lq} 分别为电感电流反馈信号的 dq 轴分量；i_{od} 与 i_{oq} 分别为前馈负载电流的 dq 轴分量。将 d 轴和 q 轴的电压给定 u_{od}^* 和 u_{oq}^* 分别与 u_{od} 和 u_{oq} 做差后送入电压 PI 调节器 U_dR、U_qR，此处 $u_{oq}^*=0$。电压调节器的输出经过电压环解耦和负载电流前馈信号叠加后作为电流环的 dq 轴给定信号 i_{Ld}^* 和 i_{Lq}^*。将电流环的给定

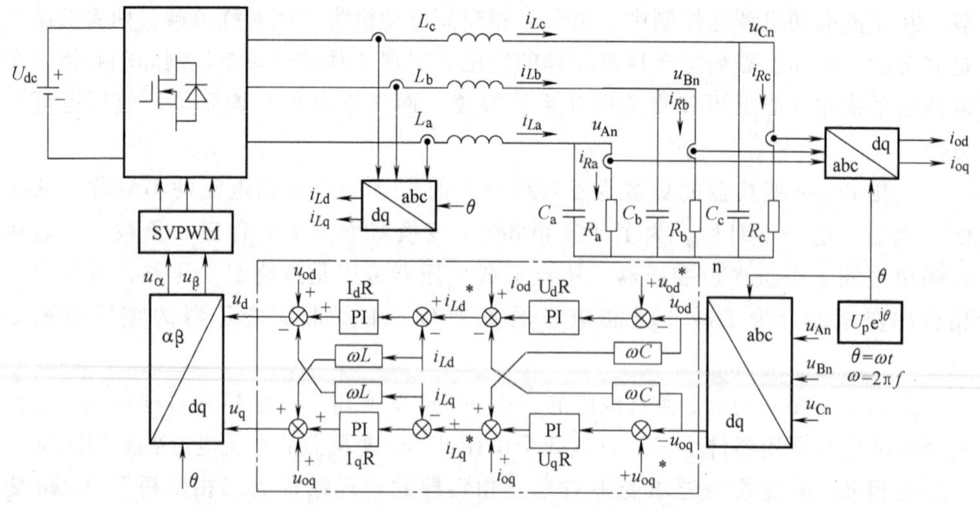

图 4.9 三相 dc/ac 变换器电压电流双闭环控制系统构成

与电感电流反馈信号做差后送入 PI 电流调节器 $\mathrm{I_dR}$、$\mathrm{I_qR}$，电流调节器的输出经过电流环解耦和输出电压 u_{od}、u_{oq} 前馈信号叠加后，再由 dq-αβ 变换把 dq 坐标系分量转换成 αβ 坐标系分量 u_α 和 u_β，最后通过 SVPWM 运算得到功率管的驱动控制信号，经驱动电路放大成主电路功率管的驱动电压信号，实现对逆变器的控制。

电流内环采用 PI 调节器，控制方程为

$$\begin{cases} u_d=\left(K_{Pi}+\dfrac{K_{Ii}}{s}\right)(i_{Ld}^*-i_{Ld})+u_{od}-\omega Li_{Lq} \\ u_q=\left(K_{Pi}+\dfrac{K_{Ii}}{s}\right)(i_{Lq}^*-i_{Lq})+u_{oq}+\omega Li_{Ld} \end{cases} \tag{4.25}$$

电压外环也采用 PI 调节器，控制方程为

$$\begin{cases} i_{Ld}=\left(K_{Pv}+\dfrac{K_{Iv}}{s}\right)(u_{od}^*-u_{od})+i_{od}-\omega Cu_{oq} \\ i_{Lq}=\left(K_{Pv}+\dfrac{K_{Iv}}{s}\right)(u_{oq}^*-u_{oq})+i_{oq}+\omega Cu_{od} \end{cases} \tag{4.26}$$

其中，K_{Pi} 和 K_{Ii} 分别为电流内环 PI 调节器的比例系数和积分系数；K_{Pv} 和 K_{Iv} 分别为电压外环 PI 调节器的比例系数和积分系数；u_d、u_q 为三相逆变桥输出电压在 dq 轴的分量。

结合式（4.23）~式（4.26），得

$$\begin{cases} u_{od}=\dfrac{1}{Cs}\left[\left(K_{Pv}+\dfrac{K_{Iv}}{s}\right)(u_{od}^*-u_{od})\right] \\ u_{oq}=\dfrac{1}{Cs}\left[\left(K_{Pv}+\dfrac{K_{Iv}}{s}\right)(u_{oq}^*-u_{oq})\right] \end{cases} \tag{4.27}$$

$$\begin{cases} i_{Ld}=\dfrac{1}{Ls}\left[\left(K_{Pi}+\dfrac{K_{Ii}}{s}\right)(i_{Ld}^*-i_{Ld})\right] \\ i_{Lq}=\dfrac{1}{Ls}\left[\left(K_{Pi}+\dfrac{K_{Ii}}{s}\right)(i_{Lq}^*-i_{Lq})\right] \end{cases} \tag{4.28}$$

由上式可以看出，dq 轴上的电压电流分量之间不存在耦合关系，图 4.9 点画线框内即对应 dq 轴解耦部分的控制框图。

4.1.5 dc/ac 变换器的输出输入滤波器

1. 输出滤波器

dc/ac 变换器的开关管均在 PWM 方式下工作，开关管的导通和截止过程时间很短，导致相当大的电压变化率 $\mathrm{d}u/\mathrm{d}t$，引起较大的电磁干扰（Electromagnetic Interference，EMI）。电磁干扰有辐射干扰和传导干扰两类。由于电力电子装置机箱的屏蔽作用，辐射干扰对外界的影响较小。传导干扰通过电源线向供电电源传播，

通过输出线向用电设备传播。同时电力电子装置内的功率电路也会干扰自身的检测和控制电路，危害自身的性能。因此，电力电子装置必须设置滤波器，以抑制传导干扰。

开关管导通和截止时大的 du/dt 产生和开关频率相同及其倍数次的高频电压波，同时开关过程中二极管的反向恢复引起的大的电流变化率 di/dt 也是电力电子装置电磁干扰的主要原因。

图 4.10 是三相 dc/ac 变换器 3 种不同工作状态时的寄生电容上电荷的变化情形。图中 6 只开关管用简化方式表示，当开关管采用 MOSFET 时，并于它的电容是开关管 DS 漏源极的结电容，A、B、C 三个输出端之间的电容是变换器输出端的分布电容，输出端与地线间的电容是开关管与散热器之间的分布电容，散热器通常与机箱连接并与地线相连。图中未画出输出滤波电路。图 4.10a ~ c 三图分别对应于开关管的 3 种工作状态，000、100 和 111。由图可见，当开关管工作在 000 状态时，三相输出对地电容上的电压下正上负，大小为 $U_{dc}/2$；当开关管工作在 100 状态时，A 相输出对地电容上的电压变成上正下负，大小为 $U_{dc}/2$；当开关管工作在 111 状态时，三相输出对地电容上的电压均为上正下负，大小为 $U_{dc}/2$；可见任一状态的转变，导致寄生电容的快速放电或充电，由于电路阻抗较小，而 du/dt 很

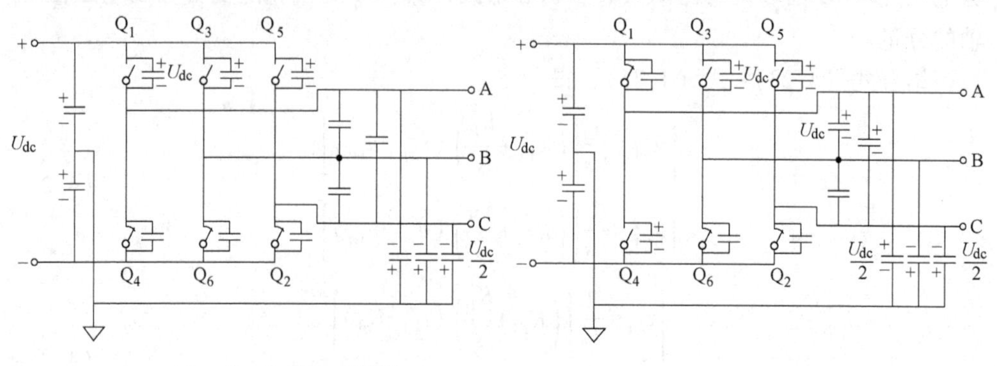

a) Q_4、Q_6、Q_2导通，000状态

b) Q_1、Q_6、Q_2导通，100状态

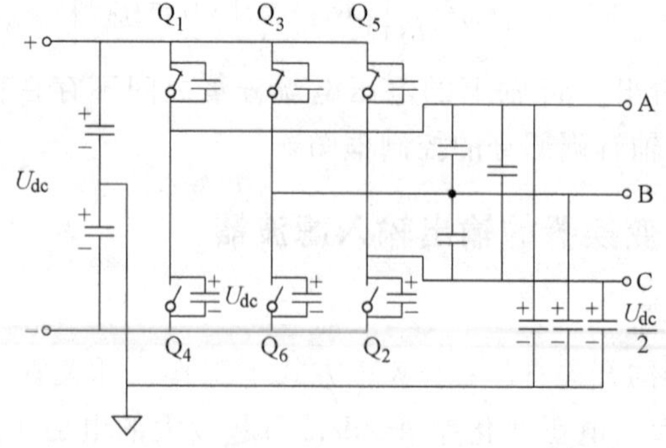

c) Q_1、Q_3、Q_5导通，111状态

图 4.10　三相 dc/ac 变换器的开关状态和寄生电容的电荷

大，从而导致大的 di/dt，引起强烈的电磁干扰，而二极管的反向恢复的 di/dt 进一步加强了 di/dt，加强了干扰信号。

为了减小干扰信号的输出，在 dc/ac 变换器的输入和输出端都要加滤波器。滤波器有两类：差模滤波器和共模滤波器。差模滤波器用于滤除差模传导干扰信号，差模传动干扰信号在 dc/ac 变换器的主电路中流动。共模滤波器用于滤除共模传导干扰信号，共模传导干扰信号是在机壳接地回路中流动。

图 4.11 是 dc/ac 变换器交流侧的差模和共模滤波器的电路图，图中 L_{da}、L_{db}、L_{dc} 和 C_{da}、C_{db}、C_{dc} 构成差模 LC 滤波器，L_{cm} 和 C_{cm} 为三相共模滤波器。

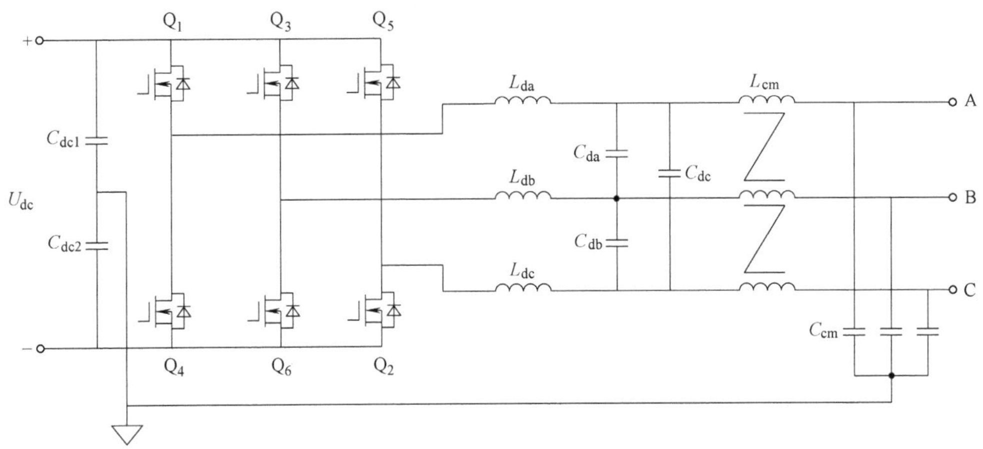

图 4.11　dc/ac 变换器交流侧差模 L_d、C_d 和共模 L_{cm}、C_{cm} 滤波器

LC 滤波器的特性常用其幅频特性表示，如图 4.12 所示，当外加信号频率等于 LC 谐振频率 f_c 时，LC 的幅频特性出现峰值，放大了干扰信号。若 dc/ac 变换器的开关频率等于 $10f_c$ 时，滤波器输出信号衰减 40dB，大幅度抑制了开关频率信号。故滤波器谐振频率的选取和开关管的开关频率密切相关，提高开关频率可以提高 LC 的谐振频率，降低滤波器的体积和重量。

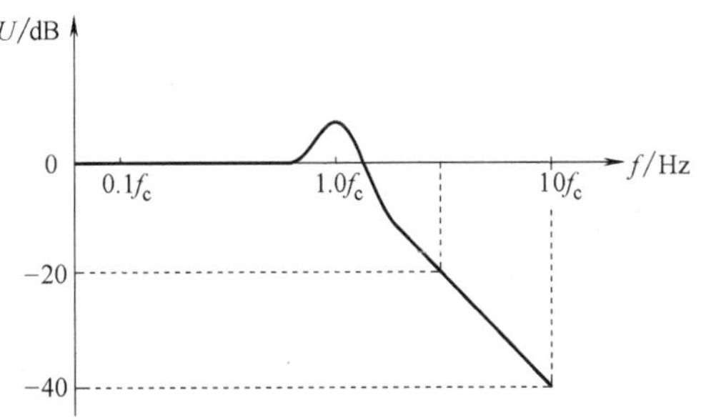

图 4.12　交流侧 LC 滤波器的幅频特性

dc/ac 变换器的输出侧差模滤波器 L_d、C_d 的作用是滤除正弦脉宽调制波中的开关频率及其高次谐波分量，使输出电压 u_{AB}、u_{BC}和 u_{CA} 为正弦波。故 L_d 常为微亨级，C_d 为微法级，视 dc/ac 变换器额定容量不同而异，容量越大，L_d 越小，C_d 越大。容量为 100kVA 级、交流电压为数百伏的变换器通过 C_d 的基波电流达几安到几十安。详细的差模滤波器设计见下面仿真举例。

共模滤波器中的电容 C_{cm} 通常很小，为 0.01μF 或更小。为了抑制共模电流，L_{cm} 常为 mH 级。为了减小 L_{cm} 的体积和重量，三相共模电感常用高导磁材料构成，且为环形铁心结构，如图 4.13 所示。三相线圈按相差 120°分别绕在环形铁心上，当共模电流通过磁环上的三相线圈流向电容 C_{cm} 时，各线圈磁势形成同向的磁通，使合成磁通加大，根据 $L=\Psi/I$ 可知，电感加大，使得共模电流被较大地抑制。当如图 4.13c 所示的三相差模电流流入线圈时，在 t 时刻，i_a 为正、i_b 和 i_c 为负，而 i_a 的磁势和 i_b、i_c 的磁势正好大小相同、方向相反，故 i_a 通过共模电感线圈时只形成漏磁通 Φ_{da}，i_b 和 i_c 流过共模电感线圈时也只形成漏磁通 Φ_{dbc}。由此可见，共模电感对共模电流而言，电感相当大，对差模电流而言只有漏感，这样差模电流不会使铁心饱和，共模电流受共模电容的限制，也不会使铁心饱和，从而有大的共模电感 L_{cm}。

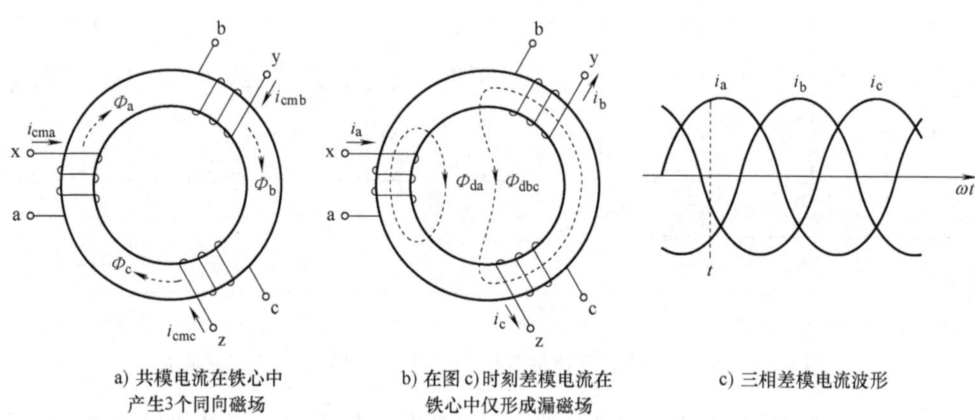

a) 共模电流在铁心中产生3个同向磁场　　b) 在图 c)时刻差模电流在铁心中仅形成漏磁场　　c) 三相差模电流波形

图 4.13　三相共模电感结构、电流及相应磁通关系

2. 输入 EMI 滤波器

(1) 电磁干扰的测量及噪声分离原理

传导 EMI 在耦合路径上主要通过电流传播电磁噪声，但考虑测量方便，常将电流转化为电压进行测量。GJB 151B—2013 规定的具体测试原理：由线路阻抗稳定网络（Line Impedance Stabilization Network，LISN）在干扰源侧提供一个额定阻抗，将噪声电流转化为噪声电压，噪声电压被分离为共模和差模噪声信号，对测量所得的共模与差模电压进行频谱分析得到传导 EMI 噪声频谱。

GJB 151B—2013 规定的“50Ω//50μH+5Ω”V 型 LISN 的电路结构如图 4.14 所示。LISN 为每根电源线提供了 3 个端口，分别连接电源、待测设备以及测量设备，其适用频段为民用 0.15~30MHz 或军用 0.01~10MHz。LISN 起初是针对 50/60Hz 电网提出来的，但也适用于直流供电设备。

噪声分离的基本原理可以用图 4.15 所示的等效电路进行分析。如图 4.15 所示，相线噪声电流 i_L、i_N 用共模、差模电流 i_{CM}、i_{DM} 表示为

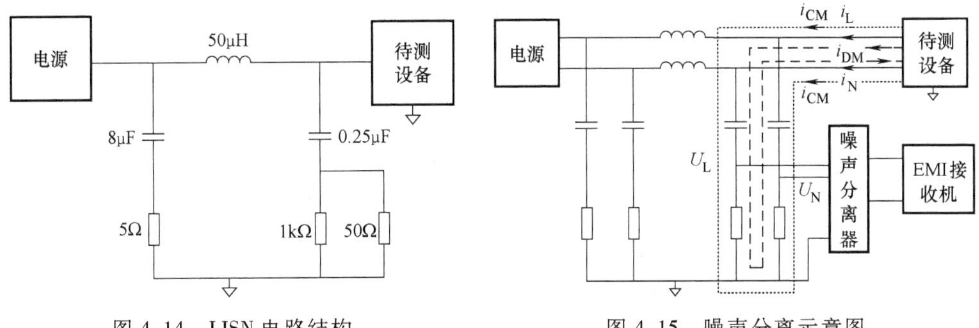

图 4.14　LISN 电路结构　　　　图 4.15　噪声分离示意图

$$\begin{cases} i_L = i_{CM} + i_{DM} \\ i_N = i_{CM} - i_{DM} \end{cases} \tag{4.29}$$

由此可以得到共模和差模电流表达式：

$$\begin{cases} i_{CM} = \dfrac{1}{2}(i_L + i_N) \\ i_{DM} = \dfrac{1}{2}(i_L - i_N) \end{cases} \tag{4.30}$$

共模和差模电流在 LISN 的 50Ω 测试阻抗上产生的共模噪声电压 U_{CM} 和差模噪声电压 U_{DM} 可表示为

$$\begin{cases} U_{CM} = 50i_{CM} = 50\times\dfrac{1}{2}(i_L + i_N) = \dfrac{1}{2}(U_L + U_N) \\ U_{DM} = 50i_{DM} = 50\times\dfrac{1}{2}(i_L - i_N) = \dfrac{1}{2}(U_L - U_N) \end{cases} \tag{4.31}$$

（2）典型输入 EMI 滤波器的分析与设计

典型输入 EMI 滤波器如图 4.16a 所示。C_{X1}、C_{X2} 是差模电容，C_{Y1}、C_{Y2} 是共模电容。共模电感 L_C 常使用环形铁氧体材料绕制，在一个磁环上有两个匝数相同、绕向相反的对称线圈。当同向电流流入共模电感时，会产生同方向的磁场，感抗增大，使得共模电流被较大地抑制。流过差模电感 L_D 的电流较大，设计时要考虑饱和问题，常用饱和磁密较大的磁粉心材料制作。若电路中差模噪声不大，差模电感可由共模电感的漏感提供，无需额外的电感。

在实际 EMI 滤波器设计中要对共模和差模信号分别考虑，典型输入 EMI 滤波器的共模和差模等效电路分别如图 4.16b 和图 4.16c 所示。

共模等效电路为 L 型低通滤波器，有着 40dB/dec 的衰减斜率。等效共模电感 $L_{CM}=L_C+L_D/2$，等效共模电容 $C_{CM}=2C_Y$，滤波器共模转折频率为

$$f_{CM} = \frac{1}{2\pi\sqrt{L_{CM}C_{CM}}} = \frac{1}{2\pi\sqrt{\left(L_C+\dfrac{1}{2}L_D\right)(2C_Y)}} \tag{4.32}$$

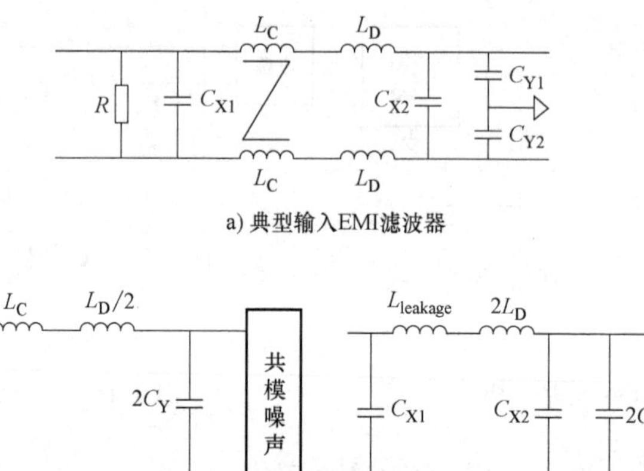

a) 典型输入EMI滤波器

b) 共模等效电路　　c) 差模等效电路

图 4.16　典型输入 EMI 滤波器及其共模差模等效电路

差模等效电路是 π 型低通滤波器，其衰减斜率为 60dB/dec。等效差模电感 $L_{DM}=L_{leakage}+2L_D$，其中 $L_{leakage}$ 是共模电感的漏感。由于 Y 电容值远小于 X 电容，忽略 Y 电容，等效差模电容 $C_{DM}=C_{X1}=C_{X2}$。差模转折频率为

$$f_{DM}=\frac{\sqrt{2}}{2\pi\sqrt{L_{DM}C_{DM}}}=\frac{\sqrt{2}}{2\pi\sqrt{(L_{leakage}+2L_D)C_{X1}}} \tag{4.33}$$

在此分析基础上，可按照如下基本步骤设计 EMI 滤波器：

1）测量无 EMI 滤波器时的原始噪声，并从中分离出共模噪声 U_{CM}、差模噪声 U_{DM}；

2）将噪声测量值与传导噪声限值 U_{limit} 进行比较，并考虑安全裕量 12dB，计算某频率点 f 所需衰减值 U_{ref} 如下：

$$\begin{cases}U_{ref(CM)}=U_{CM}-U_{limit}+12\text{dB}\\U_{ref(DM)}=U_{DM}-U_{limit}+12\text{dB}\end{cases} \tag{4.34}$$

GJB 151B—2013 中传导噪声限值 U_{limit} 如图 4.17 所示。

3）根据衰减值计算共模和差模等效电路的截止频率。以典型的单相 EMI 滤波器为例，其共模、差模衰减斜率分别是 40dB/dec 和 60dB/dec。用相应的衰减斜率的直线与衰减值曲线相切，得到的频率轴截距即为共模、差模截止频率，计算公式如下：

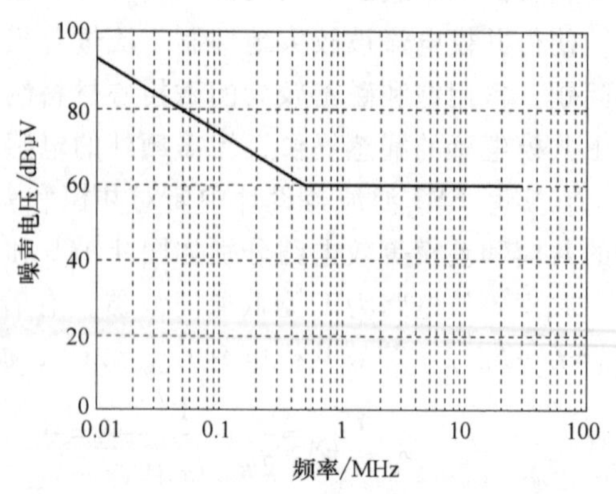

图 4.17　GJB 151B—2013 传导噪声限值

$$\begin{cases} f_{CM}=f/10^{\frac{U_{ref(CM)}}{40}} \\ f_{DM}=f/10^{\frac{U_{ref(DM)}}{60}} \end{cases} \tag{4.35}$$

式中，f 为和衰减值曲线相切点的频率。

4）根据共模、差模截止频率，分别设计共模、差模参数。一般先选择共模电容，在满足低漏电流要求的前提下尽可能取大；然后根据共模截止频率计算共模电感量。差模参数的计算方法与此类似。

5）滤波器设计完成后，将其插到 LISN 及待测设备之间，测量此时的干扰值。如果噪声值满足 EMC 要求，则设计完成。否则需要调整滤波器参数，直至符合 EMC 标准要求。

（3）EMI 仿真

在 Saber 软件中搭建逆变器的传导 EMI 仿真模型。开关管选择型号为 SCT3022KL 的 SiC MOSFET。对搭建的模型进行时域分析，借助 LISN 得到相线噪声电压 U_L、U_N，进而得到共模及差模噪声电压 U_{CM}、U_{DM}。使用波形计算器对噪声电压进行 FFT 变换，得到如图 4.18 所示的噪声频谱，上图对应共模噪声频谱，下图对应差模噪声频谱。噪声频谱以对数频率为横坐标，纵坐标单位是 dBμV（约

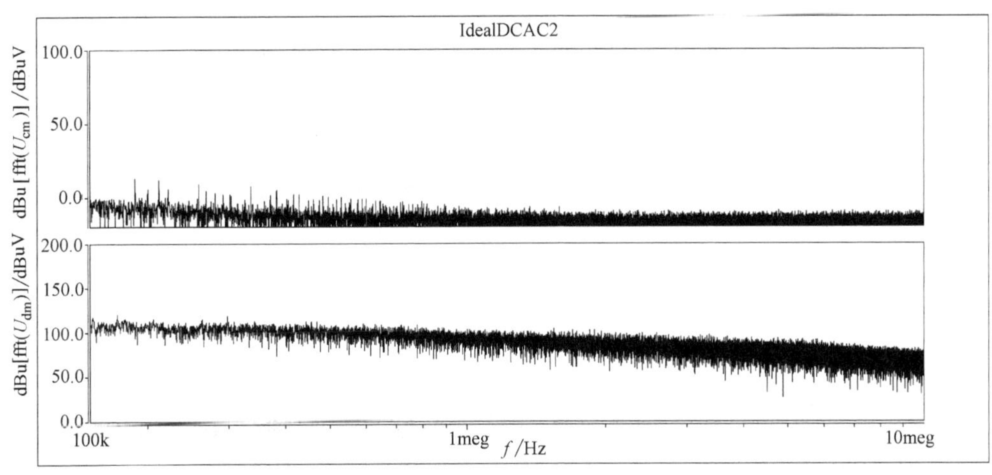

图 4.18　共模及差模噪声频谱

为 1mV）。观察噪声频谱并结合 EMC 标准限值可以看出，逆变器输入端主要以差模 DM 噪声为主，共模 CM 噪声除部分频率点外都处于限值以下，故可以省去共模滤波器，选择 π 型拓扑，如图 4.19 所示。

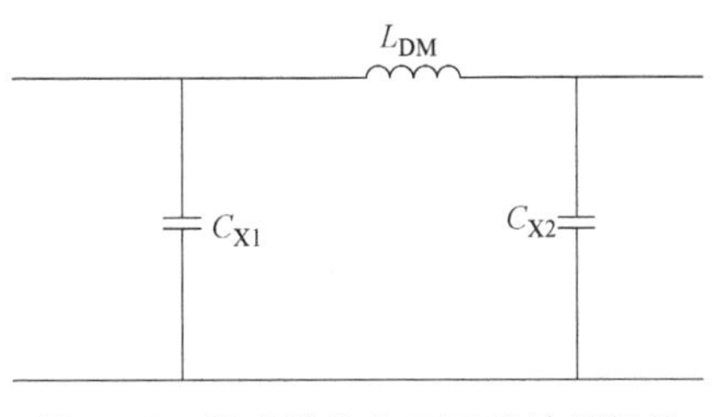

图 4.19　逆变器输入 EMI 滤波器拓扑

用仿真得到的噪声频谱和标准限值比对，计算衰减量，从而确定滤波器截止频率

的大小。EMC 标准规定传导干扰的频率范围是 150kHz~30MHz，从频谱图也可以看出，此范围的频谱相比低频处更为密集，从中选取噪声较高的频率点，并考虑一定裕量，可以计算噪声衰减量。当 $f=150\text{kHz}$ 时，由式（4.34）和式（4.35）计算出所需差模衰减量 $U_{\text{ref(DM)}}$ 为 52dB，差模电路截止频率 f_{DM} 约为 20kHz。从滤波器体积和重量角度考虑，电容值尽量取大些可减小电感值，因此电容 C_{X1} 取值为 10μF。

对 π 型滤波器，其截止频率 f_{DM} 为

$$f_{\text{DM}}=\frac{\sqrt{2}}{2\pi\sqrt{L_{\text{DM}}C_{\text{X1}}}} \tag{4.36}$$

代入 f_{DM} 和电容，得到电感 L_{DM} 为 12μH。

将设计好的滤波器放到 LISN 和逆变器之间，再次仿真系统噪声频谱。如图 4.20a 所示，加入 EMI 滤波器后，高频噪声受到有效抑制，但低频噪声仍然较高，需要降低截止频率，直至低频段符合 EMC 标准。降低差模频率，最终 f_{DM} 为

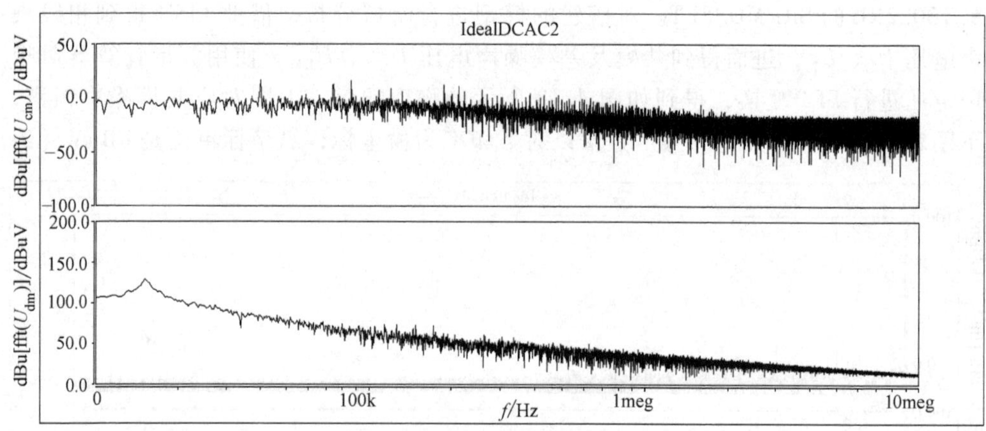

a) f_{DM}为20kHz

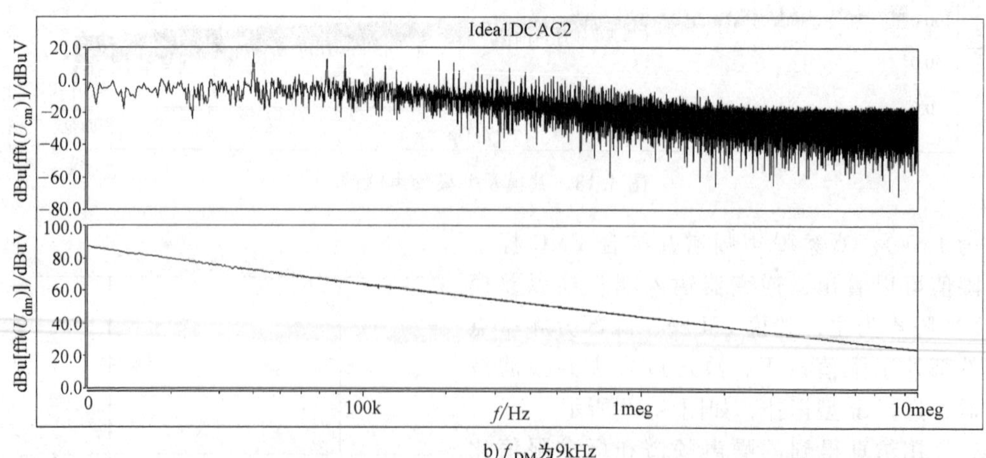

b) f_{DM}为9kHz

图 4.20 不同 f_{DM} 时的共模及差模噪声频谱

9kHz，电感 L_{DM} 为 20μH，电容 C_{X1} 为 30μF，噪声频谱如图 4.20b 所示。由图可以看出，差模噪声与共模噪声均小于标准限值。

4.1.6　dc/ac 变换器开关管的开通和关断过程

若 dc/ac 变换器的开关器件采用硅 IGBT 和硅快恢复二极管时，其开关过程较复杂，由于开关过程时间较长，导致较大的开关损耗。

图 4.21 是三相 dc/ac 变换器 A 相桥臂两个开关管 Q_1 和 Q_4 的简化电路。图 4.21a 是 Q_1 导通时的状态，A 相电流为 i_{La}，直流侧电流 $i_{dc}=i_{La}$，Q_1 的寄生电容 C_{ce1} 上无电荷，Q_4 的 C_{ce4} 上电压为 U_{dc}，故 C_{ce4} 的储能为 $0.5C_{ce4}U_{dc}{}^2$。设直流母线的分布电感为 L_s，图中没有画出。若 Q_1 由导通转向截止时，Q_1 的 ce 两端电压增加，C_{ce1} 充电，Q_4 两端电压因 C_{ce4} 放电而降低。若 C_{ce1} 足够大，充电时所需电能 $0.5C_{ce1}U_{dc}^2$ 大于母线电感储能 $0.5L_si_{dc}^2$，则 Q_1 关断过程中不会导致 Q_1 的 ce 端电压 u_{ce1} 上出现尖峰，$u_{ce1}=U_{dc}$。但当负载电流 i_{La} 增大，导致 i_{dc} 增加，使 $0.5L_si_{dc}^2$ 大于 $0.5C_{ce1}U_{dc}^2$ 时，必在 Q_1 的 ce 端形成电压尖峰 u_p，使 $u_{ce1}=U_{dc}+u_p$。若尖峰电压过高，超过了器件耐压，会使 Q_1 击穿损坏。因此限制开关管的关断电压尖峰极为重要。

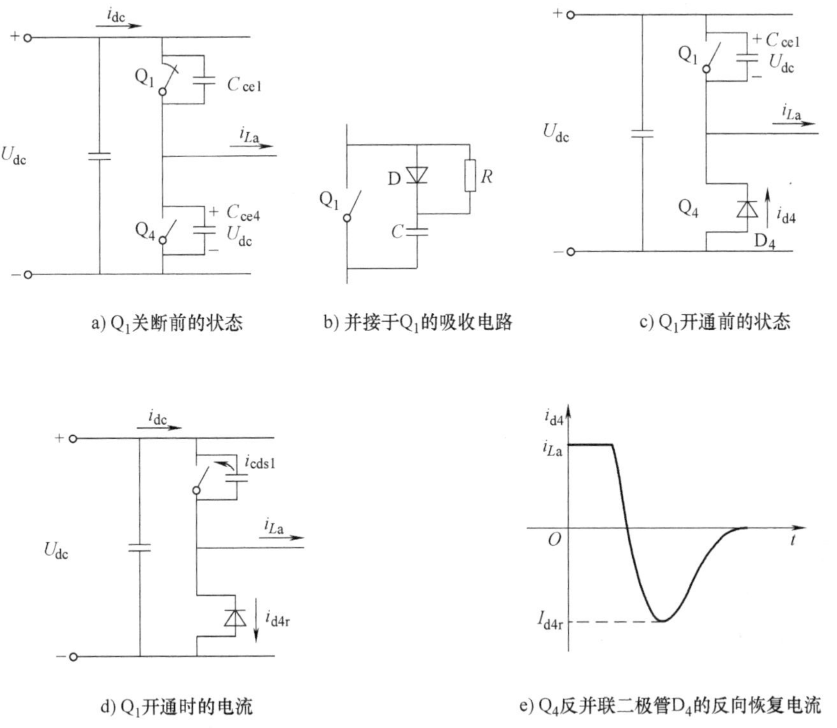

a) Q_1关断前的状态　b) 并接于Q_1的吸收电路　c) Q_1开通前的状态

d) Q_1开通时的电流　e) Q_4反并联二极管D_4的反向恢复电流

图 4.21　Q_1 的关断和开通过程

图 4.21b 是由 RCD 构成的吸收电路，有时候也称之为缓冲电路，用于吸收母线电感储能，减小电压尖峰，其原理是 C 的加入相当于加大了 C_{ce1} 的容量，有利于吸收关断电压尖峰。为了使 C 有效吸收尖峰，RCD 必须在 Q_1 导通期间将电容能量通过电阻 R 释放完，因此 RCD 吸收电路加大了 dc/ac 变换器的损耗。

采用无感母排是抑制关断电压尖峰的有效办法。无感母排就是分布电感 L_s 尽量小的母线。当功率器件的直流侧正负母线用中间夹绝缘层的多层薄铜板构成时，正母排电流和负母排电流方向相反，十分贴近，故形成的磁场很小，使 L_s 有效下降。进一步降低母线电感的措施是将三相桥 Q_1 ~ Q_6 管的管芯封装在同一模块内。模块的好处是可以有效降低母排的长度，再加上管芯的合理布局，可使分布电感 L_s 远小于母排的电感。电力电子器件的集成封装还有更多的好处。

开关管 Q_1 关断过程是 C_{ce4} 的放电过程，C_{ce4} 放完电后，Q_4 的反并联二极管即导通续流，即 $i_{d4}=i_{La}$。此时 Q_1 的寄生电容 C_{ce1} 充电电压达 U_{dc}，如图 4.21c 所示。IGBT 在断开时有电流拖尾现象，加大了开关管的关断损耗。

在 Q_1 再次导通时有三个电流流入 Q_1，如图 4.21d 所示。一是负载电流 i_{La}；二是 Q_1 寄生电容 C_{ce1} 的放电电流 i_{cce1}；三是 Q_4 的反并联二极管 D_4 的反向恢复电流。D_4 的反向恢复电流如图 4.21e 所示。在续流期间该二极管的电流等于 i_{La}，在 Q_1 导通时刻，二极管反向加压，电流快速下降到零并有反向电流 i_{d4r}，反向电流大小和原续流电流 i_{La} 大小以及所加反向电压大小相关，i_{La} 越大或反向电压越大，i_{d4r} 的峰值也越大。i_{d4r} 达到峰值后又快速下降到零，故二极管反向恢复电流为一浪涌电流，一方面加大了 Q_1 的开通电流，加大了 Q_1 的开通损耗，同时又导致大的电磁干扰。为了减小 Q_1 的开通损耗，合理的办法是减小 Q_1 的寄生电容 C_{ce1} 和选用没有反向恢复的二极管。

4.1.7 硅和碳化硅电力电子器件

在 B787 飞机上，有 8 台相同硬件的 dc/ac 变换器，B787 称它们为通用电机起动控制器（Common Motor Starter Controller，CMSC），用于发动机的电力起动和驱动电动空气压缩机，驱动液压泵，驱动电动风扇。每台 CMSC 的额定功率 110kW，重 52kg。不少人觉得这个 CMSC 太重了，比目前地面汽车用的电驱动器还重。CMSC 之所以这么重是因为它是在 20 世纪 90 年代发展的，那时 SiC 碳化硅器件尚未商品化，CMSC 用的是 Si IGBT 和快恢复二极管，它们的开关速度低、工作频率低，故滤波器体积大、重量重、散热器的尺寸大，也加大了机箱的结构材料重量，从而使得 CMSC 较重。

CMSC 内的差模和共模滤波器的重量约 20kg。由于有滤波器，使得和 CMSC 连接的馈电线可以不用屏蔽电缆，而是用的普通电缆，从而降低了电缆重量。同时高频脉冲电压不是直接加到电动机上，而是经过滤波器滤波后成正弦电压加到电动机上，也有利于提高电动机的性能，降低电动机的损耗和发热。因此总的来讲，CM-

SC 重量大了一些，但总体重量是减轻了的。

现在，SiC 开关器件已经商业化。SiC 器件性能远优于 Si 电力电子器件，主要表现在：SiC 器件开关速度快，开关频率高，有利于减小滤波器的尺寸和重量；SiC MOSFET 没有 Si IGBT 的电流拖尾问题，SiC 肖特基二极管没有反向恢复电流，因而开关损耗小，发热量小；SiC 器件的工作结温远高于 Si 器件的 150℃；SiC 器件导热系数高，热量易散出；SiC 器件有抗辐射的特性等。SiC 器件的这些优良特性使电力电子器件接近理想器件，从而有利于提高电力电子装置的功率密度，提高效率，减小对散热设备的过度依赖，提高了电力电子装置的可靠性，有利于多电飞机中电力电子装置的进一步发展。

电力电子器件的集成封装也十分重要。从前文叙述来看，希望有 3 种集成封装结构。一是两管封装，如 Buck/Boost 和不对称半桥电路用双管结构；二是四管封装，如单相桥式 dc/ac 变换器的电路结构；三是六管封装，如三相 dc/ac 变换器。目前，大多数电力电子模块均为两管和六管封装结构，且仅为开关管和其反并联二极管的封装。进一步的发展是将驱动电路和检测元件也封装在一起。集成封装的电力电子模块减小了电力电子装置的重量，简化了装置结构，提高了可靠性、电磁兼容性和整机效率，简化了电力电子装置的冷却需求。

4.1.8 实例分析

采用图 4.1a 所示三相 dc/ac 变换器拓扑进行设计和仿真。直流输入电压为 570V，交流输出电压有效值恒定为 220V，输出电压频率分别为 50Hz、400Hz、1.2kHz 和 2kHz，输出功率 40kVA，开关频率 40kHz。下面以输出频率为 2kHz 进行参数设计。

1. 参数设计

(1) 滤波电容

假设输出滤波电容星形连接，且三相滤波电容容值均为 C，定义 C 引入的无功功率与逆变器输出额定有功功率之比为 λ_C，则有

$$C \leqslant \lambda_C \frac{P_o}{3\omega U_o^2} \tag{4.37}$$

其中，ω 为输出电压角频率；U_o 为输出电压有效值；P_o 为输出有功功率。当输出频率 = 2kHz、U_o = 220V、P_o = 40kW，λ_C 取 20% 时，可求得 $C \leqslant 4.39\mu F$。当输出滤波电容呈 Δ 形连接时，有

$$C_{ab} = C_{bc} = C_{ca} = C/3 \tag{4.38}$$

Δ 连接方式下，电容承受电压大小为输出线电压，有效值为 380V，峰值为 537V。电容电流有效值为

$$I_{Crms} = \omega C_{ab} U_{AB} = 6.99A \tag{4.39}$$

综合考虑，最终选择交流电压有效值为 600V，容值为 1.5μF 的

MKP10141507H00KSSD 聚丙烯薄膜电容，则 $C_{ab}=C_{ca}=C_{bc}=1.5\mu F$、$C=4.5\mu F$。

额定阻性负载电流有效值 I_{orms} 为 60.6A，考虑电容电流有效值，则电感电流有效值 $I_{Lrms}=61.88A$，电感电流峰值 $I_{Lm}=\sqrt{2}I_{Lrms}=87.5A$。

（2）滤波电感

假设 S_k 为 abc 三相桥臂的开关函数，k=a，b，c。u_{ao} 满足

$$u_{ao}=U_{dc}S_a \tag{4.40}$$

由式（4.14），有

$$u_{no}=\frac{U_{dc}}{3}\sum_{k=a,b,c}S_k \tag{4.41}$$

由式（4.15），有

$$L\frac{di_{La}}{dt}=u_{an}-u_{An}=u_{ao}-u_{no}-u_{An} \tag{4.42}$$

将式（4.40）和式（4.41）带入式（4.42），并化简有

$$L\frac{di_{La}}{dt}=U_{dc}\left(\frac{2}{3}S_a-\frac{1}{3}S_b-\frac{1}{3}S_c\right)-u_{An} \tag{4.43}$$

考虑电流过零处附近一个 PWM 开关周期 T_s 中的电流跟踪瞬态过程，其波形如图 4.22 所示。其中，i_{Lref} 为给定电流；i_{La} 为电感电流。

稳态条件下，当 $0\leqslant t\leqslant t_a$ 时，a 相桥臂开关管 Q_1 导通、Q_4 关断、$S_a=1$、电感电流增加量为 Δi_1、持续时间 t_a。$t_1\leqslant t\leqslant T_s$ 时，Q_1 关断、Q_4 导通、$S_a=0$、电感电流减小量为 Δi_2、持续时间 t_b。考虑 $S_b=0$、$S_c=1$，当 $t_a=T_s$ 时，可近似得到电感电流最小上升变化率，式（4.43）近似可写成

$$L\frac{\Delta i_1}{T_s}\approx\frac{1}{3}U_{dc} \tag{4.44}$$

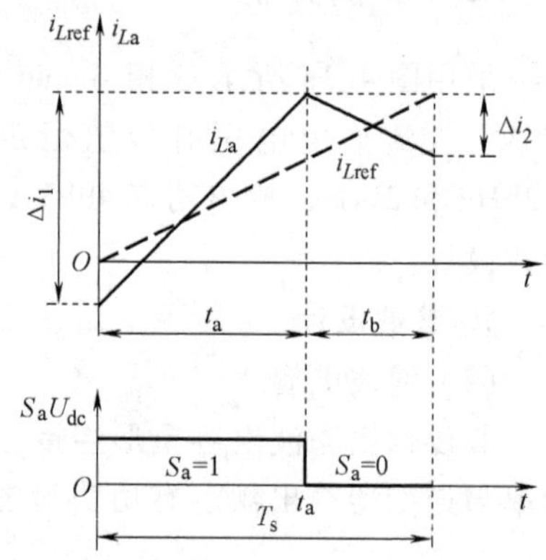

图 4.22 过零处输出滤波电感电流 i_{La} 和给定电流 i_{Lref} 波形

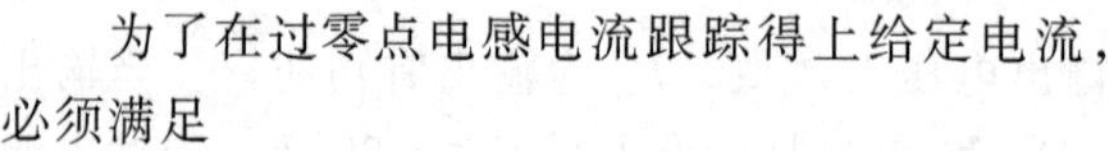

为了在过零点电感电流跟踪得上给定电流，必须满足

$$\frac{\Delta i_1}{T_s}\geqslant\omega I_{Lm} \tag{4.45}$$

式中，ω 为输出基波角频率；I_{Lm} 为电感电流峰值。由以上等式可得

$$L\leqslant\frac{U_{dc}}{3\omega I_{Lm}}\approx 173\mu H \tag{4.46}$$

三相 dc/ac 变换器采用 SVPWM 时，可以得到的逆变桥桥臂输出最大基波相电

压峰值$U_s=U_{dc}/\sqrt{3}=329.1V$。若 U_{Anm} 为三相 dc/ac 变换器输出电压峰值 311V，从电压大小的角度考虑，电感应满足

$$L<\frac{\sqrt{\left(\frac{U_{dc}}{\sqrt{3}}\right)^2-U_{Anm}^2}}{\omega I_{Lm}}=97.6\mu H \tag{4.47}$$

电感也不能太小，否则电感电流脉动过大。由电感电压电流公式可知，加在电感上的电压波形对应的伏秒积最大时对应的电感电流脉动量最大。a 相电感电压波形的伏秒积最大时，电压参考矢量位于矢量 $\boldsymbol{U}_1$(100) 方位，如图 4.23a 所示。该开关周期的开关函数和 a 相桥臂输出电压如图 4.23b 所示，在此期间，矢量 $\boldsymbol{U}_1$ 的作用时间 t_1 对应 a 相桥臂输出电压 u_{an} 脉冲的高电平时间，矢量 $\boldsymbol{U}_2$ 的作用时间 $t_2=0$。相对于开关频率，输出电压可近似认为恒定为 $u_{An(avg)}$。

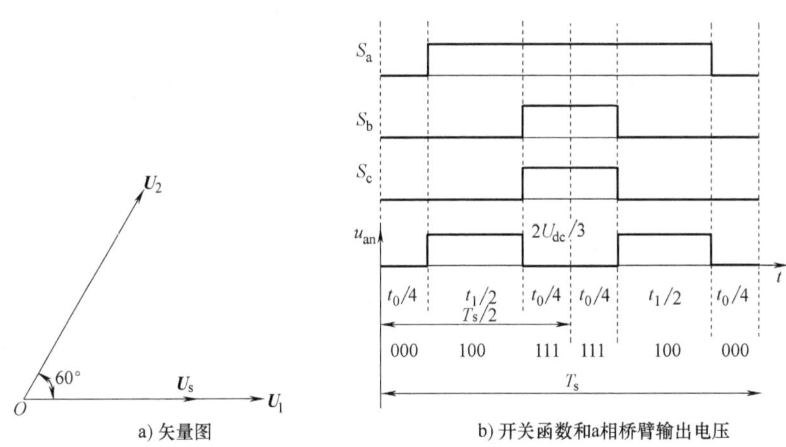

图 4.23　a 相桥臂输出电压最大时，对应周期的矢量图和波形图

加在电感上的电压为

$$L\frac{di_{La}}{dt}=u_{an}-u_{An}=u_{an}-u_{An(avg)} \tag{4.48}$$

由式 (4.43)，100 矢量作用 $t_1/2$ 时，$S_a=1$、$S_b=0$、$S_c=0$，电流上升，u_{an} 脉冲幅值等于 $2U_{dc}/3$，有

$$\Delta i_{La}=\frac{\left(\frac{2}{3}U_{dc}-u_{An(avg)}\right)t_1/2}{L} \tag{4.49}$$

000 和 111 作用时，在 $t_0/2$ 时间内电感电流下降，因此有

$$L\frac{\Delta i_{La}}{t_0/2}=u_{An(avg)} \tag{4.50}$$

假设电感电流上升量等于下降量，联立式 (4.49) 和式 (4.50) 有

$$u_{\mathrm{An(avg)}}=\frac{2U_{\mathrm{dc}}}{3}\frac{t_1}{T_{\mathrm{s}}} \tag{4.51}$$

将式（4.51）代入式（4.49）有

$$\Delta i_{La}=\frac{U_{\mathrm{dc}}(T_{\mathrm{s}}-t_1)t_1}{3LT_{\mathrm{s}}} \tag{4.52}$$

可以算出当 $t_1=0.5T_{\mathrm{s}}$ 时，电感电流脉动最大，因此有

$$L\geqslant\frac{U_{\mathrm{dc}}T_{\mathrm{s}}}{12\Delta I_{L\max}} \tag{4.53}$$

取电感电流脉动量为最大电感峰值电流的 25%，计算得到 $L\geqslant54\mu\mathrm{F}$，再考虑式（4.46）和式（4.47），电感选择为 65μH。

滤波器谐振频率为

$$f_{\mathrm{L}}=\frac{1}{2\pi\sqrt{LC}}=9305\mathrm{Hz} \tag{4.54}$$

谐振频率在输出频率 2kHz 和开关频率 40kHz 之间。以 65μH、电流有效值 61.88A 来绕制电感。由于铁硅磁心具有磁心损耗较低、饱和磁通密度高、温度稳定性好、相对成本低等优点，因此电感采用铁硅 Kool Mμ 磁心，环形，零件号 77620A，外径 62.0mm，内径 32.6mm，高度 25.0mm；磁心窗口面积 A_{W} 为 $789\mathrm{mm}^2$，横截面积 A_{p} 为 $360\mathrm{mm}^2$；磁路平均长度 l 为 144mm；重 340g；体积 $51800\mathrm{mm}^3$；电感因数 A_{L} 为 189（1±8%）mH。饱和磁感应强度 1.6T，设计最大磁感应强度 B_{m} 为 0.8T。绕组匝数为 12 匝，电流密度 J 为 $300\mathrm{A/cm}^2$，选择单股标称直径（裸径）为 0.3mm、300 股绞绕在一起的利兹线，导体截面积为 $0.212\mathrm{cm}^2$，单股带绝缘直径为 0.451mm，利兹线导线面积为 $0.48\mathrm{cm}^2$，导线电阻 R 为 82μΩ/cm。窗口利用率 K_{w} 为 0.322。

（3）功率管

功率管承受的电压为输入电压 570V，流过的电流大小为电感电流峰值 87.5A，考虑裕量，选用型号为 BSM120D12P2C005 的 SiC MOSFET 半桥模块，额定电压电流为 1200V/134A，导通电阻为 18mΩ。

2. 仿真分析

采用上述控制策略和设计参数对如图 4.1a 所示的三相 dc/ac 变换器进行 Matlab 仿真，输入直流电压 570V，输出三相交流电压：220V/50Hz、220V/400Hz、220V/1.2kHz、220V/2kHz，额定容量 40kVA，开关频率 40kHz。输出滤波电感 65μH，输出滤波电容 1.5μF 三角形连接，三相负载星形对称连接。电压环 PI 调节器比例系数 $K_{\mathrm{Pv}}=0.8$、积分系数 $K_{\mathrm{Iv}}=281.5$，电流环 PI 调节器比例系数 $K_{\mathrm{pi}}=3$、积分系数 $K_{\mathrm{Ii}}=63.46$。调节器和滤波器参数均是针对输出频率 2kHz 进行设计的，其他输出频率时应该做相应的修改，为简化分析，此处采用了相同的滤波器参数和调

节器参数。图 4.24a 为补偿前后电流环的伯德图，可见补偿后电流环截止频率为 8kHz，相位裕度为 46°。图 4.24b 为补偿前后电压环的伯德图，可见补偿后系统截止频率为 2kHz，相位裕度为 47°，系统稳定。

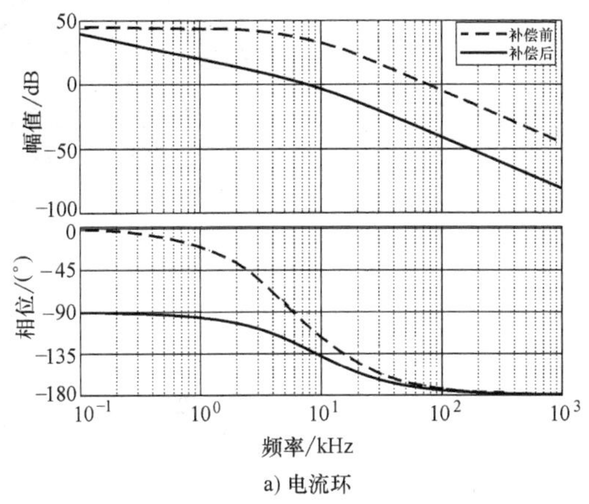

a) 电流环

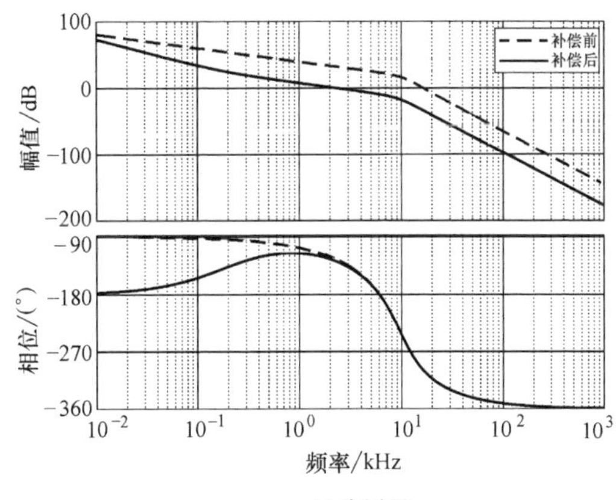

b) 电压环

图 4.24　三相 dc/ac 逆变器电压和电流环在补偿前后的伯德图

图 4.25 给出了三相逆变器在输出电压为 220V/400Hz 时的仿真波形。图 4.25a 为开关管的驱动信号，逆变器采用 SVPWM 七段式调制方式，Q_1 和 Q_4、Q_3 和 Q_6、Q_5 和 Q_2 互补导通。图 4.25b 为逆变器开关管的两端电压和流过的电流波形。图 4.25c 和图 4.25d 分别为逆变器在阻性负载下从空载突加至满载时，以及从满载突卸至空载的输出相电压和电流波形，可见逆变器的动态响应速度较快。图 4.25e 和图 4.25f 分别为空载与满载时输出电压的频谱分析，THD 分别为 0.67% 和 0.57%。图 4.25g 是功率因数为 0.75 阻感性负载下的输出电压和电流波形。图 4.25h 分别为 a 相滤波电感电流、ac 相间滤波电容的电流波形，电容电流峰值约为 10A。

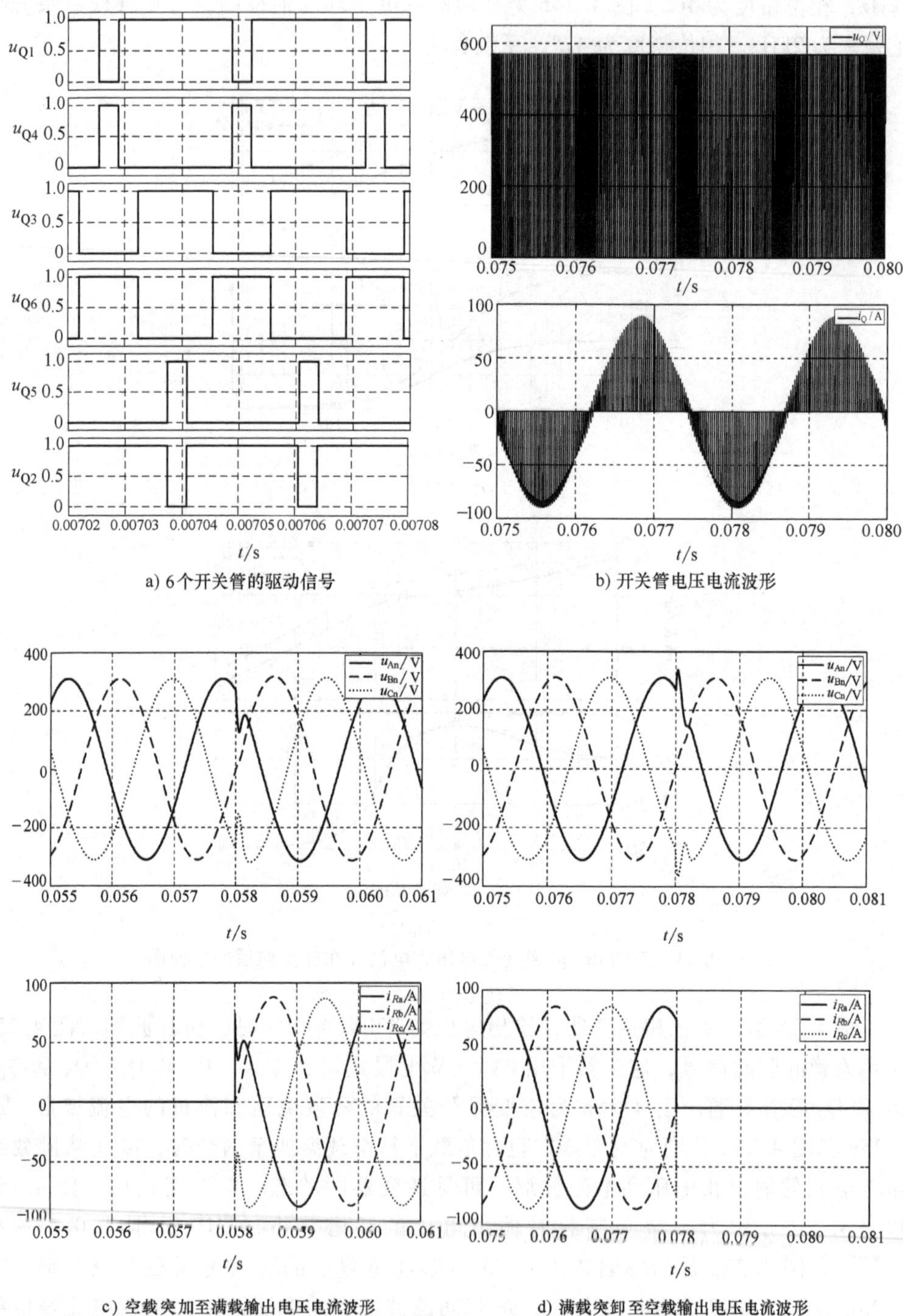

a) 6个开关管的驱动信号

b) 开关管电压电流波形

c) 空载突加至满载输出电压电流波形

d) 满载突卸至空载输出电压电流波形

图 4.25　三相逆变器在输出电压为 220V/400Hz 时的仿真波形

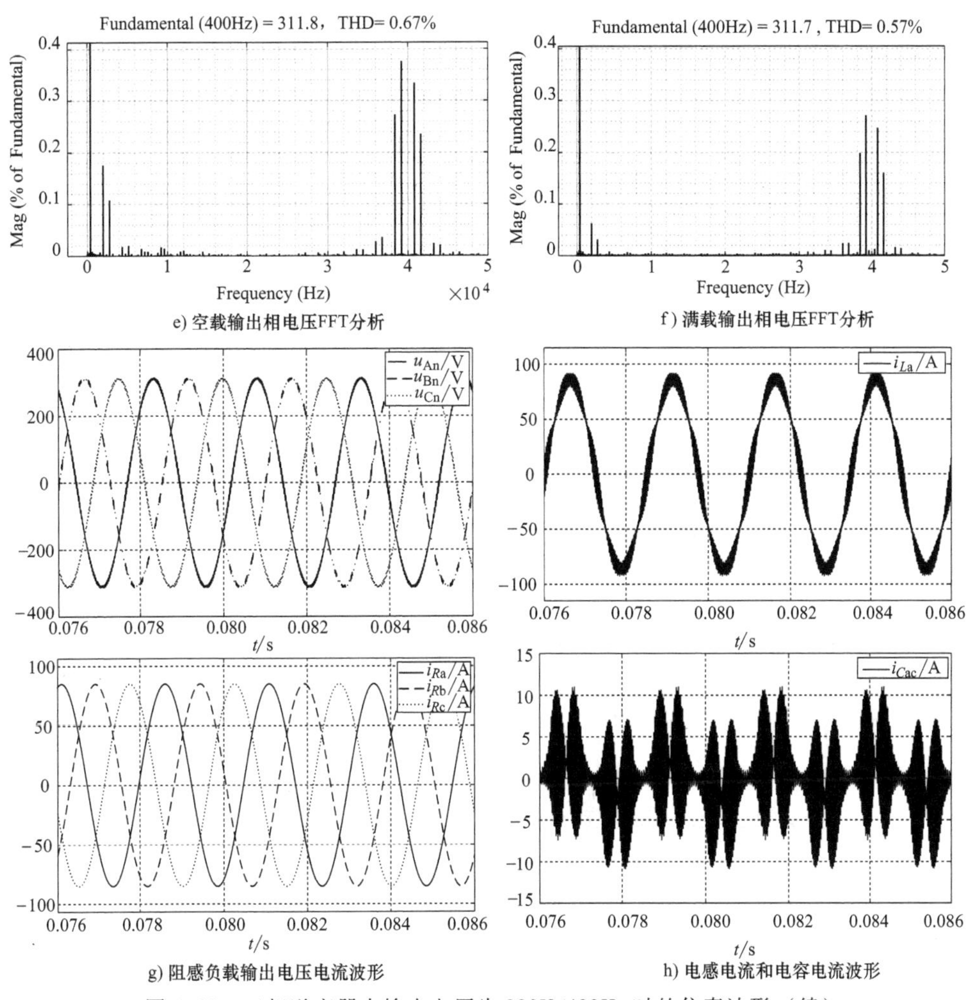

e) 空载输出相电压FFT分析

f) 满载输出相电压FFT分析

g) 阻感负载输出电压电流波形

h) 电感电流和电容电流波形

图 4.25　三相逆变器在输出电压为 220V/400Hz 时的仿真波形（续）

图 4.26 给出了三相逆变器在输出电压为 220V/1.2kHz 时的仿真波形。图 4.26a 和图 4.26b 分别为逆变器在阻性负载下从空载突加至满载时，以及从满载突卸至空载的输出相电压和电流波形，可见逆变器的动态响应速度较快。图 4.26c 和图 4.26d 分别为空载与满载时输出电压的频谱分析，THD 分别为 0.71%和 0.62%。图 4.26e 是功率因数为 0.75 阻感性负载下的输出电压和电流波形，可见输出电流波形滞后于输出电压波形。图 4.26f 为输出滤波电感电流和滤波电容电流波形。

图 4.27 给出了三相逆变器在输出电压为 220V/2kHz 时的仿真波形。图 4.27a 和图 4.27b 分别为逆变器在阻性负载下从空载突加至满载时，以及从满载突卸至空载的输出电压和电流波形，可见逆变器的动态响应速度较快。图 4.27c 和图 4.27d 分别为空载与满载时输出电压的频谱分析，THD 分别为 0.78%和 0.72%。图 4.27e 是功率因数为 0.75 阻感性负载下的输出电压和电流波形。图 4.27f 为 a 相输出滤

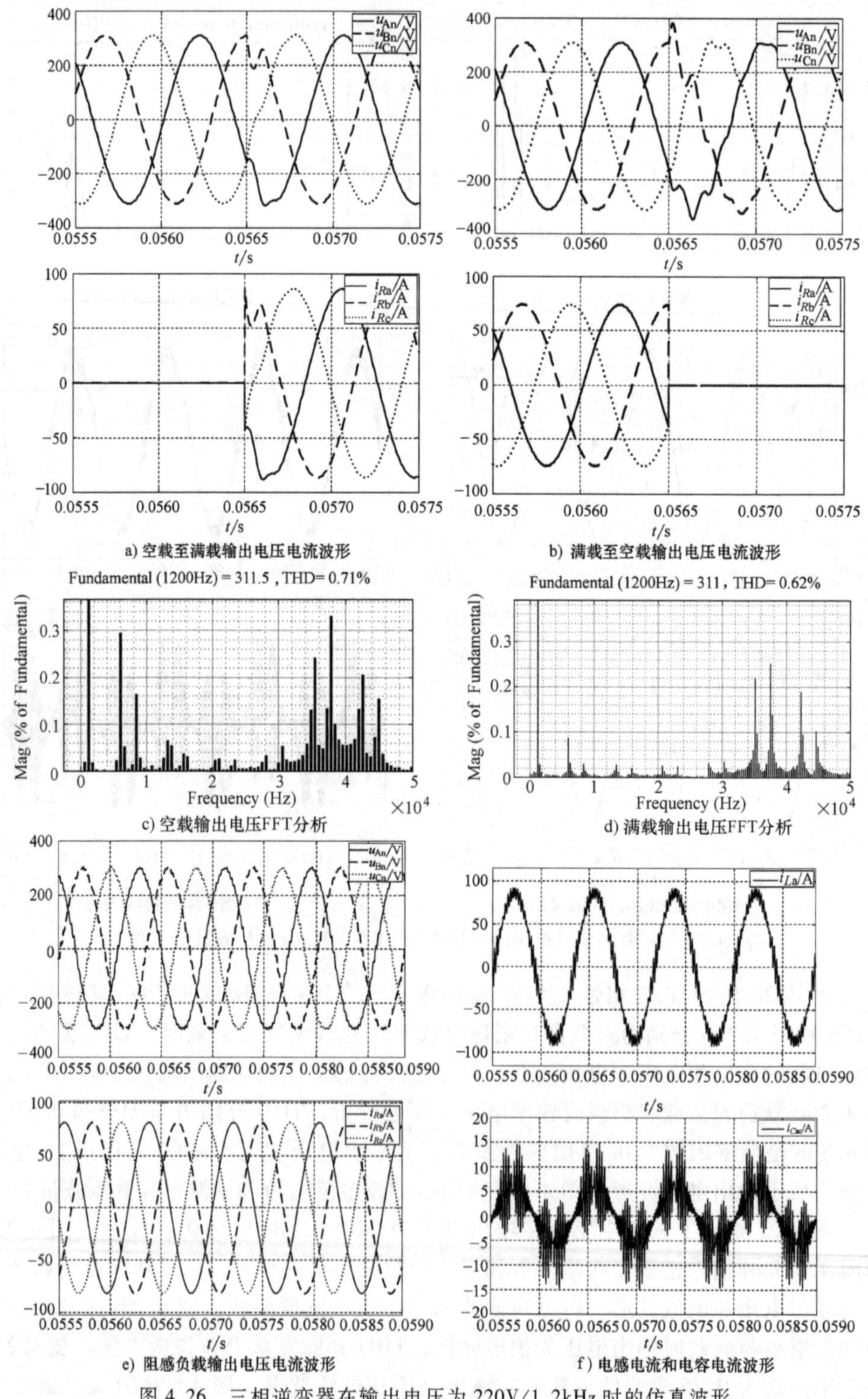

图 4.26　三相逆变器在输出电压为 220V/1.2kHz 时的仿真波形

波电感电流和 ac 相间滤波电容电流波形，大小和理论计算值相当。

图 4.28 给出了三相逆变器在输出电压为 220V/50Hz 时的仿真波形。图 4.28a 和图 4.28b 分别为逆变器在阻性负载下从空载突加至满载时，以及从满载突卸至空载的输出电压和电流波形，可见逆变器的动态响应速度较快。图 4.28c 和图 4.28d 分别为空载与满载时输出电压的频谱分析，THD 分别为 0.66%和 0.56%。图 4.28e 是功率因数为 0.75 阻感性负载下的输出电压和电流波形。图 4.28f 为 a 相输出滤波电感电流和 ac 相间滤波电容电流波形。

由以上分析可见，在所设计的电路参数下，三相 dc/ac 逆变器带三相对称负载时在输出 50Hz、400Hz、1.2kHz 和 2kHz 频率下均有较好的输出电压波形质量，动态响应速度很快。

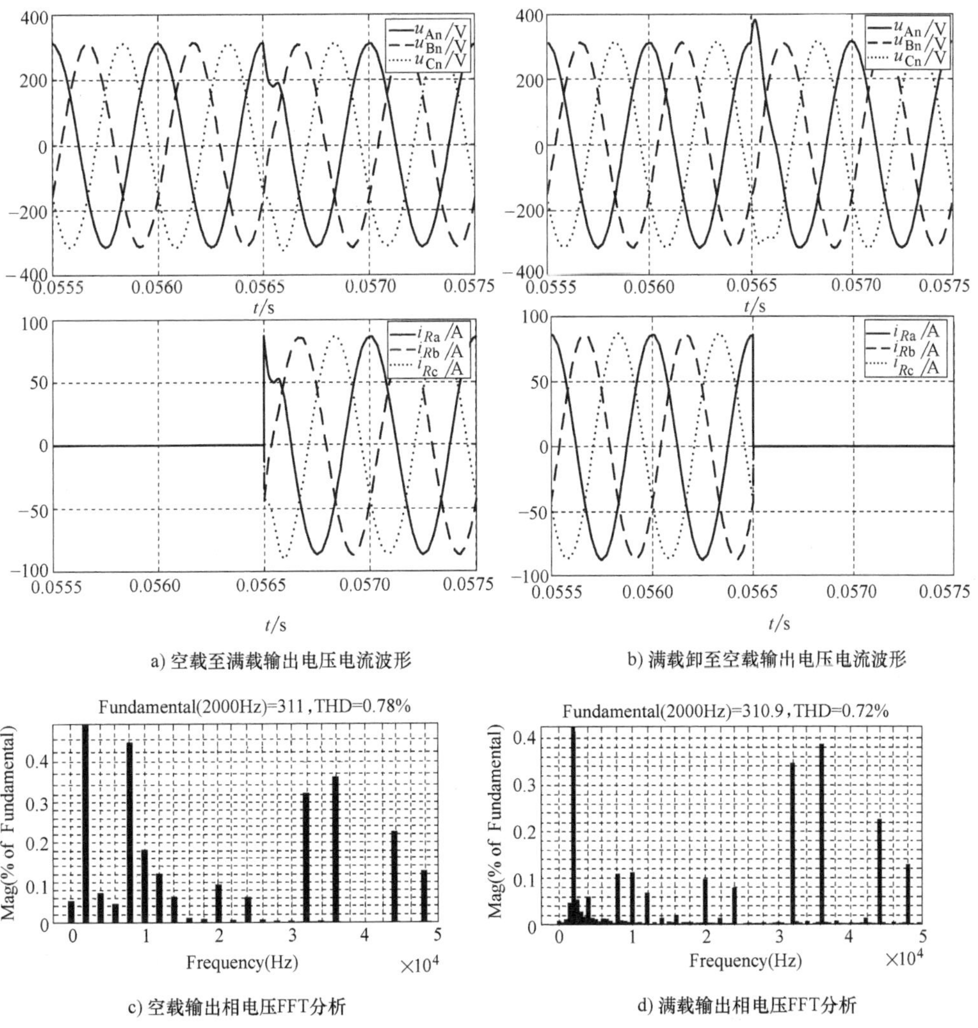

a) 空载至满载输出电压电流波形

b) 满载卸至空载输出电压电流波形

c) 空载输出相电压FFT分析

d) 满载输出相电压FFT分析

图 4.27　三相逆变器在输出电压为 220V/2kHz 时的仿真波形

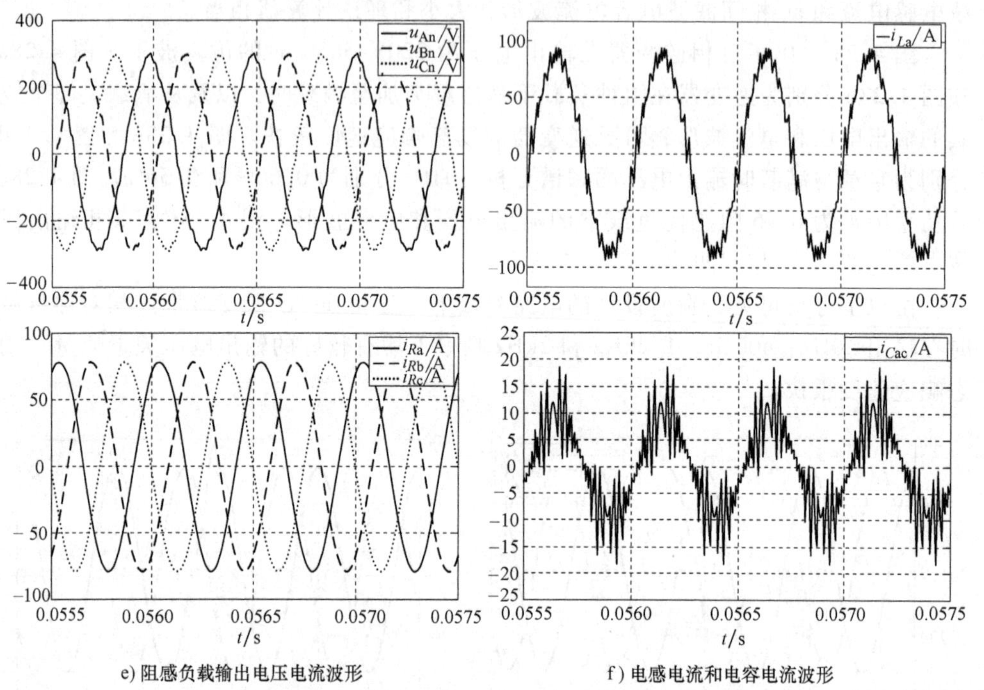

e) 阻感负载输出电压电流波形　　f) 电感电流和电容电流波形

图 4.27　三相逆变器在输出电压为 220V/2kHz 时的仿真波形（续）

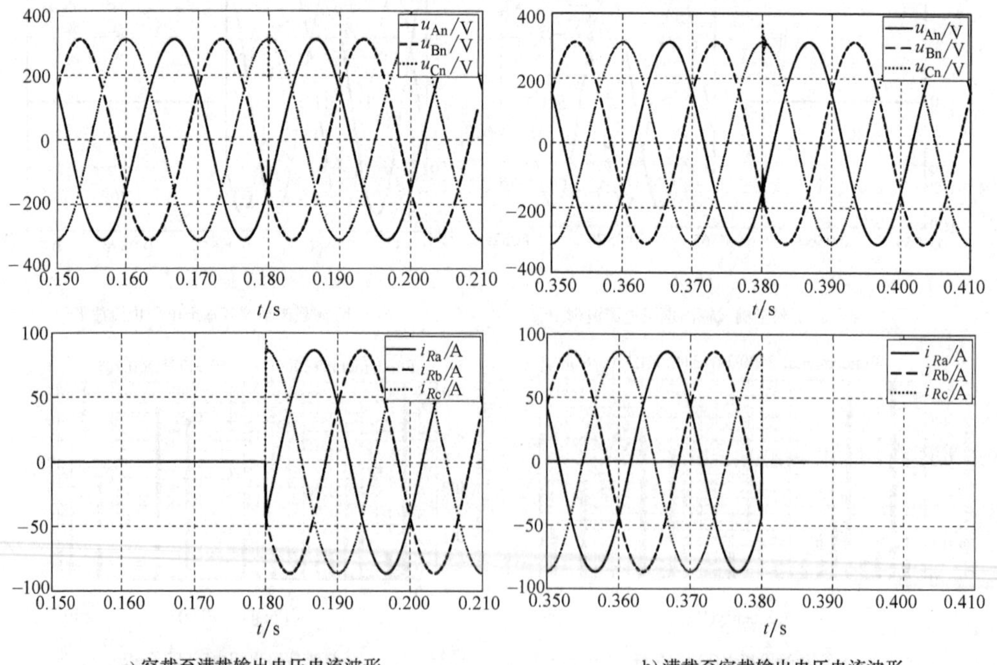

a) 空载至满载输出电压电流波形　　b) 满载至空载输出电压电流波形

图 4.28　三相逆变器在输出电压为 220V/50Hz 时的仿真波形

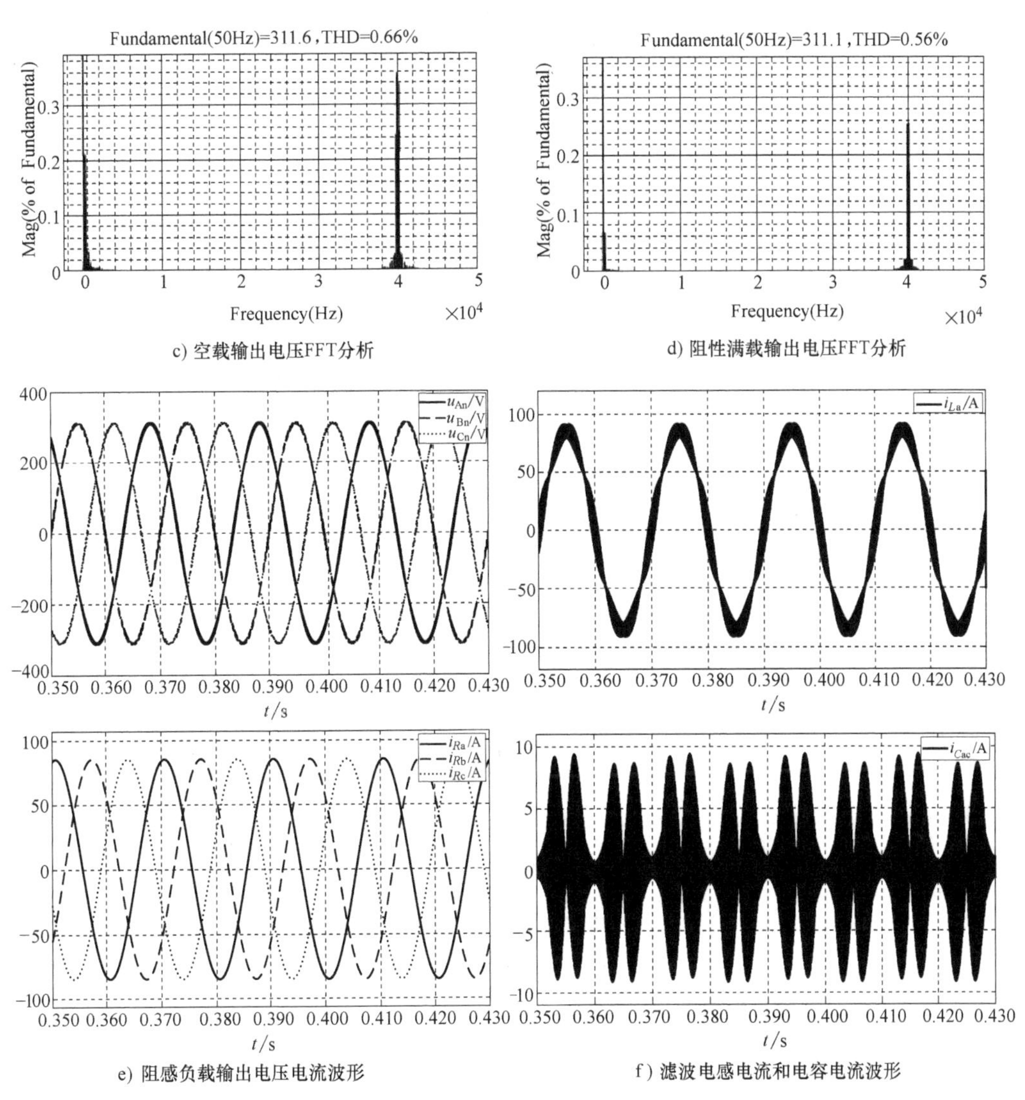

c) 空载输出电压FFT分析

d) 阻性满载输出电压FFT分析

e) 阻感负载输出电压电流波形

f) 滤波电感电流和电容电流波形

图 4.28　三相逆变器在输出电压为 220V/50Hz 时的仿真波形（续）

4.2　三相 ac/dc 变换器

三相 ac/dc 变换器的主电路和图 4.1a 相同，不同之处仅三相交流电源接于 ABC 端，直流侧为输出端。可见三相 dc/ac 变换器为双向变换器，既可将直流电转为三相正弦交流电，也可将三相交流电转为直流电。实际上三相 dc/ac 变换器接阻感性负载时，在工作过程中就有能量的双向传输。当 dc/ac 变换器用于向三相交流电动机供电时，电机处于电动工作状态，电能转为机械能，电机再生或反接制动时机械能反向回馈直流电源，变换器工作于双向能量转换状态。

4.2.1 三相 ac/dc 变换器的电路

图 4.29 为三相桥式 ac/dc 变换器的主电路，由三相对称交流电源 S、输入三相电感及其电阻、ac/dc 三相桥、输出滤波电容 C_1 和 C_2 等构成。n 为电源中点；o 为变换器直流侧电容 C_1 和 C_2 的中点。该电路有图 4.29a、b 所示两种形式，一是 n 和 o 相连，电位差为 0；二是 n 与 o 间无连线，这时 n 与 o 间有电位差。本节仅讨论图 4.29b 所示电路的工作。

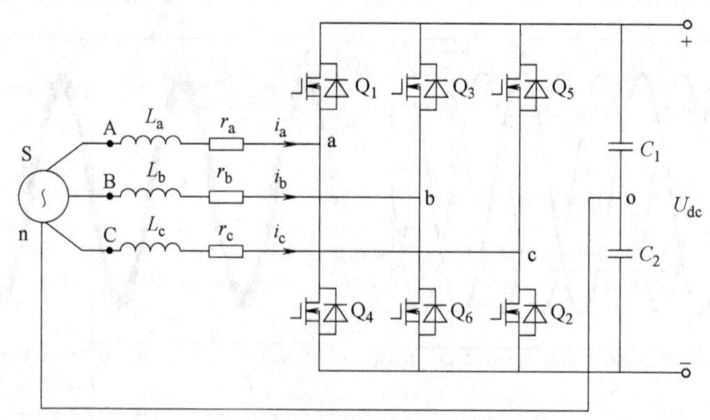

a) 电源中点n与dc侧电容中点o相连接

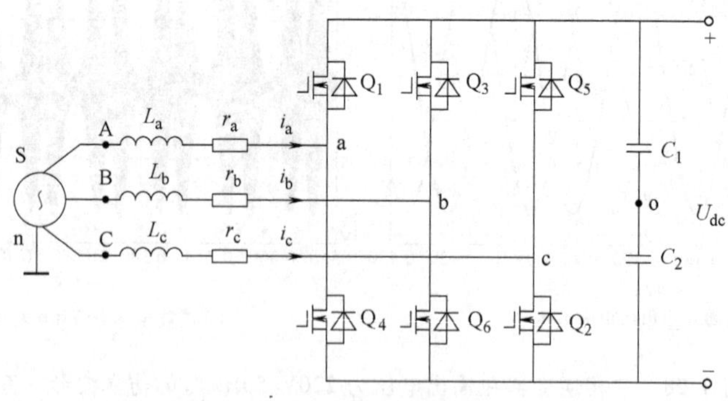

b) 电源中点n与dc侧电容中点o不连接

图 4.29 三相桥式 ac/dc 变换器的主电路图

4.2.2 ac/dc 变换器的数学模型

式（4.15）和式（4.17）是三相 dc/ac 变换器的数学模型，由于 ac/dc 变换器的电路结构与 dc/ac 变换器相同，故其模型相同。图 4.29b 和图 4.1a 不同之处仅是电感的一端未接三相交流电容，实际上在 ac/dc 中也有该电容，仅图 4.29b 的电容处于交流电源 S 侧，图中未画出。

在图 4.1a 的 dc/ac 变换器中，由于开关管的脉宽调制工作方式，加于滤波电感电容 LC 输入侧的电压为高频正弦脉宽的脉冲波，LC 的作用是将高频脉冲波转为平滑的正弦交流电压。

图 4.29 的 ac/dc 变换器则不同，变换器将三相正弦平滑电流 i_a、i_b、i_c 转为开关频率调制的脉动正弦电流，进入直流侧的是电压或电流脉冲波，借助于电容 C_1 和 C_2 转为平滑直流电压。ac/dc 变换器空载时，若不计电容的漏电流，则当电容电压达额定值后，开关管 $Q_1 \sim Q_6$ 应不再工作，交流和直流两侧无能量交换。而图 4.1a 的 dc/ac 变换器则不同，由于输出滤波电容 C_a、C_b、C_c 的存在，在输出电压作用下必有流过输出滤波电容的电流，$Q_1 \sim Q_6$ 在 dc/ac 变换器空载时也必须连续工作。

因此对 ac/dc 变换器来讲，除应关注式（4.15）和式（4.17）的低频数学模型外，还应考察计及开关管开关状态的高频数学模型。

设三相桥臂的开关函数为 S_a、S_b、S_c，$S_a=S_b=S_c=1$，则上管 Q_1、Q_3、Q_5 开通，反之 $S_a=S_b=S_c=0$，则上管关断，下管 Q_4、Q_6、Q_2 开通。若 $S_a=1$，Q_1 导通，a 相桥臂中点相对于电容中点 o 的电压 $u_{ao}=u_{dc}/2$；$S_a=0$，Q_4 导通，$u_{ao}=-u_{dc}/2$，…，由此得

$$\begin{cases} u_{ao}=(2S_a-1)\dfrac{u_{dc}}{2} \\ u_{bo}=(2S_b-1)\dfrac{u_{dc}}{2} \\ u_{co}=(2S_c-1)\dfrac{u_{dc}}{2} \end{cases} \tag{4.55}$$

由电路结构得

$$\begin{cases} u_A-i_ar_a-L_a\dfrac{di_a}{dt}=u_{ao}+u_{on} \\ u_B-i_br_b-L_b\dfrac{di_b}{dt}=u_{bo}+u_{on} \\ u_C-i_cr_c-L_c\dfrac{di_c}{dt}=u_{co}+u_{on} \end{cases} \tag{4.56}$$

$$i_a+i_b+i_c=0 \tag{4.57}$$

其中，u_A、u_B、u_C 是三相交流电源相对于 n 点的电压，i_a、i_b、i_c 是三相交流电流。假设输入电感 $L_a=L_b=L_c=L$，电感寄生电阻 $r_a=r_b=r_c=r$，由式（4.55）~式（4.57）得

$$u_{on}=\frac{1}{2}u_{dc}-\frac{1}{3}u_{dc}(S_a+S_b+S_c)+\frac{1}{3}(u_A+u_B+u_C) \tag{4.58}$$

三相电源电压对称时有

$$u_A+u_B+u_C=0 \tag{4.59}$$

由此得：

$$u_{on}=\frac{1}{2}u_{dc}-\frac{1}{3}u_{dc}(S_a+S_b+S_c) \tag{4.60}$$

假设 $C_1=C_2=2C_d$，当直流侧负载为电阻 R 时，负载电流和直流侧滤波电容的瞬态电流之和等于三相桥式 ac/dc 变换器的输出电流，即

$$C_d\frac{du_{dc}}{dt}+\frac{u_{dc}}{R}=i_aS_a+i_bS_b+i_cS_c \tag{4.61}$$

由此可得到三相桥式 ac/dc 变换器的高频数学模型：

$$\begin{bmatrix} L\frac{di_a}{dt} \\ L\frac{di_b}{dt} \\ L\frac{di_c}{dt} \\ C_d\frac{du_{dc}}{dt} \end{bmatrix}=\begin{bmatrix} -r & 0 & 0 & -S_a+\frac{1}{3}(S_a+S_b+S_c) \\ 0 & -r & 0 & -S_b+\frac{1}{3}(S_a+S_b+S_c) \\ 0 & 0 & -r & -S_c+\frac{1}{3}(S_a+S_b+S_c) \\ S_a & S_b & S_c & -\frac{1}{R} \end{bmatrix}\begin{bmatrix} i_a \\ i_b \\ i_c \\ u_{dc} \end{bmatrix}+\begin{bmatrix} \frac{2}{3} & -\frac{1}{3} & -\frac{1}{3} \\ -\frac{1}{3} & \frac{2}{3} & -\frac{1}{3} \\ -\frac{1}{3} & -\frac{1}{3} & \frac{2}{3} \\ 0 & 0 & 0 \end{bmatrix}\begin{bmatrix} u_A \\ u_B \\ u_C \end{bmatrix} \tag{4.62}$$

三相电源电压对称时，式（4.62）可简化为

$$\begin{bmatrix} L\frac{di_a}{dt} \\ L\frac{di_b}{dt} \\ L\frac{di_c}{dt} \\ C_d\frac{du_{dc}}{dt} \end{bmatrix}=\begin{bmatrix} -r & 0 & 0 & -S_a+\frac{1}{3}(S_a+S_b+S_c) \\ 0 & -r & 0 & -S_b+\frac{1}{3}(S_a+S_b+S_c) \\ 0 & 0 & -r & -S_c+\frac{1}{3}(S_a+S_b+S_c) \\ S_a & S_b & S_c & -\frac{1}{R} \end{bmatrix}\begin{bmatrix} i_a \\ i_b \\ i_c \\ u_{dc} \end{bmatrix}+\begin{bmatrix} 1 & 0 & 0 \\ 0 & 1 & 0 \\ 0 & 0 & 1 \\ 0 & 0 & 0 \end{bmatrix}\begin{bmatrix} u_A \\ u_B \\ u_C \end{bmatrix} \tag{4.63}$$

由此可见，ac/dc 变换器的交流侧电流 i_a、i_b、i_c 和直流侧输出电压 u_{dc} 不仅与电源电压相关，而且是变换器开关管开关状态的函数。

4.2.3 ac/dc 变换器的空间电压矢量调制

ac/dc 变换器和 dc/ac 变换器一样可采用空间矢量脉宽调制（SVPWM）方法。SVPWM 的 6 个基本空间矢量 100、110、010、011、001、101 将矢量空间分为 6 个扇区，电压矢量在 6 个扇区依次旋转一圈对应于电源电压的一个周期。本小节仅考察图 4.2 所示的第一扇区，即由 100、110、000、111 构成的扇区。

三相 ac/dc 变换器的一个功能就是构成三相功率因数校正电路，即将 ac 电压转为 dc 电压，且让 ac 电流为正弦波，电源功率因数 $\cos\varphi=1.0$，同时使直流电压 U_{dc} 不因负载变化或 ac 电源电压变化而改变。U_{dc} 的电压脉动受开关频率和直流电容大小的影响，三相桥式 ac/dc 变换器的直流电压脉动峰-峰值小于三相二极管整流桥输出直流电压脉动的峰-峰值。

ac/dc 变换器的第二个功能是除输出直流电外还可改变交流电源电流与电源电压间的相位差，即改变功率因数 $\cos\varphi$。ac/dc 变换器是很好的固态电子移相器，在电源电压不变时，电源电流和电压间相位差可在 0°~360°范围内变化，当电流滞后于电压时，该电流为感性电流；若电流超前电压 0°~90°电角度时，电流为容性。若电流与电压间相角为 90°电角度时，电源仅输出无功功率。若电流电压间相位差在 90°~270°之间时，ac/dc 变换器成为 dc/ac 变换器，这时电压与电流间的相位差角仅取决于 ac 负载的性质。若为阻性负载，则电压电流同相，感性负载时，电流滞后于电压。dc/ac 变换时，若变换器交流侧仍连接交流电网，则该 dc/ac 变换器成为并网逆变器。

由此可见，ac/dc 变换器可以四象限运行。

先考察 ac/dc 变换器作为功率因数校正器时，空间电压矢量调制在第一扇区的电路拓扑转换，基本空间电压矢量图如图 4.2 所示。见图 4.30，u_A、u_B、u_C 为三相电源电压波形，i_a、i_b、i_c 是三相交流电流波形，因 $\cos\varphi=1.0$，电压电流同相。由图可见，$t=t_a$ 时，u_A 达正最大值，对应的基本空间矢量为 100；$t=t_c$ 时，u_C 达负最大值，对应的基本空间矢量为 110；图中 $t=t_b$ 处，u_B 从负向正的转接点，$u_B=0$。故电路拓扑可分为两部分，$t=t_a \sim t_b$ 为左半部分，$t=t_b \sim t_c$ 为右半部分。

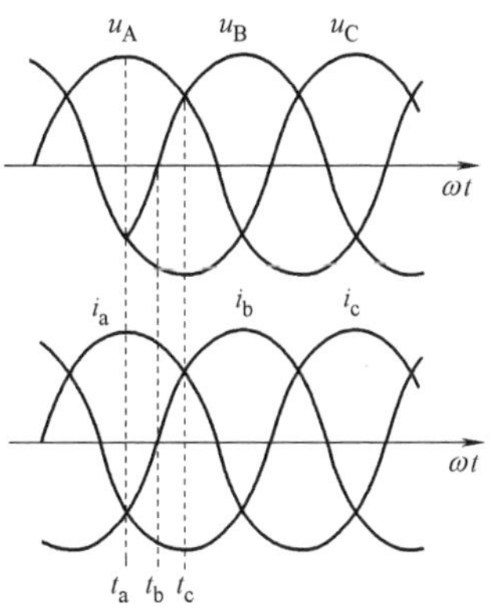

图 4.30　以功率因数校正器方式工作时，交流电源电压与交流电流同相

注：$t=t_a$ 时刻，$S_aS_bS_c=100$；$t=t_c$ 时刻，$S_aS_bS_c=110$；$t=t_b$ 时刻，$u_B=0$

在第一扇区基本电压矢量为 100 和 110，零矢量为 000 和 111，图 4.31 是图 4.30 中 $t=t_a \sim t_b$ 区间，即左半部分电路拓扑的变化，图 4.31a 对应 000 状态，即 Q_4、Q_6、Q_2 导通；图 4.31b 对应 111 状态，即 Q_1、Q_3、Q_5 导通；图 4.31c 对应 100 状态，即 Q_1、Q_6、Q_2 导通；图 4.31d 对应 110 状态，即 Q_1、Q_3、Q_2 导通。

由图 4.31a 的 000 状态可见，此时 Q_4、Q_6、Q_2 导通，但因图 4.30 的相电流流向不同，此时仅 Q_4 有电流 i_a 流过，Q_6 和 Q_2 仅其反并联的二极管 D_6、D_2 通过电流 i_b 和 i_c。由于 Q_4、D_6、D_2 将 a、b、c 三端短路，在电源电压作用下，i_a、i_b、i_c 均增长。$L_a di_a/dt+i_a r_a=u_A$，$L_b di_b/dt+i_b r_b=u_B$，$L_c di_c/dt+i_c r_c=u_C$。电源的电能转换为电感磁能的增加。

图 4.31b 为 111 状态，Q_1、Q_3、Q_5 导通，由 i_a、i_b、i_c 的方向可见，此时 Q_3、Q_5 通过电流 i_b、i_c。i_a 则经 Q_1 的反并联二极管 D_1 流通。D_1、Q_3、Q_5 将 a、b、c 短路，故 i_a、i_b、i_c 均增长。

图 4.31c 为 100 状态，Q_1、Q_6、Q_2 导通，由于电流的流向不同，这三个开关管的反并联二极管 D_1、D_6、D_2 通过电流。观察 i_a 的流向，i_a 经 D_1 给 C_d 充电，经 D_6 到 L_b 到电源 B 相，有：$L_a di_a/dt+L_b di_b/dt=u_A+u_B-U_{dc}$，因 $U_{dc}>u_A+u_B$，电流 i_a 和 i_b 下降，说明在此状态下，ac 电源和电感储能同时送到直流侧，和 Boost dc/dc 变换器在开关管关断时的情形相同。因此，ac/dc 变换器实际上是一个 Boost 变换器，而 dc/ac 变换器为 Buck 变换器。i_a 的另一回路是经 D_1 和 C_d 后到 D_2 回到 c 点，经 L_c 到电源 c 相，其表达式为 $L_a di_a/dt+L_c di_c/dt=u_A+u_C-U_{dc}$，$i_a$ 和 i_c 在 U_{dc} 作用下减小，$i_{dc}=i_a$。

图 4.31d 为 110 状态，由 i_a、i_b、i_c 的方向可见，此时实际上为 D_1、Q_3、D_2 上通过电流。D_1、D_2 电路中 i_a、i_c 向直流侧供电，为 Boost 电路模式。Q_3、D_1 将电源 AB 短路，i_a 和 i_b 在（u_A+u_B）作用下增长，$i_{dc}=i_a-i_b$。

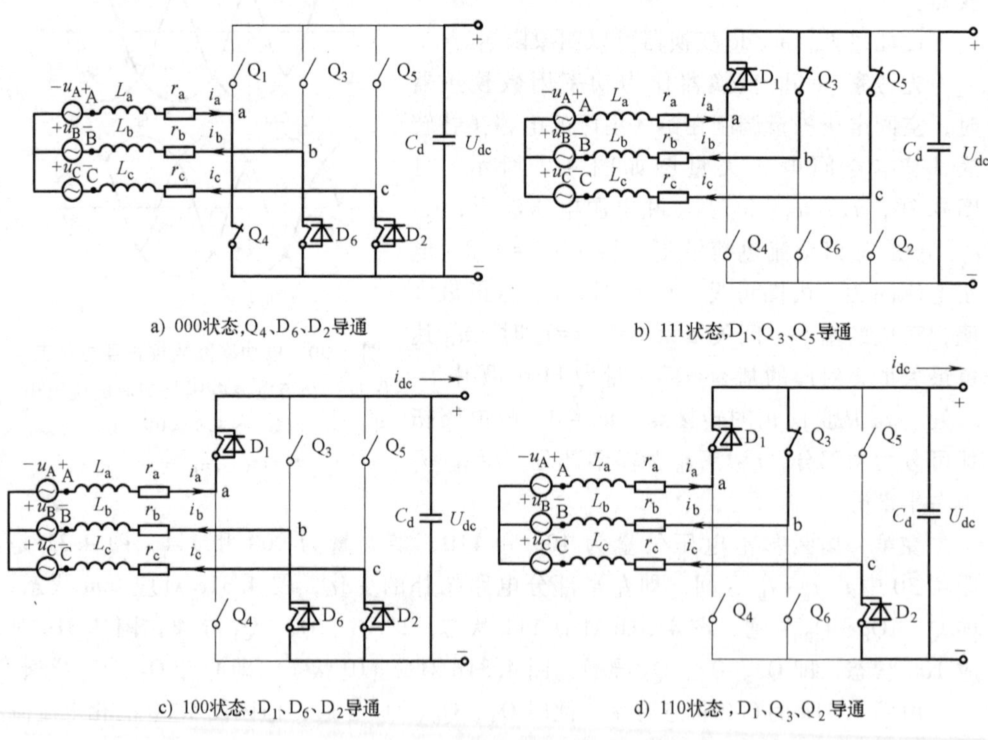

图 4.31　ac/dc 变换器工作于 PFC 状态时，SVPWM 在第一扇区的电路拓扑转换（$t=t_a \sim t_b$）

图 4.32 是 ac/dc 变换器工作于功率因数校正器（PFC）状态时，SVPWM 在第一扇区工作，时间 $t=t_b \sim t_c$ 时的电路拓扑，和图 4.31 不同之处仅在于此期间 u_B 为

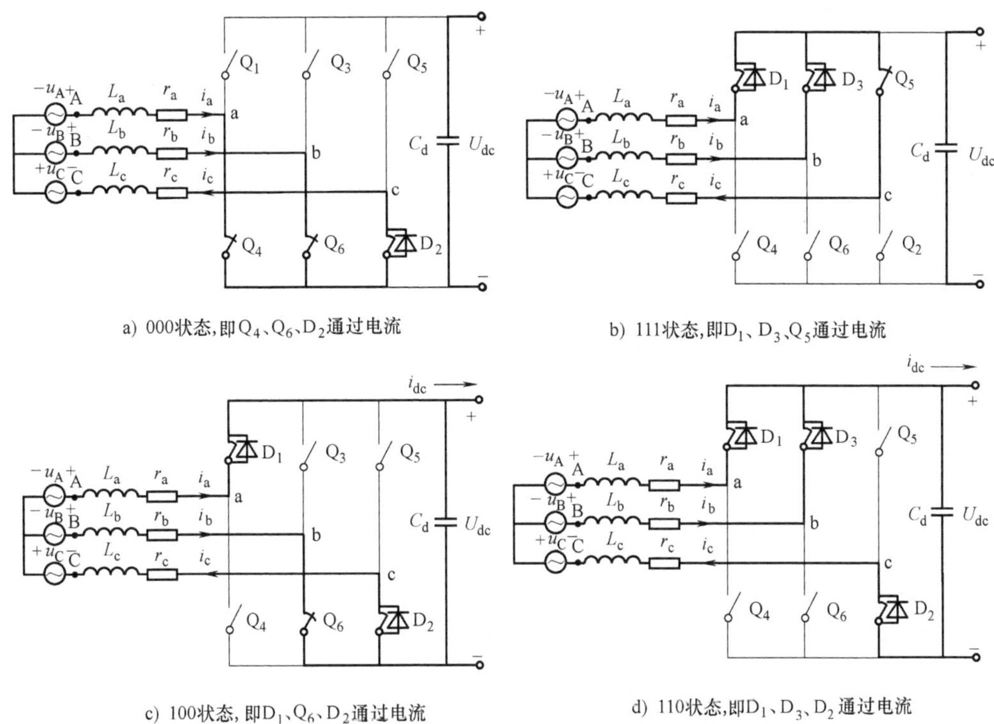

a) 000状态，即Q_4、Q_6、D_2通过电流

b) 111状态，即D_1、D_3、Q_5通过电流

c) 100状态，即D_1、Q_6、D_2通过电流

d) 110状态，即D_1、D_3、D_2通过电流

图 4.32 ac/dc 变换器工作于 PFC 状态时，SVPWM 在第一扇区的电路拓扑转换（$t=t_b \sim t_c$）

正，故 i_b 也由负转为正，见图 4.30。

图 4.32a 为 SVPWM 的 000 状态，Q_4、Q_6、D_2 将电源三相经电感短路，i_a、i_b、i_c 均增长，电感储能增大。图 4.32b 为 111 状态，D_1、D_3、Q_5 通过电流，将电源经电感短路，相电流增长，电感储能增大。图 4.32c 为 100 状态，D_1、Q_6、D_2 通过电流，电感电流 i_a 和 i_c 经 D_1、D_2 给直流电容 C_d 充电，电源 BC 经电感由 Q_6 和 D_2 短路，在 u_B+u_C 的作用下 i_b 和 i_c 增长，因 $i_b<i_a$，故 $i_{dc}=i_c-i_b$。图 4.32d 为 110 状态，D_1、D_3、D_2 通过电流，在交流电源电压与电感电压共同作用下将交流电转为直流电，i_a、i_b、i_c 下降，$i_{dc}=i_c$。

由图 4.31 和图 4.32 可见，在矢量空间第一扇区，ac/dc 工作于 PFC 方式时，在零状态 000 和状态 111 时，均为电感储能增加期间，i_a、i_b、i_c 增大。在状态 100 和状态 110 时，电源电压与电感电动势共同作用向直流侧供电，因 U_{dc} 大于电源线电压，故电感储能向直流侧释放，i_a、i_b、i_c 下降。

在第一扇区，由于 u_B 电压极性的改变，电路工作分为两个不同的区间，u_B 为负时电路拓扑如图 4.31 所示，u_B 为正时电路拓扑如图 4.32 所示，两者不同之处仅在于 100 和 110 两个状态不同，在 $t=t_a \sim t_b$ 期间 100 状态时，电感能量均向直流侧释放，而在 $t=t_b \sim t_c$ 期间，110 状态时电感能量均向 dc 侧释放。

由图 4.31 和图 4.32 可见，仅当有两个或三个二极管通过电流时，直流侧才有电流 i_{dc}，故交流能量仅当至少有两个二极管导通时才转为直流电能。ac/dc 变换器的直流电压 U_{dc} 大于电源线电压的最大值，变换器工作于 Boost 模式。

图 4.33 是 ac/dc 变换器交流电源输出感性电流时三相电源电压和电流的波形，电流滞后电压 φ 角，$\varphi<60°$ 电角度。这里仍以 SVPWM 的第一扇区讨论变换器的电路拓扑。在 U_{Amax} 和 $-U_{Cmax}$ 的 60°区间内可分为三种情形：$t=t_a \sim t_b$，$i_a>0$，$i_c>0$，$i_b<0$，$u_A>0$，$u_B<0$，$u_C<0$；$t=t_b \sim t_c$，$i_a>0$，$i_b<0$，$i_c<0$；$t=t_b$，$i_c=0$；$t=t_c \sim t_d$，$u_A>0$，$u_B>0$，$u_C<0$，$t=t_c$，$u_B=0$。

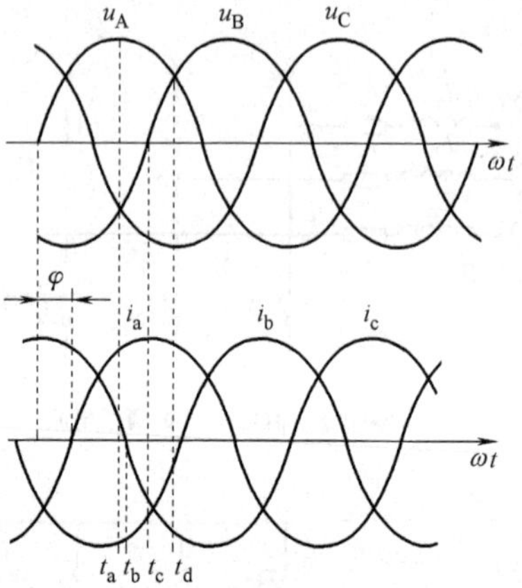

图 4.33　ac/dc 变换器移相工作方式，电流滞后电压 φ 角，$30°<\varphi<60°$

注：$t=t_a$，$u_A=U_{Amax}$；$t=t_b$，$i_c=0$；$t=t_c$，$u_B=0$；$t=t_d$，$u_C=-U_{Cmax}$

表 4.2 给出了在 SVPWM 的第一扇区时电源电压、电感电流、开关状态和 ac/dc 工作状态。由表可见，在 000 和 111 的零状态，均为电感储能增长的状态，100 和 110 状态为 ac 与 dc 间能量交换的状态。

表 4.2　ac/dc 变换器移相工作方式（感性 $30°<\varphi<60°$）的电路模态，SVPWM 第一扇区

时间	电源电压 u_A u_B u_C	电感电流 i_a i_b i_c	$S_aS_bS_c$	通电器件	ac/dc 工作状态
$t_a \sim t_b$	+ − −	+ − +	0 0 0 1 1 1 1 0 0 1 1 0	$Q_4D_6Q_2$ $D_1Q_3D_5$ $D_1D_6Q_2$ $D_1Q_3Q_2$	电感储能，$i_{dc}=0$，i_a、i_b、i_c 增大 电感储能，$i_{dc}=0$，i_a、i_b、i_c 增大 电感储能传 dc 侧，$i_{dc}=i_a>0$ dc 电能回馈 ac 侧，$i_{dc}=i_c<0$
$t_b \sim t_c$	+ − −	+ − −	0 0 0 1 1 1 1 0 0 1 1 0	$Q_4D_6D_2$ $D_1Q_3Q_5$ $D_1D_6D_2$ $D_1Q_3D_2$	电感储能，$i_{dc}=0$，i_a、i_b、i_c 增大 电感储能，$i_{dc}=0$，i_a、i_b、i_c 增大 电感储能传 dc 侧，$i_{dc}=i_a>0$ 部分电感能量传 dc 侧，$i_{dc}=i_c>0$
$t_c \sim t_d$	+ + −	+ − −	0 0 0 1 1 1 1 0 0 1 1 0	$Q_4D_6D_2$ $D_1Q_3Q_5$ $D_1D_6D_2$ $D_1Q_3D_2$	电感储能，$i_{dc}=0$，i_a、i_b、i_c 增大 电感储能，$i_{dc}=0$，i_a、i_b、i_c 增大 电感储能传 dc 侧，$i_{dc}=i_a>0$ 部分电感能量传 dc 侧，$i_{dc}=i_c>0$

图 4.34 是 ac/dc 变换器输入电流滞后电压 $\varphi=30°\sim60°$ 时的电路拓扑，SVPWM 工作于第一扇区。图 4.34a 和图 4.34b 是 $t=t_a \sim t_b$ 期间 100 和 110 状态时的开关管

导通规律，110 状态时，D_1、Q_3、Q_2 通电流，直流侧电容 C_d 的电能回馈到交流侧，$i_{dc}=i_c$，直流侧电能和交流侧电源共同作用，使电感储能增大，这是在 $\cos\varphi=1.0$ 的 PFC 工作时没有的新现象。

比较图 4.30 和图 4.33 的三相电源电压和电流波形可见，在 U_{Amax} 到 $-U_{Cmax}$ 的 1/6 周期内，$\cos\varphi=1.0$ 时，只有两个模态。相应的电压为 u_A+、u_B-、u_C-和 u_A+、u_B+、u_C-。而在 $\cos\varphi\neq1.0$ 时，出现三个时间段：$t_a\sim t_b$、$t_b\sim t_c$ 和 $t_c\sim t_d$，见图 4.33，在 $t=t_b$ 时，$i_c=0$；$t=t_c$ 时，$u_B=0$。不论电流过零或电压过零，均导致电路电压和电流的改变，但从电路拓扑来看仍为两个模态，$t=t_a\sim t_b$ 为一种模态，如图 4.34a、b 所示，$t=t_b\sim t_d$ 为另一种模态，如图 4.34c、d 所示。

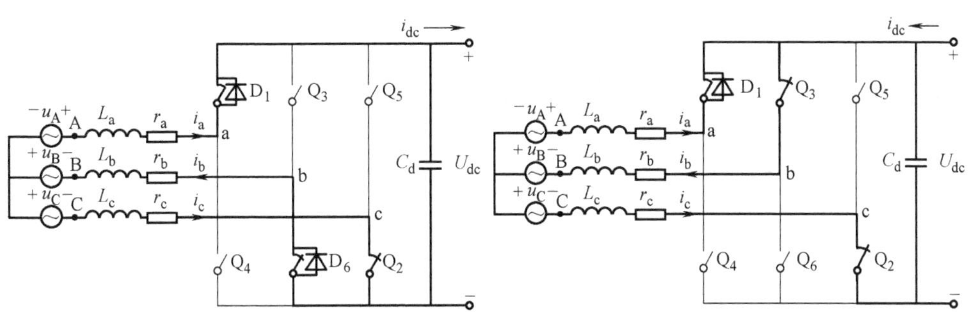

a) $t=t_a\sim t_b$，100状态，D_1、D_6、Q_2通电流　　b) $t=t_a\sim t_b$，110状态，D_1、Q_3、Q_2通电流

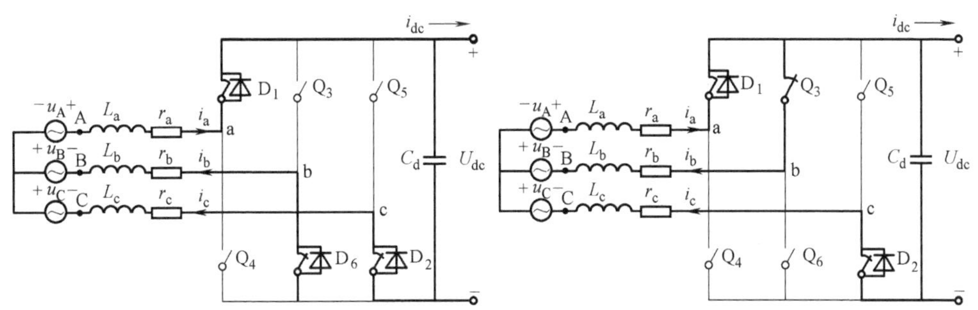

c) $t=t_b\sim t_d$，100状态，D_1、D_6、D_2通电流　　d) $t=t_b\sim t_d$，110状态，D_1、Q_3、D_2通电流

图 4.34　ac/dc 变换器工作于滞后功率因数时，SVPWM 在第一扇区的电路拓扑

实际上，随着功率因数的不同，同在 SVPWM 的第一扇区，ac/dc 变换器的工作模态也不同，按 φ 角区分，有 $\varphi=0°\sim30°$、$\varphi=30°\sim60°$、$\varphi=60°\sim90°$三种情况，表 4.2 和图 4.34 是感性功率因数第一扇区 $\varphi=30°\sim60°$的情况。

图 4.35 是 ac/dc 变换器超前移相时的交流电源电压和电源电流波形，移相角 $\varphi<30°$电角度。表 4.3 是该情况下变换器的工作状态。在 $\varphi<30°$时，电路未出现 $i_{dc}<0$ 的状态。若超前移相角 φ 在 $30°\sim60°$范围内也会出现 $i_{dc}<0$，电能从直流侧向交流侧回馈的情况。

在第一扇区的空间中，开关模态从 000 变化到 100、110、111、110、100、000 七个状态，零状态均为电感储能阶段，非零状态大多为电感能量向直流侧转移的阶段，仅当移相角 $\varphi>30°$ 后才有直流侧电能反向传输的情况。

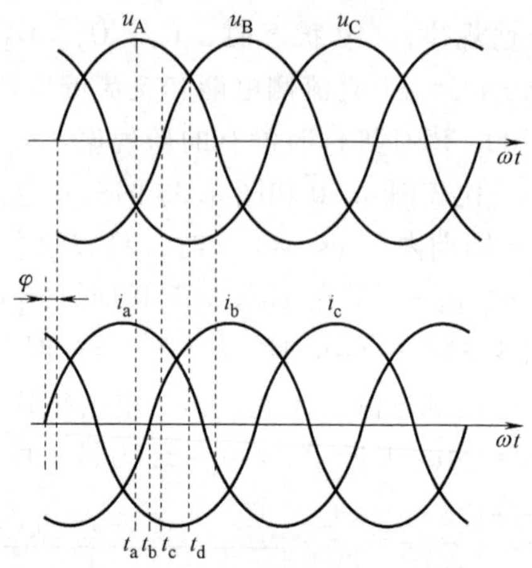

图 4.35　ac/dc 变换器移相工作方式，电流超前电压 $\varphi<30°$ 电角度

用以上相同的方法，可分析第二到第六扇区的情形。从一扇区到六扇区，即完成了一个电源周期电能转换的全过程。在一个电源周期中，每个开关周期的零状态均为交流电源给电感储能的时期，非零状态为交流电能和直流电能交换的时期。在移相角 $-30°<\varphi<30°$ 的区间，非零状态均为交流向直流转换的时期，仅当移相角大于 30°后才出现直流向交流转换的情形。可以推断在移相角 $\varphi=90°$ 时，交流电源向直流侧馈送的有效功率为 0，ac/dc 变换器成为无功功率发生器。

表 4.3　ac/dc 变换器超前移相方式 $\varphi<30°$ 的电路模态，SVPWM 的第一扇区

时间	电源电压 u_A u_B u_C	电感电流 i_a i_b i_c	S_a S_b S_c	通电器件	ac/dc 工作状态
$t_a \sim t_b$	+ − −	+ − −	0 0 0 1 1 1 1 0 0 1 1 0	$Q_4D_6D_2$ $D_1Q_3Q_5$ $D_1D_6D_2$ $D_1Q_3D_2$	电感储能增加，$i_{dc}=0$ 电感储能增加，$i_{dc}=0$ 电感能量转直流侧，$i_{dc}=i_a>0$ 部分电感能量转直流侧，$i_{dc}=i_c<i_a$
$t_b \sim t_c$	+ − −	+ + −	0 0 0 1 1 1 1 0 0 1 1 0	$Q_4Q_6D_2$ $D_1D_3Q_5$ $D_1Q_6D_2$ $D_1D_3D_2$	电感储能增加，$i_{dc}=0$ 电感储能增加，$i_{dc}=0$ 部分电感能量转直流侧，$i_{dc}=i_c>0$ 电感能量转直流侧，$i_{dc}=i_a+i_b>0$
$t_c \sim t_d$	+ + −	+ + −	0 0 0 1 1 1 1 0 0 1 1 0	$Q_4Q_6D_2$ $D_1D_3Q_5$ $D_1Q_6D_2$ $D_1D_3D_2$	电感储能增加，$i_{dc}=0$ 电感储能增加，$i_{dc}=0$ 部分电感能量转直流侧，$i_{dc}=i_c>0$ 电感能量转直流侧，$i_{dc}=i_a+i_b>i_a$

4.2.4　SVPWM ac/dc 变换器的控制

1. 控制原理

ac/dc 变换器的控制常采用电压电流双闭环控制，电压环为外环，电流环为内

环。电压给定 U_{ref} 取决于所需 ac/dc 变换器的输出电压 U_{dc}。对于 dc/ac 变换器，电压调节器的输出为电流调节器的给定。ac/dc 变换器仅当 $\cos\varphi=1.0$ 时，电压调节器的输出才是电流的给定。在 $\cos\varphi\neq1.0$ 时，电流给定由两部分决定，一部分为电压调节器的输出，在 dq 坐标系中为 I_{dref}。另一部分由无功功率给定确定，在 dq 坐标系中，若 dq 坐标系的 d 轴与空间电压矢量 $\boldsymbol{U}_s$ 方向一致时，无功功率 $Q=E_dI_q$。设无功功率给定为 Q_{ref}，则 $I_{qref}=Q_{ref}/E_d$。

图 4.36 是三相 ac/dc 变换器的控制系统框图，图中左侧是电源 S 的三相电压检测和三相电压 u_A、u_B、u_C 到 αβ 坐标系的变换，u_α、u_β 到 dq 坐标系的变换得 U_d 和 U_q。$\boldsymbol{U}_s e^{j\theta}$ 是 u_α 和 u_β 的极坐标表示法，$\boldsymbol{U}_s^2=U_\alpha^2+U_\beta^2$，$\tan\theta=U_\beta/U_\alpha$。（$\theta\pm\varphi$）是数字式移相器，若 ac/dc 变换器工作于 $\cos\varphi=1.0$ 的 PFC 模式，$\varphi=0$，系统中只有有功功率传输，这时无功功率给定 $Q_{ref}=0$，故 $I_{qref}=0$，I_qR 电流调节器的作用是保持电源的无功电流 I_q 为 0，电压调节器（VR）的输出为 I_{dref}，反馈信号

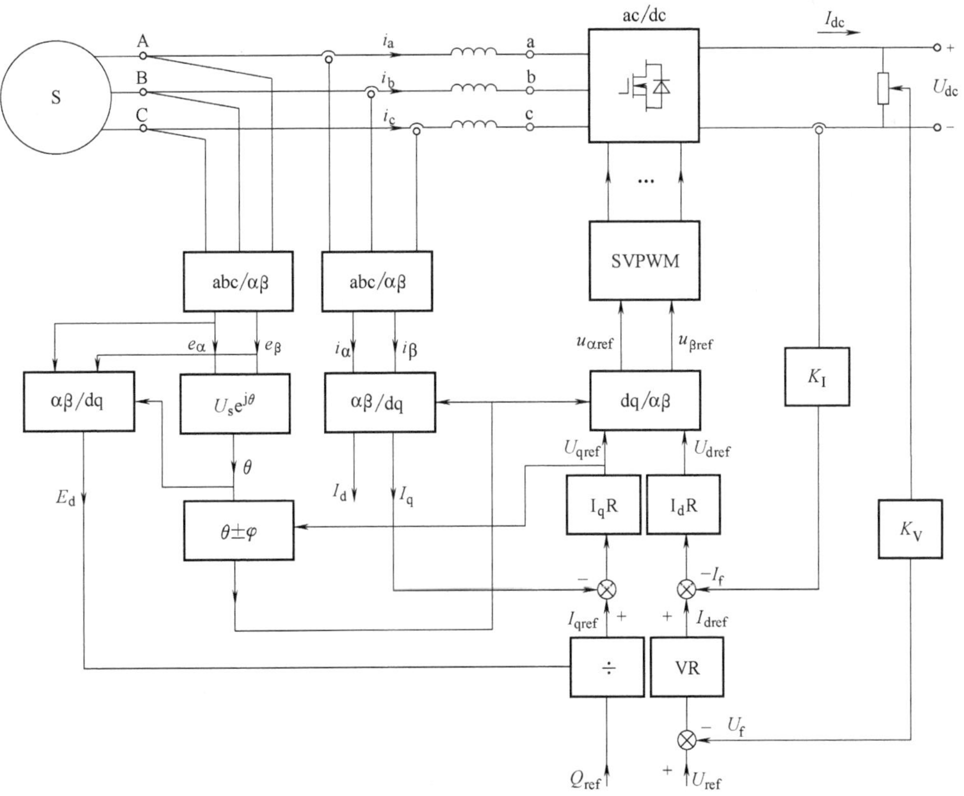

图 4.36 三相 ac/dc 变换器控制系统结构图

abc/αβ—abc 坐标系到 αβ 坐标系的变换矩阵 αβ/dq—αβ 坐标系到 dq 坐标系的变换矩阵

dq/αβ—dq 坐标系到 αβ 坐标系的变换矩阵 $U_s e^{j\theta}$—αβ 坐标系的旋转电压矢量

θ±φ—数字式移相器 ÷—数字式除法器，$I_{qref}=Q_{ref}/E_d$ Q_{ref}—数字无功功率给定

U_{ref}—数字电压给定 VR、I_dR、I_qR—电压调节器，d 轴和 q 轴电流调节器

为交流电流经电流传感器检测并变换后的 I_d，也可用检测到的直流侧电流 I_{dc} 做电流反馈信号 I_f，由于 ac/dc 变换器的效率一般都在 95%以上，I_{dc} 与 I_d 之间仅差比例系数 K_I。因为三相 dc/ac 逆变器和三相 ac/dc 整流器是双向变换器，所以此处的坐标变换也即图 4.9 采用的坐标变换。

要求 ac/dc 变换器既传输有功功率，又控制电源无功功率时，数字式移相器将电源电压空间矢量的相角 θ 移相 φ 角，$+\varphi$ 为感性无功，$-\varphi$ 为容性无功。由于无功功率的 dq 坐标表达式 $Q=E_dI_q$，有功功率 $P=E_dI_d$，故 $I_{qref}=Q_{ref}/E_d$。数字式移相器受 U_{qref} 控制。

若电源电压 u_A、u_B、u_C 降低或直流侧负载加大，使直流电压 U_{dc} 降低时，为了使 U_{dc} 为额定值，这时电压调节器（VR）作用使 I_{dref} 加大，同时因 E_d 降低，Q_{ref} 未变，故 I_{qref} 也加大，使 SVPWM 的零矢量作用时间加大，让 U_{dc} 升高到额定值。

由于数字控制的计算量较大，必须在 SVPWM 的一个开关周期内完成计算，以减少计算导致的延时，因此必须有快速的数字控制，有快的模拟量到数字量的 AD 变换器。

图 4.37 是在 dq 坐标系中的 ac/dc 变换器工作方式，第一和第四象限为 PWM 整流器工作，第一象限对电源来说为容性输出，第四象限对电源来说为感性输出，当变换器工作在 d 轴时为 $\cos\varphi=1.0$ 的整流器工作方式。第二和第三象限为并网逆变器工作方式，第二象限对电源来说为容性输出，第三象限对电源来说为感性输出。当变换器工作在 q 轴时，仅有无功功率的流动，ac/dc 变换器不输出直流功率，但可保持 U_{dc} 恒定，可根据无功功率给定的不同，调节无功电流的大小。并网逆变器通常工作方式为 $\cos\varphi=-1.0$。dc/ac 变换器是双向四象限运行的固态功率变换器。

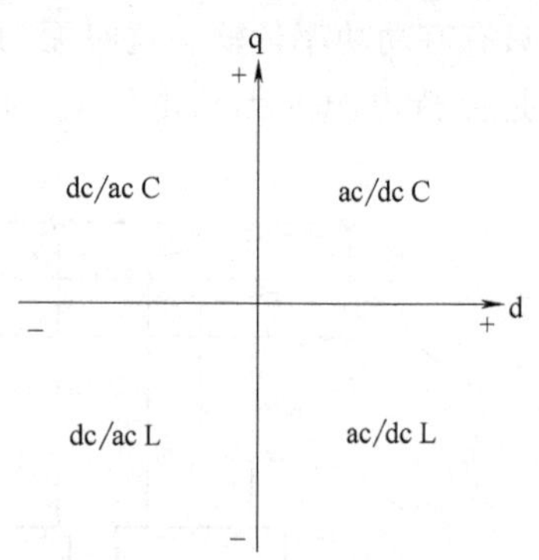

图 4.37　ac/dc 变换器的四象限工作

2. 三相 ac/dc PFC 变换器控制系统设计

下面以三相 ac/dc 变换器工作在 PFC 方式为例进行控制参数设计。变换器采用直流电压外环和交流电流内环的双环控制策略。电压外环控制三相 ac/dc 变换器直流侧输出电压 U_{dc} 恒定，电流内环控制交流电流具有较低的谐波，同时控制交流电流基波分量和交流电压的相位，实现功率因数控制。

利用坐标变换矩阵将 abc 坐标系下电路的数学模型转换到 dq 两相旋转坐标系下，由式（4.63）可以得到三相 ac/dc PFC 变换器在 dq 坐标系下的数学模型：

$$\begin{cases} L\dfrac{\mathrm{d}i_d}{\mathrm{d}t}-\omega Li_q+i_dr=e_d-u_d \\ L\dfrac{\mathrm{d}i_q}{\mathrm{d}t}+\omega Li_d+i_qr=e_q-u_q \\ C_d\dfrac{\mathrm{d}u_{dc}}{\mathrm{d}t}=\dfrac{3}{2}(i_dS_d+i_qS_q)-i_R \end{cases} \tag{4.64}$$

其中，$u_d=u_{dc}S_d$、$u_q=u_{dc}S_q$ 分别为系统整流桥臂中点电压在两相 dq 坐标系上的值，S_d、S_q 为 dq 坐标系下的开关函数，由三相桥臂的开关函数 $S_k(k=a,b,c)$ 经过 abc/αβ Clark 变换和 αβ/dq park 变换到 dq 坐标系，e_d、e_q 表示交流电源电压在 dq 坐标系下的分量，i_d、i_q 表示三相交流电流在 dq 坐标系下的分量，i_R 为直流输出电流。由该式可见，dq 轴变量相互耦合。

定义 k_{iP} 和 k_{iI} 分别为电流调节器的比例系数和积分系数，i_{dref}、i_{qref} 分别为 i_d、i_q 的电流参考值，令

$$\begin{cases} u_d=-\left(k_{iP}+\dfrac{k_{iI}}{s}\right)(i_{dref}-i_d)+e_d+\omega Li_q \\ u_q=-\left(k_{iP}+\dfrac{k_{iI}}{s}\right)(i_{qref}-i_q)+e_q-\omega Li_d \end{cases} \tag{4.65}$$

代入式（4.64）中可得

$$\begin{cases} L\dfrac{di_d}{dt}=\left(k_{iP}+\dfrac{k_{iI}}{s}\right)i_{dref}-\left[r+\left(k_{iP}+\dfrac{k_{iI}}{s}\right)\right]i_d \\ L\dfrac{di_q}{dt}=\left(k_{iP}+\dfrac{k_{iI}}{s}\right)i_{qref}-\left[r+\left(k_{iP}+\dfrac{k_{iI}}{s}\right)\right]i_q \end{cases} \tag{4.66}$$

由上式可见 i_d、i_q 实现了解耦控制，解耦控制框图如图 4.38 所示。

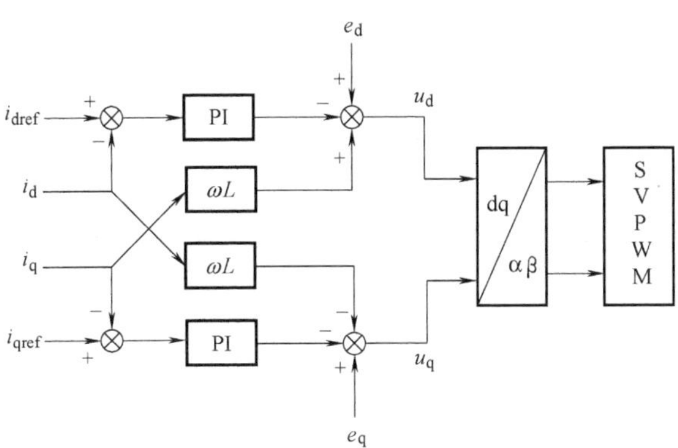

图 4.38　电流解耦控制框图

i_d 和 i_q 两电流内环方程一致，可以分别进行控制，解耦后的 i_d 电流内环控制框图如图 4.39 所示。其中，$1/(1.5T_s s+1)$ 为 PWM 延迟和采样延迟对应的环节，T_s 为开关周期。为简化分析，忽略交流电源电压 e_d 扰动。令 $k_{iI}=k_{iP}/\tau_{iI}$，将电流 PI 调节器传递函数写成如下形式：

$$G_i=k_{iP}+\frac{k_{iI}}{s}=k_{iP}\left(1+\frac{1}{\tau_{iI}s}\right) \tag{4.67}$$

令 $\tau_{iI}=L/r$，调节器的零点抵消传递函数的极点，电流内环开环传递函数 G_{oi} 和电流闭环传递函数 G_{ci} 为

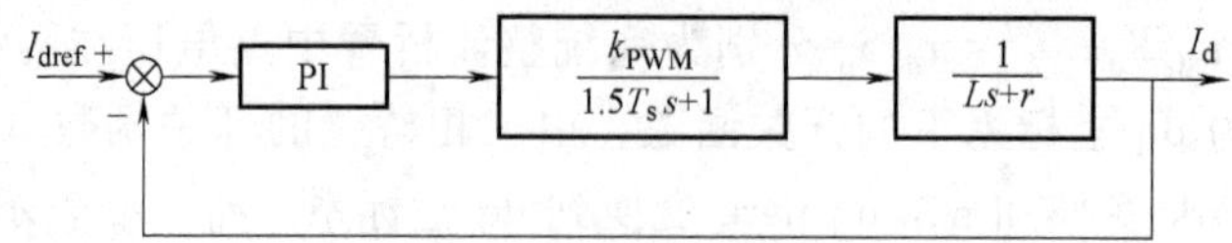

图 4.39　i_d 电流内环控制框图

$$\begin{cases} G_{oi}(s)=\dfrac{k_{iP}k_{PWM}}{r\tau_{iI}s(1.5T_s s+1)} \\ G_{ci}(s)=\dfrac{k_{iP}k_{PWM}/(1.5r\tau_{iI}T_s)}{s^2+\dfrac{s}{1.5T_s}+\dfrac{k_{iP}k_{PWM}}{1.5r\tau_{iI}T_s}}=\dfrac{{\omega_n}^2}{s^2+2\xi{\omega_n}^2 s+{\omega_n}^2} \end{cases} \tag{4.68}$$

按照二阶最佳系统整定参数关系，取系统阻尼比 ξ 为 0.707，有

$$\frac{1.5T_s k_{iP}k_{PWM}}{r\tau_{iI}}=\frac{1}{2} \tag{4.69}$$

从而解得 k_{iP}、k_{iI} 为

$$\begin{cases} k_{iP}=\dfrac{r\tau_{iI}}{3T_s k_{PWM}} \\ k_{iI}=\dfrac{r}{3T_s k_{PWM}} \end{cases} \tag{4.70}$$

将式（4.70）代入式（4.68），因为 T_s 很小，忽略 s^2 项，可以得到电流内环的闭环传递函数 G_{ci} 为

$$G_{ci}(s)=\frac{1}{1+3T_s s} \tag{4.71}$$

由此可知，电流环可以等效为一惯性环节，具有较好的动态性能。

当 $L=100\mu H$，$r=0.01\Omega$，$k_{PWM}=1$，$T_s=25\mu s$ 时，电流 PI 调节器的传递函数为 $G_i=1.33s+133.3/s$，可以画出补偿前后电流环的伯德图，如图 4.40 所示。图中曲线 1、2、3 分别为补偿前电流环开环传递函数幅频曲线、PI 调节器幅频曲线和补偿后电流环开环传递函数幅频曲线。由图可见，补偿后电流环的稳态增益提高，截止频率约为 1948Hz，相角裕度约为 60°。

三相静止坐标系下时变的交流量通过坐标变换成为 dq 同步旋转坐标系下恒定的直流量，采用 PI 调节器可以实现无静差控制。若要改变输入侧的功率因数，只需改变 i_d、i_q 即可。当 i_d 为 0、i_q 不为 0 时，输入功率因数为 0。控制 i_q 为 0、i_d 不为 0 时，即可以实现输入功率因数为 1。

令三相交流电源电压为

$$\begin{cases} u_A=E_m\sin\omega t \\ u_B=E_m\sin\left(\omega t-\dfrac{2}{3}\pi\right) \\ u_C=E_m\sin\left(\omega t+\dfrac{2}{3}\pi\right) \end{cases} \tag{4.72}$$

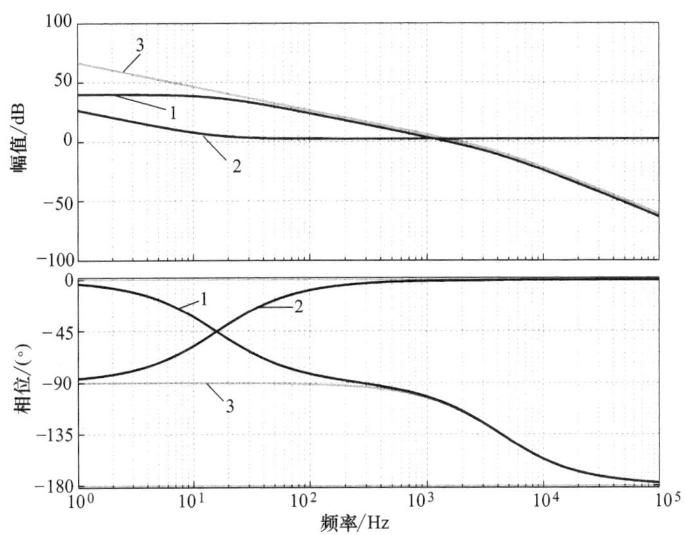

图 4.40　补偿前后三相 ac/dc 变换器电流环的伯德图

单位功率因数控制下交流电源电流为

$$\begin{cases} i_a = I_m \cos\omega t \\ i_b = I_m \cos\left(\omega t - \dfrac{2}{3}\pi\right) \\ i_c = I_m \cos\left(\omega t + \dfrac{2}{3}\pi\right) \end{cases} \tag{4.73}$$

当开关频率远高于电网电压基波频率时，可以忽略 PWM 谐波分量，只考虑开关函数 S_k(k=a，b，c）的低频分量，有：

$$\begin{cases} S_a \approx 0.5m\cos(\omega t - \theta) + 0.5 \\ S_b \approx 0.5m\cos\left(\omega t - \theta - \dfrac{2}{3}\pi\right) + 0.5 \\ S_c \approx 0.5m\cos\left(\omega t - \theta + \dfrac{2}{3}\pi\right) + 0.5 \end{cases} \tag{4.74}$$

其中，θ 为开关函数基波初始相位角，m 为 PWM 调制比。

因此直流侧电流 i_{dc} 为

$$i_{dc} = S_a i_a + S_b i_b + S_c i_c \approx 0.75mI_m\cos\theta \leqslant 0.75I_m \tag{4.75}$$

忽略输出电流的影响，电压外环控制结构如图 4.41 所示。其中，τ_v 为电压采样延时，$3T_s$ 为电流内环时间常数。输出直流电压采样反馈后和参考值进行比较，经 PI 调节器输出作为电流内环 i_d 的给定值，电流内环 i_q 的给定值由 i_d 和给定的功率因数共同决定。

电压环 PI 调节器传递函数为

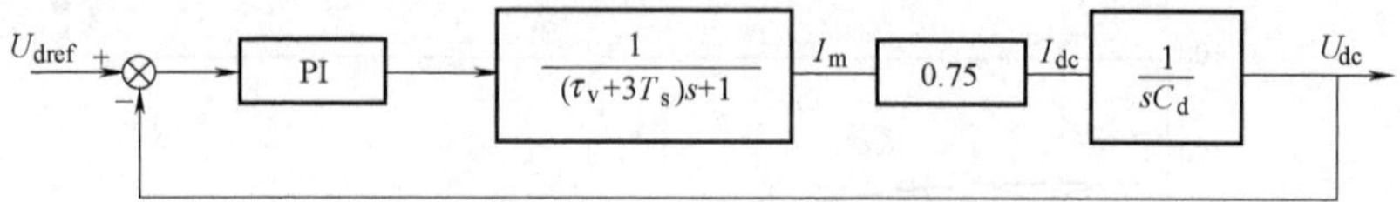

图 4.41　电压外环控制结构框图

$$G_v=k_{vP}+\frac{k_{vI}}{s}=k_{vP}\left(1+\frac{1}{\tau_{vI}s}\right) \tag{4.76}$$

电压外环的开环传递函数为

$$G_{ov}(s)=\frac{0.75k_{vP}(1+\tau_{vI}s)}{\tau_{vI}Cs^2[(3T_s+\tau_v)s+1]} \tag{4.77}$$

令

$$\begin{cases}\omega_1=1/\tau_{vI}\\ \omega_2=1/(\tau_v+3T_s)\end{cases} \tag{4.78}$$

电压环中频宽为

$$H=\frac{\omega_2}{\omega_1}=\frac{\tau_{vI}}{\tau_v+3T_s} \tag{4.79}$$

根据典型Ⅱ阶系统的参数设计的关系可知：

$$\frac{0.75k_{vP}}{C\tau_v}=\frac{H+1}{2H^2(\tau_v+3T_s)^2} \tag{4.80}$$

考虑抗干扰性和跟随性选取 H 为 5，得到系统外环 PI 调节器的参数值为

$$\begin{cases}k_{vP}=5(\tau_v+3T_s)\\ \tau_{vI}=\dfrac{4C}{\tau_v+3T_s}\end{cases} \tag{4.81}$$

电压 PI 调节器的传递函数为 $G_v=3.91s+3655/s$。画出补偿前后的伯德图，如图 4.42 所示，图中曲线 1、2、3 分别为补偿前电压环开环传递函数幅频曲线、电压环 PI 调节器幅频曲线和补偿后电压环开环传递函数幅频曲线。补偿后电压外环截止频率约为 600Hz，相角裕度约 70°。

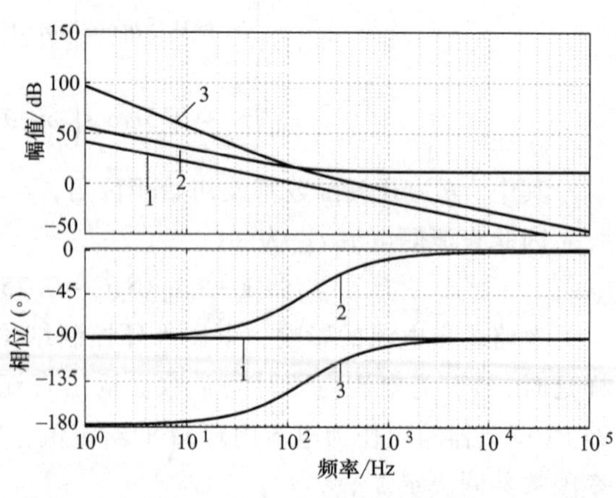

图 4.42　补偿前后三相 ac/dc 变换器系统的伯德图

3. 实例分析

(1) 主电路参数设计

以输入交流电压有效值 235V，频率 360~800Hz，直流电压 U_{dc} 为 800V，输出功率 100kW，网侧功率因数为±0.75 来设计三相 ac/dc 变

换器主电路参数，开关频率 40kHz。

1）交流滤波电感：网侧功率因数为 1 的情况下，交流滤波电感电流和输入交流电压同相位，因此 a 相电感电流过零点位于图 4.2 所示矢量图的第 V 扇区，合成矢量为 001、101、000 和 111。001 矢量作用下，电感电流上升变化率最小。电感不能取得太大，在电感电流过零点电感电流应跟踪得上给定电流。电感也不能太小，否则电感电流脉动太大。电感电流峰值附近对应的开关矢量为 100、101、000 和 111，000、111 和 101 作用下电感电流上升，100 作用下电感电流下降。考虑以上两个因素，此外再考虑 SVPWM 控制下三相桥臂最大电压以及电感电压的大小，按照 4.1.8 节的推导方法，并根据仿真结果最终选取交流侧电感 $L=100\mu H$，其寄生电阻 r 为 0.01Ω。

2）直流滤波电容：设计电容需考虑电压环的响应时间 T_r 和最大功率变化值 ΔP_{max}。电容上的能量在 T_r 时间内的变化量约等于

$$\Delta W=\frac{\Delta P_{max}T_r}{2} \tag{4.82}$$

电容内存储的能量和电容电压关系为

$$W=\frac{1}{2}C_d U_{dc}^2 \tag{4.83}$$

因而电容能量变化量和电容电压变化量关系为

$$\Delta W=C_d U_{dc}\Delta U_{dc} \tag{4.84}$$

推得电容取值范围为

$$C_d\geqslant\frac{\Delta P_{max}T_r}{2\Delta U_{dc}U_{dc}} \tag{4.85}$$

当 $T_r=0.001s$，$\Delta P_{max}=100kW$，$U_{dc}=800V$，$\Delta U_{dc}=100V$，解得 $C_d\geqslant 625\mu F$。

为减小直流电压的脉动，直流滤波电容应该尽量大，由此可以减小整流电路的输出阻抗，提高输出电压精度。考虑电压外环控制的跟随特性，电容取值不能太大。另外还需要考虑变换器体积重量，因此应在保证输出电压波动满足要求的情况下尽量选取较小电容。最终选取电容 C_d 为 1000μF。

3）功率管：功率管承受的电压为直流电压 800V，电流应力为电感电流最大值，为 250.71A。开关频率为 40kHz，考虑电感电流脉动量和一定的裕量，可以选取型号为 FF2MR12KM1P 的 CoolSiC MOSFET 半桥模块，电压 1200V，电流 500A，导通电阻 2mΩ。

（2）实例仿真

采用上述设计的参数，当三相输入交流电压为 235V、360Hz，输出直流电压为 800V 时，对三相桥式 ac/dc 变换器进行仿真。图 4.43 给出了三相桥式 ac/dc 变换器 SVPWM 控制仿真波形。

图 4.43a 为 SVPWM 调制扇区变化图，扇区Ⅰ、Ⅱ、Ⅲ、Ⅳ、Ⅴ、Ⅵ分别对应

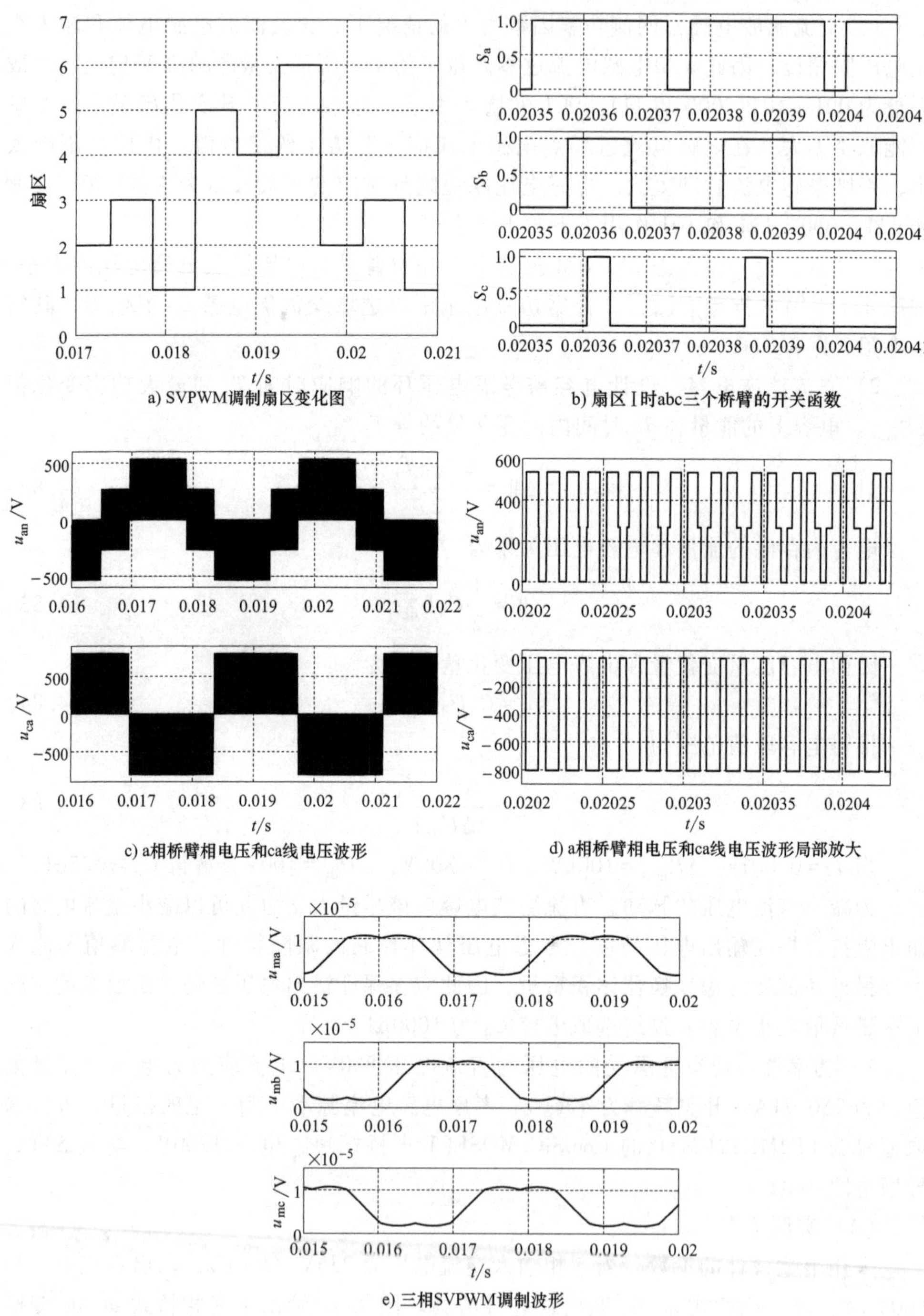

图 4.43　三相桥式 ac/dc 变换器 SVPWM 控制仿真波形

图中数字 3、1、5、4、6、2。以扇区 I 为例，电压矢量 $\boldsymbol{U}_s$ 由 $\boldsymbol{U}_0$、$\boldsymbol{U}_{60}$ 和零电压矢量，即 100、110、111 和 000 分别作用不同的时间组合而成。图 4.43b 所示为电压矢量在扇区 I 时，abc 三个桥臂的开关函数，也对应三个桥臂上管的驱动电压波形，可见其变化规律为 000-100-110-111-110-100-000……，每次开关状态转换时，只改变其中一相的开关状态，减少了开关次数。将零矢量总时间进行了平均分配，以使产生的 PWM 对称，可有效地降低 PWM 波的谐波分量。图 4.43c 所示为电压矢量在扇区 I 时 a 相桥臂中点的相电压 u_{an} 波形和 ca 相桥臂中点的线电压 u_{ca} 波形，图 4.43d 为图 4.43c 局部放大的波形，可见相电压由 $\pm U_{dc}/3$、$\pm 2U_{dc}/3$ 和 0 构成，线电压由 $\pm U_{dc}$、0 构成。图 4.43e 所示为 abc 三相 SVPWM 调制波形，呈马鞍形，和 SPWM 波形注入三次谐波后的波形等效。

在满载、输入电压 235V、频率 360Hz 情况下对三相桥式 ac/dc 变换器进行仿真，仿真波形如图 4.44 所示。其中，图 4.44a 为输出电压波形，启动电压尖峰约

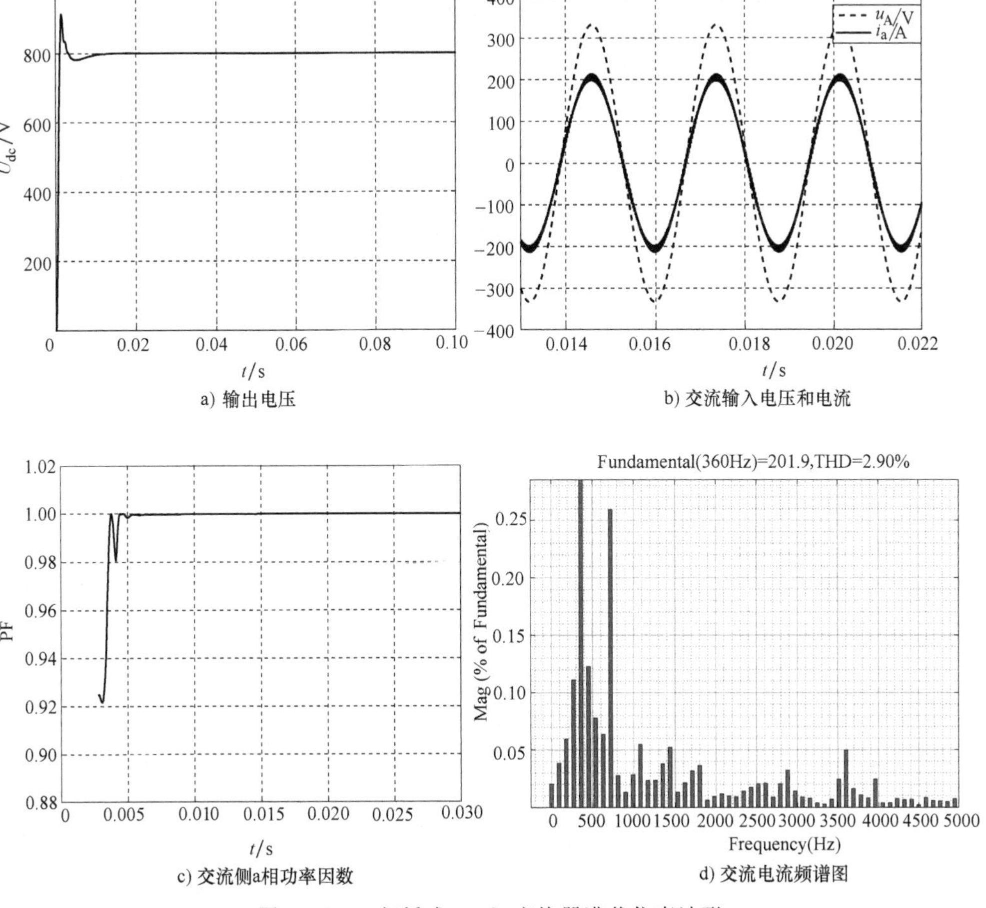

a) 输出电压

b) 交流输入电压和电流

c) 交流侧a相功率因数

d) 交流电流频谱图

图 4.44　三相桥式 ac/dc 变换器满载仿真波形

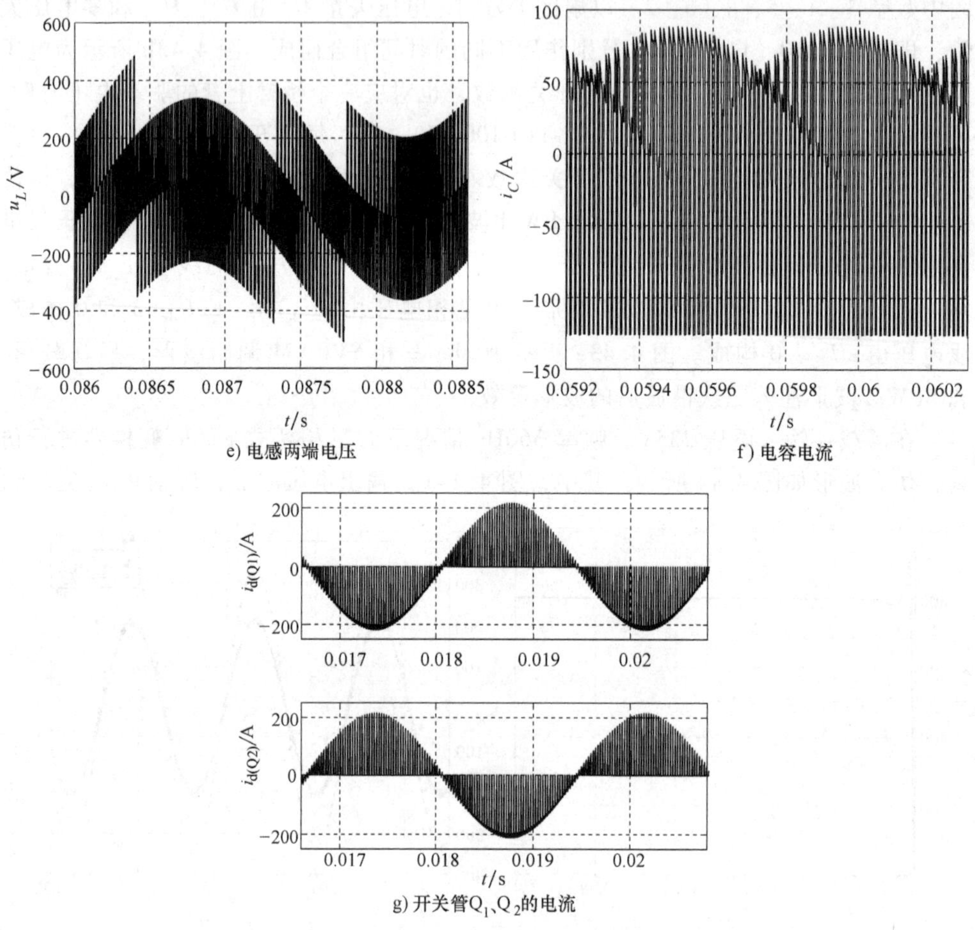

e) 电感两端电压

f) 电容电流

g) 开关管Q_1、Q_2的电流

图 4.44 三相桥式 ac/dc 变换器满载仿真波形（续）

为 920V，0.01s 后稳定为 800V。图 4.44b 所示为 a 相交流输入电压和电流波形，电流有效值约为 142.9A。图 4.44c 和图 4.44d 分别为 a 相交流侧功率因数和交流电流频谱图，可以看出功率因数接近于 1，THD 为 2.9%。图 4.44e 和图 4.44f 分别为电感两端电压和直流侧电容电流的波形。图 4.44g 为 a 相桥臂上下两开关管 Q_1、Q_2 的电流波形，电流最大值约为 209A。

图 4.45a 所示为交流侧电压的电角度波形，在-3.14~3.14 之间变化，以此为基准进行坐标变换。对于电流来说，通过改变 I_d、I_q 的值，便可以改变电流大小，同时改变交流电流矢量和交流电压矢量之间的角度，从而实现输入交流侧功率因数的调整。图 4.45b 中 I_d 约为 200A，I_q 为 0，此时电流矢量和电压矢量之间的角度为 0，电压和电流矢量以相同速度同步旋转，从而使得功率因数为 1。需要注明的是，此部分计及的功率因数 1、0.75、-1 等情况均没有考虑波形失真度的影响。改变电流的参考值，使得 I_d 约为 200A，I_q 约为-180A 左右，如图 4.45c 所示，便

可调整功率因数为感性 0.75，此时交流侧电压电流波形如图 4.45d 所示，电流滞后于电压波形，图 4.45e 所示为交流电源频率 360Hz，功率因数 0.75 时的交流侧电流频谱图，THD 为 2.09%。

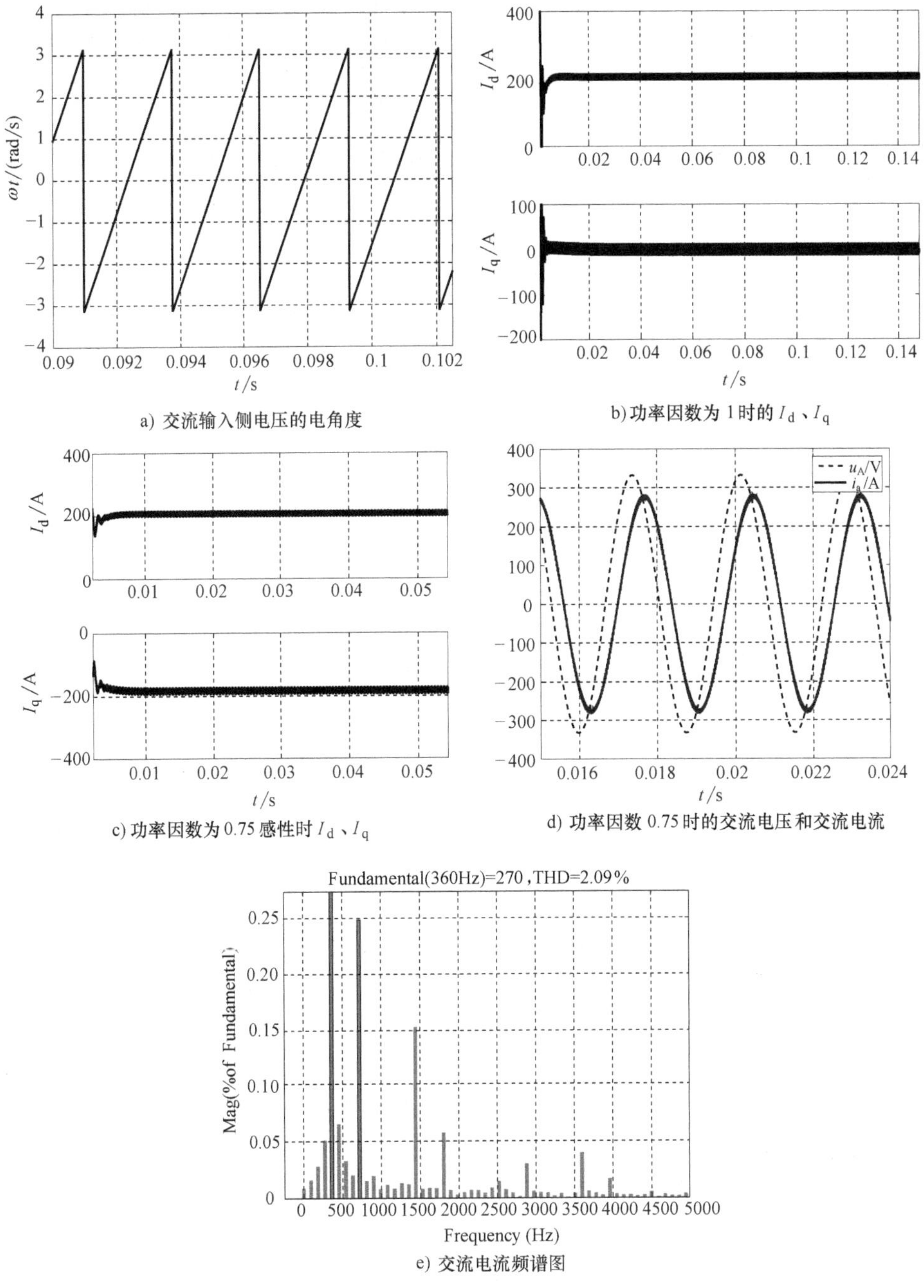

a) 交流输入侧电压的电角度

b) 功率因数为 1 时的 I_d、I_q

c) 功率因数为 0.75 感性时 I_d、I_q

d) 功率因数 0.75 时的交流电压和交流电流

e) 交流电流频谱图

图 4.45　三相 ac/dc 变换器功率因数调整仿真波形

若把直流侧负载换成一个电压为 800V 的直流电压源，交流侧 235V 交流电压源保持不变，去掉控制系统的电压环，保留电流环，进行开环仿真。给定 $I_d=0$，$I_q=-100A$，此时电流矢量落后电压矢量 90°，输入侧全为无功，功率因数为 0，仿真波形如图 4.46a、b 所示。若给定 $I_d=-100A$，$I_q=0$，此时电流矢量和电压矢量方向相反，相差 180°，交流电压和电流完全反向，功率因数为-1，此时为直流侧能量向交流侧输送，即三相 ac/dc 变换器逆变工作，仿真波形如图 4.46c、d 所示。

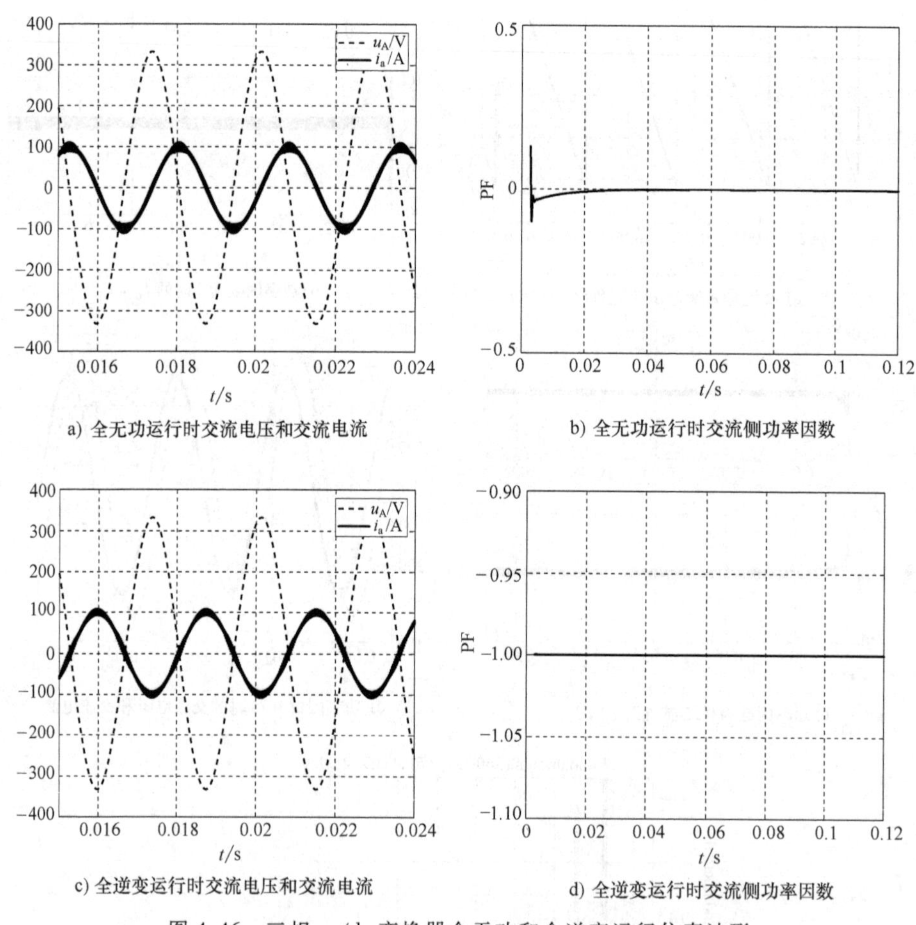

图 4.46 三相 ac/dc 变换器全无功和全逆变运行仿真波形

满载时改变交流输入电压的频率和功率因数，输出直流电压均为 800V，稳定运行时交流侧电流 THD 如表 4.4 所示，THD 均小于 5%。

表 4.5 所示为三相桥式 ac/dc 变换器在不同工况下突加突卸负载时的动态特性，交流电压频率为 360Hz 和 800Hz，输入功率因数为容性 0.75、阻性和感性 0.75。斜杠前数据对应空载到满载情况，斜杠后数据为满载到空载情况。调节时间是突加突卸负载后电压恢复到额定值 2%以内所需要的时间，电压变化百分比是突

加突卸负载时电压变化量除以额定值 800V。由此可见，三相 ac/dc 变换器的动态响应速度较快，电压变化量在 5%内，调节时间 10ms。

表 4.4 输入交流侧电流 THD

频率	PF	交流侧电流 THD
360Hz	-0.75(容)	2.25%
	1.0	2.90%
	0.75(感)	2.09%
800Hz	-0.75(容)	2.48%
	1.0	2.87%
	0.75(感)	1.98%

表 4.5 不同工况下三相 ac/dc 变换器的动态响应特性

频率/Hz	PF	电压变化量/V	电压变化百分比(%)	调节时间/s
360	-0.75(容)	-39/+39	-4.9/+4.9	0.01/0.01
	1.0	-37/+38	-4.6/+4.8	0.01/0.01
	0.75(感)	-40/+39	-5/+4.9	0.01/0.01
800	-0.75(容)	-38/+39	-4.8/+4.8	0.01/0.01
	1.0	-37/+38	-4.6/+4.8	0.01/0.01
	0.75(感)	-39/+39	-4.9/+4.9	0.01/0.01

输入 235V、360Hz 三相对称交流电，改变输出功率为 100kW、80kW、60kW、40kW、20kW、0 时三相桥式 ac/dc 变换器的运行参数如表 4.6 所示。第一列从上至下分别为变换器输出功率 P_o、负载电阻 R、直流输出电压 U_{dc}、直流输出电流 I_{dc}、输出电压脉动量 ΔU_{dc}、a 相交流输入电压有效值 U_a、a 相交流电流有效值 I_a、a 相交流电流 THD、开关管 Q_1 和 Q_4 电流的有效值（rms）、最大值（max）和平均值（mean）、输入有功功率 P_{in} 和效率 η。可见输出电压脉动较小，输入电流在 60kW 以上功率时 THD 低于 5%，满载时效率达 99%。

表 4.6 235V、360Hz 输入电压，不同功率下三相 ac/dc 变换器运行参数

P_o/kW	100	80	60	40	20	0
R/Ω	6.4	8	10.67	16	32	∞
U_{dc}/V	800	800	800	800	800	800
I_{dc}/A	125	100	75	50	25	0
ΔU_{dc}/V	±0.3	±0.25	±0.2	±0.15	±0.08	±0.06
U_a/V	235	235	235	235	235	235
I_a/A	143	114.4	85.9	57.4	29.4	—

（续）

THD(I_a)(%)	2.90	3.61	4.82	7.24	14.57	—
I_{Q1}(rms/max/mean)/A	84.2/ 209.1/ 41.0	67.3/ 174.2/ 30.8	51.2/ 134.3/ 24.6	34.5/ 88.3/ 16.6	17.6/ 48.1/ 8.2	—
I_{Q4}(rms/max/mean)/A	85.5/ 209.2/ 42.3	68.5/ 168.9/ 32.2	51.9/ 129.3/ 25.5	34.7/ 88.6/ 16.8	17.8/ 48.8/ 8.5	—
P_{in}/W	100815	80652	60559.5	40467	20727	—
η	99.2%	99.2%	99.1%	98.8%	96.5%	—

将输入侧三相电源的频率改变为800Hz，改变输出电压为800V、700V、600V，保持输出功率恒定为100kW，相应的电路运行参数如表4.7所示。第一列从上至下分别为变换器输出直流电压、负载电阻、直流输出电流、输出电压变化量、a相交流输入电压有效值、直流输出电压脉动量、a相交流电流THD和调制比m。m定义为交流线电压有效值U_{ABP}和直流电压之比。由表可见，理想情况下，当直流电压大于交流线电压峰值时，无论U_{dc}怎么变化，在输出功率不变的情况下，电容上的电压脉动总是0.3V左右，满载交流电流THD小于5%。

表4.7　输入频率800Hz，不同输出电压三相ac/dc变换器运行参数

U_{dc}/V	1000	900	800	700	600
R/Ω	10	8.1	6.4	4.9	3.6
I_{dc}/A	100	111.1	125	142.9	166.7
U_a/V	235	235	235	235	235
ΔU_{dc}/V	±0.3	±0.3	±0.3	±0.3	±0.3
THD(I_a)(%)	3.29	3.09	2.87	2.68	2.61
$m(U_{ABP}/U_{dc})$	0.576	0.640	0.719	0.822	0.959

4.2.5　自耦变压整流器（ATRU）和电子式ATRU

在B787飞机中，应用自耦变压整流器将235V、360~800Hz变频交流电转为±270V直流电，向dc/ac变换器供电。自耦变压整流器英文简称ATRU（Auto-Transformer Retifier Unit），由自耦变压器和二极管整流桥构成，如图4.47所示。三相自耦变压器的相绕组接成三角形，在每个相绕组中有两个抽头，分别与6个辅绕组相接，形成一台有9个端子的9相变压器，即构成三个线电势互差20°电角度的三相绕组，这三个三相绕组分别与三个三相二极管整流桥相连接，故为18脉波整流系统。多相整流的优点是输出电压脉动小，输入电流波形正弦，谐波小，功率因数$\cos\varphi$接近1.0，再加上自耦变压器比双绕组变压器的体积重量小很多，在飞机上获得应用。

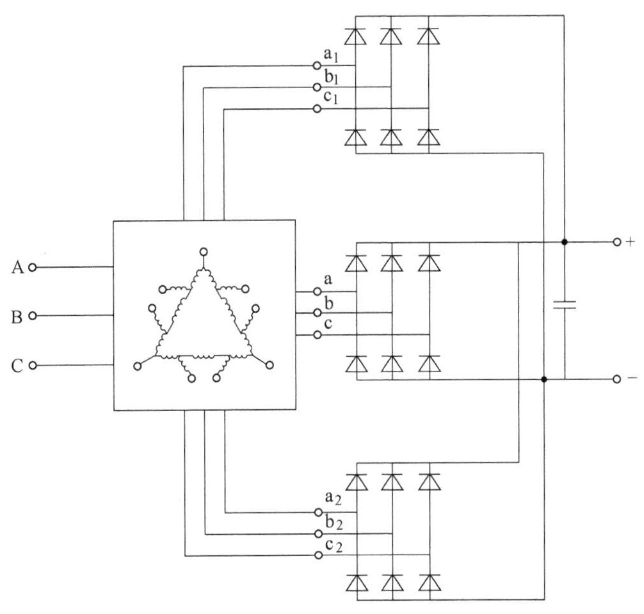

图 4.47 自耦变压整流器（ATRU）

ATRU 的缺点是输出直流电压直接和输入交流电的品质相关，也和它的负载大小有关，同时万一有二极管发生开路或短路故障或变压器和整流桥的连接线发生开路故障，都会导致交流电流出现直流分量，危害交流电源和有关用电设备。

电子式 ATRU 英文简写为 eATRU（electrical ATRU），实际上就是 ac/dc 变换器。ac/dc 变换器中的电磁元件为输出滤波电容和输入电感，功率器件为开关管及其反并联的二极管。ac/dc 变换器的电容和电感的大小受开关管开关频率的约束，开关频率越高，电容和电感值越小，体积和重量均下降。而 ATRU 的自耦变压器仅受电源频率的约束，在 360~800Hz 的变频交流电源中，变压器的体积重量决定于电源的最低工作频率 360Hz。与开关管的开关频率几十 kHz 相比，相差很大。因此，eATRU 的体积重量与 ATRU 相比，在功率相同时要小很多。

eATRU 的另一特点是输出电压可控，显著提高了输出电压的质量。

当 eATRU 在飞机变频交流电源中应用时，eATRU 还可输入容性电流，补偿感性交流负载的无功功率，让变频交流发电机工作于阻性负载状态，减小发电机的励磁电流。eATRU 还可代替瞬时过电压保护器的功能。

由于 ac/dc 变换器的双向电能转换功能，若变频交流电机为起动发电机，则当该电机用于起动航空发动机时，变换器可向起动电机供电。

于是 eATRU 成为一个多功能的航空电器。多功能是航空电力电子装置的一个重要特点。

4.3 变压整流器和蓄电池充电器

4.3.1 电路结构和原理

在交流电源的飞机上，多数为双电压体制，用电量大的飞机则为三电压体制。双电压体制的主电源电压为 115V 交流电压，二次电源电压为 28V 直流电压，如 A380、A320、B747、B737 等飞机均采用这种体制。B787 飞机主电源电压为 235V 交流电压，地面电源为 115V 交流电压，直流电源为 28V。为了将交流 115V 或交流 235V 转为 28V 直流电压，这些飞机上均采用变压整流器（TRU），TRU 由三绕组变压器和二极管整流滤波电路构成，三绕组变压器的一次绕组常为星形联结，由 115V 交流电压供电，二次绕组有两套三相绕组，一套星形联结，另一套三角形联结，这样两个三相绕组输出端线电压的相位差为 30°电角度，与三相整流桥相接后形成 12 脉波整流系统，使输出直流电压脉动降低，输入交流电流正弦度较好。

TRU 有三个缺点：一是由于变压器的电源频率为 400Hz 或 360~800Hz，变压器体积重量较大；二是二极管整流输出电压变化范围较大；三是电能转换效率较低，仅 85%左右。

在 28V 直流电源中都有蓄电池，通常有两台蓄电池。一台主蓄电池用于实现 28V 电源不中断供电和应急供电，另一台 APU 辅助动力装置用蓄电池用于起动 APU。有的飞机上有多台蓄电池。

现代飞机蓄电池大多为镍镉电池或锂离子电池，这两种电池必须有专门的蓄电池充电器。蓄电池充电器有两类：一类是将 115V 交流电压或 235V 交流电压转为 28V 直流电压结构；另一类是由 TRU 供电的充电器。由 115V 交流供电的充电器由 LC 输入滤波器、二极管整流桥、有隔离变压器的桥式 dc/dc 变换器和控制器构成。充电器有两个功能：一是给电池充电；二是充电结束后转为 28V 直流电源。充电器工作时常为恒流限压工作模式，当电池将充满电时，由恒流充电转为恒压充电。由 TRU 供电的充电器可采用 Boost dc/dc 变换器给电池恒流限压充电。

由此可见，TRU 和蓄电池充电器均是将交流电转为直流电的电器。前者属于电磁式电器，后者属于电力电子电器，但由于后者输入侧用二极管三相整流桥，要较重的 LC 输入滤波器。

电子式 TRU 或电子式蓄电池充电器由 ac/dc 变换器和隔离式 dc/dc 变换器构成，结构框图如图 4.48a 所示，图 4.48b 为一种电子式 TRU 或蓄电池充电器主电路图。高达几十 kHz 的开关频率，第三代宽禁带半导体器件的应用，模块化的电力电子器件，使 ac/dc 的输入 LC 滤波器和 dc/dc 的隔离变压器体积重量显著减小，输入电流正弦，输入 $\cos\varphi = 1.0$，输出应用全波整流电路，降低了器件通态损耗，

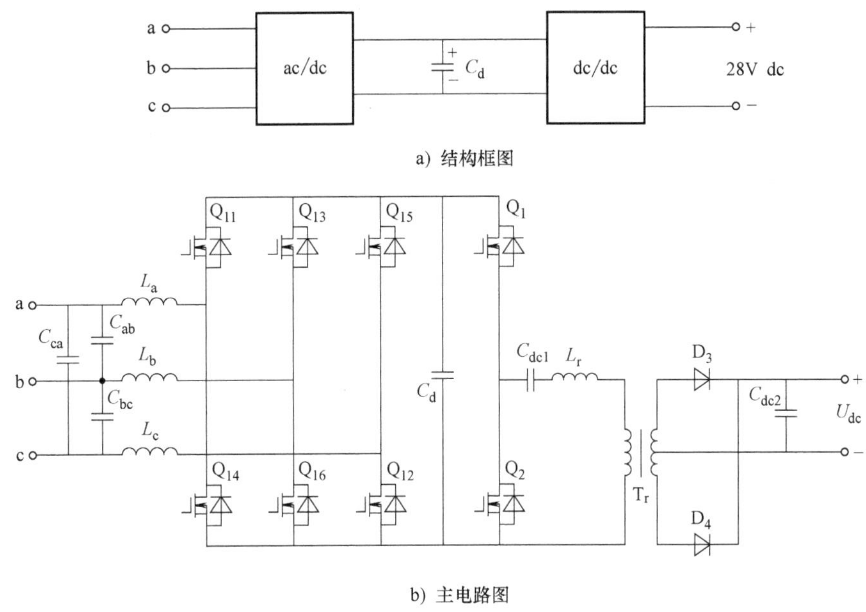

图 4.48 电子式 TRU 或电子式蓄电池充电器

提高了变换效率，使 TRU 和充电器硬件结构相同，或者成为既有 TRU 又有充电器的双功能电器。在 TRU 工作时，输出电压不受交流电压和负载大小的影响，电气性能明显提高。电子式 TRU 中的 ac/dc 变换器既可以在 400Hz 电源下工作，也可在 360~800Hz 变频交流电源下工作。

4.3.2 蓄电池充电器实例仿真

为简化仿真，下面以不隔离的蓄电池充电器为例进行仿真。蓄电池充电器的一种构成方案是由三相 ac/dc 变换器和 Bi Buck/Boost 变换器级联组合成不隔离双向三相 ac/dc，是输出电流可控的充电放电器，主电路如图 4.49 所示。电池充电时，前级三相 ac/dc 变换器工作于三相 PFC 模式，将 220V/50Hz 三相交流电转为 540V 直流电，后级 Bi Buck/Boost 变换器的输出给额定电压为 360V 的蓄电池充电，额定充电电流为 40A，充电过程中，电池电压从 320V 变化到 400V，最大充电功率为 16kW。

电池放电时，Bi Buck/Boost 变换器转为 Boost 工作方式，将电池电压升高到直流 540V，ac/dc 变换器成为三相逆变器，将 540V 直流电压转为 220V/50Hz 三相交流电，向 50Hz 电网供电，既可以向电网提供有功功率，也可以提供无功功率。

取 $U_d=540$V，电网相电压峰值 $E_m=311$V，输入电流峰值 $I_m=35$A，开关频率 40kHz，交流侧电感电流脉动量 $\Delta I_{L\max}$ 为 $0.3I_m$。根据 4.1 节和 4.2 节的设计公式得，ac/dc 变换器直流母线电容 $C_d=500\mu$F；交流侧滤波电容呈 Δ 连接时，$C_{ab}=$

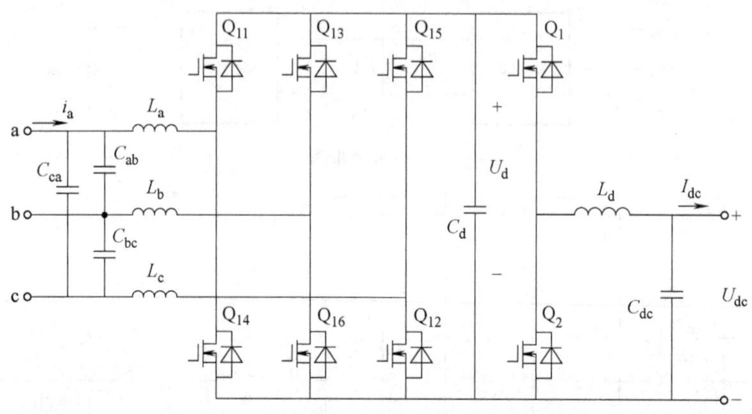

图 4.49 不隔离蓄电池充电器主电路

$C_{ac} = C_{bc} = C/3 = 20\mu F$；交流滤波电感 $L_a = L_b = L_c = L = 100\mu H$。根据 2.1 节的设计公式得，Bi Buck/Boost 变换器滤波电感 L_d 为 0.5mH；滤波电容 C_{dc} 为 6μF。假定交流侧电感寄生电阻为 0.01Ω。

充电时，前级三相 ac/dc 变换器工作于三相 PFC 模式，采用电压电流双环控制策略，外环控制中间直流母线电压 U_d 恒定，内环控制交流电感电流，保证输入交流电流和输入交流电压同相位，且输入电流 THD 小于 5%。后级 Bi Buck/Boost 变换器工作于降压模式，同样采用电压电流双环控制，外环控制蓄电池电压，内环控制滤波电感 L_d 电流，保证先恒流充电后恒压充电。图 4.50 为蓄电池充电器的电压电流波形图。电压电流参考方向如图 4.50 所示。图 4.50a 为中间直流母线电压 U_d 波形，电压大小为 540V，电压脉动小于 5V。图 4.50b 给出了电网侧电压和电流波形，图 4.50c 为电网侧功率因数，图 4.50d 为电网侧电流 THD，可见电网侧电压与电流相位相同，功率因数为 1，电流 THD 为 4.71%，小于 5%。图 4.50e 为蓄电池的充电电流波形，先恒流充电，后恒压充电。恒压充电下，电流线性减小，直至电池充电完成。

蓄电池放电时，Bi Buck/Boost 变换器工作于升压模式，控制蓄电池放电电流恒定；ac/dc 变换器工作于三相并网逆变器模式，电压外环控制中间直流母线电压 U_d 恒定，电流内环控制进网电流跟网侧电压同相位，且失真度小于 5%。图 4.51 为蓄电池充电器放电时的仿真波形。图 4.51a 中直流母线电压为 540V，电压脉动小于 5V。图 4.51b、c 中电网侧电压与电流相位相同，功率因数为 1。图 4.51d 中交流侧电流 THD 为 2.31%，小于 5%。图 4.51e、f 为蓄电池放电电压与电流，蓄电池放电时在初始状态电流会急剧上升，电压会急剧下降，是因为此时直流母线电压未达到 540V，为建立直流母线电压蓄电池需急剧放电。之后母线电压过冲，对蓄电池充电，故蓄电池电压初期会出现波动。

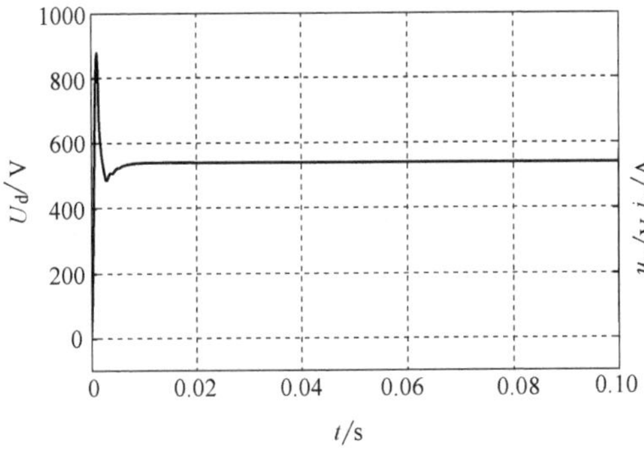

a) 中间直流母线电压波形

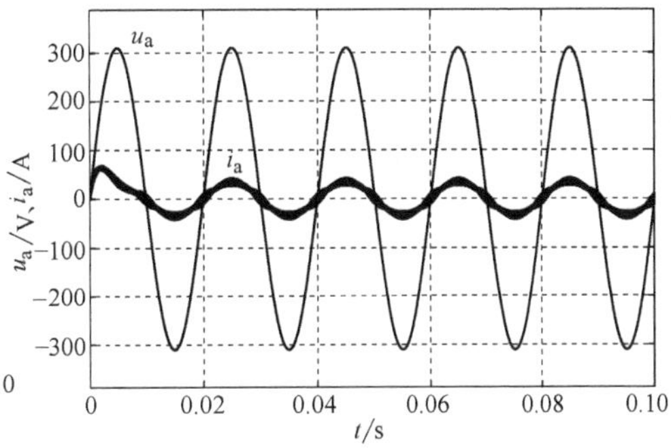

b) 电网侧电压和电流波形

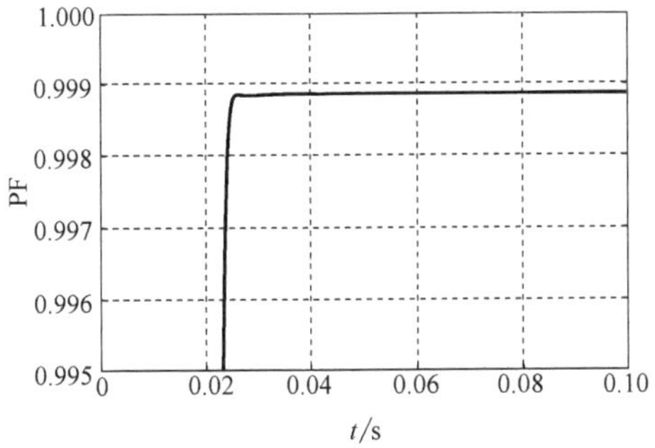

c) 电网侧功率因数

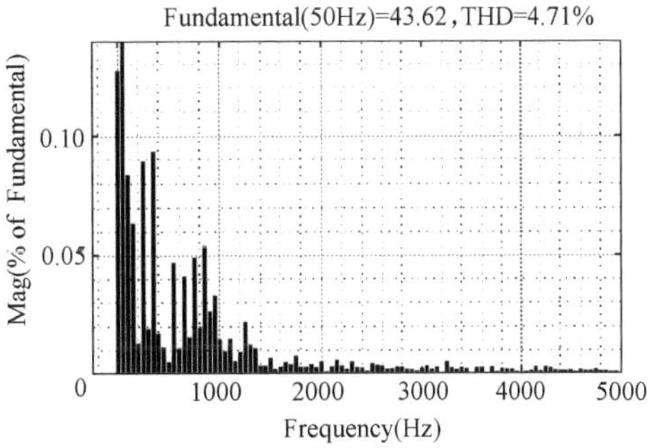

d) 电网侧电流THD

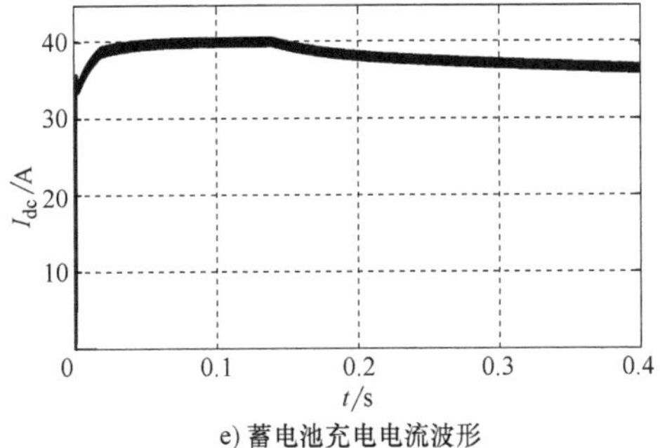

e) 蓄电池充电电流波形

图 4.50　蓄电池充电器充电模式仿真波形

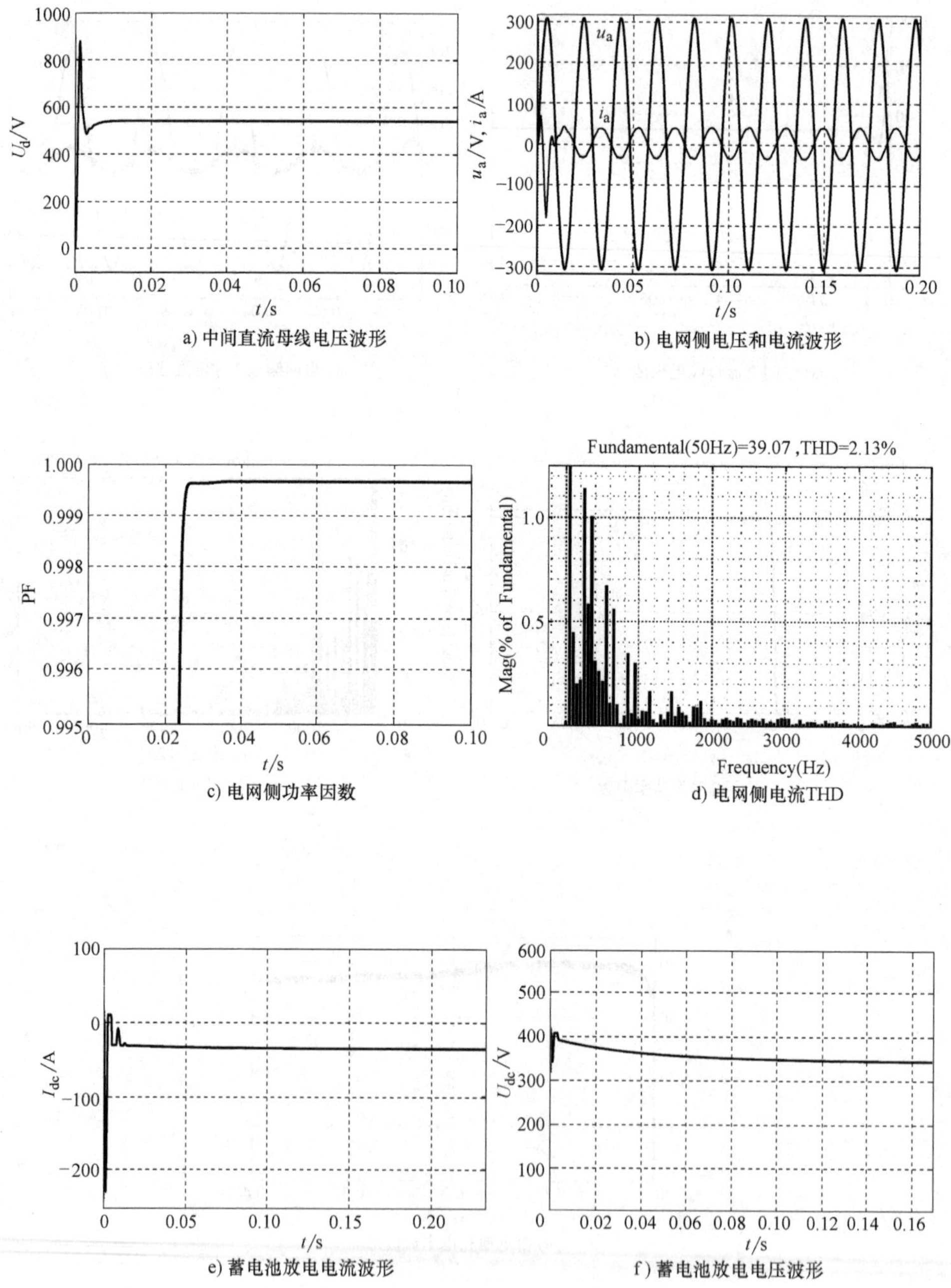

a) 中间直流母线电压波形

b) 电网侧电压和电流波形

c) 电网侧功率因数

d) 电网侧电流THD

e) 蓄电池放电电流波形

f) 蓄电池放电电压波形

图 4.51　蓄电池充电器放电模式仿真波形

4.4 三相 ac/ac 变换器

图 4.52a 是三相 ac/ac 变换器的构成框图，由三相 ac/dc 变换器和三相 dc/ac 变换器构成。当电能自 ABC 侧向右馈送时，图中 ac/dc 变换器工作于 PFC 方式，dc/ac 变换器将直流电转为交流电。若电能从 abc 侧向左馈送，则图中 dc/ac 变换器转为 PFC 工作方式，图中 ac/dc 变换器转为三相逆变器工作方式。

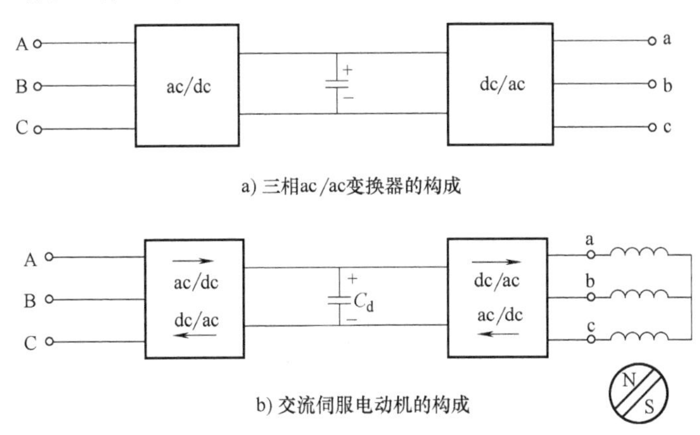

a) 三相ac/ac变换器的构成

b) 交流伺服电动机的构成

图 4.52 三相 ac/ac 变换器

在 B787 和 A380 等多电飞机中，使用机电作动机构（EMA）和电液作动机构（EHA），用于将电能转为机械能传动飞机的机械装置。EMA 由伺服电动机与齿轮减速器螺杆作动筒构成，螺杆作动筒将旋转运动转为直线运动。EHA 由伺服电动机和柱塞式液压泵及液压作动筒构成，柱塞式液压泵代替 EMA 中的减速器，液压作动筒代替 EMA 的螺杆作动筒。由于 EHA 中的泵和作动筒有油液润滑，工作寿命更长。

不论是 EMA 还是 EHA，都必须有伺服电动机。伺服电动机的一个必要条件是能四象限运行，既可正转电动工作，又可正转制动，既可反转电动又可反转制动。电动工作时将电能转为机械能，制动工作时将储存于转动部件中的机械能转回电能返回电源。因此由交流电源供电的伺服电动机必须和 ac/ac 变换器配合运行，或者说此时 ac/ac 变换器和电机组合成伺服电动机。图 4.52b 是交流电源供电的伺服电动机的构成框图，图中右侧为三相永磁电动机。图中电动机工作时，左变换器为 ac/dc 变换器，右变换器为 dc/ac 变换器，制动工作时，右变换器为 ac/dc 变换器，左变换器为 dc/ac 变换器。

图 4.53 是一个 ac/dc 变换器向两台或多台 dc/ac 变换器供电的框图。若右变换器均向电动机供电，则电动机均为电动工作时，左变换器为 ac/dc 变换器，右变换器均为 dc/ac 变换器；若右侧有一台或几台电动机制动工作时，与这些电机连接的变换器成为 ac/dc 变换器，制动能量返回中间直流环节，若制动功率之和小于电动工作电机的功率，则左变换器仍为 ac/dc 变换器，但输出功率降低。若制动功率之

和大于电动工作电机的功率，则左变换器成为 dc/ac 变换器，以使直流环节电压在允许的工作范围内。由此可见，用左变换器代替 ATRU 的好处是能量可以双向流动，dc 电压可以恒定，整个系统效率提高。

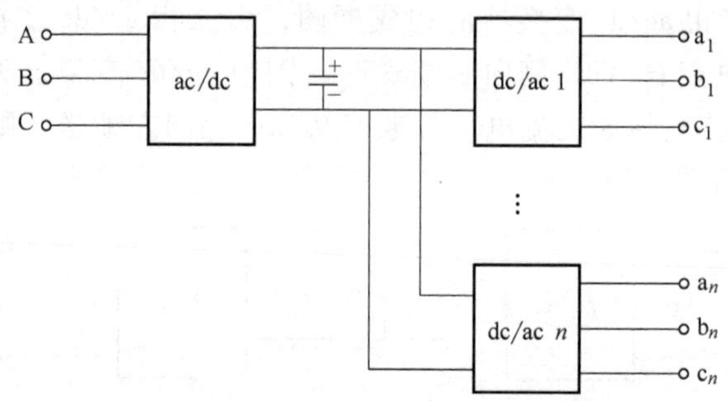

图 4.53　多台三相 ac/dc 变换器的组合

4.5　四桥臂三相 dc/ac 变换器

由于 abc 三相间的耦合，图 4.1a 的三桥臂三相 dc/ac 变换器的用电设备必须为三相对称负载，若接上三相不对称负载，必导致三相电压的不对称，从而降低供电品质。

三个单相 dc/ac 变换器组合可构成有中点的 dc/ac 变换器，但每相要 4 个开关器件构成桥式电路，三相则要 12 个开关器件。另一种方案是采用带分裂电容的三相四桥臂 dc/ac 变换器，如图 4.54 所示。它相当于由三个单相半桥逆变器组合而成，直流侧两分裂电容 C_{41}、C_{42} 串联形成中点。三相逆变器在带不平衡负载时，电流经过中点流入到两个分裂电容中，由于电流流入上下电容的方向相反，两个分裂电容分压不均，使得中性点 o 点电压不断发生波动，会引起逆变器输出电压波形

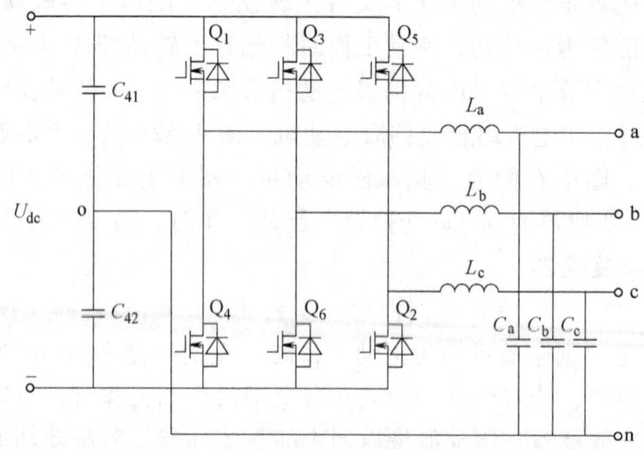

图 4.54　带分裂电容的三相四桥臂 dc/ac 变换器

畸变，电路性能恶化。若要使中性点电压稳定，C_{41} 和 C_{42} 必须足够大，但大电容体积大，价格贵。

图 4.55 是没有直流分裂电容的四桥臂 dc/ac 变换器，也可以承担不对称负载。这时可将 a 相桥臂与第四桥臂看成一个单相 dc/ac 变换器，b 相桥臂与第四桥臂构成第二个单相 dc/ac，但两者相位差 120°电角，c 相也相同，故第四桥臂为公共桥臂。该结构也可采用空间电压矢量调制控制策略。

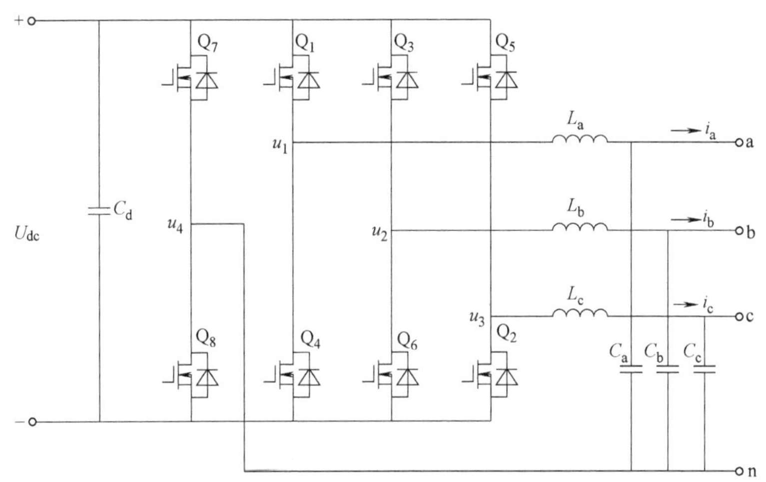

图 4.55　从第四桥臂中点引出中线的四桥臂三相 dc/ac 变换器电路

图 4.56 所示是带中点电位控制电路的三相四桥臂 dc/ac 变换器电路，其右侧三个桥臂和 LC 滤波器构成三相 dc/ac 变换器，用 SPWM 或 SVPWM 方法获得三相对称交流电压，并可承担不对称负载。左侧电容 C_{41}、C_{42}、电感 L_N 和第四桥臂开关管 Q_7、Q_8 形成中点电位控制电路。第四桥臂通过控制 Q_7 和 Q_8 的占空比来稳定分裂电容的中点，可以缓解图 4.54 的问题。

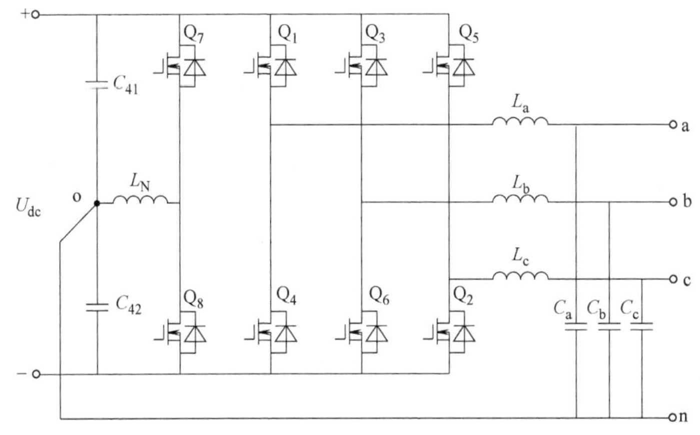

图 4.56　带中点电位控制电路的三相四桥臂 dc/ac 变换器

4.5.1 四桥臂三相 dc/ac 变换器的空间电压矢量调制

对于图 4.55 所示电路，第四个桥臂的加入使三相 dc/ac 变换器有三个独立的变量，即 u_{14}、u_{24} 和 u_{34}。这些电压的大小取决于开关函数 S_a、S_b、S_c、S_n，S_n 为第四桥臂的开关状态，若 Q_7 导通，取 $S_n=p=1$，Q_8 导通，$S_n=n=0$，相应地，$S_a=S_b=S_c=1$ 为 Q_1、Q_3、Q_5 导通。由此可见，开关函数 $S_aS_bS_cS_n$ 和基本电压矢量直接相关，如在三桥臂 dc/ac 中，$S_aS_bS_c=100$，相应的基本电压矢量为图 4.2 中所示的 $\boldsymbol{U}_a$，110 对应的基本电压矢量为 $-\boldsymbol{U}_c$。

表 4.8 是在 abc 坐标系中开关状态与桥臂间的电压关系表。由于有 4 个开关量，故有 16 个开关函数，构成 14 个基本空间电压矢量和 2 个零电压矢量。

SVPWM 使线电压和相电压均为正弦变化，故有：

$$\begin{cases} u_a=\sqrt{2}\,U\cos\omega t \\ u_b=\sqrt{2}\,U\cos\left(\omega t-\dfrac{2}{3}\pi\right) \\ u_c=\sqrt{2}\,U\cos\left(\omega t-\dfrac{4}{3}\pi\right) \end{cases} \tag{4.86}$$

借助于 abc 到 αβγ 坐标系的变换矩阵［abc/αβγ］，得：

$$\begin{bmatrix} u_\alpha \\ u_\beta \\ u_\gamma \end{bmatrix}=\frac{2}{3}\begin{bmatrix} 1 & -\dfrac{1}{2} & -\dfrac{1}{2} \\ 0 & \dfrac{\sqrt{3}}{2} & -\dfrac{\sqrt{3}}{2} \\ \dfrac{1}{2} & \dfrac{1}{2} & \dfrac{1}{2} \end{bmatrix}\begin{bmatrix} u_a \\ u_b \\ u_c \end{bmatrix} \tag{4.87}$$

表 4.8 在 abc 坐标系中的四桥臂开关状态表

$S_aS_bS_cS_n$	pppp	ppnp	pnpp	nppp	pnnp	npnp	nnpp	nnnp
U_{14}/U_{dc}	0	0	0	-1	0	-1	-1	-1
U_{24}/U_{dc}	0	0	-1	0	-1	0	-1	-1
U_{34}/U_{dc}	0	-1	0	0	-1	-1	0	-1
$S_aS_bS_cS_n$	nnnn	nnpn	npnn	pnnn	nppn	pnpn	ppnn	pppn
U_{14}/U_{dc}	0	0	0	1	0	1	1	1
U_{24}/U_{dc}	0	0	1	0	1	0	1	1
U_{34}/U_{dc}	0	1	0	0	1	1	0	1

αβγ 三维空间的基本电压矢量与开关函数间关系如表 4.9 所示，由表可见，共有 16 个空间电压矢量，其中 2 个为零矢量，对应的开关函数为 pppp 和 nnnn，14 个

基本电压空间矢量。如表中第三列所示，该空间电压基本矢量由 $\boldsymbol{U}_\alpha=\boldsymbol{U}_{dc}/3$、$\boldsymbol{U}_\beta=\boldsymbol{U}_{dc}/\sqrt{3}$、$\boldsymbol{U}_\gamma=-\boldsymbol{U}_{dc}/3$ 三个矢量合成，其开关函数为 ppnp，于是可用 ppnp 来代表该空间电压矢量，把 ppnp 也看成了该电压矢量。相应的表中第五列的 $\boldsymbol{U}_\alpha=-2\boldsymbol{U}_{dc}/3$、$\boldsymbol{U}_\beta=0$、$\boldsymbol{U}_\gamma=-\boldsymbol{U}_{dc}/3$，表明该电压矢量在 αγ 平面上，可用 nppp 代表，……。

表 4.9　在 αβγ 坐标系中的四桥臂开关状态

$S_aS_bS_cS_n$	pppp	ppnp	pnpp	nppp	pnnp	npnp	nnpp	nnnp
U_α/U_{dc}	0	$\frac{1}{3}$	$\frac{1}{3}$	$-\frac{2}{3}$	$\frac{2}{3}$	$-\frac{1}{3}$	$-\frac{1}{3}$	0
U_β/U_{dc}	0	$\frac{\sqrt{3}}{3}$	$-\frac{\sqrt{3}}{3}$	0	0	$\frac{\sqrt{3}}{3}$	$-\frac{\sqrt{3}}{3}$	0
U_γ/U_{dc}	0	$-\frac{1}{3}$	$-\frac{1}{3}$	$-\frac{1}{3}$	$-\frac{2}{3}$	$-\frac{2}{3}$	$-\frac{2}{3}$	-1
$S_aS_bS_cS_n$	nnnn	nnpn	npnn	pnnn	nppn	pnpn	ppnn	pppn
U_α/U_{dc}	0	$-\frac{1}{3}$	$-\frac{1}{3}$	$\frac{2}{3}$	$-\frac{2}{3}$	$\frac{1}{3}$	$\frac{1}{3}$	0
U_β/U_{dc}	0	$-\frac{\sqrt{3}}{3}$	$\frac{\sqrt{3}}{3}$	0	0	$-\frac{\sqrt{3}}{3}$	$\frac{\sqrt{3}}{3}$	0
U_γ/U_{dc}	0	$\frac{1}{3}$	$\frac{1}{3}$	$\frac{1}{3}$	$\frac{2}{3}$	$\frac{2}{3}$	$\frac{2}{3}$	1

注：表中上下两个部分的开关矢量正好相反，如上部分的 ppnp，下部分为 nnpn，相应的基本空间电压矢量极性也正相反。

图 4.57a 是四桥臂 dc/ac 变换器在 αβγ 坐标系中空间电压矢量图，或称三维开关矢量图，为正六棱柱结构，其俯视图为一正六边形，和图 4.2 相同，故该六棱柱可分解成 6 个三棱柱，6 个三棱柱的编号和图 4.2 的扇形编号相同。图 4.57b 是一号三棱柱，它的一条棱上有 pppn 和 nnnp 两个相差 180°的开关矢量，另有 ppnn 和 ppnp 两开关矢量的矢端在右侧棱上，pnnn 和 pnnp 两矢量的矢端在左侧棱上，加上零矢量 pppp 和 nnnn，一个三棱柱上有 8 个开关矢量，其中两个为零矢量，6 个为非零矢量。一号三棱柱上可以 6 条非零矢量为边构成 4 个空间四面体（见图 4.55b），上侧四面体 T14 由 pppn、ppnn、pnnn 三个矢量构成，矢量原点为 pppp 点；下侧四面体 T13 由 nnnp、pnnp、ppnp 三个矢量构成，矢量原点为 pppp 点；中上四面体 T2 由 pnnn、ppnn、ppnp 三个矢量构成，原点也为 pppp；中下四面体 T1 由 ppnp、pnnp、pnnn 三个矢量构成。

六棱柱有 6 个三棱柱，每个三棱柱有 4 个四面体，共有 24 个四面体。

图 4.3 是三桥臂 dc/ac 变换器在扇区 $\boldsymbol{U}_x$ 和 $\boldsymbol{U}_{60+x}$ 内空间矢量 $\boldsymbol{U}_s$ 的线性组合示意图，为平面图形。在四桥臂 dc/ac 变换器中的三维空间矢量 $\boldsymbol{U}_s$ 由四面体的三个空间矢量线性组合而成，如四面体 T1 的开关矢量 $\boldsymbol{U}_s$ 由 ppnp、pnnp、pnnn 和 pppp 四个基本开关矢量组合而成：

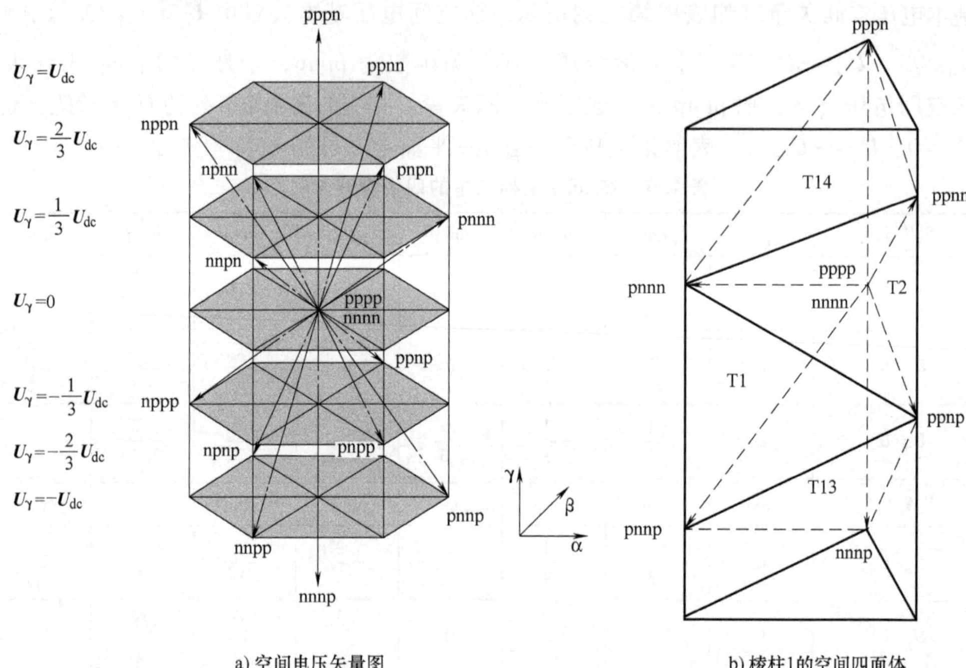

图 4.57　四桥臂 dc/ac 变换器在 αβγ 坐标系中空间电压矢量图及棱柱 1 的空间四面体

$$\boldsymbol{U}_{\mathrm{s}}=\frac{t_1}{T_{\mathrm{s}}}\boldsymbol{U}(\mathrm{pnnn})+\frac{t_2}{T_{\mathrm{s}}}\boldsymbol{U}(\mathrm{pnnp})+\frac{t_3}{T_{\mathrm{s}}}\boldsymbol{U}(\mathrm{ppnp})+\frac{t_0}{T_{\mathrm{s}}}\boldsymbol{U}(\mathrm{pppp}) \tag{4.88}$$

式中，T_s 为开关周期；$T_s=t_1+t_2+t_3+t_0$；t_1 为 pnnn 作用时间；t_2 为 pnnp 作用时间；t_3 为 ppnp 作用时间；t_0 为零矢量 pppp 作用时间。

图 4.58 是一种 T1 四面体的开关管开关时序。这种开关顺序有利于降低 dc/ac 变换器的输出电压谐波，同时在一个开关周期 T_s 内开关次数少，开关损耗小。

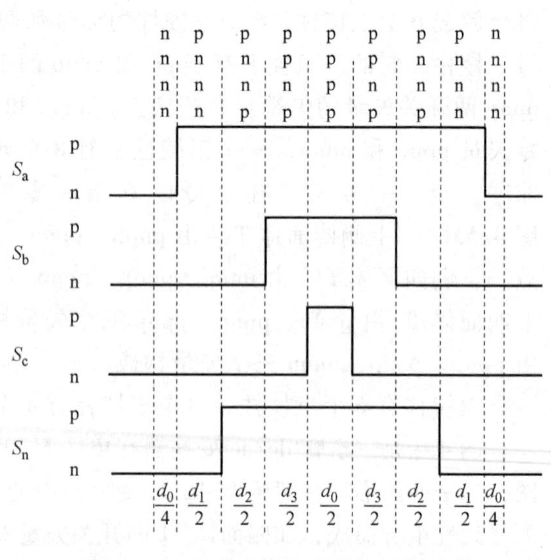

图 4.58　T1 四面体的开关管开关时序

四桥臂三相 dc/ac 变换器带对称负载时，由于 $i_a+i_b+i_c=0$，第四桥臂中没有电流，相当于三桥臂 dc/ac 变换器。若为不对称三相负载，第四桥臂中必有电流。不对称的三相电流 i_a、i_b、i_c 可用对称分量法分解成三组分量：正序分量 i_{ap}、负序分量 i_{an} 和零序分量 i_{a0}。

随着开关频率 f_s 的提高，滤波

电感值的减小，四桥臂 dc/ac 变换器桥臂输出电压 u_1、u_2、u_3 与滤波后的输出电压 u_a、u_b、u_c 基波分量之差随之减小，当电压调节器保持输出电压平均值不变时，在三相对称负载时，u_a、u_b、u_c 也必为三相对称正弦电压。当三相负载不对称时，由于 abc 三个滤波电感上电压降不同，导致三相输出电压有偏差，因为 SVPWM 的桥臂输出电压 u_{14}、u_{24}、u_{34} 是三相对称脉宽调制波。按此原理，图 4.59 是四桥臂 dc/ac 变换器的控制框图，其控制原理与三桥臂 dc/ac 变换器的相同。

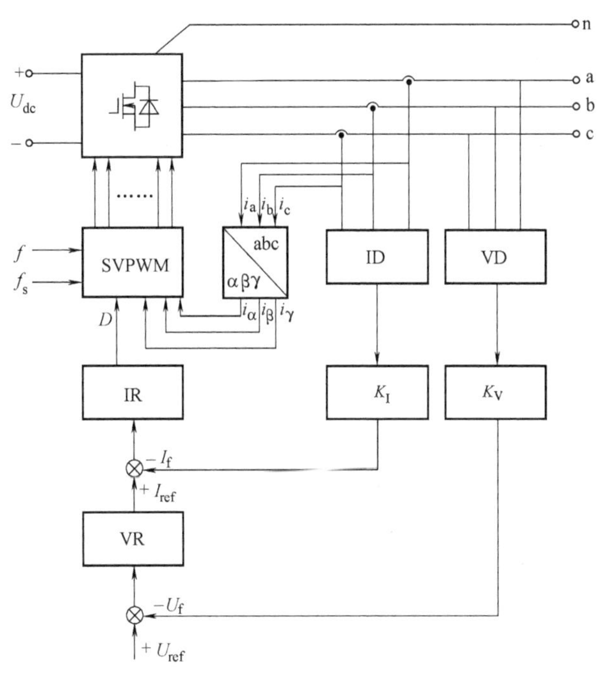

图 4.59　四桥臂三相 dc/ac 变换器的电压电流双闭环控制

图中，f 是 dc/ac 变换器的基波频率，f_s 是开关频率，IR、VR 分别是电流和电压调节器，ID、K_I 分别是电流检测和电流检测系数，VD、K_V 分别是三相平均电压检测和电压检测系数，占空比 $D=(t_1+t_2+t_3)/T_s$，$T_s=1/f_s$，$1-D=t_0/T_s$ 为零状态的占空比，t_1、t_2、t_3 为图 4.58 所示非零矢量在一个周期 T_s 的作用时间。

三相对称负载时，三相电流大小相同，相位差 120°，三相电流绝对值的和接近平滑直流电。不对称负载时，特别是仅单相加载时，相电流绝对值的脉动较大，不宜直接用作反馈量，宜取其平均值，将其平均值作为反馈量。电压反馈量也取三相电压平均值。电源起动时，按三相三桥臂 dc/ac 变换器的 SVPWM 方式工作，占空比 D 逐步增加，直到输出三相电压平均值达额定值。在三相对称负载时，$i_γ=0$，由 $i_α$、$i_β$ 和 D 构建 $u_{αref}$ 和 $u_{βref}$ 作为 SVPWM 的控制输入。不对称负载时，由 $i_α$、$i_β$、$i_γ$ 和 D 构建 $u_{αref}$、$u_{βref}$ 和 $u_{γref}$ 作为 SVPWM 的控制输入，让第四桥臂按中线电流工作。第四桥臂工作后三相电压恢复对称。

若电源电压 U_{dc} 变化和负载变化时，三相输出电压改变，这时电流调节器输出占空比 D 改变，以使输出电压保持为额定值。U_{dc} 降低，零矢量作用时间缩短，使输出电压恢复。电压和电流调节器处理的均为直流量，宜用比例积分调节器。

4.5.2 四桥臂三相 dc/ac 变换器的直接电流调节

图 4.60 是单相 dc/ac 变换器的双闭环调节系统框图。图中开关管 Q_1、Q_2 以开关频率 f_s 工作，Q_3、Q_4 的开关频率与 dc/ac 变换器输出电压基波频率相同。输出电压和电感电流传感器均检测电压电流的瞬时值。由于给定电压 u_{ref} 为正弦波，由正弦电压发生器 sinG 产生，故电压调节器的输出即电流给定 i_{ref} 也为正弦波，IR 的输出在用模拟电路时应与三角波发生器配合形成正弦 PWM 信号，其占空比也以正弦规律变化，用于驱动 Q_1、Q_2，Q_1、Q_2 互补导通，Q_3、Q_4 则按 u_{ref} 的基频电压轮流工作，i_a 为正时 Q_4 导通，i_a 为负时 Q_3 导通。由于采用瞬时电压电流控制，变换器响应很快，突加突卸负载恢复时间在半个电源周期之内。该图和图 3.4 相同。

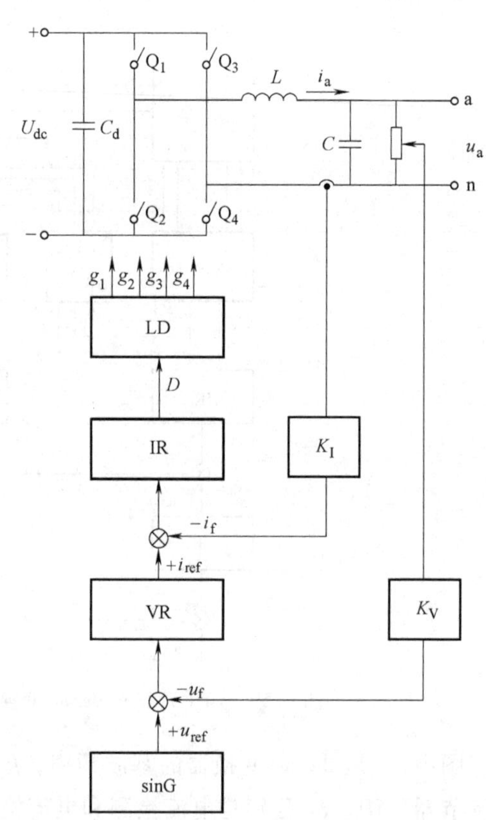

图 4.60 单相 dc/ac 变换器的双闭环调节框图

sinG—正弦基准信号发生器 LD—信号合成和驱动电路

图 4.55 的四桥臂三相 dc/ac 变换器可看成为三个单相 dc/ac 变换器，不同之处仅共用第四桥臂。仿照图 4.60 的单相 dc/ac 变换器可见，其第四桥臂的作用与单相 dc/ac 变换器的 Q_3、Q_4 桥臂一样提供电流回路。当四桥臂 dc/ac 变换器的负载为三相对称负载时，三相电流 $i_a+i_b+i_c=0$，不需要第四桥臂工作。仅当不对称负载时才需要第四桥臂工作，故直接检测三相电流，若 $i_a+i_b+i_c>0$，应使 Q_8 导通，让合成正电流形成回路，反之若 $i_a+i_b+i_c<0$，则必须使 Q_7 导通。这样就确定了 Q_7 和 Q_8 的导通规律，三相 dc/ac 变换器成为三个准独立的变换器，可采用直接瞬时电流控制方法，控制框图如图 4.61 所示。图中仅表示了 a 相的电压给定 u_{refa}，电压调节器 VR_a，电流调节器 IR_a，电流和电压反馈信号 i_{fa} 和 u_{fa} 均为瞬时值信号，电流调节器输出 D_a 为 a 相桥臂上管 Q_1 的占空比，Q_1 和 Q_4 互补导通，为 f_s 频率的高频开关。bc 相仅用虚线表示了调节器。

图中PD用于将三相电流 i_a、i_b、i_c 的瞬时值求和并同时判断和的极性，发出用于驱动开关管 Q_7 或 Q_8 的信号，由于电流 i_a、i_b、i_c 均为滤波后的平滑正弦信号，故 Q_7 和 Q_8 的开关频率和电流 i_a 的基波频率相同，不需高频开关。这是和SVPWM不同之处，SVPWM时如图4.55所示8个开关管均为高频开关。

电流直接控制方法是直接检测输出相电压并反馈，电压调节器的作用是使电压误差 $\Delta u_a = u_{refa} - u_{fa}$ 达最小，但由于给定电压 u_{refa} 和反馈电压 u_{fa} 均为基频交流量，即使用比例积分调节器也不可能使电压误差 Δu_a 为0。若使电压调节器在基波频率时的放大系数取大，非基波频率时的放大系数取小，有利于减小 Δu_a。

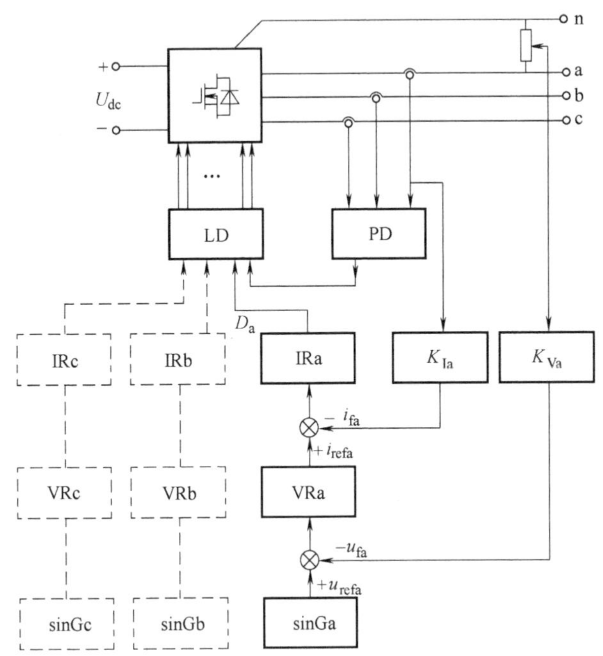

图4.61　四桥臂dc/ac变换器直接电流控制框图

sinGa、sinGb、sinGc—三相正弦基准电压信号发生器

VRa、VRb、VRc—abc三相电压调节器　IRa、IRb、IRc—abc三相电流调节器

PD—三相电流瞬时值之和的极性判断，输出信号通过LD驱动 Q_7 和 Q_8

IRa调节器输出a相 Q_1 的占空比信号 D_a

4.5.3　四桥臂dc/ac变换器中点电位控制电路

对于图4.56所示带中点电位控制电路的四桥臂dc/ac变换器，第四桥臂可以单独控制来保证中点平衡。

1. 中点电位控制电路工作原理

为了便于分析将图4.56所示三桥臂逆变器部分等效为可变负载 R_1 和 R_2，电路如图4.62所示，电压电流参考方向如图所示。根据电容 C_{41} 的电压 u_{C41} 和电容

C_{42} 的电压 u_{C42} 的大小关系，电路工作模态分两种情况。

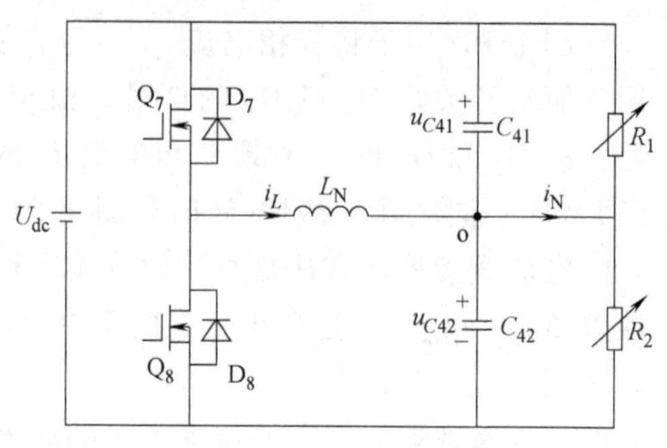

图 4.62　中点电位控制电路

$u_{C41}>u_{C42}$ 时，开关管 Q_8 一直关断，Q_7 以 PWM 方式工作，电路工作过程如图 4.63a、b 所示。$0 \leqslant t < t_1$，对应图 4.63a，$t=0$ 时，Q_7 导通，C_{41} 沿着回路 Q_7、L_N 放电，电感电流 i_L 正向上升，电感储存能量，u_{C41} 下降，u_{C42} 上升；$t_1 \leqslant t<t_2$，对应图 4.63b，$t=t_1$ 时，Q_7 关断，电感储能沿着 L_N-C_{42}-D_8 回路释放，i_L 正向减小，u_{C41} 下降，u_{C42} 上升。

$u_{C41}<u_{C42}$ 时，Q_7 一直关断，Q_8 以 PWM 方式工作，电路工作过程如图 4.63c、d 所示。$t_2 \leqslant t<t_3$，对应图 4.63c，$t=t_2$ 时，Q_8 导通，C_{42} 沿着回路 L_N、Q_8 放电，释放能量，i_L 反向增大，电感储存能量，u_{C42} 下降，u_{C41} 上升；$t_3 \leqslant t<T$，对应图 4.63d，$t=t_3$ 时刻，Q_8 关断，电感储能沿着 L_N-D_7-C_{41} 回路释放，i_L 反向减小，C_{42} 放电，C_{41} 充电，u_{C42} 下降，u_{C41} 上升。

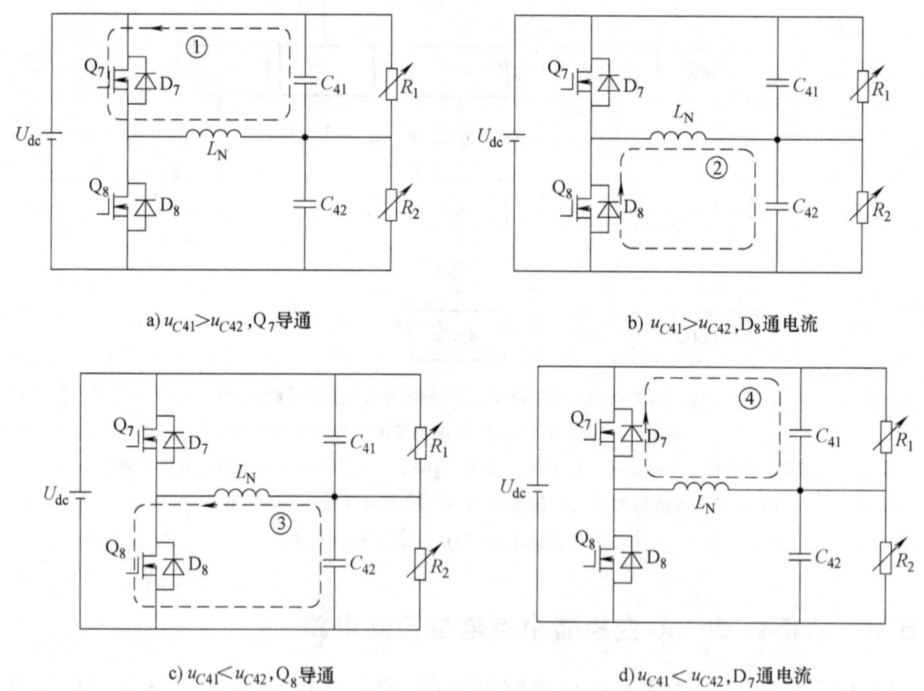

图 4.63　中点电位控制电路等效模态图

从模态分析可见，正向 i_L 使 C_{41} 放电、C_{42} 充电，反向 i_L 使 C_{42} 放电、C_{41} 充电，通过控制 Q_7 和 Q_8，可以平衡上下两电容的能量，达到控制中点电压的目的。电感 L_N 用于限制 Q_7 和 Q_8 的电流峰值，并使 Q_7 和 Q_8 工作于零电压开通状态，由此可以提高开关管的开关频率，降低 L_N、C_{41}、C_{42} 的体积和重量。

图 4.64 给出了中线电流 $i_N=0$ 时和 $i_N>0$ 时的电感电流 i_L 波形，时间标注与图 4.63 工作模态相对应。若 i_N 为负，则 i_L 波形下移。i_N 为 i_L 峰-峰值的一半。可见 Q_7 和 Q_8 都在其反并联的二极管续流时 ZVS 开通，关断时借助它的寄生电容实现 ZVS 关断。为了使 Q_7、Q_8 实现 ZVS 工作，i_N 的最大值应小于 i_L 峰-峰值的一半。该控制方式下，L_N 不能太大，i_L 必须双向工作才能保证分裂电容充放电电压平衡和中点电位控制电路开关管的 ZVS，带来的问题是 L_N 电流脉动很大，开关管的电流应力很大。这种情形和第 2 章 Dual Buck-Boost 电路软开关工作模式类似。

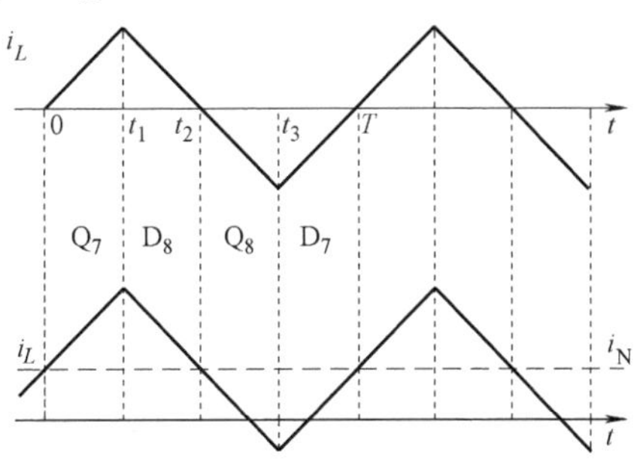

图 4.64 中点电位控制电路电感电流 i_L 波形

2. 中点电位控制电路的建模和仿真

为简化分析，下面以带中点电位控制电路的单相半桥逆变器拓扑进行建模仿真。如图 4.65a 所示，分裂电容 C_{41}、C_{42} 构成一个桥臂，Q_1、Q_2 构成另一个桥臂，L_f、C_f 为逆变器输出滤波电感电容，Q_7、Q_8 和 L_N 构成中点电位控制电路。为简化分析和仿真中点电位控制电路，如图 4.65b 所示，中线电流采用电流源替代，电容 C_{41}、C_{42} 的电压分别定义为 u_{C1}、u_{C2}，i_L 为流过 L_N 的电流，i_N 为流过中线的电流，u_N 为电感两端的电压，也是中点电位控制电路桥臂中点相对于分裂电容桥臂中点的电压。电压电流参考方向如图 4.65 所示。

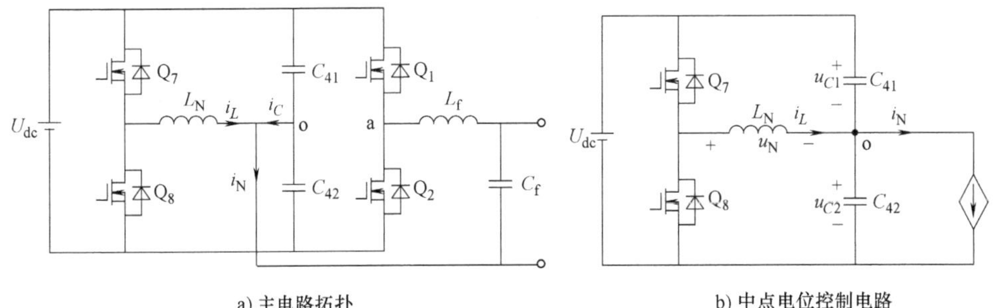

图 4.65 带中点电位控制电路的单相半桥逆变器

(1) 电路建模

由于中点漂移而引起的中点漂移电压定义为 u_{ave}，满足

$$\begin{cases} u_{ave}=\dfrac{u_{C1}-u_{C2}}{2} \\ u_{dc}=u_{C1}+u_{C2} \end{cases} \tag{4.89}$$

因此流出两个电容支路的电流 i_C 为

$$i_C=C_{41}\frac{\mathrm{d}u_{C1}}{\mathrm{d}t}-C_{42}\frac{\mathrm{d}u_{C2}}{\mathrm{d}t}=(C_{41}+C_{42})\frac{\mathrm{d}u_{\mathrm{ave}}}{\mathrm{d}t}+\frac{C_{41}-C_{42}}{2}\frac{\mathrm{d}u_{\mathrm{dc}}}{\mathrm{d}t} \tag{4.90}$$

假设直流侧电压恒定为 U_{dc}，上式可简化为

$$i_C=(C_{41}+C_{42})\frac{\mathrm{d}u_{\mathrm{ave}}}{\mathrm{d}t} \tag{4.91}$$

因此：

$$u_{\mathrm{ave}}=\frac{1}{C_{41}+C_{42}}\int_0^t i_C\mathrm{d}t=\frac{1}{C_{41}+C_{42}}\int_0^t(i_{\mathrm{N}}-i_L)\mathrm{d}t \tag{4.92}$$

从上式可以看出，通过控制中点电位控制电路电感电流 i_L 等于逆变器中线电流 i_{N}，可以减小流入电容 C_{41} 和 C_{42} 的电流 i_C，降低电容中点的电位漂移，进而可以降低电容 C_{41} 和 C_{42} 的大小。

设 S 表示中点电位控制电路桥臂的开关状态：

$$S=\begin{cases}+1,\text{如果 } Q_7 \text{ 开通且 } Q_8 \text{ 关断}\\ -1,\text{如果 } Q_8 \text{ 开通且 } Q_7 \text{ 关断}\end{cases} \tag{4.93}$$

图 4.66 所示为 S 和电感 L_{N} 电压 u_{N} 波形，T_{s} 表示开关周期，$T_{\mathrm{s}}=1/f_{\mathrm{s}}$。可见 u_{N} 波形和 S 的波形形状相同。设 S 的平均值为 P，则 Q_7 的占空比 d 满足

$$d=\frac{1+P}{2} \tag{4.94}$$

则 u_{N} 的平均值等于

$$u_{\mathrm{N}}=du_{C1}-(1-d)u_{C2}=\frac{P}{2}U_{\mathrm{dc}}+u_{\mathrm{ave}} \tag{4.95}$$

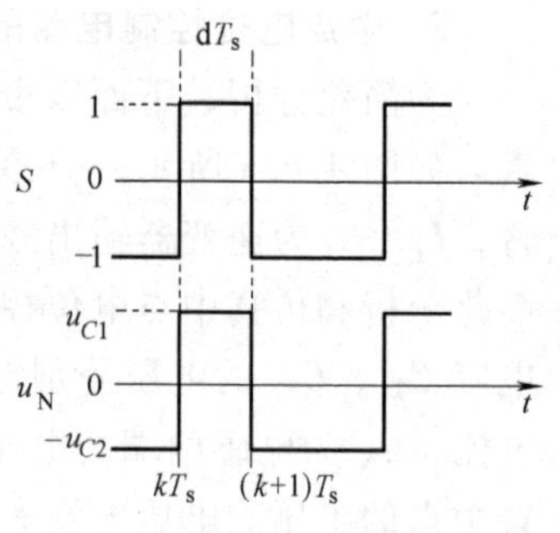

图 4.66 桥臂开关状态 S 和 L_{N} 电压 u_{N} 波形

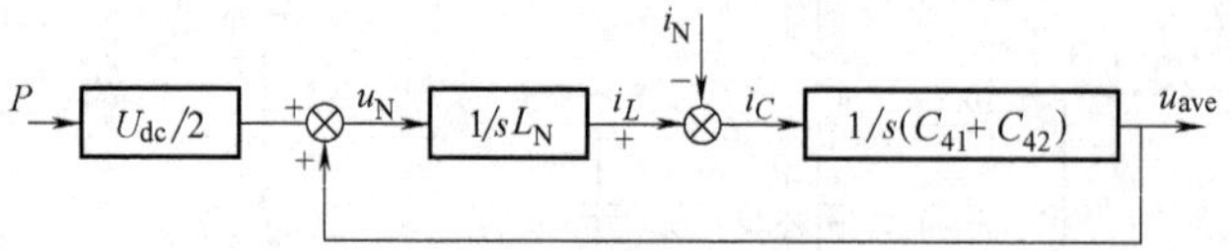

a) 主电路模型

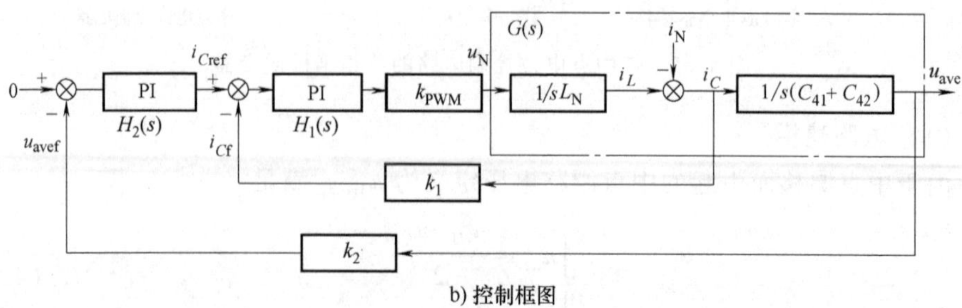

b) 控制框图

图 4.67 中点电位控制电路的控制框图

由此可得到图 4.67a 所示的中点电位控制电路主电路模型。图 4.67b 为对应的中点电位控制电路的控制框图。电路采用电压外环电流内环的双环控制策略，电流内环用来调节电容支路电流 i_C，电压外环用来调节中点漂移电压 u_{ave} 为 0，实现两电容电压平衡。u_{ave} 的反馈系数为 k_2，i_C 的反馈系数为 k_1。u_{ave} 反馈信号 u_{avef} 与 0 进行比较，经外环 PI 调节器 $H_2(s)$ 后的输出 i_{Cref} 作为内环参考信号，与 i_C 的反馈信号 i_{Cf} 进行比较，再经内环 PI 调节器 $H_1(s)$ 后得到内环控制信号，经 PWM 控制后对 Q_7 和 Q_8 进行控制。k_{PWM} 为中点电位控制电路的增益。

（2）参数设计

设计的单相逆变器容量为 30kVA，输入直流电压 U_{dc} 为 800V，输出电压为 115V/235V、400Hz 交流电。阻性满载时，中线电流 i_N 最大峰值为 369A。设计中点电位控制电路的电感电流 i_L 峰-峰值的一半为 400A，大于最大中线电流，以保证 i_L 能够过零，从而实现中点电位控制电路开关管的零电压开通。选取开关频率 f_s 为 40kHz，电感 L_N 承受的电压是一个分裂电容的电压，即 $U_{dc}/2$。在半个开关周期内，电感电流 i_L 从最小值变化到最大值，电感电流波动量 $\Delta I_{L\max}$ 为 800A，从而有：

$$\frac{U_{dc}}{2}=L_N\frac{\Delta i_L}{\Delta t}=2f_sL_N\Delta I_{L\max} \tag{4.96}$$

解得 $L_N=6.25\mu H$。

i_C 分别流入两个分裂电容中去，导致分裂电容中点的电位发生变化。设定中点电位变化范围为±0.5V，电压变化量 Δu 为 1V，上下分裂电容容值相等，两者之和为 C，以半个周期、1/4 电感电流峰-峰值给电容充放电计算，则有：

$$C=\frac{1}{\Delta u}\int i_C\mathrm{d}t=\frac{1}{\Delta u}\cdot\frac{\Delta I_{L\max}}{4}\frac{1}{2f_s}=\frac{\Delta I_{L\max}}{8\Delta uf_s}=2500\mu F \tag{4.97}$$

因此，分裂电容 C_{41}、C_{42} 的容值为 1250μF。

中点电位控制电路的电流内环截止频率设计为 6kHz，i_C 反馈系数 $k_1=1/400$，内环 PI 调节器的传递函数设计为

$$H_1(s)=0.2+4450/s \tag{4.98}$$

补偿前的电流内环的开环传递函数为

$$G_1(s)=\frac{k_1k_{PWM}}{sL_N} \tag{4.99}$$

由此画出电流内环补偿前后的伯德图，如图 4.68 所示。图中曲线 1、2、3 分别为补偿后的内环开环传递函数伯德图、补偿前的内环开环传递函数伯德图和 PI 调节器的伯德图。可见补偿后电流环的相角裕度为 60°，截止频率为 5.9kHz。

因为电流内环调节速度远高于电压外环的调节速度，为简化分析，将内环等效为比例环节，增益为 $1/k_1$，即 400。外环系统控制框图简化如图 4.69 所示。

电压反馈系数 k_2 设为 1，电压外环截止频率设计为 1.5kHz，外环 PI 调节器的传递函数设计为

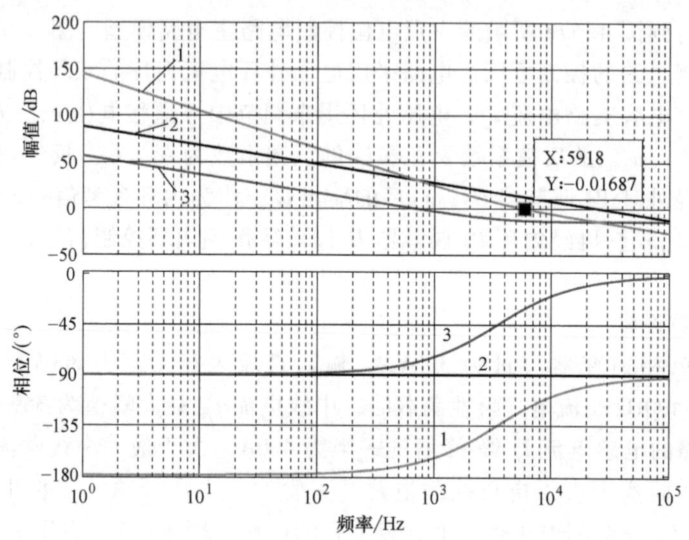

图 4.68　电流内环补偿前（曲线 2）、后（曲线 1）开环传递函数及 PI 调节器（曲线 3）的伯德图

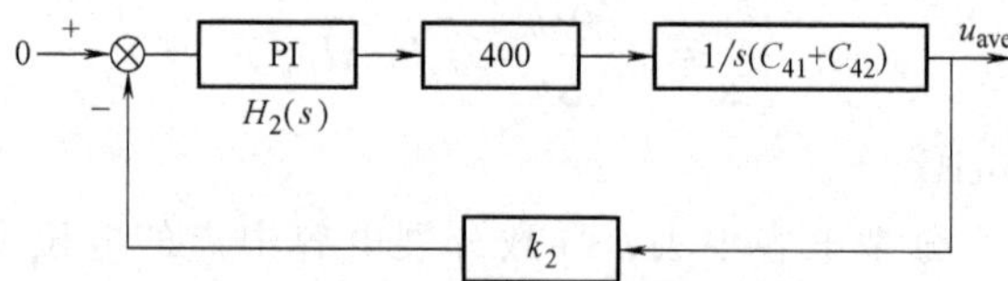

图 4.69　简化后电压外环控制框图

$$H_2(s)=0.051+277.4/s \tag{4.100}$$

补偿前的电压外环的开环传递函数为

$$G_2(s)=\frac{400k_2}{s(C_{41}+C_{42})} \tag{4.101}$$

画出补偿后电压外环开环传递函数伯德图、补偿前电压外环开环传递函数伯德图和 PI 调节器的伯德图，如图 4.70 中曲线 1、2、3 所示，可见相位裕度为 60°，截止频率 1.5kHz。

（3）仿真分析

对图 4.65b 所示中点电位控制电路进行 Matlab 闭环仿真，输入电压为 800V 直流，电感 $L_N=6.25\mu H$，分裂电容 $C_{41}=C_{42}=1250\mu F$，开关频率 $f_s=40kHz$，开关管寄生电容 7.35nF，死区时间 250ns，调节器参数和控制策略见上述设计。中线电流 i_N 为 0 时，仿真波形如图 4.71 所示，图 4.71a 为功率管 Q_7 和 Q_8 的驱动逻辑信号 $u_{gs(Q7)}$、$u_{gs(Q8)}$ 波形，上下功率管互补导通，高电平对应开关管导通。图 4.71b 为电感电流 i_L 波形，在正负 400A 之间变化，峰-峰值 800A，变化频率 40kHz。图 4.71c 为 C_{42} 电压 u_{C2} 波形，波动电压±0.5V，峰-峰值 1V，波动频率 40kHz。图 4.71d 为 Q_7 的驱动信号 $u_{gs(Q7)}$、漏源电压 $u_{ds(Q7)}$ 和漏极电流 $i_{ds(Q7)}$ 波形，可见

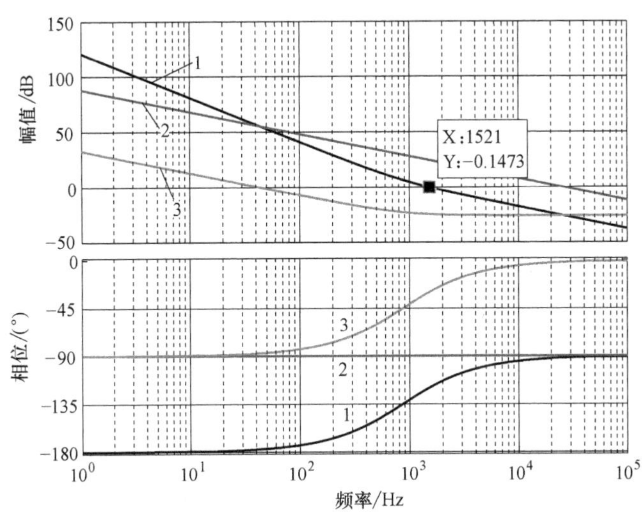

图 4.70 电压外环补偿前（曲线 2）、后（曲线 1）开环传递函数及 PI 调节器（曲线 3）的伯德图

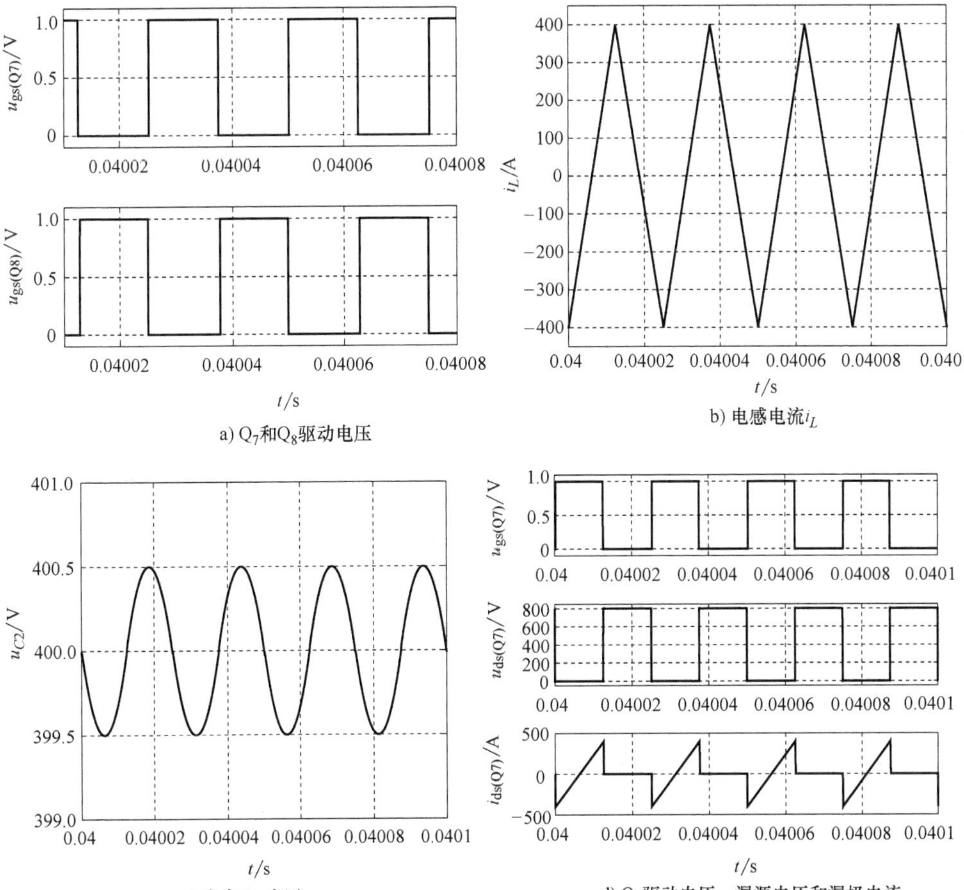

a) Q_7和Q_8驱动电压

b) 电感电流i_L

c) 电容C_{42}电压u_{C2}

d) Q_7驱动电压、漏源电压和漏极电流

图 4.71 中线电流 i_N 为 0 时，中点电位控制电路的仿真波形

Q_7 在 $i_{ds(Q7)}$ 为负，其反并联二极管导通期间驱动信号置 1，实现了 ZVS 零电压开通。

电路闭环工作，中线电流 i_N 为 370A 直流电流时，中点电位控制电路的仿真波形如图 4.72 所示。其中，图 4.72a 所示为上下功率管的驱动逻辑信号，互补导通；图 4.72b 为中线电流 i_N 和电感电流 i_L 波形，波形整体向上抬升 370A，i_L 围绕 i_N 来回变化，最大值为 770A，最小值为-30A，峰-峰值依然为 800A，电流双向，以保证开关管能够实现 ZVS 开通；图 4.72c 所示为流入电容的电流 i_C，为电感电流 i_L 和中线电流 i_N 之差，不受 i_N 影响，在正负 400A 之间波动，脉动幅度很大，脉动频率为开关频率 40kHz；电容 C_{42} 电压波形如图 4.72d 所示，波动幅值仍为 1V；图 4.72e 所示为 Q_7 驱动电压、漏源电压和漏极电流波形，图 4.72f 对图 4.72e 中的电流进行了放大，可见 Q_7 在反并联二极管导通期间开通，实现了零电压开通。

电路闭环工作，中线电流 i_N 为 370A、400Hz 交流电流时，中点电位控制电路的仿真波形如图 4.73 所示。图 4.73a 为中线电流 i_N 和电感电流 i_L 波形，i_L 围绕 i_N 上下脉动，脉动量为 800A；图 4.73b、c 分别为 i_N 最小和最大时的 i_L 波形，可见 i_L 均双向工作，可以保证功率管实现零电压开通；图 4.73d 为流入电容的电流 i_C 的波形，为 i_L 和 i_N 之差，在±400A 之间波动；图 4.73e 和图 4.73f 为 C_{42} 电压波形及其局部放大图，电压波动范围仍 1V 左右，脉动频率 40kHz，峰值包络线脉动频率为 400Hz；图 4.73g 为 i_N 最大时，Q_7 驱动电压、漏源电压和漏极电流波形，图 4.73h 为 i_N 最小时，Q_8 驱动电压、漏源电压和漏极电流波形，可见均实现了零电压开通，开关频率 40kHz。

综上所示，采用上述参数设计方法和控制策略，中点电位控制电路实现了对分裂电容中点电位的控制，同时中点电位控制电路的两个开关管实现了零电压开关，减小了开关损耗。但该控制策略下流入分裂电容的电流频率高、幅值大，电感电流脉动大，流过开关管的电流大，增加了开通损耗。

3. 带中点电位控制电路的单相逆变器仿真

对图 4.65a 所示的带中点电位控制电路的单相半桥逆变器电路进行仿真。图 4.74 为逆变器的控制框图，采用三环控制。最外环为电压幅值控制环，输出电压 u_o 反馈信号的有效值跟踪给定信号 U_{ref} 变化，使电压环路在基波处的增益足够大，减小系统的稳态误差，同时提高系统的稳定性。该环调节器 $H_3(s)$ 采用 PI 比例积分调节器，其输出作为中间电压环的幅值给定，该信号与正弦信号相乘后作为瞬时电压给定信号 u_{ref}；中间电压环采用瞬时输出电压控制，输出电压反馈信号与 u_{ref} 比较，其误差信号通过 PI 调节器 $H_2(s)$ 调节后作为滤波电感电流给定信号 i_{ref}；电感电流反馈信号与 i_{ref} 比较，产生的误差信号经过 PI 调节器 $H_1(s)$ 调节后产生调制波 u_m，u_m 与三角载波交截，采用 SPWM 策略得到功率管 Q_1、Q_2 的驱动信号。在 SPWM 控制中，当开关频率远高于输出频率时，脉宽调制环节可以看成是一个比例环节，比例系数为 k_{PWM}。中点电位控制电路的开关管 Q_7、Q_8 采用图 4.67b 所示的双环控制策略。

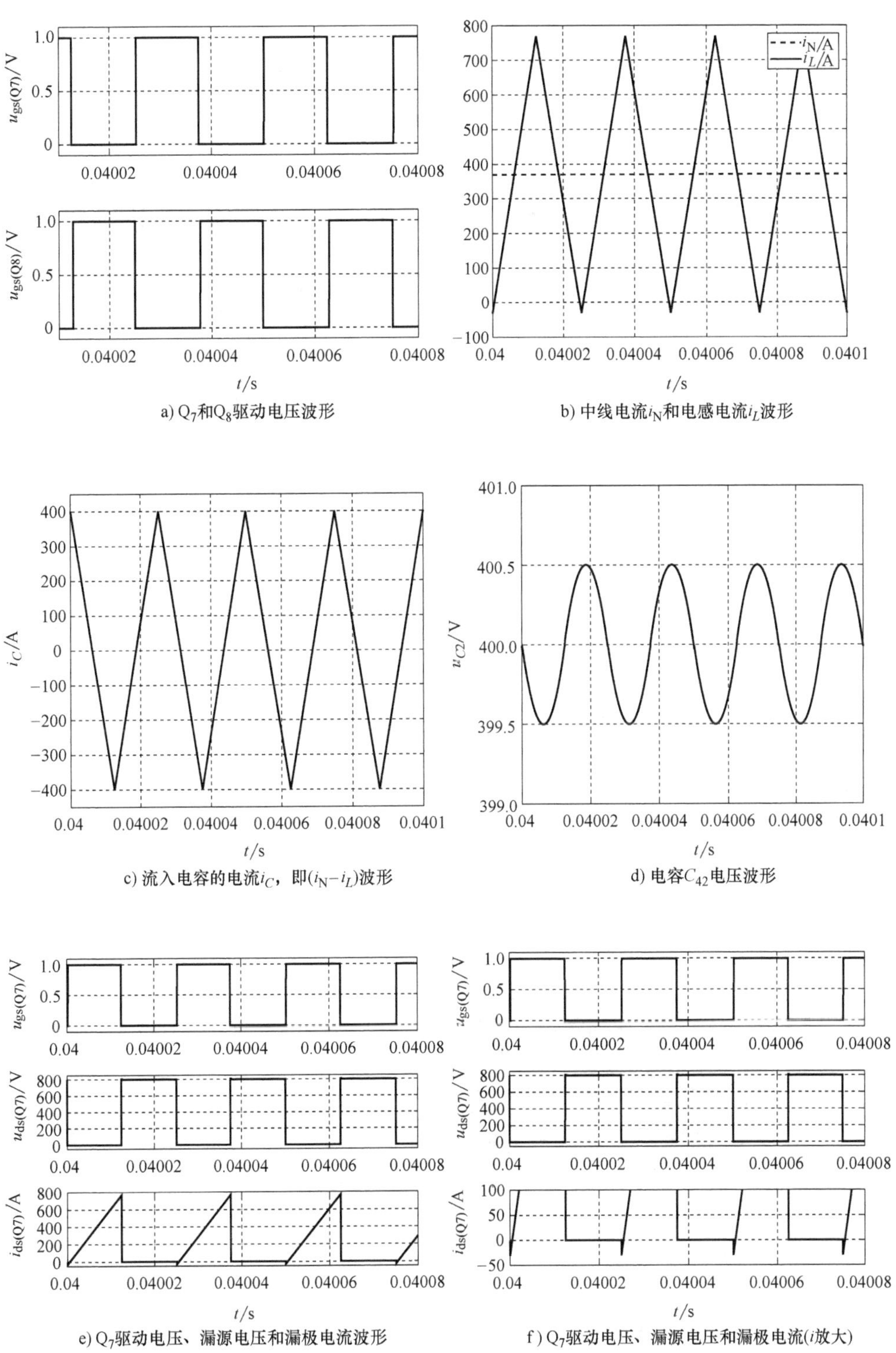

图 4.72　中线电流为 370A 直流时，中点电位控制电路的仿真波形

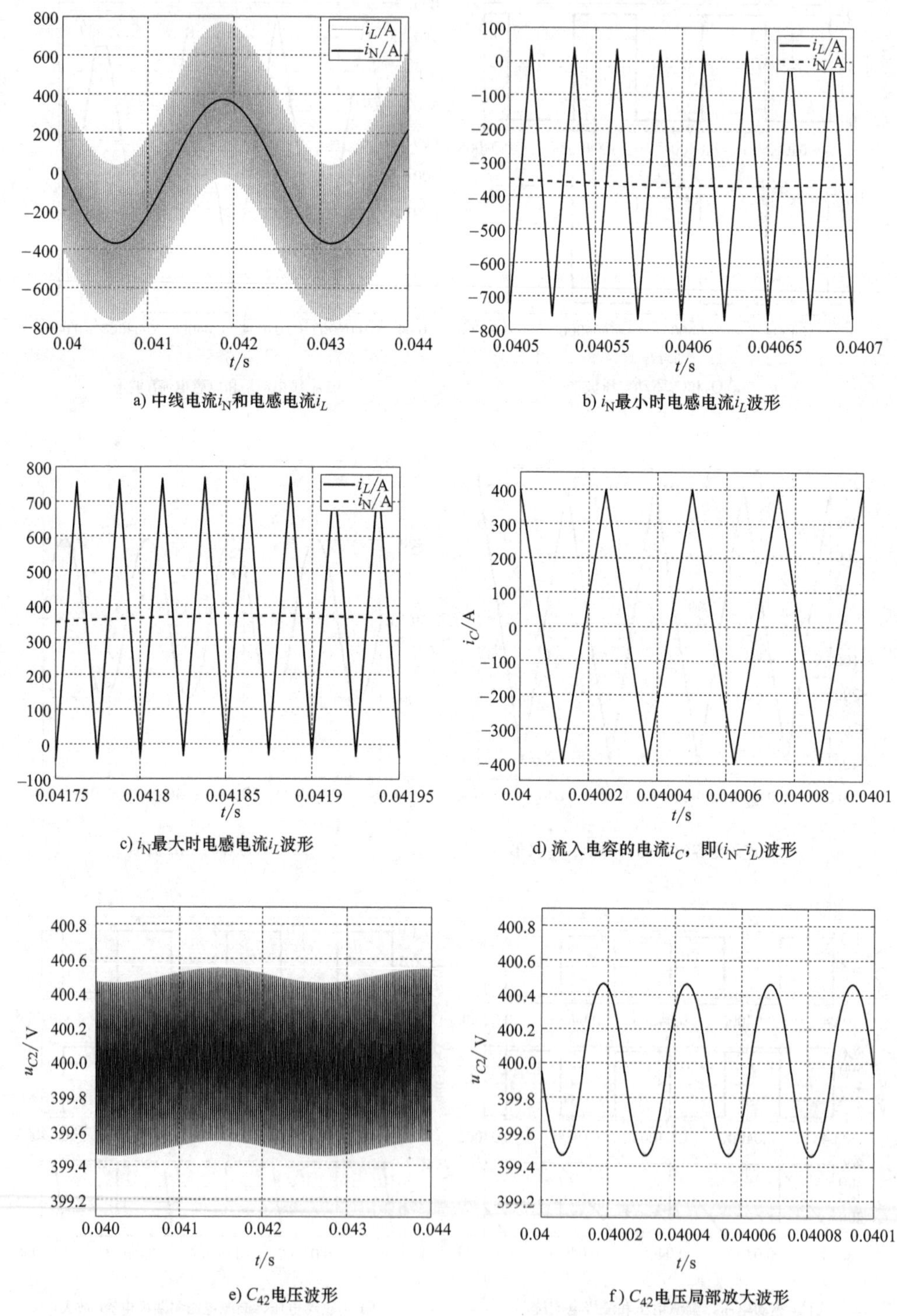

a) 中线电流i_N和电感电流i_L

b) i_N最小时电感电流i_L波形

c) i_N最大时电感电流i_L波形

d) 流入电容的电流i_C，即(i_N−i_L)波形

e) C_{42}电压波形

f) C_{42}电压局部放大波形

图 4.73　中线电流为 370A 交流时，中点电位控制电路的仿真波形

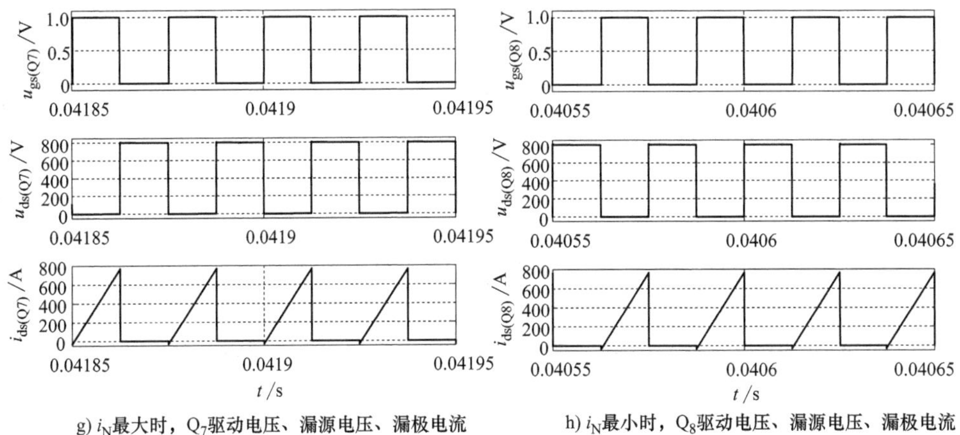

g) i_N最大时，Q_7驱动电压、漏源电压、漏极电流　　h) i_N最小时，Q_8驱动电压、漏源电压、漏极电流

图 4.73　中线电流为 370A 交流时，中点电位控制电路的仿真波形（续）

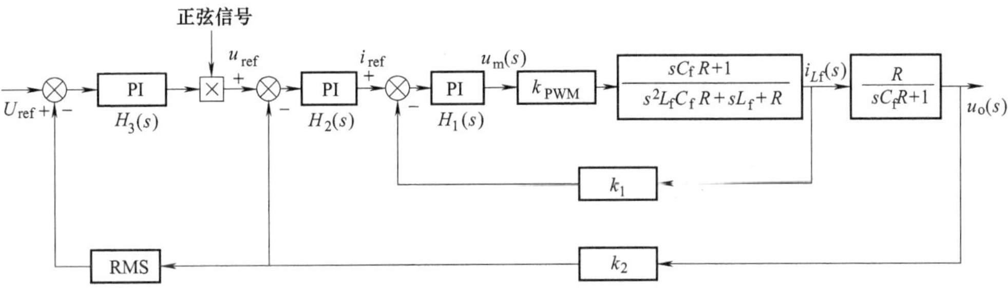

图 4.74　带中点电位控制电路的单相半桥逆变器控制框图

选取电流内环的截止频率为 8kHz，电压瞬时值环的截止频率为 1.6kHz，电压幅值控制环的截止频率为 200Hz。电流内环 PI 调节器的传递函数 $H_1(s)$、电压瞬时值环 PI 调节器的传递函数 $H_2(s)$、电压幅值控制环 PI 调节器的传递函数 $H_3(s)$ 分别为

$$H_1(s)=\frac{0.00528s+4.65}{s} \tag{4.102}$$

$$H_2(s)=\frac{1.7062s+9898}{s} \tag{4.103}$$

$$H_3(s)=\frac{s+1122}{s} \tag{4.104}$$

补偿后电流内环相角裕度约为 90°。

滤波电容和滤波电感构成低通滤波器来滤除输出电压中的高次谐波，保证输出电压的 THD 要求。按照第 3 章单相逆变器输出滤波器的设计方法，以单相输出 30kVA、输出电压 235V、400Hz 计算，满载输出电流有效值 I_o 为 127.7A，假设滤波电容无功电流 $I_{cf}\leqslant 0.3I_o$，求得输出滤波电容 $C_f\leqslant 65\mu F$。对应 30kVA 输出功率和

115V 输出电压，不考虑电容电流，电感电流最大值 $I_{L\max}$ 约为 370A，假设电感电流的最大脉动量不超过电感电流最大值的 40%，输出滤波电感满足：$40\mu H < L_f < 255\mu H$。选取输出滤波电感为 50μH，滤波电容 50μF。当输出电压为 235V 时，输出电流有效值为 127.7A，电容电流有效值为 29.5A，占输出电流的 23.1%；当输出电压为 115V 时，输出电流有效值为 260.9A，电容电流有效值为 14.5A，占输出电流的 5.5%。电感电容自然谐振频率为 3185Hz。

带中点电位控制电路的单相半桥逆变器仿真的具体参数如下：直流电压 U_{dc} 为 800V，输出交流电压 235V/115V、400Hz，额定输出功率 30kVA，负载功率因数≥0.75，输出滤波电感 L_f 为 50μH，输出滤波电容 C_f 为 50μF，中点电位控制电路电感 L_N 为 6.25μH，分裂电容 C_{41}、C_{42} 为 1250μF，开关频率 40kHz。

带中点电位控制电路的单相半桥逆变器空载仿真如图 4.75 所示。图 4.75a、b 所示为逆变器输出电压为 235V 时，输出电压、输出电流波形及相应输出电压的频

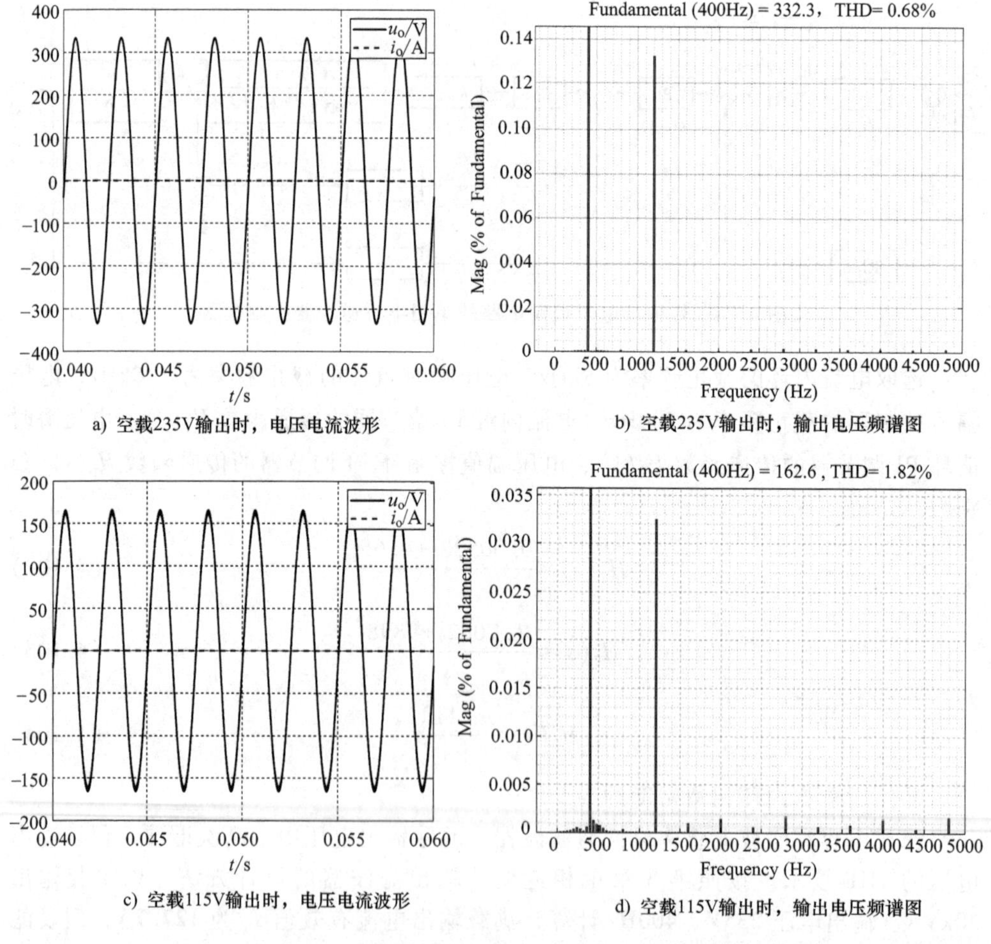

a) 空载235V输出时，电压电流波形

b) 空载235V输出时，输出电压频谱图

c) 空载115V输出时，电压电流波形

d) 空载115V输出时，输出电压频谱图

图 4.75 带中点电位控制电路的单相半桥逆变器空载仿真波形

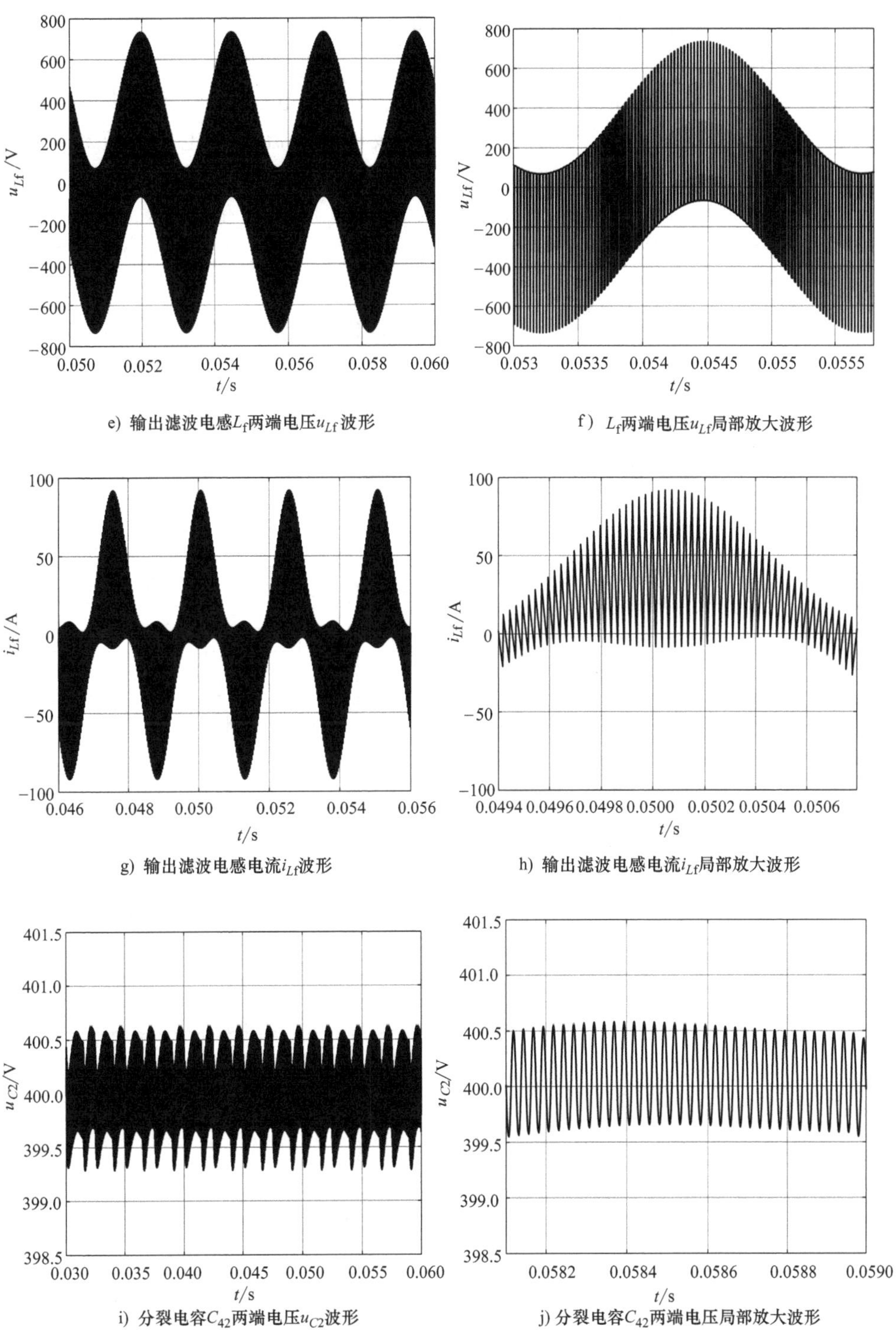

e) 输出滤波电感L_f两端电压u_{Lf}波形

f) L_f两端电压u_{Lf}局部放大波形

g) 输出滤波电感电流i_{Lf}波形

h) 输出滤波电感电流i_{Lf}局部放大波形

i) 分裂电容C_{42}两端电压u_{C2}波形

j) 分裂电容C_{42}两端电压局部放大波形

图 4.75　带中点电位控制电路的单相半桥逆变器空载仿真波形（续）

谱图，电压波形失真度 THD 为 0.68%。图 4.75c、d 所示为逆变器输出电压为 115V 时，输出电压 u_o、输出电流 i_o 波形及相应输出电压的频谱图，电压波形 THD 为 1.82%。输出电压为 235V 时的输出滤波电感电压 u_{Lf} 波形及其局部放大波形分别如图 4.75e、f 所示。空载时输出滤波电感电流 i_{Lf}、电容电流和中线电流相等，其波形及局部放大如图 4.75g、h 所示，电感电流的有效值约为 29.3A，最大脉动为 104A 左右，小于设计的最大电感电流脉动值 148A，即 370A 的 40%。图 4.75i、j 所示为分裂电容 C_{42} 两端的电压 u_{C2} 波形，在 399.3～400.7V 之间变化。

带中点电位控制电路的单相半桥逆变器满载运行仿真波形如图 4.76 所示。图 4.76a～h 分别为输出 235V 阻性满载、输出 235V 且功率因数为 0.75 的阻感性满载、输出 115V 阻性满载、输出 115V 且功率因数为 0.75 的阻感性满载时的输出电压 u_o、输出电流 i_o 波形和相应的输出电压频谱图。由图可见，阻性满载和阻感性满载下输出电压峰值分别是 332.3V 和 332.4V，以及 162.6V；输出频率 400Hz；输

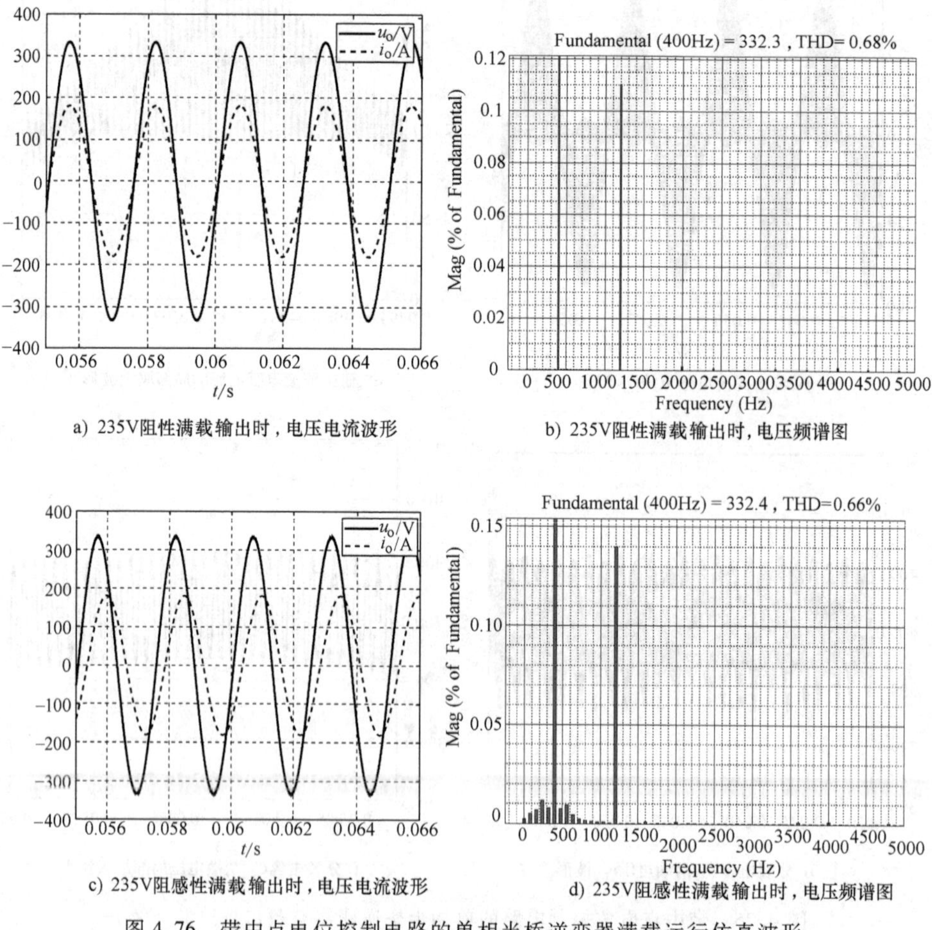

a) 235V阻性满载输出时，电压电流波形

b) 235V阻性满载输出时，电压频谱图

c) 235V阻感性满载输出时，电压电流波形

d) 235V阻感性满载输出时，电压频谱图

图 4.76　带中点电位控制电路的单相半桥逆变器满载运行仿真波形

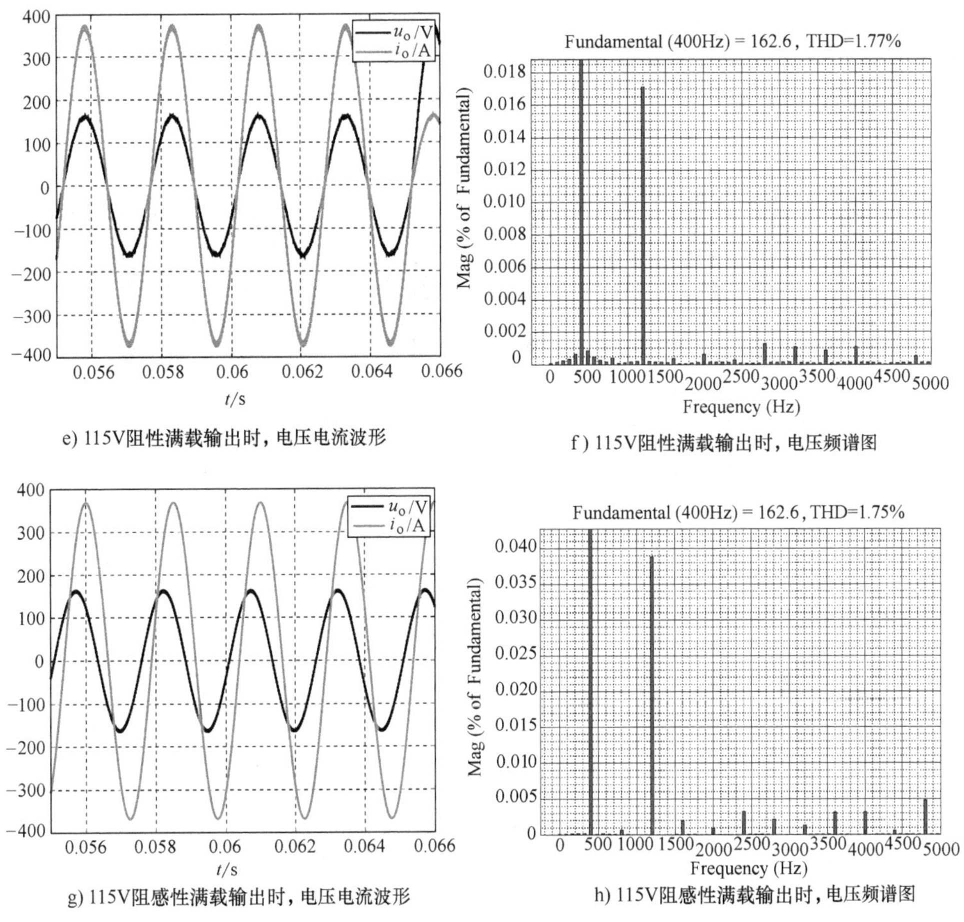

e) 115V阻性满载输出时，电压电流波形　　f) 115V阻性满载输出时，电压频谱图

g) 115V阻感性满载输出时，电压电流波形　　h) 115V阻感性满载输出时，电压频谱图

图 4.76　带中点电位控制电路的单相半桥逆变器满载运行仿真波形（续）

出电压波形 THD 均小于 2%，输出谐波分量主要为三次谐波。因为输出滤波电感电容是根据输出电压为 235V 时设计，因此输出电压为 235V 时的波形 THD 相比 115V 输出时更小，仅为 0.68%。

图 4.77 给出了输出电压 235V、纯阻性满载情况下逆变器仿真波形。图 4.77a 所示为控制回路产生的调制电压 u_m 波形，u_m 与双极性三角载波交截产生开关管 Q_1、Q_2 的驱动控制信号，使逆变桥臂中点处产生±400V 脉冲电压 u_{ao}，其波形如图 4.77b 所示。图 4.77c、d 所示为滤波电感电流 i_{Lf} 波形和局部放大波形，i_{Lf} 最大值约为 200A，最大脉动约为 104A。图 4.77e 所示为输出滤波电容电流 i_{Cf} 波形，其有效值约为 29.2A。通过中线的电流等于通过电感的电流，此电流流入中点电位控制电路。图 4.77f 所示为中点电位控制电路电感电流 i_L 波形，每个开关周期都可以过零，有助于实现开关管的零电压开通。分裂电容 C_{42} 两端电压 u_{C2} 波形及局部放大波形如图 4.77g、h 所示，在 399～401V 波动。图 4.77i 所示波形为中点电位控制电路开关管 Q_7 驱动电压、漏源电压和漏极电流波形，Q_7 实现了零电压开通，承

受电压 800V，最大电流 600A。图 4.77j 所示为逆变桥开关管 Q_1 驱动电压、漏源电压和漏极电流波形，功率管承受 800V 电压，最大电流约为 200A，开关管 Q_1、Q_2 承受的电流应力即输出滤波电感电流。由仿真可见，中点电位控制电路的功率管电流应力较大。

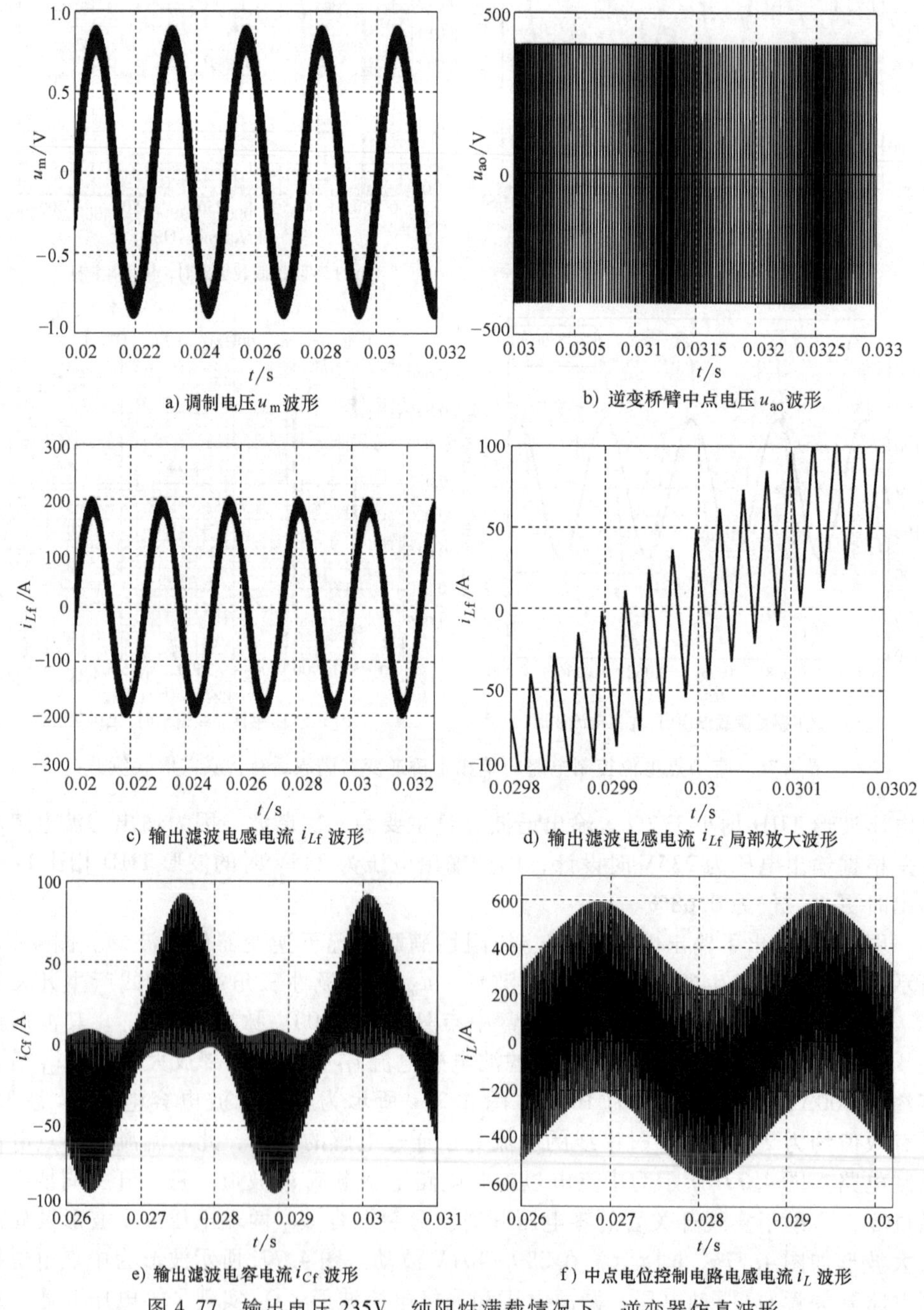

a) 调制电压 u_m 波形

b) 逆变桥臂中点电压 u_{ao} 波形

c) 输出滤波电感电流 i_{Lf} 波形

d) 输出滤波电感电流 i_{Lf} 局部放大波形

e) 输出滤波电容电流 i_{Cf} 波形

f) 中点电位控制电路电感电流 i_L 波形

图 4.77　输出电压 235V、纯阻性满载情况下，逆变器仿真波形

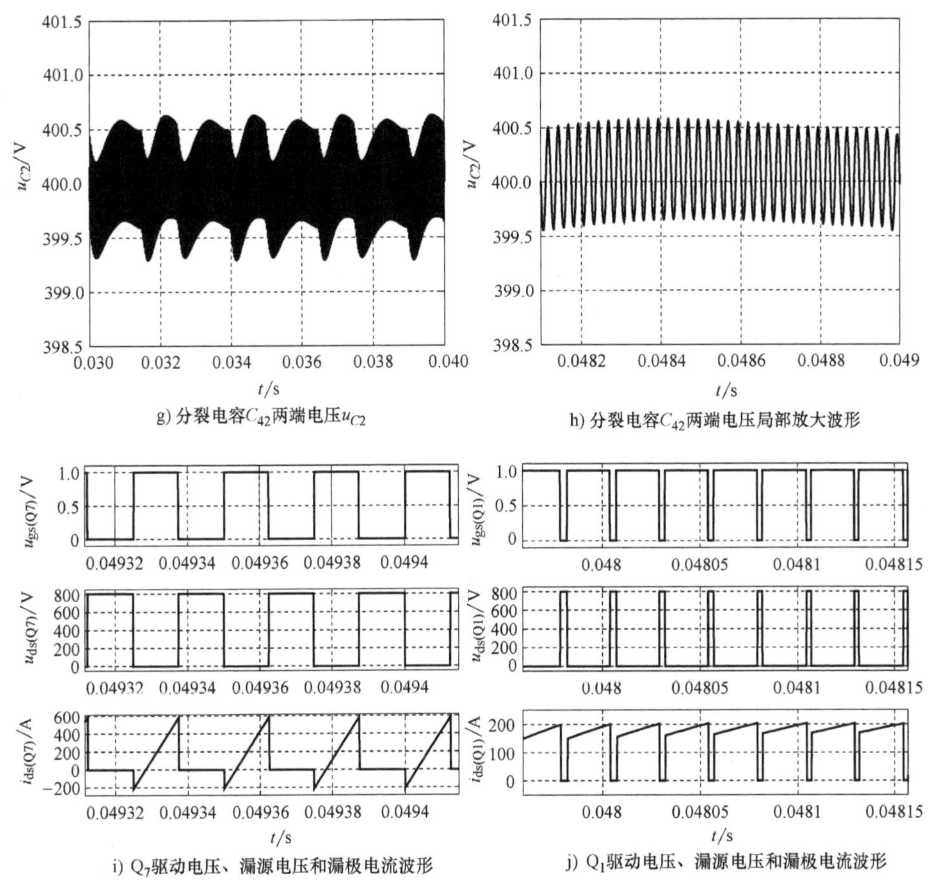

g) 分裂电容C_{42}两端电压u_{C2}

h) 分裂电容C_{42}两端电压局部放大波形

i) Q_7驱动电压、漏源电压和漏极电流波形

j) Q_1驱动电压、漏源电压和漏极电流波形

图 4.77　输出电压 235V、纯阻性满载情况下，逆变器仿真波形（续）

输入直流电压为 800V，输出交流电压有效值为 235V，逆变器带纯阻性负载、功率因数为 0.75 的阻感性负载情况下，空载、1/4 载、半载、3/4 载、满载情况下的输出电压有效值、输出电流有效值和输出电压 THD 分别如表 4.10 所示。可见输出电压波形的失真度低，正弦度好。输入直流电压分别为 700V、800V、900V 时，逆变器在阻性满载、功率因数为 0.75 的阻感性满载和空载下的输出电压有效值、输出电流有效值以及输出电压 THD 分别如表 4.11 所示。可见单相逆变器在不同负载和不同输入电压下，输出电压有效值一致，外特性较硬。

表 4.10　不同负载下，输出电压、电流有效值和输出电压 THD

仿真结果	纯阻性负载	0.75 阻感性负载
输出电压(有效值)/V	235/235/235/235/235	235/235/235/235/235
输出电流(有效值)/A	0/31.91/63.82/95.76/127.7	0/39.91/63.81/95.71/127.7
电压 THD(%)	0.68/0.68/0.68/0.68/0.68	0.68/0.68/0.67/0.67/0.66

表 4.11 不同输入电压下，输出电压、电流有效值和输出电压 THD

仿真结果	纯阻性满载	0.75 阻感性满载	空载
输入电压/V	700/800/900	700/800/900	700/800/900
输出电压(有效值)/V	235/235/235	235/235/235	235/235/235
输出电流(有效值)/A	127.7/127.7/127.7	127.7/127.7/127.7	0/0/0
电压 THD(%)	0.55/0.68/0.81	0.55/0.66/0.80	0.56/0.68/0.82

输入直流电压为 800V，从空载突加至纯阻性满载、功率因数为 0.75 的阻感性满载时，逆变器的输出电压电流波形如图 4.78a、b 所示，从纯阻性满载、功率因数为 0.75 的阻感性满载突卸至空载时逆变器的输出电压电流波形如图 4.78c、d 所示。突加突卸负载前后的稳态输出电压有效值、突加负载的动态超调量和调节时间

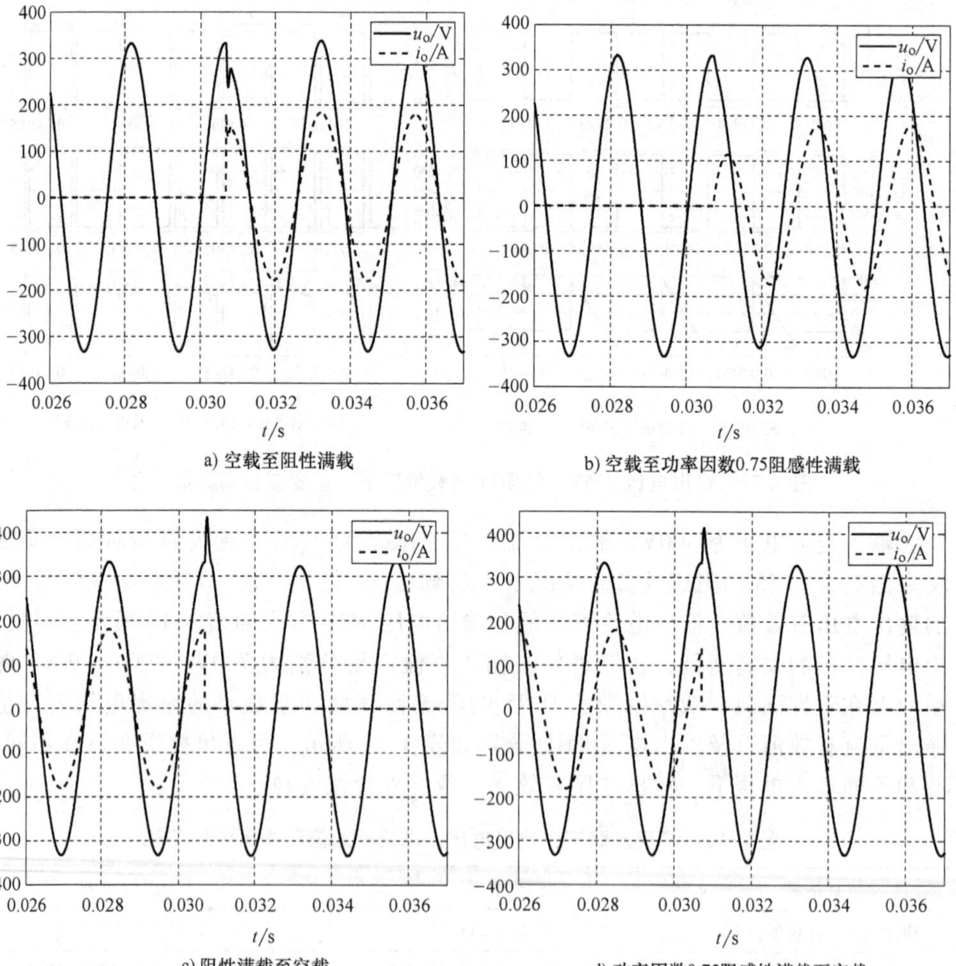

a) 空载至阻性满载

b) 空载至功率因数0.75阻感性满载

c) 阻性满载至空载

d) 功率因数0.75阻感性满载至空载

图 4.78 输入电压为 800V 时，逆变器突加突卸负载时的输出电压和输出电流仿真波形

如表 4.12 所示。调节时间为输出电压恢复至稳态误差±2%即 230~240V 以内所用的时间。突加负载前和后稳态输出电压有效值分别为 U_{o11}、U_{o12}，突加负载的动态超调量和调节时间分别为 ΔU_1、t_{s1}；突卸负载前和后稳态输出电压有效值分别为 U_{o21}、U_{o22}，突卸负载的动态超调量和调节时间分别为 ΔU_2、t_{s2}。仿真波形和仿真数据表明，三环控制下系统稳态性能好，动态响应速度较快。

表 4.12 输入电压 800V，突加突卸不同负载情况下仿真数据

	仿真结果	阻性满载	$\cos\varphi$ 为 0.75 阻感性满载
空载至满载	U_{o11}/V	235	235
	U_{o12}/V	235	235
	t_{s1}/ms	3	4
	ΔU_1/V	−15	−20
满载至空载	U_{o21}/V	235	235
	U_{o22}/V	235	235
	t_{s2}/ms	3	4
	ΔU_2/V	+12	+23

4. 带中点电位控制电路的三相四桥臂逆变器的另一种控制策略

在上述控制策略下，中点电位控制电路的电流很大，导致功率管较大的电流应力和通态损耗，影响成本和效率。为此可以采用如图 4.79 所示的控制策略，该控制策略根据电路数学模型设计，也为电压电流双环控制，电流内环用来减弱中线电流 i_N 对流入分裂电容电流 i_C 的影响，使 i_C 尽量接近于零；电压外环用来调节上下电容电压差 u_{ave}，也即中点漂移电压，使之接近于 0。K_i 为分裂电容电流反馈系数，K_v 为电压外环误差放大系数。L_N 为中线电感，C_{41}、C_{42} 为分裂电容，i_L 为中点电位控制电路电感电流。

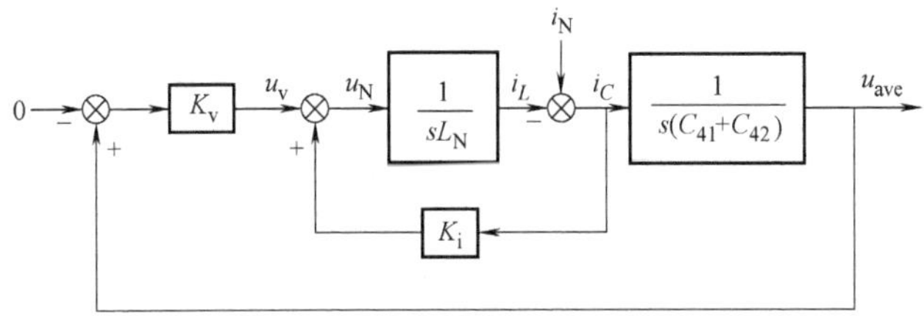

图 4.79 另一种中点电位控制电路双环控制策略框图

由图 4.79 写出电流内环中线电流 i_N 到电容电流 i_C 的传递函数 G_i 为

$$G_i(s)=\frac{I_C(s)}{I_N(s)}=\frac{sL_N}{sL_N+K_i} \tag{4.105}$$

其转折角频率 ω_i 为

$$\omega_i=K_i/L_N \tag{4.106}$$

当 i_N 的频率在 ω_i 以下时，可以极大地衰减掉 i_N 对 i_C 的作用效果，高于 ω_i 部分的 i_N 无法被衰减，将直接流入电容。图 4.80a 所示为 G_i 伯德图。

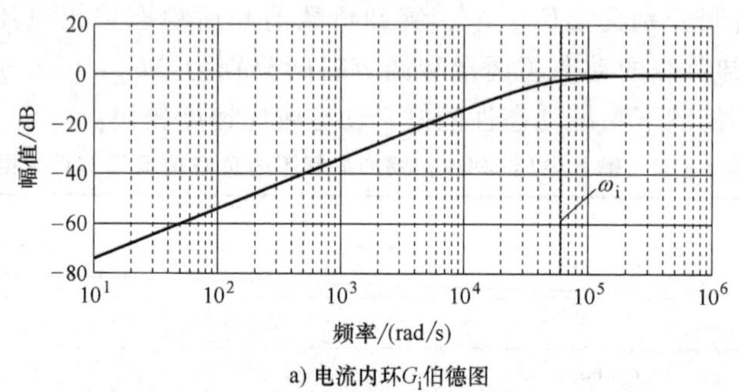

a) 电流内环 G_i 伯德图

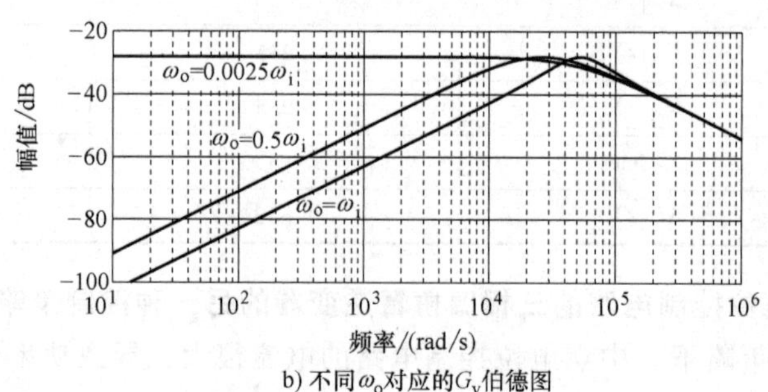

b) 不同 ω_o 对应的 G_v 伯德图

图 4.80　内外环传递函数伯德图

i_C 越小，则 u_{ave} 越小。为了尽可能降低 i_C，K_i 越大越好。K_i 可选为

$$K_i = \omega_i L_N = 2\pi n f L_N \tag{4.107}$$

式中，f 为变换器输出基波频率；n 为最大允许谐波次数。此处开关频率 f_s 为 40kHz，f 为 400Hz，设定内环转折频率为 8400Hz，对应最大允许谐波次数 n 为 21，所以 ω_i 为 52752rad/s，f_s 是内环转折频率的 4.76 倍。

由图 4.79，中线电流 i_N 到中点漂移电压 u_{ave} 的传递函数 G_v 为

$$G_v(s) = \frac{U_{ave}(s)}{I_N(s)} = \frac{sL_N}{s^2 L_N(C_{41}+C_{42}) + sK_i(C_{41}+C_{42}) + K_v} \tag{4.108}$$

当传递函数幅频特性模值达到最大值时，对应的外环截止角频率 ω_o 满足

$$K_v = \omega_o{}^2 L_N(C_{41}+C_{42}) \tag{4.109}$$

此时相应的 G_v 可以转换为

$$G_v(s) = \frac{U_{ave}(s)}{I_N(s)} = \frac{s}{s^2+s\omega_i+\omega_o{}^2} \times \frac{1}{C_{41}+C_{42}} \tag{4.110}$$

不同 ω_o 对应的 G_v 伯德图如图 4.80b 所示，G_v 幅值大小反应了中点电压波动的程度。由图可见，增加 ω_o、C_{41}、C_{42} 有助于减小中点电压的波动，降低 i_N 对 i_C 的影响。当 $\omega_o = \omega_i$ 时，i_N 对 i_C 的影响衰减至最小，控制器的控制作用最好。因此

取 $\omega_o=\omega_i$，为 52752rad/s。

由于电感的分流作用，任意幅值为 I_N、角频率为 ω_i 的中线电流 i_N 流入电容所引起的分裂电容中点电压的变化满足

$$U_{ave}\leqslant\frac{I_N}{\omega_i(C_{41}+C_{42})} \tag{4.111}$$

由此可见，增大分裂电容 C_{41}、C_{42} 或者增大内环转折频率 ω_i，可以减小中点电压的变化。考虑角频率 ω_i、峰值 I_N 的中线正弦电流对中点引起的电位变化，电容满足

$$C_{41}+C_{42}\geqslant\frac{2\pi fI_N}{\omega_i\omega_o U_{ave}} \tag{4.112}$$

式中，f 为中线电流基波频率；ω_i、ω_o 为内外环截止频率；U_{ave} 为允许的电压波动。

中线电感 L_N 的主要作用是限制流过桥臂两开关管的峰值电流，同时能够让高频谐波电流通过。过大的 L_N 对高次谐波产生较大的阻抗作用，会迫使高次谐波电流流入电容中，增大电容电压变化，且有可能导致 L_N 压降过大，超过桥臂所能调制出的最大电压 u_N，即其峰值 $0.5U_{dc}$，引起系统失稳，因此 L_N 不能太大。中点电位控制电路正常工作时，u_N 满足以下条件：

$$u_N\approx 2\pi fL_NI_N\leqslant 0.5U_{dc} \tag{4.113}$$

所以可以得到 L_N 的上限值：

$$L_N\leqslant\frac{U_{dc}}{4\pi fI_N} \tag{4.114}$$

另一方面，若是 L_N 太小，流过 L_N 以及功率管的纹波电流将过大。考虑电感电流纹波及电感电流连续状态，L_N 需要满足：

$$L_N\geqslant\frac{U_{dc}}{8I_mf_s} \tag{4.115}$$

式中，I_m 为开关管最大允许电流；f_s 为功率管开关频率。对于单相逆变器，I_m 即为 i_N 的最大值 I_N。

若 U_{dc} 为 800V，输出电压 115V，输出功率 30kVA，则 i_N 最大值为 369A，以 I_m 为 400A 进行参数设计。允许电容中点电压变化幅值 U_{ave} 为 2V，按照上述公式计算，$6.25\mu H\leqslant L_N\leqslant 398\mu H$，$180\mu F\leqslant C_{41}+C_{42}\leqslant 3.8mF$，选取电感 L_N 为 200μH，分裂电容 $C_{41}=C_{42}=500\mu F$，$K_i=10$，$K_v=278$。

采用上述控制策略及电路参数，逆变器输出滤波电感和电容分别为 50μH 和 50μF，当负载电流为 200A 时，对带中点电位控制电路的单相 dc/ac 逆变器进行仿真。图 4.81a、b 为中线电流 i_N 和中线电感电流 i_L 波形及其局部放大图，电流最大值约为 200A。图 4.81c 为流入电容的电流波形，最大值约 60A。图 4.81d 为 C_{42} 两端电压波形，波动±0.5V。和图 4.67b 所示的控制策略相比，采用该控制策略，中线电感电流和流入分裂电容的电流下降，Q_7、Q_8 的开关管的通态损耗大为下降。

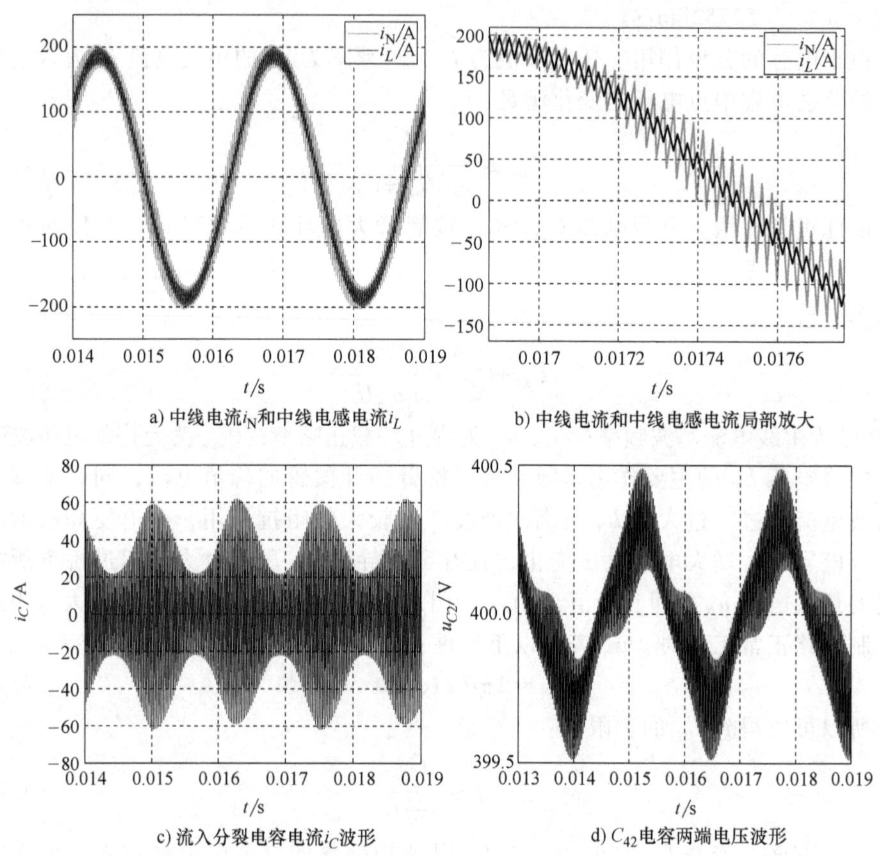

a) 中线电流i_N和中线电感电流i_L

b) 中线电流和中线电感电流局部放大

c) 流入分裂电容电流i_C波形

d) C_{42}电容两端电压波形

图 4.81　输入电压为 800V 时，在图 4.79 控制策略下的中点电位控制电路仿真波形

但该控制策略下，在每个开关周期内 i_N 非双向变化，无法实现开关管 Q_7、Q_8 的零电压开关，开关损耗上升。

比较图 4.67b 和图 4.79 两种控制策略，控制电路均为中点波动电压外环和分裂电容电流内环结构，但是图 4.79 所示控制是根据电路数学模型设计出的一个控制策略，其目标是尽量控制中线电流 i_N 等于中线电感电流 i_L，衰减 i_C，进而实现分裂电容中点电压的稳定。电感 L_N 设计考虑的是其阻抗大小要能减小电流脉动，因此设计出来的 L_N 为 200μH，中线电感值大，i_C 小，分裂电容小，$C_{41}=C_{42}=500\mu F$，i_L 电流脉动小，开关管的电流应力和通态损耗减小，但该控制策略下，在每个开关周期内 i_L 非双向变化，无法实现开关管 Q_7、Q_8 的零电压开关，开关损耗上升。图 4.67b 所示控制策略，开关管近似以 0.5 的占空比工作，中线电感根据实现电流过零和开关管零电压开通来设计，因此中线电感值很小，L_N 为 6.5μH，中线电流脉动很大，i_C 脉动大，分裂电容大，$C_{41}=C_{42}=1250\mu F$，所以在此控制下开关管的开关损耗很小，但是电流应力增加，通态损耗增大，成本增加。这两种工作模式和第 2 章 Dual Buck-Boost 变换器的软开关和硬开关工作模式很类似，需要根据具体应用，综合考虑开关损耗、通态损耗、成本等因素来选定合适的控制策略。

图 4.56 所示带中点电位控制电路的三相四桥臂 dc/ac 变换器除了可以采用 4.5.1 节和 4.5.2 节两种控制方法外，也可以采用本节介绍的中点电位控制电路的双环控制配合三相三桥臂逆变器的双环控制，这时三桥臂逆变器可以采用 SPWM 控制，不能采用 SVPWM 控制。因为采用 SVPWM 控制时，对于三桥臂逆变器的任一开关状态，中点电压都有一个确定的值。例如，开关状态为 100 时，由式（4.14）可知，负载中点 n 及直流电源假想中点 o 之间的电压 u_{no} 为

$$u_{no-S(100)}=\frac{1}{3}\left[\frac{U_{dc}}{2}+\left(-\frac{U_{dc}}{2}\right)+\left(-\frac{U_{dc}}{2}\right)\right]=-\frac{U_{dc}}{6} \tag{4.116}$$

u_{no} 不为零，而且不同开关状态对应不同的值。而中点电位控制电路抑制了中点电压的变化，与该控制方式相矛盾。所以说对于有中点电位控制电路的三相四桥臂逆变器，当中点电位控制电路和三相三桥臂电路分别双闭环控制时，三相三桥臂电路不能采用 SVPWM 控制策略。

4.6 四桥臂 ac/ac 变换器

4.6.1 四桥臂 ac/ac 变换器的构成

图 4.82a 是直流环节没有 dc/dc 变换器的四桥臂 ac/ac 变换器的主电路，适合于输入三相电压与输出三相电压差别不大的使用环境。若输入电压与输出电压大小差别较大，宜在左右两变换器之间加双向不隔离 dc/dc 变换器。

图 4.82b 是直流环节有隔离型双向 dc/dc 变换器的四桥臂 ac/ac 变换器构成框图，实际上由三个变换器组成，左为四桥臂 ac/dc 变换器，中间为隔离型 dc/dc 变换器，右为四桥臂 dc/ac 变换器。

由图 4.82a，若电源在左端，则左变换器为 ac/dc 变换器，将 ac 电压转为 dc 电压，故其工作于功率因数校正器方式，输出中间直流母线电压 U_{dc} 大于电源线电压的幅值，由于三相对称，第四桥臂开关管 Q_{L7}、Q_{L8} 不工作。右变换器工作于 dc/ac 模式，输出三相对称电压，不对称负载时，第四桥臂参与工作，电能从左向右传输。若欲使电能从右向左传输，则三相电源应接于右端，右变换器工作于功率因数校正器方式，第四桥臂 Q_{R7}、Q_{R8} 不工作，左变换器工作于四桥臂 dc/ac 方式，电能由右向左传输。

图 4.82b 为有隔离型 dc/dc 变换器的四桥臂 ac/ac 变换器框图，其构成、工作方式和图 4.82a 相似，仅中间加了个 dc/dc 变换器。隔离型 dc/dc 变换器可以是可控 dc/dc 变换器，也可以为不可控 PWM dc/dc 变换器，即直流变压器。采用直流变压器的优点是 dc/dc 变换器控制简单，变换效率高。直流变压器的输入输出电压比可按需要设置，目的是让左侧和右侧的变换器工作在合理的环境下。

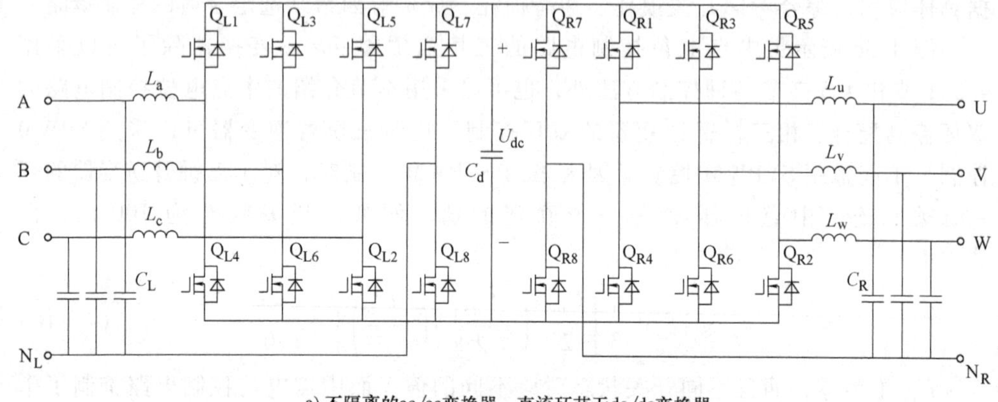

a) 不隔离的ac/ac变换器，直流环节无dc/dc变换器

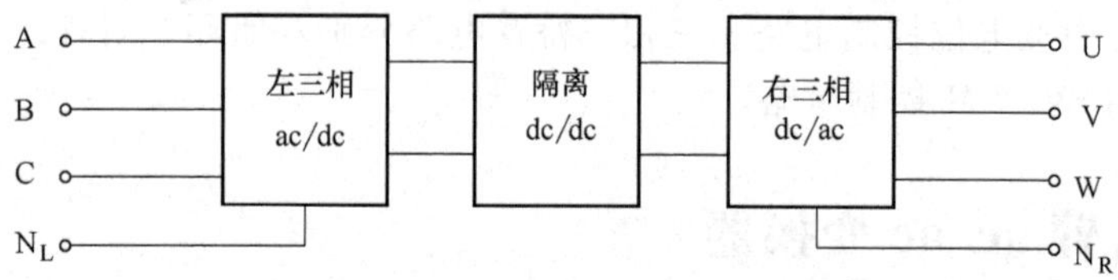

b) 有隔离型双向dc/dc变换器的ac/ac变换器框图

图 4.82　四桥臂 ac/ac 变换器

有隔离的 ac/ac 变换器可以工作在变压器方式，即左右两变换器的频率相同，仅两侧电压大小不同。由于有中间 dc/dc 变换器，还可在输出交流电的同时输出直流电，成为固态变压器。

图 4.82 的 ac/ac 变换器还可构成固态变频器，即左右两侧的 ac/dc 变换器可以工作于不同频率。例如，左变换器接 360~800Hz 变频交流电，右变换器可获得 400Hz 恒频交流电，也可获得 60Hz 或 50Hz 恒频交流电。若变换器右侧接 400Hz 电源，左侧可以得到 360~800Hz 变频交流电，也可以得到不同电压的 400Hz 交流电。

4.6.2　四桥臂 ac/ac 变换器的仿真实例

图 4.82a 所示的不隔离的 ac/ac 变换器两端的四桥臂结构同样也可以采用图 4.56 所示的带中点电位控制电路的四桥臂结构。因为此 ac/ac 变换器左右结构完全对称，为了方便仿真与讨论，仅考虑功率从左向右流动，且左侧 ac/dc 变换器省略第四桥臂，两分裂电容合并为一个电容 C 表示，电路简化成三相六开关 PFC 整流器；右侧 dc/ac 变换器第四桥臂正常参与工作，整体简化后的电路如图 4.83a 所示。左侧 PFC 整流器输入 235V/360~800Hz 交流电，输出 800V 直流电压，要求控制输入侧功率因数为 1。输入交流侧电感 $L_a=L_b=L_c=L_i=100\mu H$，电感寄生电阻 $r_a=r_b=r_c=r=0.01\Omega$，中间直流母线电容 C 为 100μF。右侧 dc/ac 变换器将 800V 直流电压逆变成 235V/ 400Hz 交流电，额定输出功率为 90kVA，负载功率因

数≥0.75，输出滤波电感 $L_u = L_v = L_w = L_o = 50\mu H$，输出滤波电容 $C_u = C_v = C_w = C_o = 50\mu F$，中点控制电路电感 L_N 为 6.25μH，分裂电容 C_{41}、C_{42} 为 1250μF。左右两变换器功率管开关频率为 40kHz。

逆变器控制框图如图 4.83b 下图所示。逆变器 abc 三相分别独立控制，每一相采用如前所述的三环 SPWM 控制，中点电压控制电路采用 4.5.3 节所述的双环控制策略来控制中点电压平衡，控制框图如图 4.83b 上图所示。电路参数同前所述设计。

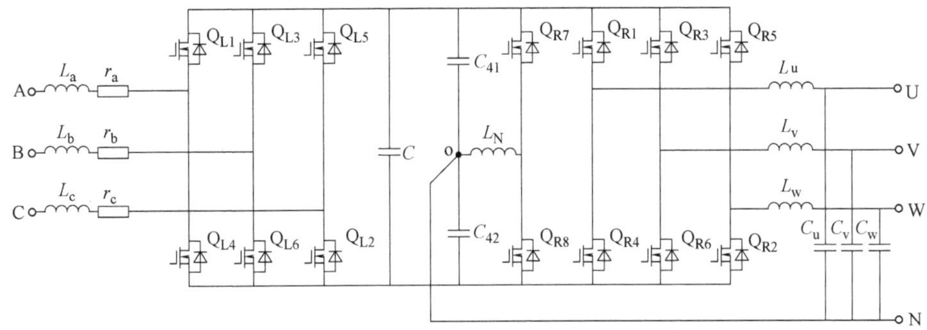

a) 简化后的不隔离三相ac/ac变换器电路拓扑

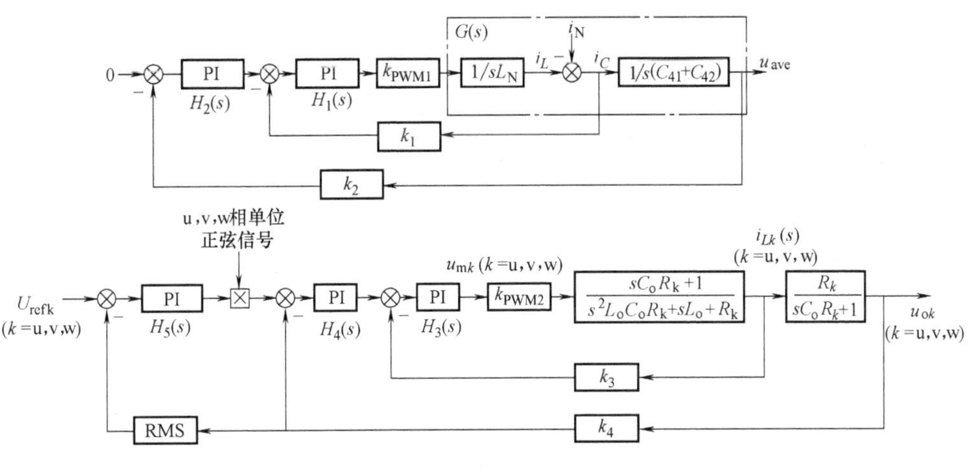

b) 控制框图

图 4.83　简化后的不隔离三相 ac/ac 变换器电路拓扑及逆变器控制框图

图 4.84 所示为三相不隔离 ac/ac 变换器在输入电压为 235V/800Hz、空载情况下的仿真波形。图 4.84a 和图 4.84c 分别为三相 PFC 整流器电网侧三相输入电压和输入电流波形，图 4.84b 和图 4.84d 分别为中间直流母线电压 U_d 波形及其纹波分量，母线电压稳定在 800V，电压波动约为±0.5V；图 4.84e 为逆变器三相输出电压波形，图 4.84f 为 u 相输出电压频谱图，THD 为 0.69%；图 4.84g 为分裂电容的中点电压 u_{C2} 波形，在 399~401V 之间波动。

图 4.85 所示为三相不隔离 ac/ac 变换器在输入电压为 235V/800Hz、输出接三

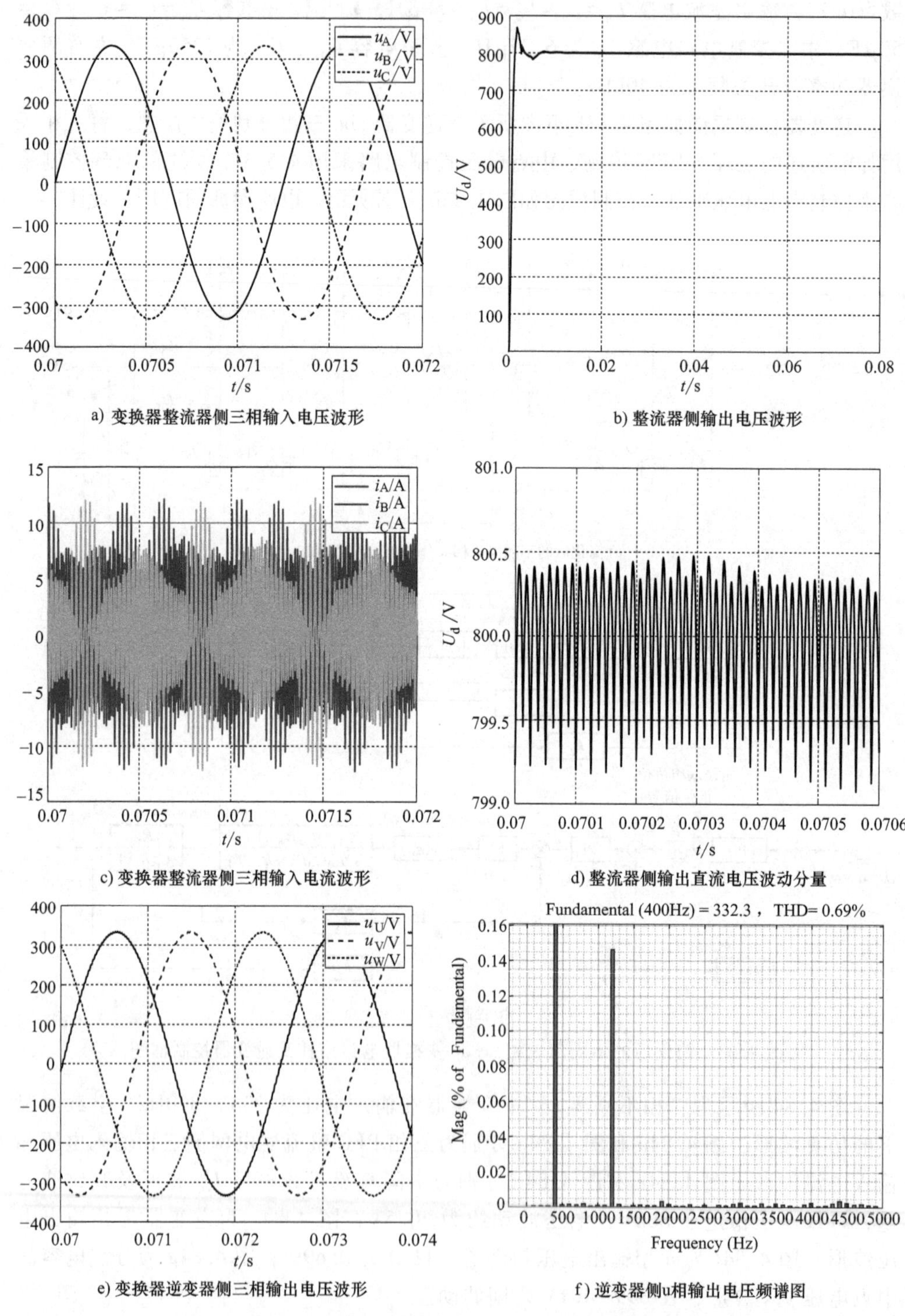

a) 变换器整流器侧三相输入电压波形

b) 整流器侧输出电压波形

c) 变换器整流器侧三相输入电流波形

d) 整流器侧输出直流电压波动分量

e) 变换器逆变器侧三相输出电压波形

f) 逆变器侧u相输出电压频谱图

图 4.84 三相不隔离 ac/ac 变换器空载仿真波形

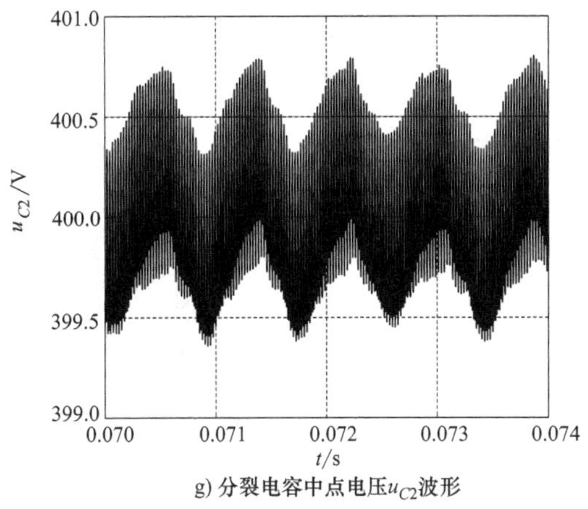

g) 分裂电容中点电压u_{C2}波形

图 4.84　三相不隔离 ac/ac 变换器空载仿真波形（续）

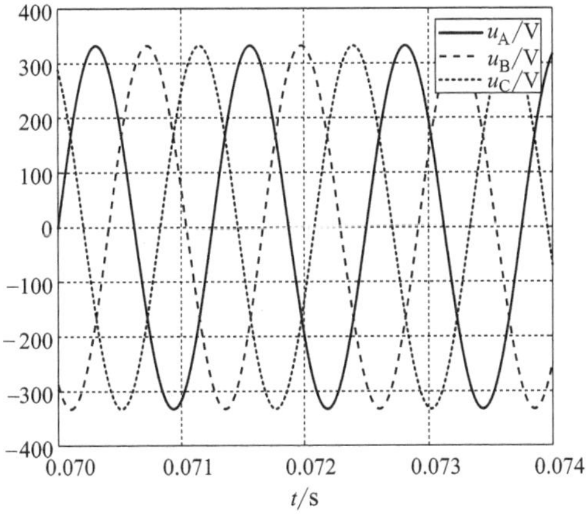

a) 变换器整流器侧三相输入电压波形

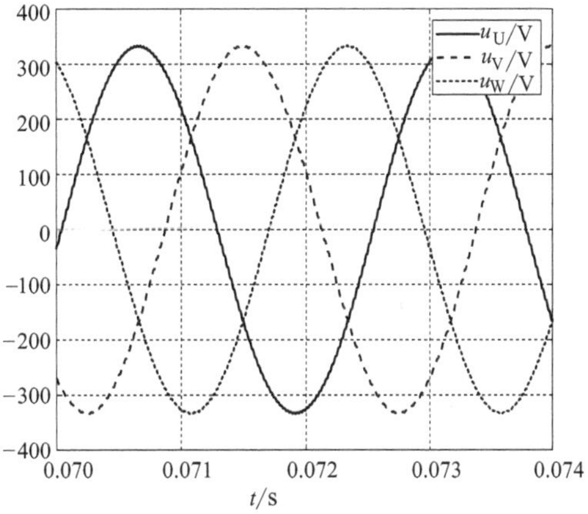

b) 变换器逆变器侧输出三相电压

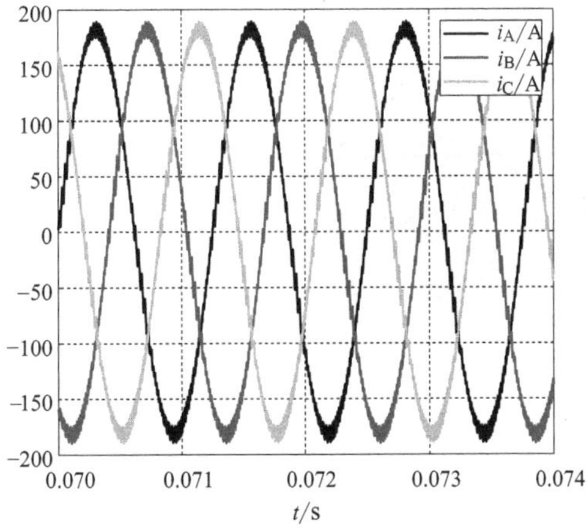

c) 变换器整流器侧三相输入电流波形

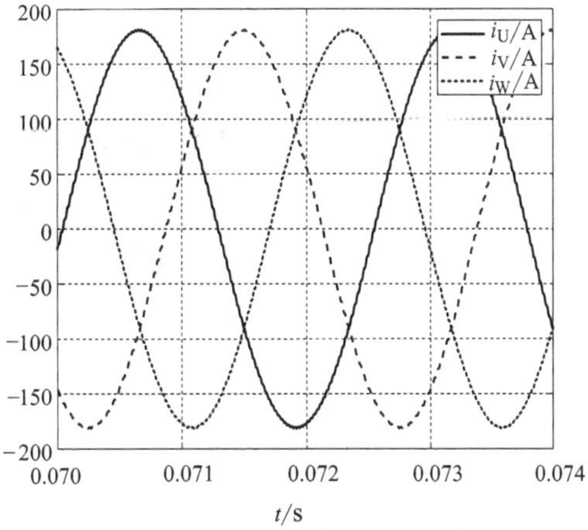

d) 变换器逆变器侧输出三相电流波形

图 4.85　三相不隔离 ac/ac 变换器带三相阻性满载时仿真波形

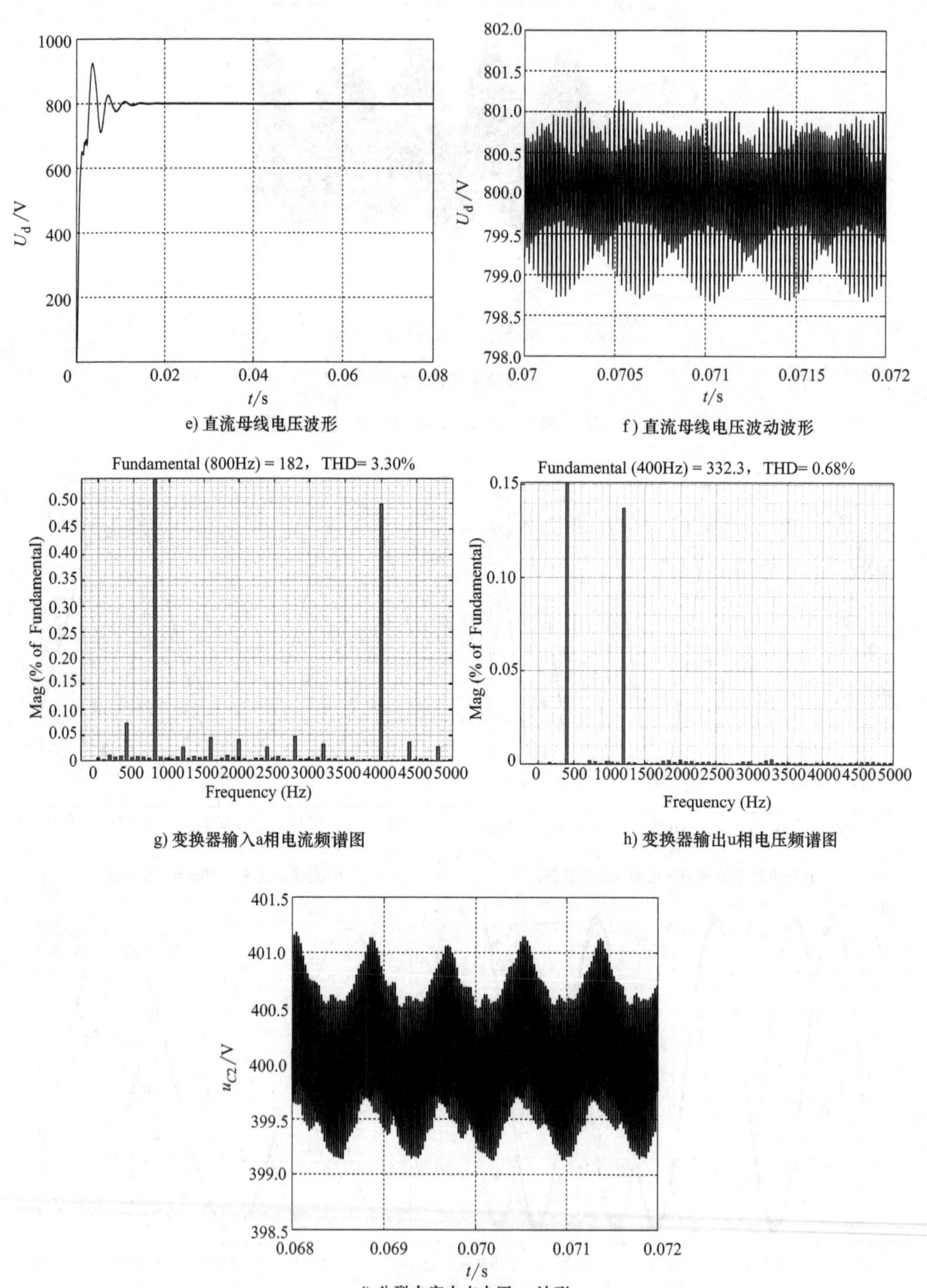

e) 直流母线电压波形

f) 直流母线电压波动波形

g) 变换器输入a相电流频谱图

h) 变换器输出u相电压频谱图

i) 分裂电容中点电压u_{C2}波形

图 4.85　三相不隔离 ac/ac 变换器带三相阻性满载时仿真波形（续）

相纯阻性满载情况下的仿真波形。图 4.85a 和图 4.85c 为三相 PFC 整流器电网侧三相输入电压和电流波形；图 4.85b 和图 4.85d 为逆变器侧三相输出电压电流波形；图 4.85e 和图 4.85f 分别为中间直流母线电压波形及其波动波形，直流母线电压最终稳定在 800V，电压波动量约为±1.5V；图 4.85g 为输入 a 相电流的频谱图，THD 为 3.3%，图 4.85h 为输出 u 相电压频谱图，THD 为 0.66%；图 4.85i 为分裂电容的中点电压 u_{C2} 波形，其波动约为±1V。

图 4.86 所示为三相不隔离 ac/ac 变换器在输入电压为 235V/800Hz、输出接三相对称阻感性负载情况下的仿真波形，负载功率因数为 0.75。图 4.86a 和图 4.86c 分别为三相 PFC 整流器侧三相输入电压和三相输入电流波形；图 4.86b 和图 4.86d 分别为变换器逆变器侧三相输出电压和三相输出电流波形，变换器此时为 90kVA 满载，输入电流有效值 99A，输入约 60kW。图 4.86e 为变换器整流器侧 a 相输入电流的频谱图，可见输入电流基波频率 800Hz，电流波形 THD 为 4.37%；图 4.86f 为变换器逆变侧输出的 u 相电压频谱图，可见输出电压基波频率为 400Hz，波形 THD 为 0.67%。

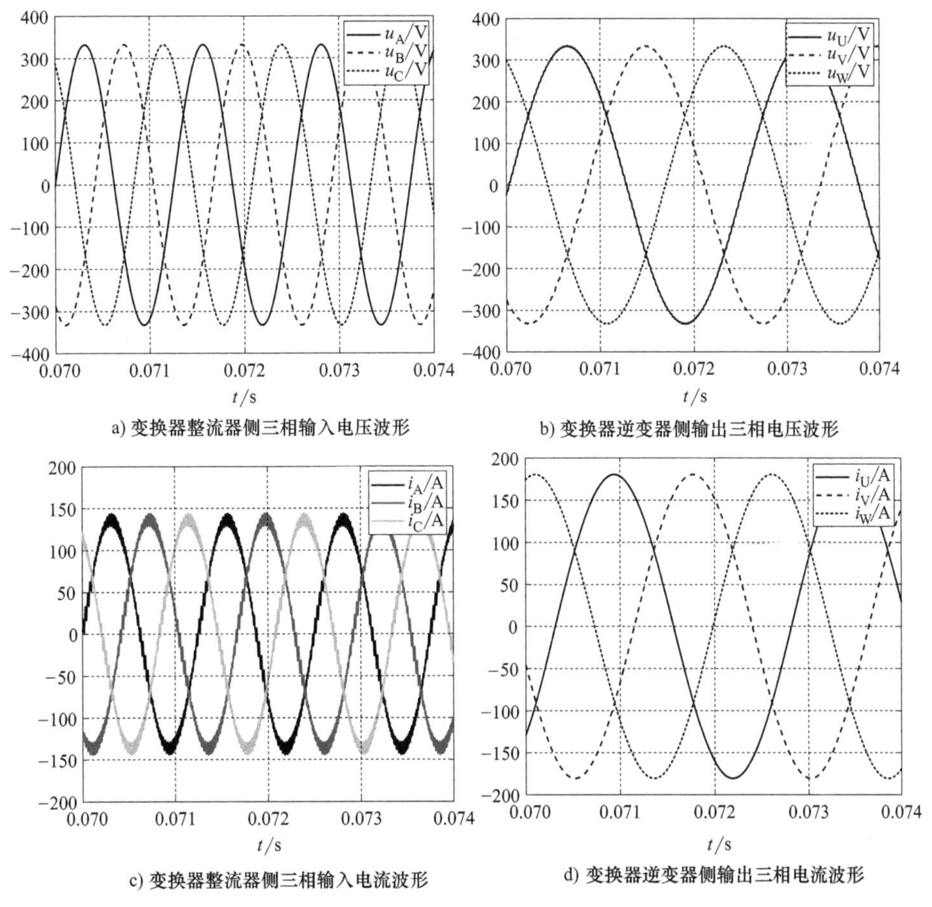

a) 变换器整流器侧三相输入电压波形

b) 变换器逆变器侧输出三相电压波形

c) 变换器整流器侧三相输入电流波形

d) 变换器逆变器侧输出三相电流波形

图 4.86　三相不隔离 ac/ac 变换器带三相阻感性满载时仿真波形

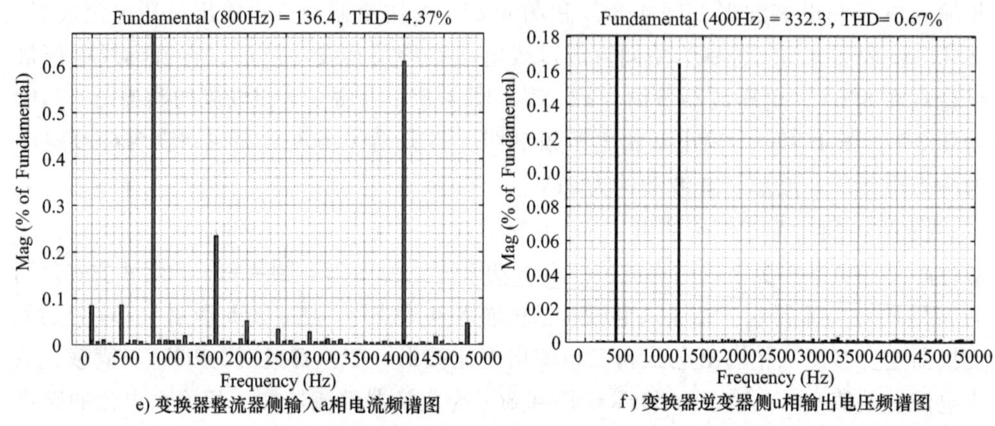

e) 变换器整流器侧输入a相电流频谱图

f) 变换器逆变器侧u相输出电压频谱图

图 4.86 三相不隔离 ac/ac 变换器带三相阻感性满载时仿真波形（续）

图 4.87 所示为三相不隔离 ac/ac 变换器在输入电压为 235V/800Hz、输出接不对称负载情况下的仿真波形，u 相阻性满载，v 相和 w 相两相空载。图 4.87b 和图 4.87d 为变换器逆变器侧三相输出电压电流图，图 4.87e 是 u 相输出电压 THD，为 0.68%，输出三相电压波形对称性较高，正弦度较好。变换器单相满载导致直流母线电压有二倍基波频率 800Hz 的波动，如图 4.87f 所示，波动幅值约为±12V；流入中线的电流如图 4.87g 所示，最大值约为 270A；分裂电容中点的电压 u_{C2} 如图 4.87h 所示，等于母线电压一半，跟随母线电压波动，电压波动约为±7V；为了减小母线电压二倍频对功率因数校正的影响，将前级 PFC 整流器电压环的截止频率设置在 200Hz 左右，同时在电压环 PI 控制器之后加入 800Hz 陷波器，以降低 800Hz 分量的增益，变换器整流侧输入电压和电流波形如图 4.87a 和图 4.87c 所示；输入电流频谱图如 4.87i 所示，电流 THD 为 10.06%，大小为 60.74A。之所以输入电流失真度变高，与输出负载不对称并没有关系，与负载的大小有关，相对于三相额定负载，因为只有 u 相带了额定负载，因此总的输出负载变低。图 4.88 所示为三相不隔离 ac/ac 变换器在输入电压为 235V/800Hz、输出接三相对称负载下的三相逆变器侧输出电流、三相整流器侧输入电流波形和 a 相输入电流频谱图，此时输出负载为满载的 1/3。可见输出负载降低时，输入电流 THD 变大，为 9.70%。

图 4.89 所示为三相不隔离 ac/ac 变换器阻性负载突变时的仿真波形。图 4.89a 为在输出电压峰值处从空载突加三相对称阻性满载时的输出电压和输出电流波形；图 4.89b 所示为从阻性满载突卸到空载时的输出电压和输出电流波形；图 4.89c 为在输出电压峰值处从空载突加三相对称阻性满载时的输入电压和输入电流波形；图 4.89d 为从阻性满载突卸到空载时的输入电压和输入电流波形。图 4.90 所示为三相不隔离 ac/ac 变换器阻感性负载突变时的仿真波形。图 4.90a 和图 4.90b 分别为从空载突加至功率因数为 0.75 时的阻感性满载与从功率因数为 0.75 的阻感性满

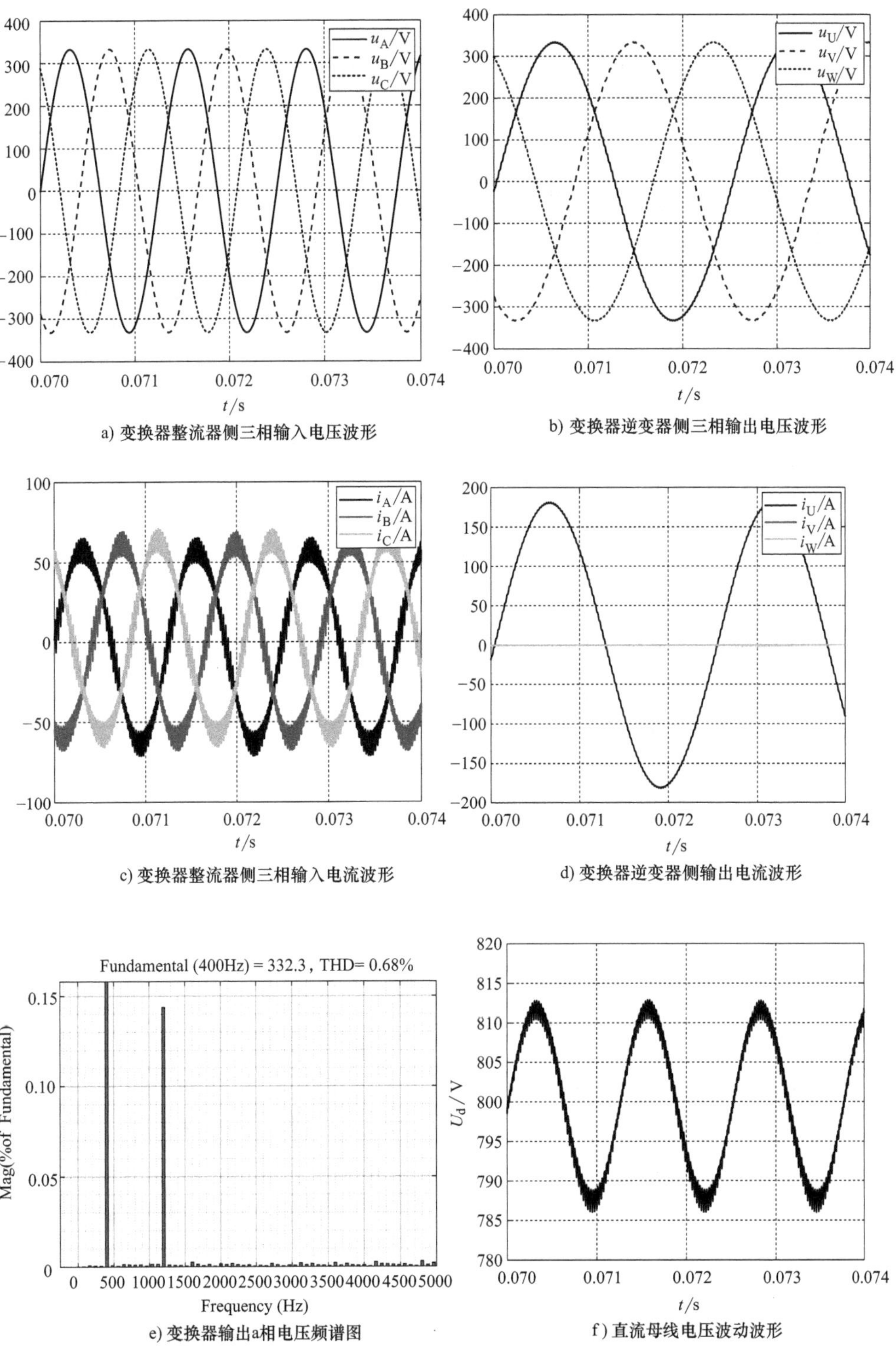

图 4.87 三相不隔离 ac/ac 变换器带不对称负载仿真波形

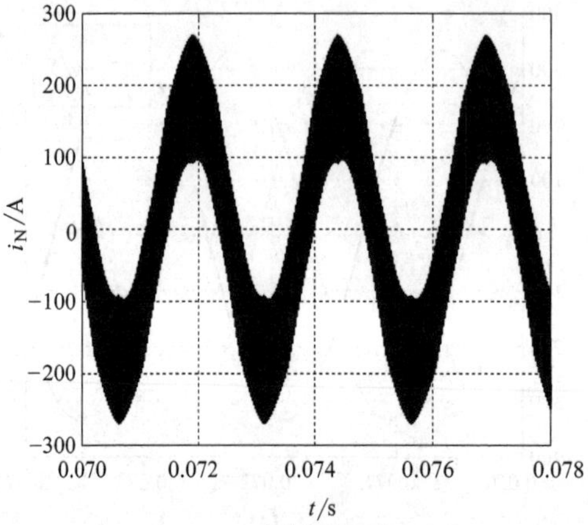

g) 中线电流波形

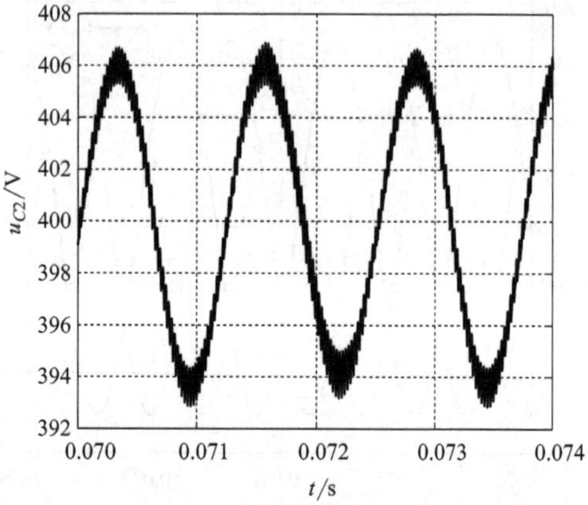

h) 分裂电容中点电压波形

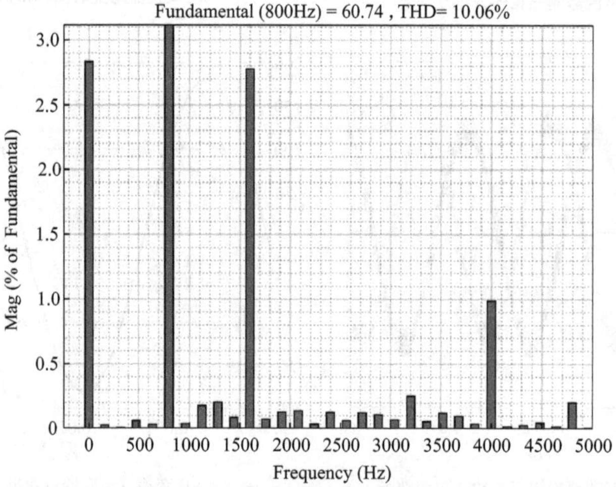

Fundamental (800Hz) = 60.74 , THD= 10.06%

i) 变换器输入电流频谱图

图 4.87　三相不隔离 ac/ac 变换器带不对称负载仿真波形（续）

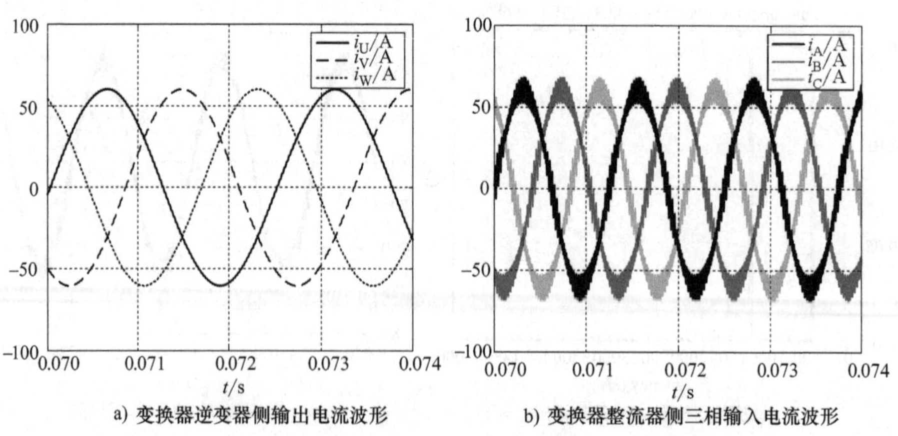

a) 变换器逆变器侧输出电流波形

b) 变换器整流器侧三相输入电流波形

图 4.88　三相不隔离 ac/ac 变换器带 1/3 对称负载下的仿真波形

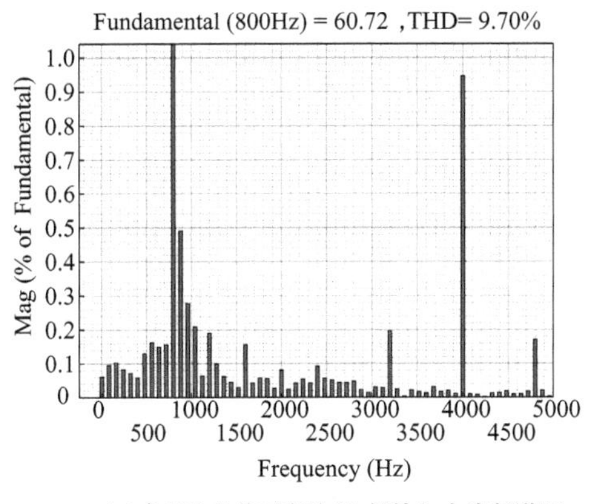

c) 1/3对称负载下变换器a相输入电流频谱图

图 4.88　三相不隔离 ac/ac 变换器带 1/3 对称负载下的仿真波形（续）

载突卸至空载时的输出电压电流波形。图 4.90c 和图 4.90d 分别为从空载突加至功率因数为 0.75 时的阻感性满载与从功率因数为 0.75 的阻感性满载突卸至空载时的输入电压电流波形。可见变换器动态响应速度较快。

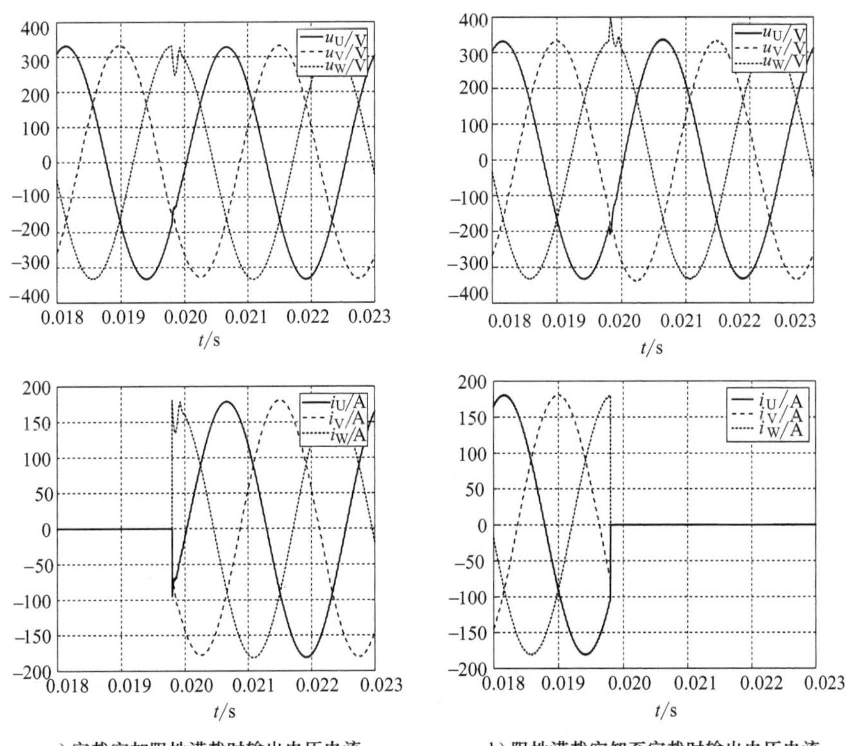

a) 空载突加阻性满载时输出电压电流　　b) 阻性满载突卸至空载时输出电压电流

图 4.89　三相不隔离 ac/ac 变换器突加突卸阻性满载时仿真波形

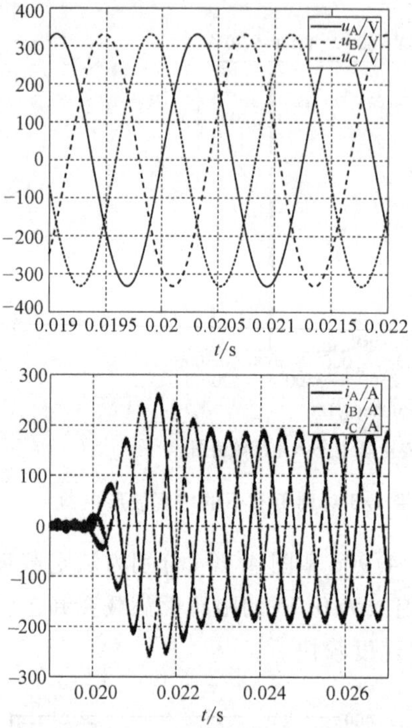

c) 空载突加阻性满载时输入电压电流

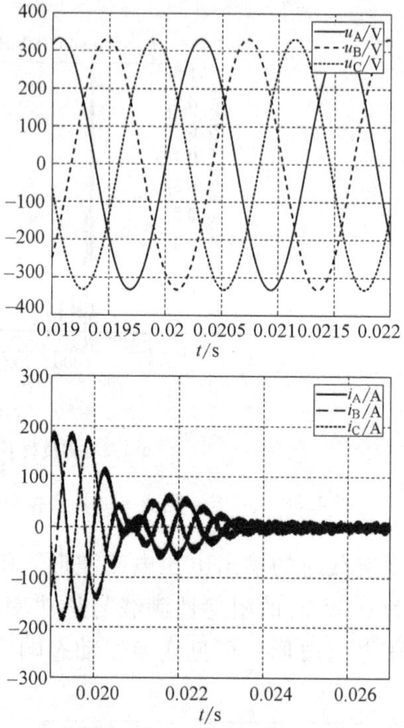

d) 阻性满载突卸至空载时输入电压电流

图 4.89　三相不隔离 ac/ac 变换器突加突卸阻性满载时仿真波形（续）

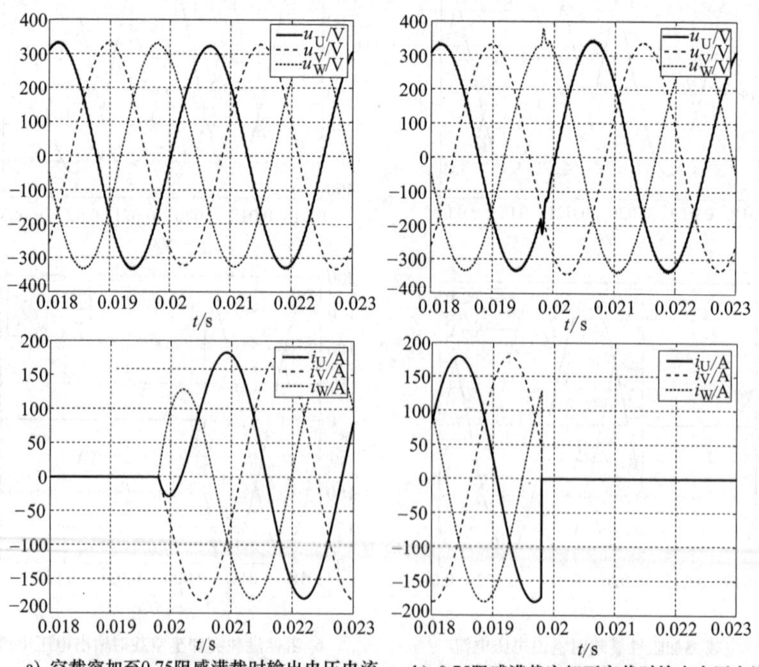

a) 空载突加至0.75阻感满载时输出电压电流

b) 0.75阻感满载突卸至空载时输出电压电流

图 4.90　三相不隔离 ac/ac 变换器突加突卸功率因数为 0.75 的阻感性满载时仿真波形

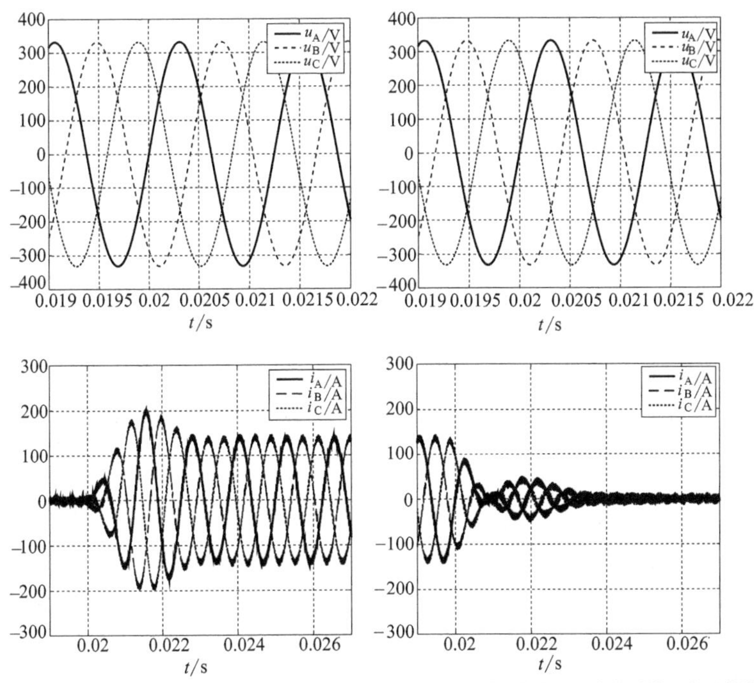

c) 空载突加至0.75阻感满载时输入电压电流　　d) 0.75阻感满载突卸至空载时输入电压电流

图 4.90　三相不隔离 ac/ac 变换器突加突卸功率因数为 0.75 的阻感性满载时仿真波形（续）

4.6.3　用 ac/ac 变换器代替自耦变压器（ATU）

在 B787 飞机上有两台 90kVA 的自耦变压器（ATU），ATU 为双向电能变换器，可将起动发电机 SG 的 235V、360~800Hz 交流电转变为 115V、360~800Hz 交流电，送 115V 交流汇流条，也可将地面电源 EXP 的 115V、400Hz 交流电转为 235V 交流电，送 235V 交流汇流条，如图 4.91 所示。图 4.92 是自耦变压器的电路图，自耦变压器为电磁式电器，由变压器铁心和铜绕组构成，体积重量较大，且为不可控的电器，输出端的电能品质低于输入端。

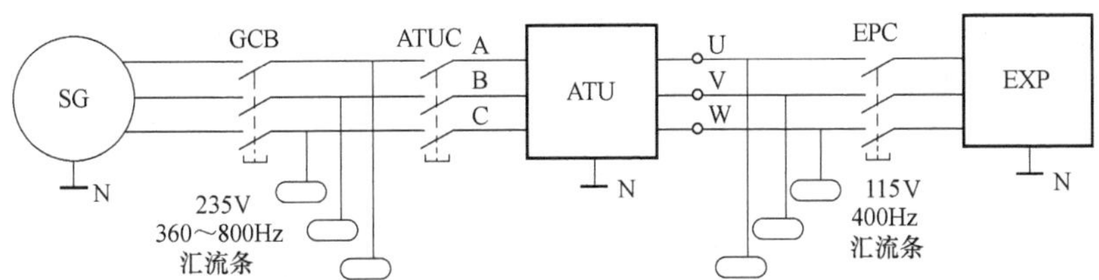

图 4.91　B787 飞机上的 ATU 电路图

SG—起动发电机　EXP—机场 115V、400Hz 电源　GCB—发电机断路器

EPC—机场电源接触器　ATUC—ATU 接触器　ATU—自耦变压器

由于飞机上既有三相对称负载，又有单相负载，故 SG、EPC 和 ATU 的中线 N 均与飞机机体的导电回路相连，为三相四线制系统。

四桥臂 ac/ac 变换器能够适应飞机的需求，其优点是工作于高频 PWM 状态，其所需的电感、电容和变压器的功率密度远高于 360Hz 的变压器；由于输出电压可控，电能品质提高；第三代半导体器件及其功率模块的应用，可靠性得以提高。用 ac/ac 代替 ATU 将成为飞机变频交流电源的发展趋势。

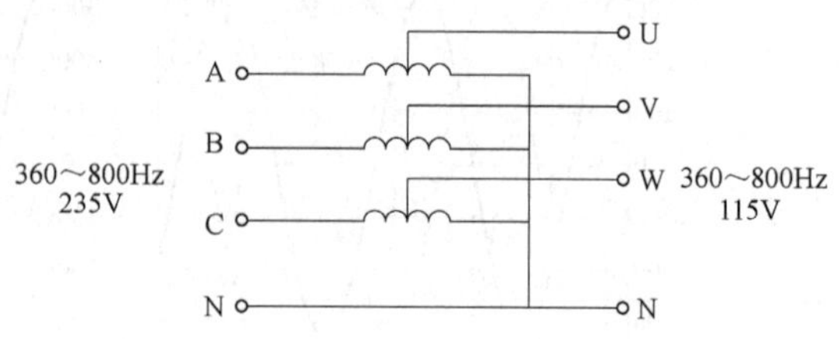

图 4.92　三相自耦变压器（ATU）的电路图

4.7　本章小结

本章讨论了基于 SVPWM 控制的三相 dc/ac 逆变器和三相 ac/dc 整流器的工作原理、控制策略、参数设计，给出了设计和仿真实例；通过设计和仿真比较了三相四线制 dc/ac 逆变器和带中点电位控制电路的三相四桥臂 dc/ac 逆变器的工作特性，讨论了中点电位控制电路的两种控制方法，给出了参数设计和仿真结果；给出了三相不隔离 ac/ac 变换器工作原理和仿真结果。

dc/dc 和 ac/ac 变换器的发展和直流电源、交流电源相关，直流电源系统中不用 ac/ac 变换器，交流电源系统必须用 ac/ac 变换器。反之，电力电子变换器的发展促进了交流和直流电源的发展。

在使用 28V 直流电源的飞机上，最早应用的是静止变流器和无刷直流电动机。在 20 世纪 60 年代的直流电源飞机上，应用单级 dc/ac 变换器获得 400Hz 单相或三相交流电。到 20 世纪 70 年代，由 dc/dc 和 dc/ac 组合的单相静止变流器诞生，这种两级式结构，显著地减轻了重量，提高了电气性能。1972 年，交交型变换器与六相高频发电机构成的飞机变速恒频电源装机使用，交流发电机与 ac/ac 变换器的组合形成了恒频交流电源。

同是双向电能变换器，dc/ac 变换器所用开关管仅为 ac/ac 变换器的一半，在直流电源中应用电力电子变换器更合理，同时电力电子变换器的发展促进了直流电源的发展与应用。电动汽车、电驱动舰船、电动飞机与直升机的诞生与应用离不开电池和电驱动器的进步，离不开 dc/ac 变换器的发展。航母舰载飞机的电磁弹射与电磁回收是 dc/ac 变换器与电机的完美结合，电磁炮和激光武器的成功应用更离不开高功率密度的电力电子装置。

电力电子变换器的发展使飞机高压直流电源得以应用，F22 和 F35 等高性能飞机得以诞生。

第三代宽禁带电力电子器件的商品化为 dc/ac 和 ac/ac 变换器的发展提供了新的途径，模块化电力电子器件进一步提高了变换器的功率密度、效率和可靠性，促进了新能源的发展与进步。

第5章

交直流电机和双向变换器

5.1 变频交流发电机和 ac/dc 变换器

飞机无刷交流发电机从 20 世纪 50 年代装机使用至今已经历了三个发展阶段：第一阶段是飞机恒频交流发电机；第二阶段是飞机宽变频交流发电机；第三阶段是飞机变频交流起动发电机。

5.1.1 恒频交流发电机

从 20 世纪 50 年代起，飞机上广泛使用恒频交流发电机，工作频率为 400Hz，额定电压为 120/208V，三相四线制。飞机恒频交流发电机按工作转速分为 4 种：额定转速 6000r/min 的 4 对极同步发电机，如 B707 飞机使用；额定转速 8000r/min 的 3 对极同步发电机，如 U-2 飞机用；额定转速 12000r/min 的 2 对极同步发电机，如 B737 等飞机用；额定转速 24000r/min 的 1 对极同步发电机。

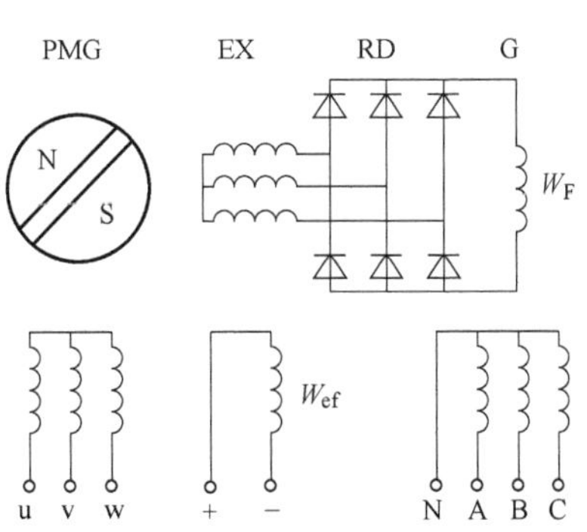

图 5.1 飞机交流发电机主电路图

PMG—永磁副励磁机 EX—励磁机

RD—旋转整流器 G—发电机

W_F—发电机励磁绕组 W_{ef}—励磁机励磁绕组

对飞机发电机的主要要求是：工作可靠，功率密度高，使用维护方便，电能质量高，价格和使用费用低。早期飞机使用有刷直流发电机，后又使用有电刷集电环的交流发电机，这两种电机均因工作不够可靠和使用维护不方便而逐步废去。现在使用的飞机交流发电机均为没有电刷的结构。飞机无刷交流发电机在同一壳体内有三个电机和一个旋转整流器，如图 5.1 所示。一个是由稀土永磁材料构成的永磁副励磁机 PMG，第二个是励磁机 EX，第三是旋转整流器 RD，第四个是发电机 G。

发电机为旋转磁极式同步发电机，它的励磁绕组 W_F 的电由励磁机 EX 的电枢绕组的交流电经整流桥整流后供给。励磁机是旋转电枢式同步电机，其励磁绕组 W_{ef} 在定子极上。励磁机、旋转整流器和发电机的组合构成无刷交流发电机。在电机旋转后，在 W_{ef} 中送入励磁电流 I_{ef}，EX 的三相电枢绕组就有电动势，这三相交流电经旋转整流器转成直流电，向发电机的励磁绕组 W_F 供电，发电机的电枢绕组就有电动势产生。

永磁副励磁机向发电机控制器（Generator Control unit，GCU）供电。GCU 有三个功能：一是调节发电机电压；二是对发电机的运行参数进行检测，一旦发现电机有故障即予以保护；三是有通信口向上级计算机报告发电机的运行情况和接受上级计算机的指令。

GCU 中的电压调节器检测发电机电压调节点的三相电压，并与基准电压作比较，当发电机电压偏离额定值后，调节器即改变励磁机的励磁电流 I_{ef}，使 EX 电枢电压变化，让发电机励磁电流 I_F 改变，以使电机输出电压保持在额定值。

由此可见，图 5.1 的发电机构成，实现了无刷发电，由于永磁副励磁机的存在，使发电机可不依赖于别的电源而独立发电。由于该电机中有三个电机，故称为三级式电机。

三级式电机的出现，显著地提高了电机的可靠性与维修性。三级式电机的不足是转子结构较复杂。

表 5.1 是恒频飞机交流发电机的主要技术指标，目前使用的发电机的额定容量有 20、30、40、60、75、90、120、150kVA 等多种。

传动恒频交流发电机的发动机有：航空涡轮风扇发动机、飞机辅助动力装置（Auxiliary Power Unit，APU）、涡轮螺旋桨发动机、直升机的主减速器。航空发动机是一种变速工作的燃气轮机，其最高工作转速与最低工作转速之比约为 2∶1。为了传动，恒频发电机必须在发动机与发电机之间加恒速传动装置（Constant Speed Drive，CSD）。目前得到广泛应用的恒速传动装置是差动齿轮液压恒速传动装置。由于航空发动机的高可靠性和经济性，现有装有恒频发电机的飞机的主电源均采用有 CSD 的发电机，构成 400Hz 恒频交流发电系统。大多数恒频交流发电系统由 CSD、发电机、GCU、馈电线和发电机断路器（Generator circuit breaker，GCB）和发电机汇流条等构成，馈电线是发电机与 GCB 间的连接导线，GCB 为三相断路器。发电机侧的三个静触点接馈电线和 GCU 电压调节器的检测线，此点即为调压系统的调节点，电压调节器保持调节点电压为额定值，恒频交流发电系统的额定电压为 115/200V 或 230/400V。GCB 的另三个静触点与发电机汇流条相接，该汇流条又称电源汇流条。

交流发电机除表 5.1 列出的技术指标外，还要求线电压和相电压的波形为正弦波，要求三相电压大小相等，三相电压间的相位差为 120°。

因此，三级式发电机的技术性能主要由发电机的特性决定，又因发电机是三级电机中功率最大的电机，决定了电机重量的大小，必须重视发电机的设计。

表 5.1　恒频交流发电机的主要技术指标

序号	技术指标	数据	备注
1	额定容量/kVA	20、30、40	最大达 150kVA，三相四线制
2	额定电压/V	115	大容量的可为 230V
3	额定电流/A		
4	额定频率/Hz	400	
5	功率因数 $\cos\varphi$	1.0~0.75	滞后功率因数，有的要求-0.95~0.75
6	过载能力(%)	150	5min，指额定容量的 150%
		200	5s，指额定容量的 200%
7	短路电流(%)	300	额定电流的百分数
8	额定转速/(r/min)		有 6000、8000、12000、24000 四种
9	过速(%)	120	额定转速的百分数
10	转向		
11	工作制	长期	
12	冷却方式	风冷或油冷	
13	效率(%)	≥85	
14	重量/kg		
15	平均故障间隔时间/h		目前已达 20000~30000h

为了减轻电机的重量，飞机发电机的铁心材料为铁钴钒合金，中文型号为1J22。1J22 的饱和磁感应强度达 2.4T，硅钢片仅 1.8T 左右，同时 1J22 的强度也优于硅钢片，为构成高速航空发电机创造了条件。

发电机是旋转磁极结构，转子磁极有两种形式：8000r/min 和 12000r/min 的转子为凸极结构，励磁绕组为集中绕组；24000r/min 的转子为隐极结构，励磁绕组分布于转子的槽中，分布的励磁绕组可使电机的气隙空载磁场接近正弦分布，有利于电枢绕组电动势的正弦化。有的 24000r/min 发电机用凸机结构。凸极结构转子有两种，一种是均匀气隙结构，其形成的气隙磁场为礼帽形；另一种为非均匀气隙，磁极两侧气隙大，中间气隙小，以使电机空载磁场接近正弦分布。为了减小发电机的励磁电路时间常数，每极励磁元件的匝数通常较少，在 20 匝上下。

发电机的定子冲片上开有槽，电枢绕组置于铁心的槽中。大容量飞机发电机的电枢元件常为一匝，一方面有利于减小匝间短路，另一方面也有利于元件散热。电枢元件的两有效边置于不同槽中，一个有效边处于槽的下层，另一为上层，双层绕组易于下线，绕组端部整齐。因此，实际上电枢元件数等于电枢槽数。为了使相电势为正弦波，现有极对数大于 1 的发电机用 120°相带绕组，并为短距绕组，以降低 5 和 7 次电势谐波。极对数 $p=1$ 的电机采用 2/3 短距的 60°相带绕组，以免不对称负载时产生径向力，导致电机振动。三相绕组空间 120°对称分布，以使三相电压幅值相等，相位互差 120°电角度。每相串联匝数是电枢绕组的一个重要数据，每相串联匝数多，则电枢的电抗和漏电抗必然较大。例如，B787 飞机的 250kVA 发电机为 3 对极，每相串联匝数为 18 匝，三相共 54 匝，由于每个元件为 1 匝，故有 54 个电枢元件，定子铁心上有 54 个槽，采用 120°相带绕组，故每对极对应 18 个电枢槽，每对极串联的每相匝数为 6 匝。由于电枢绕组分布于电枢槽中，每相 18 匝的分布绕组和集中绕组的 18 匝是不同的，为此引入绕组系数 k_w，匝数 $W=18$ 的分布绕组相当于 k_wW 匝集中绕组，故 $k_w<1$。$k_w=k_pk_yk_c$，其中，k_p 是绕组分布系数，k_y 是短距系数，k_c 是斜槽系数。飞机交流发电机定子铁心的槽常为斜槽，斜一个齿距，目的是消除齿槽效应导致的电动势中齿谐波。不论是 120°相带绕组或 2/3 短距的 60°相带绕组，其绕组系数 k_w 约为 0.8，这表示每相串联的 18 匝绕组均等效为 $0.8\times18=14.4$ 匝集中绕组，也即有 3.6 匝元件仅导致损耗而不生成电动势。

同步发电机的特性有三条：一是空载特性；二是外特性；三是调节特性。这三条特性均是在额定转速下测得或通过计算得到。

空载特性是空载电动势 E 和励磁电流 I_F 之间的关系。由于铁磁材料均为具有饱和磁感应的材料，故电机空载特性也有饱和特性。图 5.2 是空载相电动势 E 和发电机励磁电流 I_F 间的关系曲线。空载特性可分为三段：一是直线段，铁心未饱和；二是饱和段，这时 I_F 增加，电动势增加很少；三是过渡段，处于线性段与饱和段之间。通常用 $k_s=I_{FB}/I_{FA}$ 表示电机工作点饱和程度，称 k_s 为饱和系数，式中，I_{FB} 是空载相电势 $E=U_n$ 时的励磁电流 I_{FB}，U_n 为发电机额定电压，I_{FA} 是空载特性非饱和段延长线上电压为 U_n 点对应的励磁电流。通常 $k_s>1$。

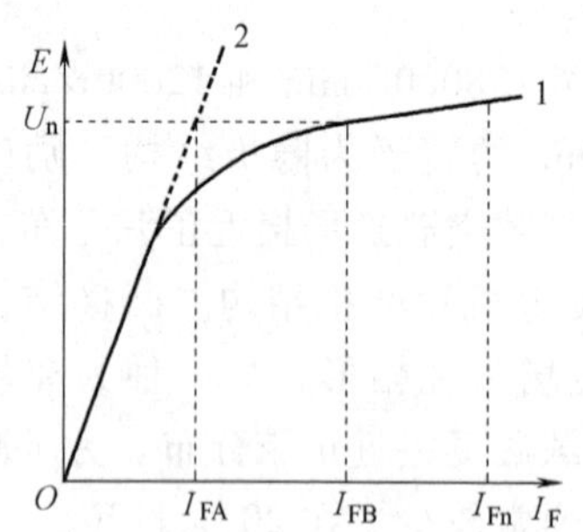

图 5.2　同步发电机的空载特性

1—空载特性曲线　2—曲线 1 非饱和段延长线

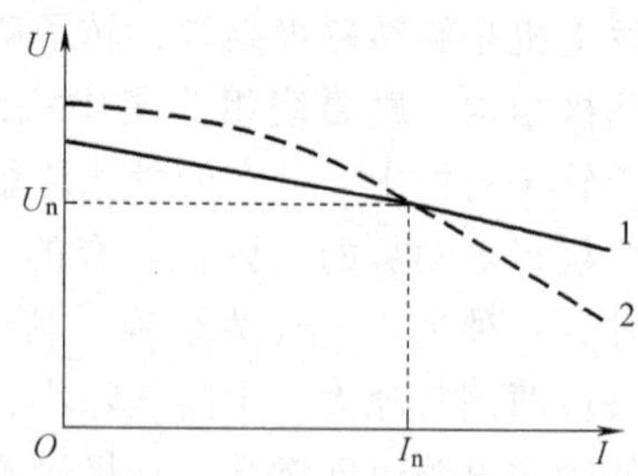

图 5.3　同步发电机的外特性

1—负载 $\cos\varphi=1.0$　2—负载 $\cos\varphi=0.75$

空载特性上另一点是额定负载时的励磁电流 I_{Fn} 对应的空载电动势，该电势 E 必大于 U_n。对于飞机恒频发电机，该电势对于额定电压 $U_n=115V$ 的电机来讲必须小于 160V，以免突卸负载时发电机电压超过 160V，危害用电设备。

图 5.3 是同步发电机的外特性曲线，是发电机输出电压 U 与负载电流 I 之间关系，其励磁电流 I_F 使额定负载时的电压为额定值，并保持 I_F 和转速 n 不变。图中，曲线 1 是同步发电机带阻性负载，负载功率因数 $\cos\varphi=1.0$ 时的外特性曲线，曲线 2 是阻感性负载，$\cos\varphi=0.75$ 时的外特性曲线。发电机输出电压在 I_F 不变时随负载电流 I 的增加而下降，且 $\cos\varphi=0.75$ 的负载电压下降量更大些。发电机电压下降原因有三个：一是电枢绕组电阻压降 Ir，r 是相绕组电阻；二是电枢绕组漏抗压降 IX_σ，X_σ 是相绕组的漏电抗；三是电枢反应的去磁作用，由于低功率因数负载在电流相同时的去磁作用更大，故曲线 2 下降得更多。

三相同步发电机输出电流 I 时的电枢磁势 F_{a3} 为

$$F_{a3}=0.9mk_wWI=2.7k_wWI \tag{5.1}$$

式中，m 为电机相数；k_w 为绕组系数；W 为每相绕组串联匝数。

在讨论电枢反应时常以一对极为基础，一对极的电枢反应磁势 F_a 为

$$F_a=\frac{2.7k_wWI}{p} \tag{5.2}$$

式中，p 为电机极对数。若以电机磁极轴线为 d 轴，与 d 轴差 90°电角度的为 q 轴，可将 F_a 分解为直轴电枢反应磁势 F_{ad} 和交轴电枢反应磁势 F_{aq}：

$$\begin{cases}F_{ad}=F_a\sin\psi\\F_{aq}=F_a\cos\psi\end{cases} \tag{5.3}$$

式中，ψ 为电动势 E 和电流 I 间的夹角，称内功率因数角，电压 U 与 I 间的夹角 φ 为功率因数角。

由于直轴也就是磁极轴线，故 F_{ad} 和励磁绕组的励磁磁势 F_F 同向或反向，通常为反向，电枢磁势与励磁磁势方向相反。由于电枢磁势接近正弦波，集中绕组的励磁磁势为礼帽形，因此相同幅值的磁势作用不同，归算到励磁侧要引入 k_{ad} 和 k_{aq} 两个系数，k_{ad} 为直轴电枢反应磁势归算系数，$k_{ad}<1$；k_{aq} 为交轴电枢反应磁势归算系数，$k_{aq}<1$。因此归算到励磁侧的直轴电枢反应磁势为 $k_{ad}F_{ad}$，交轴电枢反应磁势为 $k_{aq}F_{aq}$。

由此借助于同步发电机相量图和空载特性曲线可获得励磁磁势与负载电流间关系。图 5.4a 是同步发电机的相量图，图 5.4b 是空载特性曲线。由图 5.4a 可见，发电机电压相量 $\dot{U}$ 与电流 $\dot{I}$ 间的夹角为功率因数角 φ，电阻压降为 Ir，漏电抗上的压降为 IX_σ，IX_σ 超前 Ir90°电角度，于是可得电机内电势 E_i，$\dot{E}_i=\dot{U}+\dot{I}r+\mathrm{j}\dot{I}x_\sigma$。

在 $\mathrm{j}IX_\sigma$ 延长线上取线段长为 $I_qX_q/(\cos\psi)$，由该线段的一端 M 点向原点 O 引直线，该直线就是电机电势 $\dot{E}$ 所在的线。由此可得，电压 $\dot{U}$ 与 $\dot{E}$ 间夹角 δ，称 δ 角为功角，而 $\dot{E}$ 和 $\dot{I}$ 间夹角为 ψ，即内功率因数角。从而可得 I_d、I_q、F_{ad}、F_{aq}。由 ΔABM 可见，∠MAB $=\psi$，故线段 AB $=I_qX_q$，于是可得 $I_qX_q/(\cos\psi)=IX_q$，IX_q

就是相电流 I 在 X_q 上的压降。对于凸极结构电机，交轴电抗因交轴气隙大而不受电枢电流大小的影响，可在空载特性上求得，因为 IX_q 和 $k_{aq}F_a$ 成正比，而 $k_{aq}F_a$ 是已知的。有了 $k_{aq}F_a$ 和 IX_q，就获得了线段 $I_qX_q/(\cos\psi)$ 的长度，从而获得相量图的完整图形。图中，线段 OB 长等于电动势 E_d，由 E_d 从空载特性得磁势 F_d，$F_d+k_{ad}F_{ad}$ 就是负载 I 时所需的励磁磁势 F_F。相量图中的 E_d 小于内电势 E_i，这是由于上述求取过程中没有计及励磁磁势 F_F 的加大导致磁极漏磁的加大，为了弥补磁极漏磁的损失，实际励磁磁势要大于 F_F，从而使电机内电势达到图 5.4a 中的 E_i 值，使电机相电压达到 U 的大小。

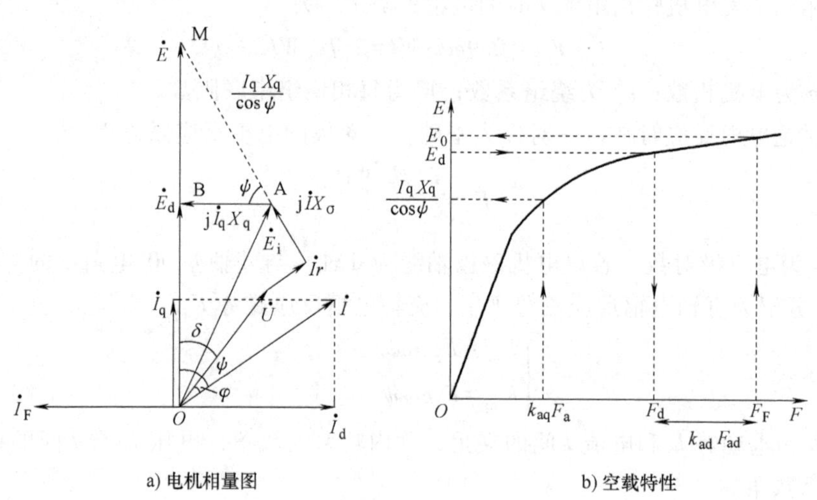

a) 电机相量图

b) 空载特性

图 5.4　借助于电机相量图和空载特性求取励磁磁势与负载电流 I 间关系

图 5.5 是图 5.4 电机在相同负载电流但负载功率因数 $\cos\varphi=1.0$ 时的相量图，由于 $\cos\varphi=1.0$，故内电势 E_i 比图 5.4 的稍小。又因两图的 $k_{aq}F_a$ 相同，故 $I_qX_q/(\cos\psi)$ 相同，内功率因数角 Ψ 因 $\varphi=0$ 而下降，导致 $I_q=I\cos\psi$ 加大，$F_{aq}=F_a\cos\psi$ 加大，而 $I_d=I\sin\psi$ 和 $F_{ad}=F_a\sin\psi$ 下降。直轴去磁安匝 $k_{ad}F_{ad}$ 的下降使 $\cos\varphi=1.0$ 的发电机外特性下降量小于 $\cos\varphi=0.75$ 的外特性。

定义电压调整率 ΔU 为

$$\Delta U=\frac{E_0-U_n}{U_n} \tag{5.4}$$

式中，U_n 为发电机额定负载时的额定电压；E_0 为发电机空载电动势。ΔU 描述了外特性下降的程度。

图 5.6 是发电机的调节特性，即电机转速为额定值，发电机调节点电压为额定值时励磁电流 I_F 与负载电流 I 间的关系。由于 $\cos\varphi=0.75$ 相同负载电流时电枢反应去磁磁势较大，故所需励磁电流 I_F 也较大。I_{F0} 是空载励磁电流，这时 $E_0=U_n$。

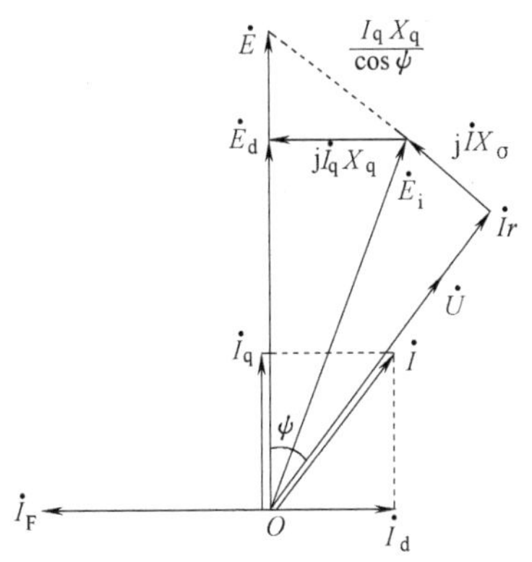

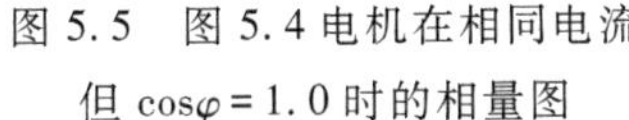
图 5.5 图 5.4 电机在相同电流但 $\cos\varphi=1.0$ 时的相量图

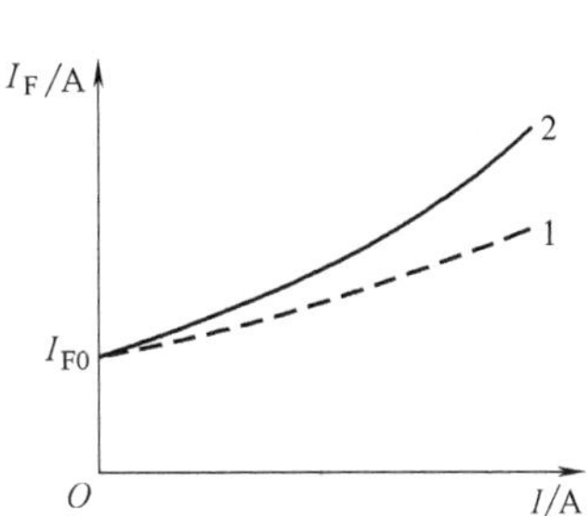

图 5.6 恒频交流发电机的调节特性曲线

1—负载 $\cos\varphi=1.0$ 2—负载 $\cos\varphi=0.75$

飞机恒频发电机不仅应能在额定负载下长期工作，也能短期过载下工作，这时不仅电枢绕组铜耗急剧增大，励磁损耗也相应加大，电机温度快速升高。

飞机发电机为三相四线制，不仅可向飞机电网提供三相对称交流电，也可以输出单相交流电。三相电流的不对称必导致三相电压的不对称，这是用电设备不希望的。三相不对称系统可以用对称分量法分解成正序、负序和零序三个对称的系统。正序电流产生圆形磁场，转向与电机转子转向相同，相对励磁磁场的转速为 0。负序电流形成与正序电流反向旋转的磁场，不仅加大了定子铁心损耗，也加大了转子损耗。为了抑制反向旋转磁场，电机磁极表面装有重的阻尼绕组，其结构与笼型异步机的转子鼠笼相似，阻尼绕组可有效抑制反向磁场，降低电机电压的不平衡。

交流发电机的励磁机的结构为旋转电枢式，电枢绕组的输出通过旋转整流器整流为直流电，作为发电机的励磁电流。发电机空载时，励磁电流达最小值 I_{F0}，过载或三倍短路时，达最大值 I_{Fmax}。由于发电机励磁绕组为铜导线，励磁绕组的电阻是电机工作温度的函数，低温-60℃时，r_F 达到最小值 r_{Fmin}，高温 180℃左右时，r_F 达到最大值 r_{Fmax}。表 5.2 列出了励磁机设计和旋转整流器选取的原始数据。

表 5.2 励磁机设计和旋转整流器选取的原始数据

发电机的工作状态	励磁绕组电阻/Ω	励磁电流/A	励磁电压/V	励磁功率/W
低温空载	r_{Fmin}	I_{Fmin}	$r_{Fmin}I_{Fmin}$	$r_{Fmin}I_{Fmin}^2$
高温过载	r_{Fmax}	I_{Fmax}	$r_{Fmax}I_{Fmax}$	$r_{Fmax}I_{Fmax}^2$

注：发电机励磁电流最大值 I_{Fmax} 在电机二倍过载或三倍短路时发生。

由表 5.2 可知，励磁机的输出功率不小于 $r_{Fmax}I_{Fmax}^2$，励磁机输出电压经旋转整流器整流后的直流电压应大于 $r_{Fmax}I_{Fmax}$。

励磁机应有高的阻抗，以使励磁系统具有电流线性放大器特性，如图 5.7 所示。图中，实线对应于-60℃低温，这时为 r_{Fmin}，虚线对应发电机 180℃高温 r_{Fmax}。

理想情况下，两直线是重合的。

为了使励磁机有高的阻抗，电枢绕组每相串联匝数较多，电机气隙较小，磁极上不设阻尼绕组，电机工作于不饱和区。

理想情况下有以下关系：

$$\frac{I_{efmax}}{I_{efmin}}=\frac{I_{Fmax}}{I_{Fmin}} \tag{5.5}$$

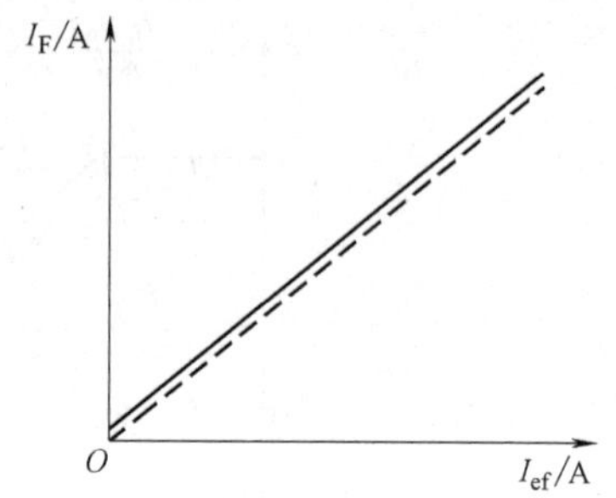

图 5.7　励磁系统的线性电流放大器特性

实线—电机-60℃低温工作，r_{Fmin}

虚线—电机 180℃高温工作，r_{Fmax}

满足上述关系时，无刷电机的空载特性 $E=f(I_{ef})$ 和发电机的空载特性 $E=f(I_F)$ 相同，仅横坐标差电流放大系数 $k_1=I_F/I_{ef}$。相应地，外特性和调节特性中的励磁电流 I_F 也可用 I_{ef} 代替。即图 5.2 的横坐标和图 5.6 的纵坐标由 I_F 改为 I_{ef}，仅坐标尺度不同。

励磁机的高阻抗表示有强的直轴电枢反应去磁作用，在励磁系统内引入深反馈，这不仅有利于放大系数 k_1 为常数，且有利于加快励磁调节的过渡过程。减小发电机励磁绕组匝数 W_F，加大励磁机励磁绕组匝数 W_{ef}，可提高电流放大倍数 k_1。

图 5.8 是带有三相半波旋转整流器的无刷交流发电机主电路，半波整流电路仅三个二极管，电路简洁，但该励磁系统没有电流线性放大器特性。

图 5.9 是旋转整流器为三相桥式（曲线 1）和三相半波（曲线 2）整流器的励磁机输出特性，即输出电压 U_F 和输出电流 I_F 间关系曲线，这两条曲线对应于同一励磁机励磁电流 I_{ef} 和同一电机转速 n。由图可见，半波整流电路的励磁机特性接近于直线，而桥式整流电路的特性为曲线。曲线 1 可分为三个区间，第一区间对应

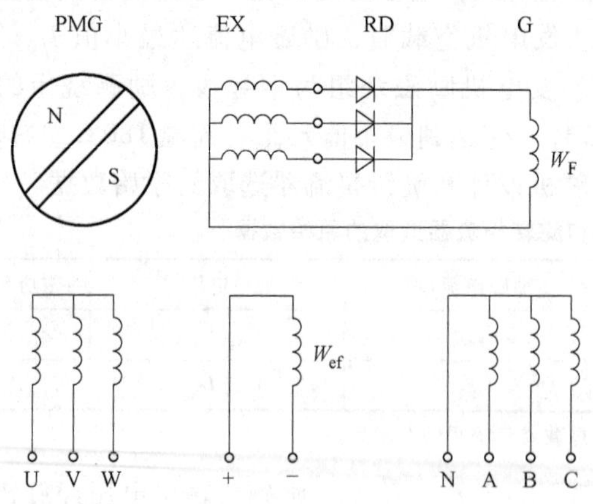

图 5.8　带有三相半波旋转整流器 RD 的无刷交流发电机主电路

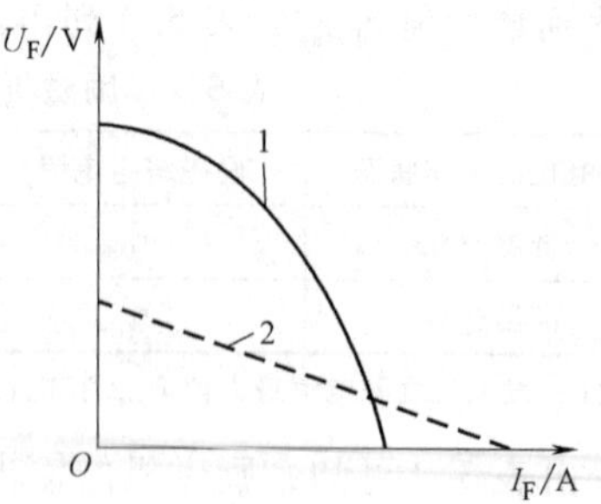

图 5.9　励磁机的直流输出特性

1—励磁机与桥式整流器

2—励磁机与三相半波整流器

于较小的输出电流，此时该励磁机近似为电压源，电流 I_F 加大，电压下降量不大。区间三相当于大 I_F 时，此时电流 I_F 的稍许增大，导致电压的快速下降，这个区间也就是电流线性放大器工作区，电机有大的内阻抗，相当于电流源。区间二为区间一与三之间的过渡区。这表明在区间三工作时，发电机励磁绕组电阻的变化，不要求 I_{ef} 作相应变化，是图 5.7 特性的物理解释。

三级式电机中的永磁副励磁机也是有高阻抗特性的电机，它的外特性和图 5.9 中的曲线 1 类似。稀土永磁材料的特点是有高的剩磁感应强度和高的矫顽力，即有大的磁能积，从而显著地提高了永磁电机的功率密度。同时稀土永磁的导磁系数接近于空气导磁系数，因而若不用高的阻抗，其短路电流达额定电流的数倍，万一发生短路会导致电机的烧毁，造成严重的后果。为了限制短路电流，必须采用高阻抗设计。

PMG（永磁电机）给 GCU 供电，GCU 中的一个重要部件是数字式电压调节器，调节器的输出电流为励磁机的励磁电流 I_{ef}。减小励磁机的最大励磁功率 $I_{ef}^2 r_{ef}$，有利于减小电压调节器的损耗，减小 GCU 的发热，也有利于减小励磁机的损耗与发热。

三级式电机的发电机励磁功率约为发电机功率的 5%，励磁机的励磁功率也约为励磁机功率的 5%。

由此可见，三级式电机中发电机的功率最大，故所占重量比例最大，提高电机功率密度和效率的重点是提高发电机的功率密度和效率。永磁机、励磁机和旋转整流器主要用于改善系统的励磁特性，加快电机突加和突卸负载时的过渡过程时间，降低电压浪涌和电压跌落的量。

20 世纪 70 年代前，CSD 和发电机是两个分裂的部件，此后发展为组合传动发电机（Integrated Drive Generator，IDG），IDG 将 CSD 和发电机联合设计，显著降低了结构复杂性，提高了 IDG 的功率密度和能量转换效率，发电机的重量大幅度降低。这是由于以下三个原因：一是电机铁心材料由硅钢片转为铁钴钒合金；二是发电机由风冷转为油冷，改善了冷却效果；三是轴承由油膏润滑转为滑油润滑，从而使电机转速从 6000r/min 或 8000r/min 提高到 12000r/min 或 24000r/min。因此，高效冷却方法对提高电机功率密度十分重要。

5.1.2　变频交流发电机

变频交流发电机早已在飞机上得到应用，但大多为窄变频交流发电机，其最高工作频率 f_{max} 与最低工作频率 f_{min} 之比在 2∶1 以内。频率为 360~800Hz 的宽变频交流发电机是最近几十年发展起来的。

组合传动发电机（IDG）有两个主要缺点：一是恒速传动装置（CSD）是一种精密液压机械，结构复杂，使用维护困难；二是有 CSD 和发电机两级能量转换，效率较低，在 70%左右。由于效率低，故 IDG 的最大功率为 150kVA。若该电机输出 150kW 电能，输入功率要 214kW，损耗达 64kW，这么大的损耗导致大量热量，使散热极为困难。

宽变频交流发电机摒弃了 CSD，机械能直接经发电机转为电能，转换效率达 90%。如 A380 飞机由航空发动机传动的 150kVA 变频交流发电机，输出 150kW 电功率时，损耗为 16.7kW，比 IDG 少近 47kW。因此，变频交流发电机的应用为大容量多电飞机的发展创造了条件。多电飞机的用电量大幅度增长，如 A380 飞机发电系统由 4 台 150kVA 变频交流发电机构成，B787 飞机有 4 台 250kVA 变频交流发电机。

由于变频交流发电机由航空发动机直接传动，电机必须采用独立的油冷系统，即油箱、油泵、油滤、油气分离器、油压调节阀和安全阀等均需置于电机内部，仅空气滑油散热器或燃油滑油散热器置于电机外部。而 IDG 的冷却油路系统是在 CSD 内，电机内只有输油管路和滑油喷嘴。由此可见，变频交流发电机结构十分复杂。

变频交流发电机的内部电路和恒频发电机相同，如图 5.1 所示。由于宽的电机工作转速范围，电机在高转速时转子的机械应力大幅度提高，转子结构完整性更为重要，转子上任何小的损伤都会导致整个电机的故障。

变频交流发电机的设计点是 360Hz 点，即最低工作转速点。B787 的发电机，三对极，工作转速范围为 7200~16000r/min，该电机在 360Hz 时的电磁关系应和恒频交流发电机相同，如图 5.2 所示的空载特性，此时电机的饱和系数 $k_s>1$。对变频交流发电机，低速时的饱和系数 k_s 一般比恒频电机更高些，以便使高速时空载电动势低一点。由于 360Hz 时电机励磁电流大，故 B787 发电机仅允许频率达 400Hz 时电机才能过载工作。由于 B787 发电机额定容量为 250kVA，远大于恒频飞机交流发电机，它的过载要求降低了，125%过载允许工作 5min，175%过载允许工作 5s，没有强调三倍额定电流的短路电流要求。这些要求的降低也和该飞机上的用电设备的配置和飞机电网保护系统的发展相关。B787 发电机的额定功率因数为 1~0.85，因为发电机的几个大功率用电设备的功率因数均较高，如 150kW 的自耦变压整流器（ATRU）的 $\cos\varphi$ 接近 1，大功率加温和防冰除冰设备的 $\cos\varphi$ 也接近于 1，低功率因数用电设备为异步机驱动的风扇和泵，但占比较小。这些指标的放宽有利于电机的设计制造和使用。

变频交流发电机与恒频发电机最大的不同就是宽的工作转速范围，因此其特性曲线一般也用最低工作转速和最高工作转速时的两条曲线表示。图 5.10 是其空载特性，图中曲线 1 是 n_{min} 时的特性，曲线 2 是 n_{max} 时特性。在 n_{min} 时饱和系数 $k_s>1$，随着转速的升高 k_s 不断减小，在 n_{max} 时 k_s 接近于 1.0，电机工作点已在曲线的直线部分。

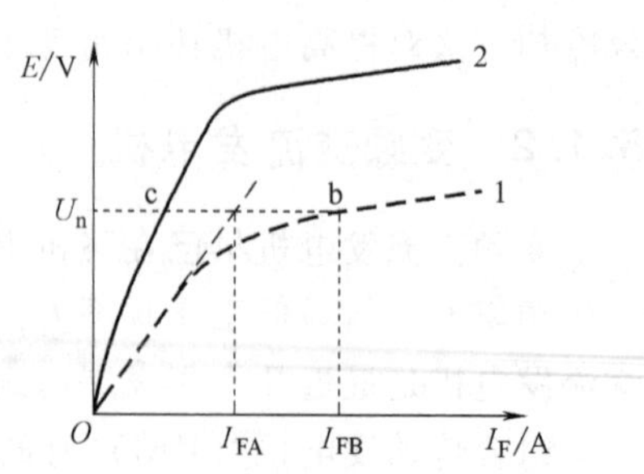

图 5.10　变频交流发电机的空载特性

1—n_{min} 时，f=360Hz　2—n_{max} 时，f=800Hz

空载特性的另一特点是，若额定电压为

115V，n_{min} 时空载电动势最大值约为 160V，则 n_{max} 时 E_{max}>320V。若额定电压为 235V，n_{min} 时空载电势最大值为 320V，则 n_{max} 时 E_{max}>640V。高转速时高的电动势危害很大。

空载特性的第三个特点是 dE/dI_F 变化大。n_{min} 时，由于电机工作点处铁心饱和，如图 5.10 的 b 点，dE/dI_F 较小。n_{max} 时 dE/dI_F 则成倍加大，如图中的 c 点。表示高转速时电机的励磁调节放大系数大幅提高。

图 5.11a、b 分别是变频交流发电机在 n 为 n_{min} 和 n_{max} 时的相量图，为了比较方便，图中电压 U 和电流 I 大小相同，故相绕组电阻压降 Ir 也相同。由于频率差一倍多，故低速时的漏抗压降 IX_σ 在高速时大一倍多，相应地 I_qX_q 也将差一倍，因此高速时 ψ 角加大，从而使 I_q 有所减小，而 I_d 则加大，说明在高速时电枢反应去磁较大。为了保持发电机电压为额定值，同样功率因数相同大小电流的变化，要求励磁电流有较大的调整。这表明发电机高速时的电压调整率大于低速时。

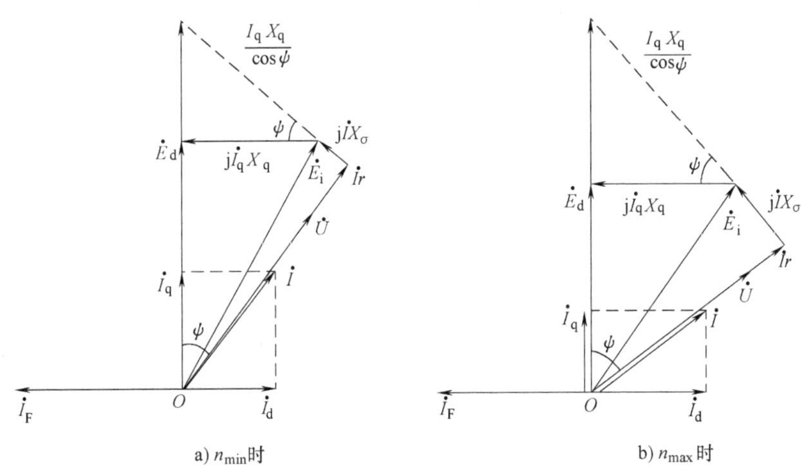

图 5.11　变频交流发电机的相量图 $\cos\varphi=1.0$

相应地，励磁机和永磁机的空载特性也有两条，它们在高速时电动势都会增大。永磁发电机整流后的直流电压 U_{pm} 就是励磁机励磁绕组 W_{ef} 的电源电压，如图 5.12 所示。图中，Q_1、Q_2 为电压调节器开关管，D_1、D_2 是续流二极管，W_{ef}、I_{ef} 分别为励磁机的励磁绕组匝数和励磁电流。正常工作时 Q_2 导通，Q_1 以脉宽调制方式工作，Q_1 导通，I_{ef} 增大，Q_1 截止，D_1 续流，I_{ef} 减小，当 Q_1 的占空比为 D 时，励磁绕组 W_{ef} 两端的电压 $U_{ef}=U_{pm}D$，$U_{ef}=r_{ef}I_{ef}$，式中 r_{ef} 为 W_{ef} 的电阻。因此改变 D，即可以调节励磁电流的大小。若发电机突卸负载，电压升高到超过某一值时 Q_2 关断，I_{ef} 经二极管 D_1、D_2 续流返回电源，由于电源电压 U_{pm} 远高于 U_{ef}，故 I_{ef} 快速下降，让发电机电压快速回落。

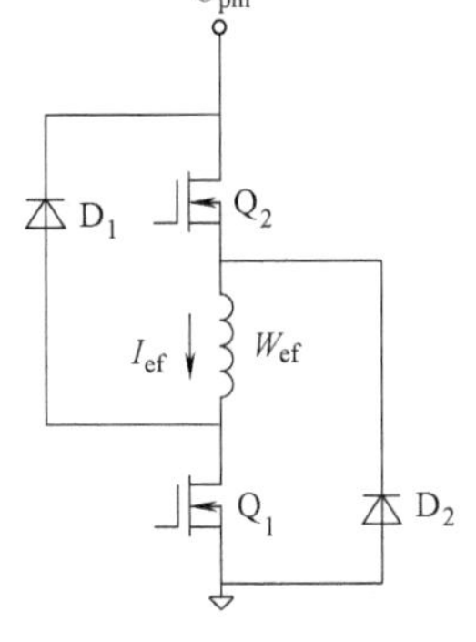

图 5.12　数字调压器的末级电路

由此可见，正常情况下，调压器的放大系数 $k_p = \Delta I_{ef}/\Delta D$ 正比于电源电压 U_{pm}，即电机高转速时，调压器的放大系数也随转速正比增大。这表明高转速时，不仅发电机放大系数增大，励磁机的放大系数增大，调压器的放大系数也增大。而高速时因发电机磁路不饱和，励磁绕组电感增大，时间常数加大。

这表明，变频交流发电机的参数随电机转速的变化而有较大的变化。参数的变化要求数字调压器的控制参数作相应调整，才能使调压系统稳定工作，但高速时突加或突卸负载时电压浪涌必加大，动态过程则加长。

由于发电机向大量用电设备供电，而这些设备分布于飞机的各处，有长的导线将发电机电能送到负载。又多又长的导线万一发生接地短路，必导致短路点电流加大和电压降低，这时电压调节器为了使电机电压保持额定，必加大 I_{ef} 和 I_F。若电网中保护器动作，切除短路，电机电枢电流立即下降，但励磁电流则不可能立即下降，若电机这时在高转速下，必导致电压急剧升高，这是十分危险的。因而国外的变频交流发电系统中都必在电压调节点上装瞬时过电压保护器（OVTPU）。OVTPU 能快速抑制电机电压的上升。

5.1.3 交流起动发电机

恒频交流发电机和 CSD 组合成组合传动发电机（IDG）后，由于 CSD 没有可逆性，实现不了电动工作，无法起动航空发动机。变频交流发电机的出现，为航空发动机的电起动创造了条件。在 B787 飞机中，250kVA 变频起动发电机（Variable Frequency Starting Generator，VFSG）可实现航空发动机的电起动，这样发动机附件机匣上除去了空气涡轮起动机，也省去了相应的高压高温管路和辅助动力装置（APU）中的负载压气机，简化了 APU。APU 只向飞机提供电能，其上的 2 台 225kVA 起动发电机，在 APU 起动时，可借助地面电源供电实现电起动，也可由机上蓄电池供电实现电起动。APU 正常工作后可向 VFSG 供电起动航空发动机。

由此可见，交流起动发电机有两种：变频起动发电机（VFSG）和恒频起动发电机（Auxiliary Starting Generator，ASG），ASG 发电时由 APU 传动，为恒频发电机。

无论是 VFSG，还是 ASG，和发电机相比有两点不同：一是电机内装有转子位置传感器，常为无刷型磁阻式旋转变压器，用于检测发电机转子位置；另一为励磁机的励磁绕组 W_{ef} 要由交流电源供电，使励磁机工作于旋转变压器方式，以向发电机励磁绕组 W_F 提供直流励磁。

对发电机电枢绕组来讲，这时由三相 dc/ac 变换器供电，工作于磁场定向控制的电动机模式。发电工作的电枢绕组不因电动工作而改变。起动发动机电动工作时，dc/ac 变换器的输出电压 U 和频率 f 比大致恒定，U/f= 常数。

电动工作时励磁机的励磁绕组 W_{ef} 有两种型式：三相对称绕组或单相绕组。三相对称绕组常为双层分布绕组，也可为单层分布绕组，当该电机转为发电工作时三相励磁绕组转为两相连接，第三相不工作，由于三相绕组空间互差 120°电角度，当其中两相通入直流电流 I_{ef} 时，两相绕组的等效匝数为$\frac{\sqrt{3}}{2}\times k_w\times 2W=\sqrt{3}k_wW$。单相励磁绕组转为发电工作时则不必转换。

若在励磁机的三相励磁绕组 W_{ef} 的 a 相绕组中通入电流 i_a，$i_a=I_{am}\cos\omega_e t$，则 a 相绕组中形成一个脉振磁势 F_a：

$$F_a=\frac{2}{\pi}\frac{k_wWI_{am}}{p}\cos p\theta_a\cos\omega_e t=F_{am}\cos p\theta_a\cos\omega_e t \tag{5.6}$$

式中，$F_{am}=\frac{2}{\pi}\frac{k_wWI_{am}}{p}$；$p$ 为电机极对数；θ_a 为 a 相励磁绕组空间分布角度；F_a 在空间正弦分布，脉动角频率为 ω_e，磁势幅值为 F_{am}。磁势 F_a 可分解为两个转向相反的旋转磁势 F_a^+ 和 F_a^-，F_a^+ 的转向与 θ_a 方向相同，F_a^- 则相反。

$$\begin{cases}F_a^+=\frac{1}{2}F_{am}\cos(p\theta_a-\omega_e t)\\F_a^-=\frac{1}{2}F_{am}\cos(p\theta_a+\omega_e t)\end{cases} \tag{5.7}$$

式中，$p\theta_a=\theta_{ae}$，F_a^+ 和 F_a^- 的幅值为脉振磁场幅值 F_{am} 的一半，转速为 ω_c。

相应地，当三相对称电流流入空间对称的励磁机三相励磁绕组时，其 b 相和 c 相也形成与 a 相相同大小但空间互差 120°电角度的脉振磁场，也可分解成正转和反转的旋转磁场 F_b^+、F_b^-、F_c^+、F_c^-。由于反转磁场 F_a^-、F_b^- 和 F_c^- 在时间上互差 120°电角度，故合成反转磁场为 0。三相对称绕组送入三相对称电流只形成正转旋转磁场 $F(\theta_{ae}, t)$：

$$F(\theta_{ae},t)=\frac{3}{2}F_{am}\cos(\theta_{ae}-\omega_e t) \tag{5.8}$$

旋转磁场幅值为脉振磁场幅值 F_{am} 的 3/2，转速 $\omega_s=\omega_e/p$，常称 ω_s 为电机同步转速。同步转速的名词来源于同步和异步电机。

实际上，励磁绕组 W_{ef} 中通三相交流电的励磁机相当于一台变压器，它的电枢绕组中的电动势是感应电势，不同之处其转子是旋转的，故更类似于异步电机的机理。

若电机转速 $n=0$，则当 W_{ef} 中通以频率为 f 的交流电时，其电枢绕组 W_{ex} 中必感应出同频的交流电，理想情况下 W_{ex} 中的电动势有效值 E_{ex0} 和励磁绕组中的电势 E_{ef} 间关系为

$$\frac{E_{ex0}}{E_{ef}}=\frac{W_{ex}k_{wex}}{W_{ef}k_{wef}} \tag{5.9}$$

式中，W_{ex} 为励磁机电枢绕组每相串联匝数；k_{wex} 为励磁机电枢绕组的绕组系数；W_{ef} 为励磁机励磁绕组每相串联匝数；k_{wef} 为励磁机励磁绕组的绕组系数。

若电机转速 $n=n_s$，电机转向和励磁绕组的旋转磁场同方向，则因转子与旋转

磁场转速 n_s 间转差 $s=0$ 而使 $E_{ex}=0$，故引入转差 $s=(n_s-n)/n_s$ 后，E_{ex} 的表达式为

$$E_{ex}=\frac{k_{wex}W_{ex}}{k_{wef}W_{ef}}E_{ef}s \tag{5.10}$$

图 5.13 是 E_{ex} 与转子转速 n 之间关系的图示，图中的另一横坐标用 s 代表。由图可见，$n=0$，$s=1$，$E_{ex}=E_{ex0}$；$n=n_s/2$，$s=0.5$，$E_{ex}=E_{ex0}/2$；$n=n_s$，$s=0$，$E_{ex}=0$；$n>n_s$，$s<0$，$E_{ex}=-E_{ex0}|s|$，此时 E_{ex} 仅极性相反。考察 E_{ex} 的频率 f_{ex}，在 $s=1$ 时，$f_{ex}=f_{ef}$，式中，f_{ef} 是励磁机励磁绕组的电源频率，通常取 400Hz，也可更高些。当 $s\neq1$ 时，$f_{ex}=f_{ef}|s|$，这表示励磁机电枢绕组中感应电势频率也随电机转速和转差 s 而变化，s 降低，f_{ex} 也随之降低，$s=0$，$f_{ex}=0$，用图形表示时，和图 5.13 相似，仅需将图 5.13 的纵坐标改为 f_{ex} 即可。

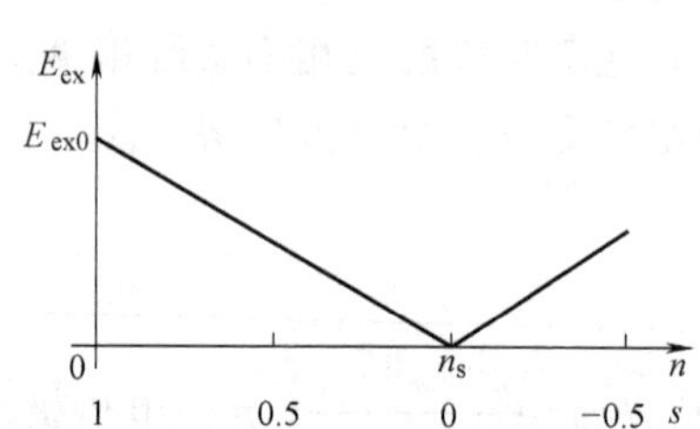

图 5.13　三相励磁励磁机电枢绕组中的相电势与转子转速间关系（转子旋转方向与励磁机励磁磁场同转向）

在该电机起动发动机的过程中，该励磁机相当于一台异步机，在 $s=0\sim1$ 区间内，异步转矩和发电机的转矩同向，故起动转矩为发电机的转矩和励磁机的异步转矩之和。而当 s 为负时，异步转矩反向，使起动转矩下降，应该注意的是，这时的发电机工作在电动机状态。

由此可见，这种三相起动励磁方式时发电机的励磁电流 I_F 是转速 n 的函数，当 $n=n_s$，$s=0$ 时，$I_F=0$，从而导致起动转矩为 0。

若发动机起动过程中，转速范围包含了 n_s，则此时因在 n_s 时起动转矩为 0 而导致起动失败。为此有两种方法克服这个缺点：一种是提高励磁机励磁电源的频率，提高 n_s，使 n_s 大于起动所需电机最高转速；另一种是将三相励磁在转速高于一定值时转为单相励磁，为了避免三相转单相时导致转矩突变，转换转速时的发电机的三相励磁电流 I_{F3} 和单相励磁电流 I_{F1} 宜相同。

在 B787 飞机的 APU 电起动系统中，ASG 采用前一种方法，将励磁电源频率提高到 750Hz。而在航空发动机的 VFSG 起动系统中，在 $n=3960$r/min 附近由三相励磁转为单相励磁，由于 VFSG 的励磁机为 4 对极，400Hz 励磁时同步转速为 6000r/min，而起动转速范围为 0～6800r/min，故必须在 6000r/min 前由三相励磁转为单相励磁。

三相交流励磁的第二种方法是电机转向和励磁旋转磁场 n_s 转向相反，即使励磁机工作在 $s\geqslant1$ 条件下，$s=1$ 时，$n=0$，励磁机工作与变压器相同，电枢绕组 W_{ex} 中感应电动势频率等于励磁电源频率。电机反向转动时，励磁机电枢与励磁磁场的相对转速 $n_{exf}=n_s+n$，式中，n_s 为励磁磁场转速，n 为电机转速，从而使 E_{ex} 增大

到大于 E_{ex0}，有

$$E_{ex}=sE_{ex0}=\frac{n_s+n}{n_s}E_{ex0} \tag{5.11}$$

式中，$s\geqslant 1$。

电机反向旋转时，励磁机电枢绕组中感应电动势的频率 f_{ex} 也大于励磁电源的频率 f_{ef} 为

$$f_{ex}=sf_{ef} \tag{5.12}$$

也随转速 n 的加大而增加，因而励磁机电枢绕组的电抗 X_{ex} 也相应加大。励磁机电枢的负载是旋转整流器和发电机励磁绕组的电阻 r_F，是和频率无关的。由三级式电机的分析可知，X_{ex} 为高阻抗，这表示励磁系统的电抗高于其等效负载电阻，因此电枢绕组的电流 I_{ex} 和发电机励磁电流 I_F 由下式确定：

$$I_{ex}=\frac{E_{ex}}{R_f+jX_{ex}}=\frac{sE_{ex0}}{R_f+jsX_{ex0}} \tag{5.13}$$

式中，R_f 为励磁回路等效电阻，X_{ex} 为励磁机电枢绕组的电抗，X_{ex0} 是 $n=0$ 时励磁机电枢绕组的电抗，此时其频率等于励磁电源的频率 f_{ef}。

图 5.14 是 E_{ex} 和（R_f+jX_{ex}）与 s 的关系曲线，E_{ex} 和 s 为线性关系，R_f+jX_{ex} 与 s 为非线性关系，但随着 s 的加大，X_{ef}/R_f 的值不断加大，两曲线逐渐趋向平行，这表示发电机励磁电流 I_F 的增长速度随 s 的加大而减慢。由此可见，这也是一个可取的交流励磁方案。

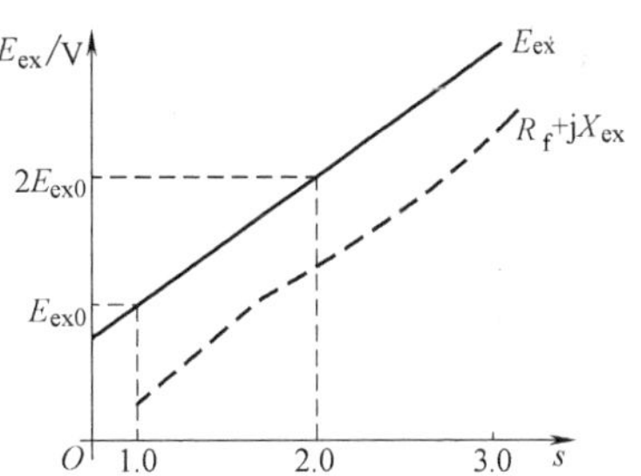

图 5.14 电机转向与励磁磁场转向相反时，电枢绕组相电势和励磁回路等效阻抗与转差之间关系

交流励磁的第三个方案是单相交流励磁。单相励磁时形成脉振磁场 F_a 见式（5.6），F_a 可分解成正转和反转旋转磁场 F_a^+ 和 F_a^-，见式（5.7）。对励磁机的三相电枢绕组 W_{ex} 来讲，F_a^+ 相当于 W_{ex} 工作于三相交流励磁时的正转方式，在电机转速达同步转速时，即 $n=n_s$ 时，W_{ex} 中的感应电动势 $E_{ex}^+=0$，E_{ex}^+ 表示正转励磁磁场在 W_{ex} 中感应相电势有效值。在 $n=n_s$ 时，对反转的励磁磁场来说，由于 $s=2$，故 $E_{ex}^-=2E_{ex0}$。此时由于 $E_{ex}^+=0$，只有 E_{ex}^- 存在，E_{ex}^- 感应电势的频率 $f_{ex}=2f_{ef}$，故其电枢电流频率也为 $2f_{ef}$。当转速 n 不等于 0 时，W_{ex} 中的电流由两个不同频率的分量构成，正转电流分量的频率为 sf_{ef}，反转电流分量的频率为（$2-s$）f_{ef}。

假设励磁电源频率为 400Hz，表 5.3 是单相交流励磁时励磁机电枢绕组感应电动势与电机转速之间关系。由于感应电势与电势频率及绕组电抗均随电机转速而变化，导致发电机励磁电流 I_F 与转速间关系较小，从而简化了起动发动机时的电机控制策略，也简化了控制电路。

表 5.3 单相交流励磁励磁机电枢绕组的电动势与转速之间关系（设励磁电源频率为 400Hz）

序号	名称	数据				
1	电机转速 n/(r/min)	0	$n_s/2$	n_s	$3n_s/2$	$2n_s$
2	转差 s(%)	1.0	0.5	0	-0.5	-1.0
3	正转磁场感应电势 E_{ex}^{+}/V	$\frac{1}{2}E_{ex0}$	$\frac{1}{4}E_{ex0}$	0	$\frac{1}{4}E_{ex0}$	$\frac{1}{2}E_{ex0}$
4	反转磁场感应电势 E_{ex}^{-}/V	$\frac{1}{2}E_{ex0}$	$\frac{3}{4}E_{ex0}$	E_{ex0}	$\frac{5}{4}E_{ex0}$	$\frac{3}{2}E_{ex0}$
5	E_{ex}^{+} 的频率 f^{+}/Hz	400	200	0	200	400
6	E_{ex}^{-} 的频率 f^{-}/Hz	400	600	800	1000	1200

注：$n_s=60f/p_{ex}$，f 为电源频率，p_{ex} 为励磁机极对数，n_s 同步转速。$n=0$，$E_{ex0}=k_{wex}W_{ex}E_{ef}/(k_{wef}W_{ef})$，不计绕组电阻和漏抗时 $E_{ef}=U_{ef}$，U_{ef} 为励磁机的励磁绕组外加电压。W_{ex} 为励磁机电枢绕组每相串联匝数，k_{wex} 为绕组系数。W_{ef} 为励磁机励磁绕组串联匝数，k_{wef} 为绕组系数，由于为集中绕组，$k_{wef}=1.0$。

5.1.4 dc/ac 三相变换器

VFSG 或 ASG 在起动航空发动机时，发电机电枢绕组由 dc/ac 变换器供电，dc/ac 变换器工作于 SVPWM 方式，以期电枢电流为三相正弦波，形成旋转磁场，与磁极磁场相互作用，形成转矩，传动航空发动机。当电枢电流的频率不断提高时，电机和发动机转速也随之提高，当发动机转速达点火转速时，发动机喷油点火，燃烧室燃烧后的高温高压空气驱动涡轮旋转，涡轮再传动发动机的压气机，压缩后的空气又进入燃烧室，使发动机转入正常工作状态，于是发动机反过来传动电机成为发电工作状态。因此，为了使电机工作于电动状态，dc/ac 变换器是不可缺少的。图 5.15a 是 dc/ac 变换器与电机电枢绕组相连的电路图，由三部分组成：dc/ac 变换器、变换器与电机间馈电线和电机。aA、bB、cC 是 dc/ac 与电机间馈电线，dc/ac 的输出经馈电线与电机的电枢绕组相连。如图 5.15b 所示，构成 dc/ac 变换器的开关管有结电容 $C_1 \sim C_6$，馈电线之间和电机绕组之间有分布电容 C_a、C_b 和 C_c，馈电线和电机绕组对地之间也有分布电容 C_{ag}、C_{bg} 和 C_{cg}。馈电线有分布电感 L_{La}、L_{Lb} 和 L_{Lc}，电机绕组有漏感 $L_{a\sigma}$、$L_{b\sigma}$ 和 $L_{c\sigma}$。dc/ac 变换器主电路也有分布电感。

21 世纪初开始商品化的 SiC 器件和 GaN 器件为宽禁带开关器件，有比硅器件更低的导通损耗、开关损耗，且耐压高，结温高，导热系数大，漏电流小，抗辐射能力强。

表 5.4 是国外学者在同样条件下用 25kW Boost 直流变换器测试 Si 和 SiC 两种器件的损耗数据，Si IGBT 为 400R12KT3 模块，SiC MOSFET 为 1200V/400A 模块，Si 二极管为快恢复二极管，SiC 二极管为 JBS 型。由表可见，开关频率 10kHz 时，SiIGBT 和 Si 二极管损耗为 1261W，而 SiC 器件损耗为 480W，开关频率 30kHz 时，

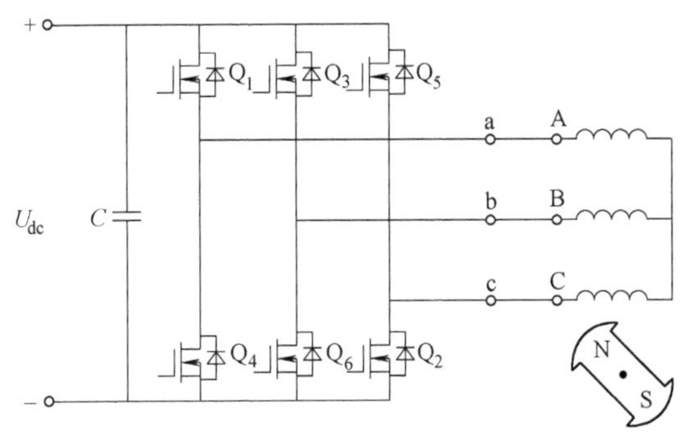

a) 电路图

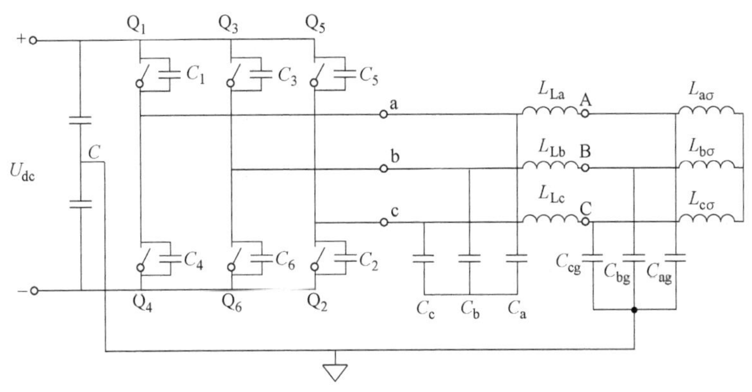

b) 开关管、馈电线和电机绕组的分布电容

图 5.15 dc/ac 变换器与电机电枢绕组的连接

Si 器件损耗为 3000W，而 SiC 器件损耗为 520W，可见 SiC 器件的高频损耗远小于 Si 器件。

表 5.4 25kW Boost 直流变换器开关频率与器件损耗

开关频率/kHz	10	20	30
IGBT 损耗/W	861	1431	2000
SiC MOSFET/W	290	315	340
Si 二极管/W	400	760	1000
SiC JBS 二极管/W	150	165	180

提高电力电子变换器的功率密度和变换效率是电力电子工作者追求的目标。应用 SiC 器件有利于提高变换器的功率密度和效率，但必须合理地使用 SiC 器件。表 5.5 是国外学者在 2010 年用 SiC MOSFET 和 JBS 二极管构成的三相 dc/ac 变换器驱动异步电动机时的测试数据。测试时电源电压为直流 600V，输出电压为 420V，调制比为 1，相电流 52.4A，$\cos\varphi=0.85$，容量 38.5kVA，开关频率 5kHz。由表可

见，芯片面积大，电流密度低，器件损耗小；工作温度低，器件损耗小。该文作者所用的 SiC MOSFET 不仅是个开关器件，同时作为同步整流的续流二极管用，故不计二极管的损耗，而 SiC JBS 二极管也没有反向恢复损耗。

表 5.5　SiC 器件的芯片面积与损耗之间关系

芯片面积 /cm^2	电流密度 /(A/cm^2)	工作温度时损耗/W		
		150℃	200℃	250℃
0.22	250	240	290	380
0.28	200	200	240	310
0.37	150	150	180	240
0.52	100	110	130	170

从表面上看，加大了芯片面积，加大了器件体积，但由于损耗的减小，散热器和散热部件的减小量远大于芯片面积的加大量，有利于提高功率密度。

由于 SiC MOSFET 的正温度系数，工作温度越高，损耗越大，对散热的要求也越大，因此降低工作温度也有利于提高变换器的功率密度和效率。由于作者用的 IEMOSFET 在 15℃时的比电阻为 $3.5m\Omega/cm^2$，250℃时为 $9.3m\Omega/cm^2$，工作结温从 200℃增加到 250℃，电流密度只增加 $2A/cm^2$。简单的提高结温不会明显提高功率密度。

高允许结温器件构成的电力电子装置在瞬时过载或冷却条件短时变坏条件下，有利于提高工作可靠性和安全性。

由此可见，第三代半导体器件的发展和它的合理使用为电力电子装置的可靠性提高、功率密度和效率的提高提供了基础元件，也为减小无源滤波电路的体积和重量创造了条件，SiC 器件的开关频率可高于 Si IGBT 器件。

在 dc/ac 变换器的输入端和输出端均应加滤波器，包括差模滤波器和共模滤波器。在 dc/ac 变换器输出端加的滤波器不仅可以使变换器与电机间的长的馈电线不用屏蔽线，还可以减小电机绕组的差模和共模电流，消除轴电流，提高轴承使用寿命，减少馈电线和电机的高频损耗。图 5.16a 是具有输出差模和共模滤波器的 dc/ac 变换器主电路。图 5.16b 是差模电感 L_d 的结构，该电感用有高饱和磁感应强度的铁粉心，电感线圈均匀分布于铁心上。图 5.16c 是有分布气隙的超微晶铁心。由于线圈中电流为 dc/ac 变换器的输出电流，视变换器容量不同，电流 i_a 的大小也不同，大容量飞机 dc/ac 变换器的电流达数百安，为了防止铁心饱和，必须在铁心上开气隙，采用分布气隙结构有利于减小铁心漏磁，以防处于铁心气隙附近的线圈高频损耗过大而烧损。超微晶铁心的优点是饱和磁感应强度高，铁心尺寸可减小。

具有滤波器的 dc/ac 变换器的输出电压和电流为正弦波，不仅降低了电磁干扰，也减少了馈电线和电机的损耗，也有利实现无转子位置传感器的航空发动机电

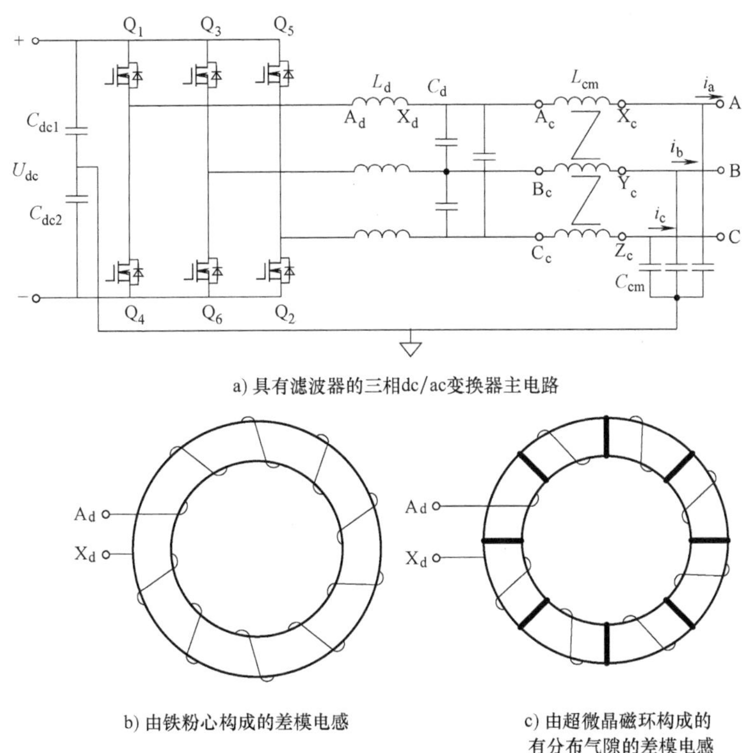

a) 具有滤波器的三相dc/ac变换器主电路

b) 由铁粉心构成的差模电感

c) 由超微晶磁环构成的有分布气隙的差模电感

图 5.16 三相具有输出滤波器的 dc/ac 变换器

起动系统。

dc/ac 变换器和数字控制器的应用，为电动机的磁场定向控制的实现打下了基础，从而提高了电动机调速系统的性能。图 5.17 是同步电动机磁场定向控制系统的框图。磁场定向控制技术的应用，提高了航空发动机电起动系统的性能，在恒转矩区可获得大的转矩电流比，在恒功率区可以加大电流 I_d 实现弱磁升速，从而免除起动发动机时控制励磁电流的大小。

发动机电起动控制系统由 dc/ac 变换器、数字控制器和将旋转变压器输出的正余弦模拟信号转为数字信号的解码芯片 DT 及电压电流检测元件等构成。数字控制器有通信口，以实现上级计算机的通信，向上级计算机报告起动过程信息和接收上级计算机的指令。速度调节器、电流调节器、电流电压信号的变换和 SVPWM 信号的形成均由数字控制器实现。

该系统为转速和电流的双闭环系统，电流闭环为内环，速度闭环为外环。有的发动机起动控制系统为单电流环节结构，电流给定信号 I_{qref} 由发动机控制器给出。

目前使用的起动发电机极对数 $p=3$ 或 $p=2$，故均为凸极结构转子，电机转矩 T 为

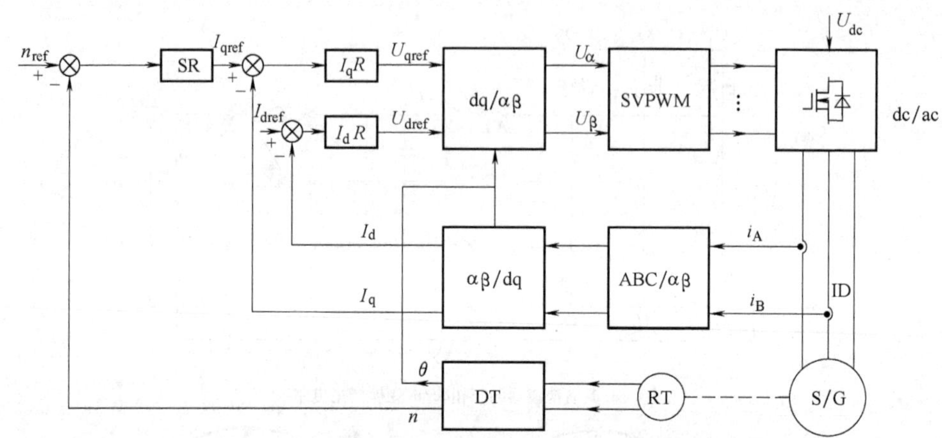

图 5.17　同步电动机磁场定向控制调速系统框图

S/G—起动发电机　dc/ac—直交变换器　U_{dc}—dc/ac 电源电压　ID—相电流检测单元
SVPWM—空间矢量调制　ABC/αβ—clark 变换　αβ/dq—Park 变换　dq/αβ—Park 反变换
SR—转速调节器　$I_{\mathrm{d}}R$—直轴电流调节器　$I_{\mathrm{q}}R$—交轴电流调节器　RT—旋转变压器
DT—数字解码器　n_{ref}—由起动控制器给出的电机转速参考信号

$$T=p[\psi_{\mathrm{f}}I_{\mathrm{q}}-(L_{\mathrm{d}}-L_{\mathrm{q}})I_{\mathrm{d}}I_{\mathrm{q}}] \tag{5.14}$$

式中，p 为电机极对数；ψ_{f} 为励磁磁链；L_{d} 为直轴电枢电感；L_{q} 为交轴电枢电感；I_{q} 为交轴电流；I_{d} 为直轴电流。

同步电机转矩由两部分构成，同步转矩 $p\Psi_{\mathrm{f}}I_{\mathrm{q}}$ 和磁阻转矩 $p\ (L_{\mathrm{d}}-L_{\mathrm{q}})\ I_{\mathrm{d}}I_{\mathrm{q}}$。为了得到电机的最大转矩电流比，即使在恒转矩区，也可有一定的 I_{d}，以让磁阻转矩和同步转矩叠加。

从 ABC 三相坐标系到 αβ 坐标系的变换称为 Clark 变换，变换时取 α 轴和 A 相轴一致。根据等功率变换原则，有

$$\begin{bmatrix} i_{\alpha} \\ i_{\beta} \\ i_0 \end{bmatrix}=\sqrt{\frac{2}{3}}\begin{bmatrix} 1 & -\frac{1}{2} & -\frac{1}{2} \\ 0 & \frac{\sqrt{3}}{2} & -\frac{\sqrt{3}}{2} \\ \frac{1}{\sqrt{2}} & \frac{1}{\sqrt{2}} & \frac{1}{\sqrt{2}} \end{bmatrix}\begin{bmatrix} i_{\mathrm{A}} \\ i_{\mathrm{B}} \\ i_{\mathrm{C}} \end{bmatrix} \tag{5.15}$$

Park 变换将定子坐标系的 αβ 转换成转子坐标系的 dq 量。

$$\begin{bmatrix} i_{\mathrm{d}} \\ i_{\mathrm{q}} \end{bmatrix}=\begin{bmatrix} \cos\theta & \sin\theta \\ -\sin\theta & \cos\theta \end{bmatrix}\begin{bmatrix} i_{\alpha} \\ i_{\beta} \end{bmatrix} \tag{5.16}$$

式中，θ 为定子坐标系 α 轴与转子坐标系的 d 轴间电角度。

Park 反变换式：

$$\begin{bmatrix} u_{\alpha} \\ u_{\beta} \end{bmatrix} = \begin{bmatrix} \cos\theta & -\sin\theta \\ \sin\theta & \cos\theta \end{bmatrix} \begin{bmatrix} u_{d} \\ u_{q} \end{bmatrix} \tag{5.17}$$

转子以角速度 ω 旋转时，$\theta=\omega t+\theta_0$，θ_0 为 α 轴与 d 轴间初相角。

由于磁场定向控制计算量大，必须加快数字信号的处理，采用快速检测元件，以减小控制延时。

5.1.5　电子式自耦变压整流器

自耦变压整流器（Auto Transformer Rectification Unit，ATRU）用于将变频或恒频交流电转为高压直流电。为了减轻重量，采用不隔离的自耦变压器和二极管三相整流器构成。B787 飞机的 150kW ATRU 是 18 脉冲整流系统，以使输入交流电流为正弦波，输出直流电压脉动较小，输入功率因数接近 1.0。由于变压器为铁心和铜绕组构成，故 ATRU 的重量较大。ATRU 的另一缺点是输出电能不能控制，电能质量较差。

若用三相 ac/dc 变换器代替 ATRU，不仅可减轻重量，而且可提高输出电压质量。ac/dc 变换器的主电路如图 5.15a 所示，和 dc/ac 变换器相同，仅输出与输入端调换。不同之处还要加直流侧的滤波器，图 5.15 中未画出直流侧滤波器。

图 5.18 是 VFSG 向 eATRU 的供电电路，eATRU 通过接触器 ATRUC 接到 235V ac Bus 电源汇流条。

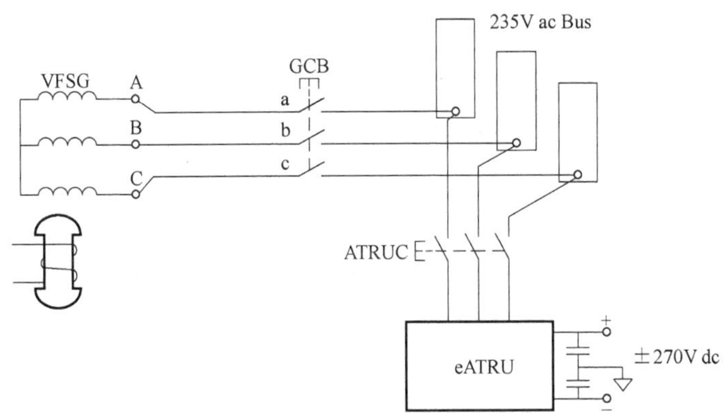

图 5.18　VFSG 和 eATRU 的电路

VFSG—变频交流起动发电机　A-a，B-b，C-c—发电机馈电线　GCB—发电机断路器

235V ac Bus—235V 交流电源汇流条　eATRU—电子式 ac/dc 变换器　ATRUC—ATRU 的接触器

eATRU 是工作于功率因数校正电路方式的三相 ac/dc 变换器，以使其输入三相电流为正弦波，且功率因数 $\cos\varphi=1.0$。其内部数字控制电路检测 eATRU 的直流输出电压，调节开关管的占空比，使输出电压不因 235V 交流汇流条电压的变化和负载电流的变化而偏离额定值。

由于 eATRU 为 ac/dc 变换器，具有双向电能变换的特性，又因它的功率很大，可以作为 VFSG 的起动变换器使用。

5.1.6 发电机的无功输出补偿

飞机发电机的负载常为阻感负载，负载功率因数 $\cos\varphi<1.0$。在同样负载电流时，低的功率因数下，为了使发电机的调节点电压达额定值，必须加大电机励磁电流，导致转子损耗加大。

表 5.6 是一台 30kVA、12000r/min 发电机的励磁数据。对于 $\cos\varphi=1.0$ 的额定负载，励磁功率比 $\cos\varphi=0.75$ 的额定负载小 92W，200%过载时则小 250W。可见补偿发电机的无功负载有利于减小转子损耗。

表 5.6 30kVA、12000r/min 发电机的励磁数据

电机负载	功率因数	励磁电流/A	励磁电压/V	励磁功率/W
额定负载	$\cos\varphi=1.0$	52	3.3	170
	$\cos\varphi=0.75$	64	4.1	262
200%过载	$\cos\varphi=1.0$	91	5.8	524
	$\cos\varphi=0.75$	110	7.0	774
空载		26	1.7	43

图 5.19a 是带有 eATRU 和负载的发电机单线图，负载和 eATRU 都接于电源汇流条上。eATRU 有汇流条电压 U_g 检测和发电机电流 I_g 的检测元件，由此可得到发电机电流的功率因数，eATRU 的一个目标是发电机的功率因数 $\cos\varphi=1.0$。

图 5.19b 是发电机接负载后的相量图，在负载功率因数为 $\cos\varphi$ 时，可将负载电流 I_L 分解为有功 I_{Lp} 和无功 I_{Lq} 两个分量，$I_{Lp}=I_L\cos\varphi$，$I_{Lq}=I_L\sin\varphi$。

若发电机有负载电流 I_L，又接上 eATRU，且 eARTU 输出直流电流 I_{dc} 时，它的交流端必有电流 I_{eap}，这是一个有功电流，因为 eATRU 工作于 PFC 方式，输入功率因数为 1.0。故此时发电机电流 I_g 为负载电流与 eATRU 输入电流之和，$\dot{I}_g=\dot{I}_L+\dot{I}_{eap}$。$|I_g|>|I_L|$，见图 5.19c。

图 5.19d 中，eARTU 在检测到 I_g 有无功分量时，输入容性电流 I_{eac}，补偿发电机的无功，使发电机功率因数 $\cos\varphi=1.0$。于是发电机仅输出有功电流 I_{gp}，$I_{gp}<I_g$。这样不仅减小了发电机的励磁损耗，同时又减小了发电机的电枢铜耗。

图 5.19e 是 eATRU 输入电流相量图，它的有功输入电流 I_{eap} 和输出直流电流成正比，无功电流 I_{eac} 补偿了发电机的无功分量，故 eATRU 的输入电流 I_{ea} 是有功电流分量 I_{eap} 和无功电流分量 I_{eac} 的合成：

$$I_{ea}=\sqrt{I_{eap}^2+I_{eac}^2} \tag{5.18}$$

eATRU 内含有数字处理器，构成电压和电流双闭环调节，电流为内环，电压

为外环，使 eATRU 的输出电压保持为额定值，并调节电流 I_{eac} 使发电机的无功电流分量 $I_{Lq}=0$。

这表明 ac/dc 变换器既可以工作于功率因数校正器（PFC）方式，也可以工作在移相器方式，成为无功补偿器。

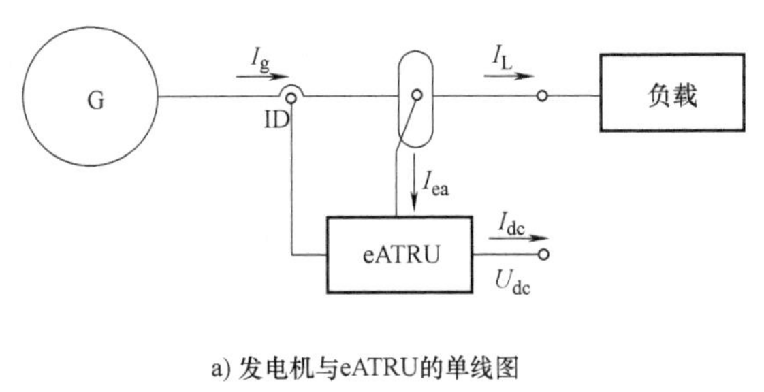

a) 发电机与eATRU的单线图

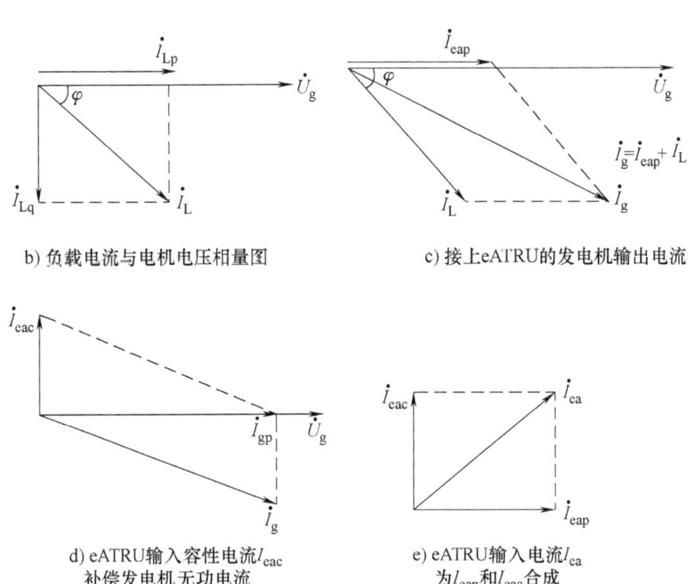

b) 负载电流与电机电压相量图　　c) 接上eATRU的发电机输出电流

d) eATRU输入容性电流I_{eac}补偿发电机无功电流　　e) eATRU输入电流I_{ea}为I_{eap}和I_{eac}合成

图 5.19　发电机无功负载的补偿

5.1.7　发电机电枢反应的补偿

eATRU 即电力电子 ac/dc 变换器是一台可四象限运行的移相器，即它的移相角可在±180°范围内变化。当移相角为 0°时，工作于 PFC 方式，$\cos\varphi=1.0$；移相角为 180°时，ac/dc 变换器成为 dc/ac 变换器，功率从直流侧转到交流侧，电机由发电机状态转为电动工作状态。当移相角在 0°~90°区间变化时，eATRU 输入感性电流，对发电机来说为去磁电枢电流；移相角在 0°~−90°区间变化时，对发电机来说为助磁电流。

图 5.20a 是发电机负载功率因数 $\cos\varphi=1.0$ 时的相量图，发电机电压 $\dot{U}$，负载

电流 $\dot{I}$。由于内功率因数角 $\psi>0$，发电机负载电流可分成 I_d 和 I_q 两个分量，$I_d=I\sin\psi$，$I_q=I\cos\psi$，I_d 形成 d 轴电枢反应磁势 $F_{ad}=F_a\sin\psi$，I_q 形成 q 轴电枢反应磁势 $F_{aq}=F_a\cos\psi$。F_{ad} 和 F_{aq} 均对电机励磁磁场去磁。

为了减小电枢反应去磁作用，电机负载电流的功率因数应变负，即使 $\dot{I}_1$ 与 $\dot{U}$ 间夹角为 $-\varphi$，如图 5.20b 所示，该图右侧的图表示为了使发电机负载电流 $\dot{I}$ 保持不变，I_1 应大于 I，即 $I_1\cos\varphi=I$。由电机的相量图可见，这时功率因数角 φ、功角 δ 和内功率因数角 ψ 间的关系为 $\delta=\psi+\varphi$，故 ψ 角与图 5.20a 中的 ψ 相比显著减小，使直轴去磁磁势 $F_{ad}=F_a\sin\psi$ 减小，这表示电机空载电动势 E 和电压将加大，为此必须适当减小励磁电流，以使电压 U 为额定值。

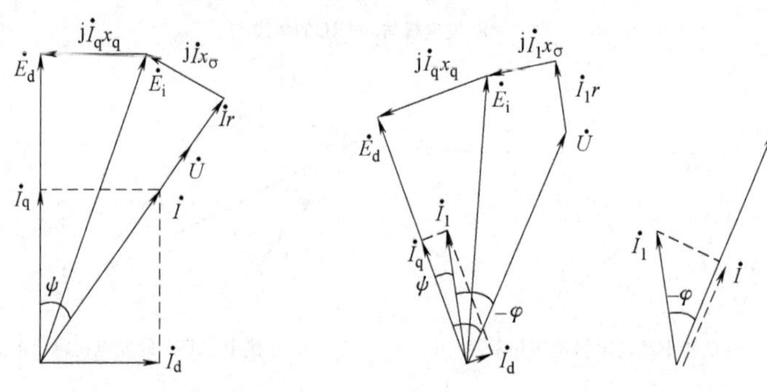

a) $\cos\varphi=1.0$的发电机相量图

b) $\cos\varphi<0$，φ角为负值时发电机相量图

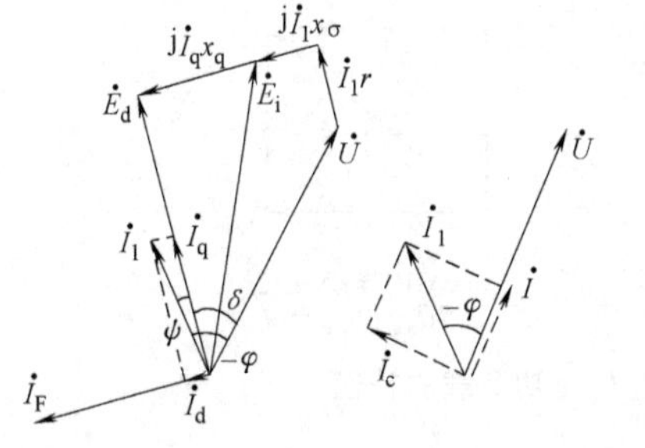

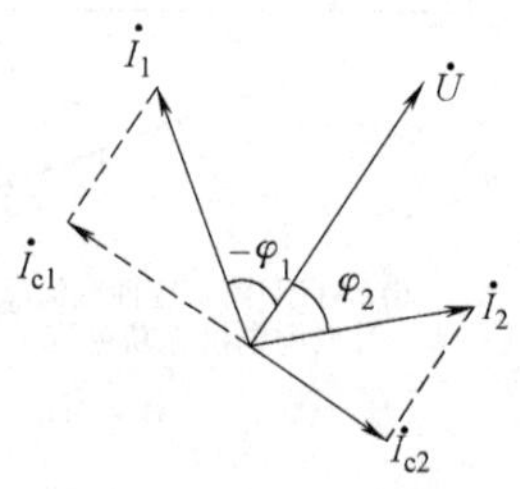

c) 交轴电枢反应和内压降的补偿

d) I_c从$-I_{c1}$向$+I_{c2}$的转换相量图

图 5.20 用相量图解释 eATRU 补偿发电机电枢反应原理

图 5.20c 为交轴电枢反应和内压降的补偿，I_d 由正转为负，I_c 为 eATRU 输入的容性电流。发电机电流相量已转到电动势 E_0 的左侧，内率因数角 ψ 变负，有 $\varphi=\psi+\delta$。这时 $I_d=I_1\sin\psi$ 方向改变，F_{ad} 由去磁转为增磁，F_{ad} 不仅可补偿 F_{aq} 的去磁作用，还可补偿电机内阻抗压降 I_1（r_1+jX_σ）。负功率因数角 φ 是借 eATRU 吸取容性电流 I_c 实现的。由该图右侧的子图可见 $\dot{I}_1=\dot{I}+\dot{I}_c$，即 $I_1=\sqrt{I^2+I_c^2}$。由图 5.20b 和图 5.20c 可见，若在某一 I_c 时，可使 $\psi=0$，即 $I_d=0$，电机直轴电枢磁

势 $F_{ad}=0$。

eATRU 内有两个闭环控制回路：一个是 eATRU 直流输出电压调节闭环，保持直流电压 $U_{dc}=\pm270V$；另一个是发电机输出电压调节闭环，检测发电机的输出电压，使三相电压的平均值保持为额定值。发电机输出电压的调节是通过 eATRU 输出电流 I_c 的大小和方向实现的。在这种情况下，发电机的励磁电流仅需保持电机空载电动势为额定值。

变频交流起动发电机在高转速发电机状态工作时要配置瞬态过电压保护器（OVTPU），以免高转速时突卸大负载或短路切除时浪涌电压过大。eATRU 移相工作时就是一台 OVTPU，图 5.20d 表示其工作情况，当 eATRU 吸取电流 I_{c1} 时，为容性电流，起增磁作用；当吸取电流 I_{c2} 时，为感性电流，起去磁作用。因此 I_c 从 $-I_{c1}$ 向 $+I_{c2}$ 转换，eATRU 给发电机从增磁转为去磁。由于 eATRU 为电力电子变换器，由 I_{c1} 变到 I_{c2} 所需时间约数个电机周期，为毫秒级，且电流 I_c 可以平滑改变，防止调节过程振荡。

这种电压调节方法有好的动态特性，与三级式电机的励磁调节有很大不同。励磁调节中有两个时间常数：一是励磁机励磁电路时间常数；二是发电机励磁回路时间常数，使电压调节过渡过程时间达几十毫秒。

由图 5.20 的发电机相量图可见，即使 $I_d=0$，$F_{ad}=0$，发电机输出电压仍受发电机漏抗 X_σ 和交轴电枢反应电抗 X_q 压降的影响，为了减少 eATRU 吸取容性电流的最大值，宜减小 X_σ 和 X_q。电枢绕组每相串联匝数 W 的二次方和 X_σ、X_q 成正比，减小 W 有助于减小 X_σ 和 X_q，也降低了绕组电阻 r。同时采用非均匀气隙，也有助于减小 X_q。非均匀气隙的应用，让发电机的空载气隙磁场正弦分布，有利于减小电枢损耗。

eATRU 通过输入容性或感性电流调节发电机输出电压，减小了对发电机励磁电流的需求，只需向发电机提供空载励磁电流。发电机励磁电流的降低也降低了励磁机、旋转整流器的功率需求，减小了三级式电机转子损耗，提高了电机工作可靠性，也有利于进一步提高电机转速，提高电机功率密度。

由此可见，电力电子装置与电机的组合，提高了起动发电系统的性能。

SiC 电力电子器件的发展，促进了电力电子装置技术性能的提高。而发展器件集成封装技术，在一个模块内封装 6 个开关器件，形成一个三相桥式 dc/ac 变换器的主电路，可进一步提高电力电子装置的可靠性，降低体积尺寸。

5.2 无刷直流发电机和起动发电机

5.2.1 无刷直流发电机的类型

有刷直流发电机是飞机上使用最早的发电机。燃气涡轮发动机的诞生，为直流起动发电机的诞生创造了条件。直到今天，有刷直流起动发电机仍在应用。由于有刷直流电机的高空性能差，工作转速不高，因而其功率密度有限，再加上使用维护不方便，将逐步退出航空领域，被无刷直流发电机或起动发电机取代。

无刷直流发电机有以下几种类型：三级式交流发电机与二极管整流桥组合成的无刷直流发电机；开关磁阻发电机；永磁直流发电机；双凸极直流发电机。

直流发电机有两种结构类型：三级式直流发电机和双凸极直流发电机均为电机与二极管整流电路的组合，输出电压通过调节励磁电流实现；开关磁阻发电机和永磁直流发电机是电机与可控 ac/dc 变换器的组合，输出电压通过调节变换器的移相角实现。由于二极管整流电路简单可靠，故第一种类型的无刷直流发电机应用更广泛。

无刷直流起动发电机和直流发电机的类型相同。三级式直流发电机和双凸极直流发电机构成起动发电机时有两种架构：一种是 dc/ac 变换器仅在电机用于起动航空发动机时才与电机联合工作，起动结束后该变换器用于驱动其他电动机，如环控系统用的电动压气机，或用于传动电动液压泵；另一种是 dc/ac 变换器与电机组合，作为电动机用时为 dc/ac 变换器驱动电机，作为发电机用时为 ac/dc 变换器，将电机的交流电转为直流电，这种架构中变换器为双向变换器。

开关磁阻发电机和永磁发电机发电工作时离不开 ac/dc 变换器，故它们做起动发电机时仅是将变换器由单向能量传递转为双向功率变换。

5.2.2 三级式直流发电机

图 5.21 是三级式直流发电机的主电路图，由三级式交流发电机与二极管三相整流滤波电路构成。

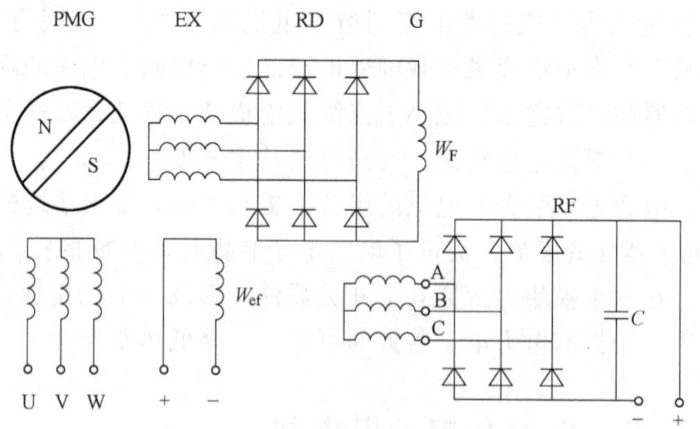

图 5.21 三级式直流发电机的主电路

PMG—永磁副励磁机 EX—励磁机 RD—旋转整流器

G—发电机 RF—整流滤波电路 C—滤波电容

表 5.7 是两种三级式电机内发电机的比较：一是 60kVA、400Hz、115/200V 恒

频交流发电机（Constant Frequency Generator，CFG）；二是270V高压直流发电机（Direct Current Generator，DCG）。交流系统电压电流参数为有效值，直流系统电压电流参数为平均值。由表可见，两额定容量相同的发电机，但所用有效材料重量差别很大，而发电效率差不多。

表5.7 60kVA（kW）两种发电机本体比较

序号	技术参数	数据	
1	电机类型	CFG	DCG
2	电机额定容量/kVA,kW	60	60
3	额定电压有效值/V	115	270
4	额定电流有效值/A	167	222
5	工作转速/(r/min)	12000	13700~25500
6	极对数	2	6
7	工作频率/Hz	400	1370~2550
8	电枢外径/mm	176	160
9	电枢内径/mm	119.5	133.4
10	铁心长度/mm	72	81.4
11	定子槽数	48	108
12	电机铁重/kg	10.42	6.71
13	电机铜重/kg	3.23	2
14	有效材料重/kg	13.65	8.71
15	效率/(%)	91.4	91.6

DCG重量较轻的一个原因是CFG的转速和极对数受频率的约束，400Hz、12000r/min的电机只能用2对极，$p=2$，同样360~800Hz的变频交流发电机（Variable Frequency Generator，VFG）在2对极时的转速为10800~24000r/min。而该DCG的转速为13700~25500r/min，比CFG和VFG稍高（VFG指最低工作转速）。它们的主要差别是极对数，CFG、VFG的p是2，DCG的p是6，在两种电机用同一铁心材料1J22时，电机气隙磁感应强度差别不大，约在1.0T上下，但每极的磁通则不同，$p=6$的电机每极磁通比$p=2$的电机小得多，因而电机定转子铁心的轭厚不同。由表可见，$p=2$的电机定子冲片外径为176mm，内径为119.5mm，冲片宽度为（176−119.5）/2=28.25mm。而$p=6$的电机冲片宽度为（160−133.4）/2=13.3mm，导致铁心重量较小。电机极对数的增多，导致定子铁心频率的升高，单位铁心的损耗加大，但因铁心重量的减小，铁耗增加不大。

CFG和VFG的功率因数$\cos\varphi$由负载决定，技术标准规定CFG的功率因数为1.0~0.75，B787 VFG的$\cos\varphi$为1.0~0.85。DCG的功率因数受二极管整流电路的约束。

表 5.8 是 120kW、12000r/min、270V DCG 的部分仿真计算数据，该电机输出直流功率 $U_{dc}I_{dc}$ 与输入三相交流容量的比 $U_{dc}I_{dc}/(3U_{ac}I_{ac})$ 在 0.9 上下。该比值是位移因数和畸变系数之积，位移因数是相电压和基波相电流相位差的余弦，即 $\cos\varphi$，畸变系数是二极管整流桥的作用使电机电流偏离正弦波导致的功率变化。DCG 功率因数的提高降低了对励磁安匝的需求，有利于降低铜重和铜耗。

表 5.8　120kW、12000r/min、270V DCG 的仿真数据

序号	技术性能	数据				
1	输出功率/kW	0	24	56.7	97.2	121.5
2	输出直流电压 U_{dc}/V	270	270	270	270	270
3	输出直流电流 I_{dc}/A	0	90	210	360	450
4	输出电压脉动峰-峰值/V	60.6	63.2	51.5	46.7	39.6
5	相电压有效值 U_a/V	116.3	119	121.8	123.9	125.4
6	相电流有效值 I_a/A	0	73	168	285	356
7	相电流峰值/A	0	100	231	386	476
8	直流励磁电流 I_F/A	52.5	58	69	87	100
9	U_{dc}/U_a	2.32	2.27	2.22	2.18	2.16
10	I_{dc}/I_a		1.23	1.25	1.26	1.26
11	$U_{dc}I_{dc}/3U_aI_a$		0.93	0.92	0.91	0.9

注：输出电压脉动较大，输出端未加滤波电容。

飞机交流发电机的输出为三相四线制，为了使相电压为正弦波，采用 120°相带绕组，这种绕组的不足是绕组系数低，如槽数 $Z=48$，极数 $Z_p=8$ 的同步电机的绕组系数 $k_w=0.801$，若该电机每相串联匝数 $W=16$，则其有效匝数为 $0.801\times16=12.8$ 匝，也就是说有 3.2 匝线圈占了铜的重量，占了电机定子铁心空间，加大了电机损耗，对相电势的贡献为 0。而 DCG 则可采用 60°相带绕组，如表 5.7 中的 60kW 电机，其绕组系数 $k_w=0.94$，绕组利用率显著提高。

DCG 极对数的增多，转速的提高，提高了电机的工作频率。CFG 的频率为 400Hz，VFG 的频率为 360~800Hz，它们的电枢绕组都可用扁铜线，以提高槽满率。例如，表 5.7 中的 60kVA CFG 电枢绕组用两根并联的 3.15×1.35mm 的扁线，某 90kVA 发电机用 3.6×3.7mm 的扁线。但是对于表 5.7 中的 DCG，由于工作频率为 1370~2550Hz，用大截面的扁线或大直径的圆线都因频率高而导致大的交流电阻，使铜损加大。表 5.9 和表 5.10 分别是表 5.7 的 DCG 使用扁线或圆线时交流电阻与直流电阻的变化情况。

对于扁导线，导线宽度和槽宽一定时，导线高度增加，导线的截面积也越大，故直流电阻越小。但不同高度的导线，交流电阻的变化不相同。对于高度为 1.0 的导线，直流电阻为 11.39mΩ，2550Hz 时，$R_{ac}=12.85\text{m}\Omega$，$R_{ac}$ 的加大量为 12.9%。对于高度为 2.0mm 的导线，2550Hz 时的 R_{ac} 比 R_{dc} 大了 2 倍。直径 2.0mm 的圆线

2550Hz 时的交流电阻是直流电阻的 332%，而 1.1mm 直径的圆线，2550Hz 时的交流电阻仅比直流电阻大 7.2%。由此可见，对于高频下使用的导线不宜选用大截面积的。

表 5.9 宽 2mm 的扁线不同高度时的交流电阻 R_{ac}

1	导线高度/mm	1.0	1.5	1.8	2.0
2	直流电阻/mΩ	11.39	7.59	6.33	5.67
3	R_{ac}(1370Hz)/mΩ	11.81	9.01	8.78	9.08
4	R_{ac}(1800Hz)/mΩ	12.11	10.0	10.56	12
5	R_{ac}(2550Hz)/mΩ	12.85	13.0	14.8	17

注：电机槽宽 2.7mm，每槽导体数 4，导线长度相同。

表 5.10 不同直径圆导线的交流电阻 R_{ac}

1	导线直径/mm	1.1	1.5	1.7	2.0
2	直流电阻/mΩ	9.97	5.36	4.17	3.02
3	R_{ac}(1370Hz)/mΩ	10.18	6.08	5.36	4.90
4	R_{ac}(1800Hz)/mΩ	10.33	6.61	6.23	6.58
5	R_{ac}(2550Hz)/mΩ	10.69	7.86	8.29	10.17

注：电机槽宽 2.1mm，每槽导体数 4（单列放置），导线长度相同。

大功率直流发电机，额定工作时电枢电流相当大，若用截面积小的导线，必须多根导线并联。有三种并联的方法：一种是导线并联；第二种是相绕组并联；第三种是既有绕组并联又有导线并联。第一种方法在多根导线并联时，由于各导线处于电枢槽的不同位置，导致交流电阻的不同，使各导线的电流不平衡，降低了铜的利用率。第二种方法由于电机结构的对称性，各并联绕组的电阻和漏阻抗相同，易实现导线间均流。表 5.7 的直流发电机槽数 $Z=108$，极对数 $p=6$，可以形成 6 条并联的相绕组，使导线并联后的总截面积为不并联的 6 倍，但这必然导致电枢元件匝数的增多，为了使每个电枢元件的匝数为 1，以减小匝间短路的几率，也有利于半闭口槽电枢元件的制造工艺的简化，故该电机采用两条导体并绕、3 组相绕组并联的布置方式。

在 60°相带电枢绕组中，基波电流不仅产生基波空间磁场，还产生 $6k\pm1$（$k=1, 2, 3\cdots$）次空间谐波磁场。又因三相输出整流桥的非线性特性，电枢电流中除基波外，还有 $6k\pm1$（$k=1, 2, 3\cdots$）次谐波电流，这些谐波电流产生的基波磁场，将以不同转速旋转，其中 5 次谐波电流产生的旋转磁场转向与电机转向相反，7 次谐波电流与电机转向相同，故在励磁和阻尼绕组中感应出 6 倍基波电流频率的电动势，导致转子损耗的加大，也导致电机电动势波形畸变加大。

采用空间差 30°电角度的两套三相绕组构成六相双星形电枢绕组有助于改善基波电流产生的谐波空间磁场，消除 5 和 7 次空间谐波磁场。该绕组还可消除 5 和 7

次谐波电流产生的空间基波磁场，降低了电机铁耗和铜损。

表5.8和表5.11是同一台电机采用二种不同绕组接线方法得到的数据，比较两表的数据差别较大的是两点：一是励磁电流；二是直流电压脉动峰峰值。双星形绕组的励磁电流均比单星形小，额定负载120kW时小了5A，这表示电机内部损耗的减小。双星形绕组的突出优点是输出电压脉动小，因为单星形为6脉波整流，双星形为12脉波整流。由于双星形电机有两套三相桥式整流器，每个整流桥的交流侧电流仅为单星形的一半，换相重叠角小，也使直流电压脉动减小。

表5.11　120kW、270V、12000r/min双星形绕组DCG的计算数据

序号	技术性能	数据				
1	输出功率/kW	0	24	56.7	97.2	121.5
2	输出直流电压 U_{dc}/V	270	270	270	270	270
3	输出直流电流 I_{dc}/A	0	90	210	360	450
4	直流电压脉动峰-峰值/V	18.7	27.7	15.1	8.3	7.3
5	1号绕组电流峰值/A	0	62.1	142	228	270
6	1号绕组电流有效值/A	0	37.6	83.5	146	181
7	2号绕组电流峰值/A	0	63.5	142	229	271
8	2号绕组电流有效值/A	0	38.7	86	145	179
9	绕组相电压 U_a/V	112	118	120.5	123.4	125
10	直流励磁电流 I_F/A	46.8	54	65.2	82.8	95
11	U_{dc}/U_a	2.41	2.3	2.24	2.19	2.16
12	$I_{dc}/(I_{a1}+I_{a2})$		1.18	1.21	1.23	1.25
13	$U_{dc}I_{dc}/(3U_a(I_{a1}+I_{a2}))$		0.9	0.9	0.9	0.9

注：I_{a1}、I_{a2} 分别为1号和2号电枢绕组相电流有效值。输出未加滤波电容。

直流发电机的输出整流滤波电路为三相桥式整流电路加电容滤波器，和旋转整流器不同，旋转整流器的负载是发电机励磁绕组，为电阻电感负载，电感使发电机励磁电流平滑。输出整流桥为电容滤波，有三种工作模态，小负载时为电流断续模态，相电流在半个周期中由两个馒头波组成。随着负载电流的加大，馒头波底宽加大，直到两馒头波合在一起，转入第二种工作模态，即两相导通和三相换相模态，在一个电源周期中正侧二极管有三次换相，负侧二极管也有三次换相。由于换相期间正侧或负侧有两个二极管同时导通，发电机相间瞬时短路，导致直流输出电压的降低，降低量称为换相重叠的电压损失，直流输出电流 I_{dc} 越大，电压损失也越大。因此在DCG中，发电机电压随负载电流加大而减小的主要原因有两个：一是电枢反应去磁作用；二是换相电压损失。电机转速越高，1s内的换相次数越多，同样负载时电压降落越大。为了使发电机输出电压为额定值，必须加大励磁电流。第三种工作模态是连续换相模态，即整流桥正侧a相向b相换相刚结束，负侧-c

到-a 的换相即开始，而当-c 向-a 换相结束时，正侧 b 向 c 的换相即开始，即整流桥处于连续三个二极管导通的状态。在第三种工作模态时，相电流趋向正弦波。

DCG 的输出整流滤波电路为三相桥式整流与电容滤波器的组合，一般不采用电感电容滤波器。*LC* 滤波器在发电机带载时均储有能量，一旦突卸负载，电感能量只能向电容释放，从而使电容电压即发电机输出电压升高，它和发电机卸载时的电压浪涌叠加，使其瞬态过压更大。而突加负载时电感又阻止发电机输出增加，使电压跌落更大。

DCG 为多极和高速工作的另一原因是减小输出滤波电容的容量，减小电容体积。

表 5.7 的 60kW DCG 最高工作转速为 25500r/min，有的 DCG 转速更高为 14350~27083r/min。在考核电机时，要求电机转速超过 20%不损坏。25500r/min 电机超速试验转速为 30600r/min，27083r/min 电机超速试验转速为 32503r/min。因此对 DCG 来讲保证电机转子结构的完整性是首要任务。一方面转速高离心力大，转子结构强度必须足够，同时转子应有好的结构稳定性，在转速从 $0\sim n_{max}$ 范围内不能出现机械谐振。同时转子的静平衡和动平衡必须高度精确，防止出现高速工作时的振动，往往振动是不可避免的，但必须限制振动加速度，因此高速电机测试时电机上必须贴有三个在空间互差 90°的振动传感器，以检测振动频率和振动加速度。大的振动进一步加大了电机壳体和转子的机械应力。必须特别关注旋转二极管的应力和温升。

飞机 DCG 目前均用 1J22 磁材，聚酰亚胺 C 级绝缘材料，采用喷油冷却，滑油同时冷却轴承，以使它有长的工作寿命。直接由航空发动机传动的 DCG 宜在电机内设滑油泵、滑油滤、安全阀等油冷部件，仅滑油散热器在电机本体外。因此，变频交流发电机和 DCG 只要是由航空发动机直接传动的都宜自带油冷设备。

5.2.3 三级式直流起动发电机

图 5.22 是三级式直流起动发电机的两种电路架构。

图 5.22a 是发电工作时用二极管整流滤波电路的 DCS/G，它的发电工作和 DCG 相同。发电机输出电压是电压调节器调节励磁机的励磁电流 I_{ef} 实现。用二极管整流桥的 DCG 必须采用软起动模式，即当电机处于发电工作时，接通发电机励磁电路继电器 GCR，永磁副励磁机输出电压加到励磁调节电路时，数字调节器应逐步加大励磁电流 I_{ef}，使发电机输出电压 U_{dc} 缓慢增长，直到等于额定电压。I_{ef} 的快速增长，必使 U_{dc} 快速增长，给电容充电，充电电流由发电机电枢绕组供给，当电压 U_{dc} 达额定值时，尽管此时电压调节器末级功率管已截止，但 I_{ef} 仍在续流，发电机电枢绕组的储能只能向电容 *C* 释放，导致 U_{dc} 超过额定值。

起动航空发动机时，dc/ac 变换器向电枢绕组供电，励磁机的励磁绕组通过单相 dc/ac 变换器提供交流电。若二极管整流桥设于电机壳体内，则该 S/G 应有 5 根

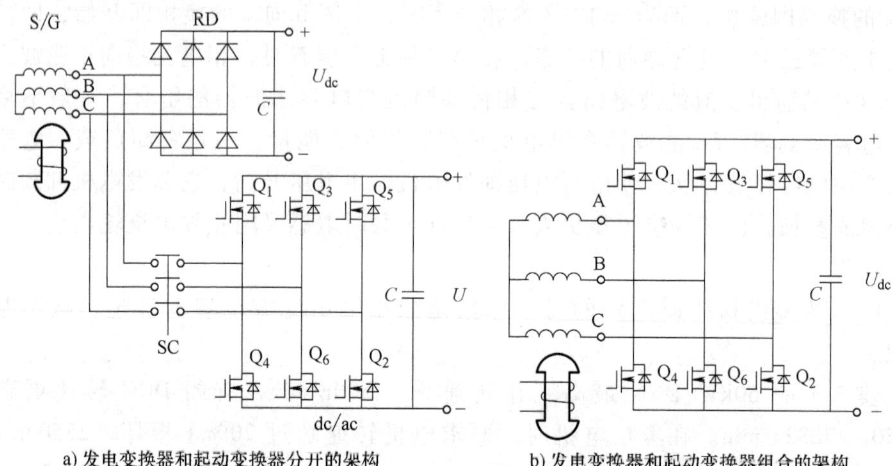

a) 发电变换器和起动变换器分开的架构　　b) 发电变换器和起动变换器组合的架构

图 5.22　三级式直流起动发电机主电路架构

馈电线，两根+-线接到发电机正负汇流条，三根交流线接 dc/ac 变换器。整流器置于电机内部的好处是直流馈电线中没有高频电流，不必使用屏蔽线。若二极管整流器置于外部，则电机到整流器的馈电线必须为屏蔽线，但 dc/ac 变换器可借用这电缆向电机供电。对于大中型飞机，馈电线的重量是必须考虑的。

图 5.22a 电路的优点是发电电路简单，工作可靠。起动发动机时才接通 SC，dc/ac 变换器向 S/G 供电。发动机起动结束后，dc/ac 变换器可向别的起动发电机供电起动别的发动机，也可向别的要求调节转速的电动机供电。

图 5.22b 是 S/G 和 dc/ac 变换器组合在一起的结构，起动工作时为 dc/ac 变换器，发电工作时为 ac/dc 变换器。该电路电动和发电电路不需切换。若变换器置于电机内部，则该 S/G 和有刷直流起动发电机一样只要有两根馈电线，且馈电线不必用屏蔽线。

图 5.22b 起动发动机工作和图 5.22a 相同。发电工作时 ac/dc 变换器有两种工作方式，第一种是功率因数校正器方式，使发电机的功率因数 $\cos\varphi=1.0$，发电机电流为正弦波。让发电机的励磁电流的大小达到电机磁路饱和状态，并保持不变，这样电机在 $n_{\min}$ 时端电压 U 达最小值，而当 $n=n_{\max}$ 时 U 达最大值 $U_{\max}$。为了使输出直流电压 U_{dc} 为额定值，ac/dc 变换器在 $n_{\min}$ 时的升压比必须大，在负载电流 I_o 为额定值时，发电机电枢电流远大于 I_o，为了防止绕组过热，电机的电枢电流必须限制在允许值。在高转速 $n=n_{\max}$ 时，由于电机电压 U 升高，ac/dc 变换器的升压比显著减小，故吸取的电枢电流相应减小，换言之，在电枢电流允许值不变时，ac/dc 变换器的输出电流 I_o 必加大。由此可见，ac/dc 变换器工作于功率因数校正器方式时，S/G 的发电状态输出功率随转速的加大而升高。发电机端电压的另一种控制方式是借助电压调节器调节励磁电流 I_{ef}，使电压不因转速和负载的变化而改变，从而使 ac/dc 变换器的输入电压与输出电压差保持恒定，使发电系统输出功率

的最大值不因转速变化而改变。由于 ac/dc 变换器工作于 $\cos\varphi=1.0$ 的 PFC 方式，发电机励磁电流的最大值小于二极管整流输出时的值，发电机损耗也小些。

ac/dc 变换器的第三种工作方式是移相工作方式。若 I_{ef} 使发电机空载电动势等于额定电压，不因转速而变，则当负载电流加大时，ac/dc 变换器吸取容性电流为电机助磁，以使输出电压 U_o 保持为额定值。ac/dc 变换器既实现 ac/dc 变换，又成为输出电压调节器，保持输出电压不变。

图 5.23 是组合式直流起动发电机发电工作移相控制框图，为电压电流双闭环控制，电压调节器 VR 用于保持 ac/dc 变换器输出直流电压 U_o 为额定值，I_dR 和 I_qR 为直轴与交轴电流调节器。电机转子位置传感器旋转变压器 RT 的输出用解码器将模拟信号转为数字信号，以实现 dq/αβ 变换及其反变换。ac/dc 变换器输出的容性或感性电流对应于图中的直轴电流 I_d 调节气隙磁场，以调节发电机相电压使 ac/dc 的输出电压 U_o 恒定。

图 5.23 未列出发电机励磁电流 I_{ef} 的调节，励磁电流 I_{ef} 是电机转速 ω 的函数，用于保持发电机空载电动势不因转速而变，为开环控制方式。

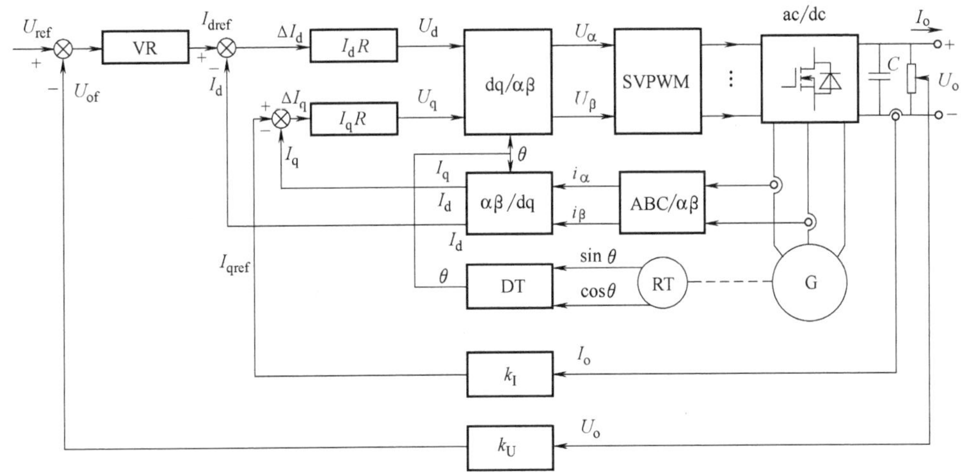

图 5.23　组合式 DCS/G 发电工作输出电压移相控制框图

G—三级式起动发电机　ac/dc—电力电子变换器　SVPWM—空间矢量调制　VR—电压调节器

I_dR—直轴电流调节器　I_qR—交轴电流调节器　RT—旋转变压器　DT—数字解码芯片

ABC/αβ—ABC 三相到 αβ 坐标系变换　αβ/dq—αβ 到 dq 坐标系变换　dq/αβ—dq 到 αβ 坐标系变换

θ—电机转子位置角，$\theta=\omega t+\theta_0$　θ_0—电机初始转子位置角　ω—电机角速度　k_I，k_U—电流电压检测系数

图 5.24 是组合式 DCS/G 发电工作时 ac/dc 变换器工作于 PFC 模式时的控制框图，也为电压和电流双闭环调节系统。IR 和 VR 分别为电流和电压调节器。电流调节器输出直接给出 PFC 的开关管占空比，调节输出电压 U_o。

ac/dc 变换器工作于 PFC 方式时，由于不对电机本体控制，电机的励磁电流 I_{ef} 必须由 GCU 中的数字调压器调节，以使发电机端电压保持恒定。

5.2.4 双通道直流起动发电机

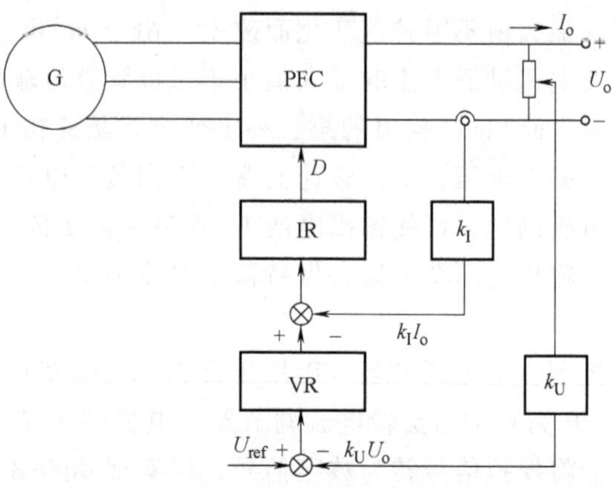

图 5.24 组合式 DCS/G 发电工作时 ac/dc 变换器工作于 PFC 模式时的控制框图

图 5.23 的 DCS/G 发电控制方式，由于电机励磁电流小，三级式电机的可靠性提高，为在一个壳体内构成两个独立发电通道的直流起动发电机创造了条件。

直流发电机数量的增多，发电系统的运行可靠性越高。又因直流发电机并联工作控制方便，多发电机并联是电源不中断供电的前提。

B787 和 A380 飞机都有 4 个主发电机通道（即由航空发动机直接传动的 VFG）和 2 个 APU 发电机通道，成为多电大型客机的标准电源配置，该配置提高了飞机电源的可靠性。由于 VFG 或 VFSG 发电工作时不能并联运行，电源转换时的供电中断不可避免。直流发电机和飞机直流电源正好避免了这个缺陷。

双通道直流发电机仍为三级式电机，由于旋转变压器、永磁副励磁机、励磁机、旋转整流器、内置滑油冷却部件和壳体端盖的共用，使双通道 DCS/G 有高的功率密度。

若简称双通道 DCG/S 为 DDCS/G，则该电机电动工作时，两个通道由两个 dc/ac 变换器同时供电，起动发动机的转矩为单电机之和。DDCS/G 发电工作时，ac/dc 变换器在移相模式下工作，用于保持本发电通道的输出电压为额定值，两发电通道可独立向负载供电，也可并联向负载供电，它们由上级计算机来调度。

图 5.25 是一种双通道 DCS/G 的电机内部电路，图中有一台旋变，一台永磁机，一台励磁机，一组旋转整流器和两套发电机定转子组件，故有两组发电机励磁绕组 W_{F1} 和 W_{F2}。

图 5.26 是发电机两个三相绕组共用定子铁心的 DDCS/G 电路。由于共用一个电枢铁心，电机结构得以简化，功率密度将高于图 5.25 的结构电机。

该共电枢铁心的 DDCS/G 电动工作时相应的两 dc/ac 变换器同时工作，输出相同的电流及其频率，使电机转矩比单绕组大一倍。

DDCS/G 发电工作时，对于图 5.25 的电路，由于每个发电通道有一套定转子组件和 ac/dc 变换器，构成一个独立发电通道，故 ac/dc 变换器工作于移相方式，控制框图如图 5.23 所示。对于图 5.26 的两套三相电枢绕组共铁心结构，由于共用铁心磁路，控制方式有三种。若两个通道并联工作，则两个通道的输出电流应相同，两通道的 ac/dc 变换器均工作于移相控制方式，其中一路通过调节移相角的差异使两路输出均流。若两个通道独立工作，则其中 1 号通道可用移相控制方式实现

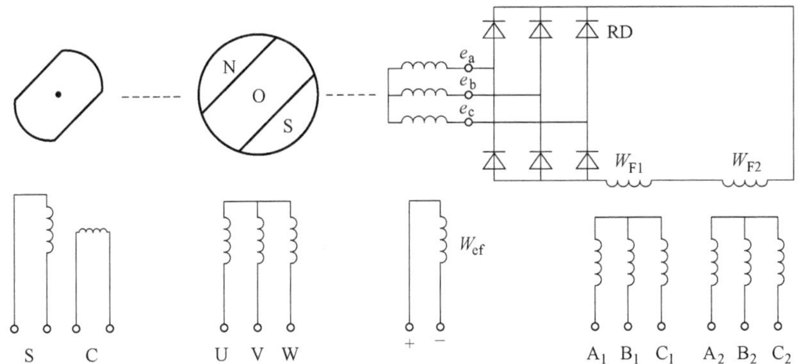

图 5.25　双通道直流发电机内部电路图

SC—磁阻式旋转变压器　UVW—永磁副励磁机

W_{ef}—励磁机的励磁绕组　$e_a e_b e_c$—励磁机的电枢绕组　RD—旋转整流器

W_{F1} $A_1B_1C_1$—1 号发电机励磁和电枢绕组　W_{F2} $A_2B_2C_2$—2 号发电机励磁和电枢绕组

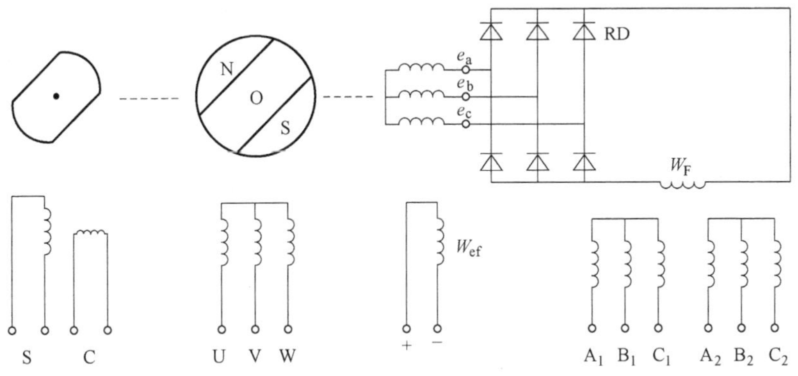

图 5.26　在同一电枢铁心上有两套独立三相绕组的双通道直流发电机

输出电压为额定电压，另一路的 ac/dc 变换器工作于 PFC 方式，保持输出电压为恒定值。另一种方法是两个 ac/dc 变换器均工作于移相控制方式，但一路的输出电压采用移相控制达到额定值，另一路则通过调节占空比达到额定电压，这时两变换器的移相角将和其负载电流大小相关。

DDCS/G 有以下特点：

1）大功率 DDCS/G 为了防止发生电机相间和匝间短路，电枢元件为 1 匝元件。

2）两套三相绕组空间上宜差 30°电角度，构成双星形绕组，但也可以不用 30°电角差的两套绕组。

3）采用不均匀气隙，减小空载磁场中的高次空间谐波，减小交轴电抗，加大磁阻转矩。

4）采用多极结构，发电机极对数取 $p=4$，5，或 6。

5）由于励磁安匝较小，电机最低工作转速高于 10000r/min。

6）ac/dc 变换器的功率器件和旋转二极管均用 SiC 器件，采用数字控制电路。

7）采用 1J22 磁材，聚酰亚胺 C 级绝缘，采用滑油散热与润滑轴承。

8）电机和变换器在一个壳体内时功率开关管、二极管和电机一起油冷散热，馈电线为直流无感母线。电机和变换器分成两个组件时，二者间的馈电线为三相电缆，变换器和电机要两套散热装置。

表 5.12 为双星形三相电枢绕组的电机参数，表 5.13 为三星形三相电枢绕组的电机参数，供参考。

表 5.12　双星形三相电枢绕组的电机参数

1	电枢槽数 Z	12	24	36	48	60	72	84	96
2	磁极对数 p	1	2	3	4	5	6	7	4
3	单三相绕组每相串联匝数	4	8	12	16	20	24	28	32 16(两条并联支路)
4	双三相绕组每相串联匝数	2	4	6	8	10	12	14	16

注：1. 60°相带绕组；
2. 电枢元件为 1 匝；
3. $Z/p=12$，两相邻电枢槽中元件相电势相位差为 30°；
4. 建议选用 $p=4$、5、6 的极对数。

表 5.13　三星形三相电枢绕组电机参数

1	电枢槽数 Z	18	36	54	72	90	108	126
2	磁极对数 p	1	2	3	4	5	6	7
3	单个三相绕组每相串联匝数	6	12	18	24	30	36	42
4	三个三相绕组每相串联匝数	2	4	6	8	10	12	14

注：1. 60°相带绕组；
2. $Z/p=18$，两相邻电枢槽中电枢元件相电势间相位差为 20°电角度；
3. 电枢元件为 1 匝；
4. 建议选用 $p=4$、5、6 的极对数。

5.3　双凸极发电机和起动发电机

5.3.1　6/4 结构双凸极电机

双凸极电机是磁阻电机中的一种类型，开关磁阻电机和步进电机均为磁阻电机。

直流电机、异步电机和同步电机的电动势 $e=BLv$，式中，B 是磁感应强度，L 是电枢导体有效长度，v 是导体运动的速度。电机旋转，加上励磁电流，电枢绕组有旋转电势 e 产生，若接上负载，电枢绕组和负载中就有电流 I，电流 I 流动，导

体上就有力 $F=BLI$，这个力 F 形成转矩 $T=FR$，R 是电机电枢内径，T 的方向是阻止发电机旋转。电机电动工作时，由外电源送入电流 I，形成转矩 T，电动机旋转，带动机械负载。

磁阻电机的工作不是依据于 $e=BLv$ 和 $F=BLI$，而是借助于定转子间的磁阻不同而工作的，因此磁阻电机定转子由硅钢片叠压而成，开关磁阻电机和双凸极电机转子上没有绕组也没有磁钢，是最简单的无电刷电机，因而工作可靠，环境适应性强且可高速工作，可构成高速发电机或起动发电机。

图 5.27a 是 6/4 结构双凸极电机的剖面图，定子有 6 个均匀分布的极 p_s，转子有 4 个均匀分布的极 p_r。取定子极弧长等于定子槽口弧长，以使转子旋转时励磁回路的磁导不随转子角度 θ 而改变。定子内有一套励磁绕组 W_f，有 6 个电枢元件 W_a、W_b、W_c，相对两定子上的电枢元件串联形成一相定子电枢绕组。

若在励磁绕组中通入直流励磁电流 I_f，励磁磁势 $F_f=I_fW_f$，W_f 为励磁绕组匝数。在 I_fW_f 作用下形成气隙磁场，有通过 a 相定子极的磁通 Φ_a，产生 a 相磁链 ψ_a，$\psi_a=W_a\Phi_a$。在 W_a 线圈中无电流时为电机空载状态，此时的磁链称为空载磁链 ψ_{a0}。相应地有 b 相的空载磁链 ψ_{b0}，还有 ψ_{c0}，如图 5.27b 所示。由图 5.27a 可见，当转子极与 a 相定子极对齐时，ψ_{a0} 达最大值 ψ_{a0max}，当转子槽与定子 a 相极对齐时，ψ_a 达最小值 ψ_{a0min}。当转子逆时针方向旋转，在转子极转入 a 相极时，ψ_{a0} 开始从 ψ_{a0min} 增大，直到 ψ_{a0max}，转子继续旋转，则 ψ_{a0} 开始从 ψ_{a0max} 减小，直至 ψ_{a0min}。a 相空载电动势 $e_{a0}=-\mathrm{d}\psi_{a0}/\mathrm{d}t$。图 5.27c 是理想 e_{a0} 的波形，这是不计漏磁和边缘磁场的理想波形。当转子从 a 相定子极转出时，另一转子极即转入 b 相定子极，ψ_{b0} 从 ψ_{b0min} 增长，到 ψ_{b0max} 后又下降到 ψ_{b0min}，故 e_{b0} 滞后于 e_{a0} 120°电角度，e_{c0} 则滞后于 e_{b0}120°电角度。由此可见，该电机电动势的相序和同步电机正相反，同步机为 abc，6/4 结构双凸极电机为 acb。

由于转子有 4 个极，每个极转过 a 相定子极就形成一个 e_{a0} 周期，故电机每转一周，e_{a0} 有 4 个周期变化。

$$f=\frac{p_r n}{60} \tag{5.19}$$

式中，f 为电动势频率（Hz）；n 为电机转速（r/min）；p_r 为转子极数。

图 5.28 是在 ψ 和 i 坐标系中，磁能 W_{fi} 和磁共能 W'_{fi}的表示法。由机电能量转换原理，机电旋转系统中的磁共能可用电流 i 与转角 θ 表示：

$$W'_{fi}(i,\theta)=\int_0^i \psi(i,\theta)\,\mathrm{d}i \tag{5.20}$$

转矩 T：

$$T=\left.\frac{\partial W'_{fi}(i,\theta)}{\partial \theta}\right|_i \tag{5.21}$$

对于线性系统

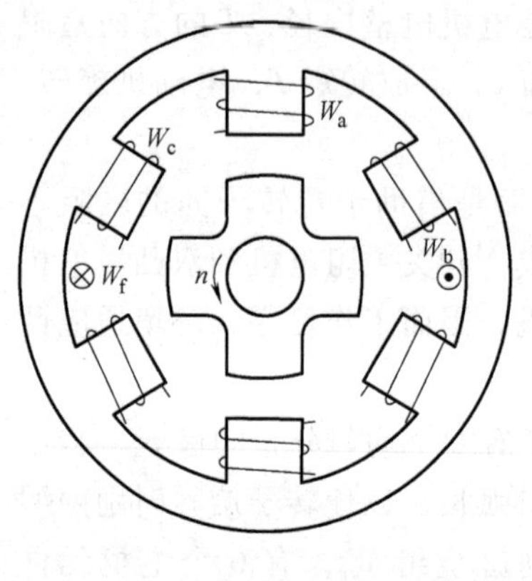

a) 电机剖面图

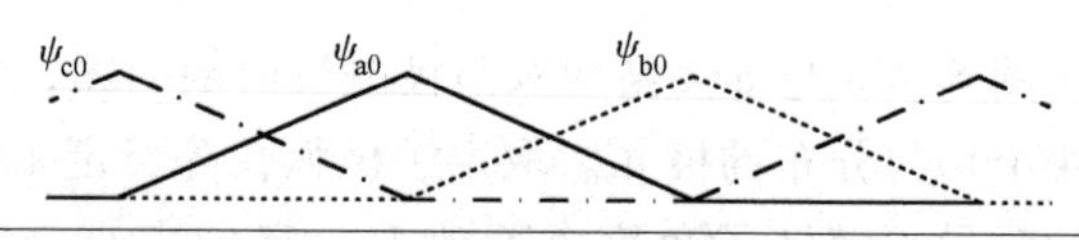

b) 相磁链波形

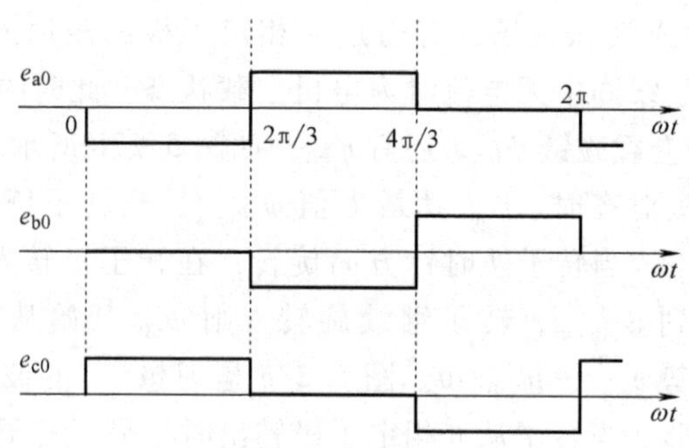

c) 理想电动势波形

图 5.27　6/4 结构双凸极电机

$$W'_{fi}=\frac{1}{2}L(\theta)\cdot i^2 \tag{5.22}$$

有

$$T=\frac{i^2}{2}\frac{\partial L(\theta)}{\partial\theta} \tag{5.23}$$

6/4 结构双凸极电机的电感有励磁绕组自感 L_f，电枢绕组自感 L_j（j=a，b，c），励磁绕组与电枢绕组间的互感 L_{fj}（j=a，b，c）和电枢绕组间互感 L_{ij}（$i\neq j$，i=a，b，c，j=a，b，c）。

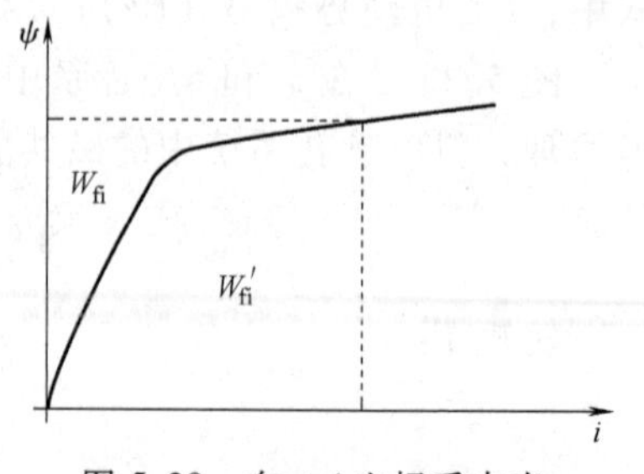

图 5.28　在 ψ-i 坐标系中表示的磁能 W_{fi} 与磁共能 W'_{fi}

电机的齿槽转矩 T_c 又称定位力矩，是励磁线圈通电流 i_f 导致。电机有 i_f 后，转子将转动到励磁绕组电感最大值 L_f（θ_{max}）的位置。齿槽转矩为

$$T_c = \frac{1}{2} i_f^2 \frac{\partial L_f(\theta)}{\partial \theta} \tag{5.24}$$

在 $\partial L_f(\theta) / \partial \theta = 0$ 处，$T_c = 0$。

磁阻转矩 T_r 是电枢绕组通电枢电流 i_a、i_b、i_c 所致，由 i_a 导致的为 a 相磁阻转矩 T_{ar}：

$$\begin{cases} T_{ar} = \frac{1}{2} i_a^2 \frac{\partial L_a(\theta)}{\partial \theta} \\ T_r = T_{ar} + T_{br} + T_{cr} \end{cases} \tag{5.25}$$

励磁转矩 T_f 是励磁电流 i_f 和电枢电流 i_a、i_b、i_c 共同作用导致的转矩：

$$\begin{cases} T_{af} = i_f i_a \frac{\partial L_{fa}(\theta)}{\partial \theta} \\ T_f = T_{af} + T_{bf} + T_{cf} \end{cases} \tag{5.26}$$

互感转矩是电枢绕组间互感变化导致的转矩 T_m：

$$\begin{cases} T_{mab} = i_a i_b \frac{\partial L_{ab}(\theta)}{\partial \theta} \\ T_m = T_{mab} + T_{mbc} + T_{mca} \end{cases} \tag{5.27}$$

开关磁阻电机通以电枢电流后形成的转矩仅磁阻转矩 T_r，它的互感很小，互感转矩可以忽略。

双凸极电机有励磁绕组和三个电枢绕组，其转矩 T 是式（5.24）~式（5.27）表示的四类转矩的合成：

$$T = T_c + T_r + T_f + T_m \tag{5.28}$$

由于 6/4 结构双凸极电机的电动势为非正弦波，双凸极电机和二极管桥式整流电路组合构成直流发电机，电路如图 5.29a 所示。

双凸极直流发电机的特性和同步电机一样有空载特性、外特性和调节特性，这三个特性是在恒定转速下测得。空载特性是空载电动势与励磁电流间关系，外特性是励磁电流一定时输出电压和输出电流间关系，调节特性是输出电压为额定值时励磁电流与输出电流间关系。

双凸极直流发电机的空载特性和同步发电机的类似，也可分成线性段、饱和段和过渡段三部分。

双凸极直流发电机输出电压 U_o：

$$U_o = E_o - I_o r_e - \Delta u_d - \Delta u_a - \Delta u_r \tag{5.29}$$

式中，E_o 为发电机空载电动势；$I_o r_e$ 为发电机内阻压降，r_e 为等效内电阻；Δu_d 为整流桥的二极管电压降；Δu_a 为发电机电枢反应导致的电压降落；Δu_r 为整流电路换相重叠的电压损失。

其中，$I_o r_e$ 和 Δu_d 的电压降占比不大，Δu_a 和 Δu_r 是导致 U_o 随 I_o 加大而下降

的主要原因。在三级式直流发电机中已经讨论过换相重叠的电压损失。因双凸极电机是磁阻电机，为了使定转子极对齐时有小的磁阻，定子极与转子槽对齐时有大的磁阻，以加大 Ψ_{0max}/Ψ_{0min} 的比值，提高空载电动势，定转子极对齐时两者间的气隙较小，从而使相绕组的电感较大，故双凸极直流发电机的换相重叠电压损失相对较大。

图 5.29b 中 Ψ_{a0} 为空载相磁链，Ψ_a 为负载相磁链。图 5.29b 的左部是转子极转入定子极时的磁链，Ψ_{a0} 随 θ 增加而加大。由楞次定律可知，此时感应电动势的方向是使其电流阻止磁链的加大，为去磁电枢反应，导致负载磁链的最大值小于空载的最大值，即 $\Psi_{amax}<\Psi_{a0max}$。而图 5.29b 的右侧是转子极转出定子极，电动势的方向是让电流阻止磁链的减小，为增磁电枢反应，从图可见，此区内的 Ψ_a 高于 Ψ_{a0}。在转子槽对应定子极的区间，电枢电流对 Ψ_{amin} 的影响很小，可忽略不计。由此可见，空载时的磁链差值 $\Delta\Psi_0>\Delta\Psi$，$\Delta\psi_0=\psi_{a0max}-\psi_{a0min}$，$\Delta\psi=\psi_{amax}-\psi_{amin}$。由于 $\Delta\Psi<\Delta\Psi_0$，使得电机电动势降低，即为电枢反应去磁作用导致的电压降 Δu_a。

由于负载磁链 Ψ_a 的变化，使相电势波形正负不对称，也使相电流 i_a 波形不对称，如图 5.29b 下面的子图所示。

电压调节器检测发电机输出直流电压，通过调节励磁电流 I_f 使端电压保持为额定值。发电机负载电流 I_o 加大，要求 I_f 相应加大。若为变速直流发电机，则在最低工作转速时电机磁路处于饱和区，励磁电流 I_f 较大。高转速时电机在磁路的线性区，I_f 较小。

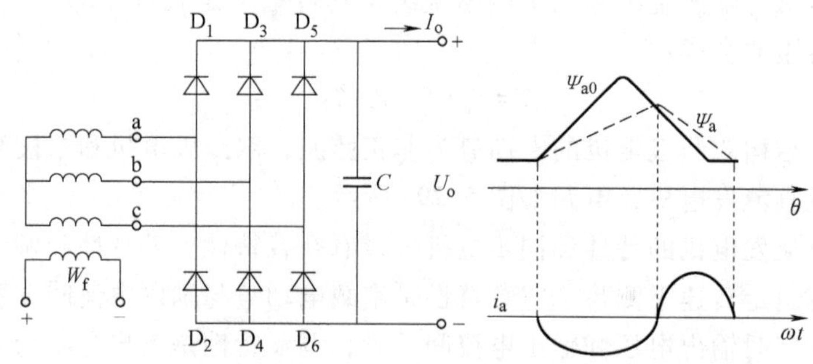

a) 双凸极直流发电机的主电路　　b) 发电机的a相电枢电流和负载磁链 Ψ_a

图 5.29　6/4 结构双凸极发电机

双凸极电机电动工作时，要有电机位置传感器 RD 和 dc/ac 变换器，如图 5.30 所示。图中开关管 $Q_1\sim Q_6$ 构成三相 dc/ac 变换器，abc 为电机电枢绕组，W_f 为励磁绕组，RD 为电机转子位置传感器，DCU 为数字控制器。该系统采用转速电流双闭环调节，转速调节器的输出为电流给定。由于相电势近似为 120°方波，故相电流也为 120°方波，使该系统不同于三级式电机电动系统，不需要坐标转换，也不必用 I_d 和 I_q 两个电流调节器。

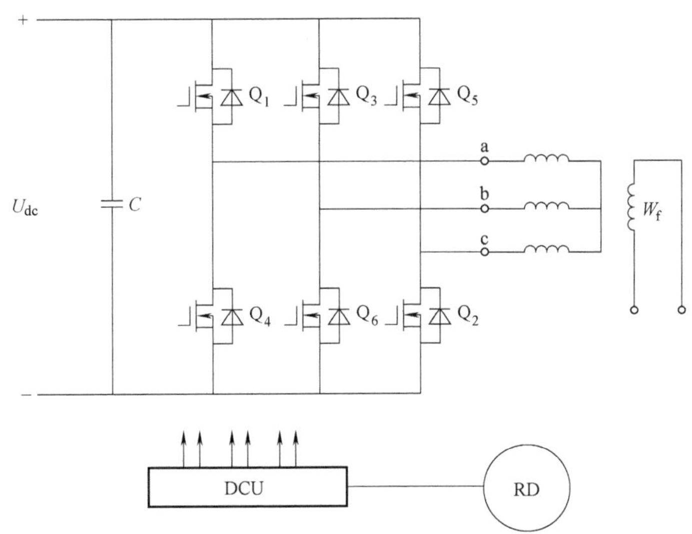

图 5.30　6/4 结构双凸极电机电动工作

图 5.31 是 6/4 结构电机电动工作原理图，图 5.31a 为三相理想电动势 e_a、e_b、e_c 波形，为 120°方波。发电工作时相电流与相电势同向，电动工作时两者反向，图 5.31b 为需要的相电流 i_a、i_b、i_c 波形。图 5.31c 是经 DCU 处理过的电机转子位置信号 RA、RB、RC。RA 信号用于驱动开关管 Q_6、Q_1，RB 信号驱动 Q_2、Q_3，RC 信号驱动 Q_4、Q_5。Q_4 和 Q_5 的导通，使电源电流经 Q_5 注入 c 相并经 a 相经 Q_4 回电源负侧，于是在 $\omega t = 0 \sim 2\pi/3$ 期间的电流如图 5.31b 所示，该电流与电动势 e_c、e_a 正好反向，电机为电动运行。实际上，Q_4、Q_5 为 PWM 工作方式，在电源电压 U_{dc} 一定时，电机转速低，电动势小，Q_5、Q_4 的占空比 D 小。加大占空比 D，使电枢绕组外加电压升高，电机转速和电动势相应升高。因此该电机是一种调压调速电动机。由图 5.31d 可见，在一个电机周期内开关管只有三个状态，称为三相三状态调速方式。

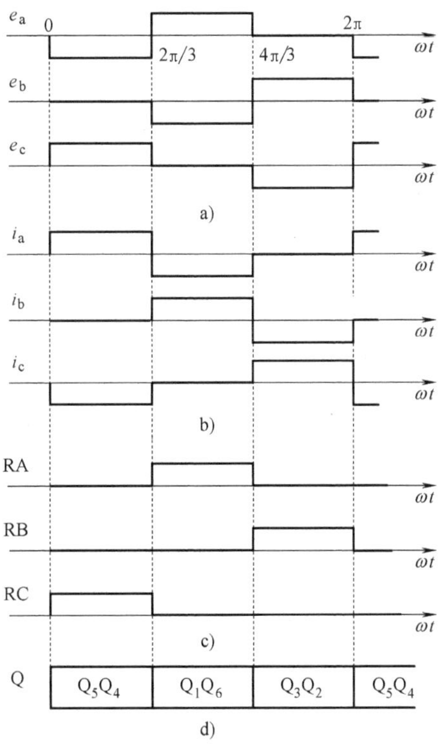

图 5.31　6/4 结构电机三相三状态电动工作原理

图 5.32 是电动工作时电流换相的分析，图 5.32a 是电动势 e_a 波形，在 0～2π/3 期间，如 $t=t_0$ 时刻 Q_5、Q_4 导通，c 相和 a 相通电，电源电流 i_{dc} 向电机供电，i_c 流入 c 相和 a 相绕组 W_c 和 W_a，如图 5.32b 所示。在 $t=t_1$ 时刻，$\omega t=2\pi/3$ 时，数字控制器 DCU 控制信号转换，Q_5、Q_4 关断，如图 5.32c 所示，电枢电流经 D_1、D_2 续流，电枢电感储能返回电源，i_a、i_c 下降，i_{dc} 反向，此时应导通 Q_1、Q_6。当续流电流 $i_a=i_c=0$ 时，Q_1、Q_6 通过电流，原 c 相向 a 相换相，原 a 相向 b 相换相完成，见图 5.32d，电源向 ab 相供电，i_{dc} 流向电机，W_a、W_b 相绕组通电。电机的换相是 DCU 提取电机转子位置信号，控制开关管关断与导通实现。

三相三状态电动工作时，随着开关管占空比的加大，电机转速升高，电动势加大，电源电压 U_{dc} 与电动势间的差值减小，即 $\Delta u=U_{dc}-e_a-e_c$ 减小［参见图 5.32b］，这表示电机从 ca 相换到 ab 相，电枢电流 i_b 和 i_a 的上升速度减小，因为 $di_a/dt=(U_{dc}-e_a-e_b)/(L_a+L_b)$，式中，$L_a$、$L_b$ 是相绕组电感。i_b、i_a 电流上升减慢，导致电流有效值减小，从而使电机转矩减小，参见式（5.25）、式（5.26）。

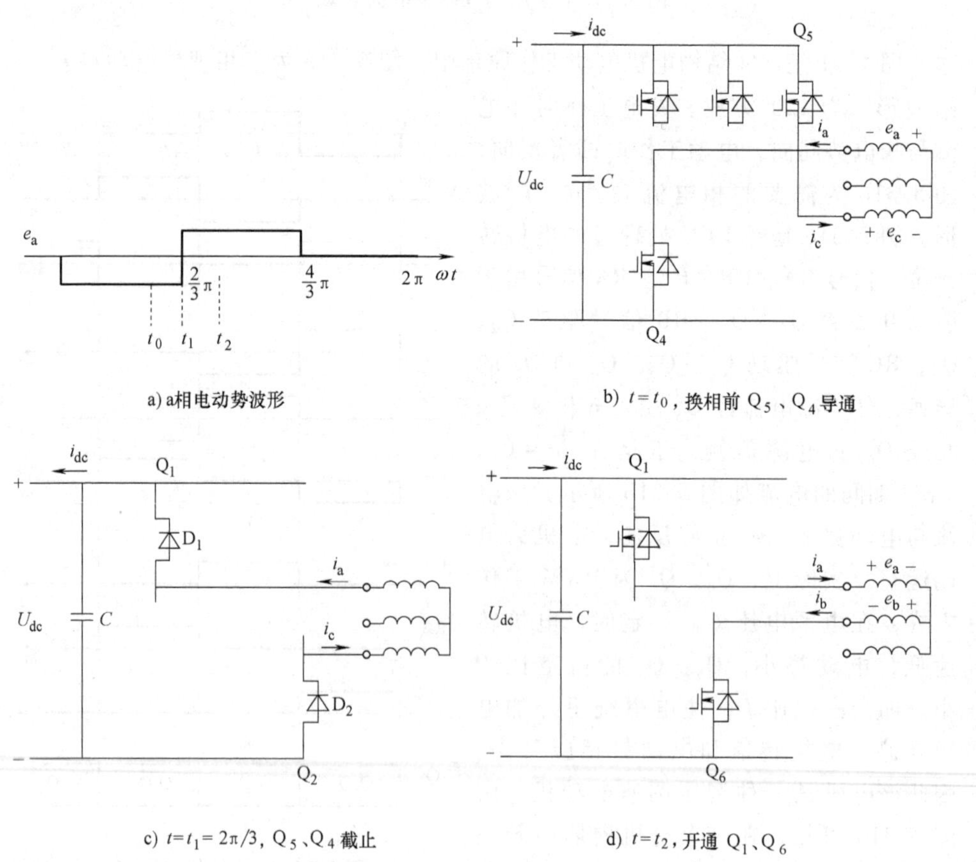

图 5.32　三相三状态工作电流换相

为了减小转矩的损失，一种方法是由三相三状态转为三相六状态控制方式，如图 5.33 所示。图 5.33a 是三相电动势波形，图 5.33b 是三相三状态开关管的开关方式，图 5.33c 是三相六状态开关管的开关方式。由图可见，六状态和三状态不同之处仅是 dc/ac 负侧开关管 Q_4、Q_6 和 Q_2 提前导通 β 角，称 β 角为移相角。

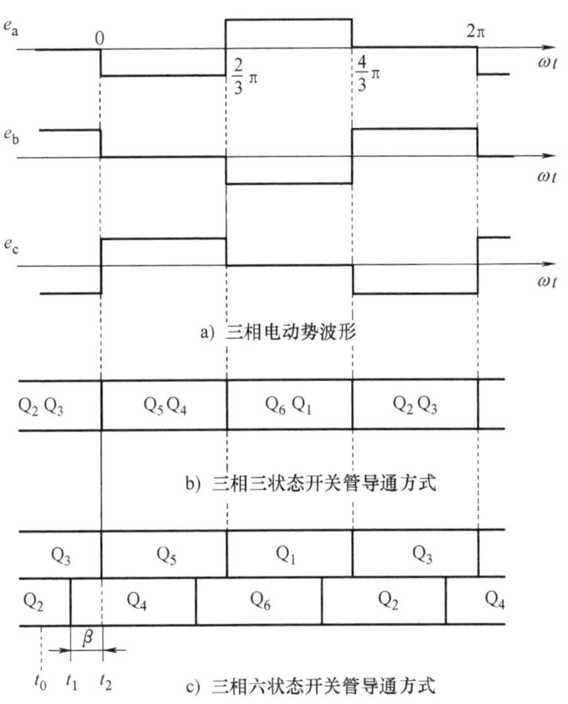

a) 三相电动势波形

b) 三相三状态开关管导通方式

c) 三相六状态开关管导通方式

图 5.33 三相电动势波形及三状态和六状态开关管导通方式

在 $t=t_0$ 时，见图 5.33c，Q_2、Q_3 导通，电流 i_b 和 i_c 通过 W_b 和 W_c 流动，电源向电机供电，参见图 5.34a。$t=t_1$ 时，Q_2 关断，Q_4 导通，D_5 续流，U_{dc} 经 Q_3、Q_4 加于 W_b 和 W_a 两端，因这时 $e_a=0$，$di_a/dt=(U_{dc}-e_b)/(L_a+L_b)$，$i_a$ 快速增长，见图 5.34b。Q_2 关断，D_5 续流，i_c 在 e_c 作用下下降。当 $i_c=0$ 时，电路拓扑如图 5.34c 所示，a 和 b 相通电，完成了 c 相向 a 相的换流。$t=t_2$，电机转子位置信号转换，Q_3 关断，Q_5 导通，D_6 续流，见图 5.34d，因 $t>t_2$ 后，e_a 由 0 转为负电动势，故 i_a 的增长减慢。当 D_6 续流结束，$i_b=0$ 后，仅 ca 相导通，这表示 b 相向 c 相换相完成。

由此可见，三相六状态工作方式时，电机的换相过程分为两个阶段，第一阶段为负侧换相，如图 5.34 所示的 a~c 为 c 相换相到 a 相；第二阶段为正侧换相，如图 5.34d、图 5.34e 中由 b 相换到 c 相。第一阶段中由于 $e_a=0$，故 i_a 得以快速增长。比较图 5.32 和图 5.34 可见，三相六状态控制时，电源电流 i_{dc} 没有出现负值。

第二种提高电动机高速转矩的方法是提前换相角 α 控制。见图 5.35，与三相

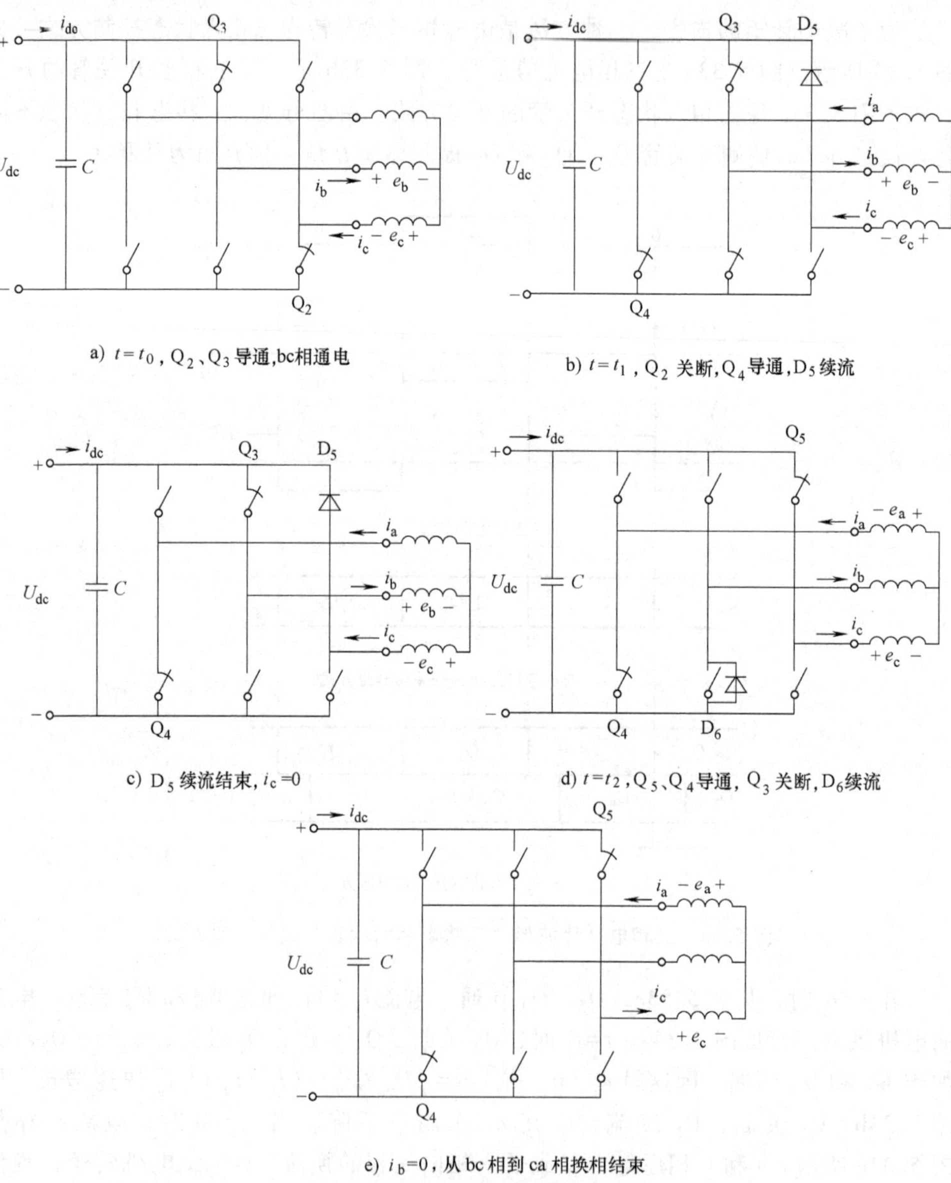

a) $t=t_0$，Q_2、Q_3 导通，bc相通电

b) $t=t_1$，Q_2 关断，Q_4 导通，D_5 续流

c) D_5 续流结束，$i_c=0$

d) $t=t_2$，Q_5、Q_4 导通，Q_3 关断，D_6 续流

e) $i_b=0$，从 bc 相到 ca 相换相结束

图 5.34　三相六状态电机的换相

三状态相比，相应开关管提前 α 开通，负侧开关管 Q_4、Q_6、Q_2 导通 120°电角度，即关断时间也提前 α，正侧开关管 Q_1、Q_3、Q_5 提前 α 开通，但和三状态相同时间关断，可见 Q_1、Q_3、Q_5 的导通角为 $120°+\alpha$。

图 5.36 是提前角 α 控制时，从 $t=t_1$ 时 Q_5、Q_4 导通、c、a 相通电到 Q_1、Q_6 导通、ab 相通电的换相过程。$t=t_1$ 时，Q_5、Q_4 开通，c、a 相通电，由于此时 e_a 为-，e_c 为+，故电流 i_a 和 i_c 与其电动势方向相反，为电动工作方式，见图 5.36a。

$t=t_2$ 时，Q_4 提前 α 关断，Q_6 开通，电流 i_a 经 D_1 续流，i_a 在 e_a 作用下下降，Q_6 导通，电流 i_b 如图 5.36b 方向增长，由于此时 $e_b=0$，故 i_b 增长速度较快。当 D_1 续流结束，$i_a=0$ 时，电路拓扑如图 5.36c 所示，完成了负侧 a 相向 b 相的转换。图 5.36d 是 $t=t_3$ 时 Q_5 关断、Q_1 通电的电路，由于此时 e_a 极性反转，i_a 增长变慢，因 Q_5 关断、D_2 续流，由于此时 $e_c=0$，故 D_2 续流时间比 D_1 长。当 $i_c=0$ 时，电路如图 5.36e 所示，Q_1、Q_6 导通，a、b 相通电。可见图 5.36d 和图 5.36e 说明电机正侧 c 相向 a 相的转换完成。

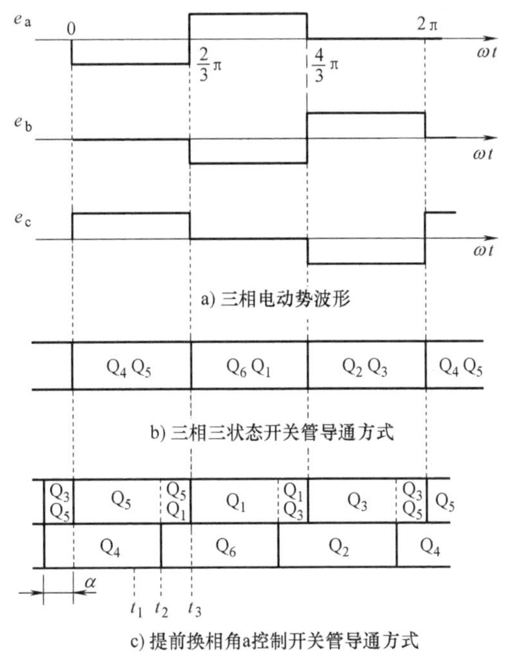

图 5.35　提前换相角 α 的控制

比较三相三状态控制、β 角移相控制和 α 角提前控制可见，后两者的换相过程都有两个阶段，即正侧换相和负侧换相不在同一时刻。而三相三状态控制却在同一时刻，从而导致正侧的一个二极管与负侧的一个二极管同时续流，电枢储能返回电源，而后二者一般不出现这种情况。由于 β 和 α 控制均在相电势为 0 的相加上电源电压，故相电流快速增长，补偿了高速时电动势较大而使相电流减小的问题，提高了高速时的电机转矩。

双凸极电机的电动工作特性常用转矩转速特性表示，如图 5.37 所示，该曲线分为两部分，$n<n_b$ 的转速为恒转矩区，$n>n_b$ 为恒功率区。在恒转矩区，电机输出功率随转速的升高而增加，表征恒转矩区特性的一个重要指标是转矩电流比，即单位电流产生的转矩。在恒功率区，希望电机输出功率不随转速增加而减小。

转矩脉动大小是电动工作的另一重要指标，6/4 结构电机的缺点是转矩脉动大。

5.3.2　12/8 和 12/10 结构电机

12/8 结构电机是两个 6/4 结构电机的组合。当电机功率较大时，电枢内径增大，6/4 结构电机极宽和轭厚加大，用硅钢片量加大，重量增加。12/8 结构由于极数增多，极宽和轭厚均可减小，有利于提高功率重量比。

图 5.38 是定子极 $p_s=12$ 的三种电机结构示意图。图 5.38a 为 12/8 结构电机，

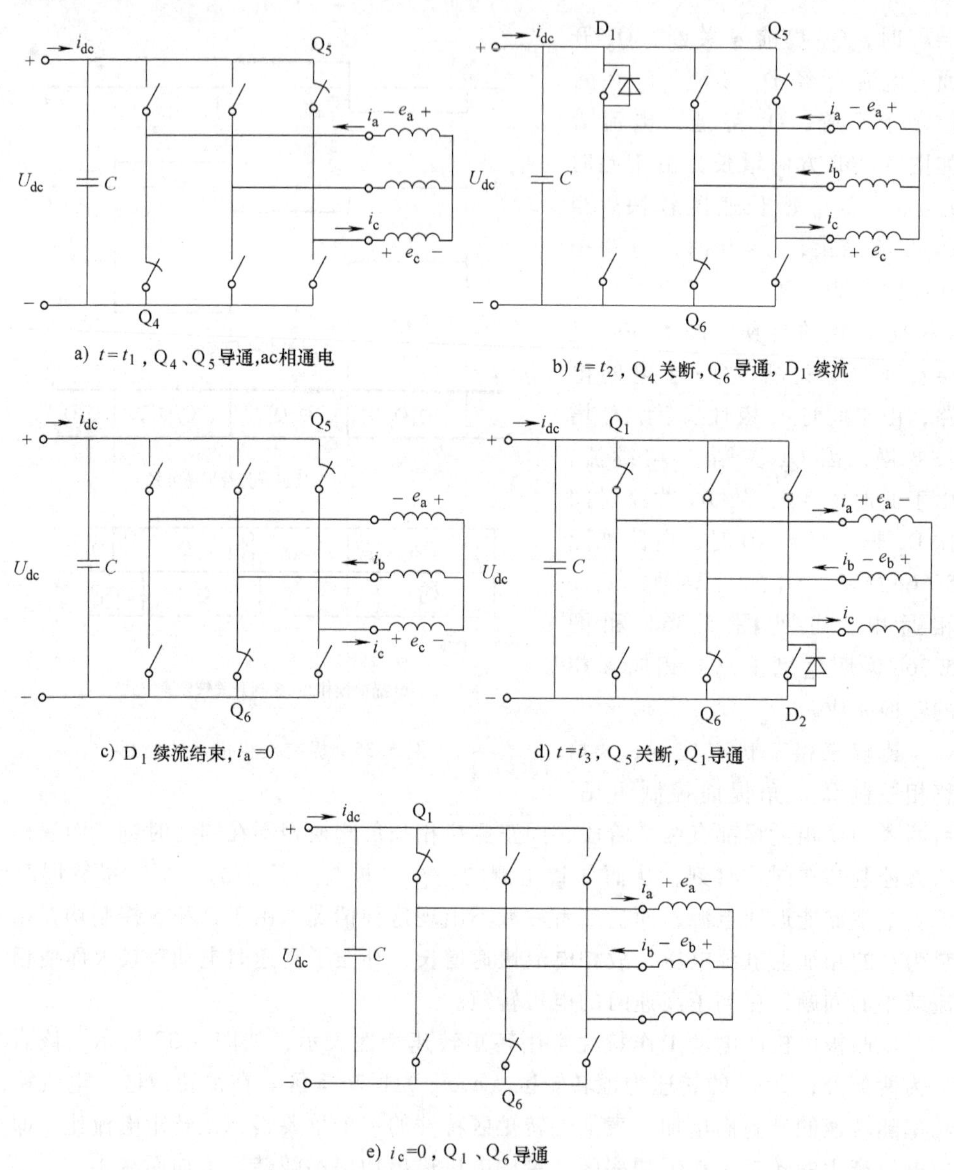

图 5.36　提前角 α 控制时的电机换相

$p_s=12$，$p_r=8$，2 个励磁元件，12 个电枢元件，图中画出 4 个 a 相电枢元件，串联构成 a 相绕组，相应地，b 相和 c 相电枢绕组也由 4 个元件串联构成。同相的 4 个元件分布差 90°角。相邻的三个定子极互相平行，从而形成大小槽。大槽中有励磁和电枢元件，小槽中仅电枢元件。

图 5.38b 是 12/8 结构的派生电机，3 个励磁元件，每个元件跨 2 个电枢槽。6 个电枢元件，每个电枢元件跨 2 个定子槽。定转子极均匀分布。

图 5.38c 是 12/10 结构的派生电机，$p_s=12$，$p_r=10$，3 个励磁元件，跨距 2 个

电机槽。图中 4 个电枢元件串联构成 a 相电枢绕组。在褚自强教授的论文中，称这种电机为变磁通磁阻电机（Variable Flux Reluctance Motor，VFRM），实际上也是双凸极电机的派生电机。VFRM 中每个定子极上有一个励磁元件，$p_s=12$，要 12 个励磁元件。图 5.38c 中减少了励磁元件数。

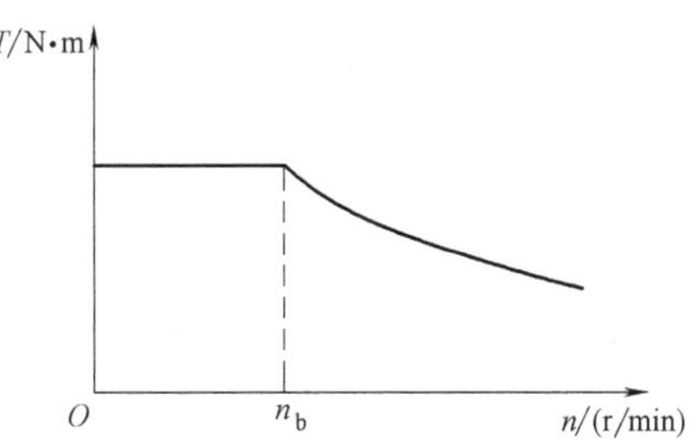

图 5.37 双凸极电动机的转矩转速特性

图 5.39a 是 12/8 电机的相电势波形，同一相的 4 个电枢元件的磁状态相同，故相电势波形和元件电动势相同，仅相电势为元件电势的 4 倍。

a) 12/8电机，励磁元件跨距3个槽　　b) 12/8派生电机，励磁元件跨距2个槽

c) 12/10派生电机，励磁元件跨距2个槽

图 5.38 12/8 和 12/10 结构电机示意图

⊗⊙—电机励磁绕组　⊃—电机 a 相电枢元件

图 5.39b 是图 5.38b 电机的相电势波形。当跨 2 个定子极的电枢元件仅对应一个转子极时，该元件电势波形和图 5.39a 相同。当该电枢元件对应两个相邻转子极

时，其中的一个定子极下转子极转出定子极，而另一定子极下转子极则转入该定子极，由于两个转子极的运动，使电枢元件电动势比一个转子极时大一倍，从而使相电势波形正负不对称。相对两对极上的电枢元件串联构成一相绕组，故每相绕组仅两个电枢元件串联。由于串联元件数减少，电枢电感和用铜量也相应减少，电枢损耗也较小。

图 5.39c 是图 5.38c 12/10 电机的相磁链和相电势波形。由图 5.38c 可见，a 相绕组的 4 个电枢元件图中所处的位置，相对两个电枢元件此刻定子极与转子极对齐，磁路磁阻最小，故其磁链达最大值，另两个电枢元件此刻正好是定子极与转子槽对齐，故磁链达最小值。前两个电枢元件的磁链如图 5.39c 中 Ψ_{a1} 所示，另两个电枢元件的磁链如图中 Ψ_{a2} 所示，故相磁链 $\Psi_a=\Psi_{a1}-\Psi_{a2}$。合成 Ψ_a 波形中消除了部分高次空间谐波，使 Ψ_a 和 e_a 接近正弦波。

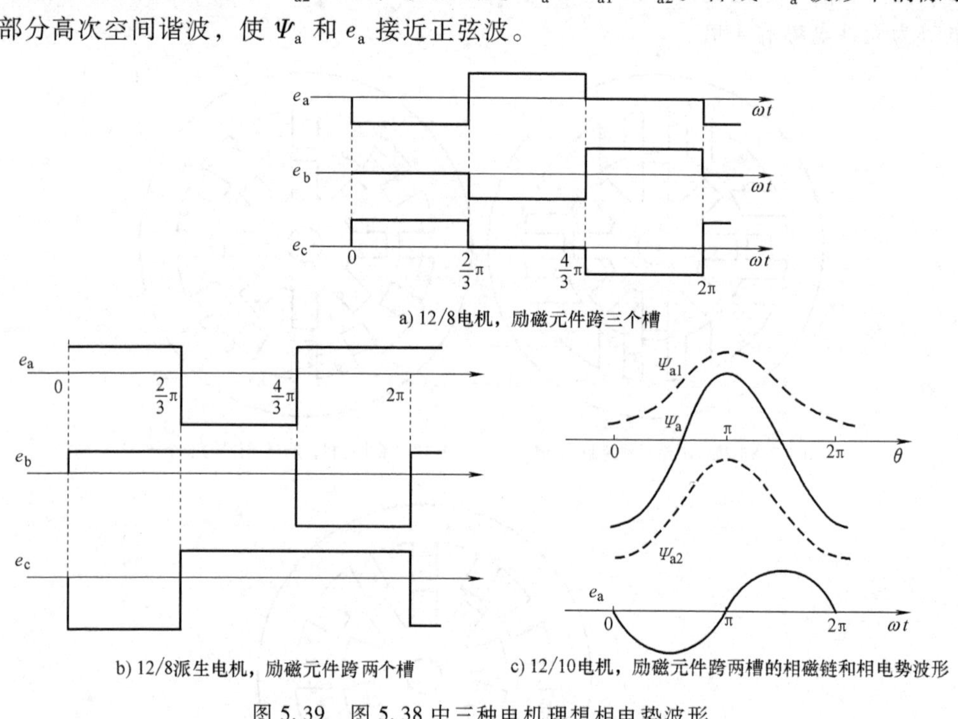

图 5.39　图 5.38 中三种电机理想相电势波形

12/10 结构使相绕组的电感 $L_j(\theta)$ (j=a，b，c) 与电机转子转角的关系减弱，从而使磁阻转矩 $T_r=\frac{1}{2}i_a^2\frac{\partial L_a(\theta)}{\partial\theta}$减小，有利于减小转矩脉动。

由于相电势波形趋于正弦，故该电机电动工作时电枢电流也宜用正弦波，dc/ac 变换器可用 SVPWM 方式，获得正弦输出电压。

5.3.3　高速双凸极起动发电机

飞机上的辅助动力装置（APU）的燃气发动机转子转速较高，有的达 50000r/min，有的达 63000r/min。现有的 APU 为了驱动发电机或起动发电机，在其输出轴后加上减速器，以使电机转速为 12000r/min 或 24000r/min。对于恒频交流发电机，齿轮箱是必需的，因为为了得到 400Hz 交流电，发电机转速只能是 12000 r/min 或 24000 r/min。对于直流发电机，就可以不用减速器，而且不用减速器也为发动机内装起动发电机创造了条件。

转速高的电机涉及很多关键问题，其中最重要的是电机转子的结构强度和结构稳定性。现有硅钢片由于强度有限，无法应用于转速 50000r/min 左右的电机中。1J22 是结构强度和磁性能均较好的材料，在高速电机中应用时定子冲片采用高温退火处理，以获得好的磁性能，转子冲片用低温退火，以获得更高的强度。由于高频磁性材料的损耗主要为涡流损耗，因此采用薄的 1J22 是很重要的。

高速电机另一个特点是电枢每相串联匝数少。如果 160kW 50000r/min 的 12/8 极结构双凸极电机，发电额定电压为直流 270V 时，每相串联匝数仅 4 匝，导致电枢电感很小，为微亨级，因而当其以电动方式工作时，低转速下电枢电流脉动相当大，导致电枢电流为断续状态。另一问题是该电机在 50000r/min 时频率在 3000Hz 以上，若 dc/ac 变换器用 PWM 控制，则其开关管的开关频率在 30kHz 以上，导致开关损耗增大。

因此，高速电动机的一种驱动电路如图 5.40 所示，驱动变换器由 dc/dc 降压式变换器与 dc/ac 变换器级联而成。Q_7、Q_8、L、C_2 构成降压式 dc/dc 变换器，$Q_1 \sim Q_6$ 构成 dc/ac 变换器，dc/dc 变换器使其输出电压 U_{C2} 和开关管 Q_7 的占空比 D 成正比：

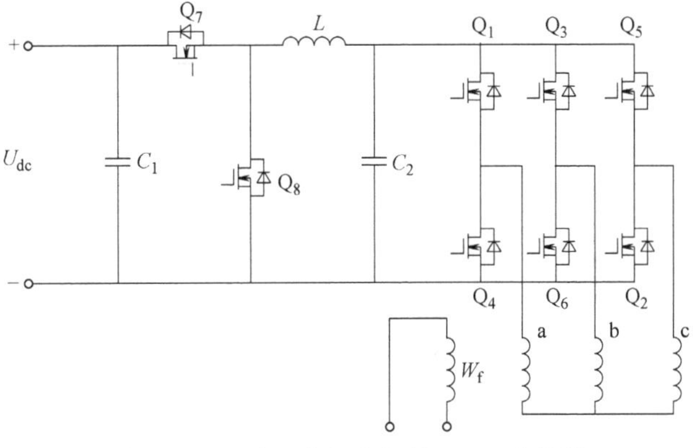

图 5.40　高速双凸极电机的 dc/ac 变换器

$$U_{C2} = DU_{dc} \quad (5.30)$$

dc/ac 变换器的开关频率 f_s 与电机转速 n 成正比：

$$f_s = \frac{np_r}{60} \tag{5.31}$$

其中，p_r 为电机转子极数。

在发动机电起动过程中，占空比 D 逐步升高，dc/ac 变换器的开关频率随转速正比升高，从而使电机实现调压调速。该电路的特点是大幅度降低了 dc/ac 变换器的开关频率，仅降压变换器的一只开关管 Q_7 处于高频 PWM 工作方式。这种方式也有利于减小电机的铁损耗。

双凸极发电机通过三相整流滤波电路输出直流电压时，由 5.3.2 节分析可见，由于电枢反应去磁作用和换相重叠电压损失，限制了它的最大输出功率。

图 5.40 的电路中 dc/ac 变换器和电机均是可逆工作的部件，可否借助可控的变换器增大发电机的输出功率？实际上借助可控 ac/dc 变换器消除换相重叠的电压损失，就可增大电机的最大输出功率。其中一种方法如图 5.41 所示。图 5.41a 是相电势 e_a、e_b、e_c 的波形，u_{g12} 为 Q_1、Q_2 的导通脉冲，u_{g34} 为 Q_3、Q_4 的导通脉冲，u_{g56} 用于驱动 Q_5、Q_6。在 $\omega t=0$ 时，e_a 为正，e_c 为负，此时用脉冲信号 u_{g12} 使开关管 Q_1 和 Q_2 开通，于是直流电容 C 的储能经 Q_1、Q_2 向 a 相和 c 相释放，a 和 c 相电流在电容电压 U_o 和 e_a、e_c 共同作用下快速增长。

$$\frac{\mathrm{d}i_a}{\mathrm{d}t}=\frac{\mathrm{d}i_c}{\mathrm{d}t}=\frac{U_o+e_a+e_c}{L_a+L_c} \tag{5.32}$$

式中，L_a、L_c 为 a 相和 c 相绕组的电感，由于此刻电机转子极刚转入 a 相定子极，

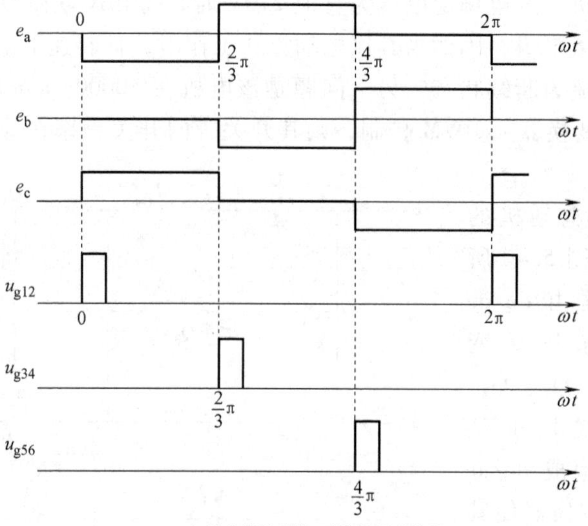

a) 相电势波形与开关管驱动信号

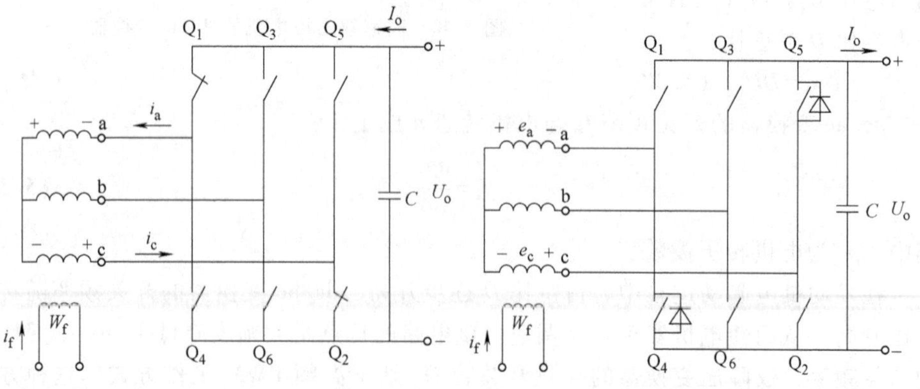

b) $\omega t=0$时，u_{g12}使Q_1、Q_2导通　　c) u_{g12}撤去时，D_4、D_5 续流

图 5.41　双凸极电机的可控发电

故 L_a 较小，c 相转子极正从定转子极对齐状态转出 c 相定子极，故 L_c 较大。大的 L_c 是导致二极管整流桥换相重叠加大、换相电压损失大的原因。在可控整流条件下，由于 U_o 的加入，使电流变化加大。由于在 Q_1、Q_2 导通期间，i_a 和 i_c 已增至足够大，故当 Q_1、Q_2 关断后，电流 i_a、i_c 即经二极管 D_4、D_5 续流输出电功率。图 5.41b 是 Q_1、Q_2 导通时 i_a、i_c 的流动路径，此时电机吸取直流能量。图 5.41c 是 D_4、D_5 续流时电机能量向直流侧释放的电路。

图 5.41a 中，$\omega t=2\pi/3$ 时，发出驱动 Q_3、Q_4 导通的脉冲信号 u_{g34}，使电流 i_a、i_b 快速增加。在 $\omega t=4\pi/3$ 时，控制器发出让 Q_5、Q_6 导通的信号，使电流 i_b、i_c 快速增加。

由此可见，可控整流电路可减小或消除二极管整流桥导致的换相重叠导致的电压损失。

可控整流时输出电压 U_o 可以通过改变驱动脉冲的时间长短来调节，负载增大，U_o 减小，增大 u_g 信号脉冲宽度，即可使输出电压回到额定值。对于二极管整流的双凸极电机，励磁电流 I_f 加大，有助于增加输出电压和输出功率。因此，在可控整流时宜采用 u_g 和 I_f 协调控制。

表 5.14 录自参考文献［58］表 4.3。表中电机测试时的转速 $n=2000\text{r/min}$，开关管导通角为 48°。由表可见，可控整流使电机输出最大功率比二极管整流大 40%以上。

表 5.14 二极管整流与可控整流双凸极电机最大输出功率的比较（$n=2000\text{r/min}$）

励磁电流/A	二极管整流发电功率/W	可控整流发电功率/W	功率变化量(%)
5	3013	5395	79
8	5783	8707	40.5
10	7178	10095	46.6

由此可见，双凸极起动发电机有两种架构：一种是组合式架构，起动和发电均由电机和可控变换器构成，如图 5.40 所示；另一种是发电时用二极管整流滤波电路，起动发动机时用 dc/ac 变换器，电路结构如图 5.42 所示。这种架构的优点是该变换器为多功能变换器。在多起发动机飞机上，同一台 dc/ac 变换器可依次起动多台发动机，发动机起动结束后还可用于驱动其他电动机。

5.3.4 发动机内装起动发电机

现有航空发动机都有附件传动机匣，机匣上装有燃油泵、液压泵、空气涡轮或燃气涡轮起动机和发电机。多个附件均要求通过齿轮传动，故附件机匣是一个复杂的齿轮箱。为了简化发动机、提高发动机工作可靠性和节省能源减少排污，最好的方法是消除齿轮箱，同时不再提取发动机的压气机压缩后的空气，成为多电发动机。多电发动机的要点是设置内装式起动发电机，使发动机除提供推力之外，还提

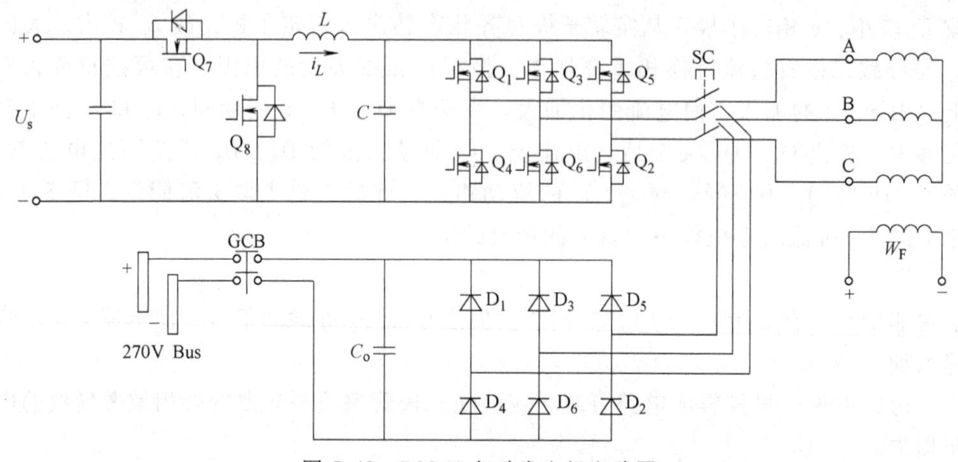

图 5.42　DSS/G 起动发电机电路图

Q_7Q_8 LC—Buck 变换器　Q_1 ~ Q_6—dc/ac 变换器　D_1 ~ D_6C_o—发电工作整流滤波

SC—起动接触器　GCB—发电机断路器　U_s—起动电源接口

ABC、W_F—双凸极起动发电机　270V Bus—270V 电源+-汇流条

供电能。

由于起动发电机和发动机组合在一起，使电机的工作条件更为恶劣，而对电机的可靠性要求更高。国外曾用开关磁阻起动发电机作为内装电机，因为开关磁阻电机的转子上没有绕组，没有磁钢，能承受高的工作温度和高的转速。由于双凸极电机的转子结构和开关磁阻电机相同，故也可成为内装式起动发电机。图 5.42 的 DSS/G 更适合做内装电机，因为它发电工作时用的是二极管整流桥，借助调励磁电流调压，不需电机转子位置传感器，工作更可靠。

内装式起动发电机用于两类航空发动机：一类是主航空发动机，用于推动飞机飞行；另一类是辅助动力装置（APU）。航空发动机由于推力大，目前最大的航空发动机单台推力已达 50t，即 500kN · m。由于推力大，相对转速较低，但也在 10000r/min 以上。由于涡轮风扇发动机大多为双转子，内转子轴为风扇轴，转速在 3000r/min 左右，外轴为燃气发生器轴，为高速轴，起动发电机是在高速轴上，不仅转速高，而且轴的直径大，这就要求电机转子的直径也相应加大，转子的机械应力和热应力更大。

辅助动力装置（APU）的功率较小，一般为几百千瓦到一千多千瓦。如 A380 飞机的 PW-980 上装有两台 120kVA、400Hz、115V 发电机，另有一个负载压气机提供高压高温气体，地面功率在 1000kW 以上。B787 飞机的 APS-5000APU 上有 2 台 225kVA 的起动发电机（ASG），发动机地面功率也是 1000kW 以上，APS-5000 没有负载压气机，只向飞机提供电能。APS-5000 的工作高度达 13000m，说明它不仅在地面或低空向飞机供电，也能在高空供电，进一步提高了飞机电源的可靠性。

APU 是小型发动机，更容易实现内装式起动发电，但由于发动机越小，工作转速越高，对电机来讲难度也更大些。

APU 的发展是多功能化，例如，F-35 飞机的 APU 既可作辅助电源用，也可作应急电源用，也可在航空发电机起动时提供起动电功率，还可以向飞机上的航空电子设备提供冷却空气。APU 的多功能化使其在飞机地面准备和飞机飞行的全过程中都发挥作用，有效地简化了飞机的机电设备。

APU 的另一发展趋势是不提取压缩空气、不用齿轮箱和不用滑油润滑，国外文献中称之为 no bleed gearless 和 oil free，这三个目标的实现将使 APU 更简单，工作更可靠，使用寿命更长，而内装 S/G 是实现此目标的关键之一。

5.4　调速电动机

5.4.1　调速电动机的类型

现代调速电动机都是电力电子变换器、数字控制器与电动机的组合，实现转速的平滑调节。

晶闸管构成的 ac/dc 变换器和有刷直流电动机调速系统是最早实现的电力电子调速电动机，由于直流电机固有的励磁和电枢磁场间 90°电角度关系，直流电机调速系统有好的动态性能，得到了广泛应用。有刷直流电机的电刷与换向器限制了直流调速系统的进一步发展。

异步电机、同步电机和 dc/ac 变换器构成的交流调速系统由于磁场定向控制理论的诞生，实现了励磁与电枢间的解耦，达到了和直流调速系统同样优良的特性，为逐步取代直流调速系统创造了条件。由于交流电机结构简单，功率密度高，人们更喜爱交流调速系统。

异步电机调速系统广泛应用于风机和泵的驱动系统，其有好的节能效果。异步电机的不足是功率因数较低，转差损耗较大，过载能力有限，优点是成本低，使用方便。

在抽水蓄能的电站中，用电负荷较低时同步发电机作为电动机用，将水输送至高处水库，负荷加大后转为发电机工作，将电能馈向电网。该同步电机大多和 5.1 节讨论的无刷同步电机相同，为三级式电机。电动工作时与 dc/ac 变换器联合工作，发电运行时直接送出三相正弦交流电。

稀土永磁材料的诞生，开创了新的同步电机，即稀土永磁电机。由于稀土永磁的剩磁感应强度在 1.0T 上下，又有大的矫顽力（数百安/毫米），因而稀土永磁电机有功率密度高和效率高的特点。与 dc/ac 变换器的组合形成优良的调速系统，也可构成伺服电动机，在精密机床、机器人和航空航天中广泛应用。

开关磁阻电机和双凸极电机也可构成调速系统，由于磁阻电机转子结构简单，环境适应性好，更多地用于环境恶劣的条件下。

调速电动机分为两类：驱动电机和伺服电机。电动风机、电动水泵、电动汽车的动力电机均为驱动用电动机。伺服电机是控制系统中应用的电机。

与驱动电机的不同点是：伺服电机必须能四象限运行，如图 5.43 所示，既能正转电动工作，也可反转电动工作，从正转电动到正转制动达 0 转速时又能平滑转入反转电动，或从反转电动到反转制动进入正转电动。

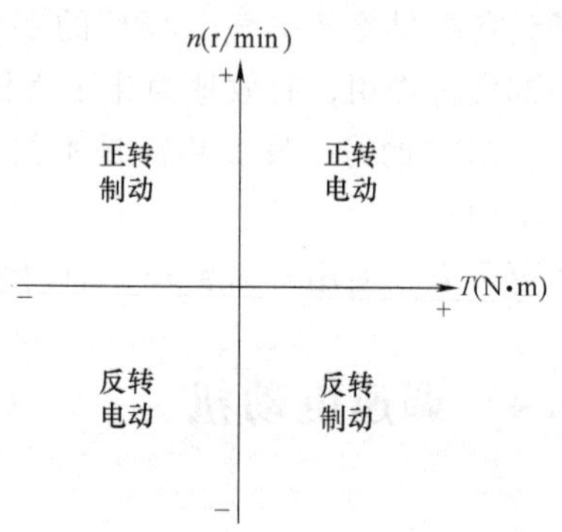

图 5.43　调速电动机的四象限运行

伺服电机的第二个特点是快速性，如电枢电流从 0 到额定值的时间不应大于 1ms，转速从 -2000r/min 到 +2000r/min 的时间在 20ms 以内。电流与转速的快速变化保证了电机动态响应的快速性。

伺服电机的第三个特点是精确性。伺服电机有两类：速度伺服系统和位置伺服系统。典型的速度伺服系统是火炮与瞄准具跟踪移动目标，当瞄准具锁定目标后，火炮必须达到能击中目标的位置。数控机床刀具的进给控制是典型的精密位置伺服系统，以达到高的加工精度。而且刀具前进时绝不宜超调。

伺服电机第四个特点是有宽的调速范围，它的最高工作转速 n_{max} 与最低工作转速 n_{min} 之比在 10000 以上，具有优良的低速工作特性，小的转矩脉动。

5.4.2　调速电机在飞机上的应用

现代飞机和直升机发展的两个方向是：一是多电飞机和多电直升机；二是飞机和直升机的电驱动。

多电飞机的特征是：用电能代替集中式液压能源，用电能代替提取航空发动机压气机压缩后的空气。现代飞机的液压能用于操纵飞机的舵面、收放起落架和开闭舱门，液压能源通过液压作动机构或液压马达转为机械运动操纵飞机部件。用电能代替集中式液压能，一是要加大飞机电源的容量，加大电源可靠性；二是要有电动机驱动飞机部件。用于代替液压作动机构的电动机构有两种典型结构：一是机电作动机构（EMA）；二是电液作动机构（EHA）。

图 5.44a 为机电作动机构（EMA），由电力电子变换器、永磁电动机、齿轮减速器、螺旋输出机构和直线位移传感器（LVDT）等构成。当供电电源为 360～800Hz 变频交流电源时，电力电子变换器为 ac/dc 和 dc/ac 变换器构成的背靠背双向 ac/ac 变换器，或 ac/ac 矩阵变换器。当由直流电源供电时，该电力电子变换器为 dc/ac 双向变换器。变换器和电动机构成伺服电机，经减速后通过螺旋作动器转为直线运动。LVDT 将作动器的位移信号反馈到作动器控制电子装置 ACE，当反馈信号与飞机电传操纵系统来的信号平衡时，ACE 输出为 0，电动机停转，作动器定

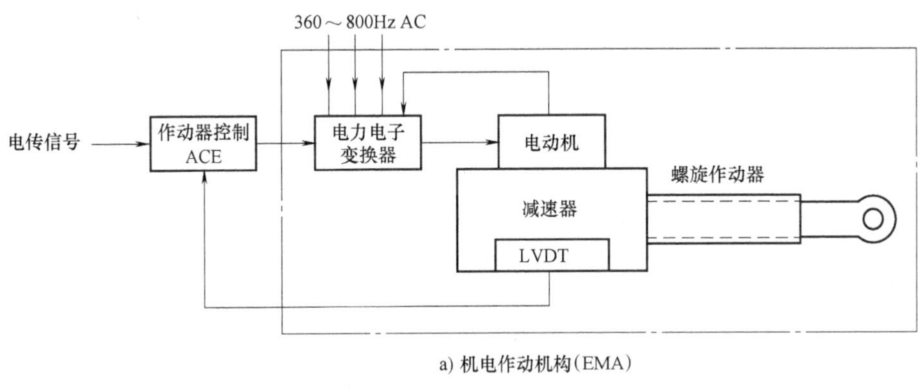

a) 机电作动机构(EMA)

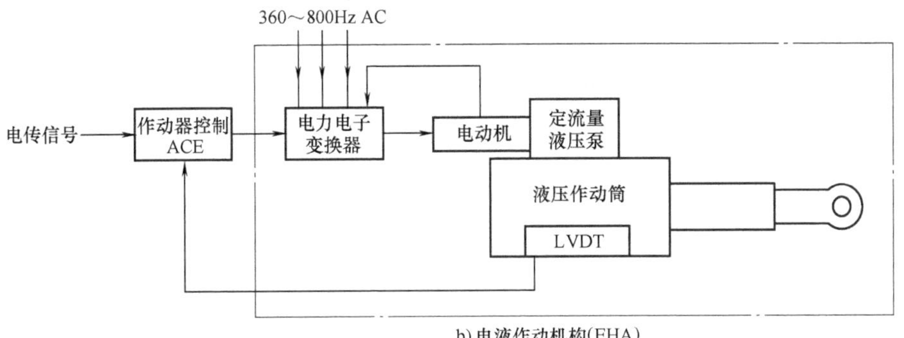

b) 电液作动机构(EHA)

图 5.44　机电作动机构（EMA）和电液作动机构（EHA）

LVDT—直线位移传感器　ACE—作动机构控制器　360～800Hz AC—飞机变频交流电源

位于 AEC 给定的位置。

EMA 的不足是有齿轮减速器和螺旋作动器，不宜长期连续工作。EHA 用定流量的柱塞式液压泵和液压作动器代替齿轮机构与螺旋作动器。由于液压油的润滑作用，使 EHA 可长期连续工作。

EMA 一般仅用于舱门、起落架等不需频繁操作的机械。EHA 用于飞机舵面等需要不断控制的场合。

从发动机提取的压缩空气主要有两个用途：一是向飞机环境控制系统提供高压高温气体；二是向飞机机翼供气，防止机翼结冰。在多电飞机中，机翼防冰改为电加温，环境控制系统的高压和高温空气由电动压气机提供。由于电动压气机是调速电动机和压气机的组合，所需高压气体可按需要供给。要求供气多、温度压力高，可提高电机转速，反之则减小转速，因此采用电动压气机大幅度提高了燃油利用率，使 B787 飞机成为节能大型客机。该飞机用的电动压气机最大功率达 110kW，电机转速可在 21000～45000r/min 范围内变化，成为一台典型的高速驱动电机。B787 向燃油箱提供氮气的氮气发生器电机最高转速达 80000r/min。这是高速驱动电动机的应用。

飞机环境控制系统中有大量电动风扇，为了调节风量，也用调速电动机。B787 的电动液压泵也用调速驱动电机。它们的转速大多在 10000r/min 以内，为中速驱动电机。B787 中的由变频电源供电的异步电动机大多为风扇电机和泵电机，在直流电源的飞机中，这类电动机也必须改为调速电动机，直流电源通过 dc/ac 变换器向电机供电。

飞机和发动机中有大量阀门。阀门有两种：开通/关闭双位阀门和可调阀门。开通/关闭式阀门大多用电磁铁驱动。可调阀门则由电机驱动，控制电机转角也即控制了阀门打开程度。

电动飞机和直升机与电动汽车一样因没有污染物排放而处于不断发展中。电动飞机的核心是两个：一是电能存储设备，既要有大的功率密度，又要有高的储能密度，还要有长的使用寿命；二是电动螺旋桨、电动风扇或电动旋翼。和电动汽车的驱动电机相比，电动飞机电机的功率密度和效率应更高。例如，国外正在研制的一种电动机主要技术指标如表 5.15 所示。电力电子变换器与电机的组合，可进一步降低重量和提高总体效率，两者的组合可以大幅度减短变换器与电机间的馈电线，可以共用冷却系统。为了实现两者集成，首要的是实现 SiC 或 GaN 功率器件的集成，降低功率模块的体积重量，减小功率模块的分布电感与分布电容，改善模块的散热条件。目前电动飞机的驱动电机大多为稀土永磁电机，而高温超导电机也正在发展之中。

表 5.15 电动飞机电动机主要技术指标

序号	技术指标	数值	序号	技术指标	数值
1	额定功率/MW	1	4	额定转速/(r/min)	15000
2	效率(%)	93.4	5	直流电源电压/V	±500
3	功率密度/(kW/kg)	15	6	冷却方式	风冷

5.4.3 稀土永磁伺服电动机

稀土永磁电机的永磁材料有两种：一是钐钴永磁；二是钕铁硼永磁。前者居里点高，磁性能受温度的影响小，但磁能积较低。钕铁硼永磁的磁能积更高，但居里点较低，磁性能随温度的变化较大。

稀土永磁电机的定子绕组有两种：分布式电枢绕组和集中式电枢绕组。分布式电枢绕组和交流发电机的电枢绕组类似，采用 60°相带双层绕组，当每相串联匝数为 W 时，有效匝数为 $k_w W$，k_w 为绕组系数，是分布系数、短矩系数和斜槽系数之积。为了减少齿槽转矩，分布绕组电机铁心均用斜槽。集中式电枢绕组永磁电机结构示意图如图 5.45 所示，定子上有 12 个极，每个极上一个电枢元件，互差 90°角的四个极上的电枢元件串联构成一相绕组，每相串联匝数为 W 时，集中绕组的绕组系数 k_w 为分布系数和斜槽系数之积。

稀土永磁电机的转子有两种基本类型：表贴结构和内置磁钢结构。表贴结构的磁钢贴于转子磁轭的表面，内置结构磁钢在转子冲片内部，如图 5.46 所示。

图 5.45　集中电枢绕组永磁电机结构示意图例

注：转子极数 10（磁钢外有保护套）；定子槽数 12；每相串联元件数 4。

图 5.46a 是表贴转子结构示意图，图中的八块瓦片形磁钢均匀分布于导磁环的外表面，磁钢外有保护套。磁钢充磁方向依次改变，形成四对极永磁转子。由于磁钢为平行充磁或径向充磁，故其形成的气隙磁场为礼帽形。表贴转子的另一种磁钢形状为中间厚两边薄的条形，形成不均匀的电机气隙，使气隙磁场接近正弦分布。图 5.47 是第三种表贴转子，称为 Halbach 磁环，为 Halbach 先生提出。图中有十六块相同形状的磁钢，但充磁方向不同。图中的充磁方式形成外磁场，磁环内部的磁场几乎为 0，这是 Halbach 磁环的自屏蔽特性。该磁环的另一特性是外磁场的正弦分布和其气隙磁场的最大磁感应大于瓦片形转子磁场。图中 16 块磁钢形成二对极转子。Halbach 磁环也可形成内磁场，构成外转子永磁电机，也可构成轴向磁场，构成轴向结构永磁电机。

图 5.46b 为内置磁钢永磁转子，环形转子由硅钢片冲压后叠成，由于冲片内有元宝形气隙，在气隙中部可放入矩形磁钢。图中 8 块磁钢形成四对极永磁转子。

稀土永磁材料的另一特点是其导磁系数接近空气导磁系数，故表贴转子的 d 轴磁阻和 q 轴磁阻相同，且相当大，导致电枢反应去磁作用很弱。

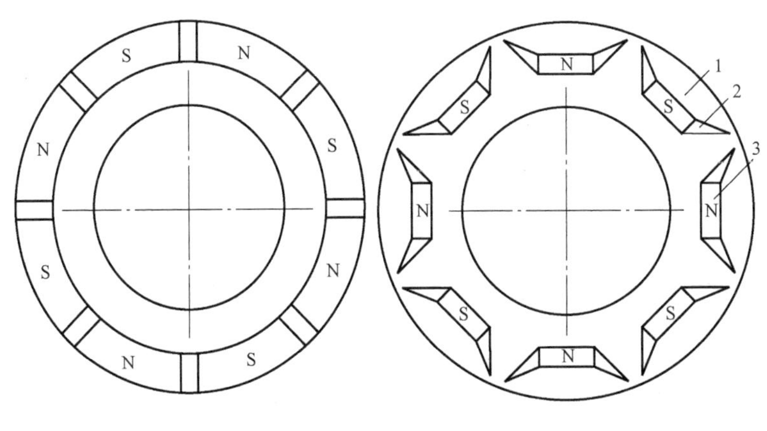

a) 表贴转子　　　　b) 磁钢内置转子

图 5.46　永磁电机的转子结构

1—由硅钢片叠成的转子铁心　2—冲片截去部分　3—条形磁钢

图 5. 46b 的内置磁钢转子 d 轴磁阻大，q 轴磁阻小，和凸极结构同步电机的特性正相反。合理的冲片结构，内置磁钢转子的气隙磁场可为正弦分布。

礼帽形气隙磁场的永磁电机，若礼帽形顶部宽度大于 120°电角度时，合理选取电枢绕组，可使电机相电势波形为 120°方波，构成方波永磁电机。该电机与 120°导通的 dc/ac 变换器组合，相电流也为 120°方波，构成无刷直流电动机，即 BLDCM，是 20 世纪 60 年代就出现的永磁电机。BLDCM 由于转子位置传感器结构简单，得到广泛应用。但因该电机的电枢磁场是 60°步进磁场，转矩脉动和铁心损耗较大，仅作小功率电机用。

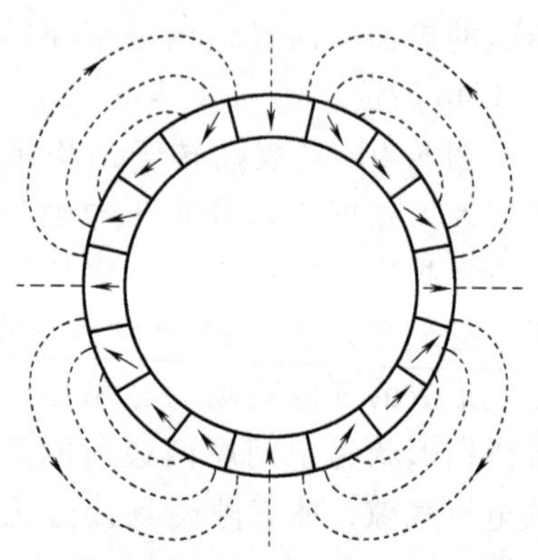

图 5. 47　Halbach 磁环

注：由 16 块相同磁钢构成的 $p=2$ 磁环，箭头表示磁体充磁方向。

正弦分布气隙磁场构成的电机或礼帽形磁场但相绕组电势为正弦波的电机，与 SVPWM 控制的 dc/ac 变换器组合，构成无刷交流电机，即 BLACM。BLACM 为圆形旋转磁场，转矩脉动和铁心损耗小，应用日益广泛。

同步电机转矩 T：

$$T=p[\psi_F i_q+(L_d-L_q)i_d i_q] \tag{5.33}$$

式中，p 为电机极对数；ψ_F 为转子磁链；L_d 和 L_q 分别为电机直轴和交轴电枢电感；i_d 和 i_q 分别为电枢直轴和交轴电流。

电机转矩与极对数成正比，可分为两部分：一是永磁转矩 $p\Psi_F I_q$；二是磁阻转矩 $T_R=p(L_d-L_q)i_d i_q$。对于表贴转子，由于 $L_d=L_q$，$T_R=0$。内置永磁转子电机 $L_d<L_q$，当 $I_d\neq0$ 时就有磁阻转矩产生。电动汽车驱动电动机不仅要工作于恒转矩区，还要工作于弱磁升速的恒功率区，常在恒功率区让 i_d 为负值，以获得和永磁转矩同向的磁阻转矩。

电动机空载电动势 E_0 和电机转速 n 间关系：

$$E_0=4.44f\,k_w W\Phi_{\delta0} \tag{5.34}$$

$$f=\frac{pn}{60} \tag{5.35}$$

式中，k_w 为绕组系数；W 为每相串联匝数；$\Phi_{\delta0}$ 为电机每极磁通。电机空载电动势随电机转速的升高而线性增加。

对于 $L_d=L_q$ 的表贴式永磁电机，常采用 $I_d=0$ 的转子磁场定向控制，由于交轴电机压降 $I_q X_{aq}$，使电机端电压的稳态值大于空载电动势 E_0，此时的电机相量图如图 5. 48a 所示。图 5. 48b 是电机制动时的相量图，此时 I_q 和图 5. 48c 反向 180°，故电机功率因数角 $\varphi>90°$。

图 5. 48c、d 是 $I_d\neq0$ 时的控制策略，由于 $I_d X_{ad}$ 项的出现，使在同样转速和同

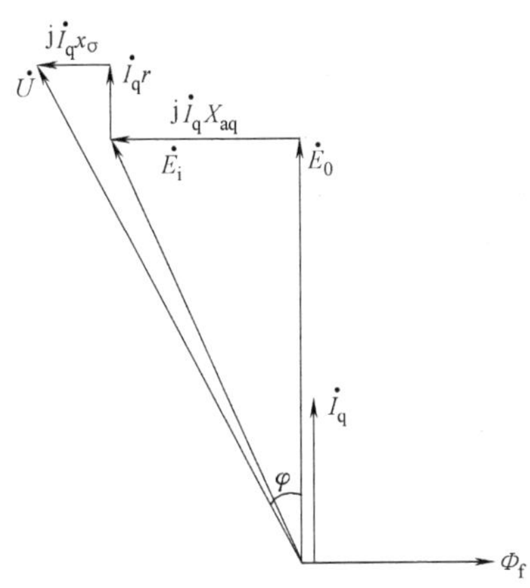

a) I_d=0控制，电动工作，φ＜90°

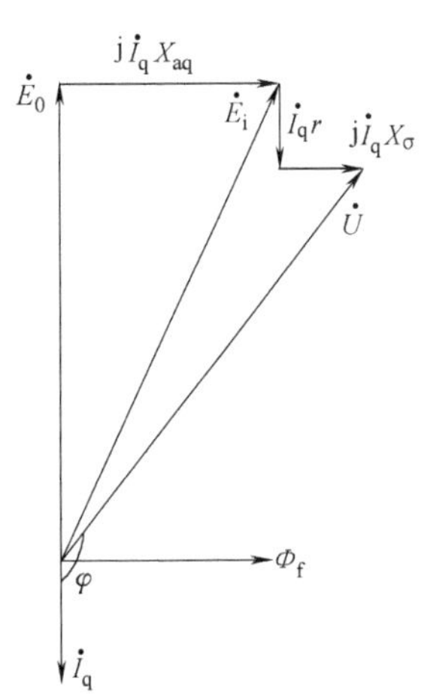

b) I_d=0 控制，再生制动状态，φ＞90°

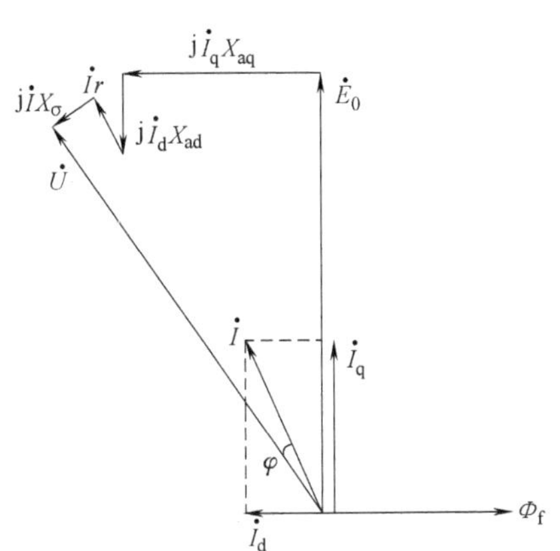

c) I_d去磁，同样转速下，U小于5.48a图的值

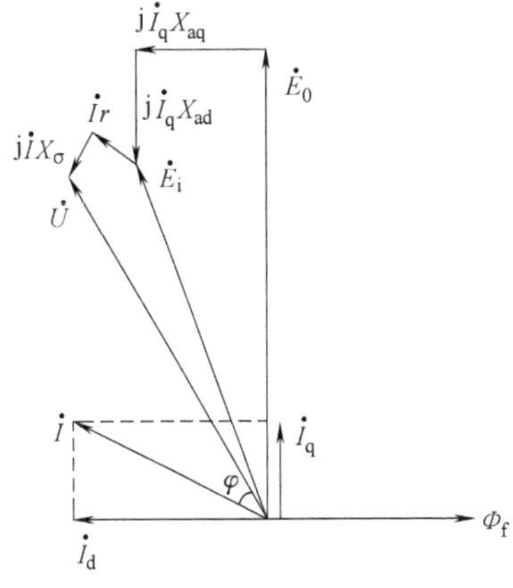

d) I_d大于5.48c图的值，相电压进一步减小

图 5.48　表贴永磁电动机相量图

样 I_q 条件下，电压 U 有所下降，由于图 5.48d 的 I_d 更大，故电压降得更多些。

由于

$$I=\sqrt{I_d^2+I_q^2} \tag{5.36}$$

相电流 I 的有效值受电机损耗和温升的限制，加大 I_d 必使 I_q 下降，使转矩降低，故 $I_d=0$ 的控制可得到好的转矩电流比 T/I。

对于伺服电机，电流不仅受电机本体的限制，还受 dc/ac 变换器的约束。相应地电机相电压 U 的最大值受 dc/ac 变换器电源电压 U_{dc} 的限制。

dc/ac 变换器的电源电压为 U_{dc} 时，输出线电压幅值 U_{LP}：

$$U_{LP}=U_{dc} \tag{5.37}$$

故电机相电压允许有效值 U 为

$$U \leqslant \frac{U_{dc}}{\sqrt{3} \cdot \sqrt{2}} = \frac{U_{dc}}{\sqrt{6}} \tag{5.38}$$

式中，采用小于的符号是要考虑动态时要求电流快速变化导致的 $L\mathrm{d}i/\mathrm{d}t$ 自感电势较大。

额定输出转矩时，电机相电压 $U=U_{dc}/\sqrt{6}$ 的转速 n_b 称为基速。在 $n<n_b$ 时，调速电机具有恒转矩特性，$n>n_b$ 时，为恒功率特性，如图 5.49 所示。内置永磁转子电机由于 $L_q \gg L_d$，有大的磁阻转矩，适合于宽转速范围工作，电动汽车电机常用这种结构，它的 $n_{max}/n_b \geqslant 3$。

图 5.49　调速电机转矩转速特性曲线和功率转速特性曲线

图 5.50 是永磁电动机调速系统构成框图，由 4 个部分组成：永磁电动机、dc/ac 变换器、电机转子位置传感器 RD 和数字控制器 DCU 等。

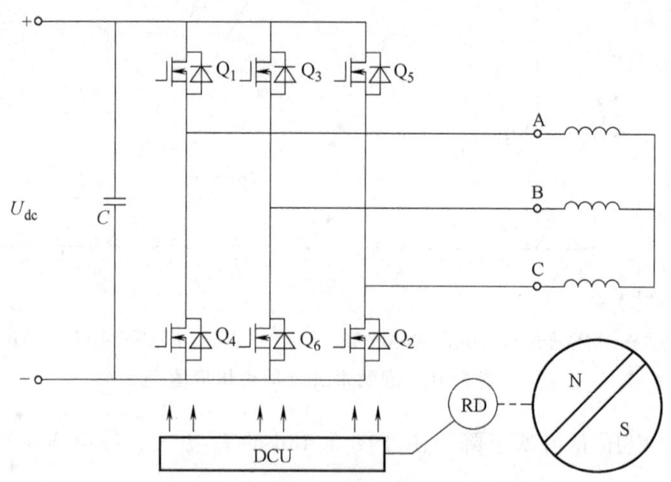

图 5.50　永磁电动机调速系统构成框图

图 5.51 是永磁电机磁场定向控制系统构成框图，与图 5.17 的同步电动机控制系统大致相同。不同之处是加了电机最大电压限制调节器 UR，UR 的参考信号是电压限制值 U_{max}，反馈信号是电动机三相电压整流后的直流分量 U_f。若电机转速低于基速 n_b，则 $U_f<U_{max}$，UR 输出为 0，即 I_dR 输入参考信号 $I_{dref}=0$，故电机的 I_d 也为 0。若 $n>n_b$，I_{dref} 将随（$U_{max}-U_f$）的加大而增加，使 I_d 加大，电机实现弱磁升速。值得注意的是 $\sqrt{I_{dref}{}^2+I_{qref}{}^2}=I$，而电机相电流 I 受发热限制，$I \leqslant I_{max}$，当 $I=$

I_{max} 时，必须在增加 I_d 的同时减小 I_q 的值，以使电机和 dc/ac 变换器工作在允许的电压 U_{max} 和电流 I_{max} 范围内。

图 5.51 也是永磁电机的速度伺服系统，是一个具有电流和速度的双闭环系统，速度调节器 VR 的输出为交轴电流给定 I_{qref}。由于表贴电机的转矩与 I_q 成正比，故该电流调节器也就是转矩调节器。因此，永磁伺服电机本体设计时宜使转矩与 I_q 间有线性关系。

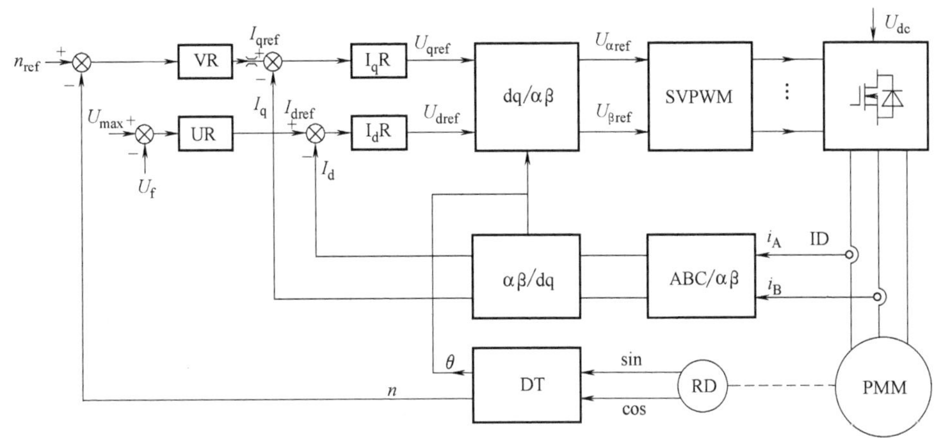

图 5.51 永磁电动机调速系统控制框图

ID—电流检测器 RD—电机转子位置传感器（旋转变压器） DT—转子位置模拟信号数字信号转换芯片
VR—具有输出限幅的速度调节器 UR—电机最大电压限制调节器 SVPWM—空间电压矢量调制发生器
I_dR、I_qR—直轴交轴电流调节器 ABC/αβ，αβ/dq，dq/αβ—坐标变换运算

图 5.52 是位置伺服系统的控制框图，和图 5.51 不同之处是加了一个电机转子位置调节器 PR，位置给定信号 θ_{ref} 由上级计算机给出，位置反馈信号 θ 由 DT 给出，或由图 5.44 的 LVDT 给出。PR 为比例调节器，输出为速度给定 n_{ref}，n_{ref} 也有

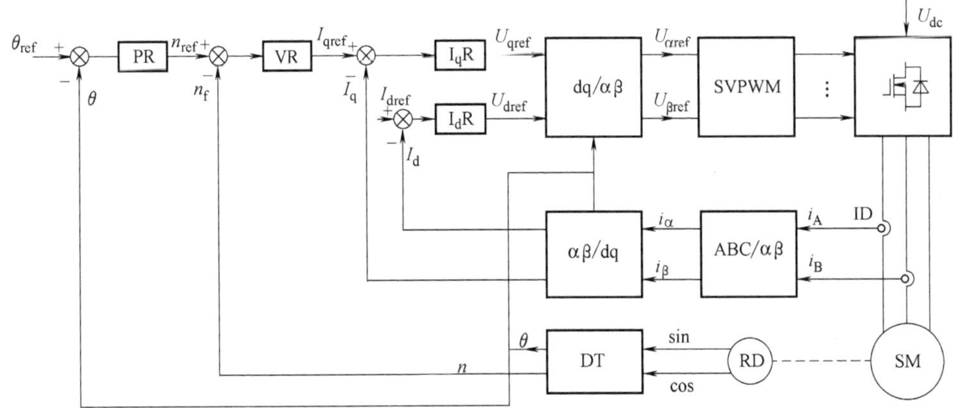

图 5.52 位置伺服系统的控制框图

速度限幅。因此位置伺服系统为三闭环调节系统。图 5.53 是一台永磁伺服电动机的测试波形，图 5.53a 是电机转速与时间关系，图 5.53b 为电机转过角度（以圈数计）与时间关系。图 5.53a 中曲线 1 是电机从 0 上升到 5000r/min 的转速加速过程，曲线 2 为从 5000r/min 降到 0 的过程，这过程中电机旋转了 8 圈。曲线 3 是当转速为 0 时正好转过 16 圈的减速过程，曲线 4 是转过 32 圈的过程。由图可见，该电机加减速所需时间很短，转了 32 圈的时间不到 0.5s。

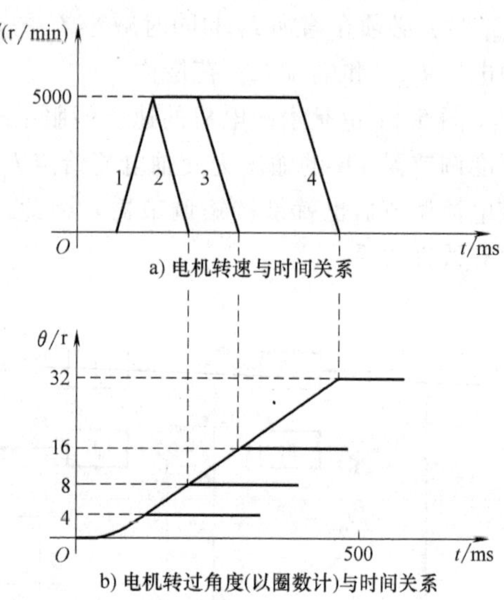

图 5.53 位置伺服电动机空载下电机转速和转过圈数与时间关系实例测试数据

表 5.16 是对某永磁伺服电机在理想状态下的性能估算。当电机的尺寸确定后，转子外径和铁心长度也就

表 5.16 伺服电动机理想参数估算举例

序号	电机参数	数据
1	转子外径/mm	60
	铁心长度/mm	100
	材料密度(平均值)/(kg/cm^3)	7.8
2	转子质量/kg	2.2
3	转动惯量/kgm^2	0.00099
4	额定转速/(r/min)	5000
5	额定转矩/N·m	60
6	300%转矩过载/N·m	180
7	500%转矩过载/N·m	300
8	电流上升时间/ms	1
9	电流换向时间/ms	2
10	额定转矩时加速度/(1/sec^2)	60606
11	转矩 0~5000r/min 时间/ms	8.25
12	300%转矩时加速度/(1/sec^2)	181818
13	300%转矩 0~5000r/min 时间/ms	2.75
14	500%转矩时加速度/(1/sec)	303030
15	500%转矩 0~5000r/min 时间/ms	1.65

注：假定电机为空载，不计空载损耗。

确定了，从而可算得转子重量和转动惯量。可得在额定转矩、300%过载转矩或500%过载转矩时的电机加速度，达到额定转速或从额定转速再生制动到0r/min的时间。也可得到300%过载转矩时的加速度及n_n从0到5000r/min的时间。该升速或降速时间近似相同。转速上升时电源向电机馈电，由于为恒转矩升速，电源输入功率随电机转速的升高而加大，到了5000r/min时刻，电机功率达到31.4kW的额定功率。到达5000r/min后，由于电机转速不再增加，而且没有负载，故电机转矩和电枢电流急剧下降。若需电机转速快速下降，电机进入再生制动或反接制动，电机转子储存的机械能通过电机及变换器返回直流电源。以上是不计电机过载的情况，若该电机的转矩在300%过载时制动，则n从5000r/min降到0的时间约2.75ms。若电机刚上升到达5000 r/min即进入制动，则电机电流有个反向的过程，时间约2ms，则制动总时间为4.75ms。

为了有强的过载能力，电机必须有好的转矩与电流间的线性特性，以免导致过大的电机电流和要求过大容量的dc/ac变换器。

为了使电机有好的动态特性，数字控制器DCU的运算速度要快，A/D转换器的转换时间要短，电流内环的带宽要足够。

伺服电机空载时的加速度$d\omega/dt$为

$$\frac{d\omega}{dt}=\frac{T}{J} \tag{5.39}$$

式中，T为电机转矩，J为电机转子惯量。

若表5.16的电机仅改变转子的转动惯量J，其他参数不变，则电机加减速的转矩与功率必随之改变。如将表5.16的转动惯量降低一半，则当表中第10行、第12行和第14行的加速度不变时，所需电机转矩也相应下降一半，功率也小一半。这表明改善转子结构，减小转动惯量十分重要。

以上讨论仅从电机本体出发，电机带载后，负载也有惯量，这时转动系统总惯量是二者之和。这里实时辨识系统惯量，及时在线调整控制参数是必要的。

伺服系统不仅应有快的跟踪速度和精度，还应有好的动态品质，在跟踪过程中不应有冲击，不应有过大的加速度，也不应有超调。为此伺服系统各调节器不宜进入饱和状态，应始终工作于线性区。而这与系统的输入信号有密切关系，如图5.51的n_{ref}或图5.52的θ_{ref}为幅度较大的阶跃信号，则调节器易进入饱和，导致品质降低。为了不改变所要求的n_{ref}或θ_{ref}，又能使系统有好的品质，有两种方法，一是如图5.54所示将θ_{ref}进行改造，改造后的信号如图中曲线2所示，以使$d\theta'_{ref}/dt$成为光滑曲线，在$t=0$阶跃信号跳变处和$\theta'_{ref}=\theta_{ref}$处$\theta'_{ref}$的二阶导数为0，并限制$d\theta'_{ref}/dt$，防

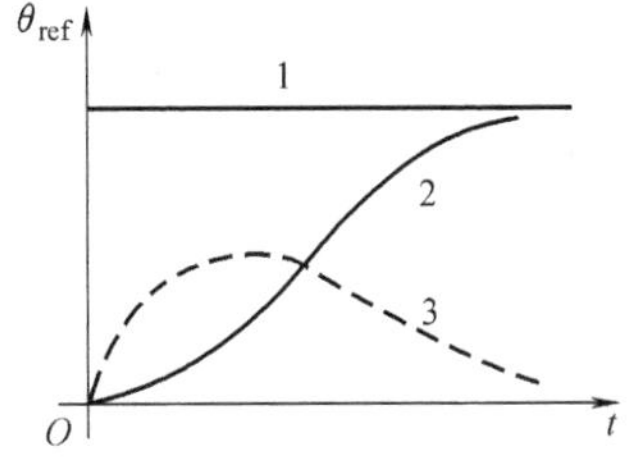

图5.54　输入阶跃给定信号的处理

1—给定信号θ_{ref}　2—处理后的给定信号θ'_{ref}　3—处理后的$d\theta'_{ref}/dt$信号

止速度调节器进入饱和区。

现代伺服系统均为数字控制系统，这时给定位置信号和位置反馈信号均应数字化。反馈信号数字化是指电机旋转一圈有多少个均匀分布的脉冲信号，如1024、2048、4096等，每转一圈的数字越大，则精度越高。这时给定位置信号也转换成脉冲信号，若用1024个脉冲的码盘，给定信号为180°角，则数字控制器将180°角度转为512个连续给定脉冲。改变脉冲周期即可改变跟踪速度。

输入位置给定数字信号的脉冲转换使位置调节器可用比例调节器，并获得与转子位置数字反馈单元同样高的位置精度。

5.4.4 余度伺服电机的控制

飞机舵面操纵用电液作动机构（EHA）常为多余度，如四余度或三余度，以提高作动机构的任务可靠性。余度作动有两种方式：一种是同一舵面用余度作动机构，各机构的输出都固定在舵面上，这舵面看成是一个刚体，故几个作动机构的运动速度必相同；另一种是分裂式舵面，一个舵面分成了3~4片分舵面，各分舵面间没有机械耦合，每个分舵面配一台作动机构，正常时各舵面同速运动，相当于一个舵面。若一个作动机构故障，则该舵面不再工作，但必回到原始位置，其余的舵面正常偏转，但气动力矩减小了，飞机操纵速度有所下降。

图5.55是双余度伺服作动机构操纵舵面的框图。图5.55a是两台伺服电动机构成的EHA操纵同一舵面的系统，两作动机构与舵面刚性连接，故作动机构输出转角相同，$\theta_1=\theta_2=\theta$，于是可以共用位置调节器PR，形成PR、VR、IR位置电压电流三调节器的三闭环系统，电流环为内环，图中略去了dc/ac变换器和电机电枢绕组的时延。实际上电流调节器的输出改变了dc/ac变换器的占空比（或调制比），使dc/ac变换器输出电压改变，导致电机电枢电流改变，电枢电流 i_a、i_b、i_c 的变化，经ABC/αβ和αβ/dq变换为 I_q 和 I_d，I_q 和 I_d 作为电流反馈引到q轴和d轴电流调节器 I_qR和 I_dR的输入端，与VR的输出 I_{ref} 做比较。由于电机转矩 $T=p\Psi_F I_q$，T 与 I_q 间为线性关系，IR的输出即为电机转矩 T，因 $d\omega/dt=(T-T_L)/J$，式中 T_L 为负载转矩，J 为运动部分转矩惯量，故 ω 为 $(T-T_L)/J$ 对时间的积分，而 θ 是 ω 对时间的积分。在EHA中，伺服电机用于驱动柱塞式液压泵，泵的打油量正比于柱塞的位移量，而该位移量与电机转角成正比，而液压作动筒的位移与打油量成正比，于是有作动筒的位移和电机转角成正比的关系。这里忽略了泵与作动筒的油的泄漏。

图5.55b是两台EHA分别驱动同一舵面的两个子舵面，正常工作时要求两子舵面同步转动，故仅位置给定信号由飞行控制计算机发出，应有两个位置伺服通道。

图5.55为双余度系统，三余度和四余度系统的构成类似，仅通道数增多。

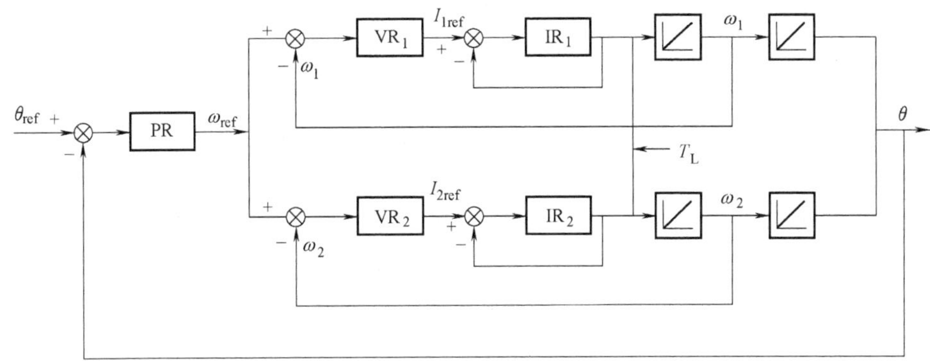

a) 两台伺服电机同时操纵舵面

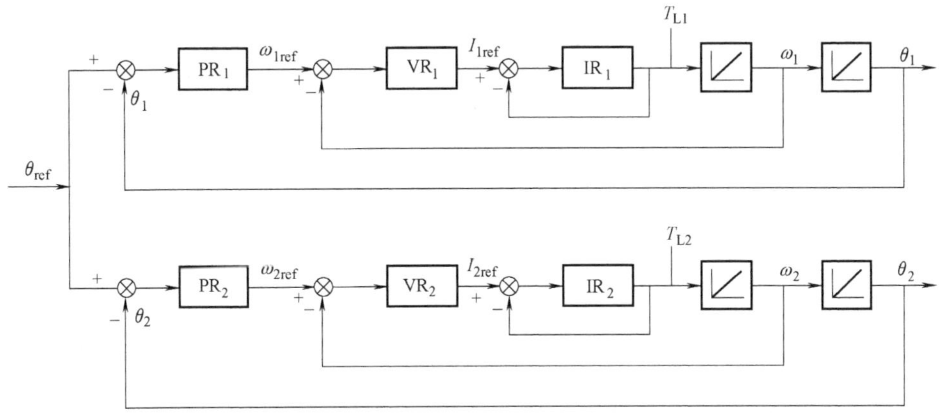

b) 两台伺服电机同时操纵两分裂舵面

图 5.55　双余度位置伺服系统的构成（积分运算器）

5.4.5　容错电动机

容错电动机是提高飞机系统可靠性和功率密度的一个重要方法。

调速电动机的故障有两个方面：一是电机本体的故障，如相绕组的开路和短路；二是变换器或相应控制器故障，导致 dc/ac 变换器一个开关管的开路或短路。以前在 dc/ac 变换器直流侧的电容用电解电容，电解电容工作温度低且易老化失效，导致变换器故障。现在已用薄膜电容代替电解电容，有利于改善可靠性。但是薄膜电容器的允许工作温度不高，易发生电介质的损坏，仍是一个薄弱环节。

三相电机一相开路或 dc/ac 变换器一个器件的开路，导致该相电流的中断或畸变，电机就无法继续旋转。由此可见，容错电动机必须是多相电机，如四相、五相、六相或更多相的电机。

永磁电动机作为容错电机时，必须是个高阻抗电机，通常要求电机相绕组的电抗标幺值在1.0左右，电抗标幺值是电机额定相电压和额定相电流的比值。1.0的标幺值表示相绕组端部短路时短路电流接近于额定电流，以免短路相绕组起火导致故障的进一步扩大。尽管采用高阻抗设计，但若发生绕组匝间短路，特别是单匝短路时，永磁电动机的单匝短路电流将是端部短路电流的 W 倍，W 是相绕组的每相串联匝数。因为永磁电机的电动势和每相串联匝数成正比，而相绕组的电抗和匝数二次方成正比，因此单匝短路电流极大，必使短路处产生很大的热量，从而烧损电机。为此必须快速检测单匝或匝间故障，一旦发生即将 dc/ac 变换器的故障相绕组端部短路，让故障相的电流降到额定电流附近，从而阻止单匝故障的扩大。

例如四相容错电动机和五相容错电动机的相绕组由单相 dc/ac 变换器供电，供电电源也为4个或5个独立电源。图5.56是四相容错电机的主电路图，电机为四相永磁电动机，变换器为单相桥式变换器，工作于正弦脉宽调制方式。万一a相发生匝间短路，则应立即将故障信号发数字信号处理器 DSP，DSP 应立刻将 Q_{a1} 和

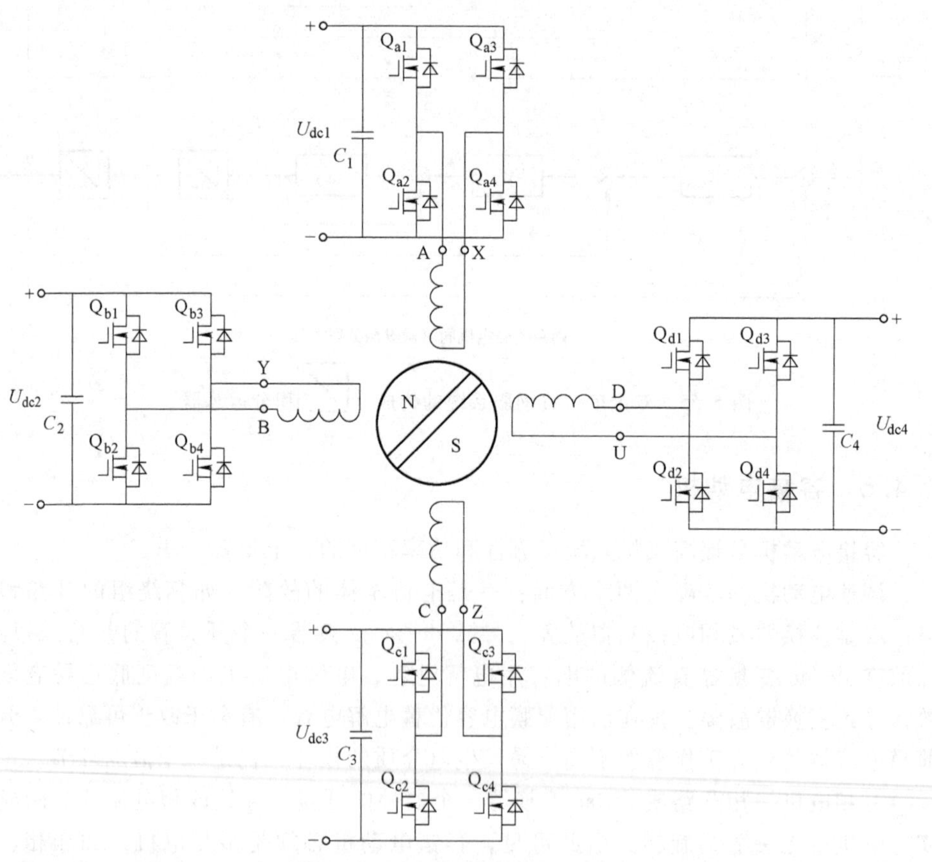

图5.56　四相容错电动机主电路

四相电枢绕组—AX，BY，CZ，DU　四个单相变换器—Q_{a1} ~ Q_{a4}，Q_{b1} ~ Q_{b4}，Q_{c1} ~ Q_{c4}，Q_{d1} ~ Q_{d4}

Q_{a3} 导通，断开 Q_{a2} 和 Q_{a4}，使 ax 相绕组端部短路，防止故障扩大。若 a 相桥臂的 Q_{a4} 有短路故障，则应立即关断 Q_{a3} 和 Q_{a1}，并导通 Q_{a2}，Q_{a2}、Q_{a4} 同时将 a 相绕组短路，限制了短路电流。由此可见电机和 dc/ac 变换器的短路故障检测十分重要，这是保证伺服电机故障安全的基础。

容错电动机还必须是一台相间互感尽量小的电机。若相间互感大，某一相的短路也必影响到别的正常相的工作，因为相间的互感作用相当于变压器多个线圈间的耦合作用，互感越大耦合越强。变压器是互感最大的电磁器具，任一绕组的短路导致其他绕组也进入短路状态。

由此可见，容错电机相绕组间应有电隔离、磁隔离、热隔离和物理隔离，保证各相为一独立的通道。

若送入额定电流时每相绕组产生的转矩为 T_p，则 4 相电机的转矩为 $4T_p$，5 相为 $5T_p$，6 相为 $6T_p$，……。与此同时，变换器的开关管也相应增加，4 相 16 个开关管，5 相 20 个开关管，6 相 24 个开关管，……。而从故障可能性看，相数越多，开关器件越多，故障可能性也越大。从一相故障导致的转矩损失和转矩脉动加大来看，相数越多，一相故障导致的转矩损失和转矩脉动的增加越小。可见合理选取相数十分重要。

容错电动机另一种架构是以一套三相为一个独立的通道，两套三相绕组的电机有两个余度，三套三相绕组有三个余度。若发生相绕组或变换器故障，则有故障的三相同时退出运行，即当有一相断相或一个开关器件开路，则该三相 dc/ac 变换器的 6 个开关器件同时关断。若一相绕组或一个开关管短路，则该三相 dc/ac 变换器的故障侧器件全导通。这种架构的优点是所用开关器件少，6 相电机 12 个开关管，9 相电机 18 个开关管，同时若合理设计电机电枢绕组，电机一相故障不导致转矩脉动的加大，也不会产生径向不平衡力。图 5.57 是双三相电动机的主电路图，构成双余度容错。

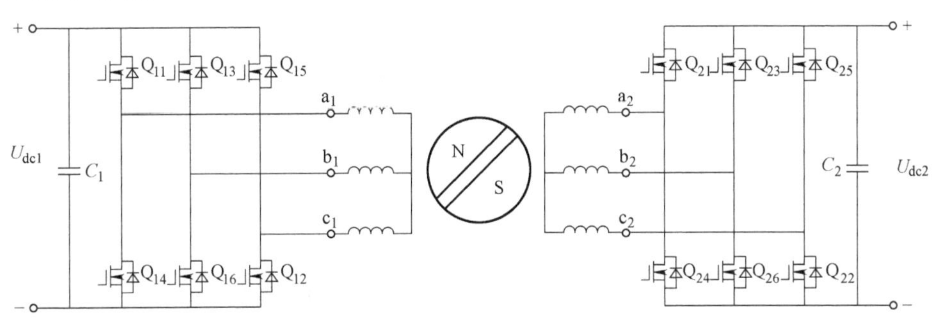

图 5.57 双余度容错电动机的主电路图

永磁电机的电枢绕组有两种形式：分布式电枢绕组和集中式电枢绕组。分布式电枢绕组就是在异步机和同步机中常用的双层绕组。集中式电枢绕组常为分数槽的电枢结构，即每极每相电枢槽数为分数，例如槽数 $z=12$，极对数 $p=5$ 的永磁电机，若为三相电机，$m=3$，则该电机每极每相槽数 $q=z/(m\times2p)=0.4$，为分数槽集中绕组三相电动机。又如槽数 $z=30$，极对数 $p=14$ 的电机，既可为三相电机，也可构成五相电机。三相电机时 $q=30/(3\times28)=5/14$，这时每相绕组由 10 个电枢元件串联构成。五相电机时 $q=30/(5\times28)=3/14$，每相电枢绕组由 6 个电枢元件构成。

图 5.58 是 $z=12$，$2p=10$ 分数槽集中绕组永磁电机的结构示意图和电枢元件电动势矢量图。由矢量图可构成三相电枢绕组的元件连接方案。图 5.58c 是三相电机的电枢元件的连接，a 相由 1、2、7、8 四个元件串联而成，b 和 c 相也由四个元件串联构成。图 5.58d 是双三相电枢元件的连接，a_1、b_1、c_1 每相由两个元件构成，a_2、b_2、c_2 也是这样，由图 5.58b 的星形图可见，a_1 相 1 和 7 两个元件的电动势方向相反，说明 7 和 1 是反向串联的，合成 a_1 相电动势是 1 和 7 元件电动势的相加。比较 a_1 和 a_2 两相的相电势相量图可见，两电势间差 30°电角度。由图 5.58c 和图 5.58b 可见，三相方式连接时，a 相的两个电枢元件电动势同向，另两个和前两个差 30°电角度，故相电势是元件电势的几何和，相电势小于四个元件电势的代数和，因而相绕组绕组系数 k_w 小于 1。而图 5.58d 的方案 $k_w=1.0$。

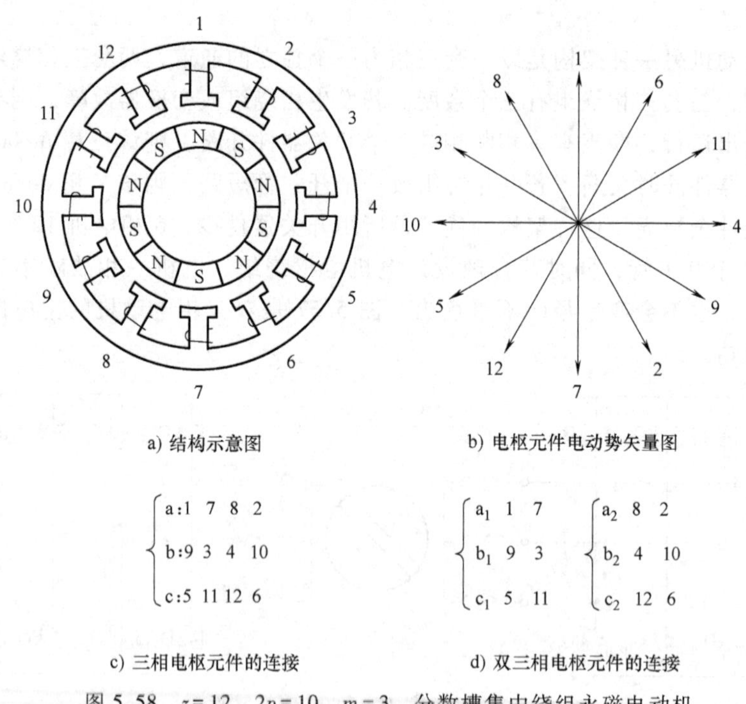

图 5.58　$z=12$，$2p=10$，$m=3$，分数槽集中绕组永磁电动机

$z=30$，$2p=28$ 的电机电动势星形图如图 5.59a 所示。三相连接方案见图 5.59b，绕组系数 $k_w=0.9567$，五相连接方案见图 5.59c，绕组系数 $k_w=0.9854$。提高绕组系数有利于减小电枢铜损和用铜量，提高电机功率密度。

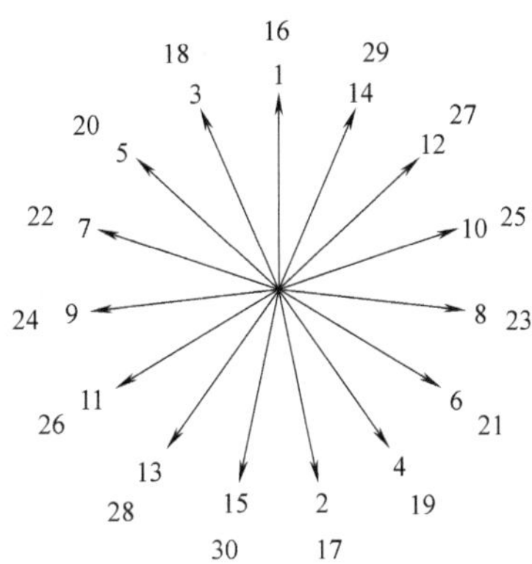

a) z=30，2p=28元件电势星形图

a:1 2 3 14 15 16 17 18 29 30

b:4 5 6 7 8 19 20 21 22 23

c:9 10 11 12 13 24 25 26 27 28

b) 三相电枢连接

A：1 2 15 16 17 30

B：9 10 11 24 25 26

C：3 4 5 18 19 20

D：12 13 14 27 28 29

E：6 7 8 21 22 23

c) 五相电枢连接

图 5.59 $z=30$，$2p=28$ 电动机元件电势星形图和相绕组连接

分数槽集中绕组的优点是电枢元件的端接部分短，用铜量少，铜损小。另一优点是相绕组的电感大，易于构成高阻抗的容错电动机。

$z=12$，$2p=10$ 和 $z=30$，$2p=28$ 电机的另一特点是齿槽转矩小，转矩脉动小。在选择电机槽数和极对数时，必须注意宜选取大的绕组系数 k_w 和小的齿槽转矩的结构，避免选用径向力不平衡的结构形式。

国外学者对 $z=30$，$2p=28$ 电机进行了研究，获得了表 5.17 和表 5.18 的数据，供参考。发电机也可用容错结构。

表 5.17 $z=30$，$2p=28$ 电机的参数

序号	参数	五相	三相
1	齿槽转矩/N·m	0.02	0.02
2	转矩脉动(%)	±0.5	±1.5
3	短路电流标幺值	0.88	0.9
4	相间互感/μH	4	4
5	用铜量(%)	100	100
6	铜损/W	40	37
7	效率(%)	90	89.5

表 5.18 $z=30$，$2p=28$ 电动机正常和故障时的转矩

参数	正常		一个开关管故障		一相故障	
	五相	三相	五相	三相	五相	三相
平均转矩/N·m	100.5	95.5	86.5	77	80	66
转矩脉动(%)	±0.5	±1.5	±14.7	±23.7	±23	±46

5.5 飞轮储能

5.5.1 飞轮储能装置的构成

飞轮储能装置是由飞轮、电动发电机、双向 dc/ac 变换器或 ac/ac 变换器、数字控制与保护器、磁浮轴承和真空罐构成的独立储存电能的系统。用 dc/ac 变换器时输入直流电，输出也是直流电，相当于蓄电池，用 ac/ac 变换器时输入恒频交流电，输出也为恒频交流电，相当于不间断电源（UPS）。

飞轮储能装置的优点是储能密度高、使用寿命长、电能消耗少、无污染。飞轮储能装置在航天器中既可作为蓄电池用，又因高速飞轮的定轴性可作为姿态控制的基准信号源。飞轮储能在飞机上可用作瞬态浪涌功率的吸收器和脉冲功率产生器为定向能武器的电源。飞轮储能也可以应用在新能源汽车、风力发电系统、太阳能发电系统中。

5.5.2 飞轮储能

飞轮高速旋转时的机械能 E：

$$E=\frac{1}{2}J\omega^2 \tag{5.40}$$

式中，E 为储能量（J）；J 为转子转动惯量（$\mathrm{kgm^2}$）；ω 为角速度（1/sec）。

$$\omega=\frac{2\pi n}{60} \tag{5.41}$$

式中，n 为飞轮转速（r/min）。

圆筒形转子的转动惯量 J 为

$$J=\frac{1}{2}M(R_1^2+R_2^2) \tag{5.42}$$

其中，M 为圆筒质量（kg）；R_1 为圆筒外径（m）；R_2 为圆筒内径（m）。

$$M=\rho\pi L({R_1}^2-{R_2}^2) \tag{5.43}$$

式中，πL（$R_1^2-R_2^2$）为圆筒体积（$\mathrm{m^3}$）。L 为圆筒长度（m）；ρ 为圆筒材料的密度（$\mathrm{kg/m^3}$）。

圆筒半径 R 的质点所受离心力 F（N）为

$$F = mR\omega^2 \tag{5.44}$$

式中，m 是该质点的质量（kg）。

圆筒最高工作转速受材料允许使用应力的限制。现有飞轮的内壁有稀土永磁体成为电动发电机的外转子，永磁体外有高强度合金护环，环外有碳纤维带料缠绕，碳纤维有比合金钢更高的强度。

希望飞轮有大的转动惯量 J 和小的质量 M，由于 J 和 M 均为圆筒长度 L 和其内外径 R_1 和 R_2 的函数，圆筒外径受机械应力的限制，J 受要求的储能限制，这时合理选取圆筒内径 R_2 可得到最轻的圆筒质量。

通常取飞轮的最低工作转速 n_{min} 为其最高工作转速 n_{max} 的一半，$n_{min}=n_{max}/2$，当转速从 n_{max} 降到 n_{min} 时，飞轮储能的变化量 ΔE：

$$\Delta E = \frac{3}{8} J\omega_{max}^2 \tag{5.45}$$

这表示已释放出 3/4 的飞轮储能。由此可见，提高飞轮转速对提高飞轮储能很重要。目前，飞轮最高转速已达 200000r/min。

设飞轮升速时电机转矩为 T_r，$T_r = J\mathrm{d}\omega/\mathrm{d}t$，$\mathrm{d}\omega = T_r\mathrm{d}t/J$。若飞轮从 n_{min} 上升到 n_{max} 的时间为 t_r，$\Delta\omega = \omega_{max} - \omega_{min} = (T_r t_r)/J$。

反之若飞轮降速时的转矩为 T_d，则 $\Delta\omega$ 变化所需时间为 t_d，得

$$\frac{T_d}{T_r} = \frac{t_r}{t_d} \tag{5.46}$$

若该飞轮用于电动汽车，一次充电时间（升速时间）t_r 为 15min，不计飞轮损耗，该汽车能使用 150min，即 $t_d = 150$min，则 $T_d = T_r/10$，即充电转矩 T_r 是放电转矩 T_d 的 10 倍，充电电流也比放电电流大 10 倍。

相反的使用状态是充电时间长，放电时间短，若 $t_r = 10t_d$，则 $T_r = T_d/10$，因功率 $P = T\omega$，可见放电时电功率远大于充电功率，该飞轮成为一个功率倍增器。在电磁弹射、电磁回收和电磁炮系统中使用的飞轮就是个功率倍增器，短时功率可相当大。

以上估算均假定无损耗的充放电。

当飞轮达到最高转速 ω_{max}，存储能量最大时，如暂时不需用电，则希望飞轮此时没有损耗。因飞轮由电动/发电机传动，必要求该电机损耗越小越好。电机的损耗有铁损耗、铜损耗、风阻损耗和轴承摩擦损耗。为了减小电机铁心损耗，宜采用无铁心电机；为了减小风阻损耗，飞轮宜处于真空中；为了减小轴承损耗，宜采用磁悬浮轴承，消除电机转子与定子间的机械联系。由于损耗的大幅度降低，电机电枢电流在 $\omega = \omega_{max}$ 时也必很小，从而可长期储能。

5.5.3 飞轮电机

大多数飞轮和飞轮电机是为一体，电机的外转子就是飞轮，也有专设的飞轮，但该飞轮和电机转子连在一起。

飞轮电机电动工作时给飞轮升速，电机采用磁场定向控制，使 $I_d=0$，并使 I_q 为常数，电机恒加速度升速。

飞轮降速时，电机输出电功率。由于飞轮电机都为永磁电机，其电动势和转速成正比，转速降低，电动势和电机相电压相应降低，但对大多数用电设备来讲希望电压是恒定的。因此，发电工作时仍需 dc/ac 变换器配合，此时的变换器工作于有源功率因数校正模式，让输入电流为正弦波，输入功率因数 $\cos\varphi\approx1.0$。若在 $n=n_{max}$ 时，ac/dc 变换器输出电压为 U_o，输出电流为 I_o，电机相绕组电流为 I_1，则输出功率 $P_o=U_oI_o$，则相绕组电流 I 与电机转速间关系为

$$I=\frac{\omega_{max}}{\omega}I_1 \tag{5.47}$$

当 $\omega=\omega_{min}=\omega_{max}/2$ 时，电机的相电流 I 将为 ω_{max} 时的二倍。

飞轮电机的转子磁场宜为正弦分布磁场，以减少绕组高频铜损。正弦磁场以用 Halbach 磁环为好。

飞轮电机的电枢绕组常用集中绕组，以减小绕组端部长度。由于电机转速高，电动势频率高，电枢绕组导线都用利兹线，以降低绕组趋肤损耗。

图 5.60 是几种 Halbach 磁环的图形，图 5.60a、b 是外磁场 Halbach 转子，用于内转子电机，这两个转子均为一对极，图 5.60a 由 4 块永磁体构成，图 5.60d 由 8 块永磁体构成。一对极转子所用永磁扇片越多，气隙磁场越正弦。图 5.60b、c、e 为内磁场磁环，作为外转子电机用，图 5.60b 为由每极二片扇片构成的一对极 Halbach 磁环，图 5.60c 为由每极二个磁钢扇片构成的二对极 Halbach 磁环，图 5.60e 为由每极四片扇片构成的二对极 Halbach 磁环。

图 5.61 是内转子 Halbach 磁环的气隙磁感应强度 B_δ 的标幺值与构成磁环极对数和 R_r/R_m 间关系，R_r 为磁环内径，R_m 为磁环外径。图中曲线 2 是二对极的磁环，显然该磁环为实心时，即 $R_r=0$，其气隙磁感应强度最大。内径 R_r 加大，R_m 不变，磁环减薄，B_δ 下降。在磁钢用料相同时，极对数多，B_δ 越大。故 Halbach 磁环多为多极结构。

Halbach 磁环有自屏蔽性，即外转子磁环的外侧 $B=0$，可以不用转子背轭。由于飞轮电机转速高，外面有合金钢保护套。有导磁性的保护套可提高磁环的磁感应强度 B。

为了实现电机转子的磁悬浮，多极外转子磁环内磁场必须对称分布，以消除气隙磁场的不均匀分布。一对极的 Halbach 磁环有好的磁场分布均匀性。

图 5.62 是外转子永磁电机结构示意图，电枢绕组在转子内侧，也为环形结构，

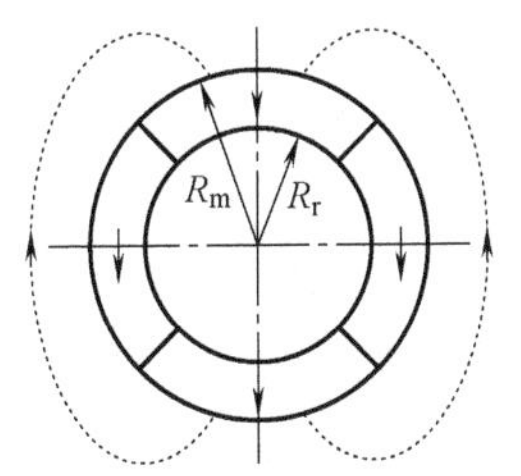

a) p=1，内转子，外磁场，每极两片扇片

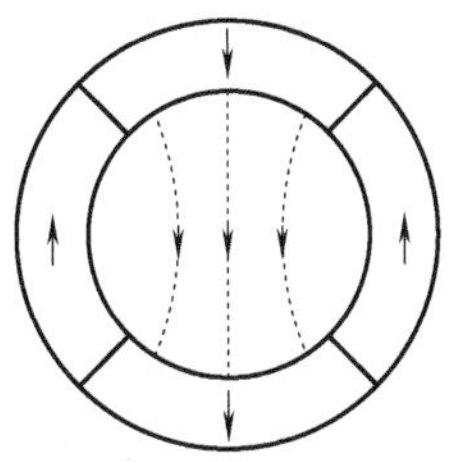

b) p=1，外转子，内磁场，每极两片扇片

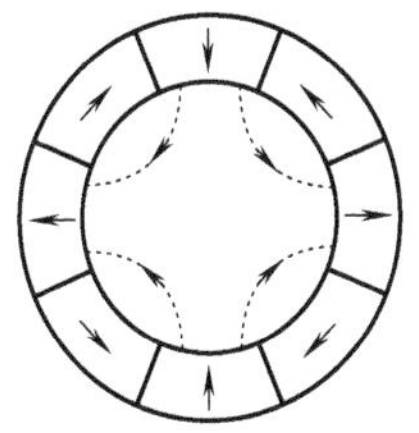

c) p=2，外转子，内磁场，每极两片扇片

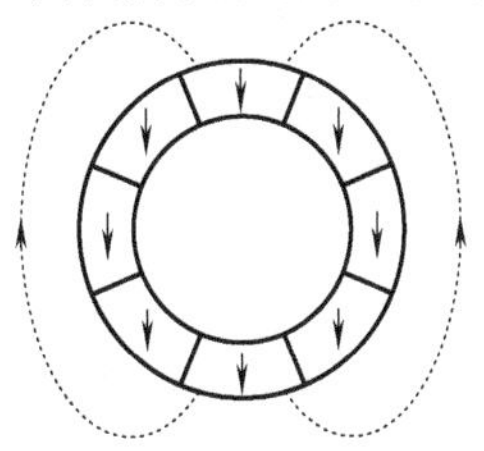

d) p=1，内转子，外磁场，每极四片扇片

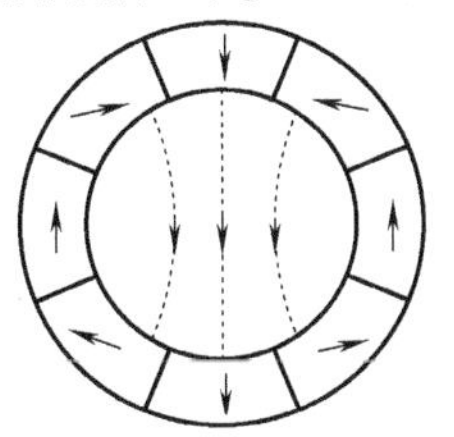

e) p=1，外转子，内磁场，每极四片扇片

图 5.60　Halbach 磁环

外径为 R_2，内径为 R_1，电机气隙 $\delta=R_r-R_2$，气隙 δ 不宜太小。

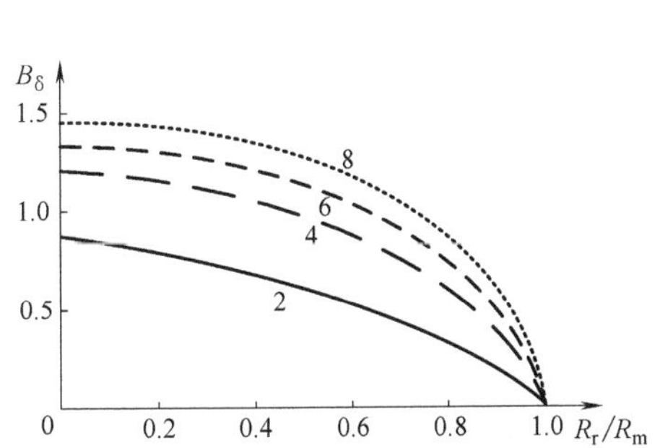

图 5.61　Halbach 磁环气隙磁感应标幺值和极对数及 R_r/R_m 间关系

2 4 6 8—磁环的极对数　R_r—磁环内径　R_m—磁环外径

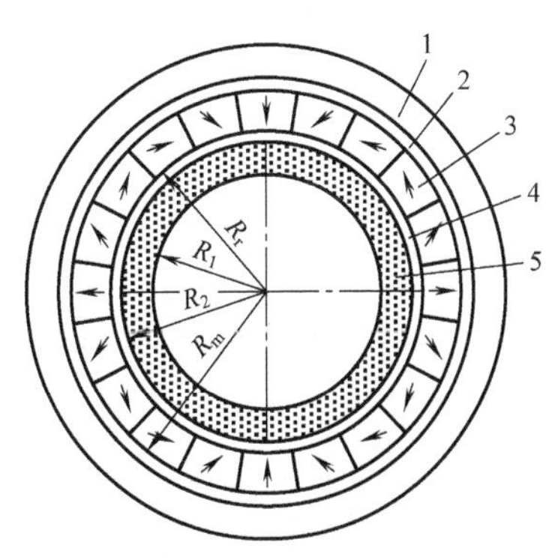

图 5.62　飞轮电机横剖面图

1—碳纤维扎带　2—合金钢背轭　3—Halbach 磁环　4—气隙 δ　5—电枢绕组　R_1—电枢绕组内径　R_2—电枢绕组外径

由于为无铁心电机，该电机没有齿槽转矩。合理布置电枢绕组，使三相绕组空间分布对称，在正弦磁场条件下获得正弦电动势，电机转矩脉动也可极小。由于电

枢绕组处于空气中，其电枢反应去磁作用相当小。

由于气隙磁场分布于转子内部所有空间，电枢绕组的内径 R_1 成为优化目标。R_1 小，相绕组的电动势增大，因为电枢绕组每相串联匝数增多，电机转矩电流比 T/I 也加大，但同时电机用铜量、电枢绕组铜损也相应加大。当 R_1 小到某一值时，减小 R_1 导致电动势的增加量很小，而铜损却因相绕组匝数的增多而线性加大，因此 R_1 必须合理。即应合理选取转矩电流比和转矩铜损比。

表 5.19 比较了径向磁环和 Halbach 磁环的差异，供参考。表中的长度/直径比是指磁钢长度和磁钢外径之比，该电机为内转子电机。

飞轮电机要求有高的功率密度（kW/kg）和高的储能密度（W · h/kg），其中 W · h 为瓦时。

表 5.19　径向和 Halbach 磁环电机的比较

序号	参数	数值		变化量百分比
		径向	Halbach	
1	功率/W	1000		
2	转矩/(N · m)	0.512		
3	R_r/R_m	0.55		
4	R_m/R_s	0.677	0.686	
5	B/T	0.326	0.42	+28.8%
6	磁通/磁钢体积/(T/m^3)	12.1	15.8	+30.6%
7	长度/直径/(mm/mm)	69/60	58/61	
8	每相串联匝数	26	24	
9	功率/体积/(W/cm^3)	5.13	5.9	+15%
10	铜损/W	31	26	-16.1%

注：该电机为内转子，有铁心，无槽结构，R_r、R_m 为磁环内径和外径，R_s 为电枢绕组外径。

5.5.4　磁浮轴承

飞轮储能装置能高转速长期工作，有长的寿命和低的损耗，其中一个因素是采用了磁浮轴承。

飞轮电机的轴承有三个，两个径向轴承，一个轴向轴承。飞轮电机一般为垂直放置，借助于轴向轴承的磁拉力，把转子带起来。

磁浮轴承有两类：永磁磁轴承和电磁式磁轴承。在飞轮电机中轴向磁轴承以用永磁轴承为好，两个径向轴承为电磁式磁轴承。

图 5.63 为轴向磁浮轴承的示意图，由两个 Halbach 磁环构成，内磁环与电机转子固定，外磁环与飞轮壳体的结构件固定。

图中外定子磁环由 5 个子 Halbach 磁环叠成，内转子磁环也由 5 个子磁环构成，由于内外磁环充磁方向不同，内外磁环形成两条闭合磁力线环路。转子的重力向下，必使力线拉长，从而产生向上的悬浮力。

磁浮轴承的重要技术指标是刚度，即单位长度位移产生的磁拉力。为了减小飞轮旋转时转子上下串动，轴向磁浮轴承刚度不宜小。

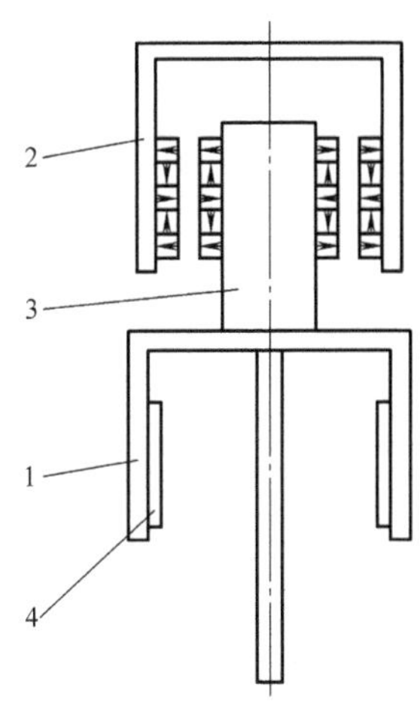

图 5.63 轴向永磁轴承
1—电动发电机外永磁转子 2—轴向悬浮永磁轴承 3—转子转轴 4—电动发电机外转子内的永磁体

图 5.64 是主动控制电磁式径向磁浮轴承的构成原理图。图 5.64a 是轴承的一种结构示意图，由定子和转子两部分构成，定子固定在飞轮装置壳体的结构体上，转子套在电机转轴上。定转子均由硅钢片叠压而成。定子上有均布的 8 个极，其中的 4 个为永磁偏置极，产生固定的偏置磁场，其部分磁力线如图中点线所示。另 4 个极上置有控制绕组 W_y 和 W_x，2 个 W_{y1}、W_{y2} 绕组用于 Y 方向悬浮控制用，2 个 W_x 绕组元件串联，用于 X 方向悬浮控制。

如图 5.64a 所示，当 W_{y1} 和 W_{y2} 中通以电流 i_y 时，由于 $W_{y1}i_y$ 磁势方向与永磁偏置磁场方向相同，使 Y 轴上面气隙磁场加强，而 $W_{y2}i_y$ 则使 Y 轴下部气隙磁场减弱，从而产生与 Y 轴同向的向上的力。若 i_y 反向，则磁浮力 F_y 必反向向下。

图 5.64b 是 i_y 或 i_x 的控制电路，该电路由 4 只开关管构成，在 Q_1、Q_4 导通时，$U_{ab}=+U_d$，U_d 为电源电压，使电流 i_y 正向增长；在 Q_2、Q_3 导通时，$U_{ab}=-U_d$，使 i_y 反向增长。当 Q_1、Q_4 的导通时间与 Q_2、Q_3 导通时间相同时，即占空比 $D_{Q1}=D_{Q4}=D_{Q2}=D_{Q3}=0.5$ 时，i_y 电流正半周与负半周大小相同，平均值为 0，不产生悬浮力。

若 $D_{Q1}>D_{Q3}$，则 i_y 为正，产生向上的悬浮力；反之，若 $D_{Q1}<D_{Q3}$，则 i_y 为负，产生向下的悬浮力，如图 5.64c 所示。

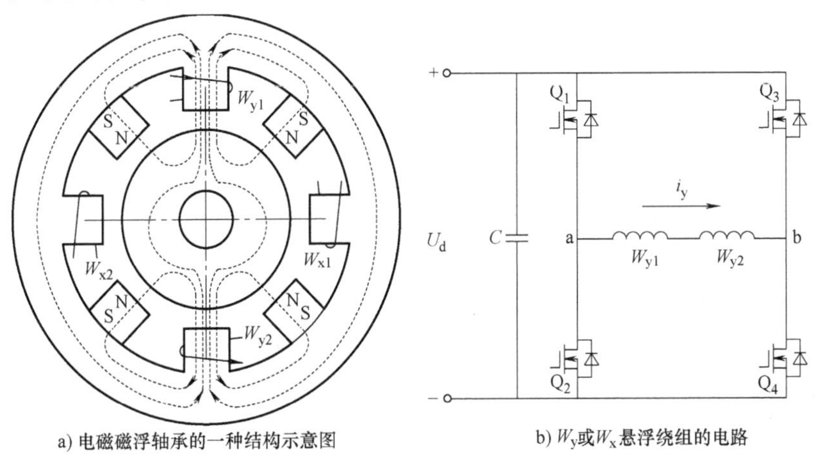

a) 电磁磁浮轴承的一种结构示意图　　b) W_y或W_x悬浮绕组的电路

图 5.64 电磁式径向磁浮轴承

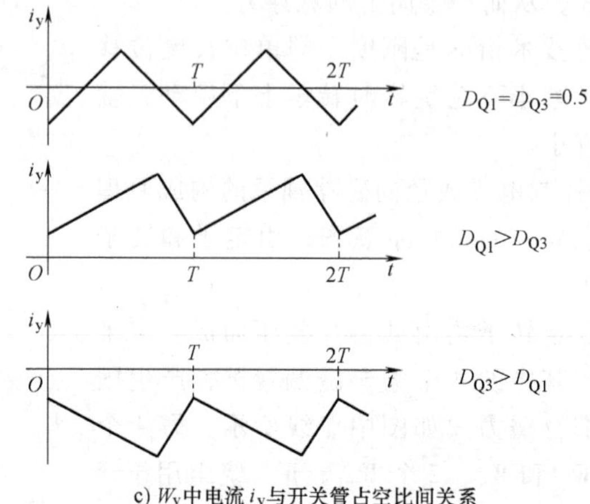

c) W_y中电流 i_y与开关管占空比间关系

图 5.64　电磁式径向磁浮轴承（续）

$Q_1 \sim Q_4$ 的导通信号来自磁浮数字控制器，控制器依据置于电机轴周围的位移传感器信号输出驱动开关管的信号。Y 轴方向的位移传感器有两个，一个在图 5.64a 中转子的上方，另一个在下方，均在 Y 轴线上分布。若轴向下偏，则上传感器与转子间间隙加大，输出减小，而下传感器的间隙减小，输出增大，控制器比较两 Y 轴传感器的信号来控制 i_y。当转子没有 Y 轴偏离时，两个 Y 轴传感器的信号相等，差值为 0，于是 $D_{Q1}=D_{Q3}$，$i_y=0$。反之，则 i_y 就不等于 0。X 轴方向控制与 Y 轴相同。

由于电磁轴承为主动轴承，工作时要消耗能量，希望消耗尽量小。

5.5.5　飞轮电机的变换器

飞轮电机的变换器有两种：dc/ac 变换器和 ac/ac 变换器，如图 5.65 所示。dc/ac 变换器构成的飞轮储能装置输入输出均为直流电，ac/ac 变换器构成的飞轮装置输入为交流电，输出也为交流电，但部分直流电可从变换器中间直流环节输出。

由于飞轮储能装置实际上是个瞬态功率放大器，故变换器必须计及其最大输出（或输入）功率。

电动发电机电动工作时，变换器采用磁场定向控制方式工作。dc/ac 变换器发电工作时转为 ac/dc 变换器，工作于功率因数校正方式，使电机电流正弦和 $\cos\varphi \approx 1.0$，并不断调整调制比，让其输出直流电压为额定值。变换器交流侧不宜有直流分量，直流分量必导致永磁转子损耗加大，也不宜有高次谐波或开关频率谐波，这些谐波也导致损耗加大。

ac/ac 变换器发电工作时，电机侧为 ac/dc 变换器，工作方式与上述相同。网侧变换器为 dc/ac 变换器，也宜有输出滤波器，以消除或减少输出谐波，也不宜有

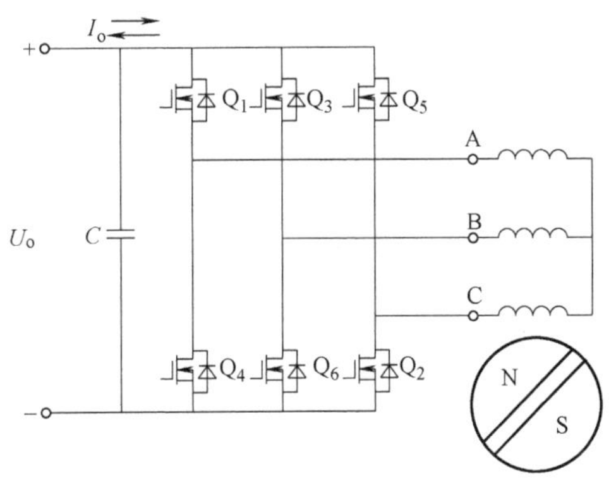

a) 双向dc/ac变换器

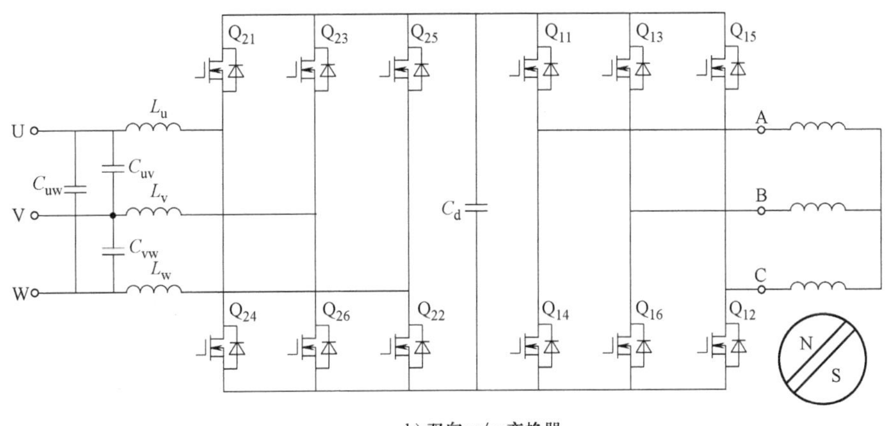

b) 双向ac/ac变换器

图 5.65　飞轮电机和电力电子变换器主电路

直流分量输出。

5.5.6　飞轮储能装置的能量储存

飞轮储能装置在能量存储阶段应不依赖于其他外部设备，减少自放电。

为了减小飞轮风阻损耗，飞轮宜处于真空罐体内，应自带抽真空部件。

飞轮装置变换器、控制器和电磁磁浮轴承应由飞轮自供电。

飞轮储能装置随着科学技术的发展，也在不断发展之中，关键是高强度纤维材料抗拉强度的提升。

5.6　多电飞机的变频交流发电系统和电能变换器

B787 和 A380 是 21 世纪初诞生的两种大型客机，均为多电飞机。B787 飞机的特点是不再提取航空发动机压气机压缩后的空气，改用电动压气机代替，显著节省了燃油消耗，降低了污染物排放。A380飞机的特点是减少了一个集中式液压通道，而用电作动机构EHA和EMA代替，提高了飞机的可靠性，降低了能源消耗。

多电飞机的用电量也因此急剧增大，飞机电源由400Hz恒频电源转为360~800Hz宽变频电源。

由于B787飞机发电系统容量达1000kVA，又用了250kVA容量的起动发电机，本节以该飞机的电系统进行讨论，表5.20是该飞机上的发电机和电能变换器的统计，表中最后两行中的不是电能变换器，而是电能转换和控制的智能电器：电气负载控制器（Electrical Load Control Unit，ELCU）和固态功率控制器（Solid-State Power Controller，SSPC）。B787飞机首次采用了8台110kW的dc/ac变换器用于驱动电动压气机、电动液压泵、电动制氮机，也用于起动航空发动机和辅助动力装置（APU）。智能电器ELCU是电磁式接触器和电子控制器的组合，不仅具有接通断开电路的功能，而且有电路故障自动检测和保护功能。固态功率控制器（SSPC）是电力电子功率器件和电子控制器的结合，也为智能电器，但控制电流不大于10A。ELCU和SSPC都可直接与上级计算机接口。

表5.20　B787飞机的发电机和电能变换器

序号	名称	额定容量（功率）	数量	总容量（功率）	备注
1	变频交流起动发电机VFSG	250kVA	4	1000kVA	235V,360~800Hz,7200~16000r/min
2	APU起动发电机(ASG)	225kVA	2	450kVA	235V,400Hz,12000r/min
3	冲压空气涡轮发电机RATG	10kVA	1	10kVA	235V,360~540Hz
4	锂离子蓄电池	50Ah	2	100Ah	24Vdc
5	三相自耦变压器(ATU)	90kVA	2	180kVA	235/115V,360~800Hz
6	自耦变压整流器(ATRU)	150kW	4	600kW	235V,360~800Hz/±270Vdc
7	变压整流器(TRU)	7.2kW	4	28.8kW	235V,360~800Hz/28Vdc
8	蓄电池充电器(BC)	1.5kW	2	3kW	28Vdc/45A恒流充电
9	机轮电制动电源(EBPSU)	1.3kW	4	5.2kW	28Vdc/±130Vdc
10	APU起动电源SPU	13.5kVA	1	13.5kVA	28Vdc/115/200V,360~800Hz,APU起动用
11	通用电机起动控制器(CMSC)	110kW	8	880kW	±270Vdc/0~1400Hz三相正弦波输出
12	风扇电机控制器		2		±270Vdc/三相变频交流
13	电气负载控制器(ELCU)		95		交流,直流汇流条转换智能电器 大功率交流、直流用电设备智能开关电器
14	固态功率控制器(SSPC)		900		<10A、交流115V,直流28V固态电器

B787飞机的主要电气设备的研发阶段为20世纪80至90年代，那时第三代半导体器件SiC和GaN器件尚处发展时期未商品化，故该飞机的电能变换器和智能电器的器件仍为硅器件。由于硅IGBT有电流拖尾，硅快恢复二极管有反向恢复电

流，使其开关频率较低，导致 dc/ac 变换器的重量偏大，如 CMSC 的重量为 52kg，功率重量比仅 2kW/kg 左右。因而，该飞机的自耦变压整流器（ATRU）、变压整流器（TRU）和自耦变压器（ATU）仍采用电磁电器或电磁电器与二极管整流器的组合。

进入 21 世纪后，第三代半导体器件商品化，为飞机电能变换器的发展提供了更好的器件，不仅可使 CMSC 等 dc/ac 变换器的功率重量比得以提高，变换效率和可靠性也将提高。与此同时，自耦变压整流器（ATRU）、变压整流器（TRU）和自耦变压器（ATU）也可由电磁电器转为电子电器 eATRU、eTRU 和 eATU。

360~800Hz 变频交流电源由于工作转速范围宽，高频时电机内部电抗和馈电线电抗的升高，使变频交流电在受电器端的电能质量偏低，而 ATRU、TRU 和 ATU 又没有自调节功能，导致它们的输出电能质量更低。因此，将电磁式电能变换器转为电子电能变换器，输出电能品质会得到显著提升。变频交流供电系统功率密度和技术性能将会大幅度改观。

5.7 变压器和三相异步电动机在变频交流电源供电时的工作

5.7.1 概述

B787 和 A380 飞机都是多电飞机，飞机上的用电量大幅度增加，B787 飞机的主电源总容量为 1000kW，A380 主电源容量为 600kW。用电量的增大使多电飞机只能采用 360~800Hz 的变频交流电源或高压直流电源。变频交流发电机源于恒速恒频交流电源的恒频发电机，恒频交流发电机的额定频率为 400Hz，额定电压为 115/200V。由于恒速恒频电源的主电源由恒速传动装置（CSD）和无刷交流发电机（ACG）构成，由发动机的输出机械功率到 400Hz 电功率有两级变换，故其主电源效率仅 70%左右，低的效率限制了主电源容量的进一步加大。变频交流电源的主电源为变频交流发电机或变频交流起动发电机，删去了恒速传动装置，电源效率可达 90%，从而可使变频交流发电机（VFG）或变频交流起动发电机（VFSG）的单台容量达 250kVA 或更大，为多电飞机的发展创造了条件。

由于 VFG 和 VFSG 的工作频率范围为 360~800Hz，与恒频电源的 400Hz 差别不大，故 VF 变频电源的辅助电源仍可使用辅助动力装置发电机（APUG），二次电源可用变压整流器（TRU）和自耦变压整流器（ATRU）及自耦变压器（ATU），360~800Hz 下工作的 TRU、ATRU 和 ATU 仅比 400Hz 下工作的稍重。相应地，机场电源仍为 400Hz 电源。飞机配电系统的导线、开关、继电器和接触器仍可用 400Hz 电源的，电路保护器也一样。因此由恒频电源转为 360~800Hz 变频电源的更动很少，因而发展风险小。

从 400Hz 电源到 360~800Hz 电源，改变大的就是 VFG 和 VFSG。图 5.66 是变

频交流发电系统的构成框图。

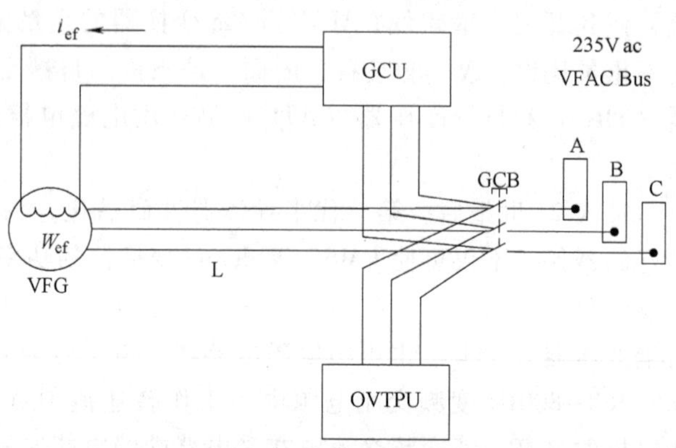

图 5.66 变频交流发电系统的构成框图
VFG—变频交流发电机 GCU—发电机控制器 i_{ef}—发电机励磁电流 W_{ef}—发电机励磁机励磁绕组 OVTPU—瞬态过压保护电器 GCB—发电机断路器 235Vac VFAC Bus—主电源汇流条 L—发电机馈电线

变频交流发电系统由变频交流发电机（VFG）、发电机控制器（GCU）、发电机瞬态过压保护器（OVTPU）、发电机断路器（GCB）、发电机馈电线 L 和交流电源汇流条 VFAC Bus 等构成。VFG 或 VFSG 直接由航空发动机传动，B787 飞机发动机发电工作传动端转速为 7200～16000r/min，故发电频率为 360～800Hz。发电机控制器（GCU）在发电工作时，其中的数字电压调节器通过调节电机的励磁电流 i_{ef}，使调节点电压保持在表 5.21 的范围内。GCU 同时检测发电机的电压、电流、温度等参数，对发电机工作状态进行检测，对故障实行保护。瞬态过压保护器（OVTPU）在恒频电源中是没有的，仅用于 VFG 或 VFSG。当 VFG 工作于高转速区，电机空载特性或负载特性的斜率 du/di_{ef} 比 360～400Hz 时大幅度提升，因此该电机卸去大负载时或电网短路切除时，因 du/dt 大而使电机发生大的过电压浪涌，损坏用电设备，OVTPU 借助于一个假负载的瞬时投入用于限制过电压浪涌。

表 5.21 250kVA VFG 调节点电压与电机容量间关系

序号	发电机输出	输出容量/kVA	调节点电压有效值/V
1	0～额定	0～250	235+3/−2
2	额定～125%过载	250～312.5	235+4/−3
3	125%～175%过载	312.5～437.5	235+5/−15

GCB 为发电机断路器，GCB 的右侧接 235V 交流汇流条，左侧与发电机馈电线相接，该节点为电压调节器检测点，常称调节点，GCU 的检测线和 OVTPU 的导线均接于该点。由于 VFG 在发动机上，235V 交流汇流条在飞机后电气设备舱，故发电机与 GCB 间有长的馈电线。在 400Hz 电源中，馈电线上压降仅是通过电流大小的函数，电流大，馈电线压降大。在 360～800Hz 电源中，馈电线压降既是电流的函数，又是频率的函数，800Hz 时的压降比 400Hz 时的压降在通过电流相同时大一倍。因此，在 235Vac 汇流条电压为 235V 时，发电机端电压则必大于 235Vac，而且在三相电流不对称时，馈电线上的压降也不相同，导致调节点电压不对称加大。

B787 飞机的两台发动机上分别装 2 台 VFSG，故 B787 飞机共有 4 台 VFSG。由于是变频交流起动发电机，各电机不能并联运行，于是形成 4 个独立的发电通道和 4 条 235V ac Bus 交流汇流条，电源汇流条间有汇流条连接断路器 BTB，通常 BTB 处于断开状态。仅当某一发电通道故障，该通道的 GCB 断开后，与该通道的 235V 交流汇流条相接的 BTB 才接通，由另一正常工作的发电通道向故障电机的 235V 交流汇流条供电，保证接于该 235V 交流汇流条上的用电设备继续工作。由于一台 VFSG 故障退出到另一台 VFSG 由 BTB 接通，原失电的 235V 交流汇流条必有一中断供电时间，技术标准要求这中断供电时间不大于 50ms。

飞机在地面时，应由地面电源（GPU）向飞机电网供电。地面电源为 115/200V、400Hz 交流电，这是现有恒频交流电源常用的地面电源。GPU 经 EPC 和 BSB 向机上 115Vac Bus 供电，同时向 ATU 供电，ATU 将 115V 交流电转为 235V 交流电送 235Vac Bus。故在地面时 115Vac Bus 和 235Vac Bus 均可得 400Hz 交流电源，此时由于 VFSG 未工作，故 GCB 处于断开状态，见图 5.67。

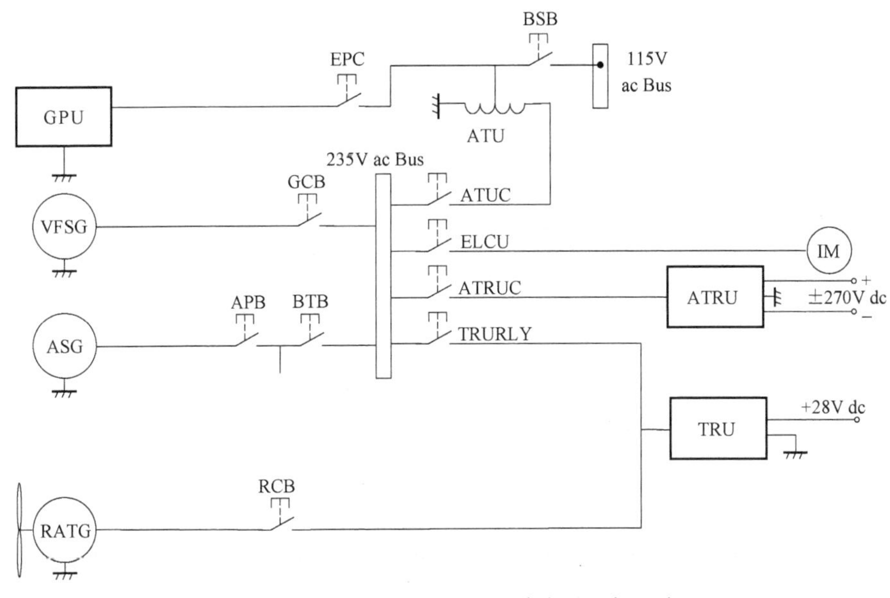

图 5.67　B787 发电系统和二次电源单线图（仅一路 VFSG）

GPU—地面电源　VFSG—变频交流起动发电机　ASG—辅助动力装置起动发电机　RATG—冲压空气涡轮发电机　115Vac Bus—115V 交流汇流条　235Vac Bus—235V 交流汇流条　IM—三相异步电动机　ATU—自耦变压器　ATRU—18 脉自耦变压整流器　TRU—变压整流器　EPC—地面电源接触器　BSB—115Vac 汇流条连接断路器　GCB—发电机断路器　APB—辅助发电机断路器　BTB—汇流条连接断路器　RCB—冲压涡轮发电机断路器　ATUC—自耦变压器接触器　ELCU—电气负载控制器　ATRUC—自耦变压整流器接触器　TRU RLY—变压整流器继电器

辅助动力装置（APU）可以借助地面电源（GPU）起动，也可借助机上的锂离子电池供电起动。当 APU 起动后进入正常工作后，ASG 转入发电工作，产生

400Hz、235V 交流电，该交流电可供飞机设备地面检查或工作用。APU 工作、ASG 发电时必须先切断 EPC 和 GCB，GPU 绝不允许与 ASG 并联。

ASG 的发电为 VFSG 起动航空发动机做了电源准备。当飞机飞行且 VFSG 故障时，ASG 也是向 235V 交流汇流条供电的辅助电源。

万一飞机飞行时 4 台 VFSG 均故障，2 台 ASG 也故障时，飞机自动将冲压空气涡轮发电机放到飞机外部，在迎面气流作用下冲压空气涡轮旋转，带动发电机 RATG 发电。RATG 仅向变压整流器（TRU）供电，因为接于 28V 直流汇流条上的用电设备为飞机飞行所必需的重要用电设备，28V 直流汇流条上还有锂离子电池。

235V 交流汇流条有电时还向自耦变压整流器（ATRU）供电，ATRU 输出 ±270V 直流电，向飞机上大功率调速电动机供电。

大多数大功率三相异步电动机（IM）由 235V 交流汇流条经智能电气负载控制器（ELCU）供电，少数三相异步电动机由 115V 交流汇流条供电。

由此可见 B787 飞机按供电类型不同其用电设备有以下 5 种类型：

1）由 235V 交流供电的设备，如异步电动机和电气加温和防冰设备；

2）由 115V 交流供电的设备；

3）由 28V 直流电源供电的设备，28V 电源有 TRU 和锂离子电池；

4）由±270V 直流电源供电的设备；

5）飞机电气机轮刹车系统由±130V 直流电源供电。

这 5 种电源都有用电设备端供电标准。

该飞机的 VFSG、ASG 和 RATG 均产生 230V 交流电，GPU 产生 115V、400Hz 交流电，锂电池产生 28V 直流电。二次电源 ATU 将 115V 交流电转为 235V 交流电，或将 235V 交流电转为 115V 交流电，TRU 将 235V 交流电转为 28V 直流电，ATRU 将 235V 交流电转为±270V 直流电，EBPSU 将 28V 直流电转为±130V 直流电。其中 ATU、ATRU 和 TRU 是电磁电器或电磁电器与二极管整流滤波电路的组合，由于为不控的电器，可靠性高，但输出电能质量不仅与其负载大小相关，而且与其供电电源相关。EBPSU 是由可控电力电子器件与数字控制器的组合，有好的控制性能，因此当电源品质变化或负载大小改变时，输出直流电压仍有高的精度，也即有高的供电品质。

飞机电气系统有两种工作状态：正常工作状态和非正常工作状态。飞机电气系统的正常工作状态是指飞机电源和配电系统没有发生故障的状态，正常状态也可能是稳态，也可能为过渡过程态。后者如负载的突加突卸，会导致电源电压的瞬时跌落或浪涌，如地面电源到机上电源的转换状态，此时有短时的供电中断。再如航空发动机的电起动工作，由于电起动机功率大，起动过程中负载转矩不断变化，也导致供电电压的大幅度波动。这表明正常状态时用电设备电源输入端的电能品质是变化的。

电气系统的非正常状态是指电源系统和配电系统发生故障时的工作状态，如飞机电网中某一导线的接地短路，这时电网保护器必会动作以切除短路，使系统恢复正常。又如发电机控制器（GCU）中的电压调节器发生故障，这类故障有两种形式：一是电压过高，常称过电压故障；另一种是低电压，常称欠电压故障。这类故障发生时，GCU 内的过电压保护或欠电压保护环节工作，切断励磁电流和断开 GCB，但这过程需要时间，而当 GCB 断开后，才能使另一正常工作的发电机通过 BTB 接入故障发电机的 235V 交流汇流条，仅当该 235V 交流汇流条电压恢复到正常后，才由非正常状态转入正常工作状态。很显然，非正常工作状态时，用电设备端的供电品质比正常状态更差。

本节的目的是考察飞机变频交流电源系统的供电品质对变压器、变压整流器、自耦变压整流器和三相异步电机工作性能的影响和它们对电源系统的影响。

5.7.2　变频交流供电系统的电能质量

飞机供电系统是飞机电源系统和配电系统的总称。供电系统的终端接着用电设备，因此，电能质量是指用电设备电源输入端的电能质量。

用电设备输入端的电能质量好，对用电设备是有利的，但对电源系统和配电系统来说是不利的，必然提高了电源和配电系统的技术要求，增加电源和配电系统的重量等参数。反之，若用电设备端的电能质量很差，也会导致用电设备性能的降低或重量的增大。因此，在飞机电气系统设计时，首先要协调供电和用电设备间关系，确定一个在现有技术条件下对供电系统和用电设备均有利的技术标准。这类标准有公司标准、行业标准和国家标准等不同类型，行业和公司标准中的技术要求应遵守国家标准规定，要比国标中的高才行。

不论何类标准都是规定了用电设备端电能品质的极限，极限就是电能品质的最低限度，从供电方来说，用电设备端的电能质量不能低于这个限度，从用电设备来说在这个电能极限下的用电设备的电气性能和体积重量应满足用电设备的技术要求。这样就可在既定的标准下开启电源、配电和用电设备的设计、研发和生产。

飞机供电系统电能质量包括正常状态的质量和非正常状态的质量两部分，显然正常状态的电能质量高于非正常状态的电能质量。

飞机供电系统的电能质量不仅应在设计和生产过程中保证，并且必须通过全机的地面测试，确认达到标准要求，相应地飞机用电设备也必须按标准进行测试，确认在规定的电能品质下有合格的设备性能。

实际上，用电设备端的电能质量不仅取决于电源和配电系统，用电设备也对电能品质有影响，必须同时关注供电系统对用电设备的影响和用电设备对供电系统的影响。

飞机变频交流电源是在恒频交流电源基础上发展起来的。表 5.22 是 400Hz 恒频交流供电系统在用电设备端的稳态特性数据，这些数据来自北京航空航天大学出版社 2005 年出版、沈颂华主编的《航空航天供电系统》。表中对 400Hz、115/200V

交流供电系统的稳态特性分成 4 个大类和 9 个小类。在正常状态时，用电设备端电压稳态值的允许最小值为 108V，最大值为 118V。设备端电压的变化主要由发电机电压调节点处电压误差和供电及配电线路的电压降导致。由于调节点电压是通过 GCU 内的电压调节器通过调节发电机励磁电流 i_{ef} 实现，是一个闭环调节系统，从而导致交流电压波幅的包络线不为直线，而有一低频交流脉动，俗称之为电压调制，电压脉动有效值应不大于 2.5V。飞机交流发电机为同步电机，其输出的相电压中是没有直流分量的。在 400Hz 恒频发电系统中有一种电源称为变速恒频电源，该电源由航空发动机直接传动的交流发电机和 ac/dc 及 dc/ac 变换器构成，发电机将机械能转为变频交流电能，ac/dc 变换器将变频交流电转为直流电，dc/ac 变换器再将直流电转为 400Hz 三相交流电，由于 dc/ac 变换器的不平衡会导致输出的三相交流电中有直流分量，若直流分量过大，会导致变压器偏磁，导致异步电动机损耗加大，故在 dc/ac 变换器中应有专门的直流分量调节环节，限制该直流分量在 ±0.1V 范围内。

表 5.22　400Hz 供电系统稳态特性

参数类型	稳态特性	正常状态	非正常状态
电压	稳态交流电压有效值/V	108~118	100~125
	交流电压调制幅值/V	2.5	
	交流电压中的直流分量/V	±0.1	
频率	稳态频率/Hz	393~407	380~420
	稳态频率调制幅度/Hz	4	
波形	交流电压畸变系数(%)	5	
	交流电压波峰系数	1.41±0.1	
相平衡	相电压有效值不平衡/V	3	
	相位差(°)	120±4	

另一种恒频交流电源称为恒速恒频交流电源，该电源由恒速传动装置（CSD）和无刷交流发电机构成。恒速传动装置是一个机械液压装置，它由航空发动机传动，将航空发动机变化的转速转变为恒定的转速，传动发电机。由于发电机转速恒定，故输出电压的频率也可保持恒定。由于恒速传动装置内部的调节是检测它本身的输出转速来调节液压机构从而使输出转速恒定，因此必有频率误差，表 5.22 中规定稳态频率误差应在 400Hz±7Hz 内。同样因转速调节系统为闭环系统，有频率调制现象，恒频电源允许频率调制幅值为±4Hz。

变速恒频电源由于输出频率由 dc/ac 变换器确定，在数字控制器中基准频率由晶振产生，有高的频率精度，也不含有频率调制，这是变速恒频电源优于恒速恒频电源之处。

不论是恒速恒频还是变速恒频电源都希望输出电压为正弦波。恒速恒频电源的输出电压波形主要由发电机的波形决定，但是若负载中有二极管整流电路等非线性负载，也会使波形失真度加大。表 5.22 规定用电设备端相电压失真度（或称畸变系数，或称总谐波含量）不应大于基波的 5%，变速恒频电源输出电压波形主要由 dc/ac 变换器决定，同样非线性负载也会使波形畸变加大。波峰系数是波形峰值与有效值之比，良好的正弦波比值为 1.414，表 5.22 中规定为 1.41±0.1。可见波峰系数也是衡量波形正弦度的一个指标。

三相电压对称性有两个含义：一是 ABC 三相电压的幅值或有效值应相等；二是三相电压间的相角应为 120°电角度。不论恒速恒频电源或变速恒频电源都不可能达到理想的对称。恒速恒频电源的三相对称性主要取决于发电机设计参数和制造精确度，变速恒频电源主要取决于 dc/ac 变换器构成元器件一致性和控制技术精度。负载端三相电压对称性还和电源到负载的导线相关。飞机上既有三相对称负载，也有单相负载，在负载本身不对称时，三相电流的不对称不仅使 ABC 三根馈电线的压降不同，同时也使发电机和 dc/ac 变换器三相电压不对称。表 5.22 规定了用电设备端三相电压不对称的极限。表 5.22 仅列出了恒频 400Hz 电源的稳态特性，未列出瞬态极限。

表 5.23 是 360～800Hz 变频交流供电系统的稳态特性。和表 5.22 相比，表 5.23 多了两行，一是将单相电压和三相电压平均值分别讨论，二是增加了交流电压调制频谱和单次电压谐波含量。同时第六行电压调制频谱和第十二行频率调制频谱均用图 5.68 与图 5.69 表示，规定得更详细明确。

表 5.23 变频供电交流系统的稳态特性

序号	稳态特性	115V 交流电能品质	235V 交流电能品质
1	单相电压有效值/V	100～122	190～244
2	三相电压有效值的平均值/V	101.5～120.5	193～241
3	相移(°)	120±4	120±4
4	相电压有效值不平衡/V	6	12
5	交流电压调制包络线峰谷值	5	10
6	交流电压调制频谱	见图 5.68	见图 5.68
7	总谐波含量(基波的百分值)	10%	10%
8	单次谐波含量(基波的百分值)	8%	8%
9	直流分量(第一个周波后测量)/V	±0.2	±0.2
10	波峰系数	1.41±0.15	1.41±0.15
11	稳态频率/Hz	360～800	360～800
12	频率调制频谱	图 5.69	图 5.69

比较表 5.22 和表 5.23 可见，变频交流系统的正常稳态指标放宽了，例如，稳态电压有效值，表 5.22 中为 108～118V，表 5.23 中为 100～122V，相电压不平衡

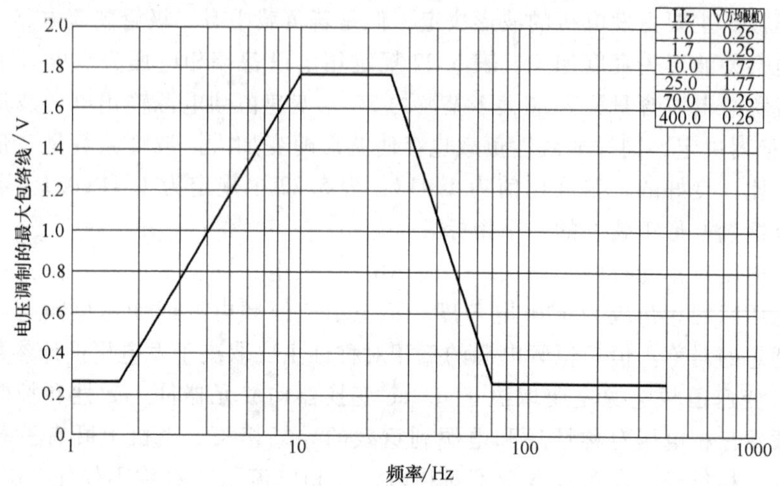

图 5.68　变频交流系统电压调制频谱

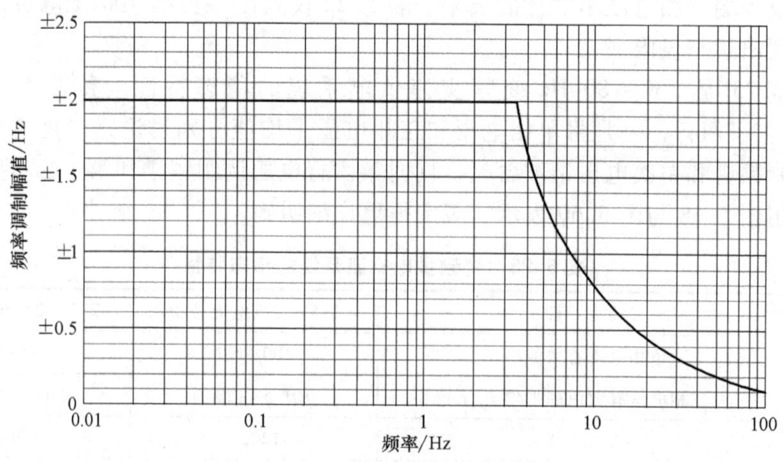

图 5.69　地面电源频率调制频谱

由 3V 增加到 6V。稳态电压和相电压不平衡不仅和发电系统的调节点电压调节精度相关，还和线路压降相关，400Hz 电源线路压降仅与通过的电流大小相关，变频电源则不同，通过同样大小的电流，800Hz 时的压降比 400Hz 时大一倍，从而导致稳态电压偏差加大，相间不平衡加大。

表 5.23 中，有 115V 电能品质和 235V 电能品质两列参数，由图 5.67 可见，115V 配电系统的参数和 235V 的配电参数是紧密相关的，这个关系由三相自耦变压（ATU）建立。由地面电源供电时，地面电源为 115/200V、400Hz 电源，115V 交流汇流条上电压大小由地面电源的电压决定，235Vac Bus 上电压和地面电源和 ATU 相关。当 VFSG 进入发电工作后，235Vac Bus 上电压由 VFSG 的输出电压决定，而 115Vac Bus 上电压由 VFSG 的电压、线路压降和 ATU 的电压降决定。而当

ASG 发电时，235Vac Bus 上电压取决于 ASG 的电压精度和输电线路的压降，115Vac Bus 上电压还要加上 ATU 的内部压降。因此，VFAC 供电系统标准的制定者必须协调这三种发电方式的差异，必须考虑用地面电源供电起动航空发动机和用 ASG 供电起动航空发动机的不同，从而降低供电标准。

表 5.22 中，400Hz 电源的直流分量来自变速恒频电源的 dc/ac 变换器，在恒速恒频电源中 400Hz 电源由同步发电机产生，没有直流分量，那么在 VFAC 电源中为什么又有直流分量，且标准中直流分量放宽到±0.2V？这是因为在该电源中有自耦式变压整流器的缘故。图 5.70 是三相发电机后接三相二极管桥式整流电路的工作电路及波形，图 5.70a 是整流管正常时的电路，图 5.70b 是整流管正常时发电机三相电流理想波形，图 5.70c 是 D_1 管开路后的电路，图 5.70d 是 D_1 管开路后的三相电流波形。由图可见，在整流桥为理想整流电路时，发电机三相电流中没有直流电流分量，相应的电压中也没有直流分量。D_1 开路后，i_a 中有负的直流分量，相应地在 i_b 和 i_c 中有正的直流分量电流，电流中的直流分量流入馈电线和电机绕组必导致电压的直流分量。

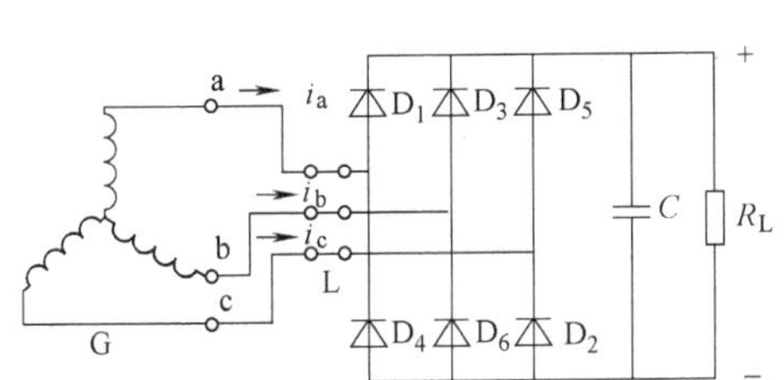

a) 三相发电机与对称三相整流桥电路

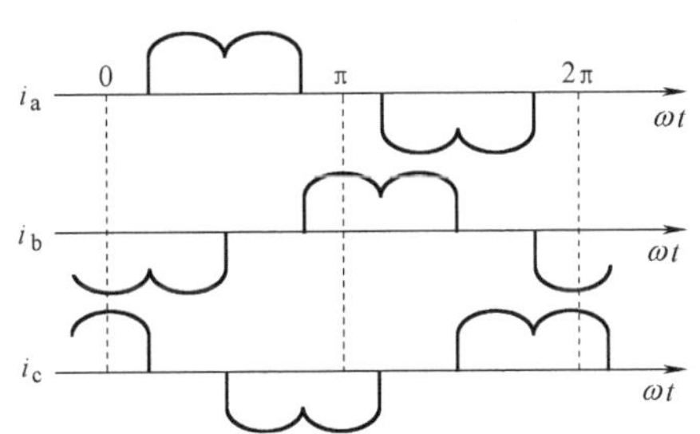

b) 对称三相整流桥理想电流波形

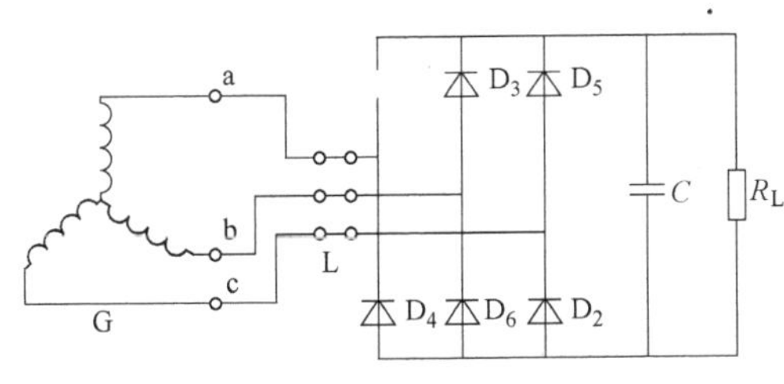

c) 三相整流桥D_1管开路后的电路

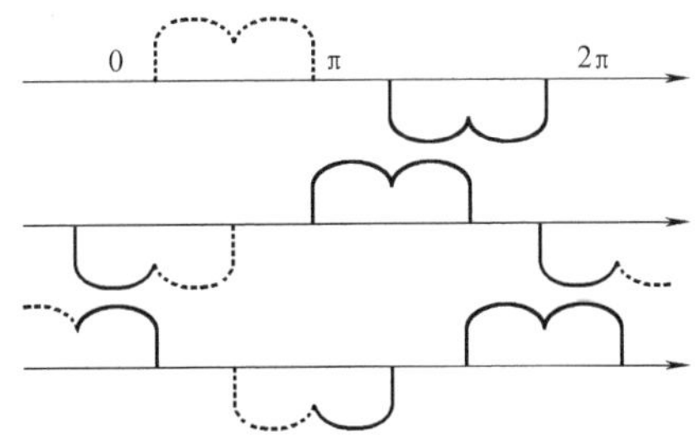

d) D_1开路后发电机三相电流理想波形(图中虚线处电流为0)

图 5.70　发电机与三相整流器的工作

G—发电机　L—发电机与整流桥间导线　$D_1 \sim D_6$—三相整流桥　C—滤波电容　R_L—电阻负载

在 $D_1 \sim D_6$ 正常时，由于 6 个二极管参数的不同，也会导致三相电流的小的直流分量。ATRU 是 18 脉波多相整流电路，有 18 个二极管，很难做到 18 个二极管的性能一致，故接有 ATRU 的发电系统中有直流电压分量也是不可避免的。

VFSG 由航空涡轮风扇发动机传动，这类发动机没有转速脉动，不会导致频率调制。表 5.23 中的频率调制可能由地面电源导致，图 5.69 的频率调制频谱也仅地面供电时才适用。但是并不是所有地面电源都会有频率调制的。

变频交流电气系统的瞬态特性有两个方面：一是电压瞬态；二是频率瞬态。电压瞬态的起因有三类：一是突加突卸负载引起的电压瞬间跌落或浪涌；二是电源正常转换导致的汇流条电压瞬时跌落；三是电磁电器断开导致的电压尖峰。

图 5.71 是 115V、360~800Hz 供电系统正常的电压瞬态极限，该图含三条曲线，一条是突卸负载的瞬态过电压曲线，浪涌电压有效值的最大值为 134V，第二条为欠电压曲线，瞬态电压跌落有效值的最小值为 80V，第三条为电源转换时的曲线，瞬态失压时间最大值达 50ms。由此可见，瞬态电压由负载突加突卸和汇流条的电源转换两类因素导致。在 400Hz 恒频电源中，瞬态电压恢复时间极限为 30ms。在变频交流系统中，过电压恢复时间极限为 0.19s，欠电压恢复时间为 0.22s，比较长。有两个因素使电压瞬态恢复时间加长，一是 VFSG 发电机励磁时间常数比 400Hz 发电机大，二是该多电飞机中有大功率电动机和 VFSG 处于起动发动机的电动状态，这类电动机起动时间长，也使用电设备端电压不能快速恢复。

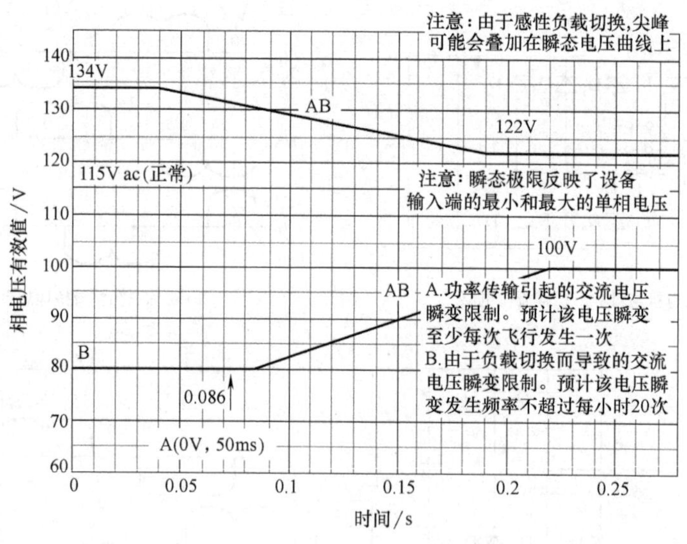

图 5.71 正常状态下 115V 系统的电压瞬态极限

图 5.72 的虚线是 115V 供电特性在电源正常转换过程中的电压瞬态极限，和图 5.71 相同。图中的实线则描述了电源转换过程中实际汇流条上的电压变化规律：当一个电源从 115Vac Bus 上切除后，Bus 电压是按指数规律下降的，而当新的电源接入该汇流条时，其电压快速增长并出现电压浪涌现象。因为该汇流条上的用电设备特性除电阻性外，也有阻感性，也有三相异步电动机，后两种负载延缓了汇流条电压的突降。

图 5.73 是 115V 交流汇流条上可能出现的电压尖峰，高达±600V 的电压尖峰

持续时间在10ms以内，高的电压尖峰对集成电路等芯片的危害极大，必须在用电设备内采取有力的抑制措施。电压尖峰在电磁式继电器和接触器断开时发生。

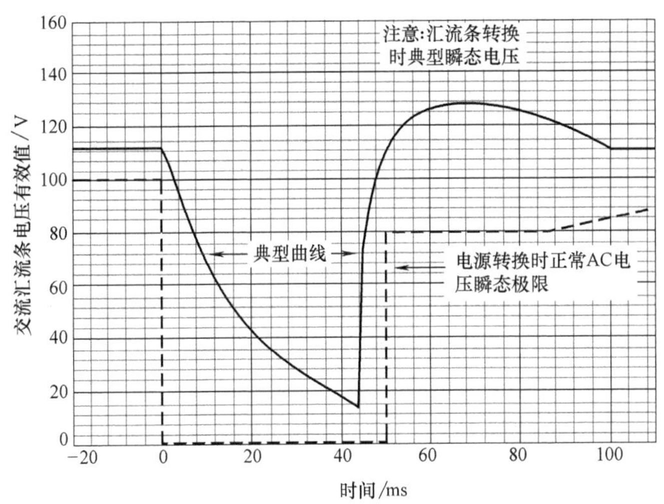

图5.72　正常状态下115V系统供电中断时瞬态电压极限

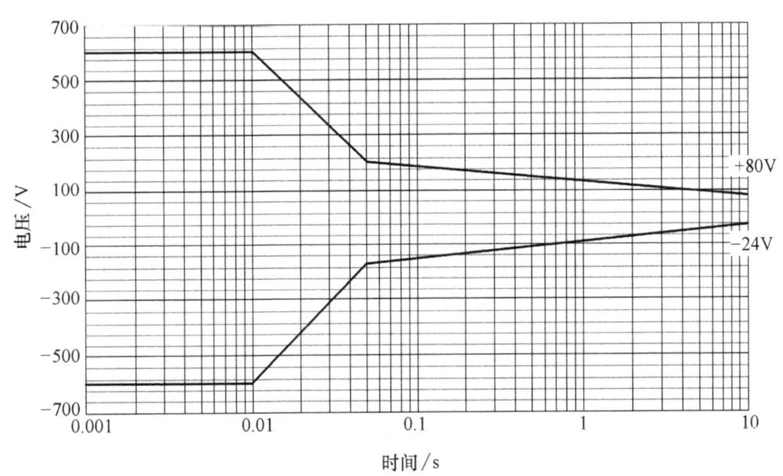

图5.73　正常状态下115V系统负载端的电压尖峰

变频交流发电机由航空发动机直接传动，由于发动机有好的加减速特性，导致发电机输出电压的频率快速变化，如正常加速度达100Hz/s，减速度达200Hz/s，电源频率的快速变化对由电源直接供电的三相异步电动机的影响很大。

在B787和A380飞机的小功率用电设备智能配电箱中大量使用固态功率控制器（SSPC），SSPC是固态无触点开关电器，不仅有借助计算机直接控制电路接通和断开的功能，还具有配电线过电流保护、短路保护、电弧故障保护、自检测和状态信息返回计算机等功能。但该类飞机用的由硅器件构成的SSPC没有抗雷击功能，万一有雷电现象时，这类 SSPC 会瞬间断开，断开后它能在 450±50μs 内自动恢复，导致由 SSPC 控制的用电设备瞬时断电。

表 5.24 是变频交流系统非正常状态时的稳态特性。比较表 5.23 和表 5.24 可见，非正常状态时相电压和三相电压平均值的极限进一步放宽，稳态频率不变。在表 5.23 中的其他参数也不因转为非正常状态而改变。

表 5.24　变频交流系统非正常状态时的稳态特性

序号	稳态特性	115V 电能品质	235V 电能品质
1	单相电压有效值/V	90~134	190~268
2	三相电压有效值的平均值/V	91.5~132.5	193~265
3	稳态频率/Hz	360~800	360~800

非正常状态时，115V 系统负载端相电压瞬态极限如图 5.74 所示，由图可见电压浪涌峰值达 180V，过电压恢复时间长达 3s，电压跌落到 0 的时间长达 10s。频率上升速度达 120Hz/s，频率下降速度达 400Hz/s。

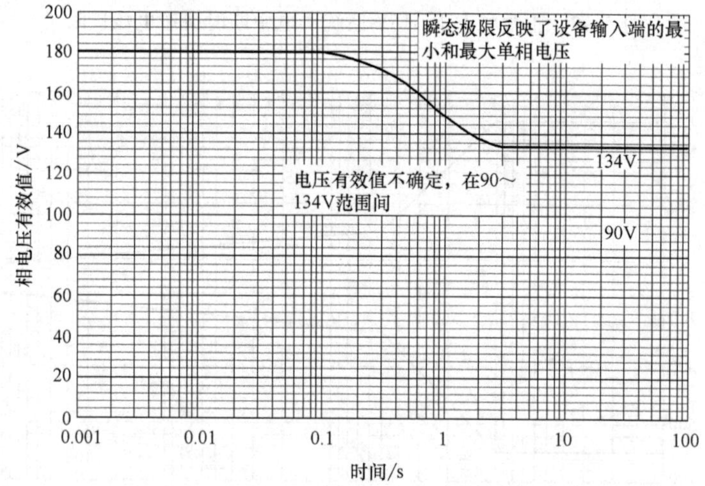

图 5.74　非正常状态下 115V 变频交流系统的电压瞬态极限

图 5.75 是 115V 系统负载端直流分量的瞬态极限，在 0.1s 时间内直流分量可达 55V，和正常状态相比大幅度增加。

由此可见，现有变频交流电源用电设备端的电能品质比 400Hz 低得多，对用电设备性能影响较大。

5.7.3　变频交流系统中的变压器和变压整流器

在 B787 飞机中有三类电磁式电能变换器，即自耦变压器（ATU）、变压整流器（TRU）和自耦变压整流器（ATRU）。这三类电器对发电机和地面电源来讲是

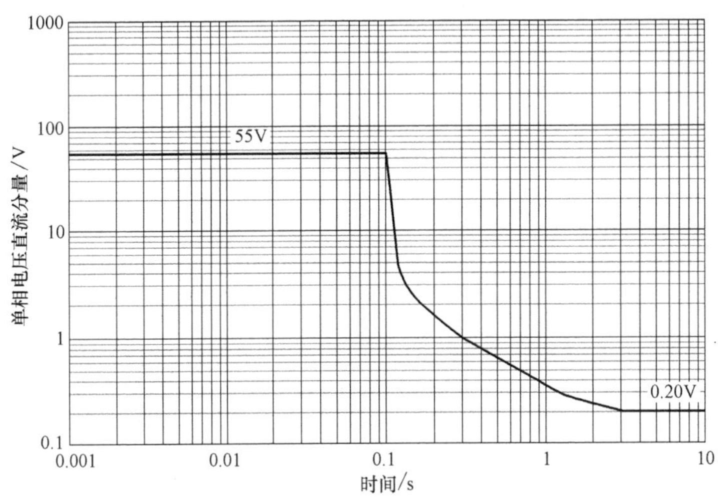

图 5.75　非正常状态下 115V 变频交流系统的直流分量瞬态极限

属于用电设备，其输入端电能质量应符合 5.7.2 节的要求，ATU 输出电能质量也应满足该节要求。ATU 为双向交流电能变换器，不论电能从哪一侧输入，其输入和输出侧电能质量都必须在 5.7.2 节的极限范围内，这表明该标准是个规定的极限，并不表示变频交流供电系统的电能品质以满足标准而止步。TRU 和 ATRU 是变频交流到直流的电磁式单向变换器，它们的输入端受 5.7.2 节的约束，输出端受该飞机直流电能质量指标的约束。由于 TRU 和 ATRU 为不控电器，故输出端的电能质量比输入端还低。

B787 的上述三类电磁式电能变换器中的变压器有两类：一类是双绕组或多绕组变压器，双绕组变压器的一个绕组为一次侧绕组，与变频交流电源相接，另一绕组为二次侧绕组，与用电设备相连，由于一、二次侧绕组间是电绝缘的，故一、二次侧间是电隔离的，三绕组变压器有一个一次侧绕组和两个二次侧绕组，三个绕组间也为电绝缘。飞机变压整流器由三绕组变压器和输出二极管整流电路构成，两个二次侧绕组一个是接成星形的三相绕组，另一个是接成三角形的三相绕组，这两个三相绕组的输出线电压相同，故由二极管三相整流桥整流后的直流电压平均值也相同，两整流桥并接后形成 12 脉波整流电路，这种变压器绕组的连接有助于减小直流输出电压的脉动和输入交流电流中的谐波。由于一、二次侧没有电连接，即使整流二极管有开路或短路故障，在变压器二次绕组的电流中有直流分量，这直流也不会反射到一次侧，这是 TRU 采用多绕组变压器的优点。

另一类常用的变压器是自耦变压器，如图 5.76 所示自耦变压器仅一个绕组。B787 的 ATU 就是将 235V 交流电转化为 115V 交流电或将 115V 交流电转化为 235V 交流电的三相自耦变压器。图 5.76a 是 235V 交流电源加于 ATU 的高压侧，低压侧输出 115V 交流电给用电设备，图 5.76b 是 115V 交流电源加于 ATU 的低压侧，高压侧输出 235V 交流电，故 ATU 是一个双向交流电能变换器。由于变压器每相仅一套绕组，用铜量少，同功率的自耦变压器的体积重量比双绕组变压器小，绕组电阻与电抗也小。自耦变压器的缺点是一、二次侧没有电隔离。

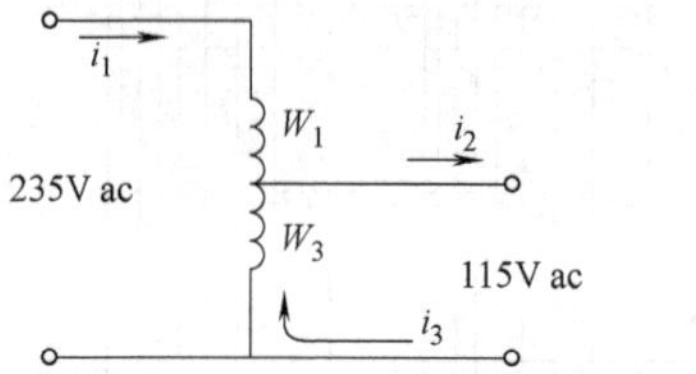

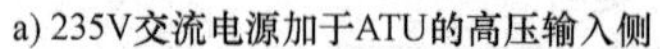
a) 235V交流电源加于ATU的高压输入侧

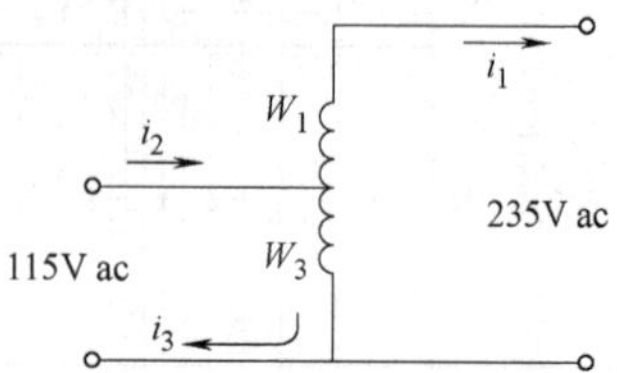

b) 115V交流电源加于ATU的低压输入侧

图 5.76　自耦变压器（ATU）的单相电路

一次侧为三相的变压器的二次侧可成为 6 相、9 相、12 相或更多的相数。图 5.77 是一台一次侧为三相三角形联结，副边为一 6 相星形联结的变压器电路原理图。

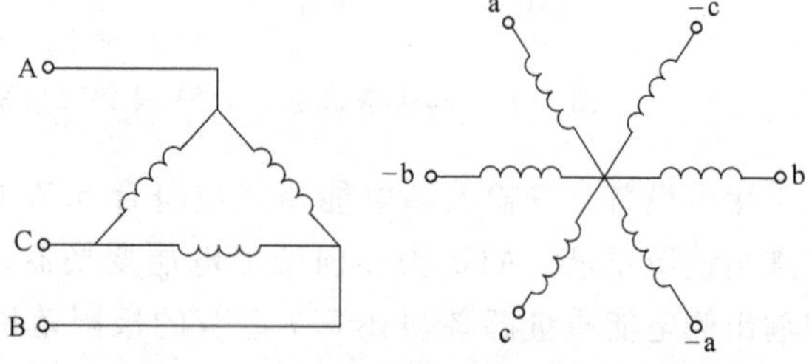

图 5.77　三相一次绕组六相二次绕组变压器电路图

B787 的自耦变压整流器（ATRU）是用于将 235V 交流电转为±270V 直流电的电能变换器。为了减轻重量，变压器为自耦变压器，借助于附加的二次绕组将三相交流电转换成三相互差 20°电角度的交流电，每组三相绕组接二极管三相整流桥，构成 18 脉波整流电路。这样可以减小输出直流电压的脉动和使输入电流趋于正弦，输入功率因数接近于 1，即 $\cos\varphi \approx 1.0$。

理想双绕组变压器有

$$\frac{U_1}{U_2}=\frac{W_1}{W_2} \tag{5.48}$$

$$S_1=S_2 \tag{5.49}$$

$$\frac{I_1}{I_2}=\frac{W_2}{W_1} \tag{5.50}$$

式中，U_1、U_2 为一、二次侧电压有效值（V）；S_1、S_2 为一、二次侧输入输出视在功率（VA）；I_1、I_2 为一、二次侧电流有效值（A）；W_1、W_2 为一、二次侧绕组匝数。设变压器的匝比 $W_1/W_2=k$，k 称为变压器电压比。

通常三相变压器三相是对称的，故可用单相来代表，上式中的电压、电流和功率均为相电压、相电流和单相功率。理想变压器是无损耗的变压器，忽略了绕组铜损和铁心损耗，且假定一、二次侧绕组耦合充分没有漏磁。实际变压器是不能不计铜耗和铁耗的，也不可能没有漏磁，故变压器常用图 5.78 所示的单相等效电路进

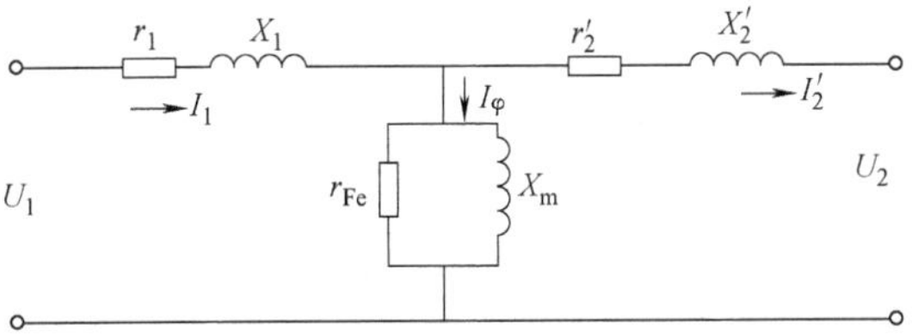

行分析。r_1、X_1 为一次绕组的电阻和漏电抗。r_2'、X_2'为二次绕组的电阻 r_2 和漏抗 X_2 归算到一次侧的值，X_m 为变压器的励磁电抗，r_{Fe} 是变压器铁心损耗的电阻表达。

图 5.78 变压器的单相等效电路

r_1，X_1——一次绕组电阻和漏抗 r_2'，X_2'—二次绕组的电阻和漏抗归算到一次侧的值 X_m—变压器的励磁电抗 r_{Fe}—变压器铁心损耗电阻 I_φ—变压器的励磁电流

由功率相等的原理，得

$$r_2' = k^2 r_2 \tag{5.51}$$

$$X_2' = k^2 X_2 \tag{5.52}$$

若变压器二次侧的负载电阻为 r_L，则归算到一次侧时的负载电阻 r_L'为

$$r_L' = k^2 r_L \tag{5.53}$$

图 5.78 的电路是将变压器二次侧电路归算到一次侧的电路，自然也可以将一次侧归算到二次侧。由于将变压器二次侧归算到了一次侧，故变压器的等效电路如图 5.78 所示，为一个 T 形电路。由等效电路可见，在变压器二次侧未接负载时，若在一次侧加上电压 U_1，则该变压器为空载，在 U_1 作用下一次绕组中有磁化电流 I_φ 流入，$I_\varphi W_1$ 的磁势在铁心中产生磁通 Φ_m，Φ_m 在一次和二次绕组中感应出电动势 E_1 和 E_2，E_1 和 E_2 电动势的有效值为

$$E_1 = 4.44 f W_1 \Phi_m \tag{5.54}$$

$$E_2 = 4.44 f W_2 \Phi_m \tag{5.55}$$

由于励磁电流 I_φ 较小，故 I_φ 在 r_1 和 x_1 上的电压降可以忽略，这时有 $E_1 = U_1$，表示空载感应电动势 E_1 等于电源电压 U_1。f 为电源频率。空载时二次侧电压 $U_2 = E_2$。

变压器铁心由硅钢片叠合而成。硅钢片的基本特性之一是磁化曲线，即铁心中磁感应强度 B 和磁场强度 H 的关系曲线。磁化曲线可分为三段，第一段为线性段，B 和 H 成正比，第三段为饱和段，H 的加大只引起 B 的少许加大，中间是过渡段，是线性段与饱和段间的渐饱和段。通常变压器铁心磁感应强度取在过渡段，有足够高的 B，以提高变压器的功率密度。

若变压器的工作点处于饱和段，则必要求有大的磁化电流 I_φ，因为 $I_\varphi W_1 = Hl$，H 为磁场强度，l 为变压器铁心的平均长度（m），饱和段工作时 H 相当大。B 的加大也导致铁心损耗的加大，r_{Fe} 减小。

变压器负载时，若电源电压 U_1 恒定，则负载电流越大，电流 I_1 也越大，负载端电压 U_2 越小。

$$U_2' = U_1 - I_1(r_1 + r_2') - jI_1(X_1 + X_2') \tag{5.56}$$

式中，$I_1(r_1+r_2')$ 为变压器一、二次侧绕组的电阻压降；$jI_1(X_1+X_2')$ 为变压器一、二次侧绕组的漏抗压降。

飞机变压整流器（TRU）的变压器为三绕组变压器，B787 的 TRU 一次侧相电压额定有效值为 235V，二次侧整流后直流电压额定值为 28V。TRU 由 360Hz～800Hz 变频交流电源供电时，变压器的设计点应取在 235V 和 360Hz 时，也即在该状态下，变压器铁心的磁感应强度 B 应在磁化曲线的过渡段上。当电源频率升高到 800Hz 时，若电源电压有效值仍为 235V，则变压器的磁通 Φ_m 和磁感应强度 B 必降到 360Hz 时的一半以下。

由表 5.23 可见，360～800Hz 变频交流电负载端的交流电压变化极限为 193～241V。这表示，尽管 TRU 变压器的设计点为 235V、360Hz，但必须考虑在 360Hz 时在 241V 交流电压下变压器不过分饱和，过饱和必导致一次侧电流和铁心损耗过大，导致变压器过热。电源频率达 800Hz 而电压为 193V 交流时，负载时变压器二次侧电压必显著下降，这是因为此时电源电压仅 193V，而变压器一、二次侧绕组的电抗 x_1 和 x_2' 却大一倍，使电抗压降大一倍。

TRU 不仅应经受三相电源电压平均值的变化的考核，还必须经受三相电压不对称的测试。表 5.23 中三相电压相移极限为 120°± 4°，交流电压幅值偏差为 12V。表 5.25 列出了用电设备的 4 个测试电压和频率点。由于相电压大小不平衡和相位差不同往往联系在一起，图 5.79 的星形图表示了线电压差别的变化，当 $U_A = U_B =$ 244Vac，两电压间相角为 124°时，线电压 U_{AB} 达最大值，而 U_{BC} 则为最小，见图 5.79a。当 $U_A = U_B =$ 190Vac，二者相角为 116°时，U_{AB} 达最小值，U_{BC} 此时却为最大。变压器一次侧的不对称必导致三相二次侧电压的更大不对称，因为励磁电流和负载电流不对称，变压器三相内阻抗压降也不平衡，使 TRU 输出电压脉动加大，输入三相电流不对称加大。

三相变压器输入端电压调制包络线的峰谷值最大达 5V，其有效值频谱如图 5.68 所示，由图可见，在调制频率 10～25Hz 区间调制波有效值达 1.77V。在讨论三相电压平均值极限（193～241V）和三相电压不对称（表 5.25、图 5.79）时是不含电压调制的，实际的相电压和线电压也避免不了电压调制，导致 TRU 输出电压脉动进一步加大，使变压器损耗加大，输出直流电压变化加大。

表 5.25　加于用电设备端不对称电压测试值

相电压有效值/V			频率/Hz
A	B	C	
244	244	232	800
190	190	202	800
244	244	232	360
190	190	202	360

TRU 输入端三相电压波形除基波分量外，还有多种高次谐波，所有谐波的总和与基波之比称为畸变系数或失真度。TRU 不仅需要在总谐波含量达 10%条件

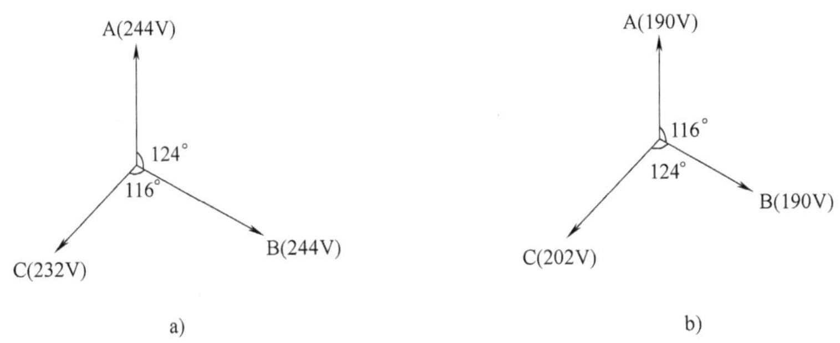

图 5.79 相电压不平衡和相位不平衡导致线电压有效值加大

下进行测试，还必须在各单次谐波含量为基波的 8% 条件下测试，考核 TRU 的工作特性。图 5.80 是失真度测试的单相试验系统原理图，三个相同的单相试验系统可构成三相测试系统。交流变频正弦电源输出电压有效值 235V，频率 360～800Hz，正弦波输出；L 为用于加大电源内电抗的外接电感；D_1～D_4、C 和 R_r 构成非线性单相负载，R_r 为可调电阻，调节 R_r 使被测用电设备输入端电压总谐波含量为基波的 10%，在相电压 241V 和 193V、频率分别为 800Hz 和 360Hz 下考察 TRU 的性能。

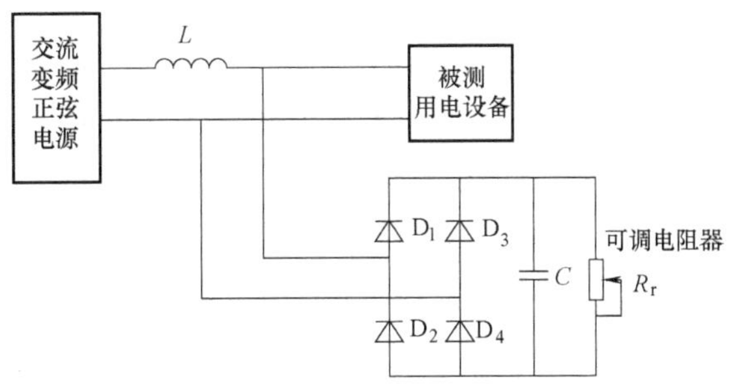

图 5.80 单相失真度测试设备框图

TRU 的单相单次谐波测试电路如图 5.81 所示，这是单相用电设备测试电路，三相电路由三相变频交流电源、音频信号功率发生器和三个适配变压器 TU 构成。TU 适配变压器用于将音频发生器产生的单个谐波与变频交流电源的基波合成为单次谐波测试设备。测试时在交流电源为 800Hz、235V 时，音频信号频率从 1400Hz 变化到 50kHz。交流电源为 360Hz、235V 时，音频信号从 700Hz 逐步加大到 50kHz。在单次谐波频率小于 15.2kHz 时单次谐波幅值应为基波的 8%，大于 15.2kHz 后单次谐波幅值为 6%。

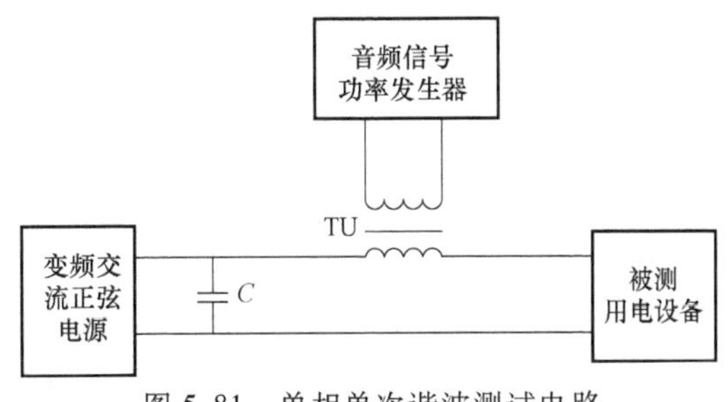

图 5.81 单相单次谐波测试电路

不论是 10%的总谐波含量或 8%的单次谐波，对变压器来讲均增大了它的铁损和铜损，增加了输出电压的失真度。对 TRU，则还使输出电压脉动加大，损耗加大。

400Hz 交流电源的波峰系数为 1.41±0.1，360～800Hz 变频电源的波峰系数为

1.41±0.15，这和变频交流电源的总谐波含量大是相关的，对变压器和 TRU 的影响类似。

360~800Hz 电源的直流分量正常值达±0.2V。由于 ATU 和 TRU 的一次绕组电阻不大，0.2V 直流电压也形成较大的一次绕组中的直流电流，形成直流磁势 $I_{dc}W_1$，使变压器铁心偏磁，导致铁损加大。由于变频交流电源发生 ATRU 故障时直流分量更大，必须重视直流分量对 ATU 和 TRU 的影响，ATRU 有故障时应尽快断开 ATRUC。

图 5.82 是三相用电设备输入直流电压分量测试电路，该电路的关键电源是三台 0.2V±0.06V 直流电源。对于大容量用电设备，由于相电流很大，0.2V 低压直流电源通过大小和方向周期性变化的相电流时仍要保持直流电源电压的正确度。

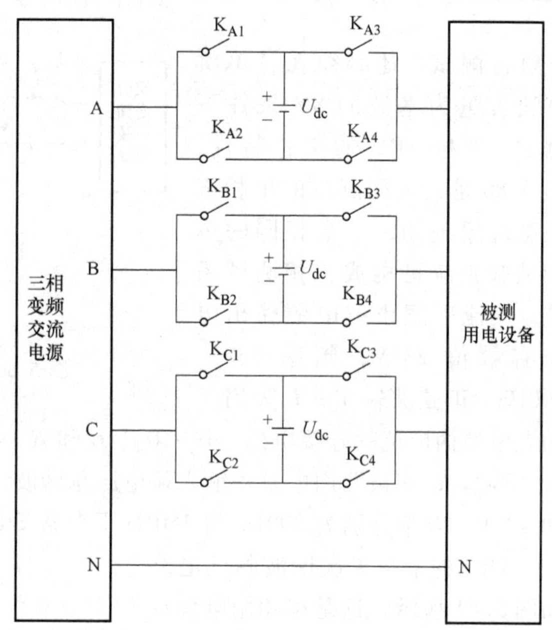

图 5.82　三相直流分量测试电路

U_{dc}—直流电源　K_{ij}—i=A、B、C，j=1~4，直流电压转换开关

地面电源可能发生的频率调制的幅值不大，对变压器和 TRU 的影响也较小。

在正常电压稳态和瞬态情况下，变压器和 TRU 的测试性能应符合产品技术指标要求。变压器和 TRU 不仅应在正常状态下测试其性能，而且必须在非正常电源状态下进行测试。在非正常电源状态下测试时，用电设备不应损坏并保持安全，且不降低设备的可靠性和寿命。当设备端电压恢复正常后，设备性能应恢复正常。在非正常条件下测试时，设备的性能可以降级，其性能应在设备的专用技术条件中规定。

在正常状态时，三相变压器和 TRU 的稳态电压平均值在 193~241V 范围内变化，而非正常状态时在 190~265V 范围内变化。后者低压极限减小了 3V，但高压则升高 24V。当变压器在 360Hz 下工作时，额定电压 235V 时已趋饱和，电压升高必导致过饱和，励磁电流和铁心损耗急剧升高，输出电压也升高。

非正常状态的瞬态电压高达 315V，持续时间 0.1s，在 3s 时才恢复到 265Vac。电压为 0V 时间则长达 10s。与 235V 相比，瞬态电压幅值超过 34%，变压器励磁电流急剧升高，励磁电流中 3 次谐波因铁心过饱和而加大，使铁心和绕组温度快速升高。而长达 10s 的失电使变压器二次侧输出降为零，TRU 的输出也降为零，导致

28V 用电设备不能工作。

变压整流器的变压器二次侧接三相桥式整流电路，TRU 的变压器有两套二次绕组，一套为星形联结，其电路如图 5.70 所示，另一套三相绕组为三角形联结，其输出也接三相桥式整流电路。三相星形联结二极管整流电路从一相向另一相转换时，由于变压器绕组的漏电感，退出相电流不会立即下降，进入相电流也不会立即上升，有换相延迟，导致该两相相间短路，使整流输出电压降低，这就是换相重叠电压损失，电压损失大小和换相电抗、TRU 输出直流电流成正比。三角形联结的变压整流电路则不是换相重叠，而是同一相电流方向的转换，也导致输出电压降低。电压下降量在输入端电压达最小值、工作频率达 800Hz 时为最大，因为高频 800Hz 时换相电抗比 360Hz 时大一倍多。变压器的换相电抗也就是其绕组漏抗。

由于 TRU 输入端电能质量较差，再加上 TRU 本身导致输出电能品质的降低，使 TRU 的 28V 用电设备端电源品质比其交流输入端的电能质量更差。不同的仅是 TRU 输入端为 235V、360Hz~800Hz 交流电，输出端则为 28V 直流电压。

表 5.26 是 TRU 供电的 28V 用电设备端电压稳态品质极限，可见该电压变化范围比变频交流电压的极限更大。图 5.83 是电压脉动频谱，在 1~30kHz 区间脉动电压有效值高达 1.4V。图 5.84 是瞬态直流电压极限，直流电压浪涌最大值达 46.3V，恢复时间达 0.15s，突加负载时电压跌落极限为 18V 直流电压。电源转换时电压降到 0 的持续时间为 50ms。

表 5.26　TRU 供电的 28V 用电设备端电压稳态质量

序号	稳态特性	电能质量	序号	稳态特性	电能质量
1	直流电压/V	22~32.8	3	电压脉动频谱	见图 5.83
2	电压脉动峰-峰值/V	4.0	4	电压尖峰/V	±600

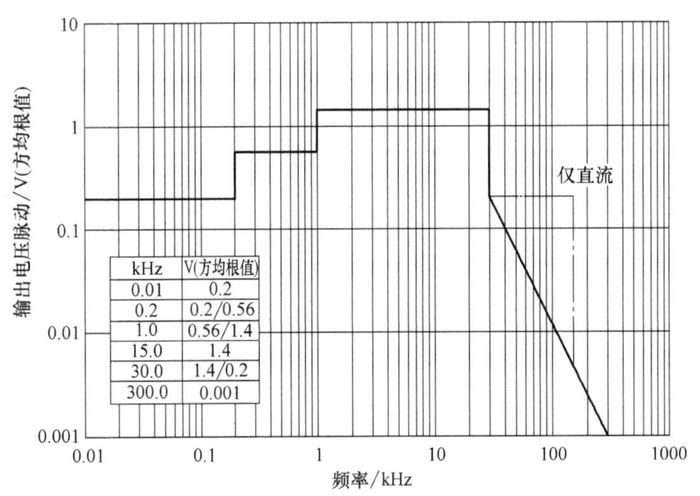

图 5.83　TRU 供电的用电设备端电压脉动频谱

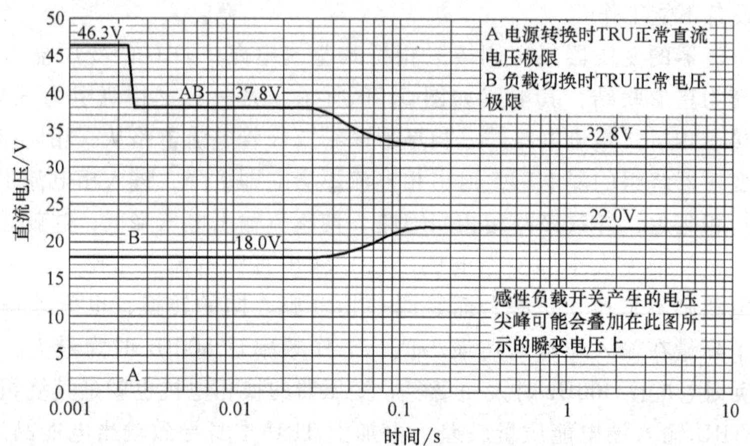

图 5.84　TRU 供电的用电设备端瞬态电压极限

28V 用电设备在正常状态下测试时，基本性能应符合技术要求。

在非正常状态时，由 TRU 供电的用电设备端电压稳态极限为 20.5～35.5V 直流，非正常状态时瞬态电压浪涌可达 46.3V 直流，持续时间 0.25s，2s 后才能达到稳态值 32.8V，而瞬态电压到 0 的持续时间则长达 10s。

值得指出的是，在 B787 飞机的二次配电箱 SPDU 和远程配电箱 RPDU 中的控制器件为固态功率控制器（SSPC），而 SSPC 则处于 28V 或 115V 交流用电设备的电源侧，与用电设备串联，当发生雷电时，由硅元件构成的 SSPC 会发生突然断电现象，并在 450μs 后又自动恢复。若恢复后雷电尚未消失，则又会中断，从而导致用电设备出现连续有电和失电现象。这种现象对于其有数字控制器和存储器的用电设备来说极为不利。这类设备必须通过供电连续中断测试而不降低性能才能装机使用。

5.7.4　变频交流电源供电的自耦变压器和自耦变压整流器

图 5.76 是自耦变压器（ATU）的原理图，ATU 为双向电能变换器，既可将 235V 交流电转为 115V 交流电，也可将 115V 交流电转为 235V 交流电。由图 5.76 可见，不论电源处于高压端或低压端，ATU 的电流为 $I_1+I_3=I_2$，若不计 ATU 的磁化电流，则有 $I_1W_1=I_3W_3$，$I_3=(W_1/W_3)I_1$，故有 $I_1(1+W_1/W_3)=I_2$。ATU 的优点不仅是用铜量少，体积重量小，损耗小，而且一、二次侧绕组电阻和电抗均小于双绕组变压器。故 ATU 负载时，在电源电压不变时，输出电压的变化量小于双绕组变压器。

因此，由自耦变压器与输出二极管整流电路构成的自耦变压整流器（ATRU）的电性能也优于变压整流器（TRU）。

ATU 和 ATRU 对变频交流电源来讲是用电设备，研制产品必须经受 235V、

360~800Hz 电源下的与 TRU 同样的正常状态下各项稳态和瞬态测试，其性能应符合技术要求，要能经受住电源非正常状态下的各项稳态和瞬态性能测试，此时 ATU 和 ATRU 的性能可以降级，但当电压恢复正常后，其性能必须符合技术要求。

ATU 的输入端电能稳态质量和输出侧用电设备端电能的质量，不论输入为 235V 变频交流电还是 115V 变频交流电，均应满足表 5.23 的需求，瞬态特性也应满足 235V 交流和 115V 交流用电设备要求。

ATRU 是将 235V 交流电转为 270V 直流电的单向电能变换器，其输入端电能稳态质量应在表 5.23 的极限范围内，瞬态电压质量应在 235V 交流电源瞬态极限范围内。由此可知 ATRU 输出侧±270V 直流用电设备端电能质量，比 235V 交流电能质量更差些，但为直流电能，故交流电的波形非正弦度和三相不对称等电气性能均转为 ATRU 的输出电压脉动和其内部损耗的加大。由于 ATRU 输出二极管整流桥后接电容滤波电路，输出电压脉动也因滤波电容而有所减小。表 5.27 是±270V 直流电源用电设备端的电能正常稳态特性。

表 5.27 中，±230V 直流的+230V 直流是 ATRU 正接线端对地电压的平均值，-230V 是其负输出端对地电压的平均值，故正负接线端差模电压平均值为 460V 直流。由表可见，在飞机用地面电源起动航空发动机时，其差模电压最小值为 460V 直流，最大值为 640V 直流，相差达 180V 直流。发动机不用电起动电压差为 140V 直流，相差也很大。

表 5.27　±270V 直流电源用电设备端正常电能稳态质量

序号	稳态特性	电能质量
1	地面电源供电起动航空发动机时的直流电压/V	±230~±320
2	非发动机电起动时的直流电压/V	±250~±320
3	直流电压脉动峰-峰值(差模电压)/V	32
4	差模电压脉动频谱	见图 5.85
5	共模脉动电压峰-峰值/V	62
6	共模电压脉动频谱	见图 5.86

差模电压脉动峰-峰值是正常稳态时，ATRU 正负输出端电压脉动的峰-峰值。脉动电压最大值常在发电机的频率达 800Hz 和三相电压不对称时发生，高频时整流电路换相电抗加大，换相电压损失大，三相电压不对称进一步加大了输出直流电压脉动。

图 5.85 是稳态差模电压的脉动频谱，在频率为 1~10kHz 范围内，脉动电压有效值最大，达 4V，这其中以发电机基波电压的 2 次和 6 次谐波幅值最大。共模电压是 ATRU 正输出端与负输出端最大脉动电压瞬时值之和的一半。图 5.86 是共模电压脉动频谱，在 3~8kHz 区间为共模电压脉动峰值，最大达 18V。

用电设备在输入端加±320V 直流或±250V 直流电压作差模和共模电压脉动测

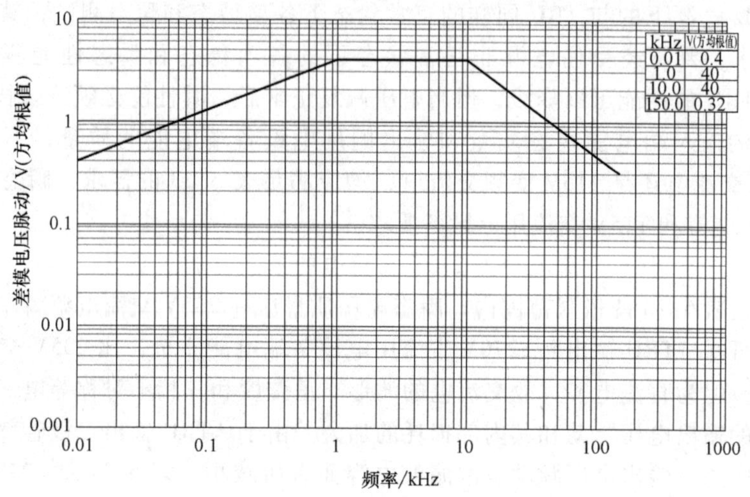

图 5.85 ±270V 直流差模电压脉动频谱

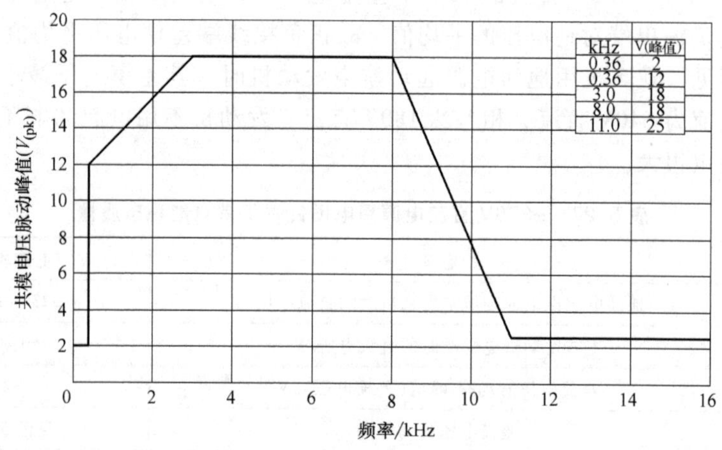

图 5.86 ±270V 共模电压脉动频谱

试时，其电路如图 5.81 所示。与此图不同之处有两点：一是电源由交流电改为±270V 电压可调的直流电源；二是正弦音频信号发生器输出的适配变压器有两个，一个在正线侧，另一在负线侧。作差模电压频谱测试时，用有效值电压表测量音频信号，共模电压频谱测试时，用正弦波峰值测试仪，测量变压器二次侧电压峰值。

图 5.87 是±270V 用电设备输入端正常状态电压瞬态极限，瞬态电压最大值达±356V，持续时间 40ms，最小电压±200V，持续时间 85ms。在交流电源转换时，电压最小值为 0V，持续时间长达 0.25s。用电设备测试时可这样设定瞬态电压，以模拟电压瞬变过程：从±365V(40ms) 到±335V(135ms)，再到±270V(5s)，再降到±200V(85ms)，回升到±230V(130ms)，回到±270V 直流。

用电设备在正常稳态和瞬态电压测试时，性能应符合技术指标要求。0V、

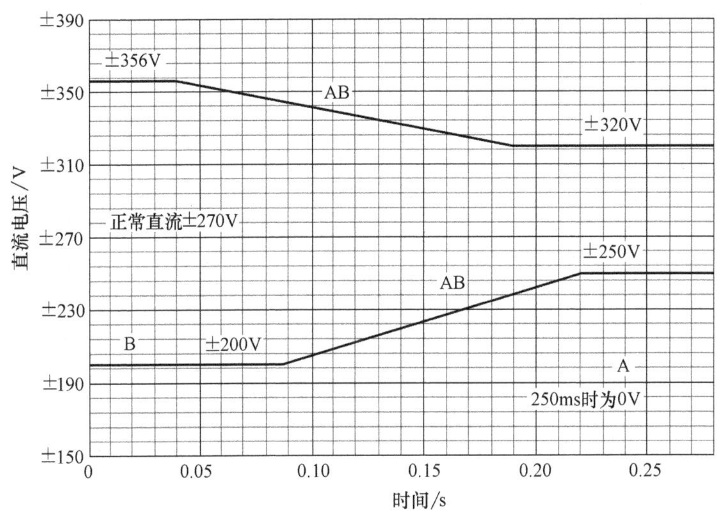

图 5.87　±270V 用电设备输入端正常瞬态电压极限

0.25s 的供电中断测试时用电设备性能可以降级，由专用技术条件规定，但当电压恢复正常后，设备性能必须完全恢复。

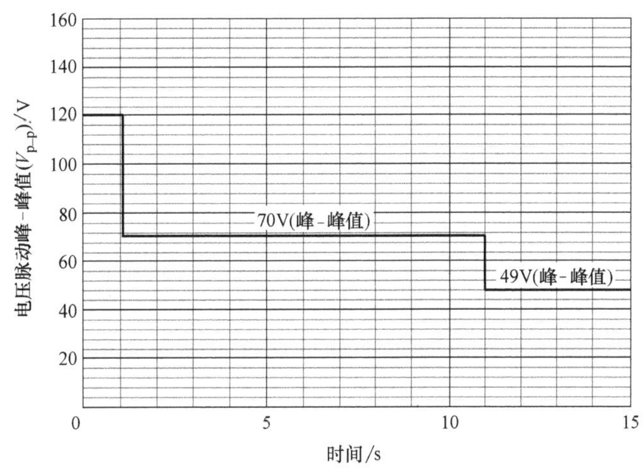

图 5.88　±270V 用电设备端差模电压脉动幅值极限

±270V 直流电源用电设备端非正常稳态和瞬态特性主要有三条：一是非正常电压稳态极限为±240V ~ ±356V，±356V 正是正常状态瞬态电压极限；二是差模电压脉动最大幅值，如图 5.88 所示；三是非正常瞬态电压极限，如图 5.89 所示，电压瞬态最大值达±400V 直流，持续时间 0.1s，电压中断持续时间达 10s，其后电压恢复到±240V 直流。

要求用电设备端非正常稳态电压为±240V 直流和 356V 直流时分别工作 5min，性能满足技术要求。

用电设备差模电压脉动测试可用以下方法模拟：在直流电压为±320V 直流和±250V 直流下叠加差模电压脉动 120V/1.1s、70V/11s、49V/5min。非正常状态时差模电压脉动加大，由 ATRU 的二极管或输出滤波电容故障导致。

由此可见，由于 TRU 和 ATRU 是不可控的电磁式电能变换器，故其在用电设备端的电能品质比变频交流电的品质还差。而 28V 和±270V 直流用电设备必须在

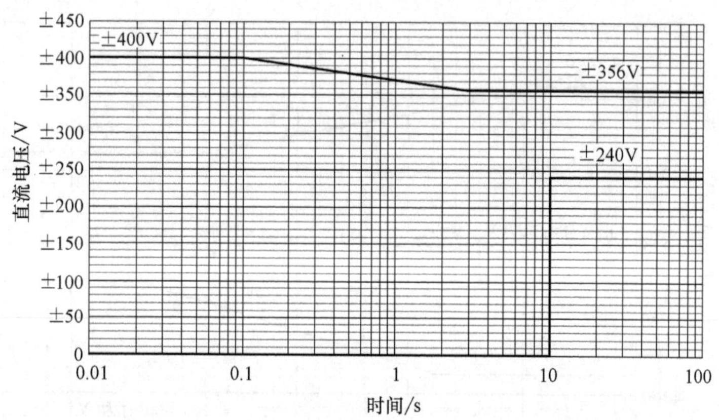

图 5.89　±270V 用电设备输入端电压非正常瞬态极限

此种电能品质下有好的运行性能。由于变频交流电源不能并联运行，再加上变频交流发电系统中瞬态过电压保护电路的不足，导致电源正常和非正常持续时间过长，使 TRU 和 ATRU 也有长的电压为 0 时间。而 TRU 和 ATRU 供电的设备大都为具有 CPU 和数字存储芯片的电路，它们对供电中断十分敏感，这时只能靠锂电池或其他方法弥补该缺点。

5.7.5　变频交流电源供电的异步电动机

笼型异步电动机结构简单，工作可靠，使用方便，得到了广泛应用。在 400Hz、115/200V 恒频飞机交流电源的飞机上，广泛使用异步电动机，用于驱动风机和泵或其他机械设备。在 B787 和 A380 飞机上，主电源改为 360~800Hz、235V 或 115V 变频交流电源，飞机上仍用异步电动机驱动风机和泵。由变频恒压电源供电的异步电动机的工作有何新的特点？

由于异步电机转子电流和变压器一样由感应产生，故异步电机的等效电路和变压器相同，也为 T 形网络，如图 5.90 所示。r_1、X_1 为定子相绕组电阻和漏电抗；r_{Fe}、X_m 为铁心损耗等效电阻和励磁电抗；r_2、X_2 为归算到定子侧的转子绕组电阻和电抗；$r_2(1-s)/s$ 为等效负载电阻；$s=(n_s-n)/n_s$，为转差率；n_s 为旋转磁场转速；n 为电机转速；I_1 为定子相绕组电流；I_φ 为励磁电流；I_2 为归算到定子侧的转子电流。和变压器的等效电路相比，图 5.90 有以下不同：一是异步机定子和转子间有气隙，即磁路的磁阻大，故异步机的励磁电流 I_φ 比变压器的要大得多；二是转子参数归化到定子侧后，电路的频率等于电源的频率了，实际上转子电流电压的频率不仅取决于电源频率，还和电机转速 n 相关，当转子转速 $n=0$ 时，$s=1$，定转子间没有相对运动，故转子频率 $f_r=f_s$，f_s 为电源频率，即定子绕组工作频率；若 $n=n_s$，$s=0$，转子转速 n 等于定子中三相对称电流产生的圆形旋转磁场转速 n_s 时，转子导体中没有感应电动势，没有电流，转子的频率为 0；若转子上有机械负载，

使电机转速 $n<n_s$，转子中有感应电动势，电动势频率 $f_r=sf_s$，由于转子绕组为对称多相系统，可看成为对称三相系统，其感应电势和感应电流也为对称三相正弦电流，形成转子旋转磁场，其转速和 f_r 成正比，转向和转子转向相同，这时转子旋转磁场的转速加上转子转速 n 就等于定子电流的旋转磁场转速 n_s，$n_s=n+n_{rs}$，式中，n_{rs} 是转子电流产生的旋转磁场相对于转子的转速。这样，转子磁场的转速 $(n+n_{rs})$ 相对于定子磁场转速 n_s 为0，这两个相对转速为0的磁场相互作用，形成电机的转矩 T；三是转子吸取的功率为 $I_2^2[r_2+r_2(1-s)/s]$，其中 $I_2^2r_2$ 是转子绕组电阻损耗，$I_2^2r_2(1-s)/s$ 是电机的输出功率，若 $s=0$，$n=n_s$，电机为理想空载状态，输出功率为0；若 $s=1$，$n=0$，为电机刚加电的起动初始状态，输出功率也为0，但此时由于 $s=1$，电机相当于一台短路的变压器，定子和转子中电流都很大。为了限制异步机起动电流，对绕线转子异步机可在转子电路中串入外加电阻，对笼型异步电机可采用降低电源电压的方法。

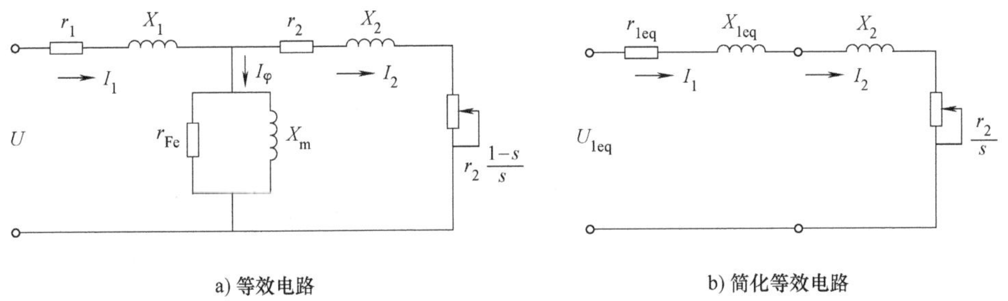

图 5.90 异步电机等效电路及应用戴维南定理的简化等效电路

借助于图 5.90 的等效电路和戴维南等效发电机方法，可以导出异步电动机的转矩表达式：

$$T=\frac{1}{\omega_s}\left[\frac{pU_{1eq}^2\frac{r_2}{s}}{\left(r_{1eq}+\frac{r_2}{s}\right)^2+(X_{1eq}+X_2)^2}\right] \tag{5.57}$$

式中，电源角频率 $\omega_s=2\pi f_s$，f_s 为电源频率；p 为电机极对数。

$$U_{1eq}=U_1\frac{jX_m}{r_1+j(X+X_m)} \tag{5.58}$$

$$Z_{1eq}=\frac{jX_m(r_1+jX_1)}{r_1+j(X_1+X_m)}=r_{1eq}+jX_{1eq} \tag{5.59}$$

$$I_2=\frac{U_{1eq}}{Z_{1eq}+jX_2+\frac{r_2}{s}} \tag{5.60}$$

通常因 $X_m>X_1$，故 U_{1eq} 近似等于 U_1，U_1 即为加于异步电机的电源电压 U，故电机转矩和电源电压 U 的二次方成正比，与电机转差率 s 相关。图 5.91 是异步电机在恒定电源电压和频率时的转矩和转差曲线。在 $s=1$，电机刚接通电源时，因 $n=0$，转子中感应电动势很大，转子电流也大，转子电流的频率等于电源频率，电抗 $X_2 \gg r_2$，故电流中大部分为无功分量，限制了转矩的提高。故异步电动机的工作区为小转差区，$s=0\sim0.1$ 的区间，由于 s 小，转子电流的频率低，$X_2<r_2$，转子电流主要为有功电流，此时电机转矩 T 几乎和转差成正比，T 和 s 关系为线性，s 加大，T 正比加大。当 $s>0.1$ 后，由于转子电流频率升高，X_2 加大，转子电流中无功分量加大，使 $T\sim s$ 曲线脱离线性。当电机转子等效电阻 r_2/s 等于等效电源的内阻抗$\sqrt{r_{1eq}^2+(X_{1eq}+X_2)^2}$时，电机输出功率和电机转矩达最大值 $T\approx T_{max}$：

$$T_{max}=\frac{P}{2\omega_s}\left(\frac{U_{1eq}^2}{r_{1eq}+\sqrt{r_{1eq}^2+(X_{1eq}+X_2)^2}}\right) \tag{5.61}$$

$T=T_{max}$ 时的转差为 s_{max}：

$$s_{max}=\frac{r_2}{\sqrt{r_{1eq}^2+(x_{1eq}+x_2)^2}} \tag{5.62}$$

如图 5.91a 所示，在 $s=s_{max}$ 时，$T=T_{max}$，当 $s>s_{max}$ 后，由于转子电流频率的加大，无功分量的加大，尽管转子电流随 s 的加大而加大，但转矩 T 却逐渐减小。

图 5.91b 有两条转矩曲线，其中 U_2 曲线表示电动机电源电压比 U_1 小一半时的特性。由于 $U_2=0.5U_1$，电机最大转矩只有 U_1 时的 1/4。图中负荷是电机传动的鼓风机负载特性，由图可见，在电源电压为 U_1 时，电机转差率为 s_1，电源电压降低后，电机转差率为 s_2，$s_2>s_1$，即电机转速 $n_2<n_1$，这表示异步电动机可以通过改变电源电压调节电机转速，常称变压调速，这时电动机的电源频率保持不变。

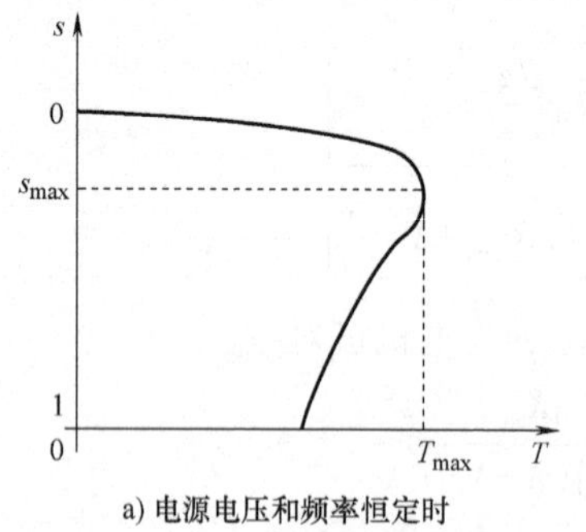

a) 电源电压和频率恒定时

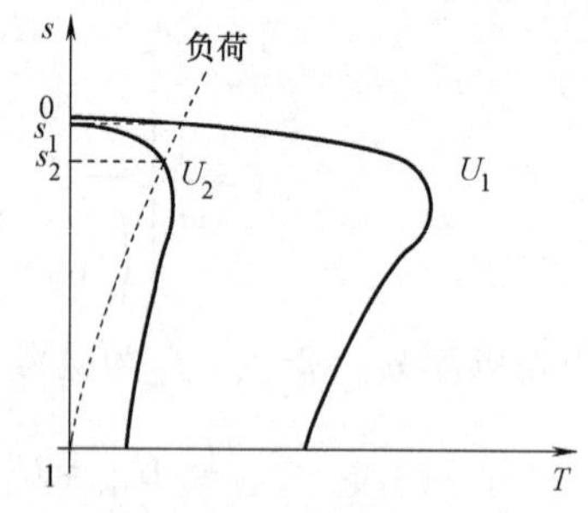

b) 电源电压U对转矩特性的影响，$U_2=0.5U_1$

图 5.91 异步电动机的转矩特性曲线

图 5.92 是异步电机完整转矩特性曲线。按电机转差不同，可分为三个区间：在 $s=0\sim1$ 区间为电动工作区；在 $s>1$ 区间为制动工作区；在 $s<0$ 区间为发电工作区。

在 $s>1$ 时，电动机转速 n 为负，即电机转向与定子电流产生的旋转磁场 n_s 的方向相反，电机转向与转矩反向，故 $s>1$，电机处于制动状态。由于 $s>1$，转子中感应电动势比电机刚接电源起动时的电势还大，相应地转子电流也很大，转子电抗 X_2 也远大于电阻 r_2，电机电流由电抗限制。由于电流中无功分量很大，制动转矩较小。

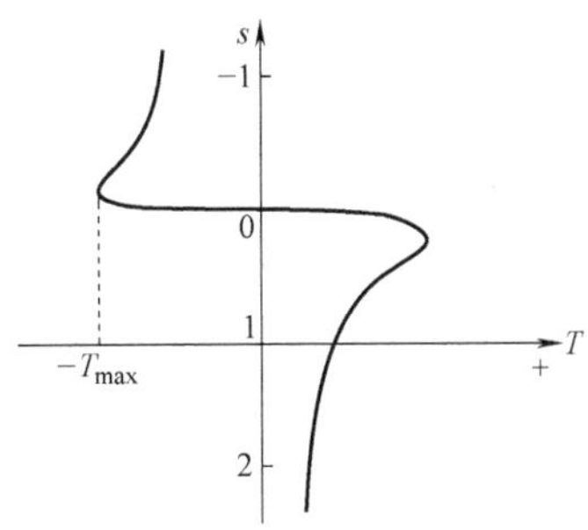

图 5.92 异步电机完整转矩特性曲线

若异步电机由油机或风力机传动，电机由交流电网励磁，当电机转速 n 高于同步转速 n_s 时，即 $s<0$ 时，异步机成为发电机，向电网馈送有功功率。异步电机构成的风力发电机就是工作在 $s<0$ 的区间，此时电机转矩和电动时正相反。显然异步发电机的工作区也宜在转差 s 较小的区间，让电机工作在转矩特性曲线的直线部分。若风速过大，电机转速升高，风机转矩超过 $|-T_{max}|$ 值，电机转矩反而减小，从而使风机和电机转速进一步升高，这是十分危险的，必须防止。

以上讨论的异步机都是在恒压恒频电源供电时的特性。当异步机由恒压变频交流电源供电时，电源电压为 235V 或 115V，电源频率 $f=360\sim800$Hz 变化时，相对于该电压和某一电源频率可以得到一条 T-s 特性，故 $f=360\sim800$Hz 范围内可得一系列电机转矩曲线。通常为了方便，仅用最低频率 360Hz 和最高频率 800Hz 时的两条曲线来表示变频工作时异步机的特性。

变频异步电动机的设计点常取最低频率点。在 360Hz、235V（或 115V）时，电机铁心磁感应强度宜取铁心材料饱和磁感应强度的值或稍低些，以充分发挥材料的性能，提高电机的功率密度。由电压平衡关系，这时电动机的感应电势接近外加电源电压。当电源频率为 800Hz 时，由于电源电压不变，故电机感应电势也不变，但电机铁心的磁感应强度降低到 360Hz 时的一半以下，电机处于非饱和的状态。电机的励磁电感 L_m 加大，再加上频率的升高，励磁电抗 X_m 比 360Hz 时大一倍多，从而使励磁电流 I_φ 降低。相应地，电机定子相绕组漏抗 X_1 和转子漏抗 X_2 也因频率升高而加大。

图 5.93 是变频工作异步电动机的转矩特性曲线。曲线 1 和 2 分别对应 360Hz 和 800Hz 电源频率。曲线 2 和曲线 1 比较，不同点是曲线 2 的最大转矩 $T_{2max}<0.5T_{1max}$，T_{1max} 是曲线 1 的最大转矩。曲线 2 的起动转矩（$n=0$ 时的转矩）也不到曲线 1 的一半。曲线 2 的线性部分斜率比曲线 1 大，参见式（5.61）和式（5.62）。

图 5.94 是异步电动机与风机负载的联合工作。图中，曲线 3、4、5 是三种不同功率的风机。风机的特点是转矩为转速的高次方关系，转速高，转矩以高次方增加。由图可见，对于 360Hz、115V 下工作的异步机来讲，电机与风机配合很好，在三种不同负载下，电机都工作于线性区，仅工作转速不同，对于大的负载，工作转速较低。

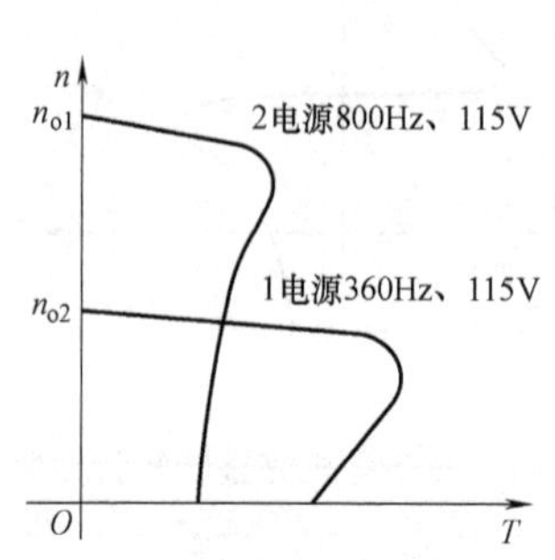

图 5.93　360~800Hz 供电的异步电动机转矩特性

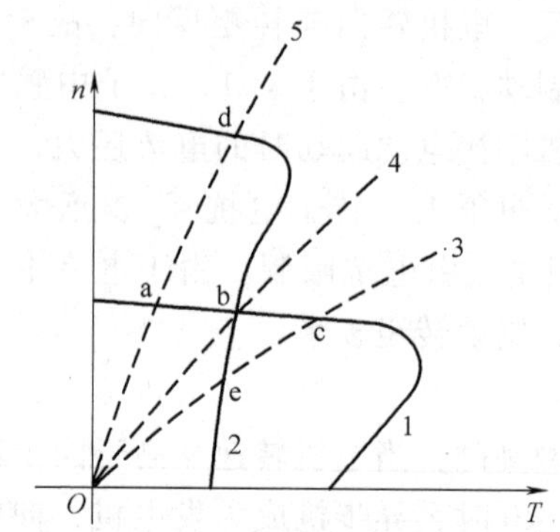

图 5.94　变频工作异步电动机与风机负载的配合
曲线 1、2—异步机特性　曲线 3、4、5—风机负载特性

当电源电压不变，频率从 360Hz 增加到 800Hz 时，电机特性由 1 转为 2，此时对于小功率风扇 5，电机和风扇的工作点从 a 转到 d 点，d 点在曲线 2 的直线段，仍有小的转差。这表明该电机与风扇 5 的配合是合理的，电机的转差小，转子损耗小，电机处于高效率区。从风扇角度考察，当频率从 360Hz 升到 800Hz 时，风机转速升高一倍多，风机输出功率大幅增加，风速和风流量也显著加大。

对于 4 号风机，360Hz 时工作点为 b 点，800Hz 时仍为 b 点。这表明在频率从 360Hz 转为 800Hz 时，转速变化不大。800Hz 时转差接近 0.5，导致大的电机转差损耗，电机效率明显降低，温升加大。

对于 3 号风机，电源频率从 360Hz 升到 800Hz 时，工作点从 c 点转到 e 点，电机转差 $s>0.5$，电机损耗进一步加大，风机的输出功率反而下降。

可见，3 号和 4 号风机与该异步机的配合是不合理的。

图 5.94 是在恒压变频电源供电情况下电动风机的工作特性，电源电压为额定值。由表 5.23 可见，对于飞机 360~800Hz、235V 变频交流电源，用电设备端的电源特性是在一定范围内变化的，从而使异步电动机的性能也随之变化。从表 5.23 的正常稳态特性和相关正常瞬态特性考察，有以下几个方向是值得关注的。

1）电源电压的稳态变化。360~800Hz、额定电压为 235V 的电源，负载端三相电压平均值极限为 193~241V，与 235V 比较，电压升高为 6V，下降为 42V。

2）负载端电压不对称。幅值差为 235V±12V，相位差为 120°±4°，图 5.95 示出了一种极端情况，此时 $U_A = U_B = 247V$，$U_C = 223V$，AB 间相位差 124°，AC 间相位差为 116°，线电压 U_{AB} 达最大值，线电压 U_{AC} 达最小值。

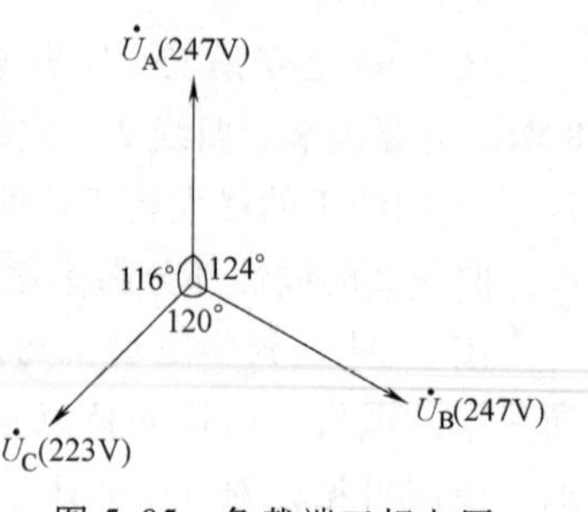

图 5.95　负载端三相电压不平衡的相量图

3）负载端电压失真度。由于电压的非正弦，导致总谐波含量的极限为基波的10%，单次谐波为基波的8%。

4）负载端电压的直流分量。正常直流电压的极限为±0.2V直流。

5）负载端电压的瞬态极限。突加突卸负载时，导致电压浪涌极限为268V，持续时间40ms，电压跌落极限为160V，持续86ms。汇流条转换时电压可能跌落到0V，持续时间50ms。

6）频率加减速。航空发动机转速增加或下降使发电机频率发生加速，通常加速度为100Hz/s，正常减速速度为200Hz/s。

电压的变化直接导致异步电机特性的改变。这里特别要关注的是低频360Hz时电源电压的升高和800Hz时电源电压的降低。360Hz时，异步机已工作在饱和区，电压的升高使其更饱和，励磁电流 I_φ 增大，I_φ 中谐波电流的加大，使电机损耗加大。800Hz时，电压的降低使电机最大转矩 T_{max} 进一步减小，要防止图5.94中负载特性5与电机特性2的交点d偏离线性区，使转差 s 过大。正常稳态电压的变化是个长期的工作状态，应当重视，但也不能忽视突加突卸负载造成的电源电压瞬态变化，因为瞬态电压变化更大。当发生50ms断电时，电机转矩急剧降低，电机在负载转矩作用下使转速下降。而当电压恢复时，所有异步机将升速，从而大量吸取电源电流，阻止电源电压的升高，……。

不对称的三相电压可分成正序分量、负序分量和零序分量。

$$\begin{cases}\dot{U}_{a1}=\dfrac{1}{3}(\dot{U}_a+a\dot{U}_b+a^2\dot{U}_c)\\ \dot{U}_{b1}=a^2\dot{U}_{a1}\\ \dot{U}_{c1}=a\dot{U}_{a1}\end{cases} \tag{5.63}$$

$$\begin{cases}\dot{U}_{a2}=\dfrac{1}{3}(\dot{U}_a+a^2\dot{U}_b+a\dot{U}_c)\\ \dot{U}_{b2}=a\dot{U}_{a2}\\ \dot{U}_{c2}=a^2\dot{U}_{a2}\end{cases} \tag{5.64}$$

$$\begin{cases}\dot{U}_{a0}=\dfrac{1}{3}(\dot{U}_a+\dot{U}_b+\dot{U}_c)\\ \dot{U}_{b0}=\dot{U}_{a0}\\ \dot{U}_{c0}=\dot{U}_{a0}\end{cases} \tag{5.65}$$

$$\begin{cases}\dot{U}_a=\dot{U}_{a0}+\dot{U}_{a1}+\dot{U}_{a2}\\ \dot{U}_b=\dot{U}_{b0}+\dot{U}_{b1}+\dot{U}_{b2}\\ \dot{U}_c=\dot{U}_{c0}+\dot{U}_{c1}+\dot{U}_{c2}\end{cases} \tag{5.66}$$

式中，$\dot{U}_a$、$\dot{U}_b$、$\dot{U}_c$ 为不对称的三个相电压相量。$\dot{U}_{a1}$、$\dot{U}_{b1}$、$\dot{U}_{c1}$ 为正序分量；$\dot{U}_{a2}$、$\dot{U}_{b2}$、$\dot{U}_{c2}$ 为负序分量；$\dot{U}_{a0}$、$\dot{U}_{b0}$、$\dot{U}_{c0}$ 为零序分量；$a=e^{j2\pi/3}$。

三个正序分量$\dot{U}_{a1}$、$\dot{U}_{b1}$、$\dot{U}_{c1}$ 是对称三相电压，产生三相对称电流，形成圆形旋转磁场，转向和转子转向相同。三个负序分量电压形成的负序电流的磁场转向和正序相反。零序电压形成的电流在空间差 120°电角度，但时间上同相位，故合成磁场仅为三次谐波磁场，基波磁场为 0。

若三相电压对称，则其正序分量和三相电压相同，负序分量和零序分量为 0。由于负序分量形成的磁场转向与电机转向相反，其作用和图 5.92 电机工作于 $s>1$ 区间相同，形成制动转矩，使电机转矩降低，转子损耗加大。零序分量也使电机损耗加大。

相电压的非正弦波表示电压中除有基波分量外，还有高次谐波，高次谐波电压形成高次谐波电流，产生高次谐波磁场，其旋转速度是基波的谐波次数倍，高速旋转的谐波磁场不形成转矩，但加大了定子铁心损耗和转子损耗。

相电压中的直流分量在相绕组中形成直流电流，产生对定子不旋转的直流磁场。该磁场在异步机转子中感应出接近基波频率的电动势和电流，导致转子损耗加大。直流分量越大，转子损耗也相应加大。

电源频率以 100Hz/s 从 360Hz 上升时，使异步电机的旋转磁场转速加快，其效果相当于异步机的起动过程，导致异步机定转子电流加大，电机吸取电源电流加大。由于一架飞机的同一发电通道中有大量异步电机，这些电机电流的同时升高必使该发电通道瞬时过载，导致电压的降低，导致电机升速减慢，延长系统动态时间。

反之，电源以 200Hz/s 从 800Hz 下降时，由于异步电机转子系统的惯性，转速不会随之下降，于是使电机转差变负，异步机向电源馈送有功功率，该功率的作用与发电机突卸负载相当，产生过压浪涌。同时负的发电转矩迫使电机转速快速下降。

由此可见，异步电机在飞机变频电源供电下的运行是十分不利的，不仅使电动机特性变差，还导致电源特性变差，使网上的别的用电设备性能下降。为了改善异步电动机的运行条件，一种合理的办法是让电力电子变换器和异步机配合运行，成为调速异步机系统，其主电路如图 5.96 所示。图中 $Q_{S1}\sim Q_{S6}$ 为源变换器，用于将变频交流电转为直流电，工作于 PFC 方式，使电源电流保持为正弦波和电源功率因数 $\cos\varphi=1.0$，$Q_{L1}\sim Q_{L6}$ 为负载变换器，将直流电转换为变频变压交流电，使电压频率比满足异步电动机的要求。

源变换器将变频交流电源电压调整为电压恒定的直流电压。不论电源电压的变化，电源频率的变化，电源波形的变化和电源电压的不对称，源变换器均可使输出直流电压恒定。只有电源电压在 50ms 内降为 0 时，无法维持直流电压恒定。

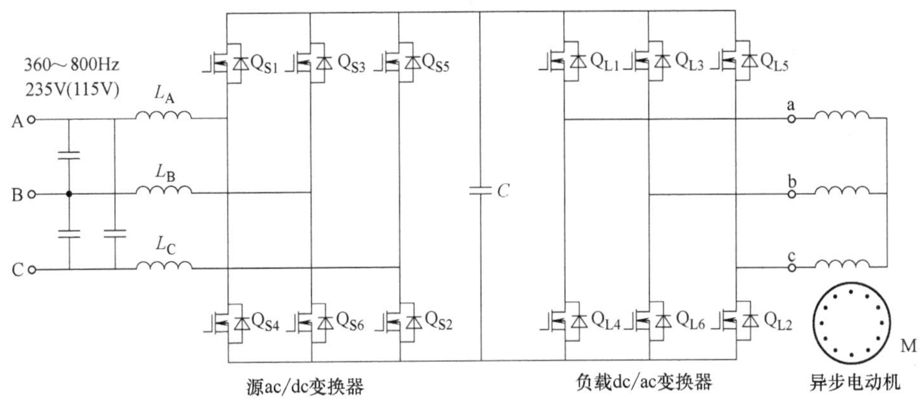

图 5.96　具有电力电子变换器的异步电动机主电路

20 世纪，由于硅电力电子器件的限制，使电力电子变换器的体积重量较大，环境适应能力较差，使之在飞机上只能直接使用异步电动机。21 世纪以来，SiC 和 GaN 器件已商业化，并且还在不断发展中，特别是器件模块化和集成化的发展，使电力电子装置的功率密度和电能转换效率不断提高，环境适应能力不断提高，变频器和异步机的组合应用将不会比异步电机单独应用差。

异步电动机在 360～800Hz 变频电源中应用时一般只有 4 种极数异步机，即一对极异步机，同步转速为 21600～48000r/min；二对极异步机，同步转速为 10800～24000r/min；三对极异步机，同步转速为 7200～16000r/min；四对极异步机，同步转速为 5400～12000r/min。由此可见，由变频电源供电的 4 种极数的异步机的工作转速范围都不理想。

对具有电力电子变换器的异步机的极对数和转速区间均可按现有条件优化设计，例如一般可不取一对极电机，因为一对极电机电枢绕组的端接部分很长，铜的利用率低，结构材料和磁性材料利用率也低。但也不用极对数大于 5 的异步机，因为多极异步机的功率因数低，电的利用率差，线路损耗大。

这表明，有电力电子变换器的异步机可优化设计，以提高异步电机的功率密度、效率和功率因数，提高电机的过载能力。异步电机与电力电子变换器的组合可以实现异步电机的磁场定向控制，实现励磁电流 I_d 和转矩电流 I_q 的解耦控制，让电机的磁性材料得以充分利用，导电材料得以合理利用，电机的静态和动态性能得以提高，使异步电机智能化，成为智能电动泵，智能通风机和构成其他智能机械。

5.7.6　电子式变压整流器和电子式自耦变压整流器

TRU 是变压整流器的英文缩写，ATRU 是自耦变压整流器的英文缩写。eTRU 是电子式变压整流器的英文缩写，eATRU 是电子式自耦变压整流器的英文缩写。

由于 eTRU 和 eATRU 均由可控电力电子器件构成，因此尽管变频交流供电系统用电设备端电能品质较差，但是 eTRU 和 eATRU 均可将低品质的交流电转为高品质直流电。eTRU 的供电品质将远高于表 5.25 所示数值和图 5.83、图 5.84 的值。eATRU 的供电品质将远高于表 5.26 所示数值和图 5.87 的极限。eATRU 为多功能电力电子变换器：将变频交流电 VFAC 转为±270V 直流电；用于 VFSG 起动航空发动机时，作为 VFSG 的 dc/ac 变换器；VFSG 发电工作时，作为电机电枢反应去磁的补偿移相器。

5.8 多电飞机的高压直流电源系统

5.8.1 概述

由表 5.20 可见，B787 飞机的 250kVA VFSG 输出的变频交流电的 60%送到 ATRU 转为±270V 直流电。这表示在飞机上，60%以上的变频交流电是转为直流电后使用的。因此，高压直流电源对多电飞机是否更合适？

表 5.28 为 B787 飞机左右 4 条 235V 交流汇流条上主要用电设备的统计表，飞机上有左和右各 2 条 235V 交流汇流条。4 条汇流条上的总负载数为 54 个，其中电动机负载数为 40 个，大功率机翼电加温防冰设备 4 个。其他设备为 ATU、ATRU 和 TRU，其中 1 台 TRU 为厨房内使用。由表可见，这四条汇流条上的设备大多数为电动机，而其中异步电动机传动的风机与泵又占大多数。上节已讨论了异步电动机在 VFAC 电源下的工作情况。异步电机结构简单，使用方便，但在变频交流电源下使用是不够合理的。从另一个角度考察，变频交流电源中使用的异步电机调速系统中的变换器为 ac/ac 变换器，如图 5.96 所示，所用器件数为 dc/ac 变换器的一倍。因而，若由 VFAC 电源改为 HVDC 高压直流电源，所有电动机的变换器都有节省，不是省去 ac/dc，就是省去 ATRU。

表 5.28 B787 飞机 235V 交流汇流条上的主要用电设备

序号	235Vac Bus	L_1	L_2	R_1	R_2
1	汇流条上设备总数	12	17	10	15
2	电动机负载数	8	14	6	12
3	机翼电防冰	1	1	1	1
4	ATRU	1	1	1	1
5	TRU	1	1	1	1
6	ATU	1		1	

B787 飞机上有左右两条 115Vac 汇流条，其上大多为小功率负载，电加热设备居多，有少数异步机驱动的风扇和泵，和 235Vac 汇流条上的大功率用电设备不同。

可见，多电飞机的发展前景趋向于使用高压直流电源。高压直流电源的突出优点是并联方便，易于实现不中断供电或不中断汇流条转接。同时 HVDC 电源为双路馈电，采用双绞线或平面电缆实现无感母线，为电网电能的快速流通创造了条件，易于实现飞机二次能源的能量优化使用，降低损耗与发热。

5.8.2　HVDC 电源的供电品质

HVDC 电源有以下类型：由航空发动机直接传动的高压直流发电机构成的主电源，由 APU 发电机构成的辅助电源，由蓄电池构成的备份或应急电源。机场高压直流电源可以是由油机传动的发电机，或由电力电子变换器将 50Hz 或 60Hz 工频电源转换成 270V 直流电。由于机场电源离飞机较远，电缆比较长，一般有几十米，常用双绞线构成，以降低电缆的电感。

270V 直流电源的二次电源是由隔离型 dc/dc 变换器构成的 28V 直流电源。28V 直流电源的备份和应急电源也为蓄电池。

飞行控制系统及其管理系统的电源常为有蓄电池备份的四余度电源。在航空发动机直接传动的发电机中的永磁辅助发电机上有多个互相隔离的三相绕组，它们产生的交流电经整流成直流电后通过 dc/dc 变换器转为 28V 直流电。

因此，采用高压直流电源的飞机或直升机上有 A、B、C、D、E 五类用电设备，其中 A 类仅由 270V 直流发电机或 APU 发电机供电，B 类设备由主电源 APU 发电机和蓄电池联合供电，C 类设备仅由 28V 二次电源供电，D 类设备由 28V 二次电源与电池联合供电，E 类设备为飞控设备，由四余度直流电源和蓄电池联合供电。通常 B、D、E 三类设备都有电池备份，为必须不中断供电的设备。

表 5.29 是标准规定的 5 类用电设备端供电品质的技术数据。表 5.30 和表 5.31 分别是 270V 和 28V 直流电压畸变频谱，表 5.32 是 28V 电池电压极限。

表 5.29　直流设备端正常状态供电品质

用电设备类型	270V A 类	270V B 类	28V C 类	28V D 类	28V E 类
正常直流稳态电压极限/V	250～280	200～290	22～29	16～29	16～31.5
瞬态电压特性	正常，见图 5.97a；非正常，见图 5.97b	正常，见图 5.97a；非正常，见图 5.97b；电池放电，见图 5.98	正常，见图 5.99a；非正常，见图 5.99b	正常，见图 5.99a；非正常，见图 5.99b；电池放电，见表 5.31	见表 5.32
电源电压脉动 V_{pp}	30	30	7	7	7
	12	12	3	3	3
畸变频谱	见表 5.30	见表 5.30	见表 5.31	见表 5.31	
畸变因数	0.08	0.08	0.05	0.05	0.05

注：电压脉动峰-峰值 30V 是在航空发动机电起动时，12V 是非起动时。

考察 270V A 类用电设备端电压极限可见，表 5.29 中仅 5 项数据，第一项为正常稳态电压极限，为 250～280V 直流。第二项为瞬态电压极限，含正常瞬态电压极限（见图 5.97a）和非正常电压极限（见图 5.97b），对于 270V B 类用电设备还有蓄电池放电极限（见图 5.98）。第三项为电压脉动峰-峰值，第四项为电压脉动频谱，第五项为电压畸变因数，这三项均为电压脉动的表征不同方式。由此可见，表征直流电压特性的参数比 VFAC 电源特性少得多。

表 5.30　270V 直流电压畸变频谱

谐波频率/Hz	电压有效值/V
10	1
22	4
700	4
1k	5
5k	5
50k	0.05
500k	0.005

表 5.31　28V 直流电压畸变频谱

谐波频率/Hz	电压有效值/V
10	0.1
1k	1.0
10 k	1.0
50 k	0.1
500 k	0.001

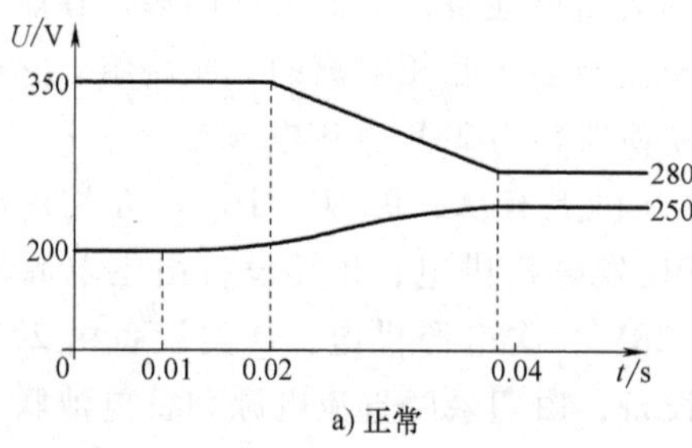

a) 正常

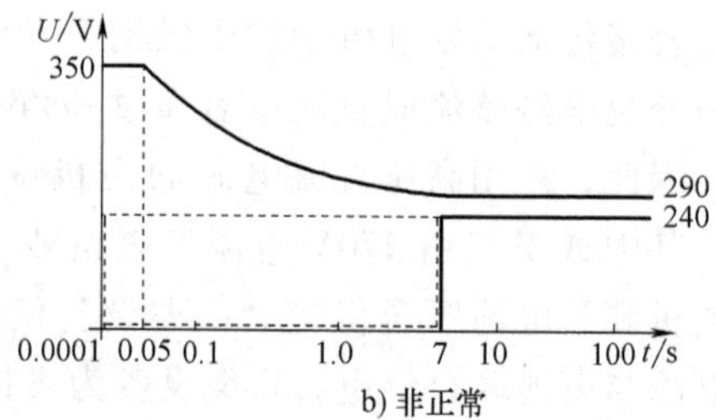

b) 非正常

图 5.97　270V 直流电压瞬态极限

图 5.97b 的 270V 非正常电压极限有两个特征参数，一是 0~0.05s 期间，非正常电压极限上限为 350V 直流电压，下限可能达 0V，这是电源故障或负载、导线短路导致的电压极限，故障状态应在 0.05s 内消除。图中，由 0~7s 和 0~290V 围成的区间为所有主电源和 APU 发电机均故障的极端情形，为了判别各种电源或网络是否确实发生故障及故障发生位置，为应急电源投入做准备，其最长时间达 7s。图 5.98 是 270V B 类设备转由电池供电的电压极限，其稳态电压的范围更宽，为 290~200V 直流，低电压 200V 是为了充分利用电池的电量。

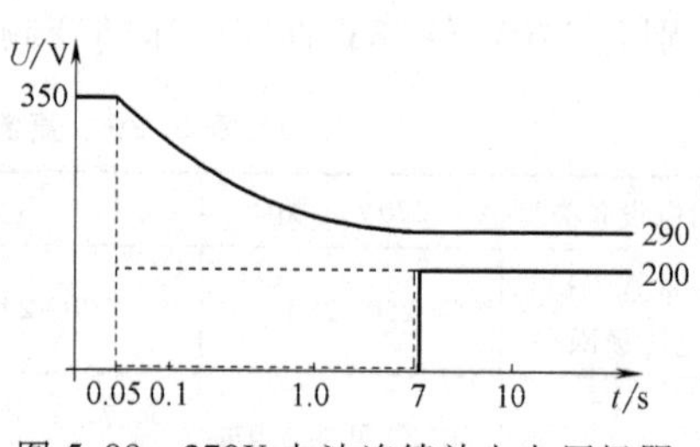

图 5.98　270V 电池连续放电电压极限

电压脉动的主要指标为电压脉动峰-峰值和电压脉动频谱，电压脉动峰-峰值用脉动电压的最大值与最小值之差表示，脉动频谱用频率及该频率时交流电压谐波的有效值表示。用电设备的特性不应受电压脉动的影响，同时用电设备也不应导致电压脉动的加大。以上数据是在现有发电机和蓄电池条件可得到的，随着直流发电机和蓄电池的发展，性能将不断提高。

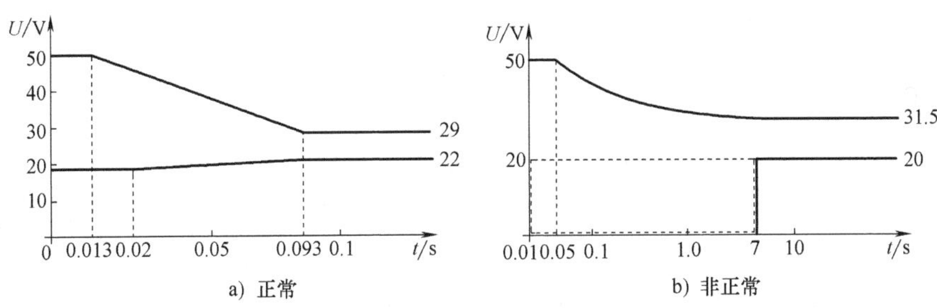

a) 正常　　b) 非正常

图 5.99　28V 电压极限

表 5.32　28V 电池电压极限

时间/s	电池电压/V	时间/s	电池电压/V
<0.05	50	3.0	33.8
0.05~0.3	31.38+0.931/t	10.0	33.5
0.3	34.5	100.0	32.8
1.0	34.2	>1000	31.5~16

注：t 为放电时间（s）。

5.8.3　直流用电设备的特点

由高压直流电源供电的多电飞机用电设备可分为两类：一类是可以没有前置电力电子变换器的设备，如飞机电加温和电防冰设备；一类是有前置电力电子变换器的设备，所有的无刷直流电动机前均有 dc/ac 变换器，而有刷直流电动机在现代飞机上几乎不用。所有航空电子设备均有内置电源或模块电源，内置电源或称设备内部电源，为由 dc/dc 变换器构成的单路或多路输出电源，有高的输出电压稳定度。模块电源是置于电子设备印制板上的电源，其特点是电源厚度薄，以适应印制板要求，尺寸和输入输出端子标准化，输入电压范围宽，输出电压精度高，功率密度和效率高。模块电源的高端产品为向计算机芯片供电的模块，要求有极高的 di/dt 值，在设备休眠时，输出很小的电流，而一旦唤醒信号来临，应在几微秒内使输出电流达 100A 或更大，以使设备快速响应。白炽灯已从飞机照明和光信号设备中退出，B787 飞机已改为 LED 半导体发光二极管照明，由于 LED 为负温度系数器件，必须和电力电子变换器配合使用，也有前置电力电子变换器。军用飞机的电子探测设备、干扰和抗干扰电子设备也均有内部电源。激光、微波和电磁炮等能量武器也离不开前置电力电子变换器构成的专用电源。

由此可见，高压和低压直流电源的用电设备大多为有前置电力电子变换器的电气设备，部分为电阻性加温防冰设备。

因此，飞机直流电力系统由两部分构成：一是有多变换器的电力网络，二是有多计算机的数字信息网络。两个网络的有机配合，实现飞机电气系统高的电气性能、高的工作可靠性、高的电能转换效率和高的生命力，且维修简单方便，从而提高飞机的可靠性、生命力和出勤率。

5.8.4 具有前置电力电子变换器的用电设备特性

有前置电力电子变换器的用电设备中的电力电子变换器本质上是电力电子电源，将输入端电压稳定度等品质较差的直流电转为高稳定度的另一种电压直流电，或转为所需频率的正弦交流电。

由于前置电源高的输出电压稳定度，故当负载电阻不变时，其输出功率为常数。由于电子电源高的效率，其输入功率也近似为常数。若输入电压 U_{in} 升高，必有输入电流 I_{in} 的降低，故其输入电阻变化率 $\Delta R_{in}=\Delta U_{in}/\Delta I_{in}$ 为负，即该设备具有恒功率特性。

前置的电子电源需要有高的效率，必为 PWM 工作方式。为了防止 PWM 工作导致的高 du/dt 引起强的电磁干扰，必须在电子电源的入口加差模和共模滤波器，以阻断干扰信号通过电源线输出。该滤波器大多为由 LC 元件构成的无源电路。

若设备要工作，通过配电开关接通直流电源时，必在设备的输入差模滤波器上突加一个电压，该电压的 du/dt 相当大，其最大值可达 20000V/ms。从而导致设备输入电流的浪涌，不仅有大的 $\mathrm{d}i/\mathrm{d}t$，而且电流幅值也相当大。若用固态功率控制器（SSPC）作为电源开关，则必须限制该浪涌电流的最大值。若用接触器等有触点电器作开关，必须限制触点开关接通时触点振动的时间，一般应小于 5ms。由于触点的振动使电路多次接通和断开，是导致电气干扰的主要因素，触点的振动伴随着火花和电弧，也导致电器工作寿命的降低。因 $i_c=C_{in}\mathrm{d}u_{in}/\mathrm{d}t$，电容越大，或 $\mathrm{d}u_{in}/\mathrm{d}t$ 越大，必使 i_c 加大，因此，SSPC 的电流容量必须和用电设备的输入电容 C_{in} 的大小匹配。

有多种方法用于限制设备接电源时的电流浪涌。比如，B787 飞机的 ATRU 是一个有大电容滤波的电器，同时其自耦变压器有磁记忆特性，也会导致接通励磁电流的加大，故设有电阻限流电路，仅当电容将充满电时才将限流电阻短路。在 270V 用 SSPC 的末级功率管在电路刚接通时，工作于线性区，借助 MOSFET 的 DS 漏源电阻限流。

必须注意的是，输入滤波电路中应设置电容电荷释放电路，当电源切除后，应在 1s 内使电容电压降到原值的 30%以下。

由此可见，在直流电源系统中有 4 类典型用电设备：阻性负载，以电加温和电热防冰为代表；恒功率负载，以航空电子设备为代表；脉冲功率负载，以激光微波等能量武器为代表；电动机负载，制动时能量返回直流电源。

为了使电气系统稳定工作，面向后两类负载电源的输出阻抗必须小于负载的输入阻抗。由本章 5.2 节三级式直流发电机和 5.3 节双凸极直流发电机可见，直流发电机有两种类型：二极管整流滤波电路输出型和可控 ac/dc 变换器输出型。

二极管整流桥输出直流发电机的输出阻抗可由戴维南等效发电机原理得到，为一电容和电阻电感并联阻抗，电容是输出滤波电容，电阻电感为发电机内阻抗与二极管整流桥的等效阻抗，如图 5.100 所示。

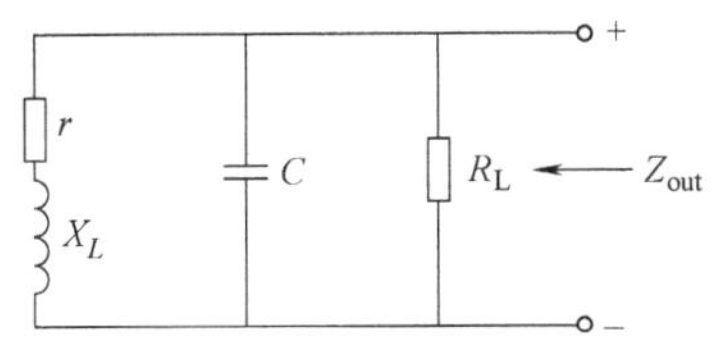

图 5.100 整流输出直流发电机的输出阻抗 Z_{out}

C—输出滤波电容 R_L—电阻性负载的电阻

$r+jX_L$—发电机电枢绕组和整流桥等效阻抗

图中，R_L 是发电机外接阻性电加温负载，C 是输出滤波电容，其容抗 $X_C=1/(2\pi fC)$，$r+jX_L=r+j2\pi fL$ 是电机电枢绕组归算到滤波电容侧的等效阻抗。实际上，由于考察点在用电设备输入端，电路中还含有馈电线的阻抗，由于高压直流系统采用双绞线或扁平双线电缆，其电感很小，相对地分布电容较大，主导的是电阻。由此可见，电源的输出阻抗是 RLC 并联电路的阻抗，在频率 $f=0$ 时，X_C 相当大，$X_L=0$，其 $Z_{out}=R_Lr/(R_L+r)$。f 相当高时，若不计电容的寄生电阻和寄生电感，则 X_C 趋于 0，Z_{out} 也趋于 0。当 $(2\pi f)^2=1/(LC)$ 时，电路处于并联谐振，若此时外接电阻 $R_L=\infty$，则 Z_{out} 也相当大，这是该电机的不足之处。

若直流发电机为可控整流输出，由于 ac/dc 变换器本身的输出电压调节功能，当让调压系统的开环增益足够大时，由电压负反馈作用，使其输出阻抗降到接近无调节器时输出阻抗的 $1/k$，即 $Z'_{out}=Z_{out}/k$，式中，k 为系统开环增益，$k\gg 1$。

二极管整流滤波输出的直流发电机，在调节点上也接有电压调节器的电压检测电路，调压器通过改变三级式发电机励磁机的励磁电流 I_{ef} 调节输出电压，也形成电压负反馈电路，但由于励磁机励磁绕组和发电机励磁绕组电路的时间延迟，降低了系统带宽，无助于降低输出阻抗。由图 5.100 可见，若电机的输出滤波器为 LC 滤波电路，则该电感将使电机的等效电感加大，在同一频率下，电机内电抗加大，是不利的。同时又使谐振频率降低，使输出阻抗的峰值向低频方向移动。

5.8.5 伺服电动机制动能量的处理

伺服电动机是四象限运行的电机，经常处于电动与制动或正反转的状态下。现代高性能战斗机或无人战斗机常设计成静不稳定的状态下，完全借助于舵面的主动控制保证飞机的安全飞行，在这种飞机上，驱动舵面的作动机构 EHA 是在不断跟踪飞行控制系统的指令之下运动，电动与制动十分频繁，又因为舵面的快速响应，电机往往处于过载条件下运行，即电机的电能不断地通过 dc/ac 变换器往返流动。

地面工业用电动机调速系统的制动能量被本身的再生能量吸收电路消耗，耗能电阻将电能转为热能消耗掉了。这是电阻型再生能量吸收电路的最大缺点。

B787 飞机的 dc/ac 变换器 CMSC 用于驱动电动压气机、电动液压泵、电动风机或电动制氮机，由于向 CMSC 供电的单向电能变换器 ATRU 不能吸收电能，故 CMSC 只能将电机的制动能量消耗在电机和 dc/ac 变换器内部，属于能耗制动工作方式。

第三种吸收电动机制动能量的方式是在伺服电动机的供电电路中并接超级电容器或蓄电池，由电容或电池吸收制动能量。当电机转为电动时，电容或电池又将吸收的能量放回电动机。这种方法的缺点是要增加设备重量，而且因电容储能 E_C 与电压相关，$E_C=CU^2/2$，E_C 的加大，必然要求电网电压 U 的升高，也是不利的。

实际上，飞机上有大量电动风机和电动泵，电动风机和泵的转速升高必须吸收电能，$E=J\omega^2/2$，式中，J 为电机转子系统转动惯量，ω 为电机角速度。若 EHA 的伺服电动机制动时同时让 1 台或数台风机或泵电机升速吸收 EHA 的回馈能量，是完全有可能在电网电压稍许加大的状态下吸收掉再生能量。这表明必须有一个快速数字网络来协调这些电机的运行，同时电力网的馈电线必须为无感导线，导线的电感必阻止电能的流动，也导致电网电压的浪涌。这是利用再生能量的好方法。从功率角度考察，若系统中仅一台发电机和两台电动机，电动工作时有

$$i_g=i_{m1}+i_{m2} \tag{5.67}$$

式中，i_g 为发电机输出电流；i_{m1} 和 i_{m2} 为一号和二号电动机输入电流。

若一台电动机由电动转为再生制动，电流极性反转。若开始制动时一号电机回馈电流 i_{r10} 等于二号电机的电流，即 $i_{r10}=i_{m2}$，则此刻发电机电流 i_g 降为 0。

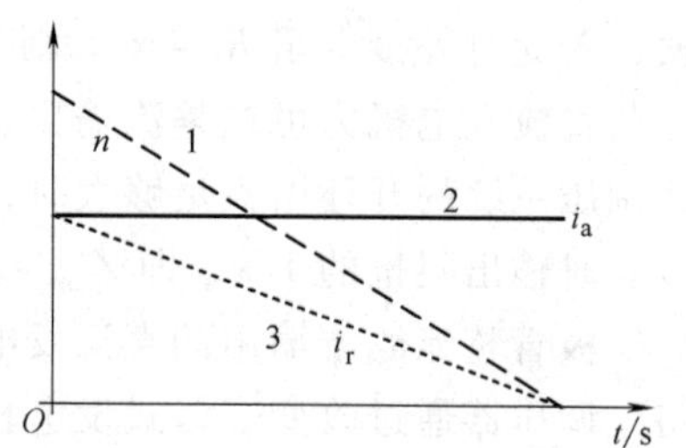

图 5.101　电动机恒转矩制动时电机转速和回馈电网电流的变化

1—电机转速 n 恒加速度下降　2—电机相电流 i_a 的变化　3—电机回馈电网电流 i_r 的变化

若一号电机以恒转矩下制动，而制动时仍按磁场定向控制，则制动过程中电机相电流将保持不变。由于为恒转矩制动，电机转速将以恒加速度下降，如图 5.101 所示，见图中曲线 1。随着电机转速的下降，电机制动功率 $3e_ai_a$ 也随之下降，式中 e_a 为电机相电势，与转速成正比，i_a 为相电流，恒转矩制动时 i_a 为常数，如图中曲线 2 所示。当电网电压 U_{dc} 假定不变时，一号电机回馈电网的电流 i_{r1} 将随电机转速的降低而下降，如图中曲线 3 所示。

因此若刚开始制动时，一号电机回馈电流等于二号电机的电流，使发电机输出电流 $i_g=0$。随着电机转速的下降，回馈电流 i_{r1} 的下降，发电机电流 i_g 将逐步增加。当一号电机转速为 0 时，$i_g=i_{m2}$。

若一号电机刚制动时的电流 $i_{m1}>i_{m2}$，这表示此时即使 $i_g=0$，仍有剩余的回馈电流，导致电网电压升高，故必须提高二号电机的转速吸收该回馈电流，阻止电网电压升高。

由此可见，一号电机的制动，使网上的三个电机均处于动态过程中，这时要保持电网电压为额定值，必须同时控制这三台电机。实际上在飞机电网中的设备远大于三个。

5.8.6　固态功率控制器

28V 低压直流电是飞机最早使用的电源，在 20 世纪 40 年代，随着飞机大型化，飞机用电量急剧加大，28V 供电系统的电网重量急剧增加，于是出现了采用 120V 直流电的飞机。由于有刷直流电机高空换向困难，触点电器高空断弧困难，电机式电能变换器电能转换效率低、体积重量大，直流电压与电流检测困难等因素，加上液压机械恒速传动装置的诞生，飞机高压直流电源为恒速恒频交流电源所代替。400Hz、115V/200V 恒频交流电源成功在飞机上应用半个多世纪。

半个多世纪来，电工科技得到了突飞猛进的发展，新型电工材料、集成电路、电力电子器件、电机控制新原理和新方法相继出现，为飞机高压直流电的诞生创造了条件。

20 世纪 50 年代半导体晶体管商业推广使用，20 世纪 60 年代无刷直流电动机诞生。20 世纪 50 年代半导体二极管诞生，接着飞机无刷交流发电机诞生。

早在 20 世纪 70 年代固态开关已经出现。B787 飞机上应用了近 900 个固态功率控制器（SSPC），使飞机固态配电系统发展到一个新的阶段。开关器件从触点电器转为固态电器，消除了触点间的火花与电弧，大幅降低了电磁干扰，为开关电器的高空工作打下了基础。

SSPC 不仅可接通和断开电路，还是一个智能电器，可以由计算机直接操控。SSPC 直接检测通过它的电流，实现过电流保护，通过的电流越大，保护动作时间越短，用于防止接于它后面的用电设备配电线过热烧损。SSPC 有导线短路故障保护功能，一旦导线短路，在不到 10μs 内断开电路，防止电网电压因短路而下降。SSPC 检测导线电弧故障，发生电弧时，快速切除故障电路。SSPC 在接通电路时有起动电流限制功能，这时其末级功率管处于线性区工作，借助于 MOSFET 的 DS 漏源电阻限制冲击电流。SSPC 有自检测功能，并将检测结果送上级计算机。

作为一个开关电器，万一发生故障，其故障特性必须为断路，而不应为短路。若发生短路，如果后面的配电线和用电设备没有故障，则仅仅不能再断开电路。但是万一后面的导线发生短路，则其后果是使电网电压降到 0，该配电通道的所有设备均失去电压，后果十分严重。因此 SSPC 必须保护好自身，防止发生短路故障。为此 SSPC 不仅检测电流，还检测末级功率管两端电压和出现大电流高电压的时间，构成 SSPC 的能量保护电路，防止出现自身短路故障。

B787 飞机上有三种电器：一是 SSPC，二是 ELCU，三是 CB。SSPC 为电流小于 10A 的 28V 直流负载或 115V 交流负载供电。ELCU 中文名为电气负载控制器，用于汇流条转换或控制大功率用电设备，是接触器和电子电器组合的智能电器，也可由计算机直接控制。CB 为电路断路器，为由双金属构成的热保护电器，用于保护配电线，为飞机上的长期工作负载配电，不受飞行员或计算机控制，仅当通过电流过大时间足够长时才跳闸，可人工手动复位。

ELCU 的电子控制器有电流和差动检测单元，有过电流和馈电线短路差动保护功能。电路的接通和断开由电磁式接触器实现，由于接触器的接通和断开时间延迟，ELCU 的接通或断开时间在数毫秒或十余毫秒。由于动作慢，导致汇流条转换或短路电流故障切除时间较长，导致供电中断。触点电器的另一缺点是接通时动触点有振动，导致在 5ms 左右时间内电路时通时断，而电感电路的断开，必导致电压尖峰，电网中±600V 持续时间数微秒的电压尖峰就是因电感电路突然断开导致。触点的跳动导致触点间的火花和电弧，成为一个强的干扰源。

用于 28V 直流电的 SSPC 常称 dcSSPC，末级功率管为单管 MOSFET，用于 115V 交流的 acSSPC，末级功率管由两个 MOSFET 反串构成，具有反向阻断和导通能力。dcSSPC 工作于线性工作区，限制刚接通时负载的容性电流。acSSPC 工作于零电压接通和零电流关断方式，防止大的开通电流浪涌和关断感性负载时的电压尖峰。对于单相 acSSPC，零电压开通和零电流关断很容易理解。对于由三个 acSSPC 构成的三相固态开关，也宜采用零电压开通的方式，这时当接到上级计算机的开通指令时，三相 SSPC 等待第一个线电压为 0 的时刻接通对应该线电压的两个 acSSPC，形成两相通路，而在下一个线电压为 0 时刻接通第三个 acSSPC。接到断开指令后，在第一个线电流为 0 时关断该线上的 acSSPC，当第二个线电流为 0 时刻关断另两个 SSPC。显然零电流关断均为正常关断时的方式。万一发生线路短路故障，必须快速切除短路，这时 SSPC 应让过电压吸收电路工作，防止 MOSFET 两端 DS 漏源电压过高。

由 Si MOSFET 构成的 SSPC 关断时有漏电流，对 dcSSPC 宜有漏电流释放电路，以免漏电流导致用电设备端电压的升高。

比较 SSPC 和 ELCU 的特性可见，两者均为智能电器，但后者因有活动触点，属智能化电磁电器，有动作慢和接通时活动触点振动的缺陷，从而导致供电性能的降低。因此，发展高电压大电流的 SSPC 成为高压直流电力系统的重要环节之一。在直流系统中，应有两类 SSPC：一类是单向工作的 SSPC，对应于耗能负载；另一类是双向 SSPC，用于汇流条转换和双向负载（有的双向负载也可用单向 SSPC，因为 SSPC 的末级功率管内有寄生反并二极管）。高电压大电流的 SSPC 的发展与应用将显著提高高压直流供电品质。

用电设备端供电品质的提高，不仅保证了用电设备的性能，而且有助于降低设备内部电源的体积重量，提高内部电源电能转换效率。

5.9 本章小结

电机和电力电子变换器均有可逆工作特性，两者结合后仍有好的能量转换特性。

异步电机在 50Hz、60Hz 或 400Hz 恒频电源供电时，工作转速变化很小，和

dc/ac 变换器组合后成为调速电动机，由其传动的泵和风机带来显著的节能效果。交流电机磁场定向控制技术的应用，显著提高了电机性能，异步伺服电动机就此诞生。永磁电动机则必须和 dc/ac 变换器配合才能工作，加上数字控制器的介入，永磁伺服电机在机器人和精密机械中得到广泛应用。

电力电子装置与无刷发电机的组合，使之成为起动发电机，为多电或全电飞机的诞生创造了条件。dc/ac 变换器让航空发动机的起动性能得以改善，起动时的能耗减小。两者的结合还显著提升了发电工作的电能质量。并且 S/G 起动发电还在不断发展中，前景更看好。

由于 B787 的发展起始于 20 世纪，那时第三代宽禁带半导体器件未商品化，它的自耦变压器（ATU）、自耦变压整流器（ATRU）和变压整流器（TRU）仍为电磁式电能变换器，由于本身没有自调节能力，因此其输出电能质量只能比变频交流供电质量更差，从而加大了后接用电设备的负担。宽禁带器件的商品化，特别是电力电子模块的应用，可显著降低电力电子变换器的体积重量，提高变换效率。若能用 SiC 电力电子变换器代替 ATU、ATRU 和 TRU，不仅能显著提高用电设备端电能质量，ATRU 和 TRU 的电子化还可实现电能的双向流动，进一步改善变频交流电气系统的性能。

现在，变频交流电源和高压直流电源是多电飞机可行的两种电源。高压直流电源的不中断供电特性和直流电网无感母线的特性是变频交流电源没法实现的。直流电力系统的多变换器电力网络和多 CPU 数字信号网络的结合，将使飞机电力系统成为一个高级智能系统。该系统能自动快速排除故障，实现系统重构，从而提高可靠性和生命力；该系统能尽量减小损耗，提高效率，成为能量优化的系统；该系统将有自治能力，不需要人员的介入而自动运行，并使用电设备端电能质量显著提高，而维修十分方便。从而使飞机飞得更高、更快、更远，飞行更安全，更舒适。

电动飞机的诞生为直流电网的发展提供了大的机遇。电动风扇、电动螺旋桨、电动旋翼是电机风机和 dc/ac 变换器数字控制器的组合，电机功率从小飞机的几十千瓦到中型飞机的数兆到数十兆瓦，随着电机功率的提升，dc/ac 变换器的电源电压也不断升高。高的功率完全由电池供电目前尚不可能，合理的方式是用混合动力，即发动机驱动的发电机和电池联合供电。电动飞机的电气系统要求电动机和发电机都有高的功率密度和高的效率，更高的可靠性。电动飞机和电动直升机为分布式电驱动开辟了道路。分布式电驱动不仅有效提高了任务可靠性，也有利于提高飞机的升力与阻力之比，以更小的功率消耗让飞机飞得更快、更安全。电机功率密度和效率的提升，同时要求 dc/ac 变换器有高的功率密度、高的效率和高的可靠性。电动飞机的发展为电机和电力电子变换器的发展提供了新的机会，也是一个重大挑战！

附 录

F.1 式（2.48）推导

全桥隔离 dc/dc 变换器，对应三重移相控制情况 F，以 $I_{base}=U_1/8fL$ 为基准，满载时其电感电流有效值的标幺值为

$$I_{Lrms}^{*}=\frac{2}{\sqrt{3}}\sqrt{\begin{aligned}&2(2k-1)D_{y1}^{3}-3(2kD_{y2}-4kD_{\alpha}+3)D_{y1}^{2}+6k(D_{y2}^{2}-2D_{\alpha}D_{y2}-D_{y2}+2D_{\alpha}^{2})D_{y1}-\\&2k(k-1)D_{y2}^{3}+3k(4D_{\alpha}+k+4)D_{y2}^{2}-12k(D_{\alpha}^{2}+2D_{\alpha}+1)+8kD_{\alpha}^{3}+\\&12kD_{\alpha}^{2}+12kD_{\alpha}+4k\end{aligned}} \tag{F.1}$$

在基于电感电流有效值最小的优化控制算法下，有

$$D_{\alpha}=\frac{k(D_{y2}-D_{y1})-k-\sqrt{k^{2}(-D_{y1}^{2}+2D_{y1}-D_{y2}^{2}+2D_{y2})-k^{2}-kP_{o}^{*}}}{2k} \tag{F.2}$$

又

$$D_{y2}=1 \tag{F.3}$$

$$D_{y1}=\frac{2(1-k)D_{\varphi}+2k-1}{k} \tag{F.4}$$

因此

$$D_{\alpha}=\frac{1}{2}(1-D_{y1}-2D_{\varphi}) \tag{F.5}$$

代入式（F.1）得

$$I_{Lrms}^{*}=\frac{2\sqrt{3}}{3(2k^{2}-2k+1)\sqrt{k}}\sqrt{c+d\sqrt{\frac{(k-P_{o}^{*})(2k^{2}-2k+1)}{k}}} \tag{F.6}$$

$$\begin{cases}c=3(2k^{4}-6k^{3}+7k^{2}-4k+1)P_{o}^{*}+2k(2k^{6}-4k^{5}+3k^{4}+3k^{3}-6k^{2}+4k-1)\\d=(-4k^{4}+8k^{3}-9k^{2}+6k-2)P_{o}^{*}-2k(k^{4}+k^{3}-3k^{2}+3k-1)\end{cases}$$

又

$$I_{Lrms}^{*}=\frac{I_{Lrms}}{I_{base}}=\frac{I_{Lrms}}{U_1/8fL} \tag{F.7}$$

$$P_{o}^{*}=\frac{P_o}{P_{base}}=\frac{P_o}{{U_1}^2/8fL} \tag{F.8}$$

进而可以推导出满载时，I_{Lrms} 关于输入电压、额定功率与 k 的关系式为

$$I_{Lrms}=\frac{\sqrt{3}U_1}{12(2k^2-2k+1)\sqrt{k}Lf}\sqrt{c+d\sqrt{\frac{\left(k-\frac{8LfP_o}{U_1^2}\right)(2k^2-2k+1)}{k}}} \tag{F.9}$$

其中

$$\begin{cases} c=3(2k^4-6k^3+7k^2-4k+1)\dfrac{8LfP_o}{{U_1}^2}+2k(2k^6-4k^5+3k^4+3k^3-6k^2+4k-1) \\ d=(-4k^4+8k^3-9k^2+6k-2)\dfrac{8LfP_o}{{U_1}^2}-2k(k^4+k^3-3k^2+3k-1) \end{cases}$$

F.2 式（2.60）推导

对应 $0<D_\varphi<1/3$，各时刻可以表示为 $t_1=D_\varphi T/2$，$t_2=T/6$，$t_3=(1/6+D_\varphi/2)T$，$t_4=T/3$，$t_5=(1/3+D_\varphi/2)T$，$t_6=T/2$，则各阶段 A 相电感电流的表达式可写为

$$\begin{cases} i_L(t_1)=i_L(t_0)+\dfrac{n\dfrac{U_2}{k}+nU_2}{3L}\dfrac{D_\varphi T}{2} \\ i_L(t_2)=i_L(t_1)+\dfrac{n\dfrac{U_2}{k}-nU_2}{3L}\left(\dfrac{T}{6}-\dfrac{D_\varphi T}{2}\right) \\ i_L(t_3)=i_L(t_2)+\dfrac{2n\dfrac{U_2}{k}-nU_2}{3L}\dfrac{D_\varphi T}{2} \\ i_L(t_4)=i_L(t_3)+\dfrac{2n\dfrac{U_2}{k}-2nU_2}{3L}\left(\dfrac{T}{6}-\dfrac{D_\varphi T}{2}\right) \\ i_L(t_5)=i_L(t_4)+\dfrac{n\dfrac{U_2}{k}-2nU_2}{3L}\dfrac{D_\varphi T}{2} \\ i_L(t_6)=i_L(t_5)+\dfrac{n\dfrac{U_2}{k}-nU_2}{3L}\left(\dfrac{T}{3}-D_\varphi T\right) \end{cases} \tag{F.10}$$

由对称可得 $i_L(t_0)=-i_L(t_6)$，即

$$
\begin{aligned}
-i_L(t_0)&=i_L(t_6)\\
&=i_L(t_0)+\frac{n\dfrac{U_2}{k}+nU_2}{3L}\frac{D_\varphi T}{2}+\frac{n\dfrac{U_2}{k}-nU_2}{3L}\left(\frac{T_{\rm hs}}{3}-\frac{D_\varphi T}{2}\right)+\frac{2n\dfrac{U_2}{k}-nU_2}{3L}\frac{D_\varphi T}{2}+\\
&\quad\frac{2n\dfrac{U_2}{k}-2nU_2}{3L}\left(\frac{T}{6}-\frac{D_\varphi T}{2}\right)+\frac{n\dfrac{U_2}{k}-2nU_2}{3L}\frac{D_\varphi T}{2}+\frac{n\dfrac{U_2}{k}-nU_2}{3L}\left(\frac{T}{6}-\frac{D_\varphi T}{2}\right)\\
&=i_L(t_0)+\frac{nU_2D_\varphi T+4n\dfrac{U_2}{k}\dfrac{T}{6}-4nU_2\dfrac{T}{6}}{3L}
\end{aligned}
\tag{F.11}
$$

整理后可得

$$
i_L(t_0)=-\frac{nU_2}{2fL}\left(\frac{D_\varphi}{3}+\frac{2}{9k}-\frac{2}{9}\right)
\tag{F.12}
$$

将式（F.12）代入式（F.10）后可得

$$
\begin{cases}
i_L(t_0)=-i_L(t_6)=-\dfrac{nU_2}{2fL}\left(\dfrac{D_\varphi}{3}+\dfrac{2}{9k}-\dfrac{2}{9}\right)\\
i_L(t_1)=\dfrac{nU_2}{2fL}\left(\dfrac{D_\varphi}{3k}-\dfrac{2}{9k}+\dfrac{2}{9}\right)\\
i_L(t_2)=\dfrac{nU_2}{2fL}\left(\dfrac{D_\varphi}{3}-\dfrac{1}{9k}+\dfrac{1}{9}\right)\\
i_L(t_3)=\dfrac{nU_2}{2fL}\left(\dfrac{2D_\varphi}{3k}-\dfrac{1}{9k}+\dfrac{1}{9}\right)\\
i_L(t_4)=\dfrac{nU_2}{2fL}\left(\dfrac{2D_\varphi}{3}+\dfrac{1}{9k}-\dfrac{1}{9}\right)\\
i_L(t_5)=\dfrac{nU_2}{2fL}\left(\dfrac{D_\varphi}{3k}+\dfrac{1}{9k}-\dfrac{1}{9}\right)
\end{cases}
\tag{F.13}
$$

F.3 式（2.64）推导

$t_0\sim t_1$ 时刻电感电流表达式为

$$i_L = -\frac{nU_2}{2fL}\left(\frac{D_\varphi}{3}+\frac{2}{9k}-\frac{2}{9}\right)+\frac{\frac{U_1}{3}+\frac{nU_2}{3}}{L}t \tag{F.14}$$

电流值为 0 时的 t_0'为

$$t_0' = \frac{3nU_2}{2f(U_1+nU_2)}\left(\frac{D_\varphi}{3}+\frac{2}{9k}-\frac{2}{9}\right) \tag{F.15}$$

则回流功率为

$$P_{\mathrm{cirA}} = \frac{1}{T/2}\int_{t_0}^{t'_0} u_{\mathrm{p}}\left|i_L(t)\right|\mathrm{d}t = \frac{1}{T/2}\int_{t_0}^{t'_0}\frac{U_1}{3}\left[\frac{nU_2}{2fL}\left(\frac{D_\varphi}{3}+\frac{2}{9k}-\frac{2}{9}\right)-\frac{\frac{U_1}{3}+\frac{nU_2}{3}}{L}t\right]$$

$$= \frac{2U_1}{3T}\left[\begin{aligned}&\frac{nU_2}{2fL}\frac{3nU_2}{2f(U_1+nU_2)}\left(\frac{D_\varphi}{3}+\frac{2}{9k}-\frac{2}{9}\right)^2 - \\ &\quad\frac{U_1+nU_2}{6L}\frac{(3nU_2)^2}{4f^2(U_1+nU_2)^2}\left(\frac{D_\varphi}{3}+\frac{2}{9k}-\frac{2}{9}\right)^2\end{aligned}\right]$$

$$= \frac{nU_1U_2}{4fL\left(1+\frac{1}{k}\right)}\left(\frac{1}{3}D_\varphi+\frac{2}{9k}-\frac{2}{9}\right)^2 \tag{F.16}$$

F.4 式（2.74）推导

当 $0<D_\varphi<1/3$ 时，有

$$\begin{cases} i_L(t_0) = -\frac{nU_2}{2fL}\left(\frac{D_\varphi}{3}+\frac{2}{9k}-\frac{2}{9}\right)<0 \\ i_L(t_1) = \frac{nU_2}{2fL}\left(\frac{D_\varphi}{3k}-\frac{2}{9k}+\frac{2}{9}\right)>0 \end{cases} \tag{F.17}$$

即

$$\begin{cases} i_L(t_0) = \frac{D_\varphi}{3}+\frac{2}{9k}-\frac{2}{9}>0 \\ i_L(t_1) = \frac{D_\varphi}{3k}-\frac{2}{9k}+\frac{2}{9}>0 \end{cases} \tag{F.18}$$

整理后可得

$$\frac{2-3D_{\varphi}}{2}<k<\frac{2}{2-3D_{\varphi}} \tag{F.19}$$

当 $1/3<D_{\varphi}<2/3$ 时有

$$\begin{cases} i_L(t_0)=-\dfrac{nU_2}{2fL}\left(\dfrac{2D_{\varphi}}{3}+\dfrac{2}{9k}-\dfrac{1}{3}\right)<0 \\ i_L(t_1)=\dfrac{nU_2}{2fL}\left(\dfrac{2D_{\varphi}}{3k}-\dfrac{1}{3k}+\dfrac{2}{9}\right)>0 \end{cases} \tag{F.20}$$

即

$$\begin{cases} \dfrac{2D_{\varphi}}{3}+\dfrac{2}{9k}-\dfrac{1}{3}>0 \\ \dfrac{2D_{\varphi}}{3k}-\dfrac{1}{3k}+\dfrac{2}{9}>0 \end{cases} \tag{F.21}$$

整理后可得

$$\frac{3-6D_{\varphi}}{2}<k<\frac{2}{3-6D_{\varphi}} \tag{F.22}$$

综合式（F.19）得

$$\begin{cases} \dfrac{2-3D_{\varphi}}{2}<k<\dfrac{2}{2-3D_{\varphi}} & 0\leqslant D_{\varphi}\leqslant\dfrac{1}{3} \\ \dfrac{3-6D_{\varphi}}{2}<k<\dfrac{2}{3-6D_{\varphi}} & \dfrac{1}{3}\leqslant D_{\varphi}\leqslant\dfrac{2}{3} \end{cases} \tag{F.23}$$

F.5 式（2.77）推导

$$I_{L\mathrm{rms}}=\sqrt{\begin{aligned}&\frac{1}{T}\int_{t_0}^{t_1}\left(i_L(t_0)+\frac{n\dfrac{U_2}{k}+nU_2}{3L}t\right)^2+\frac{1}{T}\int_{t_1}^{t_2}\left[i_L(t_1)+\frac{n\dfrac{U_2}{k}-nU_2}{3L}(t-D_{\varphi}T)\right]^2+\\&\frac{1}{T}\int_{t_2}^{t_3}\left[i_L(t_2)+\frac{2n\dfrac{U_2}{k}-nU_2}{3L}\left(t-\frac{T_s}{3}\right)\right]^2+\frac{1}{T}\int_{t_3}^{t_4}\left[i_L(t_2)+\frac{2n\dfrac{U_2}{k}-2nU_2}{3L}\left(t-\frac{T}{3}-D_{\varphi}T\right)\right]^2+\\&\frac{1}{T}\int_{t_4}^{t_5}\left[i_L(t_2)+\frac{n\dfrac{U_2}{k}-2nU_2}{3L}\left(t-\frac{2T}{3}\right)\right]^2+\frac{1}{T}\int_{t_5}^{t_6}\left[i_L(t_2)+\frac{n\dfrac{U_2}{k}-nU_2}{3L}\left(t-\frac{2T}{3}-D_{\varphi}T\right)\right]^2\end{aligned}}$$

$$
=\sqrt{\begin{aligned}
&\frac{1}{T}\int_{t_0}^{t_1}\left\{\left[\frac{nU_2}{2fL}\left(\frac{D_\varphi}{3}+\frac{2}{9k}-\frac{2}{9}\right)\right]^2-\frac{nU_2\left(\frac{D_\varphi}{3}+\frac{2}{9k}-\frac{2}{9}\right)\left(n\frac{U_2}{k}+nU_2\right)}{3fL^2}t+\frac{\left(n\frac{U_2}{k}+nU_2\right)^2}{9L^2}t^2\right\}+\\
&\frac{1}{T}\int_{t_1}^{t_2}\left\{\left[\frac{nU_2}{2fL}\left(\frac{D_\varphi}{3}-\frac{2}{9k}+\frac{2}{9}\right)\right]^2+\frac{nU_2\left(\frac{D_\varphi}{3}-\frac{2}{9k}+\frac{2}{9}\right)\left(n\frac{U_2}{k}-nU_2\right)}{3fL^2}t+\frac{\left(n\frac{U_2}{k}-nU_2\right)^2}{9L^2}t^2\right\}+\\
&\frac{1}{T}\int_{t_2}^{t_3}\left\{\left[\frac{nU_2}{2fL}\left(\frac{D_\varphi}{3}-\frac{1}{3k}+\frac{2}{9}\right)\right]^2+\frac{nU_2\left(\frac{D_\varphi}{3}-\frac{1}{3k}+\frac{2}{9}\right)\left(2n\frac{U_2}{k}-nU_2\right)}{3fL^2}t+\frac{\left(2n\frac{U_2}{k}-nU_2\right)^2}{9L^2}t^2\right\}+\\
&\frac{1}{T}\int_{t_3}^{t_4}\left\{\left[\frac{nU_2}{2fL}\left(\frac{2D_\varphi}{3}-\frac{1}{3k}+\frac{1}{3}\right)\right]^2+\frac{nU_2\left(\frac{2D_\varphi}{3}-\frac{1}{3k}+\frac{1}{3}\right)\left(2n\frac{U_2}{k}-2nU_2\right)}{3fL^2}t+\frac{\left(2n\frac{U_2}{k}-2nU_2\right)^2}{9L^2}t^2\right\}+\\
&\frac{1}{T}\int_{t_4}^{t_5}\left\{\left[\frac{nU_2}{2fL}\left(\frac{2D_\varphi}{3}-\frac{1}{9k}+\frac{1}{3}\right)\right]^2+\frac{nU_2\left(\frac{2D_\varphi}{3}-\frac{1}{9k}+\frac{1}{3}\right)\left(n\frac{U_2}{k}-2nU_2\right)}{3fL^2}t+\frac{\left(n\frac{U_2}{k}-2nU_2\right)^2}{9L^2}t^2\right\}+\\
&\frac{1}{T}\int_{t_5}^{t_6}\left\{\left[\frac{nU_2}{2fL}\left(\frac{D_\varphi}{3}-\frac{1}{9k}+\frac{1}{9}\right)\right]^2+\frac{nU_2\left(\frac{D_\varphi}{3}-\frac{1}{9k}+\frac{1}{9}\right)\left(n\frac{U_2}{k}-nU_2\right)}{3fL^2}t+\frac{\left(n\frac{U_2}{k}-nU_2\right)^2}{9L^2}t^2\right\}
\end{aligned}}
$$

$$
=\frac{\sqrt{2D_\varphi}\,nU_2}{18fL}\sqrt{\frac{9D_\varphi{}^2-6D_\varphi-40}{3k^2}+\frac{9D_\varphi{}^2-120D_\varphi+230}{3k}-9D_\varphi{}^2+15D_\varphi-26} \tag{F.24}
$$

参考文献

[1] 严仰光. 双向直流变换器［M］. 南京：江苏科学技术出版社，2004.
[2] 严仰光. 航空航天供电系统［M］. 北京：航空工业出版社，1995.
[3] HUANG A Q. Medium-Voltage Solid-State Transformer: Technology for A Smarter and Resilient Grid［J］. IEEE Industrial Electronics Magazine, 2016, 10 (3): 29-42.
[4] HUANG A Q, CROW M L, HEYDT G T, et al. The Future Renewable Electric Energy Delivery and Management (FREEDM) System: The Energy Internet［J］. Proceedings of the IEEE, 2011, 99 (1): 133-148.
[5] ZHAO T F, WANG GY, BHATTACHARYA S, et al. Voltage and Power Balance Control for A Cascaded H-Bridge Converter-Based Solid-State Transformer［J］. IEEE Transactions on Power Electronics, 2013, 28 (4): 1523-1532.
[6] 李子欣，高范强，赵聪，等. 电力电子变压器技术研究综述［J］. 中国电机工程学报，2018, 38 (5): 1274-1289.
[7] 廖志凌，阮新波. 独立光伏发电系统能量管理控制策略［J］. 中国电机工程学报，2009, 29 (21): 46-52.
[8] DURYEA S, ISLAM S, LAWRANCE W. A Battery Management System for Stand-Alone Photovoltaic Energy Systems［J］. IEEE Industry Applications Magazine, 2001, 7 (1): 67-72.
[9] 何婕秀. 无频闪无电解电容 AC-DC LED 驱动电源中双向变换器的优化控制［D］. 南京：南京航空航天大学，2016.
[10] 王晓明. 电动汽车交错并联双向 DC/DC 变换器的研究［D］. 淮南：安徽理工大学，2018.
[11] 任小永，唐钊，阮新波，等. 一种新颖的四开关 Buck-Boost 变换器［J］. 中国电机工程学报，2008, 28 (21): 15-19.
[12] 李海燕. 高频高效四开关 Buck-Boost 变换器控制策略研究［D］. 杭州：浙江大学，2017.
[13] 节帅. 高效率非隔离四开关 Buck-Boost 变换器的研究与设计［D］. 成都：西南交通大学，2018.
[14] 阮新波. 电力电子技术［M］. 北京：机械工业出版社，2021.
[15] ZHOU Z J, LI H Y, WU X K. A Constant Frequency ZVS Control System for the Four-Switch Buck-Boost DC-DC Converter with Reduced Inductor Current［J］. IEEE Transactions on Power Electronics, 2019, 34 (7): 5996-6003.
[16] 马学军. 数字移相控制隔离型半桥双向 DC/DC 变频器研究［D］. 武汉：华中科技大学，2005.
[17] 赵彪，宋强. 双主动全桥 DC-DC 变换器的理论和应用技术［M］. 北京：科学出版社，2020.
[18] 张方华，严仰光. 直流变压器的研究与实现［J］. 电工技术学报，2005, 20 (7): 76-80.
[19] 陈曦，肖岚，陈哲，等. 高压直流输电系统中的全桥直流变压器研究［J］. 电力电子技术，2010, 44 (11): 98-100.

[20] 杨敏. PWM 加移相控制双有源全桥双向 DC-DC 变换器的研究 [D]. 南京: 南京航空航天大学, 2013.

[21] OGGIER G G, LEIDHOLD R, GARCIA G O, et al. Extending the ZVS Operating Range of Dual Active Bridge High-Power DC-DC Converters [C]. IEEE Power Electronics Specialists Conference, 2006: 1-7.

[22] SEGARAN D, HOLMES D G, MCGRATH B P. Comparative Analysis of Single and Three-Phase Dual Active Bridge Bidirectional DC-DC Converters [C]. Australasian Universities Power Engineering Conference, 2008: 1-6.

[23] NILS SOLTAU, HAFIZ ABU BAKAR SIDDIQUE, DONCKER WD. Comprehensive Modeling and Control Strategies for A Three-Phase Dual-Active Bridge [C]. International Conference on Renewable Energy Research and Applications, 2012: 1-6.

[24] STEFAN P ENGEL, NILS SOLTAU, HANNO STAGGE, et al. Dynamic and Balanced Control of Three-Phase High-Power Dual-Active Bridge DC-DC Converters in DC-Grid Applications [J]. IEEE Transactions on Power Electronics, 2013, 28 (4): 1880-1889.

[25] HOEK H, NEUBERT M, DONCKER R W D. Enhanced Modulation Strategy for A Three-Phase Dual Active Bridge-Boosting Efficiency of An Electric Vehicle Converter [J]. IEEE Transactions on Power Electronics, 2013, 28 (12): 5499-5507.

[26] 徐光辉, 常林晶, 李春迎, 等. 基于移相控制的单相 DAB 与三相 DAB 对比分析 [J]. 测控技术, 2018, 37 (8): 158-162.

[27] 莫丹丹. 一种新型的基于移相控制的四相全桥直流变换器的研究 [D]. 南京: 南京航空航天大学, 2017.

[28] 索南加乐, 许立强, 焦在滨, 等. 基于磁路特征的三相三柱式变压器数学模型及等效电路 [J]. 电力系统自动化, 2011, 35 (15): 52-57.

[29] 刘畅. 基于 PWM 控制三相直流变换器的研究 [D]. 南京: 南京航空航天大学, 2014.

[30] 赵修科. 实用电源技术手册—磁性元器件分册 [M]. 沈阳: 辽宁科学技术出版社, 2002.

[31] ROBERT F, MATHYS P, SCHAUWERS J P. Ohmic Losses Calculation in SMPS Transformers: Numerical Study of Dowell's Approach Accuracy [J]. IEEE Transactions on Magnetics, 1998, 34 (4): 1255-1257.

[32] 徐德鸿. 电力电子系统建模及控制 [M]. 北京: 机械工业出版社, 2005.

[33] 李正兴. 6kVA 单相中频逆变器的研制 [D]. 南京: 南京航空航天大学, 2007.

[34] 王文杰. 单相中频逆变器数字控制及其并联研究 [D]. 杭州: 浙江大学, 2013.

[35] 李启明. 正激直流环节单相和三相软开关静止变流器的研究 [D]. 南京: 南京航空航天大学, 2001.

[36] STEINKE J K. Use of An LC Filter to Achieve A Motor-Friendly Performance of the PWM Voltage Source Inverter [J]. IEEE Transactions on Energy Conversion, 1999, 14 (3): 649-654.

[37] 马皓, 林钊, 王小瑞. 不平衡非线性负载下三相逆变器的建模与控制 [J]. 电工技术学报, 2015, 30 (18): 83-95.

[38] 胡媛媛. 三相三线逆变器数字控制系统研究 [D]. 武汉: 华中科技大学, 2008.

[39] 刘春喜，马伟明，孙驰，等．大容量400Hz逆变器输出LC滤波器设计和低次谐波抑制［J］．电工技术学报，2011，6（6）：129-136.

[40] 森荣二，薛培鼎．*LC*滤波器设计与制作［M］．北京：科学出版社，2006.

[41] 何亮，王劲松．三相PWM逆变器输出LC滤波器设计方法［J］．电气传动，2013，43（12）：33-36.

[42] 卡罗尼尔·麦克莱曼．变压器与电感器设计手册［M］．周京华，龚绍文，译．北京：中国电力出版社，2014.

[43] 李勋，朱鹏程，杨荫福，等．基于双环控制的三相SVPWM逆变器研究［J］．电力电子技术，2003，37（5）：30-32.

[44] 张宪平，李亚西，潘磊，等．三相电压型整流器的*LCL*型滤波器分析与设计［J］．电气应用，2006，26（5）：65-68.

[45] PRASAD V H. Analysis and Comparison of Space Vector Modulation Schemes for Three-Leg Voltage Source Inverters［D］. Virginia: Virginia Polytechnic Institute and State University, 1997.

[46] LI N, HUANG Y, DU F, et al. Electromagnetic Interference（EMI）Shielding of Single-Walled Carbon Nanotube Epoxy Composites［J］. Nano Letters, 2006, 6（6）: 1141-1145.

[47] HAN C, KIM H S. EMI Reduction Algorithm Using Enhanced-HARQ Implementation for Controller Area Network［J］. International Journal of Applied Engineering Research, 2017, 12（21）: 11124-11129.

[48] NIKLAUS P, ANTIVACHIS M, BORTIS D, et al. Analysis of the Influence of Measurement Circuit Asymmetries on Three-Phase CM/DM Conducted EMI Separation［J］. IEEE Transactions on Power Electronics, 2021, 36（4）: 4066-4080.

[49] CAMERON S, DILLON H. Development of the Listening in Spatialized Noise-Sentences Test（LISN-S）［J］. Ear & Hearing, 2007, 28（2）: 196-211.

[50] 贾贵玺，周晓畅，李华．高压变频器输出差模滤波器设计和共模电压抑制［J］．电工技术学报，2011，26（S1）：161-165.

[51] 周锦平，周敏．三相PWM逆变器传导共模干扰模型与原始噪声抑制技术研究［J］．电源学报，2017，15（3）：107-111，117.

[52] 高强，徐殿国．PWM逆变器输出端共模与差模电压d*v*/d*t*滤波器设计［J］．电工技术学报，2007，22（1）：79-84.

[53] 郭玉兴．三相四线制应急电源中性点稳定控制技术研究［D］．哈尔滨：哈尔滨工业大学，2017.

[54] ZHONG Q C, HOBSON L, JAYNE M. Generating A Neutral Point for 3-Phase 4-Wire DC-AC Converters［C］. IEEE Compatibility in Power Electronics, 2005: 126-133.

[55] 张兴．PWM整流器及其控制［M］．北京：机械工业出版社，2012.

[56] 王儒，方宇，邢岩．三相高功率因数PWM变换器可逆运行研究［J］．电工技术学报，2007，22（8）：46-51.

[57] 李洪全．三相大功率PFC电路的研究［D］．西安：西安科技大学，2017.

[58] 陈冉．电励磁双凸极发电机可控整流研究［D］．南京：南京航空航天大学，2012.

[59] JANG SEOK-MYEONG, JEONG SANG-SUB, RYU DONG-WAN, et al. Design and Analysis of High Speed Slotless PM Machine with Halbach Array [J]. IEEE Transactions on Magnetics, 2001, 37 (4): 2827-2830.

[60] 787 Electrical Power Quality and Design Requirements Document [Z]. Boeing proprietary.

[61] 秦海鸿，严仰光. 多电飞机的电气系统 [M]. 北京：北京航空航天大学出版社，2016.

[62] 伊恩·莫伊尔，阿伦·西布里奇. 飞机系统机械、电气和航空电子分系统综合（第3版）[M]. 凌和生，译. 北京：航空工业出版社，2011.

[63] 沈颂华. 航空航天器供电系统 [M]. 北京：北京航空航天大学出版社，2005.

[64] 田洋天. 基于无阻尼 *LCL* 滤波器的三相 AC/DC 并网变流器的研究 [D]. 南京：南京航空航天大学，2012.